군사학총서 01 Military Studies

충남대학교 군사학부

군사학개론

[개정판]

이종학 · 길병옥 편저

충남대학교출판문화원

이 도서는 2016학년도 풍석 이종학 교수님과 풍석군사학진흥기금에 의해 출간되었습니다.

머리말

군사학 개론서 집필의 필요성과 학문체계의 정립에 대한 논의가 본격적으로 시작된 것은 2000년대 중반에 들어서 부터이다. 학부과정의 군사학과는 물론 특수대학원과 일반대학원에 석/박사과정이 개설되면서 군사학의 체계적인 연구와 학문정립의 요구가 필수불가결하게 대두되었다.

결부하여 그동안 군사학 학문체계의 고유성과 연구대상 및 범위 그리고 교육체계 정립 등 다양한 토론과 논의가 있어 왔다. 많은 비평과 질의가 있었지만 이제까지의 논의를 종합해보면 군사학은 손자병법, 클라우제비츠의 전쟁론 등을 통해 전쟁의 본질과 성격을 연구하는 고유한 학문영역과 체계화가 기정사실화되어 있다는 것이 중론이다.

앞으로 군사학의 학문적 정체성을 보다 공고히 하기 위해서는 기존의 연구와 더불어 현재 문제가 되고 있는 대량살상무기 확산문제, 초국가집단의 테러행태, 군사혁신과 미래전 양상, 민 · 군 협력관계, 인간안보 이슈, 지구촌 평화연구 등 다양한 분야에서의 학술연구가 지속적으로 진행되어야 한다고 판단된다.

특히 무엇을 연구할 것인가에 대한 개념정의에서부터 어떻게 연구할 것인가 하는 방법론적인 것에 이르기까지 이론적 지식축적과 학문체계 정립을 통해 그 위상을 제고하려는 노력이 필요하다.

더욱이 군사학은 종합학문적인 성격을 지니고 있기에 객관적이고 과학적인 분석 틀과 연구의 신뢰성과 타당성이 확보된 자료와 경험을 바탕으로 새로운 패러다임과 이론적 기반을 다져나가는 것이 정상과학(normal science)의 학문체계를 이룩할 수 있는 첩경이라고 믿는다.

군사학이 다양한 패러다임 또는 이론들이 모여 새로운 학문체계가 성립되는 과정에서 비롯되었다면 군사학은 학문과 학문 그리고 학문과 현실의 경계를 뛰어넘는 진리탐구로서 존재한다고 보는 것도 타당할 것이다.

마찬가지로 통섭(統攝, consilience)이라는 용어는 범학문적 통합이나 융합의 단계를 초월하여 학문적 경계를 넘어서는 종합학문으로서 군사학의 학문적 정체성을 제시하는 것이다. 사회현상의 다양성을 인정하는 측면과 방법론적으로 나무와 숲 그리고 골짜기와 산을 병합하는 방법론적 다원주의(methodological pluralism)를 선호한다는 측면에서 군사학의 학문적 성격은 다학문적이라고 할 수 있다.

최근 대학의 자유전공학부 신설이라든지 복수전공, 융합/연합/복합전공이라는 용어가 여러 학문분야에서 회자되고 있는 것으로 보면 군사학 또한 시대사적인 흐름과 일맥상통하는 면이 많다.

하지만 통합의 문제는 정체성과 고유성의 문제와 연관되어 있다. 군사학 또한 다른 학문분야와 마찬가지로 정체성의 문제는 연구의 대상과 내용 그리고 수준과 범위와도 연관되어 있다.

최근 환경변화와 연관하여 국제정세가 다양화, 다차원화 및 다수준화 되어가고 그 복잡성(complexity)이 더욱 심화되어가고 있기 때문에 연구의 수준과 범위설정이 어렵다는 점이 지적되고 있다. 게다가 연구내용이 급박한 상황이나 최악의 가상적 상황에 따르는 문제를 해결하는데 초점을 두기 때문에 사실상 특정 사례연구를 보편적으로 적용하기에는 한계가 있다는 점도 대두되는 형편이다.

그렇기 때문에 군사학에 대한 그동안의 학문적 논의는 주로 연구대상, 고유영역, 지식체계 및 학문적 성격, 방법론적 특징, 서지의 존재 여부 등에 초점을 맞추어 왔다. 그 이유는 군사학이 마치 주변의 거대이론들과 같은 산맥이 형성되어 있는 곳에 묻혀있는 "산중도"(山中島, mountain islands)의 형태를 띠우고 있기 때문이다.

따라서 군사학은 그 학문적 특성에 부합하여 학제적(interdisciplinary)이고 문제지향적(problem-oriented)이며 특정 문제에 대하여 처방적(prescriptive)인 대안을 제시하고자 노력해왔다고 평가할 수 있다. 군사학은 더불어 이론적, 방법론적인 적용의 측면에 있어서 그 범위를 확장시키려는 연구를 지속하여 왔다.

본 개론서에서 바라보는 군사학에 대한 정의와 범위는 다음과 같다. 군사학은 "전쟁의 본질과 성격 및 무력전(武力戰)의 준비와 수행에 관한 통일된 지식체계"라는 점에서 전쟁철학(philosophy of war), 군제와 용병의 전쟁학(science of war), 군사사학(military history), 군사기술(military technology), 군사교육학(military pedagogy), 해양학과 기상학을 포함한 군사지리학(military geography), 군법, 위생학 등의 군사 보조학문이 그 범위에 속한다.

이러한 관점에서 본 졸서는 군사학의 다양성, 다차원성, 다변화성을 포괄하는 학문적 개론서로서 새로운 학문영역으로 자리 잡고 있는 군사학의 학문체계를 정립하고자 출간되었다. 또한 군사학의 개념, 영역, 내용 및 방법에 대한 체계적인 연구와 군사력의 건설 및 운용에 관한 연구를 포함하는 학문적 정체성 확립을 위해 이론의 축적과 발전은 물론 군사정책의 대안을 제시하고자 노력하였다.

본 개론서의 내용에는 다음과 같은 사항을 기술하그자 하였다. 군사력의 개발 및 운용, 군사정책 이론 및 국가정책에 따른 군사력의 이용, 군사문제의 정치사회학적 분석, 군사력과 국력요소 간의 상관관계 분석, 무기체계 및 군대지휘에 관한 연구, 군사정보, 첨단기술 등에 관한 조사, 전쟁철학, 군사기술, 군사지리 및 군사보조학문에 대한 체계화, 전쟁방지 및 평화유지에 관한 연구 등이 그것이다.

구체적으로 군사이론 및 사상, 군사사 및 전략, 군사제도 및 국방행정, 군사경영 및 국방경제, 군수 및 획득관리, 국방과학기술, 무기체계, 군사정보, 국제분쟁 및 테러, 군사지리 및 기상, 군사지휘통솔, 군사교육훈련, 군대사회 및 예비전력, 군상담심리, 군비통제 및 군축, 군사혁신 및 국방개혁, 비교군사전략연구, 군사학 비평 등이 내용에 포함되어 있다.

본 개론서가 군사학의 모든 분야를 다 포괄한다고는 할 수 없다. 하지만 집필에 참여한 학자와 전문가들은 향후 보다 나은 군사학 총서가 나올 수 있기를 기대하며 다음과 같이 군사학 연구의 방향을 제시하고자 한다.

첫째는 학문적 독립성 확보이다. 고유한 학문적 연구대상, 범위, 이론체계, 공동체 등을 체계화하는 작업에서부터 외국의 사례에 적용하는 것까지 지속적인 노력이 필요하다. 독립성은 또한 군사학이 서구의 학문체계를 원용하거나 답습하는 것이 아니라 독자적인 이론체계를 구축함으로서 이루어진다.

둘째는 현실 적용성 강화이다. 이론에 그치지 않고 현실문제에 대한 대안을 제시하는 실천지향적인 연구 활동과 방법론 개발을 활발하게 전개해야 한다. 국가 대전략 또는 비전의 제시와 같은 큰 틀에서의 해결능력을 발휘하는 것과 더불어 작전과 전술적인 차원에서의 다양한 시나리오의 개발이 필요하다.

셋째는 객관적이고 과학적인 분석 틀의 지속적인 개발이다. 방법론적인 타당성과 신뢰성의 제고를 통해 군사학의 문제해결 능력 및 분석역량을 강화해 나가는 것이 좋다. 최근 타 학문분야에서 적용되는 컴퓨터 통계기법이나 시뮬레이션을 활용하는 방법도 있다.

넷째는 타 학문과의 교류협력의 활성화이다. 학문적 배타성을 강조하기 보다는 여타 학문과의 교류를 통해 학문적 정체성을 확보하고 경쟁력을 강화해 나가는 것이 바람직하다.

범학문적인 국내외 협력의 장을 만드는 것도 향후 학문적 성숙도 제고를 위해 희망하는 바이다.

다섯째는 학문적 공동체의 육성이다. 공동체는 단순히 학자들 간의 독점적 공유에 의해 이루어지는 것이 아니라 정부, 민간단체, 외국의 참여자 등을 통해 비평과 경쟁 그리고 공유를 통해 발전한다. 긴밀한 학문적 연대를 통해 보다 많은 대안제시가 가능할 것으로 본다.

군사학의 정체성 문제와 위상제고의 해법은 현실과 이론을 통합하려는 학문적 노력과 방법론적 분석 틀의 보편화에 있고 실천의 이론화 및 과학화를 추구함으로서 그 완성도는 높아질 것이다. 결론적으로 학문적 독립성 확보도 중요하지만 무엇보다도 비평적 사고와 문제인식을 통하여 끝임 없이 탐구하는 것이 새로운 패러다임을 정립하고 이론적 설명력과 이해도를 증진시키는 길이라고 판단된다.

본 졸서가 나오기까지 물심양면으로 수고를 아끼지 않은 많은 분들에게 감사의 말씀을 드리고자 한다. 먼저, 충남대학교 군사학부 허상범 선생님은 바쁜 일정을 뒤로하고 처음부터 출간까지 본 졸서의 전체적인 편집과 오탈자 수정 등 대단한 수고를 아끼지 않았다.

또한 충남대학교 군사학부 풍석 이종학 교수님, 최정화 여사님은 본 졸서의 출간을 위해 재정적 지원은 물론 많은 조언과 격려를 해주셨다. 군사학부 행정실 직원분들께도 감사의 말씀을 드립니다.

마지막으로 충남대학교출판문화원 관계자 여러분들에게 깊은 감사의 말씀을 드립니다.

2016년 5월

충남대학교 군사학부

이종학 · 길병옥

목차

Ⅰ. 군사학의 이론정립/군사사상/군사교리

이 종 학 (서라벌군사연구소)

Ⅰ. 군사학의 이론정립/군사사상/군사교리

이 종 학 (서라벌군사연구소)

1. 군사학의 이론정립

가. 머 리 말

1960년대 중반, 공군사관학교 교수부 군사학과에 재직하고 있을 때, 미국의 미시간 대학교에서 물리학 석사학위를 받고서 귀국한 동기생이 하루는 “자네, 군사학도 학문인가?” 하고 농담 · 조롱의 어투로 질문했다. 그 사건이 동기가 되어 평생의 연구과제가 되었다.

국방대학원에 재직하면서, 「군사이론체계에 관한 연구」를 『국방연구』(서울 : 국방대학원, 1979. 6)에 발표했던 바, 천주원(千珠元) 원장이 관심을 가져 다음 해(1980. 10. 30.~31), 학술세미나를 개최했다. 주제는 「군사학 이론과 교육체계정립」이었고, 필자는 「군사학의 이론체계」[1]를 발표했다.

1999년 6월 10일 육군사관학교 화랑대 연구소 주최 세미나에서 「한국 군사학의 발전방향」을 발표했다. 즉, “군사학은 군사훈련이 아니며, 그것은 학문으로서 전쟁에 대한 지식의 체계이다.

1) 李鍾學, 『軍事論文選』(경주 : 서라벌군사연구소, 1991), pp.9~59.

군사학은 사관학교 교육의 핵심이 되어야 하며, 유일한 소망이 있다고 한다면, 그것은 사관학교에서 군사학 학사학위를 수여하는 모습을 보는 것과 일반 대학교에서도 학문으로서 군사학을 연구하는 「군사학 연구소」의 설치가 실현되는 날이다"[2]고 했다.

그런데, 2002년 10월 30일, 충남대학교 평화안보대학원에 군사학 석사과정의 설치가 인가되어서 2003년 3월부터 강의가 시작되어 2005년 2월에 졸업생을 배출했다. 그리고 민간대학교에서도 군사학 학사 학위과정이 설치되었으며, 오랫동안의 소망사항, 즉 2005년 3월 8일, 공군사관학교 졸업식에서 최초로 수여하는 군사학 학사학위 수여식을 지켜보면서 지난날의 우여곡절을 회상했다.

이 글은 1980년 발표했던 「군사학의 이론체계」를 요약 · 수정 그리고 보완한 내용임을 밝혀둔다.

나. 군사학 연구의 추세

필자가 군사학의 이론체계에 관심을 가지고 있을 때, 1962년 구소련 국방부에서 발간한 『군사전략』[3]을 보고 놀라운 사실을 알게 되었다. 거기에는 군사학 박사(Doctor of Military Science)와 군사학 후보박사(Candidate of Military Science)가 집필자로 등장하고 있었다는 사실이다. 이것은 구소련에 군사학이라는 학문체계가 존재하고 있다는 것을 명시한 것이었다. 구소련은 군사학의 정의를 다음과 같이 하고 있다.

> 군사학은 무력투쟁의 성격, 본질, 범위와 군사력의 수단과 포괄적인 지원에 의하여 이루어지는 인력 · 시설 및 군사작전의 수행방법에 관한 지식체계이다. 군사학은 무력투쟁을 지배하는 객관적 법칙을 탐구하여, 군사학의 기본 구성요소로서의 용병술(military art)의 이론, 군사력의 조직, 훈련 및 지원에 관한 것을 면밀히 검토하며 군사적 역사 경험을 다루게 된다.[4]

오늘날 소련은 붕괴되었고 러시아가 탄생되었으나, 지금의 러시아에서의 군사학의 연구

---

2) 이종학, 『한 군사학도의 연구 발자취』(대전 : 충남대학교 출판부, 2006), p.20. p.40.

3) V.D.Sokolovskii, ed., *Soviet Military Strategy*, trans.by H.S.Dinerstein et.al.(Englewood, New Jersey : Prentice-Hall, Inc., 1963.)

4) *Dictionary of Basic Military Terms*, A Soviet view, Published under the auspices of the U.S. Air Force, 1976, p.38.

동향이나 발전에 관한 자료는 구하지 못해 소개하지 못함을 애석하게 생각한다.

한편, 미국에서는 군사학이 하나의 학문분야가 될 수 있느냐 하는 문제가 오랫동안 논란의 대상이 되어 왔다. 군사학이 학문이 될 수 없다고 하는 전통주의적 견해와 될 수 있다는 진보주의적 견해가 대립되어 왔다.[5] 그러나 미 육군 지휘참모대학(U.S. Army Command and General Staff College)은 1963년부터 군사학 석사학위(Master of Military Art and Science Degree) 수여가 인정되었으며, 군사학의 정의는 다음과 같다.

> 군사학이란 전 · 평시(戰平時)에 있어서 군사력의 발전, 운용 및 지원과 국가목표의 달성을 위한 군사력 사용에 관계되는 경제, 지리, 정치, 사회심리 등 국력 요소의 상호관계를 연구하는 것이다.[6]

미 육군 지휘참모대학에서는 1963~1975년까지 223명의 군사학 석사를 배출했다. 그리고 이 지휘참모대학에는 고급 군사연구원(School of Advanced Military Studies)이 있는데, 이 연구원의 고급 군사연구과정(Advanced Military Studies Program)은 총 4학기로 입교자는 52명이며, 군사학 박사학위 과정인데, 1993년에 개설되었으나, 아직 당국으로부터 학위수여를 인정받지 못한 상태라고 한다. 그 후의 자료는 구하지 못했으나 군사학 박사학위 수여가 시행되고 있으리라 추정한다.

다. 군사학 일반론

1) 군사이론과 군사학의 정의

군사이론(military theory)은 군사문제에 관한 연구와 그것의 개념, 범주, 명제, 법칙, 일반이론을 포함한다. 옛날의 군사문제의 초점은 '전쟁이란 무엇인가', '어떻게 승리할 것인가' 하는 두 가지 문제였다. 전자(前者)는 때로 '전쟁철학(戰爭哲學)'이라 했고, 후자(後者)는 '전략'이라 했다. 전략이란 전쟁수행의 이론과 실제(實際) 그리고 군사작전에 있어서

5) Edward B.Atkeson, "Military Art and Science : Is there a place in the sun for it?" *Military Review*, January, 1977, pp.75~78.
6) 上揭論文, p.74.

군대의 운용을 의미하는 것이다. 군사이론이라 하자면, 적어도 다음 네 가지의 기본적 질문에 대해 해답을 제시해야 한다. 즉, ① 전쟁이란 무엇인가, ② 어떻게 싸워서 승리할 것인가, ③ 어떻게 전쟁준비를 할 것인가, ④ 어떻게 전정을 억지할 것인가.[7]

군사이론의 정의와 범위를 광범위하게 잡는다면 군사이론과 군사학(Military Art and Science)의 분계선은 없는 것으로 생각한다. 만약 차이점이 있다고 한다면, 군사학은 군사이론을 더욱 발전시켜 학문적(철학과 과학 분야의 통합)으로 지식을 체계화한 것으로 이해한다.

필자는 다음과 같이 군사학을 정의한다.

- 군사학은 전쟁을 연구대상으로 하여, 그것의 본질과 성격을 연구하고, 전 평시를 통하여 전쟁에 대비한 군사력 건설과 후방지원 방법을 연구한다. 그리고 전쟁목적을 달성하기 위한 무력전의 형태와 수행방법 및 억제에 관한 통일된 지식의 체계이다.

군사학이 해결해야 할 과제는 다음과 같다.

- 전쟁의 본질과 성격의 규명
- 무력전(武力戰) 수행의 객관적 원칙의 해명과 연구
- 이런 원칙에 바탕을 두어 전쟁목적을 달성하기 위한 두력전의 형태 및 방법의 연구
- 전쟁에 대비한 군의 준비, 경제적 · 정신적 및 다른 면에서의 전쟁의 전면적 지원에 관한 여러 문제의 연구와 준비 · 지원방법의 연구
- 전쟁의 요구에 따른 군대의 조직, 교육 및 훈련에 대한 연구
- 군사학 전체 및 군사학의 각 분야의 연구방법의 확립 등이다.

2) 군사학의 범위와 연구방법

군사학의 정의와 군사학이 해결해야 하는 과제를 생각했을 때, 군사학의 범위는 다음과 같은 학문분야로 구성되어야 한다고 생각한다.

- 전쟁철학
- 전쟁학

7) Julian Lider, *Military Theory* (London : Gower publishing Company, 1983), pp.14~15.

㉮ 군제학(軍制學)

㉯ 용병술(用兵術) : 군사전략 · 작전술 · 전술

- 군사 사학(軍事史學)
- 군사 기술(軍事技術)
- 군사 교육학
- 군사 지리학(해양학 · 기상학 포함)
- 군사 보조학문(국방경제, 군법, 위생 등)
- 군사학의 각 분야의 연구방법의 확립

군사학이란, 결국 전쟁의 연구 및 이의 대비책을 강구하기 때문에 사회과학분야에 속하며, 또한 군사학의 타당성의 여부는 전쟁의 결과에 의해 실증되기 때문에 경험과학에 속한다. 군사학이 다른 학문분야와 근본적으로 서로 다른 것은 국민의 피로써 실증될 뿐만 아니라, 그 결과가 국가의 존망과도 직결된다는 점이다. 따라서 "군사학의 연구는 인간 지혜의 최고의 발로이며, 이는 실로 한 나라의 온 국민의 중지(衆智)를 모아 집중적으로 연구하는 데서 비롯되는 것이며 또한 인간의 모든 지식을 종합한 결정체라고 할 수 있다"[8]고 한 것은 타당한 견해라 생각한다.

군사학은 여러 학문분야의 혼합체가 아니라, 통일되고 선후 · 주종관계에 바탕을 둔 통일된 지식의 체계이다. 그래서 군사학에 있어서 전쟁학의 이론이 지배적 의의를 가지며, 다른 분야는 이 핵심 분야에 대해 봉사 · 지원하는 입장이다.

다른 학문분야와 마찬가지로 군사학 연구에는 크게 두 가지의 연구방법이 있는데, 하나는 양적 방법(Quantitative method)이요, 다른 하나는 질적 방법(Qualitative method)이다.[9] 양적 방법은 연구대상을 수량화할 수 있다는 전제에서 출발하며, 만약 대상을 수량화할 수 없다면 적용할 수 없을 뿐만 아니라, 엉뚱한 결과(해답)가 나타난다. 질적 방법이란 계산 및 측정의 방법을 취하지 않는 것으로 개인의 논리, 평가, 직관, 통찰력 및 능력 등이다. 이러한 것은 주로 역사로부터 얻은 교훈의 연구, 정치의 일반적 연구, 적국과 동맹체제에 대한 개별적이고 특수한 연구 등을 통하여 이루어진다.

우리들은 군사학 연구에 있어서 양적 · 질적 방법의 장 · 단점과 한계점을 잘 분별해서 효

8) 蔣緯國, 『軍事論叢』 第一集 (臺北 : 三軍大學, 1973), p.411.

9) Morton H.Halperin, *Contemporary Military Strategy* (Boston : Little, Brown and Company, 1967), pp.3~42.

과적으로 그것을 사용해야 한다. 예컨대, 군수의 처리, 권력구조의 분석, 무기체계의 비용분석 등은 양적 방법이 효과적이다. 그러나 전쟁은 양적 방법으로 다루지 못하는 많은 요인을 내포하고 있다. 즉 전쟁수행의 주체는 지 · 정 · 의(知情意)를 가진 살아있는 인간이며, 그들의 사기, 전투경험, 전투를 수행하려는 결의와 그들의 자질 등이다. 미국에서는 월남 전쟁을 일명 맥나마라 전쟁이라 했다. 그것은 맥나마라 국방장관의 양적 방법에 의하여 전쟁수행을 했기 때문이다. 비용대효과(費用對效果)를 가장 많이 주장한 그가 가장 비경제적인 전쟁수행을 했고, 패배했다는 것은 역사가 실증했다.[10]

가) 전쟁철학

전쟁철학(philosophy of war)은 전쟁이란 무엇인가를 다루는 군사학의 한 분야로서 전쟁의 본질 · 성격과 형태, 전쟁의 원인 및 가능한 전쟁 방지책 그리고 당위성에 관해 연구하는 분야이다.

클라우제비츠는 "전쟁이란 적을 굴복시켜 자기의 의지를 강요하기 위해 사용하는 폭력행위이다"[11]고 정의했고, 그 후 많은 학자들의 견해가 있지만, 거기에서 공통점을 찾는다면 다음과 같다.

첫째, 전쟁이란 반드시 정치집단과 정치집단 사이에서 생겨나는 투쟁현상이며, 개인 간의 투쟁현상은 아니라는 것이다. 전쟁은 정치집단의 존재를 전제로 한 집단현상이다.

둘째, 전쟁은 조직적 투쟁이기 때문에 아무런 조직이 없는 투쟁은 전쟁이 아니다.

셋째, 전쟁은 무력투쟁이다. 보통 어떤 무기와 장비를 가진 다수인의 단체와 단체 사이의 투쟁이다. 오늘날에는 육 · 해 · 공군의 군대와 군대 사이뿐만 아니라, 테러집단과의 유혈의 투쟁이다.

전쟁이 정치집단을 전제로 했다면, 정치와 전쟁의 상호관계는 어떠해야 하는가? 전쟁은 정치적 행동일 뿐만 아니라, 실로 정치적 수단이며, 정치적 교섭의 계속에 지나지 않는다

---

10) 미국의 越南戰 敗因에 대해서는, 해리 서머스, 『美國의 越南戰, 戰略』 閔坪植 譯(서울 : 兵學社, 1983)을 참고할 것.

11) 클라우제비츠, 『戰爭論』 李鍾學 譯(서울 : 一潮閣, 1986, 增補新版), p.12.

는 것이 클라우제비츠의 『전쟁론』의 핵심 사상이다. 따라서 국가는 다른 수단에 의해서 그들의 국가 목적을 달성할 수 없다고 간주했을 때, 최후의 수단으로써 전쟁을 구사해 왔다. 그런데 제2차 세계대전 말기에 출현한 핵무기는 너무나 파괴력이 거대하여 정치적 목적을 달성하기 위한 수단으로써 전쟁을 구사할 수 없게 만들었다. 즉, 핵무기는 정치적 목적 그 자체를 삼켜버릴 결과를 가져올 가능성이 짙기 때문이다. 그래서 지금까지의 전략은 전쟁의 준비와 수행에 역점을 두어 왔는데, 핵무기의 출현 후부터는 전쟁의 억제에 역점을 두게 되었다. 이제 전략이라는 용어는 군사적 테두리 속에서 빠져나와 더 넓은 뜻으로 비군사적 분야에서까지 사용하게 되어 더욱 정책화의 뜻으로 사용하게 되었고, 전시뿐만 아니라, 평시에도 사용하게 되었다는 것이 특징이다.

전쟁에 관한 옛날의 철학적 사상은 두 파로 나눌 수 있는데, 전쟁 시인론(是認論)과 전쟁 부정론(否定論)이다. 전쟁 시인론의 최초의 대표자는 그리스의 헤라클레이토스(Herakleitos)이며, 그는 "전쟁은 만물의 아버지이며, 만물의 왕이다.…"고 했다. 19세기 초엽, 가톨릭 신학자 메스트르(Maistre)은 전쟁은 신의(神意)이며, 국민의 부패를 징벌한다고 논했다. 헤겔(Hegel)은 역사 철학적 견지에서 전쟁을 시인했다.

전쟁 부정론자는 다수 있지만, 철학자 칸트(Kant)는 전쟁을 인류의 근본 악, 최대 악으로 보았고, 인류의 회초리이며, 모든 선한 것의 파괴자이고, 도덕적인 것의 최대의 장해라고 했다.

여러 가지 전쟁의 학설, 전쟁의 유형, 전쟁의 원인 등에 관해서는 생략키로 한다.[12] 전쟁이란 무엇이며, 마땅히 그러해야 한다는 등의 당위의 문제는 전쟁철학(philosophy of war)이 다루어야 할 분야이고, 전쟁을 어떻게 억제하고 또한 준비하여 수행하느냐 등의 존재의 문제는 전쟁학(science of war)이 다루어야 할 분야이다.

그런데 많은 저명한 군인 · 학자들이 전쟁의 문제를 다루어 왔지만, "전쟁이란 국가의 중대한 일이다. 국민의 사생(死生)과 국가의 존망이 기로에 서게 되는 것이니 신중히 생각하지 않으면 안 된다"고 한, 지금으로부터 2,500여년 전에 손무(孫武)가 저술한 『손자孫子』의 권두언만큼 전쟁에 대해 실감과 사명감을 주는 글은 아직 읽지 못했다.

12) Quincy Wright, *A Study of War*, abridged by Louise L.Wright (Chicago : The Unversity of Chicago Press, 1964), pp.3~115참조.

나) 전쟁학

전쟁학은 군사학의 일부인 동시에 가장 중추적 지위에 있다. 왜냐하면, 군사학은 전반적으로 전쟁의 문제를 다루어야 하기 때문이다. 그런데 전쟁학이란 독일어로는 클라우제비츠가 말한 Kriegswisserchaft에서 유래하며, 영어로는 Science of War이다. 이 용어의 용법은 사람에 따라 달라서 혼란스럽기도 하다. 예컨대, 병학(兵學), 전법(戰法), 용병학(用兵學) 등이다.

클라우제비츠는 전쟁을 위한 모든 활동을 광의(廣義)로 용병술이라 하고, 거기에는 군사력의 창설 · 유지분야(軍政)와 군사력의 운용(軍令)이 포함되지만 군사이론 수립에 있어서 군정분야를 이질적 요소라 생각하여 제외시켜, 용병술을 협의(狹義)로 생각하고 주로 전략과 전술에 역점을 두었다.

그러나 오늘날 군사문제는 전쟁의 억제가 중심 과제가 됨에 따라, 군사력의 창설부터가 대단히 중요시 되었고 또한 전쟁의 승패(勝敗)가 전쟁의 수행 못지않게 준비의 양부(良否)에 의해 결정되는 현실에 비추어, 전쟁학은 군정분야(軍政分野)를 제외할 수도 없을 뿐만 아니라, 그것은 오히려 마차의 양 바퀴와 같은 밀접한 관계에 있다고 본다. 그리하여 필자는 전쟁학 속에 군제학과 용병술을 포함시키기로 했다.

(1) 군제학(軍制學)

군사력의 건설 · 유지 및 발전의 연구 분야는 군제학이다. 군제(군사제도)는 국가의 군대가 건립되어 유효하게 활용될 수 있게끔 유지하여 국가가 지니고 있는 실제적 · 잠재적인 군사 역량을 어떻게 발전 · 지원 · 통제할 것인가 하는 방법을 제시해 주는 여러 가지 법규를 말한다.

구체적으로 설명하면, 국가가 전쟁수행을 위하여 준비하는 제반 설비를 군비(軍備)라 하고, 군비에 관해서 상세히 규정하는 제반 제도를 군사제도 또는 약칭하여 군제라 한다. 그리고 군제학은 군제의 설정을 탐구하는 원리의 절차를 말하며, 국가가 어떻게 훌륭한 군사제도를 마련하고 유지하여 건군의 목적을 이상적으로 달성할 수 있도록 할 것인가를 제시해 주는 학문이다.[13)]

---

13) 三軍大學編『軍制學』(臺北 : 國防部, 1971), pp.1~2.

조미니는 완전한 군대를 조직하는 데 필요한 12개 조건을 다음과 같이 제시했다.[14)]

① 건전한 병역제도

② 건전한 군사조직

③ 철저한 동원 체제를 갖춘 국가 예비대

④ 전체 장병의 양호한 훈련상태 : 제식훈련 뿐만 아니라, 실제적인 전투훈련에 역점을 두어야 한다.

⑤ 엄격하면서도 굴욕적이 아닌 군기(軍紀)를 유지할 것. 규율을 준수하고 복종하는 정신은 신념을 바탕으로 해야 하며 형식주의가 되어서는 안 된다.

⑥ 유효한 보상제도로 사기를 진작시킨다.

⑦ 공병 및 포병과 같은 특수 병과에 대하여 더욱 우수한 훈련을 가한다.

⑧ 이상의 각종 요소의 능력을 운용할 참모부를 설치하고 또 다른 부서로 하여금 장교에 대한 이론 및 실무교육을 담당케 한다.

⑨ 공세 또는 수세작전을 막론하고 장비 및 무기 면에서의 우세를 확보한다.

⑩ 군수, 의무, 일반 행정 등의 면에서 양호한 계통을 구비한다.

⑪ 인사 면에 관한 양호한 제도와 전쟁지도에 관한 명확한 규정.

⑫ 전 국민에게 상무정신을 고취시키고 유지케 한다.

(2) 용병술(用兵術) : 군사전략 · 작전술 · 전술

클라우제비츠는 용병술을 좁은 뜻으로 사용하여 「전쟁수행의 이론」 혹은 「군사력 운용의 이론」이라 했으며, 이것은 전략과 전술로 구분된다고 했다.[15)] 필자는 용병술을 넓은 뜻으로 사용하여, 국가전략과 연관시켜 생각해야 한다고 본다. 그 이유는 나폴레옹 전쟁을 주로 기초로 하여 만든 『전쟁론』의 제약인데, 그 후 전쟁 규모의 확대와 복잡성 그리고 장기화는 전쟁에 대한 문제를 용병술에만 국한시킬 수 없었고, 경제 · 심리 · 정치적 분야까지 고려해야 하는 전면전쟁으로 변했기 때문이다. 따라서 용병술이란 국가전략의 개념에 입각하여 전쟁을 준비하고 수행하는 활동으로서 국가목적 달성을 위한 군사전략 · 작전술 · 전술에 대한 이론체계를 뜻한다.

14) Antoine H.Jomini, *Summary of the Art of War*, edited by J.D.Hittle (Harrisburg, Pa : The Telegraph Press, 1947), p.56.
15) 李鍾學 譯(1982), pp.78~80.

군사전략이란, 국가목적을 달성하기 위해 전 · 평시(戰 · 平時)를 막론하고 군대를 건설 · 유지하며, 전쟁을 준비하고 군대를 사용하는 기술이며, 이것을 학문적으로 다루어야 하는 이론영역(理論領域)은 다음과 같다.

- 무력전(武力戰)을 지배하는 일반적 여러 방책
- 미래전쟁의 상황과 성격
- 국가 · 국군의 전쟁준비의 이론적 원칙과 전쟁계획의 여러 원칙
- 국군의 각 군종(육 · 해 · 공군)과 그 전략적 운용의 기초
- 무력전 수행의 여러 방책
- 무력전에 대한 물질적 · 산업 기술적 기초
- 국군의 지도 및 일반 전쟁수행의 여러 원칙
- 잠재적 적국의 전략적 여러 견해[16)]

작전술(operational art)이란 "전략지침에서 제시된 군사전략 목표를 달성하기 위한 상황을 조정하는 방향으로 일련의 작전을 계획하고 실시하며, 전술적 수단들을 결합 또는 연계시키는 활동"[17)]으로 정의되어 있다.

이것은 군사전략에 입각하여 작전의 계획단계로 전략과 전술의 중간 단계이다. 즉 합동참모본부에서 「한국의 군사전략」이 수립되고, 그것에 입각하여 각 군 본부에서 각 군의 군사전략이 수립되면, 육군에서는 야전군 사령부, 해 · 공군에서는 작전사령부에서 작전계획을 수립하는데, 이 작전계획의 수립 · 지도가 작전술의 영역이고, 작전계획에 입각하여 예하부대가 전투를 실시하는 것이 전술이다.

전술(tactics)이란 전장에서의 전투의 실행방법을 말한다. 요컨대 용병술을 개념적으로 간략하게 그 영역을 요약한다면, 군사전략은 구상의 단계요, 작전술은 계획의 단계이며, 전술은 실시의 단계라 할 수 있다.

다) 군사사학(軍事史學)[18)]

군사사학(military history)이란, 과거의 군사문제를 연구대상으로 하는 역사학이다. 그

16) V.D.Sokolovskii, ed., *op.cit.*, pp.89~90.
17) 『합동 · 연합작전 군사용어사전』(합동참모본부, 2006), p.331.
18) 李鍾學, 「現代軍事史의 硏究方向」 『軍史』 제3호(서울 : 전사편찬위원회, 1981), pp.10~59. 및 『韓國軍事史序說』(경주 : 서라벌군사연구소, 1989), pp.11~77. 참조.

것은 역사학의 한 분야인 동시에 군사학의 한 분야이기도 하다. 왜냐하면, 군사사학의 연구 논제는 현대 군사학을 위한 발전의 한 원천의 구실을 하는 과거의 군사경험을 이론화하기 때문이다. 앞에 얘기한 바와 같이 군사학은 경험과학이라 했으며, 군사학의 이론적 기초는 바로 군사사학에 두고 있다.

클라우제비츠는 이 관계에 대하여 명확하게 말하기를, "용병술에 있어서 모든 철학적 진리보다도 경험이 더 가치를 가지기 때문이다.… 역사적 실례(實例)는 모든 것을 명확하게 할 뿐만 아니라, 경험과학에 있어서 가장 훌륭한 증명력을 가지고 있다. 특히 용병술에 있어서는 더욱 현저하다"고 했다.

우리가 군사사학을 연구하는 목적은 다음과 같다.

첫째, 군사학의 기본 원칙의 원천을 탐구한다.

둘째, 군사, 특히 전쟁의 본질과 실상을 파악한다.

셋째, 고금(古今)의 전쟁에서 승패의 원인을 찾고, 또한 주동 인물들의 체험을 배워 자신의 자질향상의 자료로 삼는다.

넷째, 군사사학을 통하여 전쟁의 변천 과정을 앎으로써 미래전(未來戰)의 대비를 위한 교훈을 찾는 데 있다.

군사사학의 연구방법 및 범위 등은 'Ⅱ. 용병술과 군사사'에서 상세히 다루기로 한다.

라) 군사기술(軍事技術)[19]

(1) 현대전(現代戰)과 군사기술

인류의 전쟁 가운데 획기적인 변화를 가져온 것은 화약의 발명(연대는 아직 확실한 정설이 없으나, 7~11세기 사이로 추정됨)이다. 이로 인하여 인간은 자기 힘의 수 천 배의 세력원을 소유하게 되었다. 전장(戰場)에서 화약의 출현이 전술에 새로운 시대를 가져왔지만, 초기에는 기계 및 화학기술의 진보가 부진하여 당시의 화기는 표적이 된 적(敵)보다도 이것을 사용하는 자가 더 위험스러웠다. 하지만 주요한 이점은 발사했을 때 생기는 무서운 음향이 적에게 미치는 심리적 효과였다.

화기가 본래의 기능을 발휘하려면, 우선 견고해야 하고, 운반에 간편해야 하며, 더욱이

19) 최윤대 · 문자열 공저, 『군사과학기술』(서울 : 형설출판사, 1995) 참고할 것.

정밀도가 높아야 했다. 그래서 수 세기의 세월이 소요되었으며, 특히 군사기술은 20세기 초부터 급속히 발달되었다.

군사기술(military technology)이 전투, 나아가서 전쟁에 크게 영향을 미친 실례(實例)는 전파탐지기에서 볼 수 있다. 1940년 전파탐지기로 인해 히틀러가 영국의 제공권(制空權) 획득에 실패함으로써 영국 침공을 포기하게 되었고, 미국이 일본보다 2년 앞서 전파탐지기를 군함에 장치하여 효과적으로 운용함으로써 승리에 큰 영향을 미쳤다.

2차 대전 후, 열핵무기와 운반수단의 급격한 발전, 컴퓨터, 레이저 무기 등의 개발로 미래전은 우주전쟁으로 발전하게 되었다. 세계 각국이 그들의 가상 적국과 현재 피를 흘리는 전쟁은 하고 있지 않다 하더라도, 과학기술자들은 연구실이나 실험실에서 피를 흘리지 않는 전쟁을 하고 있다고 해도 과언이 아닐 것이다.

현대전에 있어서 아무리 무기의 중요성이 강조된다 하더라도, 역시 전쟁에 있어서 인간이 주체이며, 인간이 무기를 구사한다. 그리고 최신 무기라 할지라도 싸울 결의가 없는 자에게 있어선 그것은 하나의 장식품에 지나지 않는다는 것도 사실이다.

그러나 아무리 싸울 결의가 되어 있는 군대라 할지라도 월등한 화력의 우세 앞에서는 무력(無力)하다는 것도 사실이다. 따라서 인간과 무기와의 관계는 상호 긴밀하고 보완적인 관계에서 파악되어야 한다.

(2) 군사기술의 개념

군사기술이란, 군대의 작전 또는 전투 훈련을 보장하여 임무수행을 하기 위한 기술적 수단의 총칭이다. 그리고 이것은 군사학의 일부이며, 전쟁학이나 전쟁수단에 의해 과제가 주어지기도 한다. 군사기술은 기술적 · 경제적 · 생산기술 등에 기반을 두어 새로운 전투 수단을 안출 · 설계 · 제조하여 그 가능성 · 기술적 운용의 연구를 하며, 용병술은 이것을 바탕으로 해서 새롭고 구체적인 전략 · 전술적 용법을 발전시켜야 하고, 또한 용병술이 군사기술에 신무기의 개발 내지 개량을 하게 하기도 한다.

예컨대, 전자의 경우는 핵무기가 발명된 연후에 핵전략 이론(核戰略理論)이 발전되었고, 후자의 경우는 제1차 대전 때, 전선의 교착상태를 타개코자 하는 전술적 요청에 의해 전차가 발명되었다.

마) 군사 교육학

군사 교육학(military pedagogy)이란, 현대전의 상황 하에서 한 군인으로서 그리고 부대의 일원으로서 주어진 임무를 수행할 수 있도록 교육과 훈련을 연구하는 학문으로서 교육학의 한 분야요, 또한 군사학의 중요한 구성 분야이다.

전쟁은 시종 인간이 주체가 되는 것이며, 인간의 의지 · 자질 · 지식 · 지능 및 실행력 등은 승패를 결정하는 주요 요인이다. 따라서 인력자원을 개발하고 운용하는 것은 국방상 무기나 장비보다 더 중요하다. 왜냐하면, 무기와 장비의 개발 및 운용도 인간이 하기 때문이다.

현대전에 있어서 다수의 인력 소요, 무기와 장비의 복잡화, 그것의 발달 및 향상과 대량 사용, 군사행동에 있어서의 확고한 성격, 전투행동의 적극성, 격렬성 및 이동성, 육 · 해 · 공군의 개개의 구성원에 대해 모든 양상의 무력전(武力戰)을 교묘히 실시하고, 복잡하고 다양한 무기를 전장에서 사용하며, 어떠한 상황 하에서도 모든 종류의 전투행동에 있어서 확실한 협동과 조정의 보장 등의 과제를 해결하자면, 군사학에 있어서 군사 교육학의 필요성은 필수적이다. 또한 군사 교육학은 일반 교육학과 다른 독특한 교육 이념과 방법이 요구된다.

예컨대, 일반학교의 교육은 지식의 획득을 목적으로 하지만, 군사교육에서는 지식이 곧 발전하여 능력화 되어야 하고, 또 실천이 되어야 한다. 클라우제비츠가 말했듯이, "이론적 지식은 실제적 능력이 되어야 한다."[20]는 것이다. 그리고 군사교육에 있어서 무엇을 가르칠 것인가 하는 내용 지시는 전쟁학에서 주어지며, 또 어떻게 가르칠 것인가 하는 문제는 군사 교육학의 이론과 교육 심리학 등이 제시해야 한다.

한편, 일반학교 교육과 군사교육을 살핀다면, 국토방위의 중요성과 국방의식의 함양은 어려서부터 일반학교 교육을 통해 달성되어야 하고, 군사교육은 그것을 기반으로 하여 최신 과학무기의 조작과 운용 그리고 새로운 전략 · 작전술 · 전술의 연구개발에 집중하는 것이 바람직한 방향이며, 문무(文武)를 겸한 인재를 양성해야 국가에 유용할 것이다.

---

20) 李鍾學 譯(1986), 前揭書, pp.86~87.

바) 군사 지리학(軍事地理學)[21](해양학 · 기상학 포함)

군사 지리학(military geography)은 군사작전 및 전쟁 전체의 준비와 수행에 영향을 미치는 견지에서 여러 국가, 전장 및 각 지역의 정치 · 경제 · 자연 · 군사적 조건의 현황을 연구하는 군사학의 한 구성 분야이다. 군사 지리학은 군사학의 요구에 응하여 필요한 자료를 연구하며, 또한 영토와 지형 등의 자연 지리적 여러 조건이 전정 및 군사작전의 수행에 어떻게 영향을 미치는가를 판정한다. 따라서 군사 지리학은 실제 자료와 결론을 군사학에 제공하는 것이다.

전쟁의 성공적 수행을 위해 지리적 조건을 고려하려는 시도는 용병술과 거의 같은 시기의 옛날부터 있었다. 예컨대, 한 장수가 부대를 지휘하여 적지(敵地)에서 전투를 하자면 적의 부대 · 요새의 위치와 그 지형, 접근로, 공격에 유리한 고지 등을 고려하지 않을 수 없기 때문이다. 그래서 군사 지리학의 자료와 결론은 군사학의 모든 구성분야에 의해 이용되며, 특히 용병술과 긴밀한 관계에 있다. 그리고 군사 지리학은 세 가지 분야, 즉 국가전략 지리학(國家戰略 地理學), 군사전략 지리학 및 전술 지리학으로 분류할 수 있다.

사) 군사 보조학문(軍事補助學問)

이것은 위에 말한 군사학에 속하지 않으면서 군사문제에 직접 · 간접적으로 영향을 미치는 학문의 총칭이다. 예컨대, 국방 경제학, 군법, 위생학 등이 여기에 속한다.

아) 군사학의 각 분야의 연구방법의 확립

연구방법에 대해서는 양적 방법과 질적 방법을 논의했지만, 필자의 연구경험에 의하면 연구 대상에 대한 바른 인식하에 적합하고 타당한 연구방법을 개발하여 구사해야만 바람직한 연구 성과를 얻을 수 있었다.

예컨대, 군사 사학적(軍事史學的) 연구방법으로 110여 년간 국제적으로 논쟁되어온 광개토왕 비문의 신묘년 기사에 의한 일본 고대 사학계의 「한반도에의 출병」 및 「임나일본부」

21) 루이스 펠티어, 『軍事地理』(서울 : 국방대학원, 1988) 참고할 것.

설을 논파했고,[22] 또한 663년 나 · 당 연합군과 백제 부흥군과 왜군에 의한 주류성(周留城) · 백강(白江)을 무대로 하는 최후의 결전장에 대한 종전의 위치 비정을 수정했다.[23] 학문연구에 있어서 연구방법론의 중요성을 강조해 두는 바이다.

라. 맺 음 말

현대전쟁은 정치 · 경제 · 사회 · 심리 및 군사력 등이 포함되는 총력전임이 틀림없지만, 그 중심이 되는 것은 어디까지나 무력전이다. 따라서 국가의 안전을 보장하려면, 무력전의 수행능력이 선결문제이다. 더욱이 한반도의 군사정세는 이것을 더욱 실감케 하고 있다. 그래서 국가 안전보장이나 국방연구 등도 실질적으로 분석 · 평가해 본다면 전쟁의 연구와 이의 대비에 불과하다.

군사학의 연구, 즉 전쟁과 군대에 관한 지식, 무력전 수행의 수단 · 방법 및 형태에 관한 연구, 과거의 경험, 또 현재 및 미래에서 참다운 군사의 있어야 할 바의 바람직한 발달방향을 명시하는 이론의 정립은 결코 하루아침에 달성되는 것이 아니며, 중지(衆智)와 꾸준한 노력에 의해서만 달성되는 것이다. 그리고 군사학 연구의 성패는 필연적으로 전쟁의 승패와 직결되고 나아가서 국가 · 민족의 생사 · 존망에 직접적 영향을 미치는 것이니, 광범위하고도 심오한 연구가 계속적으로 추진되어야 할 과제이다.

오늘날 우리나라에 있어서 군사학 연구를 하기에는 아직도 만족할 만한 연구 자료나 여건이 구비되어 있지는 않지만, 본 논문은 그동안 군사 실무교육(軍事實務敎育)의 경험을 토대로 하여 군사학의 이론정립을 시도해 본 것이다.

지금까지 필자는 군사학이 학문으로서의 시민권을 획득케 하는데 40여 년간 노력을 기울여 왔으며, 이 목표는 달성되었다. 그러나 앞으로 알찬 결실을 맺을 수 있도록 뿌리를 내리게 하는 데 여생을 바칠 생각이며, 이 글이 앞으로 한국의 군사학 발전에 참고가 되기를 바랄 뿐이다.

---

22) 李鍾學, 「廣開土王碑文 辛卯年記事의 檢討－軍事史學的 硏究方法에 의한－」『軍史』 제32호(서울 : 國防軍史硏究所, 1996), pp.46~77. 및 「広開土王碑文の真実 －軍事史学的研究方法による辛卯年記事の検討－」『日本及日本人』通巻 1630号(東京 : 日本及日本人社, 1998), pp.144~154.

23) 李鍾學, 「周留城 · 白江의 位置比定에 관하여－軍事史學的 硏究方法에 의한 考察－」『軍史』 제52호 (서울 : 군사편찬연구소, 2004), pp.161~191.

2. 군사사상

군사사상(Military Thought)은 전쟁목적을 달성하기 위해 전쟁관의 인식과 무력전의 준비 및 수행에 대해 판단 · 추리를 거쳐서 생긴 사고(思考) 및 의식체계를 뜻한다. 그리고 군사사상의 형성에 영향을 미친 요인을 살피면 아래와 같으며, 여기서는 첫째에 관해서 논의하고자 한다.

첫째 : 국가의 지정학적 위치와 환경

둘째 : 군사제도

셋째 : 무기체계의 변천

넷째 : 용병술 등이다.

국가의 위치 분류에 대해서는 학자에 따라 다르지만, 편의상 자연 지리적 위치에 의하면, 국가의 위치를 육지 · 해양 · 반도 등과 같은 자연 지리적 지물과의 관계에서 바라보는 것이며, 크게 분류하면 대륙적 위치, 해양적 위치 그리고 반도적 위치이다.

가. 대륙국가의 군사사상

한 국가의 영토의 대부분이 바다와 직접 접하고 있지 않을 때, 이런 나라의 위치를 대륙적 위치라고 한다. 가령 큰 나라가 한 면 내지 극소 부분이 바다와 접하고 있다면, 그 나라는 분류상 일부 해양적 위치의 국가가 되기도 하지만, 전체적으로 보아 대륙적 위치의 국가라고 보는 것이 좋다. 여기에 군사적 개념을 도입한다면 더욱 명백해지리라. 즉 한 나라의 방위문제가 육군 혹은 해군의 어느 쪽에 의해 의존하는가 하는 문제이다. 만약 한 국가가 육군에 의하여 국가의 존망이 좌우된다면 그것은 대륙국가가 되고, 해군에 의하여 좌우되면 해양국가라 불러도 좋을 것이다. 이러한 관점에서 본다면, 독일, 러시아 및 중국은 대륙국가에 속한다.

대륙국가의 군사 사상가의 대표는 프로이센의 클라우제비츠(1780~1831)이며, 그의 명저 『전쟁론』(1832)이 있다. 이런 저서가 독일에서 저술되기에는 그만한 이유가 있다. 즉 독일의 국경선의 지세는 대부분 평탄하며, 적의 침략에 대해서 거의 커다란 장애물이란 없었다. 거기다가 주위를 둘러싸고 있는 여러 국가는 모두 강국이며, 그들의 국토는 마치 연무장 내지 쟁탈장의 모습이었다. 독일은 러시아, 스웨덴, 오스트리아 및 프랑스 등의 강국에 의해 수 백 년 동안 전장(戰場)이 되어 왔다. 유명한 30년 전쟁(1618~1648)에 있어서는 독일의 인구가 3분의 1 가까이 감소되었으며, 점멸당한 부락도 적지 않았다.

따라서 독일은 해양국인 영국처럼, 전쟁을 이해득실(利害得失)로 취사선택을 자유로이 할 수 있는 유리한 사업이 아니라, 오히려 전쟁은 그 규모가 작든 크든 국가의 존망과 직결되며, 패퇴는 곧 망국과 연결된다. 그래서 독일은 생존하려는 한, 용감히 전쟁과 대결하지 않을 수 없었다. 전쟁으로부터의 도피는 곧 생존 의지의 포기를 뜻했다. 그래서 클라우제비츠는 다음과 같이 주장했다.

- 인도주의자들은 전쟁의 참뜻은 교묘한 수완으로 적의 무장을 해제시키든가 혹은 굴복시키는 데 있는 것이지 적에게 과대한 손상을 입히는 것이 아니다. 그리고 이것이 바로 용병술의 본래의 의도이다. 이러한 주장은 그 자체로서는 그럴듯하게 보일지 몰라도 우리들은 이러한 그릇된 생각을 없애야 한다. 전쟁과 같이 위험한 일에 있어서 선량한 마음에서 생기는 그릇된 생각이야말로 가장 나쁜 것이다.[24)]

- 적 전투력의 격멸은 전쟁의 주요한 원리이며, 적극적 행동을 취하는 측에는 목표에 도달하는 가장 주요한 수단이다.
- 적 전투력의 격멸은 주로 전투에 의해서만 달성된다.
- 대규모의 전반적인 전투만이 커다란 성과를 가져온다.
- 장수는 주력전에 있어서만 스스로 지휘한다. 그러나 많은 경우 그의 부하에게 지휘를 위임한다는 것은 당연한 일이다.[25)]

나. 해양국가의 군사사상

국가의 영토가 바다와 접촉하고 있는 경우에 해양국가라는 말을 사용하고, 그 국가의 국방이 해군에 의해 좌우되는 도서국을 뜻하며, 예컨대, 영국 · 일본 · 필리핀 등이 여기에 속

24) 李鍾學 譯(1986), p.2.
25) 上揭書, pp.107~108.

하고, 미국도 실질적인 형세를 본다면 여기에 속한다.

해양국가의 군사 사상가에는 미국의 마한[1840~1914. 저서, 『해양력 사론』(The Influence of Sea Power upon History, 1890)]과 영국의 콜벳[1854~1922, 저서, 『해양 전략의 원칙』(Principles of Maritime Strategy, 1911)] 등이 있으나, 여기서는 마한의 견해를 소개코자 한다.

마한은 세계정치를 근본적으로 해상 장악을 위한 계속적인 투쟁으로 해석하였다. 해상 통상항로를 지배하는 국가는 세계의 강대국으로서 필요한 관건책을 장악하는 것이었다. 해양은 문화적 · 경제적 그리고 정치적으로 국가와 문화를 위하여 밀접한 관계를 유지하는 데 가장 위대한 매개물의 역할을 담당했다. 근대에 와서 해양에 대한 영국의 지배권은 나폴레옹의 대륙체제를 실패의 운명으로 인도하였고, 또 궁극적으로 자멸을 체험케 했다. 역사에 있어서 중요한 정치적 및 군사적 의사결정은 해양의 지배권을 장악하는 국가가 소유하게 된다는 것을 가르쳐주었으며, 그것은 해양력이 육상에서의 체제보다 훨씬 우수한 교통 교류와 기동성을 제공한다는 것을 명시하고 있다. 마한은 해양력에 영향을 미치는 일반적 조건을 지리적 위치(천연자원과 기후도 포함), 물리적 적합도, 영토의 해양선의 길이, 인구, 국민성 그리고 정부의 성격 등 여섯 가지라 했다.[26)]

영국과 같은 해양국가의 전쟁관은 냉철한 타산을 특색으로 한다. 그들에게 있어서 전쟁은 계산을 도외시한 투기도 아니며, 운을 하늘에 맡긴 모험도 아니다. 외교와 전쟁을 교묘히 구사하며, 그 실행에 있어서는 최소의 경비, 최소의 노력을 가지고 최대의 성과를 획득하는 것을 이상(理想)으로 하여 가능한 한, 동맹 · 연합을 획책하고 타국을 자기 진영에 끌어들여 그 힘을 이용한다. 그리고 나아가 자기의 힘을 절약하며, 이것을 위해 필요하다면 어제의 적과도 곧 화해하는 데 주저하지 않고(미국이 중공과의 관계개선), 주의 · 주장에 사로잡히지 않으며, 인종 · 종교에 개의치 않고, 감정이나 증오심에 좌우되지 않으며, 모든 것을 국가 이익의 달성에 융합하고, 전쟁이 이에 지불하는 가격에 합당치 않으면 그 전쟁 목적을 곧 변경하며, 싸움의 와중에서도 외교를 잊지 않고, 전후의 경영에 시종 눈을 떼지 않는다.

최소의 노력으로 최대의 성과를 획득하기 위해 영국이 관여한 전쟁은 간섭전쟁(War of Intervention)이었다. 영국은 이런 전쟁의 활용으로 제1차 세계대전 전까지 부강을 얻었을

26) Alfred T.Mahan, *The Influence of Sea Power History, 1660~1783* (Boston : Little, Brown and Company, 1890), pp.25~89.

뿐만 아니라, 유럽의 세력균형을 유지하고 또 유럽의 수호신 · 심판자 혹은 징벌자의 지위를 획득했다. 영국이 이런 전쟁관과 전쟁수행을 실시할 수 있었던 것은 해양국으로서의 지리적 위치와 환경의 힘을 입고 있었기 때문이었다. 해양은 제2차 세계대전 때까지만 하여도 지상군에 대해서 거의 절대적 장애(나폴레옹 및 히틀러의 영국 침공의 실패, 몽골군의 일본 침공의 실패 등)로 간주되었다. 특히 강대한 해군이 제해권(command of the sea)을 장악하고 있으면, 그 안전은 반석이며, 오히려 해상에서 수시로 습격하여 상대국을 괴롭힐 수 있었다.

클라우제비츠는, "가장 훌륭한 전략은 언제나 강력한 병력을 보유한다는 것이다. 바꾸어 말한다면, 먼저 강력한 병력을, 다음에 결정적 지점에 강력한 병력을 보유하는 것이다.… 전쟁의 수단은 다만 하나에 지나지 않는다. 즉 그것은 전투이다"[27]고 주장한 데 반하여, 리델 하트(1895~1970)는, "전략의 진실한 목적은 되도록 전투를 하려 하지 않고, 부득이 하다 할지라도 유리한 전략적 상황을 추구해야 한다. 이 유리한 전략적 상황이라는 것은 그 자체가 해결을 가져올 수 있든가, 아니면 유리한 전략적 상황과 전투가 결합하면 군사적 해결이 확실히 달성되는 상황이다. 바꾸어 말하면, 교란(dislocation)이 전략의 목적이다"[28]고 했는데, 이것은 대륙국가와 해양국가의 군사사상의 기본적 차이점이다.

다. 항공 군사사상

1903년 12월 17일 미국의 라이트 형제는 키티호크에서 자신들이 제작한 비행기로 12초 동안 120피트(약 37미터)를 비행하는 데 성공했는데, 이것은 인간이 하늘을 정복한 날로 기록되고 있다. 항공기가 무기체계로서의 가능성을 보인 것은 제1차 세계대전에서이며, 오늘날 국가 간의 대규모의 현대전에서의 승리는 제공권 혹은 공중우세가 불가결한 요소로 변했다.

항공 군사사상에 공헌한 사람들은 이태리의 두헤(1869~1930), 미국의 미첼(1879~1936) 및 세바스키(1894~1974)가 있으나, 창시자는 역시 두헤이다. 그는 1909년 이미 항공기에

27) 李鍾學 譯(1986), p.101 및 p.35.
28) B. H. Liddell Hart, *Strategy* (A Meridian Book, 1991, 2nd rev. ed.), p.325.

대해 관심을 가졌고, 그것이 군사전략상 혁명적인 중요성을 가지고 있음을 예견하였다. 그의 견해는 1921년에 최초의 저서, 『제공권』에서 구체화되었는데, 6년 후인 1927년에 개정판을 내어 좀 더 완숙하게 그의 사상을 전개했고, 영어로 번역된 것은 1942년이었다.

그의 항공사상의 기반을 형성하고 있는 주요한 가설은 다음과 같다.[29]

첫째 : 항공기는 비교할 수 없는 능력을 가진 공격 무기이며, 항공기에 대한 효과적인 방어수단이란 아직 예견할 수 없다.

둘째 : 인구 중심지에 대한 폭격으로 민간인의 전의(戰意)를 파괴할 수 있다.

이와 같은 가정을 기초로 하여 그는 다음과 같은 결론을 내렸다.

① 유효적절한 국방을 확보하기 위해서는 전쟁이 야기된 경우에 제공권을 완전히 쟁취하는 것이 필요하다.

② 공중 공격의 기본적인 목표는 지상군의 접전지대로부터 멀리 떨어져 있는 산업시설 및 인구집결 중심지가 되어야 하며, 군사시설이 되어서는 안 될 것이다.

③ 특히 적 항공기를 공중전으로서 격파하려고 해서는 안 되며, 무엇보다도 항공기의 보급물자의 출처인 지상시설 및 공장지대를 파괴시켜야 한다.

④ 지상부대의 역할은 전선을 방어하며, 적의 전진을 저지시키고, 특히 아군의 통신망, 산업시설, 공군기지 및 병참선을 적이 장악하지 못하도록 하는 방어적인 것이어야 하며, 이와 동시에 공중 공격을 통하여 적이 군대를 유지할 수 있는 능력과 감당할 수 있는 전의(戰意)를 마비시켜야 한다.

⑤ 모든 노력의 가장 효과적인 적용을 위해서, 적의 폭격기에 대비하기 위한 특수한 형태의 전투기를 먼저 마련해야 한다. 공군 장비의 기본 형태는 전투기라야 한다. 이 전투기는 폭격과 동시에 자체 방어가 가능해야 한다. 즉 전투 목적을 위하여 드 개의 기능 중 어느 것이라도 발휘할 수 있는 것이어야 한다.

위에 열거한 두헤 사상의 가정을 제1 · 2차 세계대전을 비롯하여, 그 후의 전쟁사를 통하

29) Edward Warner, "Douhet, Mitchell, Seversky : Theories of Air Warfare" in Edward M. Earle, ed., *Makers of Modern Strategy* (Princeton University Press, 1943), pp.489~490.

여 분석 · 평가한다면 약간 빗나간 점, 소홀한 점도 있지만, 아무튼 제2차 세계대전 이후에 있어서 제공권 내지 공중우세의 획득이 전승(戰勝)에 있어서 대단히 중요하다는 데 이론(異論)을 제기할 사람은 아무도 없으리라. 미국의 래드포드 해군 제독은 "오늘날 항공력은 전쟁에 있어서 가장 우위를 차지하는 요소이다. 물론 항공력만으로 전쟁에서 승리할 수는 없지만, 그러나 그것 없이 커다란 전쟁에서 승리할 수는 없다. 우리들이 아는 한, 항공력은 공격 · 방어의 양면에서 또 타군을 지원함에 있어서 가장 필요로 한다."고 했는데, 이것은 항공력의 참다운 가치를 적절하게 평가한 내용이라 하겠다.

라. 반도국가의 군사사상[30)]

반도국가는 대륙과 연결되어 있으면서 대개 2~3면이 바다를 접하는 해양적 위치를 말한다. 반도국의 방위문제는 육군과 해군을 겸비해야 한다는 난점을 안고 있는 반면, 이 난점을 극복하기만 한다면 강대국으로 대륙과 해양으로 발전할 수 있는 이점을 갖고 있다. 예컨대, 발칸 반도의 아테네 제국(기원전 4세기), 이태리 반도의 로마 제국(기원전 1세기), 이베리아 반도의 스페인 제국(15세기), 터기 반도의 오스만 · 터키 제국(16세기) 등이다. 반도국에 대한 군사사상에 관한 저서는 필자의 과문한 탓인지 몰라도 아직 발굴하지 못했다.

그리스와 로마 제국은 강력한 육군과 해군을 건설 · 유지 및 운용함으로써 강력한 제국을 건설했고 또한 국력을 신장시켰다. 이것으로 보아 반도국은 수륙 양서국(水陸兩棲國)이며, 따라서 반도국이 가져야 하는 군사사상은 대륙국가와 해양국가의 군사사상 및 새로운 군사기술로 등장한 항공 군사사상을 통합한 종합적인 군사사상이 되어야 하리라.

한반도처럼 외양률(外洋率)이 높고, 해상교통에 의한 수 · 출입의 무역에 크게 의존하는 국가는 해양력의 육성에 중대한 관심을 가져야 한다. 그리고 한반도는 전 세계적인 세력균형과 특별한 관계를 맺고 있으며, 특히 세계의 강대국인 미국, 러시아, 중국 및 일본과 직접적인 이해관계(利害關係)가 교차하는 유일한 지역이다.

화력(fire power)이 미약한 재래식 전쟁에 있어서는 병력, 전투용 운반수단(전차, 대포, 항공기 및 군함 등)과 그것을 지원하는 거대한 중공업 시설에 의해 전쟁(전투가 아님)의 승

30) 상세한 내용은, 李鍾學 著, 『韓半島의 抑止戰略理論』(서울 : 형설출판사, 1979), pp.291~335.를 참고하기 바람.

패가 거의 결정되어왔다. 우리의 국력으로 미루어보아 대륙국가의 육군 하나만을 대적(對敵)하여도 방위하기가 대단히 어려운데, 거기다가 해양국가의 해군마저 대적하기 위한 두 배의 군비를 갖추어야 했으니, 한반도 방위의 난점은 바로 여기에 기인하는 것이다. 유사(有史) 이래 한반도에 대한 침략통계에 의하면, 대륙국가의 침략이 165회, 해양국가의 침략이 112회나 된다고 한다.

주변 강대국에 의해 둘러싸인 한민족은 지금까지 많은 침략을 당하여 왔고, 심지어 일제(日帝)에 의해 36년간 주권을 상실하고 고난과 치욕의 수난을 당하였는데, 우리들 한민족에게는 과연 강대국의 침략을 억제하고 또한 국가의 주관과 독립을 수호할 수 있는 생존전략은 없는 것일까?

앞에 얘기한 바와 같이 재래식 전쟁에 있어서의 승패는 국력을 바탕으로 하는 병력 · 전투용 운반수단 및 중공업 시설에 의해 결정되었으나, 제2차 세계대전 말기에 출현한 핵무기는 새로운 차원의 억제전략(Deterrence Strategy)을 탄생케 했다. 따라서 한민족의 생존권을 획득하고, 주변 강대국의 침략을 거부하고, 평화와 안전을 유지하기 위해서는 '강력한 억제력의 군사력' 을 창설 · 유지 및 운용을 해야 하리라.

3. 군사교리

군사교리(Military Doctrine)란 미래전의 성격에 대한 군사력의 건설과 발전방향, 전쟁목적과 국가의 사회적 · 경제적 · 기술적 및 군사적 능력에서 생겨나는 무력전의 방법과 형태 및 수행에 대한 공식적인 기본원칙과 지침으로 이해되어 왔다. 그리고 그것은 영구 불변적인 것이 아니라, 정세와 능력의 변화에 따라 언제나 발전하고 변화되어야 한다.

군사교리는 경제적 · 기술적 · 군사적 요인과 그 때의 군사학(Military Art and Science)을 기반으로 하여 작성되어야 한다. 그것의 기본적인 주제는 건군(建軍)에 있어서의 주요한 방향의 책정, 미래전의 성격에 대한 견해의 통일, 국가의 방위 및 가상적(假想 敵)의 침략을 저지 혹은 격퇴를 위한 준비에 대해 결정을 해야 한다. 우리나라의 군사교리에 대한 정의(定義)는 다음과 같다.[31]

31) 『합동 · 연합작전 군사용어사전 – 합동참고교범 10-2 –』(합동참모본부, 2006), p.57.

• 군사적인 개념으로는 군사력으로 국가목표를 달성하기 위하여 공식적으로 승인된 군사행동의 기본원칙과 지침으로서 권위는 있으나 적용 시에는 판단이 요구됨.

우리나라의 군사교리의 구조와 내용을 소개하면 아래와 같다.[32]

• 「군사 기본교리」는 국가 안전보장의 개념과 체제를 이해하고, 이를 보장하기 위한 군사력 사용 원리와 건설, 유지 및 발전방향을 제시한다. 전쟁과 군사작전에 대한 개념, 원칙 및 기획 과정, 제대별 역할을 제시한다. 전쟁 이외의 군사 활동에 대한 개념과 고려사항, 유형별 활동을 제시한다.
• 군사 기본교리는 군사 교리체계상 최상위 교리로서 그 하위 교리로 합동교리와 각 군 교리가 있다.
• 「합동교리」는 합동작전을 위하여 각 군에 공통적으로 적용할 교리로서 기준교리와 운용교리로 구성된다.
• 「각 군 교리」는 각 군의 특성을 고려하여 발전된 교리로서 별도의 각 군 기본교리와 그 하위 교리로 구성된다.

결론적으로 고찰한다면, 한 민족이나 국가가 침략을 하거나 혹은 적의 침략을 저지하여 생존권을 확보하기 위해, 전쟁이란 무엇이며, 어떻게 하면 전쟁을 준비 · 수행하여 승리를 얻을 것인가 하는 사고(思考)의 체계인 군사사상(軍事思想)을 태동케 했으며, 오랫동안의 인류의 전쟁 경험을 기반으로 하여 주제에 대한 개개의 사실이나 인식을 통일적으로 설명하고, 장래의 실천의 지침이 될 수 있는 비교적 수준이 높고 보편성을 가지는 체계적인 지식을 군사이론(軍事理論)이라 하며, 이것보다 더 수준을 높인 것을 군사학(軍事學)이라 한다. 군사교리(軍事敎理)는 군사학을 바탕으로 하여 전쟁목적을 달성하기 위해 특정 국가의 여건을 고려하여 공식적으로 승인한 군사행동의 지침이다.

군사이론과 군사교리의 실례(實例)를 살펴보기로 한다.

---

32) 『군사 기본교리 - 합동교범 Ⅰ - 』(합동참모본부, 2002. 12.), pp.1~2.

제2차 대전 초기의 독일군의 전격전(Blitzkrieg)의 신화는 제1차 대전의 경험 및 교훈을 연구 · 검토하여 완성한 공격전술이다. 1917년 깡브래(Cambrai) 전투 때, 전차를 집단으로 사용함으로써 전선의 돌파가 가능하다는 것을 입증했다. 특히 풀러(Fuller) 소장은 1918년 영국 전차군단의 참모장을 역임하였고 또 제대 후에 전차가 장래의 전장을 지배할 것이라는 예언적인 저서를 발간했으며, 독일의 구데리안(Gudərian) 장군은 전차부대의 운용방법을 교리화하여 실전에 활용하여 혁혁한 전공을 세웠다. 이 문제에 대해 구체적으로 고찰해 보고자 한다.[33]

영국 육군이 대대적으로 재군비를 갖춘 1937년, 이미 5년 전에 퇴역한 풀러는 『작전요무령Ⅲ ; 기계화 부대 간의 작전』(1932)이라는 책을 집필했는데, 이 책은 영국에서는 500부 정도가 출판된 데 비하여 소련군과 독일군에서는 수 천부가 보급되었다. 독일군에서는 드골 장군의 체계를 더 낫다고 보아 풀러를 모방하지 않았으나, 소련군에서는 이것이 자기들의 전술에 적합하다고 보았다. 풀러의 『작전요무령Ⅲ』에 관해서, 그의 제자 중의 한 사람인 마셜 중령은 다음과 같이 쓰고 있다.

> 이 책은 기계화 부대 간에 벌어질 장차전의 성격을 영국인에게 소개하기 위하여 가장 탁월한 미래에 대한 통찰로 씌어진 군사교범이며 평론서라 생각한다. 이 책이 독일에서는 3만부가 출판되었고 또한 소련군에서도 널리 보급되었지만, 영국인들은 이를 읽으려 하지 않았으므로, 본래의 목적은 달성하지 못했다. 이 책에 대한 민주진영과 전체주의 진영의 관심도가 이와 정반대였더라면 제2차 대전은 일어나지 않았을 것이라고 생각한다.

이름을 밝히지 않은 필명의 집필자는 풀러의 『작전요무령Ⅲ』이 독일군에서는 채택되지 않은 것으로 밝혔으나, 잘못된 견해로 본다. 그 책 이름을 바꾸어 『기계화전』(Armored Warfare, 1943)으로 출간한 '추천사' 에서 마셜 중령은 다음과 같이 기록했다.

> 이 책은 원래 육군을 위하여 군사 성서(military Bible)라고 할 수 있는 야전교범으로 씌어졌으나, 영어권 국가에서보다 유럽에서 더욱 많이 연구되었다. 소련과 스페인의 육군에서 참고 교재로 쓰기 위해 발행되기도 했다. 그리고 체코는 이 『작전요무령Ⅲ』을 상당히 높이 평가하여 체코 참모대학에서 기계화전

33) Edward M. Earle ed., *Makers of Modern Strategy*, (Prineton University Press, 1943), pp.379~380.

교과서로 채택했다. 이 책이 독일 육군에 미친 영향에 관하여 한 고위 체코 장교는 다음과 같이 썼다. "독일군은 이것을 성서로 여기고 있으며, 프랑스와 폴란드에 대한 전면적인 공격은 풀러의 교리에 입각한 것이었다." 이에 대한 부분적인 확증으로 1939년에 베를린 주재 영국 무관이었던 댈리(Denis Daly) 준장은 『계간 육군』(The Army Quarterly)에서, "풀러 소장의 저서에 대해 나에게 자세히 말해준 또 한 사람은 하인츠 구데리안(Heinz Guderian) 장군이었다"고 쓰고 있다. 구데리안 장군은 당시 독일 최고의 전차 전문가였다.[34)]

독일군은 그들의 제1차 대전의 경험과 교훈에다 새로운 전차 운용술을 접목시켰던 것이다. 즉 독일은 1918년 루덴도르프의 대공세 때 사용한 후티에(Hutier) 전술이 전술적으로 돌파에 성공했음에도 불구하고 전략적으로 실패한 이유를 면밀히 조사 분석한 결과, 공격부대의 화력 · 기동력 · 수송력의 부족에서 기인하였다는 결론을 얻었다. 왜냐하면, 공격부대의 기동력이 부족하기 때문에 연합군은 철도 · 차량 등을 이용하여 신속히 예비대를 이동시켜 독일보다 우세한 병력을 돌파구 전면에 집결시키고, 독일군은 수송력의 부족 때문에 예비대 증원 및 충분한 보급지원이 불가능하게 되어 공격부대의 전투력이 약화되었고, 포병은 신속히 진격하는 보병부대를 따라갈 수 없었기 때문에 공격부대 자체의 보유 화력만으로는 전장을 제압할 수 없었던 것이다.

그리하여 위에 열거한 결점을 보강하는 방법으로써 기동력의 부족은 공격부대를 기계화하고, 대규모의 차량화 부대 및 보급 지원부대는 편성하여 수송력 문제를 해결하고, 화력은 전차의 포, 자주포, 항공기의 폭격으로 보강하게 하였다. 그리하여 독일군은 기갑사단(Panzer)을 편성하고, 급강하 폭격기(Stukas)를 발전시켜 양자의 협동작전으로 적의 방어지역을 깊숙이 침투함으로써 마비시켰으니, 이것이 이른바 전격전이었다.

전격전을 좀 더 구체적으로 설명하면, 먼저 전차 · 자주포 · 차량화 보병 · 공병 · 병참 지원부대가 하나의 팀(team)이 되어 적의 방어가 약한 전선의 좁은 정면에 기습적으로 집중공격함으로써 돌파구를 형성하고 기갑부대가 이 돌파구를 통하여 깊숙이 침투하여 적을 차단 고립시키며, 적으로 하여금 방어진지를 재편성할 시간 여유를 주지 않고, 차량화 보병이 기갑부대를 접속 전진하여 차단 고립된 적을 소탕하는 것이다. 그리고 공군은 도시 · 지휘소 · 부대 집결지 · 교통통신 · 보급시설 등을 폭격하여 지휘조직을 마비시키는 동시에

34) 존 풀러, 『기계화전』 최완규 옮김 (서울 : 책세상, 1999), pp.10~11

심리적 충격을 가하며, 특히 포병지원이 신속히 전진하는 기갑부대를 따라 가지 못할 때, 급강화 폭격기가 화력 지원을 대신하게 하였다. 그리하여 독일군은 항상 주공격 전면에서 국지적 우세를 확보하였고, 신속히 진격함으로써 적으로 하여금 부대를 재편성할 수 있는 시간을 주지 않았다.

이 전격전은 슐리펜 식의 섬멸전보다도 적의 급소를 찔러 조직적 결합력을 와해시킴으로써, 적의 저항력을 박탈하는 데 그 특징이 있으며, 폴란드 전역을 통하여 약간의 결점을 수정 보완한 후, 프랑스 작전에서 다시 한 번 그 위력을 발휘하게 되자 무적 독일국방군(Wehrmacht)의 신화가 창조되었고, 연합군은 전격전의 위력에 전율되었을 뿐만 아니라, 완패 당했던 것이다.

새로운 전술의 군사이론을 만드는 것도 중요하지만, 그 이론을 군사 교리화하여 실전에 활용해서 승리를 획득하는 것이 더 중요하다는 것을 새삼 강조할 필요는 없으리라. 그리고 대부분의 군인들은 군사교리의 지배를 받는 상황에서 그렇게 쉽게 변화할 수는 없을 것이다. 그러나 우리의 사고(思考)가 고정되는 것을 막는 유일한 길은 어떤 것도 고정된 것으로 받아들이지 않으면서, 실전의 전쟁상황은 항상 변화하며 또 편제 · 행정 그리고 용병술 등도 그에 따라 신속하게 변화되어야 한다는 것을 인식해야 하리라.

II. 용병술과 군사사

이 종 학 (서라벌군사연구소)

II. 용병술과 군사사

이 종 학 (서라벌군사연구소)

1. 용병술

용병술(혹은 전쟁술, art of war)이란 원래의 뜻은 주어진 수단, 즉 무장되고 장비된 전투력을 투쟁에 사용하는 술이다. 이러한 의미의 용병술은 전쟁수행(conduct of war)이라는 명칭이 가장 적합하다. 이에 반하여 넓은 뜻의 용병술은 전쟁을 위한 모든 활동이 여기에 속한다. 따라서 군사력을 창설하는 데 필요한 전반적 활동, 즉 징병(raising), 무장(armament), 장비(equipment) 및 훈련(training)이 이에 속한다. 좁은 뜻의 용병술은 전술(tactics)과 전략(strategy)으로 구분되었으며, 전술이란 전투에 있어서 군사력을 사용하는 것을 말하며, 전략이란 전쟁의 목적을 달성하기 위해서 전투를 사용하는 것을 말한다. 이것은 클라우제비츠(1780~1831)가 『전쟁론』(1832)을 집필할 당시의 개념 구분으로 보통 용병술이란 좁은 뜻으로 사용했다.[35]

제1차 세계대전(1914~1918)은 전쟁 규모의 확대와 병력 규모의 증대, 그리고 무기체계의 발달과 복잡성 등으로 인해 용병술 체계에도 변화를 가져왔다. 즉 전략과 전술 사이에 작전술(operational art)이 등장했고, 또 전략은 군사전략(military strategy)과 국가전략

35) 클라우제비츠, 『전쟁론』 이종학 역(서울 : 일조각, 1986, 증보신판), pp.77~78.

(national strategy)으로 구분하게 되었다.

제정 러시아의 육군 소장 스베친(A. Svechin)은 그의 저서 『전략』(1926)에서 전략과 전술 사이에 '작전술'(operational art)이라는 용어를 등장시켰다. 그리하여 구소련에서는 1936년에 「야전요무령」에서 명문화시켰다. 미 육군에서는 1986년도에 개정된 「OPERATIONS」에 '작전술' 이라는 용어와 개념을 기술하고, 현대전의 용병술 체계를 군사전략－작전술－전술의 3분체계를 정립하였다.

한편 한국 육군에서는 1989년에 「작전요무령(야전교범 100-5)」에 용병술 체계를 군사전략－작전술－전술의 3분체계로 정립하였고, 합동참모본부는 1998년 2월에 발간한 합동교범 3-0『합동작전』에 '작전술' 의 개념을 공식적으로 교리화하였다.

미국의 합참본부와 국방부에서 발간한 『군사용어사전』(1984)에 의하면, 국가전략이란 국가목표를 달성하기 위하여 전시나 평시에 군사력을 포함한 정치 · 경제 · 심리적 차원의 국력을 개발하고 사용하는 기술과 과학이라 했다. 당연히 군사전략은 국가전략에 포함되는 일부요, 또한 최후의 수단이기도 하다.

더욱이 제2차 세계대전 말기에 출현한 원자폭탄은 억제전략(deterrence strategy)을 등장케 했다. 즉 억제(deterrence)라는 개념은 적으로 하여금 예상되는 이득보다도 손실이 훨씬 크다는 전망을 하게 함으로써 공격을 단념케 하는 조치이다. 억제가 성립되는 조건은, ① 억제능력의 확실성, ② 행사하는 결의, ③ 상대편에 결의를 전달하는 조치이다. 특히 2차 대전 후, 미 · 소를 중심으로 여러 종류의 핵전략이 발전되어왔다.

가. 군사전략

1) 「전략」용어의 변천과정

전략(strategy)이라는 용어는 그리스어의 'strategos' 혹은 'strategus' 에서 유래하며, 그 뜻은 '장수의 직위' 혹은 '장수의 책략'(art of the general)을 뜻한다. 이것이 엄밀한 군사적 용어로 쓰이기 시작한 것은 18세기 말엽부터라고 한다. 좀 더 구체적으로 얘기하면, 뷜로(1759~1808)의 저서, 『근대 전쟁체계의 정신』(1799)은 대단한 호평을 받았고, 프랑스어와 영어로도 번역되었다. 그는 용어의 정의를 명확히 했는데, 즉 전술, 전략, 작전기지 등이다. 그의 정의는 모두 수용되지는 않았지만, 한 때 유행하기도 했으며, 그의 저서의 이론은 구식 사상을 집대성한 데 지나지 않았다.[36]

나폴레옹(1769~1821)의 등장은 전쟁을 왕조전쟁으로부터 국민전쟁으로 전쟁의 성격과 규모를 전환해 버렸다. 즉 국민이 전쟁에 참가할 뿐만 아니라, 내각이나 군대를 대신하여 전 국민이 승패의 귀추를 결정하게 되었다. 전쟁에 사용될 수단의 한계는 없어졌으며, 군사행동의 목표는 적군의 타도 · 격멸에 두었고, 적이 무력화되어야만 전쟁의 중지나 강화가 성립되는 추세를 보였다. 주로 나폴레옹이 수행한 전쟁을 바탕으로 하여 전쟁이론을 체계화한 것은 클라우제비츠(1780~1831)와 조미니(1779~1869)였다. 클라우제비츠는 그의 명저 『전쟁론』(1832)에서 전략 · 전술에 대해 다음과 같이 논의했다.

- 전술이란 전투에 있어서 군사력을 사용하는 것을 말하며, 전략이란 전쟁의 목적을 달성하기 위해서 전투를 사용하는 것을 말한다.[37]
- 전략이라는 단어는 원래 그리스어의 책략에서 유래하며 또 전쟁의 주요 관계가 그리스 시대 이래로 실제 여러 가지의 변화를 거쳐 왔음에도 불구하고, 오늘날에 전략 그 자체의 본질이 여전히 책략을 시사하고 있다는 것은 당연한 것으로 생각한다.[38]

조미니는 그의 전쟁이론 연구의 완숙기에 그리고 클라우제비츠의 『전쟁론』(1832)을 읽고 검토한 후에 완성한 책이 『전쟁술』(1838)이며, 다음과 같이 논의했다.

> 전략은 도상(圖上)에서 전쟁을 계획하는 술(術)로서 모든 작전구역을 포함한다. 대전술이란 도상의 계획과는 대조적으로 지면의 고저 · 기복에 따라 전장에다 부대를 배치하는 술이고, 부대를 전투에 투입시키는 술이며, 지면에서 전투를 수행하는 술이다. 대전술의 작전범위는 10 내지 12마일의 야지까지 연장된다. 전략은 전투장소를 결정하며, 군수는 이 지점까지 부대를 이동시켜주고, 대전술은 전투수행 방법과 부대 운용을 결정한다.[39]

한편 중국의 고대 병서인 무경칠서(武經七書)에는 「전략」이라는 용어는 찾을 수 없지만,

---

36) Edward M. Earle, ed., *Makers of Modern Strategy* (Princeton University Press, 1943), p.69.
37) 이종학 편저, 『전략이론이란 무엇인가』(대전 : 충남대학교 출판부, 2005), p.176.
38) 상게서, p.197.
39) 상게서, p.334.

이에 해당하는 단어는 쉽게 찾을 수 있다. 예컨대, 『손자』에서 「兵」자는 전쟁, 병법, 전략, 전술, 병사, 무기 등을, 『用兵之法』은 전략 · 전술 등을 뜻한다.

- 병법은 군사목표를 달성하기 위한 임기응변의 속임수이다.(始計, 第一)
- 용병의 원칙은 적이 오지 않으리라고 믿어서는 안 되며, 언제 와도 대적할 수 있는 자신의 대비태세를 믿어야 하며, 적이 공격하지 않으리라는 것을 믿을 것이 아니라, 공격해 오지 못하도록 하는 방비태세를 믿어야 한다.(九變, 第八)

프로이센 · 오스트리아 전쟁(1866)과 프로이센 · 프랑스 전쟁(1870~1871)을 승리로 이끌어 낸 몰트케(1800~1891)는 "전략이란 제시된 목적을 달성하기 위해 한 장수에게 주어진 여러 수단의 실제적 적용이다"[40]고 했다.

제1차 세계대전(1914~1918)은 역사상 최초의 대전(大戰)으로서 이 전쟁의 두드러진 성격은 총력전의 형태였다. 형식상으로는 전투원과 비전투원의 구별이 실질적으로 없어지고 모든 국민과 자원이 총동원되었고 새로운 살상용 무기도 등장했다. 그리하여 프랑스의 크레망소는 전쟁이란 장군들에게만 맡겨두기에는 너무나 중요하다고 오랫동안 생각했고, 특히 영국의 로이드 조지(1863~1945)도 그의 『전쟁 회고록』(War Memoirs)의 마지막 장에 다음과 같이 기록했다.

> 우리가 과연 전략의 영역에 간섭해야 할 것인가. 이것은 전시에 있어서 정부가 가장 두통거리로 여기는 문제 중의 하나이다. 민간인은 전쟁의 원칙에 대하여 아무런 교육도 훈련도 경험도 없다. 따라서 전쟁을 수행하는 방법에 대해서는 완전히 아마추어이다. 그러나 지식인들이 다년간에 걸쳐 매일매일 그러한 난관에 부딪치고도 아무것도 배우지 못한다든가, 그 난관의 타개책을 배우지 못한다고 생각하는 것은 어리석은 것이다.…
> 전략은 순전히 군사문제가 아니고 거기에는 어느 정도 고차원적인 정치의 요소가 포함되어 있다.…
> 모든 것을 황폐화시킨 전쟁, 그 지도에 임한 정치가와 군인이 각각 수행한 역할을 회고해 보았을 때, 나는 정치가들이 군사 지도자들에게 권한을 행사함에 있어서 지나치게 신중했다는 결론을 얻게 되었다.[41]

제1차 세계대전을 계기로 전쟁은 총력전으로 변하고 그 범위가 확대되었다. 그리하여 전

40) B.H.Liddell Hart, *Strategy* (New York : Frederick A. Praeger, 1954), p.334.
41) Edward M.Earle, ed., (1943), pp.300~301.

략은 점차로 정치, 경제, 사회심리, 도덕, 산업기술 등의 비군사적 요소를 고려할 필요성을 갖게 되었다. 따라서 전략은 전시뿐만 아니라, 평시에도 군사적 요소 및 비군사적 요소도 포괄하는 광의(廣義)의 전략개념이 요청되었다. 미국의 얼 박사는 『현대전략의 창시자』(1943)의 서문에서 다음과 같이 주장했다.

> 전략은 전쟁 그 자체와 전쟁의 준비와 수행을 다루고 있다. 이것을 좁은 뜻으로 정의한다면, 전략이란 전역(campaign)의 계획, 지도 및 부대지휘의 술이다. 전략은 전술과는 다르다. 전술은 전장에서 각각의 부대를 직접 지휘하는 술이다.…
> 오늘날의 전략은 군사력을 포함하는 한 국가 또는 연합국의 자원을 실제적 적, 잠재적 적, 혹은 단순한 가상적 적에 대해서 자기의 중대한 이익을 효과적으로 증진 확보하기 위하여 관리하고 이용하는 기술이다. 보통 대전략(Grand Strategy)이라고 불리는 최고 형태의 전략은 국가의 정책과 군비를 잘 통합함으로써 전쟁에 호소할 필요가 없게 하고, 만약 호소하게 된다면 최대한 승리의 기회를 가지고 수행할 수 있게 한다. 이 책에서 사용한 전략은 넓은 뜻으로 사용하고 있다.[42]

미국으로 하여금 제2차 세계대전을 승리로 이끌게 한 전쟁계획인 「승리의 계획」의 작성자요, 전략가로 유명한 웨드마이어(Albert C.Wedemeyer, 1897~1989) 대장은 다음과 같이 광의의 전략을 제시했다.

> 나는 다이크스 준장에게 전략에 대한 한 개념을 제시하였는데, 이 개념은 여러 해 후, 국방대학원에서 강연했을 때(1950년 8월 30일), 청중들에게 제시했다. 즉 대전략(Grand Strategy)이란 국가정책에 의해 결정된 여러 목표를 달성하기 위해 국가의 모든 자원을 운용하는 기술이고 과학이다. 내가 여기서 지적한 것처럼 대전략은 측정할 수도, 만져도 알기 어려운 문제이다. 인간의 감정을 다루기 때문에 그것은 기술(art)이며, 또 전략상의 여러 요인 속에는 과학적으로도 정밀히 측정할 수 있는, 예컨대, 거리, 면적, 속도 등 정확한 계산을 요구하는 요인도 있으니, 그것은 과학(science)인 것이다.…
> 대전략의 하나의 수단으로서 사람들은 선전의 중요성을 곧 인식할 수 있다. 만약 선전을 먼저 얘기한 정치적, 경제적 방책에 덧붙여서, 각 부의 조정을 취한 현명한 방법을 병합해서 사용한다면, 제4의 수단인 무력에 호소하지 않고 국가목적을 달성할 수 있을 것이다. 이렇게 되면 국가 간의 여러 문제는 파괴적인 전쟁을 하는 대신, 건설적이고 평화적인 대화와 협정으로 해결될 것이리라. 이것은 확실히 문명사회의

---

42) *Ibid.*, p.viii.

모든 사람들이 바라는 목적이다.[43)]

협의(狹義)의 전략, 즉 군사전략(Military Strategy)은 군대를 운용하는 방책으로서 군사목표 달성을 위해 그 실천을 통제하며, 군사행동의 방향뿐만 아니라, 일단 전투를 하게 되면 전세를 유리하게 인도하여 그 결과를 결정적으로 확대하기 위한 방책이다. 따라서 그 특징은 전쟁의 준비와 수행의 과정이 중심 과제이며, 전쟁이 개시된 후의 문제가 중요하다. 그래서 군사전략의 연구는 이미 개시된 전쟁의 과정에서 효과적으로 군사목표를 달성하여 전쟁목적을 달성하는 데 이바지해야 한다.

광의의 전략, 즉 대전략(Grand Strategy) 혹은 국가전략(National Strategy)은 군사전략뿐만 아니라, 정치, 경제 및 사회 심리전략 등을 포함한 군사분야 뿐만 아니라, 비군사분야를 통합 운영하는 방책이다. 여기서는 정치적 목적을 달성하기 위해 비군사적 수단의 효과적 운용이 중심 과제이고, 부득이한 최후 수단으로 군사적 수단을 사용하게 된다. 따라서 전쟁을 하는 문제보다는 어떻게 하면 전쟁을 억제하는가, 위기에 대한 대응조치, 군비관리 등이 중심 과제이다.

2) 전략의 본질

클라우제비츠 이후 많은 전략 이론가나 전략가들이 전략과 전술에 대한 만족스럽고 명백한 정의를 내리기 위한 노력을 기울여왔으나, 사람 · 시대 및 국가에 따라 다르게 표현되어 왔다. 거기에다 '경영전략', '기업전략', '투자전략', '판매전략' 등의 용어가 일반화 되어 버렸다. 이것은 전략이란 주어진 목적을 달성하기 위한 책략이라고 한다면, 그 수단은 광범위하고 또 여러 가지가 있을 수 있는 것이다. 전략이라는 단어가 다양하고 광범하게 사용되는 이유는 그것은 바로 전략 자체의 본질에서 유래된다고 보아야 할 것이다. 그렇다면 전략의 본질은 무엇인가? 프랑스의 앙드레 보프르(André Beaufre, 1902~1975) 장군은 다음과 같이 설명했다.

전략의 본질은 포슈(Foch, 1851~1929)의 말을 빌리자면, 두 개의 상반된 의지간의 충돌에서 생겨나는 추상적

43) Albert C. Wedemeyer, *Wedemeyer Reports!* (New York : The Devin-Adair Co., 1958), p.81, p.85.

상호작용이다. 어떠한 수법을 사용한다 할지라도, 의지의 상충에서 제기되는 문제를 극복하기 위하여, 또한 결과적으로 최대한의 효과를 가져 오는 바람직한 수법을 사람으로 하여금 운용 가능케 하는 술(術)이다. 따라서 전략은 힘의 변증법의 술(art of the dialectic of force) 혹은 더 명확히 말해서 그들의 쟁점을 해결하기 위해 힘을 사용하는 두 개의 상반된 의지의 변증법의 술이다.[44]

여기에 전략의 윤리적 문제가 등장하게 된다. 즉 "두 개의 상반된 의지의 변증법의 술"이라는 것은 바꾸어 말하면, '한 의지를 다른 의지에 강요하려는 술'로 해석되기 때문이다. 여기서 자기의 의지를 관철하기 위해 어떠한 수단이 허용되는가 하는 문제이다. 만약 전쟁이 국가의 존망과 국민의 생사를 좌우하는 것이라면, 전장에서의 책략, 즉 임기응변의 궤도[45]는 허용될 뿐만 아니라, 본질적인 요인이 되어야 한다. 그리고 필자의 경험에 의하면, 변증법(dialectic)[46]을 알아야만 군사고전인 손무의 『손자』(512. B. C.?)와 클라우제비츠의 『전쟁론』(1832)도 이해 · 해석이 가능하다는 것을 부기해 둔다. 보프르 장군은 더 나아가 전략에 대하여 구체적으로 설명함으로써 '선택의 과학'임을 입증하고 있다. 즉,

전략은 기본적으로 하나의 사고방식(a method of thought)이며, 그 목적은 각 현상을 계통적으로 배열해서 그 우선순위를 확정하고 가장 효과적인 행동방책을 선택하는 데 있다. 각각의 상황에는 그것에 맞는 특별한 전략이 있을 것이며, 주어진 전략은 어느 상황에서는 가능한 최선의 전략이 되기도 하지만, 다른 상황에서는 최악일 수도 있다. 이것이 기본적 진리이다.[47]

3) 군사전략이란 무엇인가?

가) 군사전략의 정의

앞에 얘기한 바와 같이 제2차 세계대전을 치른 후에, 전략은 국가전략과 그 산하에 군사전략이 존재하게 되었음을 설명했다. 모든 사람이 동의하고 승인하는 군사전략의 정의는 존재하지 않지만, 그것을 살펴보면 아래와 같다.

---

44) André Beaufre, *An Introduction to Strategy* (New York : Frederick A. Praeger, 1965), p.22.
45) 孫武는 '兵者詭道也, 兵而詐立'이라 했다.
46) 이종학, 「공격과 방어의 변증법」 『클라우제비츠와 전쟁론』(서울 : 주류성, 2004), pp.232~252 참조.
47) Andre Beaufre, (1965), p.13. 그리고 李鍾學, 『現代戰略論』(서울 : 博英社, 1972), pp.54~57의 事例를 참고할 것.

① (군사)전략은 정책의 여러 목적을 달성하기 위하여 군사적 수단을 분배하고 적용하는 술(art)이다.[48]

② 군사전략은 무력 또는 무력 위협을 적용하여 국가정책상의 목적을 확보하기 위하여 한 국가의 군사력을 사용하는 기술 및 과학.(미 합참 간행물, 1979)[49]

③ 군사전략은 전쟁의 발생을 억제 · 저지하기 위해, 그리고 일단 전쟁이 개시된 경우에는 그 전쟁목적을 달성하기 위해 국가의 군사력과 기타 여러 역량을 준비, 계획, 운용하는 방책을 말한다. (일본 방위연구소)[50]

④ 군사전략이란 전쟁, 교전, 작전의 준비 및 실시에 관한 병술의 가장 중요한 요소로서 전쟁과 군사 활동의 준비 및 실시에 관한 최고 통수의 행위를 내용으로 한다.(소련 대백과사전)[51]

⑤ 군사전략은 힘의 적용 또는 힘의 위협에 의하여 국가정책상의 목표를 달성하기 위하여 군사력을 사용하는 기술 및 과학.(한국 합동참모본부)[52]

나) 군사전략의 임무

① 가상적 미래전쟁에 있어서 가장 효과적으로 승리를 달성하고 특정한 전쟁목적이 성취될 수 있게 해주는 군사력의 사용을 지도하는 군사전략개념을 결정하기 위하여 미래전쟁의 가상적 형태와 수단 및 방법을 연구 · 검토해야 한다. 이것은 우리 국군이 갖추어야 하는 무기체계와 장비의 연구 · 개발, 군의 편성과 지휘계통의 정비, 군사훈련의 지침 등의 기반을 이루는 요소이다.

② 승리를 얻기 위한 군사전략개념의 여러 요구를 실현하기 위하여 군사력에 관한 이론, 기구, 편성, 규모 및 배치 등을 연구해야 한다.

③ 가상 적국에 대한 미래의 수세 및 공세적 전쟁에서 야기될지 모르는 온갖 우발적 사태에 대처하기 위하여 여러 대안(代案)의 전쟁계획을 준비해야 한다.

④ 적의 군사목표의 중심(重心, center of gravity)에 의거한 아군의 전투부대와 예비부대를 전개하는 과제.

⑤ 가상 적국의 정책, 전쟁준비, 군사전략개념, 군의 훈련과 준비, 특히 연습과 기동의 실시에 대하여 신중히 연구를 해야 한다.

위에 논의한 다섯 가지는 가상 적국이 만약 전쟁을 개시했을 때 취하는 가능한 방안을 예

---

48) B.H.Liddell Hart, (1954), p.335.
49) 金光石 編著, 『用兵術語研究』(서울 : 兵學社, 1993), p.126. 참조.
50) 상게서, p.126. 참조.
51) 상게서, p.126. 참조.
52) 대한민국 합동참모본부, 『합동군사용어사전』(1972), p.39.

견하고 적시에 절박한 위협에 대하여 군대와 국민에 대하여 경고를 발하고 예상치 않은 일에 당면하지 않도록 하는 데 있다.

다) 군사전략의 목표

국가목적을 비군사적 수단으로 달성할 수 없을 때, 최후의 수단으로서 군사력에 의한 전쟁을 통하여 국가목적을 달성하려고 한다. 그렇다면 국가목적을 달성하는 데 가장 효과적인 군사목표는 무엇인가를 결정하는 것이 대단히 중요하며, 차후 구체적으로 상세히 논의하고자 한다.

라) 군사전략의 수단

군사목표를 달성하기 위한 수단은 군사력의 행사, 즉 전투이다. 군사력의 행사에는 억제력과 신중성이 수반되어야 하지만, 일단 군사력을 행사하는 경우에는 신속하게, 대량으로 그리고 결정적으로 이것을 구사하여 군사목표를 달성해야 한다.

마) 군사전략의 요소[53)]

전략의 요소란 전쟁에 있어서 군사목표를 달성할 수 있도록 하는 정신적 · 물질적 힘의 구성요소를 뜻한다. 바꾸어 말하면, 전장에서의 승패의 요인이 바로 전략의 요소이며, 다음과 같이 요인을 제시한다.

① 지휘관의 자질과 능력
② 군대의 질과 양
③ 사기(士氣)
④ 군수
⑤ 가변적 요소 등이다.

53) 이 문제 대한 상세한 논의는, 李鍾學(1972), pp.148~204.를 참조할 것.

4) 군사전략개발 · 수립의 방법론

필자는 공군대학과 국방대학원에서 오랫동안 '전략론'을 강의했고 또한 『현대전략론』(1972)도 저술한 바 있지만, 실제로 군사전략 수립의 절차와 기법에 대해 알고 싶었다. 1982년 8월 미국의 전쟁대학원(National War College)과 미 육군 전쟁대학원(U.S. Army War College)을 방문하여 자료를 수집했다. 다행히 육군 전쟁대학원에서 『군사전략－이론과 응용－』(Military Strategy : Theory and Application, 1982~1983)이라는 책자를 얻었다. 귀국해서 그 책자에서 중요한 논문을 번역하고, 필자의 논문을 첨가하여 『군사전략론－이론과 실제－』(1987)을 발간했으며, 그 책의 주요 내용을 소개하고자 한다.[54)]

군사전략은 국가전략의 일부분이며, 또 국가전략을 지원해야 하고, 국가정책에 상응해야 한다. 국가정책은 국가목적을 추구하기 위하여 정부가 채택한 광범위한 행동방책 또 지침으로 정의된다. 바꾸어 말하면, 국가정책은 군사전략의 능력 및 제한에 영향을 받는다. 군사전략은 다음과 같은 등식으로 표시할 수 있다.

군사전략＝군사목표＋군사전략개념＋군사자원

가) 군사목표

이것은 군사능력 및 자원을 투입해야 할 특정 임무 혹은 과업으로 표시할 수 있다. 예컨대, 침략의 억제, 조국의 방위, 병참선의 보호, 실지(失地)의 회복, 적 주력의 격멸, 적 수도의 점령 등이다.

클라우제비츠는 군사목표를 다음과 같이 제시했다.[55)]

① 적측에서 군이 중심(重心)을 이루는 경우에는 군을 분쇄한다.

② 적국의 수도가 국가 권력의 중심지일 뿐만 아니라, 정치단체 및 당파의 소재지인 경우에는 수도(首都)를 침공한다.

③ 적의 가장 중요한 동맹자가 적보다 유력한 경우에는 그 동맹자에게 강력한 공격을 가한다.

④ 독재국가나 국민 총봉기의 경우에는 중심(重心)은 주로 지도자 개인과 여론에 있다.

---

54) 상세한 내용은, 李鍾學 編著, 『軍事戰略論－理論과 實際－』(서울 : 博英社, 1987), pp.101~131, pp.335~406. 참조할 것.
55) 이종학 역(1986), pp.202~204.

미국의 걸프전(1991) 당시 미 공군의 와든 3세(Warden Ⅲ) 대령은 다음과 같이 군사목표의 우선순위를 정했다.

① 지휘구조(C4I, Leadership)

② 주요 생산시설(전기, 정유시설 등, Essential Industry)

③ 수송체제(Transportation system)

④ 인구 및 식량원(Population & Food Source)

⑤ 야전군(Fielded Military)

군사전략의 수립자는 전쟁에 의해 달성하고자 하는 정치적 목적을 명확히 인식하고, 상황의 변화를 감안하면서 정치적 목적을 달성할 수 있는 군사목표를 선택하는 것이 가장 중요하며, 이것이 작전 및 전쟁의 성패를 좌우한다는 것을 전례(戰例)는 명시하고 있다.

나) 군사전략개념

이것은 전략적 상황 예측의 결과로 채택된 군사행동방책으로 정의될 수 있다. 예컨대, 전쟁의 억제, 공세, 수세, 수세적 공세(defensive-offensive), 전진 방위, 무력의 시위 등이다. 여러 군사 전문가들은 견해에 약간의 표현의 차이는 있으나, 대체로 적의 어떠한 공세에도 견딜 수 있는 방위태세를 갖춘 연후에 좋은 기회를 잡아 공세를 가해야 한다고 주장하고 있다.

그리고 정상적으로 야전에서 싸우는 경우 수세적 공세의 이점을 열거하고 있으나, 이것은 보편적인 얘기이다. 각 나라는 그 나라의 지정학적 위치, 적의 성향, 무기체계의 발달 등의 영향을 고려해야 한다는 것을 잊어서는 안 된다. 특히 한국처럼 종심이 얕고, 수도 서울이 전선에서 40㎞밖에 떨어져 있지 않은 상황에서 어떤 것이 가장 훌륭한 전략개념이 될 수 있는가 하는 문제는 중대한 과제라 하겠다.

다) 군사자원

이것은 군사능력의 결정요인으로 인식되며, 보통 재래식 부대병력과 예비부대, 인력, 전시 물자 및 무기체계 등을 포함한다. 동맹국과 우방국의 역할과 잠재적 공헌에 대해서도 고려해야 한다. 개발된 전략의 유형에 따라서 운용하고자 하는 부대는 현재 실재할 수도, 안 할 수도 있다. 단기 작전전략에서는 부대가 실재해야 하지만, 장기 전력개발 전략에 있어서 전략개념은 실재해야 할 군사력의 유형 및 운용되어야 할 방법을 결정해야 한다.

라) 군사전략개발의 방법론

군사전략을 개발하기 위해서는 그것의 개념과 정의의 일반적인 이해가 좋은 출발점이 될 것이며, 또 군사전략은 국가정책의 목적을 달성할 뿐만 아니라, 군사기획과 군사작전에 있어서 구체적으로 활용되는 군사전략을 개발토록 우리들은 노력해야 한다. 군사전략을 개발하는 데 필요한 개념적 모형은 지휘관의 상황판단을 새롭게 이해하는 데서 출발한다. 실제로 이것은 어떠한 문제라도 논리적으로 해결하기 위한 믿을 만하고 진실한 절차이다. 우리들이 바라는 모형을 위해 '전략가의 상황판단' 을 꾸며보면 다음 그림과 같다.

전략가의 상황판단

1. 임 무	국가정책(지침) 국가이익/목적	왜(why) (이유)
2. 상 황	지 역	장소 (where)
a. 작전지역 (1) 군사지리 (2) 수송 (3) 통신 (4) 기타		
b. 전투력 비교 (1) 적의 능력과 취약점 (2) 우군의 능력과 취약점	군사자원	사람(who)
3. 행동방책 a. 적군 b. 아군 c. 분석과 비교	군사목표 군사전략개념	대상(what) 방법(how) 시기(when)
4. 결 심	군사전략 -지원계획이 첨가된다.	

여기서 '전략가의 상황판단'을 일일이 설명할 수는 없지만, 마지막 네 번째는 '결심'이다. 우리는 적합성, 가능성 그리고 수락성의 검증에 대처할 수 있는 군사목표, 전략개념 그리고 군사자원의 최상의 결합을 선택해야 한다.

- 적합성 – 군사목표가 바람직한 결과를 이끌어 내는가?
- 가능성 – 추구하는 목표는 실행이 가능한가?
- 수락성 – 비용의 결과가 바라던 결과에 의하여 정당화되는가?

그리고 군사전략에 대한 결심 혹은 선택은 분명하고 간략하게 진술되어야 한다. 군사전략에 대한 표준형은 존재하지 않는다. 그러나 군사전략은 군사목표, 군사전략 개념 그리고 군사자원으로 구성되어 있다는 것을 상기한다면 그것들이 모두 진술되어야 한다. 그리고 이유와 장소 그리고 시기도 포함되어야 한다.

나. 작전술[56)]

나폴레옹 전쟁 이후, 특히 제1차 세계대전을 거치면서 전쟁 양상의 변화, 즉 전쟁 규모의 확대, 광역화된 전장에서의 장기간 전투수행, 여러 전투의 연속적 · 동시적 수행 등으로 인하여 전략과 전술의 2분법적 용병개념으로 전쟁을 효율적으로 수행할 수 없음을 인식하게 됨에 따라 전략과 전술의 중간에서 연결시켜주는 작전술(operational art)이 등장하게 되었다.

소련군의 스베친(A. Svechin) 육군 소장은 그의 저서, 『전략』(1926)에서 작전술을 최초로 정의하였다. 즉 "작전술이란 군사전략목표를 달성하기 위하여 부대작전을 준비하고 수행하는 이론과 실제"라고 정의하고, 전략과 전술의 관계를 다음과 같이 설명했다. "작전술이란 전략의 목표를 달성하기 위하여 작전을 조합하는 활동이며, 전쟁준비를 통합하는 술로서 군대는 바로 작전을 지배하는 작전술에 의해 전쟁에서 힘을 발휘하게 된다. 사단급 이하 제대의 전투가 성공적으로 수행된다고 해서 모든 기대가 충족될 수 있는 것은 아니며, 오히려 전투는 작전을 구성하는 기본적 요소라는 큰 의미를 지니고 있다." 이러한 작전술이라는 용어를 소련군에서 공식적으로 정의한 것은 『기본 군사용어사전』(1965)이며, 다음과 같다.

---

56) 이 내용은 주로 『작전술』(육군본부 : 2000 및 육군 교육사령부 : 2007)을 참고로 했다.

작전술은 용병술(military art)의 한 부분으로서, 주요 야전부대 또는 각 병종들의 주요 부대에 의한 합동 및 독립작전을 준비하고 수행하는 이론과 실제를 다루는 것이다. 작전술은 전략과 전술을 연결하는 고리이다. 작전술은 전략적 요구에 따라 전략적 목표달성을 위한 작전을 준비하고, 시행하는 수단을 결정하며, 전술에 지침을 주고 작전의 목표와 임무에 맞게 전투를 준비하고 수행하도록 조직한다. 일반적인 작전술 이론, 즉 작전술을 수행하는 일반적인 원칙을 연구하는 이외에 각 병종은 자신의 작전술을 가진다.[57]

미국은 월남전의 패배를 분석하는 과정에서 작전술의 필요성을 인식하게 되어, 1982년 처음으로 FM 100-5 『작전요무령』(1982. 1. 16) 초안에서 '작전술'이라는 용어를 도입했으며, 그 후 수정과정을 거쳐 1986년도 판에 다음과 같이 정의했다.

- 작전술이란 전역(campaign) 및 대규모 작전(major operation)의 계획 및 실시를 통하여 전쟁전구 및 작전전구의 전략적 목표를 획득하기 위한 군사력 운용기술이다.

그 후 걸프전(1991)에서의 경험 등을 반영하여 1993년판 「작전요무령」에서는 '작전적 수준의 전쟁'으로 사용하게 되었다. 미 육군의 『군사용어집』(1997)에 의하면, "작전술이란 전략적 또는 작전적 목표를 달성하기 위해서 부대를 운용하는 것으로서 전역, 대규모 작전, 전투를 계획, 편성, 통합 및 실시함으로써 달성된다."고 했다. 현재에 이르러서는, 미 JP 3-0 「합동작전」, 미 JP 5-0 「합동작전기획」에서는 '작전술'과 '작전적 수준'을 다음과 같이 동시에 사용하고 있다.

- 작전적 수준은 국가 그리고 군사 전략적 목표를 위하여 부대의 전술적 운용을 연결한다. 이 수준에서의 초점은 전략, 전역, 주요 작전 그리고 군을 조직하고 운용하는 것을 구상하기 위하여 작전술을 사용하는 작전 구상과 행위에 관한 것이다. 합동군 사령관들과 구성군 사령관들은 언제, 어디서, 그리고 어떤 목적으로 주요부대가 운용되어지고 전투 이전에 적 배치에 영향을 줄 수 있는지를 결정하기 위하여 작전술을 사용한다. 작전술은 작전적, 전략적 목표를 달성하기 위하여 그 부대들의 운용, 전투 개시 또는 철수, 전투와 주요 작전 배열을 관장한다.

- 작전술은 지휘관과 참모들의 기술, 지식 및 경험을 바탕으로 전략, 전역 및 주요 작전구상과 군을 조직 및 운용하기 위해 창의적인 지략을 적용하는 것이다.

---

57) *Dictionary of Basic Military Terms* (A Soviet View), Published under the auspices of The UNITED STATES AIR FORCE, 1982, p.143.

한국군에서는 용병술의 체계를 3분법으로 채용한 소련 및 미국의 작전술 연구의 경향을 지켜보면서 1987년부터 연구가 본격적으로 이루어져, 『작전요무령』(육군본부, 1989)을 발간하면서, 육군에서 공식적인 교리로 용병술 체계를 '군사전략-작전술-전술'로 구분하여 정의와 상관관계 등을 설명했다. 그 후 합동참모본부에서 발간한 『합동작전(합동교범 3-0)』(1998. 2)에 의해 '작전술' 개념을 공식적으로 교리화하였고, 『군사용어사전』(2006. 12)에서 다음과 같이 정의했다.

• 작전술(operational art)이란 전략지침에서 제시된 군사전략 목표를 달성하기 위한 유리한 상황을 조성하는 방향으로 일련의 작전을 계획하고 실시하며, 작전적 수단들을 결합 또는 연계시키는 활동.[58)]

다. 전술

전술(Tactics)의 어원은 그리스어의 TAKTIKOS에서 유래하며 '규정된다'는 뜻이나, 군사적으로는 '군대를 배열하는 술(術)'의 의미를 가지게 되었다.

전술이란 전투 개시 전과 전투를 수행하는 과정에서 부대의 배치, 기동, 무기와 장비의 운용 등, 전장에서의 군사력 사용에 대한 계획 및 실시를 뜻하며, 특히 달성하고자 하는 구체적 목표, 즉 전술적 목표는 작전술의 지시를 받는다. 합동참모본부에서 발간한 『군사용어사전』(2006)에 의하면 다음과 같이 정의되어 있다.

• 전술(戰術, Tactics)

1. 전투 시 부대의 운용
2. 아군 상호간 및(혹은) 적과 관련하여 부대의 모든 잠재력을 발휘하기 위한 질서 있는 부대 배치(배열) 또는 기동.
3. 작전술 수준에서 설정된 목표달성을 위하여 가용한 전투력을 통합하여 적을 격멸하는 전투와 교전에서 적용하는 활동[59)]

58) 『합동 · 연합작전 군사용어사전』(합동참모본부, 2006), p.331.
59) 상게서, p.362.

일찍이 나폴레옹(1769~1821)은 지적하기를, “군대는 그것의 전술을 10년마다 변경하지 않는 한, 질적으로 우수한 군대가 되지 못한다.”고 강조했다. 그런데 최근에는 군사기술의 비약적인 발전으로 무기체계가 급속히 변화되므로 군인들은 평화로운 시기라 할지라도 새로운 전술개발에 전력을 기울여야 한다. 예컨대 제2차 세계대전 초전에 있어서 독일군이 구사한 새로운 전술, 즉 전격전(Blitzkrieg) 이론은 영국에서 개발되었으나, 그 이론을 교리화하여 실전에 활용한 것은 독일군이며, 이로 인해 연합군은 당황했고 또 패배 당했던 것이다.

새로운 전술은 다음과 같은 원천(源泉)에서 비롯된다.[60]

첫째 : 임무이다. 새로운 전술의 필요성을 때때로 낳게 하는 하나의 중요한 요인은 성취해야 하는 임무이다.

둘째 : 무기와 장비의 변화이다. 특히 무기의 변화는 전술에 있어서 가장 현저한 변화를 가져오게 했다.

셋째 : 관찰이다. 적군이나 우군에 대한 관찰이며, 어떠한 국가나 군대도 착상을 독점할 수 없다. 이러한 전술상의 원천은 군사교리 · 군사전략 · 작전술 및 전술에 대한 역사적 연구를 통하여 평가될 수 있다.

넷째 : 전투경험이다. 전투는 전술에 대한 실증단계이며, 전투상황은 때때로 새롭거나 또는 개정된 전술의 필요성을 형성시킨다. 어떤 경우에는 전술의 완전한 변화가 평화 시에 도출되기도 한다.

다섯째 : 독창적인 사고(思考)이다. 새로운 전술개발을 위한 가장 도전적인 원천은 이들 전술을 적용하기에 훨씬 앞서서 전술과 전술적 개념을 마음속으로 그려볼 수 있는 사람들이다. 오늘날 많은 항공전술의 개념은 두헤(1869~1930), 미첼(1879~1936) 등과 같은 사람들의 통찰력과 선견지명(先見之明)에 의해 발전되었다.

라. 군사전략 · 작전술 및 전술의 상관관계[61]

용병술이란 국가전략 개념 하에서 군사전략과 작전술 및 전술의 상관관계를 도표화하면 다음과 같다.

60) 상세한 내용은, 이종학(1972), pp.206~212. 참고할 것.

61) 『작전술』(육군교육사령부, 1992), p.15.

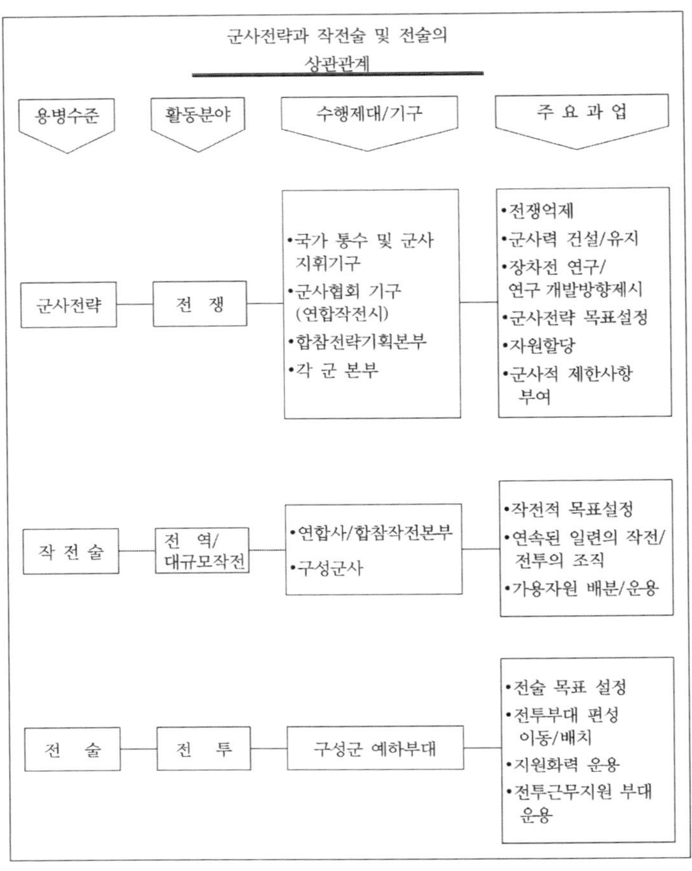

앞에서 얘기한 것처럼 3분법에 의한 용병술을 개념적으로 구분한다면, 군사전략은 구상의 단계, 작전술은 계획의 단계, 전술은 실천의 단계로 구분한다면 이해하기 쉬우리라.

2. 군사사[62]

인간사회에 변화를 가져다주는 요인은 대단히 많지만 대체로 두 가지로 분류할 수 있다고 생각한다. 하나는 자연적 충격으로서 지진, 태풍, 화재 등이며, 다른 것은 인위적 충격으로서 폭동, 혁명, 질병 그리고 전쟁 등이다. 이 가운데서도 인간사회에 가장 큰 충격을 주는 것은 전쟁일 것이다.

일단 전쟁이 발발하면 전쟁은 우리의 생활을 지배한다. 1861년 미국의 어느 소설가가 쓴 것과 같이 전쟁이란 대폭풍우와 같은 것으로 누구에게나 불어 닥치고, 교회의 오르간과 뒤섞이고, 거리를 휩쓸고 가정에 침입하고 주점의 유리잔을 잡아 흔들고, 정치가의 흰머리를 일으키고, 학원(學園)을 침범하고, 학자들의 책장을 뒤적인다. 전쟁은 노동과 의무, 개인적인 이상과 공공의 이념, 개인적인 선호와 사회적인 유대에 대해 우리가 얼마나 충성심을 가지고 있는가에 대해서 피할 수 없는 시련을 가해 온다. 전쟁은 결코 신의 작란(作亂)이 아니라, 개인, 정치가 및 국가의 성공과 실패로부터 직접 생기는 것이다.

요컨대, 전쟁은 국가정책의 결과인 것이다. 그리고 일단 민족과 국가의 운명이 무서운 전쟁의 심판에 맡겨지게 되면, 승리와 패배는 다 같이 우리가 성공하느냐, 실패하느냐에 따라 결정되며, 패자는 승자의 의지(意志) 앞에 치욕적인 굴복을 당하고 만다.

이제, 우리 사회의 구성원 가운데 6 · 25전쟁의 비참한 시련을 체험한 사람들이 줄어가고 있으며, 반면에 전쟁의 실체를 모르고 또 그것에 대응하는 자세보다는 그것을 혐오하고 회피함으로써 미봉책을 삼으려는 사람도 존재할 가능성이 없지 않다. 우리들은 지난날의 인류의 기록, 그리고 우리 자신의 전쟁체험에 대한 기록을 통하여 성공과 실패의 교훈을 배움으로써만이 그 전철을 반복하지 않게 만들 것이다.

전쟁이란 오늘날에 와서 군인만의 독점무대가 아니라, 온 국민이 참여해야 소기의 성과를 얻을 수 있다. 그러나 우리들에게 지금 주어진 문제는 어떻게 전쟁준비를 해서 승리를 기할 수 있는가 하는 문제도 대단히 중요하지만, 더 중요한 과제는 한반도에서의 전쟁을 억제하는 문제일 것이다. 이것을 알자면 먼 외국에 갈 것이 아니라, 우리의 생생한 6 · 25 전쟁에 대한 역사를 냉철히 분석 평가함으로써 거기서 우리들은 교훈을 배울 수 있다.

그렇다면, 우리들은 과연 민족이 겪은 비참한 체험인 6 · 25전쟁사에 대해 어느 정도 연구했으

62) 이 내용은 (1981)「현대 군사사의 연구방향」『한국군사사서설』(경주 : 서라벌군사연구소, 1990)을 수정 · 보완 그리고 요약한 것이다.

며, 또 어느 정도 그 성과를 온 국민들에게 보급했고, 전쟁사(戰爭史)의 연구가 중요한 의의를 가지고 있다는 것을 깨닫게 하여 일반 대학의 교수들을 여기에 참여케 했는가? 이 질문에 대해 우리들은 해답에 앞서 반성을 해야 할 것으로 생각하며, 또한 그러기 때문에 이 논문을 집필하게 되었다는 것을 솔직히 고백하지 않을 수 없다. 그래서 이 논문은 다음 내용을 다루고자 한다.

첫째, 군사사의 연구 의의와 목적 그리고 효용성은 무엇인가?

둘째, 군사사의 개념과 군사사의 연구범위를 정하는 것이다.

셋째, 역사학의 연구방법 및 군사사 연구의 고려요인을 밝히는 일이다.

가. 군사사 연구의 의의

1) 군사사 연구의 의의와 목적

역사가는 과거의 기록에서 역사적 변천과 의의 등을 규명한다. 그리하여 그것을 가지고 현재의 입장과 상황을 이해하고 나아가서 장래를 예지(豫知)하기 위해 논리적, 유형적 그리고 계속적 사실(史實)을 연구하고 분석 · 평가하지 않을 수 없다.

역사의 연구는 삶을 영위하는 환경의 시간, 공간의 제약으로부터 인간을 해방하고 선인(先人)들의 성공과 실패의 기록을 통하여 원인을 앎으로써 다음 세대를 위해 다시 과오를 범하지 않는 길을 발견케 하고, 또한 터득케 하는 데 있다. 그러나 시대가 변하면 상황과 조건이 달라지며 따라서 거기서 생기는 결과도 달라지게 마련이다. 그리고 역사는 반복하는 것이 아니라, 오히려 점차로 변화 · 발전하는 방향으로 진행한다는 것을 잊어서는 안 된다.

역사란 개인 또는 사회집단 기록의 축적에서부터 국민은 과거의 경험에 대한 의의를 아는 동시에 장래에 대한 예측과 대응책을 수립하는 자료를 제공하는 것이다. 그리고 역사는 모든 인간에 있어서 사고(思考)의 수단이 된다. 그래서 과거의 위대한 정치가나 군인들은 역사에 대한 깊은 조예가 있었을 뿐만 아니라, 나름대로의 사관(史觀)도 확립했던 것이다.

군인이 군사사를 연구하는 이유는 그에게 주어진 임무를 성공적으로 달성하기 위한 수단과 자료를 제공해 주기 때문이다. 예컨대, 전략, 전술, 군수, 군사교리, 군사조직, 과학기술, 정치외교, 경제 등에 관하여 고찰할 때, 군사사는 많은 정보자료를 제공해 주는 것이다. 그리고 과거의 많은 경험의 축적에서부터 창조가 실현된다. 원래 창조는 무無에서 돌발적으로 발생하는 것이 아니라, 본인의 천성, 체험, 연구 · 분석 및 종합력 등에 의해 비로소 생기는 것이다.

군인이 군사사를 연구하는 목적을 살피면 다음과 같다.

첫째, 전쟁의 본질과 양상을 이해하여 미래전의 상황을 추정하는 데 있다.

둘째, 군사문제에 관한 광범하고 전문적인 군사이론과 지식을 획득하는 데 있다.

셋째, 지휘관으로서 상황에 따르는 적응성을 파악할 수 있는 사고력(思考力)을 계발하는 데 있다.

넷째, 전투의 실태 및 전장(戰場)에서의 여러 현상을 이해하고, 무력전(武力戰)의 원인, 경과 및 결과의 상호관계를 규명하여 교훈을 배우는 데 있다.

다섯째, 군인으로서의 자질 향상이다.

군인의 자질 가운데 중요한 것은 전문직능(專門職能), 책임관념 및 협동정신 등이다. 특히, 사생관(死生觀), 지휘관 및 참모로서의 자질, 복종에 대한 미묘한 문제, 책임과 의무에 대한 갈등 등에 대해 바른 사실(史實)을 통하여 배워 실천력을 육성하는 데 있다.

2) 군사사 연구의 효용[63)]

가) 전망은 사건을 평가한다.

군사사의 연구는 우리들에게 군사문제에 대한 전망, 영감(靈感) 그리고 경험을 제공해 준다는 것이다. 전망은 시간, 장소 및 환경의 상호관계 속에서 균형의 감각을 우리들에게 준다. 전망은 우리들에게 긴 안목으로 보게 하여 단기간의 이해득실(利害得失)을 알게 해주고 또한 전쟁에 있어서 기본 목표와 중간 목표를 인식케 해 준다. 전망은 계속적인 변화의 발전에서 생기는 지나친 낙관이나 비관을 타협케 해 준다. 그리고 이러한 전망은 성취, 방법 그리고 결심에 대한 비판적 평가를 위한 판단력의 발전에 도움을 준다. 예컨대, 1953년 휴전협정 때, 한국대표는 고의로 조인(調印)에 참가하지 않았는데, 오늘날의 관점에서 본다면 그 결정은 바람직한 전망에 입각했다고 보기 어려우리라.

63) James A. Huston, "The Uses of History", *Military Review*, U.S. Army Command and General Staff College, June 1957, No.3, pp.26~30 참조.

나) 사례(事例)로부터 얻는 영감

군사사 연구의 다른 중요한 가치는 영감에 있다. 말할 것도 없이 전쟁의 곤란과 장애물은 정신적 반응에 의해 더욱 확대된다. 그러나 만약 장병들이 다른 장병들도 그와 비슷한 악조건을 극복했다는 것을 안다면, 그들도 역시 극복해 낼 수 있으리라고 확신하게 될 것이다.

아마도 군사사에 있어서 직접적 영감의 가치는 대원의 단결심을 육성하는 데 있을 것이다. 그래서 미 육군은 사단사(師團史) 및 연대사(聯隊史) 등을 계속적으로 자료를 수집하여 편찬하고 부대사(部隊史)를 통하여 그 부대원의 전통과 단결심 그리고 사기를 높이는 수단으로 사용하고 있다.

6 · 25전쟁에 있어서 맥아더 원수의 인천 상륙작전의 구상은 전쟁사 속의 기습의 사례에서 얻은 영감이었다고 회고록에서 밝혔으며, 독일의 슐리펜 계획도 슐리펜 원수의 칸네 전투의 사례연구에서 얻은 영감에 입각하고 있다는 것은 알려진 사실이다.

다) 연구를 통한 경험

군사사의 연구는 결국 군사 경험의 거대한 축적을 발전시키는 데 있다. 어떠한 지위에 있는 장병이건 경험 있는 장병들의 건의(建議)는 소중한 것이다. 열성적이고 솔직한 과거 전투의 체험담은 전연 경험은 없지만 앞으로 똑같은 환경에 직면하게 되는 장병의 다음의 전투를 위한 해결방안에 참고가 될 것이다.

경험은 상상력의 순수한 원료가 되며, 군사사는 이런 군사 경험의 원천이 된다. 군사사는 새로운 방안이나 새로운 아이디어의 빈곤을 가져오는 것과는 거리가 멀며 오히려 그러한 새로운 방안과 아이디어의 기초가 된다. 상상이란 과거의 경험에서 뽑아낸 요인의 재조직이다. 그러므로 어떤 경험도 없이는 아무런 상상력도 구사할 수 없다. 군사사의 교훈의 가치는 경험 속에서 이런 요인을 제공하는 데 있다. 장병들은 새로운 상황에 직면했을 때, 그 상황에 정확히 적용되는 것이 아니고 또 그 상황을 위한 명백한 해결책은 아니지만, 군사사 연구의 교훈을 통하여 당황하지 않고 상상의 많은 요인을 적절하게 활용하게 될 것이다.

정확하게 완전한 교훈을 어느 특정한 상황에 그대로 적용하려는 노력은 헛된 꿈이며 환멸적 결과를 가져올 것이다. 왜냐하면, 교훈은 방향을 제시해 주지만, 현실 이해(理解)와 변화는 각자의 능력에 의해 좌우되기 때문이다. 그리고 군사사 연구를 통한 경험은 간접경험이라 해도 좋을 것이다.

라) 경험을 통한 지혜

경험은 또한 가동되지 않은 지혜의 원료이다. 여기서 지혜라는 것은 올바른 결정을 내릴 수 있는 능력을 의미한다. 경험 혼자만으로는 지혜를 창조해 낼 수 없고, 상상력도 창조할 수 없다. 사고력과 독창력이 경험을 발전시켜야 한다. 경험은 원료이고, 역사는 이런 경험의 대원천(大源泉)이다. 따라서 앞에 얘기한 바와 같이 군사사의 간접경험을 통하여 젊은 장병들 역시 지혜를 쌓을 수 있다.

마) 교수방법(教授方法)의 방편(方便)

군사사적 사례는 군사문제의 실례로서 그리고 교육을 위한 기본 자료로서도 훌륭한 것이 될 수 있다. 예컨대 가상적(假想敵) A, B 등의 접근로(接近路)는… 등으로 설명하기보다는 실제 6·25전쟁 때의 북한군의 기습적 침공로를 분석하고 그들의 도로사정, 부대 주둔위치 등을 지도나 공중사진을 사용해서 교육한다면 피교육자는 실감을 하면서 수업에 임하게 될 것이다. 항공작전을 가르칠 때, 일본군의 진주만 기습작전을 통한 사례로 가르친다는 것은 더욱 효과적 방법이다.

일찍이 독일의 몰트케 장군은 "전쟁사 연구는 장차의 지휘관들이 군사행동을 수행할 수 있는 여러 가지 실정의 복잡성을 이해하게 하는데 가장 유용하다."[64]고 갈파했는데, 이것은 지금도 진실이요, 앞으로도 그러하리라.

나. 군사사의 개념과 범위

1) 군사사의 개념

군사사(military history)란 용어는 군사와 역사의 합성어이다. 역사란 인간사회의 변천

64) Edward M. Earle, ed., (1943), p.179.

및 발전의 과정을 엮은 것을 뜻한다. 영국의 사학자 카(1892~1982)는 "역사란 무엇인가?" 하고서 답하기를, "역사란 역사가와 사실(史實) 사이의 상호작용의 계속적 과정이요, 현재와 과거 사이의 끝없는 대화이다."[65]고 했다. 여기서 역사 연구의 본질적 문제를 다루는 역사학(歷史學)을 논의할 여유는 없지만, 독일의 대표적 사학자 베른하임(1850~1942)의 견해를 소개하면 다음과 같다.

> 역사학은 공동체를 이루는 존재로서 여러 가지 활동을 하는 인간의 공간적 시간적 발전의 여러 사실(事實)을 그때그때의 공동체에서 본 가치에 관련시켜 심리적 · 물질적인 인과관계에 대해 규명하고 또한 서술하는 과학이다.[66]

그리고 역사의 네 가지 특징은 아래와 같다.[67]

① 역사는 과학적이며 물음을 제기하는 것으로서 시작한다. 그러나 전설의 작성자는 그 무엇을 아는 것으로부터 시작하여 알고 있는 것을 말한다.

② 역사는 인간주의적이며 과거의 일정한 시간에 인간에 의해 행해진 것에 대한 물음을 묻는다.

③ 역사는 합리적이다. 물음에 대한 대답을 근거에 바탕을 두고 증거에 호소한다.

④ 역사는 자기 계시적(啓示的)이다. 인간이 무엇을 했는가 말함으로써 인간이 무엇인가를 인간에게 말하기 위하여 존재한다.

다음은 군사인데, 군사의 개념을 구성하는 것에는 두 가지의 요소가 있다. 하나는 기능적 요소요, 다른 것은 가치(목적)적 요소이다. 기능적 요소란 외교, 재정, 경제, 교육 등 각각 국가의 행정기능으로서의 지위에 있는 법적 개념이며, 그 실태는 군대의 관리, 운영에 관한 것을 뜻한다. 한편 가치적 요소는 전쟁에 임하여 보유하고 있는 군사력을 어떻게 행사할 것인가 하는 임무를 가지고 있다. 따라서 전쟁을 떠나서 군사를 생각할 수 없다.

그렇다면 군사사란 무엇인가? 하는 기본적 질문에 과감히 도전할 때가 온 것 같다. 소련의 『기초 군사용어사전』에 의하면 다음과 같이 정의하고 있다.

---

65) E. H. Carr, *What is History?*(Harmondsworth : Penguin Books, 1964), p.30.
66) ベルンハイム, 『歷史とは何ぞや』 坂口昴, 小野鐵二 譯,(東京 : 岩波書店, 1958), p.72.
67) R. G. 콜링우드, 『西洋史學史』 金鳳鎬 譯, (서울 : 探求堂, 1979), pp.39~40.

역사학의 한 분과요, 마찬가지로 군사학의 한 분과인 군사사는 현대 군사학의 발전 근원의 하나로서 작용하는 과거의 군사경험의 일반화이다. 전쟁을 지배하는 객관적 법칙을 연구함에 있어서,… 군사사의 주요 과학분야는 전쟁사, 용병사(用兵史) 그리고 근무 부대사를 포함한다.[68]

여기서 우리들은 군사사가 군사학의 일부 분야인 동시에, 군사학의 전 분야를 연구대상으로 삼고 있다는 것을 알 수 있다. 특히 용병술의 원칙은 군사사의 연구에서 비롯되는 것이다. 클라우제비츠는 "용병술에 있어서 모든 철학적 진리보다도 경험이 더 가치를 가지기 때문이다.… 역사적 실례(實例)는 모든 것을 명확하게 할 뿐만 아니라, 경험과학에 있어서 가장 훌륭한 증명력을 가지고 있다. 특히 용병술에 있어서는 더욱 현저하다."[69]

미국의 메트로프는 군사사에 대해 다음과 같이 기술(記述)하였다.

> 군사사는 군사학과 일반 역사 사이의 영역에 달려있다. 그러나 군사문제를 군사학으로 보아서는 안 된다. 군사사는 사회의 군사적 경향과 지적知的, 사회적, 경제적, 정치적 그리고 외교적 요인의 상호작용과 합류점을 다루게 된다. 그 상호작용과 합류점은 역사의 넓은 흐름 속에서 찾아야 한다.[70]

이 정의(定義)는 퍽 신축성이 있는 군사사에 대한 광의(廣義)의 정의라 할 수 있다. 군사학은 무력전의 준비와 수행에 관련된 분야를 중점적으로 다루는 학문분야이기는 하지만, 군사사는 다만 이 분야에 국한해서 다룰 것이 아니라, 현대전쟁은 그 미치는 영향이 대단히 넓기 때문에 군사사가 다루는 군사문제는 퍽이나 넓고 다양해졌다는 것만은 확실하다. 요컨대, 군사사는 군사학과 역사학의 결합된 학문인 동시에 군사학의 이론적 기초는 바로 군사사에 두고 있다는 것이다.

2) 군사사의 범위

앞에 말한 바와 같이 현대전쟁이란 국가의 모든 인적, 물적 자원을 총동원한 전면전쟁(全面戰

---

68) *Dictionary of Basic Military Terms* (A Soviet View), Published under the auspices of the united states, Washington : U.S. Government Printing Office, 1976, p.37.

69) 이종학 역(1986), p.88.

70) Maurice Matloff, "The Nature and Scope of Military History", *Essays in Some Dimensions of Military History*, Vol. I , Carlisle Barracks, Pennsylvania, 1972, p.7.

爭)이고 보면 군사사가 연구해야 하는 분야는 너무나 광범위해진다. 그러나 적어도 다음 내용은 군사사의 연구 범위가 되어야 한다고 생각하며 그리고 도표는 다음과 같다.

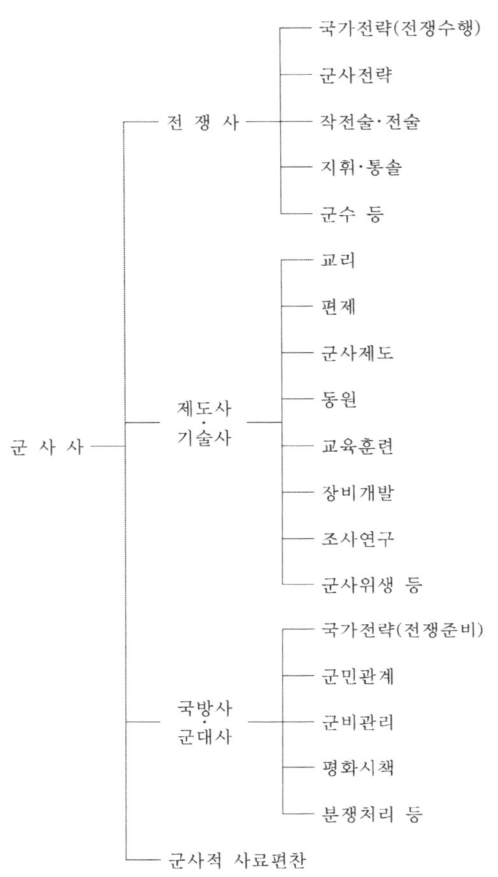

다. 군사사의 연구방법

1) 개괄적(槪括的) 방법과 집중적 방법

인간과 인간사회에 대한 군사적 측면의 변화과정을 다루는 군사사는 결국 인간이 주체이다. 연구방법은 대상과 연구자의 취향에 따라 다소의 차이는 있지만, 대체적으로 대상에 따라 그 연구방법이 정해지기 마련이다. 그래서 콜링우드는 "자연을 연구하는 정당한 길은 과학적이라는 방법이고, 정신을 연구하는 정당한 길은 역사적 방법이라는 것이다."[71]고 했다.

군사사의 연구방법에 있어서 자주 논의의 대상이 되어 온 내용은 개괄적 방법(extensive method)과 집중적 방법(intensive method)이다. 전자는 군사와 전쟁의 문제를 고대에서부터 현대에 이르기까지 넓게 연구해야 한다는 것이요, 후자는 몇 개의 주제에 대해 좁게 그리고 깊게 연구한다는 것이다. 이들 둘의 방법 가운데 어느 방법이 적합한가에 대해 논란이 있지만, 리델 하트는 "전쟁을 광범위하게 조사하는 객관적 가치는 새롭거나 진실한 교리연구에 제한하는 것이 아니다. 만약 광범위한 조사가 어떤 전쟁이론에 있어 불가결한 기초라고 한다면 자신의 시야와 판단력을 개발하려고 하는 보통 군사연구자에게 있어서도 똑같이 필요하다. 그렇지 않다면 그의 전쟁에 관한 지식은 뾰족한 첨단 위에 거꾸로 서있는 피라미드와 같이 균형을 잃어버린 위험물이 되고 말 것이다."[72]고 했다. 그는 개괄적 방법을 권장하는 입장을 취했으며, 특히 전쟁이론을 연구하고 또 개발하려는 군사 연구자에게는 더욱 필요불가결한 연구방법이라는 주장이다.

영국의 저명한 군사사가(軍事史家) 마이클 하워드는 「군사사의 활용과 오용(誤用)」이라는 논문에서 군사사의 활용과 연구에서 우리가 기억해 두면 유용한 세 가지의 보편적 요인을 말했다.

첫째, 폭(幅)이다. 이것은 역사의 전망의 문제인데, 역사, 특히 군사사를 읽을 때는 가능한 한 폭넓게 읽으라고 했다. 그리고 연속과 불연속의 의식을 가지고, 무엇이 항상 동일하게 머무는 듯 한가, 무엇이 변하는 듯 한가를 살펴야 한다. 예컨대 전쟁의 원칙에 대해 이 시대에서 저 시대로 가는 변화의 의식을 가지고, 그리고 서로 마주 보고 있는 각자의 영향을 주는 효과의 조건을 비교하여 그것을 조정하라고 했다. 그는 제1차 세계대전에 대해 나폴레옹 시대의 방법을 적용하여 역사를 읽는 것이 옳을 것이라는 원리를 시대에 뒤진 이용방법으로서 인용했다.

둘째, 깊이의 요인을 언급했다. 여기서 그는 역사서(歷史書) 안에서 읽은 것과 같은 행동이나 사건의 질서 있는 형태 너머에 있는 것을 알아야 할 필요성을 강조한다. 이것은 질서 있는 듯이 보이는 전장(戰場)에서 일어나는 모든 일이 얼마나 자주 인위적인 표현인가를 지적한 하나의 실태라 하겠다. 지휘부의 일부에서 설정된 결정으로 보이는 것은 오직 모든 것을 증거 속에서 보았을 때만 어떤 것으로 평가되는 것이다. 만약 보고서나 메모, 일지(日

71) 金鳳鎬 譯(1979), p.322
72) B. H. Liddell Hart, *Strategy*, second revised edition (New York : Frederick A. Praeger, 1968), p.26.

誌) 혹은 그런 종류의 사료(史料)를 보게 되면, 그것들은 자주 단지 직감의 문제이거나 운(運)의 문제인 것으로 판단된다. 그리고 역사적 행동의 깊이의 면에서 살펴봐야 한다. 모든 종류의 사실들을 살펴보고, 역사가들이 만들어 놓은 사실과 역사의 사실을 비교해 보라.

세 번째로, 하워드 교수는 문맥의 전후관계의 문제를 설명한다. 이 문맥의 전후관계의 문제를 통해서 그는 역사적 사실은 적절한 상황에 꼭 적용되어야 한다는 것을 제시한다. 그는 유추(類推)의 위험성을 경고하고 또 역사가들은 유추를 신용하지 않음을 얘기한다. 역사가들은 역사 속의 확고한 원리에 대해 매우 회의적이다. 그는 경고하기를 문맥 외에서 어떤 일을 택하지 말 것이며 또한 그 시대의 배경에서 발전시키라는 것이다.

군사사의 연구는 과거의 군사문제를 통하여 현재의 군사문제를 이해해야 할 뿐만 아니라, 미래를 전망해야 하기 때문에 필자의 경험으로 미루어 다음과 같은 방법을 제시하는 것이다.

첫째, 연대순(年代順)으로 군사사를 개관하여 군사사의 전체적 형태와 모습을 살핀다.

둘째, 다음은 주제별로 깊이 있게 연구를 한다. 이것은 주로 석사과정이 여기에 해당된다.

셋째, 주제별에 의한 깊이 있는 연구 경험을 쌓은 자가 다시 연대순으로 군사사를 개관하게 되면 어렵지만 어느 정도 미래를 전망할 수 있으리라 생각한다.

따라서 군사사 연구에 있어서는 개괄적 방법과 집중적 방법을 병용하는 것이 바람직하다고 생각한다.

2) 역사학의 연구방법

역사학의 학문적 체계는 19세기 이후부터이며, 따라서 역사의 연구방법도 정밀하게 고려하게 되었다. 그런데 역사학의 연구방법이 성립된 연후에 역사학이 발달된 것이 아니라, 오히려 훌륭한 업적을 남긴 니브르(1776~1831), 랑케(1795~1886) 등의 많은 사가(史家)들이 실제로 행한 연구의 방법을 통일적 · 조직적인 고찰로 조립한 것이 바로 역사학의 연구방법이다. 따라서 역사학 연구방법의 성립은 역사학 발달의 원인이 아니라 오히려 그 결과라 말할 수 있을 것이다.

역사학의 연구법은 본질적으로 일반과학의 연구이며, 따라서 그 추리의 형식도 동일한 것이지만, 다만 역사학이라는 특수한 형식의 과학에의 응용에 지나지 않는다. 그러나 역사학이 그 인식의 대상에 있어서 또한 그 연구의 기초가 되는 자료의 광범함에 있어서 그 특수성이 현저하기 때문에 그 연구방법은 사실에 있어서 독특한 형태를 가지고 있다.

가) 역사학의 보조학문

학문은 하나의 유기체와 같은 것으로 전체가 내적인 연관을 갖고 있다고 말할 수 있다. 고대 그리스에 있어서 철학이라는 말은 일체의 학문지식을 포함했다. 이것이 학문 본래의 이상(理想)이 되어야 하는 것이다. 그러나 인간의 능력에는 한도가 있기 때문에, 문화의 진보와 함께 학문의 분업(分業)이 생겼다. 즉, 연구대상의 상위(相違)에 의하여 또 인식방법의 상위에 의하여 여러 가지 과학이 성립했다. 그러나 여러 과학의 분파는 결코 절대적인 것이 아니라 오히려 편의적인 것이며 또한 언제나 상보적(相補的) 발전을 도모해 왔다는 것이다.

역사학은 인간의 과거 사회적 생활의 변천을 연구하는 학문이다. 그런데 인간의 사회적 생활은 대단히 복잡한 것이며, 따라서 그 연구의 기초가 되는 자료가 무한히 넓고, 또 그 고찰하는 사항이 다방면이기 때문에, 역사학은 다른 과학과 대단히 많은 관계를 가지고 있다.

예컨대, 정신과학, 인문과학, 사회과학 그리고 심지어 자연과학에서도 학사학(學史學)의 지원이 없으면 불완전한 학문이 되지 않을 수 없다. 즉 경제학을 알자면 경제사(經濟史), 정치학을 알자면 정치사, 법률학을 알자면 법제사(法制史), 그리고 자연과학도 자연과학사의 도움이 없다면 그 전모(全貌)와 생성과정을 이해할 수 없으리라. 한편으로는 역사학처럼 광범한 범위에 관계하는 성질의 학문에 있어서는 일체의 과학으로부터 기여를 기대할 가능성을 지니고 있다. 예컨대 영국의 역사가 프리맨(1823~1892)은 역사가란 이상(理想)으로 철학, 법률, 재정, 민족학, 지리학, 인류학, 자연과학 등의 모든 것을 알아야 한다고 했는데, 이것은 역사학에 대한 다른 학문과의 관계를 말한 것으로 대단히 의의가 있다.

역사학의 보조학문에 대해, 베른하임은 언어학, 고서학(古書學), 고문서학(古文書學), 인장학(印章學), 고전학(古錢學, Numismatik), 계보학(系譜學), 연대학(年代學), 지리학 등을 열거하며 설명하고 있다. 한편 페더(A. Feder)는 보조학문을 실질적 보조학과와 기계적 보조학과로 나누고, 전자에는 철학, 인류학, 사회학, 정치학, 통계학, 법률학, 언어학, 지리학 등을 말하며, 후자는 주로 사료(史料)를 다루는 데 필요한 기술적 지식을 뜻했다. 요컨대 역사학의 보조학문이라 하면 역사의 연구에 필요한 일체의 지식이 그 쓰이는 때에 있어서 보조학문이 되는 것이다.

그렇다면, 군사사에 있어서 보조학문은 어떤 것이 있을까? 그것은 군사학, 즉 용병술(군사전략, 작전술 및 전술), 군사제도, 전쟁철학, 군사기술, 군사지리 등이 포함되어야 한다. 역사학이 많은 보조학문을 필요로 하지만, 군사사는 거기에다 더 첨가해서 군사학에 관한 전문지식 분야의 보조학문이 필요하기 때문에 일반학자들이 쉽게 접근하여 연구하기가 어려웠던 것이다.

나) 사료학(史料學)

역사학 연구의 방법론 가운데 가장 주요한 부분을 이루는 것은,

① 사료학
② 사료비판
③ 종합(해석)

의 세 가지이다. 방법론이란 역사의 증거물(證據物)인 사료에 입각하여 올바른 역사인식에 도달하는 방법의 전체를 뜻한다.

역사학은 경험과학이며, 경험적인 증거물을 기초로 하여 실증적으로 성립하는 학문이다. 역사연구의 바탕이 되는 증거물이 곧 사료이다. 사료학이란 사료, 즉 적어도 역사의 증거물로서 쓰일만한 것을 고찰하고, 그것을 충분히 수집하는 방도를 강구하여 연구에 편리하도록 분류하여 정리하는 직능이다. 역사학은 그 대상이 복잡한 인간의 사회이기 때문에, 그 증거로서 채용되는 사료도 또한 대단히 광범하다. 특히 근대 역사학이 진보되어 수직적으로 깊어졌고 또한 수평적으로 넓어졌기 때문에 사료의 범위도 더욱 광범해졌다.

사료는 그것을 바탕으로 하여 역사의 연구대상인 인간사회의 과거의 상태 및 그 변천을 고찰하는 근거가 되는 것이다. 따라서 그것은 과거로부터 계속하여 존재하는 것이다. 그런데 시간이라는 것은 많은 것을 망실(亡失)시켜 가는 성질을 가지고 있다. 그러기 때문에 사료는 무슨 이유이든 시간의 망멸작용(亡滅作用)으로부터 면(免)한 것이며, 말하자면 우연적 존재이다. 사료의 범위는 무한하지만 그 존재는 결코 완전한 것이 아니다. 한 가지 사항의 고찰에 대해 필요하고도 충분한 사료의 존재란 오히려 드문 일이다. 역사학은 이런 불완전한 자료에 의해 연구를 진행시켜야 한다. 이것은 역사적 성질을 가지는 다른 과학에 있어서도 마찬가지이다.

역사학의 사료는 그 종류가 대단히 많고 다방면에 존재하고 있다. 무엇이 사료인가를 생

각하고, 그 소재를 찾아, 그것을 수집하여 정리하는 것이 아니면 연구의 진보는 결코 바랄 수 없다. 사료학의 의의는 바로 여기에 있다. 근대의 역사학의 진보는 첫째로 사료학의 발달에 기인하고 있다고 말해도 좋으리라.

사료의 개념 속에 포함되는 총체의 자료는 대단히 많고 또한 내용적으로 극히 복잡하다. 모든 문헌, 구비(口碑), 전설뿐만 아니라, 비명(碑銘), 유물 · 유적, 풍속 · 습관 등 일반적으로 과거의 인간에 대해 현저한 사실에 설명을 줄 수 있는 것은 모두 사료에 포함되는 것이다. 이처럼 사료가 복잡하기 때문에 그것을 정리하고 그 성질을 살펴, 그것을 이용하기 편리하게 하기 위해 사료의 분류가 시도된다.

사료의 분류는 여러 가지 기준에 의해 이루어진다. 예컨대, 시간에 의한 분류, 장소에 의한 분류, 사료의 내용의 성질에 의한 분류(정치사료, 경제사료, 종교사료, 군사사료 등), 사료의 외적 성질에 의한 분류(문헌적 사료, 유물 · 유적 등의 물적 사료, 구비, 전설, 제도, 풍속 · 습관 등의 무형의 사료 등)이다. 이러한 분류도 때로는 실제상의 필요가 있고, 특히 사료를 수집하여 정리 보존하는 경우에는 실용적 가치가 인정되지만, 방법론적으로는 이런 상식적 분류가 아니고 더 내적으로 예리한 분류가 연구 작업의 필요에 바탕을 두고 세워지는 것이다.

한편 이런 역사적 자료인 유물은 침묵하고 있으며, 역사적 대상에 대해 아무런 보고 · 진술을 하지 않는다. 연구자는 오성(悟性)에 의해 그 속에 포함되어 있는 역사적 대상을 도출해 내야 한다. 유물은 사료로서 절대적 완전성을 가지고 있다. 다만 그것을 올바르게 해석하고 사용되기를 요구한다. 이에 반하여 진술은 사람의 오성에 의해 파악 구성되어 언어문학 등에 표현된 것이며, 주관적 요구를 가진 오류, 혹은 허구에 의한 변형의 존재가 예상되며 그 증거력은 불완전하고 상대적이다.

베른하임은 전승(傳承), 보고(報告)와 유물 외에도 직접의 관찰 및 회상 등의 종류를 만들고 있다. 이에 대해 페더는 사료는 모든 사람들이 인식할 수 있는 것에 반하여, 직접의 지각(知覺)은 본격적인 사료가 아니고, 사건에 대해 극히 소수의 사람만의 인식방법이 될 뿐이라고 했다. 그리고 그것은 타인에게 전해짐으로써 비로소 사료가 된다는 견해이다.

그러나 역사의 연구자가 다행스럽게도 그 연구대상인 사항에 참가하거나 혹은 그것에 관계를 가졌을 때, 그 체험을 가지고 사료를 보충하고 그 사항을 기술(記述)하는 경우가 있다. 이런 경우 연구자의 체험 그 자체가 사료와 같은 작용을 하게 된다. 즉 역사인식의 기초적 소재로서 활용되는 것이다.

그리고 최근 군사사의 영역에 있어서 새로운 기법을 사용하게 되었는데, 그것은 즉 기록된 자료의 틈과 깨진 금을 메우기 위해 구술사(口述史, oral history)를 사용한다. 예컨대, 제 2차 세계대전에 있어서 전략계획은 육군 총참모부에서 수립되지만, 대통령의 결정에 의해 실제 행동으로 옮길 때, 대통령은 전화기로 사령부를 호출하여 지시를 했는데, 이때 아무런 기록도 남지 않았다. 이런 형적(形跡)은 백악관 부근에서 사라져 버렸다. 구술사는 때때로 이런 틈을 메울 수 있다.

사료로서의 문헌에는 1차 사료와 2차 사료가 있다. 1차 사료는 문헌의 기록자가 증인으로서, 그 내용을 자신이 직접 목격했거나 체험했던 바를 근거로 하여 기록한 것이며, 이순신의 『난중일기』는 그 예가 된다. 한편 2차 사료는 문헌의 기록자가 특정한 사건에 관해서 이미 과거로부터 전승되고 있는 기록들, 구전(口傳)들, 그리고 그것에 관한 자신의 연구 등을 근거로 하여 새로이 편집한 것이다. 예컨대, 조성도의 『이순신의 생애와 사상』(1982)은 여기에 속한다.

다) 사료비판

사료학은 주어진 제목에 대해 가능한 한 충분한 사료를 수집하는 방법을 명시했는데, 사료비판이란 수집된 많은 사료에 대해 증거물로서의 진실성을 비판하여 결정하는 것이다.

(1) 외적 비판

이것은 사료의 외적 성질 내지 가치를 음미하는 직능(職能)이며, 이의 주요한 것은 다음과 같다.

(가) 진실성의 비판

사료로서 제출될 것이 때때로 전부 혹은 일부가 진실한 것이 아니거나 혹은 종래로부터 승인되어 있지 않은 것이 있다. 즉 연구법으로서 위작(僞作), 착오 그리고 오인으로 불리는 것이 많으니 주의해야 한다.

위작 혹은 착오가 전부가 아니고 부분적일 경우, 이것을 참입(개찬)이라 한다. 전체로서는 진실하지만 일부분 불순물이 혼입되어 있는 경우이다. 많은 사료, 특히 문서 · 기록 등에는 위작의 의지에서 참입이 행해지는 경우가 많다. 특히 서적은 원본이 남는 경우가 드물며, 보통 여러 번 전사(轉寫)를 거친 것이다. 이 전사를 할 때 참입이 생긴다.

진실성의 비판은 위작 혹은 착오의 유무를 밝히는 것이며, 위작에 대해 베른하임은 판정에 있어서 알아두어야 할 네 조항을 들었다.

① 문제에 오르는 사료의 표면적인 형태가 그 언어, 문학, 문체, 구성, 형태에 있어서 그 사료가 자칭(自稱)하는 바, 또 우리가 우선 가정하는 성립의 시대와 장소에서 나타나는 이런 종류의 사료가 이미 진정한 것이라고 알려지고 있는 다른 것이 가지고 있는 형태와 일치되고 있는가.

② 이 사료의 내용이 같은 시대와 같은 장소의 확실하고 진정한 사료에서 우리가 알고 있는 바 내용에 합치되고 있는가, 또 이 경우에 그 시대와 그 장소의 하나의 진정한 사료에 그것을 기재하고 있는가, 또는 그것을 알고 있다고 생각하여야 할 여러 사실이 묵살되고 있지나 않는가, 혹은 명백하게도 부지(不知)의 사실로 되고 있지나 않는가, 다른 면으로 그 사료에서 가정되는 성립시대에서도 알려지고 있지 못한 여러 사업에 관한 지식이 문제의 사료에 포함되고 있지 않는가.

③ 사료의 형식(문자, 언어, 문체 등)과 내용이 그 사료가 이른바 소속되고 있다는 발전의 특성과 환경 전체에 적합하고 있는가, 또는 그 사료가 이미 알고 있는 것과의 관련을 가짐에 있어서 내면적인 진실성을 가지고 있는가, 또는 아무런 모순도 일으키지 않는가.

④ 그 사료의 내면 또는 외면에 인공적 위조적 위작의 흔적이 발견되지나 않는가.

(나) 내력비판(來歷批判)

내력이란 그 사료가 작성될 시기와 장소 및 인간관계를 가리키며, 이것을 음미하는 것이 내력비판이다. 근래의 사료에는 서적, 문서를 비롯하여 건축물, 기물(器物) 등에 이르기까지 그것이 명시되어 있어서 이런 비판이 불필요하지만, 고문서에는 이런 것이 기록되어 있는 것이 드물다.

일시(日時)를 밝히는 것은 다음 의미에 있어서 중요하다.

첫째, 사료를 사건의 추이의 순서로 배열하여 비로소 그 일의 경과를 알 수 있다. 문화사적 연구나 군사사적 연구에 있어서도 사료의 시간적 관계가 기초가 되어 그 방면의 발전과 경위를 알 수 있다.

둘째, 사료의 증거 가치는 그것과 역사적 대상과의 사이의 시간적 거리에 관계가 있으며,

그 관계가 불명하다면 그 가치를 판정하는 충분한 기준을 상실케 된다. 사료의 장소적 관계에 있어서도 이와 거의 동일한 것이다. 또 진술적(陳述的) 사료에 대해서도 그 작자(作者)의 지위, 성격, 직업, 계통 등이 밝혀지면, 그것이 그 사료의 가신성(可信性) 등을 판단하는 근거가 되어 그 진술을 적당하게 이용하기가 좋다.

(다) 본원성(本原性)의 비판

사료의 이용에 대해 특히 주의해야 할 것은 본원사료(本原史料)와 차용사료(借用史料)의 차별이다. 이것은 옛날에는 퍽 소홀하게 다루어진 사항이지만, 근래에 와서 사료의 본원성 및 그것과 관련되는 종속성의 비판이 사료비판의 주제목(主題目)이 되었다.

⑵ 내적 비판

(가) 가신성(可信性)의 비판

외적 비판에 의하여 사료의 외적 성질 내지 가치, 즉 진실성, 내력, 본원성이 결정되지만, 아직 그 가신성, 신빙성은 결정되지 않았다. 즉 그것을 어느 정도로 믿어도 좋은가, 어느 정도의 증거력을 가지는가는 불명이다. 물론 사료를 유물로서 다룰 때, 그것은 위작 혹은 착오가 아니면 충분한 가신성을 가진다. 그러기 때문에 유물은 가신성의 비판의 대상이 되지 않는다. 그러나 사료가 진술(陳述)인 경우, 그 가신성은 구구하다. 실제로 같은 사실에 관한 증인의 직접 진술이 모순되는 경우가 적지 않다. 이런 경우, 한 편이 바르다고 한다면, 다른 편은 오류 혹은 허위일 경우도 있다. 이 가신성의 음미가 내적 비판의 임무이다.

이 가신성의 음미에 대해 진술 내지 증언은 다음 두 가지 점에 있어서 평가되어야 한다. 즉 첫째는, 논리적 평가에서 증인은 진실을 말할 수 있었던가, 둘째는, 윤리적 평가에서 증인은 진실을 말할 의지가 있었던가 하는 점이다. 사료의 가신성은 논리적 그리고 윤리적으로 진실의 왜곡에 의하여 손상된다. 즉 착오와 허위가 원인이 된다. 따라서 착오와 허위가 어떻게 해서 일어나는가를 음미할 필요가 있다.

사료의 진술의 진리를 손상시키는 것은 착오 및 허위이기 때문에 가신성의 비판은 개개의 사료에 대해 세밀하게 착오 및 허위의 가능성을 생각하여 증거로서 채용하는 요소를 기술하고자 한다. 그러기 위해서는 사료를 외적 비판의 결과에 바탕을 두고, ① 그 성질, ② 그 일시와 장소 및 작자에 대한 여러 각도로부터의 검사가 필요하다.

① 사료의 성질－앞에 얘기한 바와 같이 유물은 진짜인 한 가신성의 음미의 대상이 되지 않는다. 문헌도 전체적으로(칙령, 법률, 조약문, 문학적 작품 등) 혹은 부분적으로 유물의 성질의 범위 내에서 다루는 경우는 다른 유물과 같다.

가신성의 비판은 주로 진술적 사료에 대해서 필요하기 때문에, 거기에 대해서는 세밀히 외적 및 내적 성질에 따라 음미를 필요로 한다. 예컨대, 외적 성질에 바탕을 두고 구두적 진술, 문학적 진술로 대별(大別)하여 생각해 보자. 먼저 구두적 진술을 생각하면, 거기에도 여러 가지 종류가 있다. 본인 직접의 진술은 착오가 가장 적고, 그것을 듣고 또 간접의 진술이 되면 착오가 섞이기 쉽다. 특히 시간적으로 인간적으로 간접의 도가 많아질수록 진실을 손상케 된다. 전설은 좋은 예이며 일반적으로 길게 전하여 오는 동안에 ㉮ 과대, 미화, 이상화(理想化), ㉯ 집중, ㉰ 혼합 등이 행해지는 경향을 가진다.

문학적 진술은 외적 성질에 의하여 공사(公私)의 왕복문서, 선언서, 연설, 신문 · 잡지의 기사, 일기, 각서, 회상록, 계도, 역사서, 연대기, 전기 등 여러 종류로 나누어 대체적인 그 성질을 고찰하고, 더욱 그 사료의 하나하나에 대해 그 진술의 내용에 음미를 가한다. 같은 공적(公的) 왕복문서라 할지라도 그 성질은 각각 나누어진다. 예컨대, 외교문서도 프리맨은 "우리들은 여기에 허위의 가장 선택된 분야를 가진다"고 했던 것이다. 그리고 같은 외교문서라 할지라도 그 문서 목적의 상위(相違) 등에 의하여 그 내적 성질은 동일하지 않다. 예컨대 이해관계(利害關係)를 가진 진술, 선언적 성질을 가진 진술, 도덕적 내지 예술적 효과를 목적으로 하는 진술 등에 대해서는 특히 진실의 왜곡을 예상해야 한다.

② 일시와 장소 및 작자－사료의 가신성(可信性)을 비판함에 있어서 그 사료의 성질을 고찰하는 것만으로는 불충분하며, 그것을 보완하는 것이 일시와 장소 및 작자와의 관계이다.

일시와 장소에 대해서는 원칙적으로 대단히 간단하다. 요약컨대, 진술이 시간이나 장소에 있어서 그 진술하는 내용에 가까울수록 가신성이 있고, 멀어짐에 따라 그것이 감소된다. 즉석의 진술이 이상(理想)이다. 실제에 있어서 시간은 가깝지만 장소가 먼 데도 이루어지는 진술, 장소는 가깝지만 시간이 먼 데도 이루어지는 진술 등이 있다. 일일이 거기에 대한 가신성이 음미되어야 한다. 작자에 대해서는 그 진술의 논리적 진실성 및 윤리적 진실성을 작자(作者)에 따라 판단하게 된다. 즉 작자와 사건의 관계, 그 자질, 성격, 교양, 연령, 성(性), 직업, 계급, 당파, 종파 등의 관계에 따라 그 진술에서의 착오 내지 허위의 가능성에 여러 가지 등차(等差)가 있게 마련이다. 그러나 이러한 등차의 고찰은 실제에 있어서 대단히 복잡하다. 예컨대, 사건의 당사자의 보고는 그 사건을 가장 잘 파악하고 있는 사람의 진술이라는 점에서 가장 가치가 있다. 그것은 구두적(口頭的) 진술에서 말한 것처럼 문학적 진술에 있어서도 직접의 진술은 간접의 진술보다 이론적으로 착오의 가능성이 적기 때문이다. 그러나 한편 당사자는 그 사건에 대해 가장 관심이 많기 때문에 때로는 이해관계(利害關係), 허영심 등에 의해 진실을 은익하는 경향이 있고, 이 점에 있어서 제3자의 진술이 오히려 가신성이 많아진다. 논리적 진실성은 있어도 윤리적 진실성이 결핍되어 착오는 없어도 허위가 들어가게 된다. 실제에 있어서 어느 사료의 작자에 대해 충분한 자료가 없는 경우가 많으며, 따라서 여러 가지 관계를 안다는 것은 어려우며, 또 많은 경우 반드시 전부의 관계를 알 필요는 없지만, 일체의 진술에 있어서 그 작자의 인간성을 고려하는 것이 그 가신성 비판의 중요한 표준이 된다. 더욱이 사건에 관해 작자의 주관이 많이 들어간 의견 · 비판 등 보다는 그 진술의 요소를 이루는 순박한 각 사실이 중요하며, 의견 · 비판 등은 오히려 유물적인 요소로 보아야 한다.

작자에 관한 허위의 유무에 대해서,

㉮ 작자의 이해관계(利害關係)

㉯ 사정(事情)의 여건(직무적 보고인가 등)

㉰ 동정, 반감

㉱ 허영심

㉲ 여론에의 복종

㉳ 문학적 왜곡 등을 고찰해야 하며,

또 착오의 유무에 대해서,

㉮ 나쁜 관찰자는 아닌가(착각, 환각, 편견 등)

㉯ 잘 관찰할 수 있는 지위에 있었는가

㉰ 태만 및 냉담

㉱ 직접 관찰할 수 없는 성질의 사건이 아닌가

등을 고찰해야 한다.

라) 종 합(해석)

다른 많은 과학에 있어서 자료는 동시에 그 학문의 대상이다. 그런데 역사학에 있어서 사료의 조사는 마치 광부의 지하의 작업과 마찬가지로, 사료는 다만 수단일 뿐이고, 그 비판은 역사학의 기초 공사에 지나지 않는다. 비판에 의해 그 증거력의 정도가 음미된 사료를 사용하여 그 목적으로 하는 역사인식에 도달하는 작업, 즉 종합(해석)이며 역사연구에 있어서 가장 중요한 직능이다.

(1) 사료의 해석

사료의 해석은 이미 사료의 수집 때 시작되며, 비판에 있어서는 해석을 수반해야 비로소 가능하지만, 사료의 성질이 충분히 음미된 연후에야 충분한 해석이 주어진다. 사료는 올바른 해석에 의해 비로소 연구에 쓸모가 있다. 유물은 침묵하고 있으며 그 자신이 직접 설명하지 않는다. 그것을 살리게 하는 것은 해석에 의해 가능한 것이다. 유물의 사료적 가치는 절대적이지만, 해석을 그르치게 되면 전연 엉뚱한 결론에 도달하고 만다. 유물이 증거가 되는 것은 다만 해석을 통해서이고, 유물에 있어서 해석은 최초이고 또한 최후의 조건이다.

문헌적 사료는 언어문자에 의해 표현되어 있으며, 그 언어문자를 해석하는 것은 출발점이다. 해석할 수 없는 문헌은 채굴되지 않은 광산과 같다. 많은 고대 문자의 해독이 고대사에 새로운 세계를 열어 주었다는 것은 알려진 사실이다. 역사연구는 그 시대의 문헌을 해석하는 것이 깊을수록 유리한 무기를 가지는 것이 된다.

사료의 해석은 다만 언어의 의미뿐만 아니라, 역사적 대상의 설명자라는 의미에 있어서 해석되어야 한다. 그러기 위해서는 그 사료의 증명할 수 있는 사항에 관한 지식이 깊어야 한다. 그것은 언제나 그 배경이 되는 역사적 사실(事實)의 지식이며, 또한 때때로 각종의 보조학문의 지식이다. 예컨대, 고서(古書)의 내용은 때로는 극히 단편적(斷片的)이다. 그것을 적당히 해석하여 충분한 증명력을 발휘케 하자면 그 주위의 사정이 명료할 필요가 있으며, 이리하여 그 단편적 내용이 살아나게 된다.

(2) 사료의 결정

사료는 어떤 역사적 사상(事象), 즉 사실(事實)을 증거로 내세우는 것이다. 예컨대 어떤 형식을 갖춘 조약문의 존재는 충분히 그 조약을 체결한 결의사항의 증거가 되는 것이다. 그러나 많은 경우 한 사료만으로 한 사실(史實)을 결정하는 것은 불가능하며, 많은 사료를 필요로 하고, 때로는 한 사실(史實)에 관한 사료가 대단히 불충분하여 발견된 모든 사료를 사용해야 하는 경우가 많다. 많은 사료의 진술은 일치하거나 혹은 모순이 된다.

(가) 사료의 증거가 일치하는 경우

① 유물과 유물의 일치 : 유물은 침묵하고 있으며, 그것을 살려 증거로 사용하는 것은 해석이다. 그런데 해석은 주관적 요소가 있으며 오류에 빠지기 쉽다. 그러기 때문에 유물의 일치에는 많은 수가 요구된다. 유물의 일치란 즉 해석의 일치이며, 많은 유물에 대해 동일한 해석이 성립된다는 것을 의미한다. 극소수의 유물의 일치로는 사실(史實)을 충분히 결정지을 수 없다.

② 진술과 진술의 일치 : 이 일치는 그러한 것이 아무런 친근관계를 가지지 않고 본원성(本原性)을 가지는 것이 조건이다. 친근관계가 없는 진술이 많이 일치할수록 그 힘은 강해진다.

③ 유물과 진술과의 일치 : 어떤 사료의 가치가 낮고, 그 진술이 그것만으로는 의심스러울 경우, 유물이 그것을 확인하여 그 사실(史實)의 존재를 긍정하는 경우가 있다. 예컨대, 고대의 전설이 유물의 발견에 의해 믿을 수 있게 되는 경우와 같다.

(나) 사료의 증거가 모순되는 경우

두 가지 이상의 사료의 증거가 일치하지 않는 것은 실제의 연구에 있어서 언제나 마주치게 된다. 이 경우를 원칙적으로 다루기 위해 두 가지의 사료에 대해 말하면, 한 편이 전연 불가능하거나 또는 가능성이 거의 없는 경우, 혹은 사료의 가신성에 있어서 한편은 충분하며 다른 편은 의심스러울 때, 그 결정은 용이하다. 그러나 어느 쪽이나 가신성이 충분치 않고, 다만 그 정도에 차이가 있을 때, 가신성이 많은 편에 가능성 · 개연성을 인정하는 정도 이상의 결정은 할 수 없다. 이처럼 사실(史實)에 대해 많은 사료가 모순되어 있을 때,

그런 사료에서 세울 수 있는 사실(史實)의 결정을 형식으로 표시하면,

① 긍정

② 개연

③ 미결정

④ 부정의 종류로 나눌 수 있다.

사료가 서로 모순되어 있을 경우 여러 가지 주의할 사항이 있다. 표면상 모순된 것처럼 보이나 실은 상보(相補)하는 때가 있다. 예컨대 갑(甲)은 한 사실(事實)을 증명하고, 을(乙)은 다른 것을 증명하는 경우, 그것은 모순되는 것이 아니라 다 같이 진실이 될 수 있다.

사료의 모순은 실로 진리가 중간에 있다는 것을 표시하는 경우가 있다. 예컨대, 전쟁에 있어서 양편이 서로 승리를 보고하는 경우, 이것은 그 승패가 결정적이 아니라는 것을 의

미하는 것과 같다.

(3) 역사적 연관의 구성

사료가 제공하는 사실(史實)은 단편적이며, 그대로는 아무런 연결이 없는 소재이다. 이것을 인과관계에 있어서 연결하고, 유기적이고 전반적인 경과발전의 형태로 구성하는 것이 여기서 말하는 역사적 관련의 구성이며, 종합작업의 중심이다. 그것은 사실(史實)의 관련의 파악에 의하여 과거의 사적(史的) 발전을 사상(思想) 속에서 재현하는 것이다. 그런데 사실(史實)을 연결시키는 수단은 추리이지만, 그것은 엄밀히 과학적 추리가 되어야 한다.

랑케는 역사란 거울에 사물이 비치듯 객관적으로 논구(論究)되어야 한다고 주장했다. 역사를 객관적으로 논구한다는 태도는 역사적 관련의 구성 문제와 관계가 있다. 엄격히 말한다면 인간의 인식에는 순 객관적인 것은 없다. 하물며 역사학처럼 가치적 의식을 그 인식의 밑바탕으로 하는 학문에 있어서는 도저히 주관적 요소를 씻어버릴 수 없다. 그러나 랑케의 발언은 그 내용에 정당한 주장을 가진다. 그것은 이해관계(利害關係), 좋고 나쁨의 감정 등에 지배되지 않고 모든 것에 공평한 태도를 취해야 한다는 소박한 표현이다. 역사학의 연구자가 가져야 하는 반성을 뜻하는 것이리라.

역사학의 대상은 인간적 사상(事象)이며, 따라서 자연을 대상으로 하는 자연과학의 경우와 다르다. 또한 그것이 다루는 개인, 단체, 시대 등에 좋고 나쁨의 감정을 가지는 것을 면할 수 없다. 더욱이 역사가는 현실의 정치적, 경제적, 사상적 생활에 있어서 실제적 관심이 있으며, 그것이 의식적, 무의식적으로 연구 속에 개입할 위험이 있다. 객관적이라 함은 이 같은 경향을 벗어나서 냉정히 역사적 대상을 다룬다는 뜻이다.

(4) 역사적 의식의 파악

각각의 역사적 사상(事象)은 유기적인 커다란 전체의 발전 가운데 일부이다. 그 일부가 전체의 발전에 대한 어떠한 지위를 정하는 것이다. 즉 전체의 인과적 관계에 있어서 어떠한 요소인가를 고찰하는 것이 역사적 의의의 파악이다.

각각의 연구제목에 대해 그 역사적 의의를 파악한다는 것은 역사연구의 고찰이 되어야 한다. 실제의 연구에 있어서 어떤 제목에 대한 연구의 요구를 일으키는 동기는 의식이든 무의식이든 그것에 관한 역사적 의의의 파악일 것이다. 역사는 과거에 대한 현재의 관심이다. 카(E. H. Carr)는 "역사란 역사가와 사실(事實) 사이의 계속적인 상호작용의 과정이며 또한 현재와 과거 사이의 끊임없는 대화이다."[73]고 했다. 과거는 과거의 관점에서 이해하려고 노력하는 동시에 그것의 현대적 의의를 탐구하는 것이 역사가의 기본 임무가 되리라.

이러한 점에서 역사연구에는 현재의 입장에서 언제나 새로운 역사적 의의의 파악이 시도되며, 새로운 문제가 제공된다. 특히 역사의 연구에 있어서 새로운 역사의 형태를 규정하는 것은 역사적 의의의 파악이며, 그것은 역사연구의 출발점인 동시에 도착점이다. 즉 역사적 의의의 파악은 직감적으로 역사연구에 선행(先行)하며, 실증적으로 그 귀결이 되는 것이다. 우리들은 이러한 역사학의 연구방법을 터득하여 군사사의 연구에 임해야 할 것이다.

라. 군사사 연구의 고려요소

인간의 역사란 수많은 인간들의 사상과 행위로서 구성되어 있는 하나의 복합적인 과정이라 볼 수 있다. 그러기 때문에 전쟁사(戰爭史)를 완전히 간결한 형태로 분석하기란 대단히 어려운 문제이다. 그러나 수많은 요인들 가운데 가장 현저히 영향을 미치는 기본 요인은 대략 다음과 같은 내용이 될 것이다.

- 정치적 요인
- 사회적 요인
- 산업 기술적 요인
- 조직 및 관리적 요인
- 군사 이론적 요인
- 군사 교리적(敎理的) 요인
- 지휘 · 통솔적 요인
- 사기적(士氣的) 요인
- 전략적 요인

이들 요인은 그 자체가 결심을 바르게 하기 위한 지침으로서 지휘관에 의해 채택될 수 있

73) Edward H. Carr(1961), p.30.

는, 소위 전쟁의 원칙과 같은 것은 결코 아니다. 그러나 각 요인은 그 자체가 역사상 시대에 따라 광범위하게 변질과정을 겪는 응용과 관련된 하나의 복합적인 요인이라 볼 수 있다. 이들 요인들의 상관관계는 결코 단순한 것은 아니다. 이들 요인들은 다 같이 군사사의 기본적 성분을 구성한다. 이들 요인들은 오늘날의 군사문제를 이해하는 데, 도움이 될 뿐만 아니라, 그것이 시대와 상황 그리고 국가 등의 여건에 따라 중요성과 관련성이 변동된다는 것을 알게 될 것이다.

필자는 과거의 역사문제 가운데 군사문제와 관련된 사건에 대해 군사사의 관점에서 연구 · 규명한 논문을 발표했는데, 소개하면 아래와 같다.[74)]

- 「廣開土王碑文의 倭에 대한 新考察」(1993)
- 「廣開土王碑文의 辛卯年記事의 檢討」(1996)
- 「廣開土王碑文10년 庚子條의 新考察」(1999)
- 「周留城 · 白江의 위치 비정에 관하여」(2003)
- 「명량해전의 군사사학적 연구」(2006)

74) 이종학, 『한 군사학도의 연구 발자취』(대전 : 충남대학교 출판부, 2006)

Ⅲ. 군사제도/국방행정

최 병 학 (미래군사학회)

Ⅲ. 군사제도/국방행정

최 병 학 (미래군사학회)

1. 국방의 개념구조

국방은 국가의 존립과 번영을 위해 가장 기본이 되는 체계적인 활동이자 책임 있는 공공행위를 일컫는다.

원래 국방이라는 의미는 국가의 방위, 그리고 국가를 방위하는 행위, 국가가 스스로를 방위하는 행위 등이라는 의미를 담고 있다(백종천, 2005). 그렇지만 국방이라는 용어는 국가안전보장(nation security), 방위(defence), 또는 혹은 군사방위(military defence) 등의 개념과 혼용해서 사용되고 있음에 유의할 필요가 있다.

일반적으로 국방의 의미는 국가가 그의 독립, 안전, 그리고 평화를 확보하기 위하여 외부적 침략에 대하여 군사력을 필수 불가결한 요소로 삼는 방위력을 가지고 반응하는 활동이라 할 수 있다.

따라서 국방은 국가를 기본적인 토대로 하여 설명될 수 있으며, 국방의 의미를 국가의 의미와 관련하여 다음과 같이 살펴볼 수 있다(민진 외, 2005 : 3-5).

가. 국가의 의미

국가란 매우 다양하고 다의적인 개념으로 정의되고 있다. 일반적으로 국가란 일정한 지역을 지배하는 최고 권력에 의하여 결합된 인간의 집단이라고 할 수 있다.

이를 학문전공별로 나누어보면, 우선 정치학에서는 극가를 정치적 공동체나 사회의 포괄적 정치조직으로 파악하기도 한다(구영록, 1996). 그러나 법학에서는 국가를 규범질서로 보는데 특히 국제법에서는 국제법상의 의무와 권리의 주체로 본다. 한편 사회학에서는 국가를 개인의 총화를 초월한 특수한 실체로 보지 않고 개개인의 관계나 활동이 사회에서 구현될 경우를 주로 상정하고 있다.

따라서 국방행정에서의 국가는 정치적 · 법적 의미로서 파악되고 있는데, 여기에서는 국가의 구성요소와 국가와 정부와의 관계를 다음과 같이 살펴볼 필요가 있다(민진 외, 2005 : 4-5).

(1) 국가의 구성요소

기본적으로 국가의 구성요소로는 영역, 국민, 주권(혹은 통치권)이 포함된다.[75]

첫째는 영역이다. 국가는 일정한 공간적 범위의 존재를 그 기초로 삼고 있으며, 이러한 공간적 범위를 영역(領域, territory)이라 한다.

이 중에서 영역은 영토(領土), 영해(領海), 그리고 영공(領空)으로 구성된다. 영토는 육지를 나타내는 것이며, 영해는 영토와 연안에 따른 일정한 범위의 해역을 말하고, 영공은 영토와 영해의 상공을 말하며 이 때 상한선은 주어져 있지 않다. 주로 영역에서는 영토가 중심을 이루며, 영토 없는 영역은 존재할 수 없다.

따라서 영역이란 국가가 그 임무를 수행하기 위하여 배타적 권력을 우효하게 행사하는 공간적 범위를 말한다. 따라서 영역 특히 영토는 국가권력의 중요한 기반이 되며 아울러 국가와 국가의 구성원인 국민 사이를 연결해 주는 매우 중요한 요소가 되고 있다(구영록, 1996).

따라서 국가는 영토를 바탕으로 국가의 구성원들에게 삶의 터전과 방편을 제공하고, 그

75) 국가(國家)의 '국'(國)이라는 글자를 보면 바깥 테두리 네모는 영토를 의미하고, 안쪽에는 창'과'(戈) 즉 군사력, 국방력과 함께, 입'구'(口) 즉 인구, 국민이 들어있다는 해석이 가능하다. 고대 중국에서는 국가를 영토와 군사력(오늘날의 주권의 의미로 이해) 및 국민(백성)을 그 구성요소로 보았다.

영토 위에 자리잡은 국가체제를 작동, 운영하게 하는 공간적 기반이 된다. 국가가 영토를 확장하고자 하는 일반적인 까닭은 이유는 이러한 생활공간을 더 많이 확보하고, 국가권력과 국가이익을 극대화하고자 하는 것이며, 아울러 국가 자신의 안보에 대한 위협을 사전에 방지 또는 억제하려는데 있다.

둘째는 국민이다.

국가의 중요한 구성요소는 국민이며, 이는 영역 이상으로 중요하다. 국민이란 국가의 인적요소 또는 결정적인 구성원으로서 국가의 통치권에 따라야 할 의무를 지닌 개인들의 집합체를 의미하며, 통상 국가에 속하는 자연인을 의미하기도 한다.

이러한 국민이 되는 자격은 국적으로 표시되며, 그 획득과 손실은 국내법에서 정하는 것이 원칙이나 국제조약에서 정하는 경우도 있으며, 별도로 이중국적을 인정하는 경우도 있다. 어떻든 외국의 국적을 가진 사람을 외국인이라 하고, 어떠한 국적도 갖지 않은 사람은 무국적자로 분류된다.

국민의 구성은 민족, 인종, 성별, 언어, 종교 등으로 구분될 수 있는데 이들 요소들은 국가의 형성, 소멸, 변경에 영향을 미친다. 단일 민족국가가 다수 민족국가나 복합 민족국가보다는 국민적 동질성과 통합성이 높다고 할 수 있다.

셋째는 주권이다.

앞서 언급한 영토와 국민만으로는 국가가 성립할 수 없다. 이는 물리적인 영토와 구성원들인 인적자원으로서의 국민이 있어도, 이들을 결속시키고 국가의 영향력을 실체적으로 발현할 수 있는 주권이 있어야 비로소 국가가 되기 때문이다. 주권은 대외적으로 독립적 권한이며 대내적으로 최고인 권력이다. 따라서 국가는 다른 국가에 종속되지 않으며, 자국의 헌법에 따라 정부구조나 정치체제를 선택할 수 있다.

이러한 주권은 때로는 국가목적을 달성하기 위한 현실적인 권력인 통치권과 같은 의미로 사용할 때가 있다. 이 때 통치권은 형식논리상 입법권, 행정권, 사법권으로 나누어진다(정만희, 2003).

(2) 국가와 정부의 관계

첫째는 정부(government)이다.

국가는 일정한 통치기구를 토대로 일정한 영토 내의 국민을 통치하게 되는데 이 실체적인 통치기구가 바로 정부이다. 다만 일상생활에서 사용하는 '정부' 라는 용어는 '국가' 와 같이 입법부, 사법부, 행정부를 포함하는 넓고, 포괄적인 의미(광의)로 사용되기도 하나, 때로는 행정부 또는 집행부만을 지칭하는 좁은, 구체적인 의미(협의)로 사용된다(최병학, 2004 : 20-25).

둘째는 국가와 정부의 관계이다.

로크(J. Locke)는 국가와 정부를 비교하면서 국가는 사회계약(social contract)에 의해 권위를 행사하지만 정부는 국민의 신탁(信託; trust)에 의해 권위를 행사한다고 한다. 국가는 영속적이지만 정부는 한시적이며, 국가는 정부를 포괄하기 때문에 정부는 부분적이다. 국가는 정부를 통해서 그의 권력을 행사하고 국민과 영토를 관할하지만, 결과적으로 정부는 국가권력 표출수단이며, 그 근원은 국가이다.

국가와 정부는 서로 밀접한 관계가 있지만 동일시될 수는 없다. 정부에 대한 지지는 국가에 대한 지지로 이어지지만, 정부에 대한 저항이 꼭 국가에 대한 저항으로 이어지는 것은 아니다. 이는 식민지에서 국민들이 정부에 대한 저항이 곧 국가 자체를 부정하지 않는 것을 볼 때 확인된다.[76]

국가의 형태는 다양하다. 이들은 흔히 정치체제 또는 경제체제로서 구분하기도 한다. 정치체제로는 왕국과 공화국, 연방국가와 단일국가를 들 수 있고, 경제체제로서는 자본주의체제와 사회주의체제가 가장 대표적이다. 근간에는 유럽연합(EU: European Union)과 같은 국가간 연합체가 만들어져 국가와 정부와의 관계를 더욱 복잡하고 다양하게 변모시키고 있다.

나. 국가방위의 본질

앞서 언급한 대로 국가는 영역, 국민, 주권을 기본적인 구성요소로 삼고 통치체제는 정치체제 또는 경제체제 등에 의해 구분되고, 국가의 통치권은 국가기구를 통해 이루어지지만 주로 정부를 통해 발현된다. 이와 같은 통치체제에 기반을 둔 국가가 안정적이고 항구적으로 질서와 안녕을 유지, 확보하기 위해서는 국가방위가 필수불가결하며, 이는 다음과 같이

76) 이는 정부실패(government failure)나 정책실패(policy failure)가 곧 국가실패(state failure)를 뜻하는 것이 아닌 것과 같다.

설명될 수 있다(민진 외, 2005 : 7-10).

(1) 국가방위의 개념

국가방위란 국가가 방위력을 가지고 적국 또는 테러집단의 침략행위를 배제하거나 억지하는 일련의 활동을 뜻한다. 여기에는 국가방위의 주체, 객체, 목적과 목표, 수단 등의 주요 내용이 포함되어 있다(구영록, 1996).

(가) 국가방위의 주체로서의 국가

국가방위(nation defence)의 주체는 개인, 가정, 기업, 조직, 국가, 국가연합 등 국가방위의 대상에 따라 다양하게 나누어진다. 그러나 일반적으로 국가방위의 주체는 국가이며, 그것의 실체는 통치권을 행사하는 정부라 할 수 있다.

그런데 국가방위의 주체가 오직 국가뿐인가에 대해서는 여전히 의견이 분분하며, 예외가 있을 수 있다. 예컨대 정치단체가 국가방위의 주체가 될 수 있다는 것인 바, 팔레스타인 해방기구는 이스라엘의 침략에 대한 방위의 주체이다. 또한 대한민국을 방위하는데 대한민국과 미국이, 일본을 방위하는데 일본과 미국이 상호방위조약이나 동맹 · 우호협정을 통해 국가방위의 주체로 삼고 있다. 영국, 프랑스, 독일 등은 북대서양조약기구(NATO)를 통해서 집단적인 방위를 하고 있다(백종천, 2005).

이처럼 국제사회의 변화와 독자적인 안보체제로는 해결될 수 없는 복합적인 상황에서 국가방위의 주체는 국가간 상호의존성에 의해 이루어지는 경향이 점차 두드러지고 있으며, 동시에 미국과 같은 경우는 이러한 경향과는 여전히 구별되는 모습을 보이고 있다.

(나) 국가방위의 객체로서의 침략

국가방위는 외부세력의 침략에 대한 일련의 반응활동이며, 따라서 국가방위의 객체는 침략이다(구영록, 1996).

UN은 1967년 12월 18일 '침략의 정의문제특별위원회'를 설치하여 침략을 정의하였는데 침략이란 "어느 국가에 의한 타국의 주권, 영토보전, 또는 정치적 독립에 대해 또는 UN

의 목적과 양립하지 않는 다른 방법에 의한 무력의 행사"라고 정의한 바 있다.

그러나 침략이란 "국가 또는 정치단체 등에 의한 군사력의 선제 행사"라고 하면서 반란, 내란, 내전, 민족해방전선, 혁명과 반혁명 등 간접 침략에서 군사력 행사의 실체를 나타내는 것도 침략의 범위에 포함시켜야 한다는 주장도 있다.

(다) 국가방위의 목적과 목표

국가방위의 목적이 국민의 안전과 항구적 평화유지를 통한 번영이라는 다소 추상적이고 궁극적이라고 한다면 국가방위의 목표는 외부의 침략에 대한 대응책과 직결되는 것이다.

한마디로 국가방위의 목적은 국가의 독립과 안전 그리고 평화의 확보에 있으며, 이들을 방위목적의 3대 요소라고 한다. 특히, 국가의 독립성은 대외주권의 독립성을 의미하며, 이를 국제법에서는 독립권이라고 칭하고 있다(백종천, 2005). 국가의 안전이란 외부 침략의 위해가 없는 상태, 침략이라는 위해가 닥쳐오지 않는 상태를 의미한다. 따라서 국가의 평화의 확보란 전쟁이나 그리고 폭력이 없는 상태 또는 침략을 받지 않은 상태를 의미한다.

결국 국가방위의 목표란 외부 적의 침략을 억지하고 침략을 배제하는 활동을 말한다. 침략의 억지란 침략을 할 수 없도록 사전에 억지하는 것인데 반해, 침략의 배제란 적의 침략이 있을 때 이를 배제하는 것을 말한다.

(라) 방위의 수단으로서의 방위력

방위력이란 적의 침략을 억제하고 배제할 수 있는 수단이 되는 능력 또는 역량이라고 할 수 있는데, 이 중 전자를 억지력, 후자를 배제력으로 부르고 있다(백종천, 2005).

억지력이든 배제력이든 방위력은 군사력을 그 본질로 삼고 있으며, 방위력은 국력을 기반으로 삼고 있으며, 따라서 국력이란 국가의 바람직한 목표를 달성하기 위한 국가 전체의 능력과 역량을 의미한다.

국력의 요소에 대해서는 여러 학자들이 제시하고 있는데 그 요소들로는 지리, 인구, 자원, 산업과 기술력(기술수준), 국민의 사기, 군비조건, 리더십, 정부의 능력과 정책의 품질, 외부조건과 환경 등을 들고 있다.[77]

결국 방위력의 구성요소는 군사력, 민간방위, 인구와 방위의식, 경제력, 정치적 리더십 그리고 지리적 요건 등을 들 수 있다. 여기서 군사력은 현재의 방위력으로서 그 본질은 전투력이며 지휘, 기획, 인사, 정보, 군수, 통신 등의 제반 능력에 의해 결정된다.

(마) 방위활동

방위활동은 대외적으로 적의 침략을 사전에 억제하는 억제활동과 사후에 거부하는 거부활동이, 대내적으로는 이러한 활동의 전제요소가 되는 방위력의 조성활동이 주된 구성요소를 이룬다.

국가 및 정부 차원에서는 적에 대한 억제활동을 단계별로 동원정책을 수립하며, 억제를 위한 전 · 평시 외교안보활동을 전개하고, 군사적 차원에서는 억제를 위한 군사전략을 세우고 집행한다.

이러한 방위활동은 전통적 패턴의 전쟁양상에서 핵무기시대에 들어와서는 억제의 중요성이 더욱 커지고 있다(이호재, 2000)

적에 대한 거부활동은 적의 침략을 받았을 때 초기의 대응활동이며, 이러한 활동 이후는 전쟁상황과 크게 다를 바 없다. 즉 이는 군사력의 동원을 의미하므로 국가 및 정부 차원에서는 전쟁의 개시, 침략의 거부를 결정하고 군사적 차원에서는 전시체제 편성과 운용, 전시작전과 전투의 개시, 민간 차원에서는 민간자원의 전시자원화(동원)를 통해 이루어진다.

그러나 군사력의 조성활동에는 현 국가 및 정부 차원의 병력 및 군사력의 증강에 관한 방위정책을 수립, 결정하고 군사적 차원에서는 장병의 교육훈련, 군사시설 및 무기체계의 운영을 통하여 평시에 전쟁을 준비하는 방위활동으로 전쟁수행능력을 향상시키는 것이다. 또한 민간 차원에서는 간접적인 방위활동(방위산업 등)을 통해 국방에 대한 지원 역할을 담당한다.

(2) 국가방위와 관련 용어

국방(국가방위)과 관련된 용어로는 군사, 국가안전보장 그리고 방위 등을 들 수 있다. 이들의 특징과 차이점을 보면 다음과 같다(민진 외, 2005 : 9-10).

---

77) 클라우스 크노르(Klaus Knorr)는 국력을 방위력과 결부시켜 전쟁능력을 언급하면서, 전쟁능력이란 필요한 때에 군사력이나 전투력을 증대시킬 수 있는 능력이고 현재 군사력에 대한 잠재 군사력을 의미한다고 강조하였다.

(가) 국방(국가방위)과 군사

국방이 국가가 타국의 침략에 대해 반응하는 활동이라면 군사는 군대, 또는 군사업무에 관한 것이다. 국가방위에는 군사방위와 민간방위가 포함되며, 군사에는 군사방위는 물론 외교수단으로써 군사적 활동도 포함되므로 서로 포괄하는 범위가 다르다. 그러나 군사력이 국방에 있어 최종적이고 실체적인 수단으로서 작용하기 때문에 국방력의 가장 큰 비중을 차지하고 있다는 점은 분명하다.

(나) 국가방위와 국가안전보장

국가안전보장은 대내 · 외적 위협요인의 제거를 포함하며, 이에 대한 대응도 정치 · 외교 · 군사 · 경제 · 사회 · 문화 · 과학기술 등 국가의 전체 활동을 포괄한다. 그러나 국방은 대외적 위협 특히 현재 또는 미래의 적국의 무력행사에 대응하는 군사력 위주의 활동으로, 국방은 국가안전보장의 중요한 일부라고 할 수 있다(백종천, 2005).

(다) 국가방위와 방위

국가방위의 대상은 개별 국가, 여러 국가, 자치구역, 집단과 개인 등 다양하다. 이들에서 국가방위, 지역방위, 개인방위 그리고 특정 지역방위 등의 다양한 개념으로 설명될 수 있다. 따라서 국방 즉, 국가방위는 여러 가지 방위유형 중의 하나이다.

그러나 다른 유형의 방위는 비교적 많이 사용되지 않기 때문에 특히 영어 표현에서 '국가방위(national defence)' 라는 말 대신 '방위(defence)' 라는 용어를 사용할 때가 많다.

2. 국방행정의 의의와 분야

가. 국방행정의 의의

(1) 국방행정의 정의

국방행정은 '국방'이라는 용어와 '행정'이라는 용어의 결합체로서 합성어이다. 그런데 행정은 보통 '정부(특히 행정부)가 공공문제를 해결하기 위하여 행하는 제반 활동이나 내부적 관리'라고 정의된다. 따라서 국방행정(Defence Administration)이란 '정부(특히 행정부)가 국방문제를 해결하기 위하여 행하는 행정활동이나 내부적 관리'로 정의할 수 있다. 그런데 대부분의 나라에서는 국방문제를 관할하는 전담부처로서 국방부를 두고 있다. 따라서 국방행정이란 개념에는 국방문제와 관련된 행정활동 그리고 관리활동 등의 하위요소를 포함하며, 이에 대해 설명해 보면 다음과 같다(민진 외, 2005 : 11-17).

첫째, 국방행정은 공공의 문제 중 국방문제를 전문적으로 다룬다. 국방문제는 앞에서 이미 살펴본 것처럼 침략의 억제 및 배제 그리고 방위력의 조성문제가 주된 내용이다. 이 중 침략의 억제 및 배제와 관련된 국방문제는 주로 정치문제나 군사문제이다. 즉 전쟁의 지도나 전투의 수행과 관련된 문제들이다. 따라서 국방행정은 침략에 대한 예방 및 대응을 위한 군사력의 조성문제를 주로 다룬다.

국방은 군사방위는 물론이고 민간방위를 포함하므로 민간부문과 연관된 행정사무가 포함된다. 우리나라의 경우 국방행정의 주체는 군사방위를 담당하는 국방부가 중심이 되나 민간방위와 비상시 동원문제를 담당하는 행정안전부, 병무행정을 전담하는 병무청, 보훈업무를 담당하는 국가보훈처 등이 국방행정과 직 · 간접적으로 관련되는 중앙행정기관이다.

둘째, 국방행정은 국방문제의 해결과 관련된 협의적 행정활동이다. 국방문제를 해결하기 위한 활동들은 군사방위와 관련된 문제라 하더라도, 군사법원에서의 사법적 판단, 군사 · 외교적 활동을 포함하므로 국방행정은 이들을 제외한 국방활동들이다(최병학, 2004). 또한 군사와 관련한 입법활동 특히 입법부에서 관련 법률의 제정, 관련 조약의 체결은 국방행정활동에서 제외된다. 다만 전시에는 국방관련 부처가 임시적으로 국방행정의 활동에 군사법적 활동과 군입법적 활동 등을 포함하는 경우가 있다.

셋째, 국방행정활동은 국방행정서비스와 국방행정관리로 크게 대별된다. 국방행정서비스는 국방자원의 동원과 배분에 관한 행정서비스의 제공이며, 국방행정관리는 이들과 관련하여 국민 및 환경에 대한 규제 및 통제, 지원과 조성, 지도 등에 관한 제반 활동을 포함하는 것이다.

(2) 국방행정의 특성

국방행정의 특성은 국방행정의 정의에서 비롯된다. 국방행정을 민간부문의 사적 활동이나 타분야 행정과 비교할 때 다음과 같은 특징을 갖는다(민진 외, 2005 : 12-14).

(가) 국방행정 활동의 기준 : 국가이익 및 공익

행정활동은 민간부문의 사적활동에 비해 공익성이 상대적으로 강하다. 이는 정치적 공동체의 이익인 국가이익이나 공익을 추구하기 때문이다. 이 중 국방행정활동은 공익 중에서도 국가이익을 더욱 강조한다.

지방정부의 활동은 지역공동체의 공익을 추구하지만 국방활동은 지역공동체를 초월한 국가이익을 추구한다. 즉, 국방활동은 군사시설 등으로 인하여 개인이나 사적 집단의 재산권 행사를 제한하는 경우가 많으므로 국방활동의 국익은 사적인 개별이익과 충돌 가능성이 높으며, 지방정부가 추구하는 공익과도 충돌개연성이 높다. 이는 우리나라의 경우 미군기지 이전과 관련된 각급 지방정부와의 마찰 등을 볼 때 잘 알 수 있다(최병학, 2004).

(나) 국방행정의 근거로서의 법 · 제도 및 정치권력

국방행정은 국방부 등 국방관련 정부기관의 행위나 이들로브터 위임받은 기관의 활동을 망라한다. 정부기관의 활동은 대체로 헌법이나 법률 등 법에 근거하고 있으며 그 행위가 법에 위반되지 않는 범위 내에서 국민이나 국방기관 행위자에게 권한과 정당성을 부여하기도 하며, 때로는 이를 구속하거나 제한한다.

한편 국방행정의 권위는 정치권력을 배경으로 하는데, 우리나라의 경우 국군통수권자는 대통령이며, 따라서 국방부장관과 모든 군인의 권위는 국군통수권자인 대통령이라는 정치권력을 정점으로 하여 이루어진다.

(다) 국방행정의 수행 주체로서의 전담

원래 정부는 국가의 행정활동을 전적으로 책임지는 위치에 있으며, 특히 국방행정은 대부분의 국가에서 국가사무로 되어 있는 만큼 국방당국(국방부)가 국방행정을 전담한다. 그러나 국방행정의 한 분야로서 충원기능을 담당하는 병무행정은 우리나라의 경우 병무청에서 병무행정의 집행기능을 담당하며, 행정안전부는 민방위업무를, 국가보훈처에서 국가보훈업무를 각각 담당한다. 물론 이들 기관들은 각기 독립적인 기관이지만 국방행정의 관련 · 유관기관의 성격을 지니고 있다.

(라) 국방행정의 산출

정부는 국방행정서비스를 제공하여 국가의 존립기반인 국가방위의 책무를 담당한다. 그러나 국방행정서비스는 대표적인 공공재로서 개인별로 국방의 편익을 제공하기 어렵고, 마찬가지로 개인별로 국방의 비용을 부담시키기도 어렵다. 따라서 국방행정서비스의 품질을 평가하기도 쉽지 않다. 대체로 정부가 국민에게 제공하는 국방행정서비스는 국민의 의무를 강제하며, 국민생활을 제한하는 규제적 성격이 강하다. 그러므로 국방행정서비스는 국가 전반에 걸쳐 미래지향성을 담고 있는 만큼, 가시적인 성과가 바로 산출되기 어려운 국방행정서비스로서의 특징을 지닌다.

(마) 국방행정의 고객

국방행정의 대상은 원칙적으로는 국민이다. 그러나 내부적(2차적)으로는 담당공무원 즉, 국방관련기관에 근무하는 군인과 군속(현역군인 및 군무원), 그리고 국방행정에 참여하는 일반직 공무원 등이다. 국민은 납세자이면서 병역의무자이며 국군통수권자와 국회의원을 직접 선출하는 유권자이다. 그러므로 군에서 내부고객으로서 국방의무자들 즉 국민의 관리문제는 다른 어느 부처보다 중요한 관심사이며, 국방행정의 고객이자 의무자인 국민, 그리고 군인에 대한 관리는 매우 중요하다.

(3) 국방행정과 일반 공공행정 및 군정

(가) 국방행정과 일반 공공행정의 관계

행정이 정부의 행정활동 즉 집행적 활동이라면, 국방행정은 행정의 한 분야로서 국방분야에 해당한다. 물론 국방행정은 한정된 공공행정 분야이나 정부 각 부처가 담당하고 있는 행정업무 중 국방과 관련된 다양한 업무를 지칭한다(최병학, 2004).

우리나라의 경우 국방부에서는 군의 군사작전을 포함하여 무관을 통한 군사외교업무는 외교통상부, 방위산업관리는 지식경제부, 내부질서 유지 및 재난지원관리업무는 행정안전부, 군사교육훈련 및 인적자원개발업무는 교육과학기술부, 군 의료업무는 보건복지부, 군사시설관리업무는 국토해양부, 기무사령부 및 정보본부를 통한 정보 · 보안관리업무는 국가정보원, 그리고 군사법원은 사법부 등과 연계하여 운영되고 있다.

그러므로 국방행정은 일반 공공행정에 대한 특수행정이라는 지위를 갖게 되며, 일반 공공행정에 대해서는 보완적, 예외적 성격을 가진 보충성의 원칙에 입각한 분야라 할 수 있다.

(나) 국방행정과 군정의 관계

국방행정은 정부의 국방과 관련한 행정활동을 의미하며, 광의로 국방행정은 민방위행정 등을 포괄한다. 협의의 국방행정을 국방부의 행정으로 국한하더라도 국방부의 행정 중에서 군사(軍事; military affairs)에 한정되는 행정을 군정(軍政; military administration)이라 칭해왔다. 이에 비하여 군령(軍令; military command)은 군사작전을 위한 명령체계에 중점을 둔 것으로, 합동참모본부가 이를 담당한다(최병학, 1986).

나. 국방행정의 분야와 활동수준

(1) 국방행정의 분야

(가) 국방행정서비스와 국방행정관리

국방행정의 분야는 그 내용에 따라 크게 국방행정서비스 분야와 국방행정관리분야로 나눌 수 있다(민진 외, 2005 : 15-17). 앞서 언급했듯이 국방행정활동은 국방활동 중에서 군사작전 및 전투활동을 제외한 활동을 의미하며, 따라서 국방자원의 동원활동과 국방자원의 관리활동을 포함한다.[78]

전자인 국방행정서비스(public service in nation defence)는 국방자원의 동원과 배분에 관한 행정서비스의 제공과 관련이 있는 것으로 이들과 관련하여 국민과 국방행정을 둘러싼 환경에 대한 규제, 지원 · 조성, 지도 등에 관한 활동을 포괄한다.

후자인 국방행정관리(public management in nation defence, nation defence management)는 국가방위에 필요한 제반자원의 획득, 활용, 운용과, 인력양성과 관련된 계획, 집행, 통제 및 평가의 관리활동을 말하며, 여기에는 장병관리를 포함한 국방기획예산관리, 국방인사행정관리, 국방조직관리, 국방시설 · 물자 · 무기체계관리, 국방정보관리 등을 두루 포괄한다.

(나) 군사행정과 민방위행정

국방행정은 국가의 국방과 관련한 행정활동을 의미하며, 광의의 국방행정은 군사 · 방위행정을 중심으로 하면서 민방위행정 등을 포괄한다. 많은 국가에서는 군사 · 방위업무와 민간방위(민방위 및 시민방위)업무를 관할하는 정부기관을 분리하여 운영하고 있는데, 우리나라에서는 군사방위는 국방부가 담당하고 민간방위는 행정안전부(재난안전실)에서 담당하고 있다.

78) 일반적으로 전자는 국방부 등 정부기관과 국민과의 관계로서 국방행정서비스(혹은 대민관계)라 일컬으며, 후자는 국방부 내부관리로서 주로 국방관리라고 일컫는다(최병학, 1986).

(2) 국방행정의 활동 수준

국방행정을 활동수준 또는 정책단계별로 살펴보면 국방(혹은 군사)정책결정, 국방정책의 집행, 국방정책의 평가 및 환류 등으로 구분된다(민진 외, 2005 : 16-17).

(가) 국방정책의 결정

국방정책결정(defence policy decision-making)은 국방부 등 국방정책기관에서 국방문제를 해결하거나 국방관리를 위하여 정부활동에 관한 기본방침을 결정하는 행위나 그러한 과정을 의미한다.

이러한 국방정책결정에 있어서 먼저 관련문제에 대한 기본적인 해결안을 잠정 모색하게 되며, 이를 국방정책의 기획(defence policy planning)이라고 한다.

국방정책이 기획된 다음에는 정책입안을 위하여 합법적인 절차, 특히 관련기관의 내부결재나 협의절차를 거치게 되는데, 국방부의 경우 군무회의 등의 내부절차를 거쳐 확정한 후에도 관련부처와의 협의, 국무회의, 대통령 재가 등을 얻는 경우가 많으며, 국방정책의 수준이 높거나 국민생활에 미치는 피해가 클 경우 국회의 동의나 승인을 받도록 되어 있다.

(나) 국방정책의 집행

국방정책의 집행(defence policy implementation)은 이미 결정된 국방정책의 목표를 효율적으로 달성하기 위하여 정책수단을 동원하여 구체적으로 실천에 옮기는 과정이나 행위를 말한다.

국방정책을 집행하기 위해서는 먼저 대통령령(시행령)과 국방부장관이 발하는 부령, 훈령, 예규, 내규 등 정책지침을 함께 개발하게 되며, 이어 집행관리체제를 확립하게 되는데 여기에는 조직화, 자원의 배분과 관리, 시설과 정보의 제공, 교육훈련 등 일련의 과정을 거쳐 집행을 위한 준비를 완료한 후 정책을 집행한다.

이와 함께 관련된 국방행정서비스를 함께 제공하고 이를 감독 · 감시하는 일련의 절차와 행위가 포함된다. 국방정책의 집행기관은 국방부 본부 및 직할기관과 각급 부대, 병무청, 각군본부 및 예하부대 및 기관 등이 포함된다.

(다) 국방정책의 평가 및 환류

국방정책의 평가(defence policy evaluation)는 현재 진행중이거나 이미 종료된 국방정책(또는 사업)의 결과(성과)나 과정에 대하여 일종의 가치판단을 시행하는 것이다. 즉, 정책의 평가는 정책의 옳고 그름은 물론 문제점과 장단점, 정책목표의 달성정도 그리고 정책의 성공 및 실패원인 등을 따져 보는 활동이므로 이러한 절차가 완료되면 시정조치가 환류(feedback)되어야 한다(최병학, 1986).

특히, 국방정책의 시정조치는 정책평가 이후의 정책의 계속추진 여부를 결정하고, 정책내용을 수정하며, 정책운영 · 관리의 효율성을 높일 수 있는 방안을 강구하는 일련의 활동이다.

이러한 국방정책의 평가주체는 국방부 내부에서 자체적으로 실시하는 경우와 외부 즉 국회, 사법부, 감사원, 언론, 전문가집단, 시민단체(NGO), 이익집단으로서 수혜자나 피해자집단, 외국 등이 있다. 국방부 내부에서 평가하는 경우에도 집행기관이 자체적으로 평가하는 경우와 감사부서 및 평가전담기관 등에서 평가하는 경우가 있다.

3. 국방행정서비스

가. 국방행정서비스의 개념과 유형

(1) 국방행정서비스의 개념

원래 공공서비스(public service)란 정부가 국민을 위해 공급하는 유 · 무형의 생산물을 의미한다. 다시 말해서 공공서비스는 정부의 활동이나 그 활동으로 인한 결과물이다.

국방서비스(defence service)는 정부가 국민을 위해 공급하는 국방 분야의 서비스로서 국가방위활동이나 국방부의 업무 전반을 포함한다. 국가방위는 정부가 직접 제공하는 군사방위활동과 시민을 통해 제공하는 민간방위활동으로 구분되고, 국방부 또는 국방부 소속기관 등이 제공하는 군사방위를 중심으로 살펴보면 다음과 같다(민진 외, 2005 : 18-21),

즉, 국방행정서비스는 국방자원의 동원과 배분에 관한 행정서비스의 제공과 관련이 있는 것으로 이들과 관련하여 국민 및 환경에 대한 규제 및 통제, 지원과 조성, 지도 등에 관한 활동을 포함하는 것이다.

(2) 국방행정서비스의 유형

(가) 서비스 고객에 따른 분류

국방행정서비스는 고객이 누구인가에 따라 대국민 국방서비스, 내부고객 국방서비스, 그리고 준 내부고객 국방서비스로 구분할 수 있다.

대국민 국방서비스는 서비스의 대상이 국민 전체나 집단, 개개인인 경우우로 국민일반을 대상으로 하는 서비스이다. 보통 국방민원에 대한 것은 여기에 해당한다.

내부고객 국방서비스는 국방부 내 근무자를 대상으로 하는 것으로 국방부 등 국방행정기관이나 각급 전투부대 등에 종사하는 군인, 공무원, 군무원 및 산하단체 임직원일 경우이다. 이들에 대한 교육훈련서비스, 정보제공서비스, 복지(의식주 등) 제공서비스 등을 들 수 있다.

준 내부고객 국방서비스는 국민과 내부고객의 중간 영역으로 예비군 또는 공익근무요원 등이 그 대상이며, 민방위대원은 국방을 넓은 개념으로 볼 때 준 내부고객에 포함된다. 이들은 제한된 기간 동안 신분이 유지되는 기간이나 소집 중에만 서비스의 대상이 된다. 이들에 대한 서비스를 준내부고객 국방서비스라 할 수 있다.

(나) 국방행정서비스의 분류체제

원래 체제접근방법은 투입, 전환, 산출, 환류, 환경이라는 체제 구성요인의 관점을 문제분석의 틀로 적용하는 방법론으로서, 국방행정서비스 역시 이러한 체제접근방법론에 따라 상당부분 적용할 수 있다.

투입체제에서는 국방행정에 대한 지지와 동원에 관한 것이 포함되며, 전환체제에서는 국방부 내부의 관리체제에 대한 것이 포함되며, 산출체제에서는 국방부가 국민 및 환경에 배출하는 서비스들이 포함되며, 환류체제에서는 투입, 전환, 산출에 대한 시정 요구 등에 관한 것이 포함된다.

투입체제와 관련해서는 병무행정서비스가, 전환체제에서는 국방부 내부 고객에 대한 행정서비스가, 산출체제에서는 국방규제서비스, 국방지원서비스, 환경관련 서비스가 그리고 환류체제에서는 국방정보제공서비스와 국방민원서비스를 대표적인 예로 들 수 있다.

이를 좀 더 구체적으로 살펴보면 다음과 같다(민진 외, 2005 : 19-20).

첫째, 투입체제로서 병무행정서비스는 병역과 관련한 국방행정으로 현역 장병의 충원, 해제 등의 활동과 예비군의 동원 등에 관한 활동으로서 주로 병무청이 집행의 업무 등을 지칭한다.

둘째, 전환체제로서 내부고객서비스는 국방체제 내부에 근부하거나 복무하는 자들에 대한 서비스 제공으로 군인에 대한 의료서비스, 교육서비스, 주택제공 서비스 등을 들 수 있다.

셋째, 산출체제로서 국방규제서비스는 국방부 등 정부가 고객 즉 국민, 국방관련 근무자, 그리고 예비군 등의 사적 · 공적 활동 및 소유권을 제한하는 활동으로 대표적으로 군사보호구역 내에서 시설이나 토지사용을 규제하는 경우이며, 국방지원서비스는 국방부 등 정부가 고객들에게 도움을 주는 활동으로 대표적으로 홍수 등 재해가 났을 때의 대민지원활동을 들 수 있고, 환경관련서비스는 국방부의 군사적 작전을 담당하는 부대들이 지역적 공간을 차지하여 여러 가지 활동을 하게 되는데 이때 환경보존이나 생활한경보호 문제들과 관련하여 국방부가 제공하는 서비스 의미한다.

넷째, 환류체제로서 국방정보제공서비스는 국방부 등 정부가 고객들에게 필요한 정보를 제공하는 활동으로 대표적으로 병역관련정보나 조달물자 계약관계에 관한 정보의 제공을 들 수 있다. 그리고 국방민원행정서비스는 국방부 등 정부가 고객이 직접 제기한 불만이나 진정 등에 대하여 대응하는 활동이다.

다섯째, 환경체제로서 국민 자체 또는 국방행정을 둘러싼 내외부의 각종 조건들을 의미하는 것이며, 이러한 환경체제는 과거에 비해 동태적이며, 이질적이고, 적대적인 속성을 점차 많이 띠는 양상으로 변해가고 있으므로, 우호적 · 협조적 국방행정환경으로 탈바꿈시키기 위한 홍보활동 및 대외협력의 중요성이 날로 높아지고 있다(최병학, 2004).

(다) 기타 분류

국방행정서비스는 그것을 제공하는 주체에 따라 분류할 수 있다. 정부 즉 국방부가 직접적으로 제공하는 서비스와 간접적으로 제공하는 서비스로 구분할 수 있다. 정부가 간접적으로 제공하는 서비스는 민간과 정부가 협력하여 제공하는 민관 협력서비스와 민간에게 위탁하여 제공하는 민간위탁서비스로 구분할 수 있다.

나. 국방행정서비스 관련 주요이론과 제도

국방행정서비스와 관련된 주요 이론과 제도로는 일반적인 행정이론에서 다루어지고 있는 고객지향적 행정, 행정서비스 헌장제도를 들 수 있다. 여기서는 국방 분야 민원행정도 함께 검토하기로 한다(민진 외, 2005 : 21-25).

(1) 고객지향적 행정

민간기업들은 단순한 고객만족을 넘어서 고객감동이라는 개념을 경영전략 목표로 설정하여 고객의 중요성을 강조하고 있다. 이러한 고객의 중요성에 대한 관심은 공공 부문이라고 하여 예외일 수 없다. 최근 정부개혁을 대표하는 것 중의 하나가 행정서비스를 고객인 주민의 입장에서 제공함으로써 주민의 삶의 질을 높이려는 고객지향적 정부의 구현이다.

고객지향적 행정이란 주민을 위한 행정, 주민이 주인인 행정으로 주민이 어떤 서비스를 필요로 하고, 이러한 행정서비스를 어떻게 공급할 것인지 등을 공급자 중심으로 행정기관이 일방적으로 결정하는 것이 아니라 주민의 의견을 최대한 반영함으로써 수요자인 주민들의 요구에 최대한 부합하는 품질 높은 서비스를 제공해 주는 행정이라 할 수 있다.

즉 행정서비스의 수혜자인 주민을 민간부문에서 바라보는 시각에서와 같이 고객의 입장에서 행정서비스를 제공하는 것으로써, 관료를 위해 존재하는 행정이 아니라 어디까지나 주민을 위해 존재하는 행정을 말한다. 이 경우 고객에는 내부 고객까지도 포함하여야 할 것이다.

(2) 행정서비스 헌장제도

행정서비스 헌장제도란 고객에 대한 분명한 서비스의 기준을 제시함으로써 고객이 서비스의 수준을 사전에 예측할 수 있는 고객지향행정을 추구하며 서비스 제공기관의 성과를 측정할 수 있게 하는 고객만족전략의 수단인 동시에 '고객중심적(customer-centred) 행정' 을 추진하기 위한 핵심적 정책수단의 하나이다(김영희, 2002, 주재현, 2006).

다시 말해서 행정서비스 헌장제도란 행정기관이 제공하는 서비스의 기준과 내용, 제공방법 및 절차, 잘못된 서비스에 대한 시정 및 보상조치 등을 구체적으로 정하여 공표하고 이의 실천을 국민에게 약속하는 제도이다.

1990년대 초 영국, 미국, 프랑스, 캐나다 등 OECD 국가의 대부분이 이 제도를 행정서비스의 질적 향상 및 정부개혁의 핵심적인 수단으로 추진하였으며, 제도의 도입과 운영 후 공무원의 행태가 대폭 개선되고, 행정서비스에 대한 국민들의 만족도가 향상된 것으로 평가되고 있다(최병학 외, 2000: 17-20).

행정서비스 헌장제는 영국의 시민헌장제, 미국의 고객서비스기준. 캐나다의 서비스기준안, 프랑스의 행정서비스헌장제 등 여러 가지 명칭으로 추진되고 있다.

선진국의 도입 · 운영사례를 참조하여 국민의 정부 출범 직후인 1998년 6월 '행정서비스 헌장지침' 을 대통령훈령(제70호)으로 발령하여 시행함으로써 행정서비스 헌장제를 우리나라에 본격적으로 도입하게 되었다.[79]

우리나라에서는 1998년부터 1999년까지 시범운영 단계를 거쳐 2000년에 전 행정기관으로 헌장제정과 운영을 확대하고 2001년도 이후 공무원에 대한 지속적인 교육, 고객에 대한 홍보 등 제도의 정착을 위한 활동을 전개함으로써 양적 측면의 제도적인 확산과 더불어 제도에 대한 전반적인 공감대 형성이 가능하게 되었다.

특히 행정기관이 제공하는 서비스에 대한 기준과 내용을 명확히 설정하여 주민에게 알게 쉽게 제시함으로써 행정행위에 대한 예측 가능성 및 행정서비스의 투명성을 확보할 수 있게 되었다.

(3) 민원행정

민원행정은 정부와 국민이 직접적으로 교호작용하는 행정 영역으로서 집행적 · 전달적 행정서비스 중에서 고객의 특정적 요구행위가 있을 때 그에 대응하는 행정이다. 즉 민원행정은 정부의 정책기능적 측면의 활동이 아니라 집행기능적 측면의 활동이다. 민원행정은

79) 2005년 기준으로 기관별 헌장 제정 · 운영 현황을 보면 중앙부처가 6,760개, 자치단체가 3,949개의 헌장을 재정 · 운영하고 있다(행정자치부 내부자료, 2007).

행정체제의 내부관리적 기능이 아니라 환경에 대한 생산작용 또는 산출작용에 관한 것이다. 따라서 민원행정은 행정체제의 대내적 관계가 아니라 행정체제의 대외적 활동관계, 즉 행정체제와 국민의 의사교섭관계에 포함되는 활동이라고 할 수 있다. 민원행정은 국민의 일상생활과 밀접하게 관련되어 있으며 민원행정 과정에서 국민은 행정봉사도를 체감한다. 민원행정에 관한 인상이 곧 행정전체에 대한 인상이 되기 쉽다. 끝으로 민원행정은 행정의 현장 부분이며 촉수로서 행정활동에 대한 환류의 통로가 된다.

한편 정부에서 사용하고 있는 실무적 측면을 보면, 민원사무를 ①허가 · 인가 · 특허 · 면허 · 승인 · 지정 · 추천 · 시험 · 검사 · 검정 등의 신청, ②장부 · 대장 등에서의 등록 · 등재의 신청 또는 신고, ③특정한 사실 또는 법률관계에 관한 확인 또는 증명의 신청, ④법령 · 제도 · 절차 등 행정업무에 관한 질의 또는 상담 형식을 통한 설명이나 해석의 요구, ⑤정부시책이나 행정제도 및 운영의 개선에 관한 건의, ⑥기타 행정기관에 대하여 특정한 행위를 요구하는 사항이라고 규정하고 있다(민원사무에 관한 법률 제2조).

민원의 유형으로서 중요한 것을 들면 민원인의 수에 따라서 개별민원과 집단민원으로 구분할 수 있다. 민원을 제기하는 의사표시의 수단 또는 매체를 중심으로 문서민원, 전화 · 우편민원, 방문민원, 신문방송민원과 중계민원으로 구분할 수 있다. 국민의 권리침해여부와 관련하려 고충민원과 기타민원으로 구분한다(오석홍, 1998: 891).

우리나라에서 국방민원행정서비스의 실태를 보면, 2000년대 이후에 국방민원은 연 5만건 이상이 접수되고 있으며 매년 그 수가 증가하고 있다. 민원의 접수는 서류에 의한 신청이 원칙이나 정보화추세에 맞추어 인터넷 민원이 점증하는 추세이다.[80)]

국방부는 국방민원 개성은 위해 인터넷 민원처리 시스템의 확대, 관련 규정 및 편람, 사례모음집 발간, 민원처리실태의 중단 점검 및 국민 만족도 조사 등을 실시, 그리고 민원실의 환경을 개선하는 등 계속적으로 노력을 기울이고 있다.

국방부는 국방민원 개성은 위해 인터넷 민원처리실태의 중간 점검 및 국민 만족도 조사 등을 실시, 그리고 민원실의 환경을 개선하는 등 계속적으로 노력을 기울이고 있다.

---

80) 서류민원으로 접수된 국방민원을 유형별로 살펴보면, 병적확인 등 개인 신상 확인이 주를 차지하고 있으며(2003년의 경우 병적확인 약 70%를 차지), 기타 보훈복지 5%, 재산권보장 7%, 사건사고와 비위민폐 및 피해보상 4%, 일반민원 16% 등이었다. 접수된 민원을 처리하는 부서는 주로 국방부본부와 각 군 본부 특히 육군본부이다. 민원해결율(완전해결과 부분해결 고함)은 2003년 경우 약 81%로 전년대비 5% 향상되었다. 국방부에서 비교적 민원해결을 위한 노력을 많이 하는 것으로 보인다. 한편 다수인 관련 민원은 집단행동화하고 있으며, 그 횟수가 증가하고 그 정도가 격렬한 경우도 있다. 특히 집단민원과 관련하여 시민단체가 협조하고 심지어는 주도하는 경우가 있다(민진 외, 2005: 23-25 참조).

국방부에 접수된 행정정보공개 요구는, 국방민원업무의 현상과 유사하게 2000년과 2001년에 비해 2002년과 2003년에 행정정보공개 요구가 폭증하고 있는데 특히 인터넷 접수가 증가하고 있다. 정보공개의 수위와 그 수준이 계속 높아가고 있는데 단순한 질문성 요구에서 구체적 문서나 중요자료에 대한 요구가 증가하고 있다. 정보공개의 비율을 보면 2000년 이후 약 50%에서 65%대를 유지하고 있지만 이 비율은 국방행정정보의 특성상, 즉 보안이 요구되는 정보의 특성으로 인해 타 부처에 비해서는 제한적일 수밖에 없어 저조한 실정이다.

2003년 일반민원서비스에 대한 고객만족도 조사 결과에 따르면 국방부의 일반민원 서비스 만족도는 전체 중앙행정기관 평균에 약간 미치지 못하고 있다. 한편 병무청의 기관행정에 관한 종합만족도는 16개 청 중 중간 정도를 차지하고 있다.

(4) 국방기획

(가) 국방기획의 정의

국방기획은 국방목표와 이를 달성하기 위한 장래의 행동방안들로서 국내의 군사적 · 비군사적 수단을 모색 개발하는 종합적 정책결정과정이다. 그래서 이 국방기획에는 군사력 운용뿐만 아니라 방위력을 개선하고 유지하며 운용하는 과정이 포함되어 있다. 그러나 그 본질에 있어서는 제한된 국방자원을 합리적으로 배분하여 국방력을 극대화하고 이를 효율적으로 운용하기 위한 최선의 방안을 선택하고 발전시켜 나아가는 과정이라는 의미가 강하게 내포되어 있다.

그러므로 국방부의 국방기획관리 기본규정에도 국방기획 관리를 "국방목표를 설계하고 설계된 국방목표를 달성할 수 있도록 최선의 방법을 선택하여 보다 합리적으로 자원을 배분 운영함으로써 국방기능을 극대화시키는 관리활동이라고 정의하고 있는 것이다(국방부 2002: 4).

(나) 국방기획체계와 환경

체계의 일반적인 개념을 두 개 이상의 개체가 상호작용을 하며 이러한 상호작용이 일정기간 지속적으로 이루어지고 이들이 어떤 목표를 가지고 움직이는 조직의 양태를 말한다.

체계는 체계 자체의 내부에서 상호작용을 하며 수많은 하부체계와 연관을 가짐과 동시에 외부의 체계들과도 연계되어 있는 것이 일반적인 속성이다. 따라서 체계 내에서는 상호작용을 함에 있어서 과정과 절차를 거치며, 여기서 과정이라 함은 일이 되어 가는 경로를 말하고 절차는 일을 이루는데 밟아야 할 차례와 방법을 말한다.

이를 볼 때 국가방위문제를 기획하는 국방체계는 기본적으로 개방체계이다. 그러므로 위에서 말한 바와 같이 국가적 행위의 다른 영역과의 사이에는 긴길한 상호관계가 형성되어 있으며 이로 인해 국방기획과정에서 국방체계는 국제적 환경과 국내환경, 과거의 미래와 환경, 국방체계내의 분위기와 이념들, 그리고 각종 제도들에 의하여 매우 큰 영향을 받고 있다(민진 외, 2005 : 48-50).

군은 국민의 군대로서 국가를 방위하고 자유민주주의를 수호하며 조국의 통일에 이바지함을 그 이념으로 하며, 대한민국의 자유와 독립을 보전하고 국트를 방위하며 국민의 생명과 재산을 보호하고 나아가 국제평화의 유지에 이바지함을 그 사명으로 한다. 이러한 이념과 사명을 위협하는 존재는 국제체제 또는 국제 사회체제의 어디에나 존재할 수 있다.

그러므로 국방기획과정에서 취급되어지는 국방정책들은 이러한 국제적 또는 국내적 환경의 위협을 제거하기 위하여 국가적 행위로서의 군사적 여건뿐만 아니라 그 이외에 다른 영역에서 만들어지는 비군사적 정책들과도 긴밀한 상호관계를 형성하고 있다.

국방기획은 방대한 국방자원을 체계적으로 관리할 수 있는 제도인 반면에 조직 및 문서체계의 복잡성으로 인한 과도한 행정인력 소요, 국방운영의 효율성, 투명성 및 책임성 등에 대한 논란이 꾸준히 제기되고 있다(신경현, 1998: 226).

따라서 국방기획에 영향을 주는 요인들은 국방기획의 상급수준인 국가안보차원의 기획에서 고려하여야 할 국제적 조건과 국방기획수준의 국내 정치 및 사회적 조직, 법률적 조직, 인력조건, 재정조건, 기술적 조건 등에 의하여 영향을 받는다.

국가체제에 대한 위협을 제거하기 위하여 취해지는 국가안보정책의 기획과정과 국방기획 과정에서 결정되는 정책 중 국제적 조건들에는 국제적인 군사협력의 체결과 이의 실천에 관한 사항들, 군사원조, 군비통제 등이 있으며, 국방기획수준의 정치적 및 사회적 조건에는 군비를 위한 정치적 사회적 조건들로 예를 들면 군비를 위한 경제정책들, 이를 제한하는 복지정책들이 그것이다. 그리고 법률적 조건에는 군가간의 법률관행, 국제적인 법적 합의사항, 국내법적 제한사항들을 고려할 수 있다. 또한 인력조건으로는 병역자원의 각개 전문분야에서 예상되는 자격을 갖춘 전문인력의 수급문제가 국방기획시에 고려되고 있다

(국방부, 국방기획관리기본규정, 국방부 훈령 제700호 참조).

재정적 조건으로는 국가적인 다른 업무분야, 예를 들면 한국과 같이 교육개혁정책을 추진하기 위한 재정적 충당과 복지사회를 건설하기 위해 소요되는 재정적인 뒷받침 등과 같은 분야의 재정소요들을 고려하여야 한다. 물론 현재 우리에게 잘 알려진 이론적 논쟁인 군사전문가가 임무에 기준하여 위협 지향적인 군사적 요구를 판단하고 수단을 획득하는 소요우선(need first) 방침을 선택할 것인가, 아니면 군사지휘부에게 일정한 재정을 할당하고 이를 임무수행을 위하여 가장 합리적으로 사용토록 하는 예산우선(budget first) 방침을 택할 것인가 하는 논쟁은 실제적으로는 예산의 제한범위 내에서 소요 지향적으로 실시되는 것이 대부분이라고 말하는 것이 타당할 것이다.

아울러 합리적인 국방정책 결정과정과 국방자원의 효율적 사용을 보장하는 관리기능으로서 분석평가 기능이 강조되어야 할 것이다(국방부, 1999: 49).

4. 국방정보화 정책 방향

가. 국방정보화 개념 및 목표

지식정보사회에서는 디지털 혁명과 통신혁명의 기술기반 위에서 지식을 창조하는 사회로 지식화와 정보화를 기반으로 지식이 정보화되고 정보가 다시 지식화되는 사회현상의 특성을 일컫는 말로서 지식화로의 패러다임의 변화를 의미한다(강근복 외. 1999: 232-236). 아울러 전자정부 구현에 따른 행정의 생산성을 향상시키고 국민에 대란 정부의 각종 정보 및 서비스를 언제 어디서든 누구나 손쉽게 이용할 수 있는 행정서비스를 비전으로 삼고 있다(추경균, 2000: 8)

이러한 사회현상 속에서 국방행정 또한 정보화와 지식화를 통해 변화하고 있다. 국방정보화란 정보기술(IT : Information Technology)을 이용하여 '정보화 · 과학화된 선진강군 육성' 을 보장하기 위한 활동과 전 · 평시 국방 업무의 정확성 · 효율성을 극대화하기 위해 자원관리 등 국방구조전반을 정보 · 지식구조로 전환시키는 제반활동을 말한다.

그리고 이를 통해 "국방요원이 전 · 평시 필요한 정보와 지식을 공유하고, 실시간 유통 및 활용토록 전군 공동운용환경[81]에서의 표준화[82] 통합정보체계를 구축하여 "정보 · 지식

중심의 정예 정보화 군의 육성"에 기여함을 그 목표로 두고 있다(국방부, 2003: 28).

국방통합정보체계는 국방정보화의 목표 체계이며, 모든 국방 요원이 전 · 평시에 필요한 정보를 하나의 단말기를 통해 공유하고 통합 관리하며, 실시간 전파 · 활용할 수 있도록 정보기술과 기능을 상호 유기적으로 연결 통합한 개념 체계이다. 그리고 이를 구현하기 위해 정보통신 기반체계. 응용체계(전장관리정보체계. 자원관리정보체계), 정보화 환경으로 기능을 구분하여 추진하고 있다.

나. 국방정보화 정책기조

국방정보화의 정책 기조는 ①목표지향적인 정보화 추진, ②점진적 · 단계적인 정보화 추진, ③통합지향적인 정보화 추진, ④사용자 중심의 정보화 추진, ⑤정브보호 및 정보전 방어 능력 구비, ⑥산 · 학 · 연 협력을 통한 정보화 추진 등으로 요약할 수 있다(민진 외, 2005 : 94-96).

첫째, 우리 군 실정에 맞는 목표 지향적인 정보화를 추진한다. 미래의 전장 및 국방운용 환경의 변화와 정보기술의 발전, 국가정보화정책, 군정보화 추진의 경험과 교훈을 토대로 한국군 실정에 맞는 정보화목표를 설정하고, 실현가능한 추진전략을 수립함으로써 국방정보화 비전과 목표를 조기에 달성하는 것이다.

둘째, 점진적 · 단계적인 정보화를 추진한다. 제한된 국방 재원과 정보기술의 급속한 변화를 고려하여 정보화 추진목표를 단계별로 설정하고 점진적으로 정보화군을 완성함으로써 효율적이며 경제적인 정보화 목표를 달성할 수 있다.

셋째, 통합 지향적인 정보화를 추진한다. 수집 및 감시체계, C4I체계,[83] 그리고 국방자원관리체계가 통합된 국방통합정보체계를 구축함으로써 국방정보지식의 적시적인 유통과 공동활용을 보장하고 정보화 시스템의 구축과 운용에 있어 중복 투자에 의한 낭비를 제거한다.

---

81) 공통운용환경(COE : Common Operation Environment)은 소프트웨어와 데이터 구성 요소의 재사용과 구성 요소간의 통합을 가능케 하는 정보체계 기간 환경을 제공하기 위한 것을 말한다.

82) 표준화는 국방정보체계와 관련한 소프트웨어, 하드웨어 및 설비의 조달, 관리 및 유지를 경제적이며 효율적으로 수행하기 위하여 제정하고 이를 적용하는 조직적인 행위를 일컫는다.

83) C4I(Command, Contro, Communication, Computer and Intelligrnce)체계는 지휘. 통제, 통신, 컴퓨터 및 정보체계로서 지휘통제체계라 한다.

넷째, 사용자(전투원) 중심의 정보화를 추진한다. 모든 정보체계는 사용자(전투원)의 운용 편의성을 극대화할 수 있도록 개발하고, 전장 적응성이 보장될 수 있도록 사용자(전투원) 중심의 정보화를 추진하며 정보기술의 이용 환경을 최적화한다. 또한 사용자에 대한 정보화 교육을 강화하여 정보화 마인드를 제고하고 정보 시스템 운용 능력을 숙달하도록 한다.

다섯째, 정보보호 및 사이버전 능력 구비로 정보화 역기능을 방지한다. 새로운 정보기술 환경에 부응하는 보안 제도 및 절차를 개선하고 다층적(multi-level) 정보보호 체계를 구축하는 한편, 해킹, 바이러스 등 컴퓨터 침해에 효과적으로 대응할 수 있는 능력(CERT)[84]을 구비토록 한다.

여섯째, 국가정보화와 연계한 산 · 학 · 연 협력 체제로 발전시킨다. 정보화 관련 산 · 학 · 연 협력 체제를 구축함으로써 군 정보화 사업의 효율성을 제고하고 동시에 국가 기간 산업인 정보통신산업 육성에도 기여한다. 또한 군이 국민정보화교육의 도장 역할을 수행하여 국가사회의 정보화 인력을 양성 배출함으로써 국가정보화 추진에 기여한다.

5. 군 조직과 인력관리

가. 군 조직구조

국방조직구조는 국방부 조직과 군대조직으로 구분할 수 있으나 여기에서는 군대 조직구조를 중심으로 살펴보기로 한다(민진 외, 2005 : 138-146).

(1) 군 조직구조의 의의

군 조직(military organization)은 군사 목표를 달성하기 위하여 군사력을 건설, 유지 및 운용하고 군사정책을 수립하고 집행하는 체계적 조직 및 기능을 의미한다. 따라서 군 조직

84) CERT(Computer Emergency Response Team)는 컴퓨터침해사고대응팀이라 하며, 국방정보통신망에 대한 침해 행위 및 사이버 테러로부터 대응하기 위해 국방부와 각 군에 편성하여 운영하고 있다.

은 공공부문의 조직인 정부조직의 일부로서 국방부를 포함하고 있으며, 직접 전투를 담당하는 군사조직을 포함하므로 다양하고 복잡한 특성을 지닌다.

군 조직은 군정 및 군령과 매우 밀접한 관계를 갖고 있다. 군정은 군사행정(military administration)을 담당하며 군사력의 건설, 유지 및 관리 기능, 국방정책의 기획 및 수립 기능, 국방자원의 획득 및 분배 기능, 복지 및 사기 유지 기능, 군 사법 운영 및 군기 유지 기능, 교육훈련기능을 포함한다. 군령(military command)은 건설된 군사력을 운용하며, 전략기획 및 작전계획 수립 기능, 군사력 건설 소요 제기 기능, 작전 부대 운용 기능을 포함한다(최병학, 1986).

군의 조직구조란 전략, 작전 및 전투임무 달성을 위해 인원, 무기와 장비를 특정하게 조합하고 이들을 조직의 형태로 만든 것이다. 조직구조를 구성하는 것은 ①군에 대한 전략적 지도 및 통제시스템, ②군종(육 · 해 · 공군), 병종부대, 특수부대 및 근무지원부대 ③작전제대(군단급, 사단급, 연대급, 대대급) 및 기관이다.

군 조직 구조의 내용은 그것이 다루는 차원에 따라서 국방부 조직, 합참조직, 각 군 조직으로 구분할 수 있고, 또한 그것이 다루는 초점에 따라 통합과 분화로 구분할 수 있는데 특히 통합과 관련하여 지휘구조로 부르고 있다.

(가) 지휘구조

지휘구조는 조직에서 통합을 위한 구조이다. 지휘구조는 권한, 권위 명령과 복종 등의 개념과 관련이 있다. 군사조직에서 지휘관의 권한은 결정권을 의미하며, 다른 한편 지휘권을 뜻한다.

결정권은 무엇을, 언제. 어디서, 어떻게 결정하고 책임을 지는가를 규정한다. 한편 지휘권은 적절한 결정의 집행과 합리적인 명령과 지시를 신속하고 만적하게 수용할 것을 요망하는 권한을 포함한다.

군사조직에서는 지휘의 통일(unity of command) 원칙이 강조된다. 지휘의 통일 혹은 명령통일의 원칙은 각 작전 단계에서 조직의 제반 활동에 대한 최종적인 권한과 책임은 한 사람에게만 귀착된다는 것이다. 지휘권은 최상급 지휘관이서 최하급 단위에까지 순차적으로 내려간다.

육군의 경우 참모총장-군사령관-군단장-사단장-연대장-대대장-중대장-소대장으로의 지휘권의 흐름을, 해군의 경우 참모총장–작전사령관–해역사령관–전단장–전대장–함장–정장으로의 흐름을, 공군의 경우 참모총장–작전사령관–비행단장–전대장–편대장으로의 흐름을 예로 들 수 있다.

(나) 분화구조

분화구조는 조직에서 분업을 위한 구조이다. 분화구조는 역할, 직무 등의 개념과 관련이 있다.

업무를 분화시키는 기준으로는 목적 또는 기능, 과정 또는 절차, 수혜자 또는 취급물품, 그리고 지역 또는 장소 등을 들 수 있다. 군에서는 군종, 기능 그리고 지역에 따른 분업화가 많이 활용된다.

첫째, 군종은 육군, 해군, 공군의 3개종으로 구분하는 것이 일반적이며, 러시아에서는 해군, 공군, 전략미사일군으로 구분하기도 하였다. 해군에는 보통 해병대가 포함된다. 군종의 구분과 관련하여 군 구조를 3군병립제, 합동군제, 통합군제, 단일군제로 구분한다.

둘째, 기능 또는 절차에 따라 군 구조가 분화된다. 중국의 총참모부, 총정치부, 총과학기술부 등으로 분화하거나, 미국의 합동참모본부는 참모장 아래 인력 및 인사국, 정보국, 작전국, 군수국, 전략기획 및 정책국, 작전계획 및 운용국, 군 구조 자원 및 평가국으로 구분한다. 프랑스 공군은 전략사, 전술사, 방공사 그리고 공수사령부로 분화하기도 한다.

셋째, 지역 또는 장소에 따라 군 구조는 분화된다. 미국 공군의 경우 유럽공군사령부, 태평양공군사령부 등을 들 수 있다. 일본 육군의 경우 북부방면대, 동북방면대, 동부방면대, 중부방면대, 서부방면대 등을 들 수 있다. 중국의 육군은 7대 군구, 27대 성군구 등으로 지역별로 구분한다.

(2) 군 조직의 분류

군 부대 또는 기관[85]은 그 기능에 따라 지휘 · 통제부대, 전투부대, 전투지원부대, 전투근

---

85) "부대"는 국군조직법에 의하여 설치되는 국군의 편성체 중에서 기관을 제외한 군사조직체를 의미한다. "기관"이란 국군조직법 또는 다른 법령에 의해 설치되는 교육, 연구, 시험, 특수목적의 조사, 수사, 재판 등을 주임무로 하는 조직체를 말한다.

무지원부대 및 기관, 교육훈련부대 및 기관, 국방부 소속기관 및 특수법인조직으로 구분할 수 있다.[86)]

첫째, 지휘 · 통제부대는 예하 부대를 지휘하고 통제하는 군 최고 및 중간 지휘 · 통제부대를 의미한다. 합동참모본부, 각 군 본부, 군사령부, 군단사령부, 해병대사령부, 작전사령부, 함대사령부 등이다.

둘째, 전투부대는 독립적인 전술 구성부대로서 전투를 주 임무로 하는 부대이다. 보병 · 기갑 · 항공부대, 전투전단, 전투비행대대 등이 포함된다.

셋째, 전투지원부대는 전투부대의 작전지원을 주 임무로 하는 부대로서 포병 · 통신 · 정보 · 화학 · 공병부대, 기상전대 등을 포함한다.

넷째. 전투근무지원부대는 전투 및 전투지원부대의 전투력을 계속 유지하기 위하여 군수 및 행정지원을 주 임무로 하는 부대 및 기관이다. 군수지원부대는 군수장비 및 물자의 보급, 정비, 수송 등 군수지원을 기본임무로 하는 부대로서 보급 · 정비 · 탄약 · 수송부대 등을 포함한다. 행정지원부대는 수사 · 대민 · 의료 · 회계업무 등 행정지원을 기본업무로 하는 부대 또는 기관으로서 헌병대, 복지단, 야전병원, 중앙경리단, 전산소 등을 포함한다.

다섯째, 교육훈련부대 및 기관은 장교, 하사관, 병의 양성 및 보수 교육과 군사전문교육을 주 임무로 하는 부대 또는 기관으로 각 군 사관학교, 각 군 대학, 병과학교, 훈련소 등을 포함한다.

여섯째, 국방부 소속기관 및 특수법인조직은 소속기관과 산하기관으로 구분할 수 있는데, 소속기관은 국방부장관의 관장업무를 지원하기 위하여 국방부 장관 소속 하에 설치하는 기관(국립현충원, 국군홍보관리소, 국방정보전산관리소 등)이며, 산하기관이란 국방에 관한 정책의 대안개발과 자원관리 등에 이바지하게 함을 목적으르 법에 의하여 설치된 기관(국방과학연구소, 국방연구원, 전쟁기념사업회 등)을 의미한다.

(3) 국제군 조직의 분류

군 조직은 국가가 독자적으로 운영하는가 여부에 따라 단일국군대와 국제군으로 구분할 수 있다. 국제군은 다시 동맹국군과 다국적군으로 구분할 수 있다. 현재 다국적군으로 대

86) 조직 및 정원관리 업무규정(국방부 훈령 제476호, '94.5.1)

표적인 유형은 UN평화유지군과 다국적군이다.

UN평화유지군은 유엔 헌장 7장(침략행위 발생시 강제조치규정)에 의거 회원국과 안보리간 특별협정을 맺고 병력제공국 참모총장 또는 대표로 구성된 군사참모위원회가 지휘하는 군대이다. 이 평화유지군은 UN사무총장 통제 아래 현지 사령관이 지휘권을 행사하며 안보리에서 특정국가에 지휘권을 위임할 수 있다. 군대활동에 필요한 비용은 UN이 부담한다.

다국적군은 원칙적으로 UN의 무력사용 허용 결의에 따라 집단적 자위권을 행사하는 군대이며 6.25 한국전쟁과 걸프전에서 그 사례를 찾아 볼 수 있다. 다국적군은 특정국에서 지휘권을 행사하되 참여국들은 고유의 지휘체계를 갖는다. 그리고 군대 활동에 필요한 비용은 참가국이 부담하는 것을 원칙으로 한다.

나. 군 조직구조의 유형

(1) 군 조직구조 유형의 의의

군 구조의 대표적 유형으로는 군종의 구분과 관련하여 군 구조를 3군병립제, 합동군제, 통합군제, 단일군제로 구분하는 것이다. 기타 군 구조의 유형으로는 지휘체제 중심을 분류와 병종 중심의 분류 등을 들 수 있다. 전자는 비통제형 합참의장제, 통제형 합참의장제, 합동형 합참의장제 그리고 단일 참모총장제로 구분된다. 주요 병종별 조직구조의 특성과 장점 및 단점을 살펴보면 다음과 같다(민진 외, 2005 : 142-146 ; 이선호, 1991).

(2) 3군 병립제

3군 병립제는 3군 참모총장이 각 군의 군정, 군령을 통합하여 수행하는 것이다. 따라서 3군 병립제는 육해공군이 실제적으로 존재하며, 각 국은 독립적으로 각 군 본부와 참모총장을 유지한다. 국방부 장관은 3군에 대한 군정과 군령권을 행사한다. 그리고 합참의장은 군령 계선 밖에서 위치하게 되며, 장관의 군령권 행사를 보좌하는 임무를 수행한다. 일본, 독일과 미국이 이 체제를 띠고 있다.

3군 병립제의 장점은 3군이 균형적으로 발전하며 군사권한의 집중을 방지한다. 한편 3

군 병립제의 단점으로는 합동 작전이 제한되며, 하부 계층의 과도한 분화 및 중복 투자로 인하여 군 간의 과열경쟁이 유발될 수 있다.

(3) 합동군제

합동군제란 각 군 총장은 군정을 위주로 수행하고 군령은 단일지휘관이 통합하여 수행하는 제도이다. 합동군제란 합참이 전 · 평시 작전권을 행사하나, 평시 작전지휘권은 각 군 참모총장에게 완전 위임되는 구조로, 비상시 또는 전시에 각 군 참모총장은 합동참모회의를 통해, 각 군 작전에 관한 사항을 합참의장에게 보좌한다. 합동군제는 영국과 프랑스 등이 채택하고 있다.

합동군제의 장점으로는 작전지휘의 일원화가 이루어지며 연합작전의 수행이 용이하고, 3군의 균형발전이 가능하며, 권한이 집중되는 것을 방지할 수 있고, 문민통제 및 견제의 기능을 유지할 수 있으며, 조직 및 자원관리의 효율성을 증대시킬 수 있다.

한편 합동군제의 단점으로는 전력의 통합 발휘 능력이 부족하고, 합동작전 및 교리 발전이 지연될 수 있으며, 3군의 과다한 경쟁으로 자군 이기주의 의식이 팽배할 수 있다는 점이다.

(4) 단일군제

단일군제는 육 · 해 · 공군의 구분이 없는 1개 군 개념으로 임무만 다르게 운영되는 체제이며, 단일 참모총장이 전 작전부대를 지휘하는 형태이다. 단일근제의 장점으로는 전 · 평시 지휘체제가 일원화되며, 작전의 신속성, 효율성과 단결성을 추구할 수 있고, 군사력의 통합 운영이 강화된다. 한편 단일군제의 단점으로는 군사권한이 참모총장이 1인에게 집중되어 각 군별 전문성의 보장이 어렵고, 규모가 큰 부대일 경우 지휘상의 혼란이 우려되며, 국가간 연합전력 및 다국적 전력을 구성할 때 구성과 훈련에 애로가 있다. 단일군제는 캐나다, 스위스 등이 채택하고 있다.

(5) 통합군제

통합군제란 3군은 존재하나 각 군의 작전부대를 단일 지휘관이 통합 지휘하는 체제로서 각 군 본부가 각 군 작전 사령부로 기능 조정되어 합참의 지휘를 받는 유형의 군구조이다. 이와 관련한 국방부 본부는 합참을 지원하고 합참은 각 군 작전사령부 및 지원사령부에 대하여 군정 및 군령기능을 수행한다. 이러한 통합군제는 대만, 이스라엘, 북한 등이 채택하고 있다.

통합군제의 장점은 지휘통제가 명확하고, 통합작전의 수행이 용이하며, 작전 지휘의 전문화로 작전계획 및 작전 지휘체제가 발전하며, 주요 전투부대간 협조가 용이하다는 점이다. 한편 통합군제의 단점으로는 합참의 기능 대비에 따른 문민통제 및 견제 기능이 미흡하고, 개편의 공감대 형성이 어렵고, 특정 군 편중으로 3군의 균형이 발전이 저해된다. 3군간 선의의 경쟁을 기대하기 어렵다는 점이다.

이상에서 각 유형별 장 · 단점을 비교분석한 결과 미래 한국군이 지향하여야 할 군 구조 유형으로 현재와 같은 합동군제 아래에서 지휘체계의 단순 · 명료화를 위해 합참은 전시 작전지휘권만을 행사하며, 각 군은 안정성, 경제성, 계속성, 장기계획 추진 등을 위해 자군에 대한 초직훈련, 장비, 인사 및 행정지원의 책임을 보유하고, 각 군의 고유능력 최대발휘와 합동 · 연합작전이 효과적으로 수행될 수 있도록 하여야 한다. 아울러 3군을 균형 발전시키고 각 군의 전문성과 특성을 보장하고 정보화 · 과학화된 기술 집약형 구조로 개선해야 할 것이다.

다. 국방인력관리 개관

'人事는 萬事' 라는 말이 시사하는 것처럼, 어떤 사람에게 어떤 일을 맡기느냐에 따라 일의 성패가 좌우될 수 있고, 유능한 사람을 뽑아 적소에 배치하고 관리함으로써 행정의 성과를 더 높일 수 있다. 즉, 인사행정은 국민에게 재화와 서비스를 효과적으로 제공하기 위하여 인적자원을 어떻게 동원하고 관리할 것인가의 구체적인 방법과 기술에 관한 것이다.

이와 같이 인력관리 또는 인적자원관리는 조직 성원을 충원하여 개발 · 유지하고, 더 나아가 효율적으로 활용하는 것뿐만 아니라 이러한 제반 기능을 계획 · 조직 · 지휘 · 통제하여 조직의 목표를 효율적으로 달성하도록 하는 관리기능이라고 정의할 수 있다.

그런데 국방조직도 일반조직과 거의 동일한 속성을 가지고 있으며. 이를 구성하고 있는 인력도 민간조직에서의 구성원과 조직의 유입동기가 차이가 있기는 하지만 인간의 속성은 비슷하기 때문에 국방조직에서 이루어지는 인력관리 즉, 국방인력관리의 정의도 이와 동일하게 정의할 수 있다.

현재 국방조직에 근무하고 있는 국방인력(defense manpower)은 통상 병력으로 불리어지고 있는 군인력(military manpower)과 국방부 및 그 산하에 근무하는 일반 공무원[87]과 군무원으로 대표되는 민간국방인력(civilian defense manpower)으로 구성된다(김건태, 1996: 179).

국방조직에 근무하고 있는 군인력과 민간인력은 국방조직 관련 법령에 의하여 각 신분별로 상이하게 운용되고 있다. 즉 정부조직법에 의하여 국방부 본부에는 현역군인과 공무원이 혼성 배치되어있다. 그리고 국군조직법에 근거하여 국방부 산하 각 군 부대 및 기관에서 현역군인과 군무원이 혼합 편성되어 근무하고 있다.

민간인력의 경우 일반직 공무원은 중앙행정부서인 국방부 본부와 병무청에만 근무하고, 군무원은 소속 군부대에만 보직토록 제도적으로 제한하고 있어 조직간 인사교류 통로가 없다. 즉 현행법상 일반직 공무원과 군무원은 동일한 국가 공무원의 신분을 보유하고 있지만 일반직 공무원은 국군조직법에 의해 군부대에 보직할 수 없도록 되어 있으며, 군무원은 정부조직법과 국방부 직제에 의해 국방부 본부, 국직기관 및 병무청 근무가 불가하도록 되어있다.

모든 중앙관서의 정원은 직제령에 의해 관리되고 있으나, 국방부만은 군인과 군무원의 정원을 장관이 정하도록 되어 있어, '파킨스의 법칙'에 따라 해마다 고위직급의 정원이 늘어나고 있다(이선호, 1991: 256).

그 동안 군은 체제 개선에 있어서 인적자원의 문제를 소홀히 다룬 측면이 적지 않다. 지금까지의 개선은 근본적인 인력운영 체제의 틀은 바꾸지 않은 채 인사운영 상에서 발생하는 문제점의 해소를 위한 근시안적 개선에 중점을 두었기 때문에 기술 집약형 군구조 시대를 이끌어갈 국방인력의 정예화 추진은 그 속도가 매우 더딜 수밖에 없었다.

그러므로 국방안보환경과 사회적 여건을 예측해 볼 때, 국방인력의 정예화는 이제 선택사항이 아닌 필수사항으로 대두되고 있다. 한편 미래전 수행에 적합한 전문적인 고기능의 인력확보와 유지의 필요성이 증대될 것으로 예상되고, 정보기술의 발전에 따른 미래전쟁

87) 실적과 자격에 의하여 임용되고 그 신분이 보장되며 평생공무원으로 근무할 것이 예정되는 공무원을 경력직 공무원으로, 그리고 실적의 적용여부가 일률적이 아니면서, 신분이 보장되지 않는 공무원을 특수경력직 공무원으로 구분하여 분류하고 있다.

에 대한 인적자원의 양성은 첨단 기술전이 될 것으로 전망된다.

따라서 군 체제는 디지털 전장에 대비한 기술 집약형 군 구조 체제의 전환이 요청되고 있다. 이러한 미래의 국방인력에 관한 양적 · 질적소요를 원만히 충족하기 위한 인적자원관리는 어떻게 수행하여야 하는지 깊이 있는 연구가 요망된다.

국방인력관리는 민간조직과는 달리 크게 소요 · 인가 · 획득 · 분배 · 활용의 5개 기능으로 구분하여 인력관리를 하고 있고, 각 기능들이 상호 영향을 미치면서 순환과정으로 이루어지고 있다. 이러한 5대 기능은 인력관리상의 기능이고 국방인력관리는 관리의 일반과정에 따라 국방인력계획(plan), 국방인력실시(do) 및 국방인력평가(see)로 나누어지는데 이들은 환류작용을 계속한다.

한편 국방인력의 실시단계는 다시 인력의 획득, 인력의 양성 또는 형성, 인력의 배분, 인력의 활용 및 인력의 유출 혹은 손실로 구분되므로 일반적인 인력관리의 흐름에 따라 국방인력을 획득관리, 경력관리, 진급관리 그리고 이직관리를 중심으로 실시되고 있다.

라. 국방인력관리 체계와 병무행정

(1) 국방인력관리체계와 병무행정의 범위

국가수준에서 인력이란 생산능력이 있는 생산인구를 의미하지만 국방인력이란 이중 전쟁의 수행능력을 가진 동원가능 인구를 의미하고 여기에는 직접적인 동원의 대상이 되는 인력뿐만 아니라 간접적으로 전쟁수행을 지원하는 민간 인력도 포함된다(민진 외, 2005 : 539-541).

국방관리의 기본이념은 병력의 질과 양인 인적요소와 무기, 장비, 운반수단 등의 물적 요소가 결합해서 전투능력 수준 등 전략에 관한 사항을 산출하는데 있어서 최소의 비용으로 최대의 전력을 산출하는 것이다.

또한 국방인력관리의 정의는 국방인력을 대상으로 해서 이들을 획득하고 그들의 능력을 발전시키며 활용하는 일체의 관리활동을 국방인력관리라고 할 수 있다.

국방인력관리의 대상은 군인과 민간 인력으로 구성되며 군인력은 현역(장교, 부사관, 병), 상근예비역으로 구성되고 민간 인력은 군무원, 국방부 공무원, 공익근무요원, 전문연구원, 산업기능요원 등의 병력대체요원과 예비군으로 구성된다.

국방임무 수행을 위한 병역자원의 소요에 부합되는 정원을 충족하기 위하여 유형별, 군별, 신분별, 병과별, 특기별, 계급별로 획득하여 필요한 교육 후 실무에서 적절한 기간 동안 활용하여 전후 예비인력 활용에 이르기까지 국방인력은 일련의 연속된 과정으로 운영된다.

국방인력관리의 기능을 인력계획, 인력획득, 인력형성, 인력배분, 인력활용, 인력보존으로 구분되고, 이 기능을 획득, 양성, 배분, 활용, 유출로 설명되기도 하며, 국방인력정책의 PPBEES라 하며 소요에서 획득까지 인력관리정책, 양성은 교육정책 활용에서 전 · 퇴역까지는 인사관리정책, 예비인력은 동원정책, 획득에서 전 · 퇴역까지는 복지정책으로서 연관하기도 한다.

(2) 병무행정의 개념 및 주요과제

병역행정의 본원적 기능은 군이 요구하는 병원(兵員)을 획득 · 선병하여 적기 충원하는데 있다. 그리고 국방목적을 위하여 통치권에 의해 개인에게 명령 · 강제하고 군대를 관리하는 작용을 군정이라 한다. 따라서 병역자원관리를 주요임무로 하는 병무행정은 군정의 일부에 속한다.

군정은 국가 통치권에 따라 병역을 취득 · 관리하는 것이다. 그러므로 군정의 주체는 국가만이 될 수 있고 그 이외의 어떠한 인격체도 군정작용을 할 수 없다. 이는 군정의 목적이 외부의 침입으로부터 국가안전을 위하려는 데에 있다는 점에서 당연한 일이라 하겠다.

군정은 국방을 목적으로 병력을 취득 · 관리하는 활동이므로 소극적으로 외부의 공격으로부터 국가안전을 방위하는 목적으로 한다. 따라서 국민의 권리증진이라는 적극적인 목적을 도모하지 않고, 국가안전이라는 소극적인 목적을 위한다는 점에서 경찰행정과 유사하다. 다만, 경찰은 국가의 내부에서 사회공공의 안녕질서를 유지하려는 사회목적적 활동인데 비하여 군정은 외부의 침공으로부터 국가자체 안전을 도모하려는 국가목적적 활동이란 점에서 구별된다. 한편 군정은 수단면에서 볼 때, 권력작용과 관리작용으로 나누어진다.

군사권력 작용이란 국가목적을 위하여 개인에세 명령 · 강제하며 부담을 부과하는 작용으로 개인에게 병역의무를 부과하고 군비를 위하여 인적 · 물적 브담을 부과하는 활동이다. 이점에서 군사권력 작용은 경찰 또는 공용 부담 등과 같은 수단으토 행해지는 것이나, 국방목적을 위한 것이라는 점에서 서로 다르다. 이에 비하여 군사관리 작용은 개인에게 권력을 행사하는 것이 아니라 비권력적 수단에 의하여 군대의 내부에서 조직을 유지 · 관리하는 작용이다. 그러나 관리작용은 병역행정에서 관리하는 예비역, 보충역 또는 국민역의 자원관리는 물론 획득한 병원의 복무관리를 포함한다는 견해도 있다. 그러므로 병무행정은 국민에게 병역을 부과하는 권력작용만을 의미하는 것이 아니고 획득한 병원을 편성 유지하며 병원획득의 모체가 되는 징집자원이나 소집자원을 관리하는 작용을 말하는 것으로서, 이 관리작용에 의하여 소요병력을 판단하고 국가권력작용이나 본인의 지원에 의하여 병원을 획득하게 되는 실체적 작용이다.

따라서 병무행정은 사회목적과 국가목적을 모두 충족하는 범위에서 효율적인 군사권력을 사용하기 위한 일련의 활동을 의미한다고 볼 수 있다.

이를 위해 병무민원 행정서비스 혁신을 위한 노력을 하고 있다. 정부차원의 대국민서비스 혁신 과제를 배경으로 지식정보화 시대 국가적인 중요과제로 대두되고 있는 고객만족경영과 기업가적 정부 차원에서 민원행정서비스의 질적인 수준을 제고하는데 목표를 두고 혁신적인 고객만족도 향상을 위한 서비스 혁신방안을 기본방향으로 하고 있다. 이에 대한 주요과제를 살펴보면 다음과 같다.

〈표-1〉 병무민원 서비스 혁신을 위한 주요추진 과제

과제명	추진사항
민원신청시 접근용이성 확보	- 주요간선도로에 대한 정사위치 안내표시 - 사무실 배치 및 담당업무 안내도설치 - 민원창구 안내전담 민원도우미 배치 - 병무민원 상담소(Call Center) 설치운영
민원신청시 편리성 제고	- 병적증면서 전화· FAX 신청 및 발급 - 단순 민원서류 증빙서류 첨부제도 폐지 - 민원관련 서식 인터넷 홈페이지 게재 - One-stop, Non-stop 창구민원 처리 - 민원신청서식 29종을 11종으로 단순화
친절·신속·공정한 민원처리	- 친절 응대를 위한 정신교육 및 현장 실습 - 민원서류 처리절차 예고, 신속한 처리결과 통보 - 창구민원은 30분이내 처리 - 인터넷 민원 실명제 도입 및 접수당일 회신
민원환경 시설의 쾌적성 유지	- 민원봉사실 등 시설환경의 획기적 개선 - 고객 및 장애인 고객 전용주차장 공간확브 - 고객전용 휴식공간 및 편의시설 개선
민원처리 결과의 사후관리강화	- 친절·불친절 신고센터 운영 - 미해결 민원 후견인 제도 시행 - 친절·불친절(Green, Yellow카드)신고제 운영 - 불친절 및 행정착오 보상제 실시
민원처리의 공정성 형평성 보장	- 민원처리 온라인 공개시스템 운영 - 병무부조리 신고센터 운영 - 해결민원 일상 감사 실시 - 인터넷 홈페이지 민원정보 공개

* 자료 : 병무청 감사담당관실, 병무민원 행정서비스혁신 추진계획, 2002.

따라서 이를 보면 민원행정과 병무행정이 동시에 이루어지는 것을 알 수 있으며, 민원신청에서 사후관리 및 정보공개에 이르기까지 매우 넓은 분야에서 병무행정이 이루어지고 있다. 그러므로 병무행정은 국가방위에 대한 국가존립에 대한 행정과 그 안에서 생활하는 국민들의 안녕과 편의를 제공하기 위한 행정이 공존하는 복합적인 요소를 그 특징으로 삼고 있다.

참고문헌

강근복. 『지식정보화와 전자정부』. 서울: 나남출판. 1999.

곽용수 외 5인.『국방공무원제 시행방안 연구』. 서울: 한국국방연구원, 1992.

구영록. 『인간과 전쟁: 국제정치이론의 체계』. 서울: 법문사, 1996.

국방부, 『국방기획관리기본규정』, 국방부 훈령 제469호. 1999.

『국방기획관리기본규정』, 국방부 훈령 제609호. 1999.

『국방기획관리기본규정』, 국방부 훈령 제700호. 2002.

『국방정보화 e-Defence Vision 2015』. 2003.

『국방인력 및 인사관리』. 서울: 국방부, 1988.

길병옥 · 최병학, "한반도 평화통일과 군비통제 : 평화와 통일의 접근논리를 중심으로," 「월간 군사논단」, 제36권, 한국군사학회. 2003.

김건태, 『국방인적자원관리의 이론과 실제』. 서울: 국방대학원. 1996.

『국방인적자원관리의 이론과 실제』. 서울: 국방대학원, 1996.

김영평. "국방공무원제도: 과제와 전망,"한국국방연구원, 1991.

김영희. "행정서비스헌장제의 성과와 영향요인". 「한국정책학회보」. 11(4). 2002.

김종탁 외 공저. "합리적인 군무원 정원 · 인사관리 방안연구," 한국국방연구원, 1998.

김중양 · 김명식 공저. 『주해 국가공무원법』. 서울: 고시계, 2002.

민진 외. 『국방행정』. 서울 : 대명출판사, 2005.

병무청 감사담당관실, 『병무민원 행정서비스혁신 추진계획』. 2002.

백종천. 『국가방위론』. 서울 : 박영사, 2005.

신경현. 『선진국방의 비전과 과제』. 서울 : 나남출판. 1998.

오석홍, 『행정학』 서울 : 나남출판. 1998.

오태일. 『국방강론, 제5권』. 서울 : 한국국방연구원, 1987.

육군본부. "군무원 인사관리 개선," 육군본부 검토보고서, 1997.

이경희. 『현대 인사관리』. 서울 : 민영사, 2003.

이선호, 『현대 국방조직 발전론』. 서울 : 정우당. 1991.

이성윤. "군조직 개선과 헌법적 타당성 평가", 『주간국방논단』. 제93-469호, 1993.

이종수 · 윤영진 외 공저. 『새 행정학』. 서울 : 대영문화사, 2005.

이종인 외 공저. 『지식정보시대의 국방인력 발전방향』. 서울 : 한국국방연구원, 2003.

이호재. 『한국외교정책의 이상과 현실, 제6판』. 서울 : 법문사, 2000.

전수일 외 공저. 『공무원관리론』. 서울 : 대영문화사, 2000.

정선구 외 2인. "국방인력소요기법 개발 연구," 한국국방연구원 연구보고서, 1995.

정만희. 『헌법과 통치구조』. 서울 : 법문사, 2003.

정영식. “국방조직인력의 효율적 관리에 관한 연구,” 전북대학교 대학원 행정학과 박사논문, 2004.
조병태. 『인사관리』. 부산 : 동아대학교 출판부, 1992.
조영진 외. 『정예군 건설을 위한 국방인력 정책발전방안』. 서울 : 한국국방연구원, 2005.
조영진. “국방민간인력의 운영원리와 발전방향”, 『국방정책연구』. 제66호, 2004.
주재현. “기초자치단체 공공서비스의 고객중심성에 관한 연구: 행정서비스현장 고객 평가를 중심으로”. 「지방행정연구」. 20(2). 2006.
최병학. “현대군사조직에 관한 체제론적 연구 : 방법론적 분석모형의 설계를 중심으로,” 『공군평론』. 제71호, 공군대학. 1986.
『국방행정론 교육교재 : Ⅰ권 · Ⅱ권 · Ⅲ권 · Ⅳ권』. 충남대학교 평화안보대학원 군사학과, 2004.
최병학 외. 『충청남도 행정서비스헌장 시행관련 주민만족도 조사연구』. 충청낭도 · 충남발전연구원. 2000.
최종태. 『인사관리』. 서울: 박영사, 1995.
추경균. 『전자정부 구현』. 서울: 행정자치부. 2000.
한국전략문제연구소. “2000년대 국방공무원제도 확립방안 연구.” 국방부, 1989.
『미래지향적 인력설계 및 정책방향, 2005』. 서울 : 전략문제연구소, 2005.
행정자치부. 『2006년도 행정서비스헌장 운영지침』. 내부자료. 2007.

공군본부. “군무원 인사관리 규정,”, 2002.
공군본부. “조직 및 정원관리 규정,”
공무원교육훈련법(법률 제8,857호)
공무원임용령(대통령령 제14,653호)
국가공무원법(법률 제9,113호)
국방부 사무분장 규정, 2002.
국방조직 및 정원에 관한 통칙(대통령령 제16,326호)
군무원인사법(법률 제7,898호)
군무원인사법시행규칙(국방부령 제453호)
군무원인사법시행령(대통령령 제19,930호)
군위탁생규정(대통령령 제17,158호)
육군본부. 육군규정 124장.
정부조직법(법률 제8,867호)
조직 및 정원관리 업무규정 (국방부 훈령 제476호 및 제646호)

Andreski, Stanislav, *Military Organization and Society*, 2ed. Enlarged ed., Berkely and Los

Angeles : University of California Press, 1968.

Congressional Research Service, "The Military Situation on the Korean Peninsula", 2000 Report to Congress, Sep. 2000.

Costen, Jeniffer M., A Model and Typology of Government-NGO Relationships. *Nonprofit and Voluntary Sector Quarterly*, 27(3), 1988.

Ellwood, J., "Prospect for the Study of the Governance of Public Organizations and Policies," in C. Heinrich and L. Lynn, Jr. (eds.), *Governance and Performance: New Perspectives*, Washington D.C.: Georgetown Univ. Press, 2000.

Jessop, B., "The Social Embeddedness of the Economy and Its Implications for Economic Governance," F. Adaman and P. Devine (ed.), The Socially Embedded Economy, Montreal : Black Rose Book, 1999.

________, "Governance Failure," in Stoker G. (ed.), *The New Politics of British Local Governance*. New York : Macmillan Press Ltd., 2001.

March, J. G. and J. P. Olsen, "The New Institutionalism : Organizational Factors in Political Life. *American Political Science Review*. 78, 1984.

____________________, *Democratic Governance*, New York : Free Press, 1995.

Sloan, Stanley R., *Deterrence and Defense : Toward a Theory of National Security*, Princeton : Princeton University Press, 1961.

The White House, *A National Security Strategy of Engagement and Enlarge- ment*, Washington D.C. : U.S. GPO, 1994.

Wilborn, Thomas L., "Dimensions of ROK-U.S. Security Cooperation and Building Peace on the Korean Peninsula," The Institute for Far Eastern Studies Kyungnam University, Asian Perspective, Vol.21, No.1, Spr. -Sum. 1997.

U. S. Joint Forces Command Joint Warfighting Center, *JTLS Analyst Guide*. July 2007.

____, *JTLS Analyst Guide*. July 2008.

Ⅳ. 군수관리론/획득군수관리론

최 기 출 (한국해양안보포럼)

Ⅳ. 군수관리론/획득군수관리론

최 기 출 (한국해양안보포럼)

1. 총 론

전쟁의 역사적 경험은 '군수가 전쟁에서 분리할 수 없는 중요한 한 분야'라는 것을 우리에게 가르쳐주고 있다. 군수란 시간과 공간을 따라 전투부대의 이동을 가능하게 하고, 전투부대에 화력을 제공하며, 전투부대의 전투력과 활력을 지속시켜주는 역할을 한다. 필자는 충남대 평화안보대학원에서 군수관리론과 획득군수관리론을 강의하면서 군사군수 관련 국내문헌이 충분하지 않음을 알게 되었다. 그러나 미국은 많은 군사군수 참고문헌이 있었으며, 군사군수 문헌을 크게 네 가지로 분류할 수 있다고 생각된다.

첫 번째 범주의 군사군수 전문서적으로 **군 내부의 교범, 규정, 지침 및 편람** 등이다. 이 범주의 문헌들은 군 지휘관과 군수실무자들이 지켜야 할 군수업무의 원칙, 규칙, 방법 및 절차 등을 포함하고 있다. 그 중 비밀이 아닌 훈령과 규정 등은 국방부 웹사이트에 공개되어 있으며, 관련 교범, 지침 및 편람 등은 대외비로 분류되어 일반인에게는 활용이 제한되고 있다. 두 번째 범주는 **전쟁과 군사작전의 역사를 통하여 군수시각에서 정리**한 것이다. 대표적인 것이 Van Creveld의 Supplying War(1977)이다. 그 외에도 Thompson의 The Life of Blood of War-Logistics in Armed Conflict(1991), Ohl의 Supplying the Troops-General Somervell and American Logistics in WWⅡ(1994), Lynn의

Feeding Mars-Logistics in Western Warfare from the Middle Ages to the Present(1993) 등 다수가 있다. 세 번째 범주는 주로 **군수이론분야토서 군수기능을 조정 통제하는 군수의 특성, 일반원칙, 군수기능의 수행과정 등 군수의 복잡한 기능적 구조와 핵심이론을 설명**한 책들이다. 대표적인 문헌으로 군수의 이론적 기반을 제공한 Eccles의 Logistics in the National Defense(1959), 전략과 군수의 연결을 설명한 Brown의 Strategics, The Logistics-Strategy Link(1987), 현대군수의 구성, 구조 및 일반적 교리 측면에 대해 훌륭하게 설명한 Foxton의 Powering War: Modern Land Force Logistics(1993)과 Sarin의 Military Logistics-The Third Dimension(2000), 획득군수에 대한 체계공학을 훌륭하게 정리한 Blanchard의 Logistics Engineering and Management(2004) 등이 있으며, 네 번째 범주로는 군수의 이론과 실무를 연결하는 역할을 해주는 문헌으로 미국의 Military Review와 Parameters and Army Logistics 등이 있으며 한국에서는 아직 군수 전문잡지는 발간되지 않고 있다.

한편 획득군수관리에 대한 훌륭한 교재인 Benjamin S. Blanchard의 Logistics Engineering and Management(2004)와 전략적 군수와 전술적 군수에 대한 논의와 함께 작전적 군수에 대한 훌륭한 논의를 하고 있어 운영군수 강의교재로서 매우 유익한 Moshe Kress의 Operational Logistics-The Art and Science of Sustaining Military Operations(2002)는 군수 석사과정의 기본교재로 활용해도 좋을 것이다. 국내문헌으로서 국방대학교 내부교재들과 이재천 장군의 『군수술과 군수』(1996), 한국국방연구원 장기덕 박사 외의 『군수혁신: 군수선진화를 위한 도전과 과제』(2005) 등이다. 그리고 국방대학교 도서관에 군수실무자들이 활용할 가치가 있는 다양한 분야의 석사논문들이 있다.

운용분석기법에 대한 학문적 지식과 무기체계 획득사업부서에 근무한 경험 그리고 군사군수 참고문헌을 바탕으로 필자가 획득군수와 운영군수 이론을 종합적으로 집필한 것이 『획득군수관리론』(2008)이다. 본장은 다양한 군사군수의 개념, 군수의 영역과 기능 그리고 군수의 원칙을 정리한 것이므로 군수관리론과 획득군수관리론 개론으로 활용할 수 있을 것이다.

『획득군수관리론』은 군사군수의 개론적 내용과 함께 군수업무 수행에 필요한 학문적 이론을 주로 다루었다. 첫째, 정보통신의 급속한 발전과 세계화의 흐름 속에서 산업기술이 표준화되고 무역의 자유화가 활발해짐에 따라 기업에서는 고객만족을 위한 신속하고 효율적인 보급망관리(Supply Chain Management)의 중요성이 더욱 커지고 있어 기업군수는 군사군수에 많은 교훈과 시사점을 주고 있다. 따라서 기업군수의 발전과정, 개념, 기능 및 보급망관리 등을 소개하였다. 둘째, 우리의 국방기획관리제도, 국방획득관리제도 및 사업관리에 관한 기획관리 이론과 업무수행 방법과 절차, 작전적 군수의 이론과 군수계획 수립절차, 그리고 미군의 집중군수에 대해 설명하였다. 셋째, 2006년 방위사업청 신설시 미국군의 획득관리제도를 벤치마킹한 점을 고려하여 미국방부의 획득관리 규정과 지침에 따른 체계의 수명주기간 획득군수 및 성과기반군수 업무수행 방법과 절차, 미군의 군수 교리 및 편람 등을 설명하였다. 넷째, 체계공학(System Engineering)에 기반을 둔 무기체계 개발과정에서 지속적으로 다루어지는 비용대 효과분석, 신뢰도, 가용도 및 정비도 분석 등 군수지원분석기법(Logistics Supportability Analysis technique), 경제적이고 효율적인 군수관리 및 지원을 위한 소요의 예측, 재고관리 및 품질관리, 사업관리이론 등을 포함시켰다.

2. 군사군수의 개념

본 절에서는 군사군수(Military logistics: 민간군수 또는 기업군수에 대비하여 군사군수라 칭함) 개념의 발전과정과 다양한 군사군수의 개념을 정리하였다.

가. 군수개념의 발전

인류의 과학 문명이 발전됨에 따라 전쟁의 수단이 발전하게 되고, 전쟁의 수단이 발전됨에 따라 그 수단을 효과적으로 활용하기 위한 지원자원이 필요하게 되었다. 그러므로 전쟁의 역사를 통해서 칼, 화살, 소총, 유도탄 발사체계 등과 같은 전쟁수단이 발전되어 왔다. 이렇게 발전되는 전쟁수단을 효과적으로 운용하기 위해서는 화살촉, 소병기 탄약, 유도탄 등과 같은 전쟁지원물자와 이를 수송하기 위한 마차, 차량 등의 수송수단이 필요하게 되는 것은 당연하다. 이처럼 군수는 전쟁의 수단이 발전됨에 따라 지원해야 할 자원이 다양하고 그 양도 증가하게 되어 군수지원의 적시성이 작전성공의 관건이 되는 등 군수기능이 전쟁수행에 있어서 더욱 중요하게 되어왔다. 특히 산업혁명 이후 전쟁수단이 획기적으로 발전됨에 따라 군수개념은 더욱 확대 발전되어 **군수는 전쟁에서 전략, 작전, 전술과 함께 분리**

될 수 없는 전쟁의 중요한 구성요소의 하나라는 것을 인식하게 되었다.

그러나 군수 용어의 개념을 정립하기 시작한 것은 오래 되지 않았다. 군수의 역사적 어원은 그리스어인 Logistikos 즉, '계산을 숙련되게 하는' 의 형용사에서 유래한 '수학적 계산' 이라는 의미이며, 전장의 자원을 관리하는 과학적 요소와 인연이 깊었다고 볼 수 있다. 군사적 의미의 어원은 로마군대의 '행정장교' 의 뜻을 갖는 Logista에서 유래되었다고 한다. 또 다른 역사적 어원으로서 프랑스 루이16세 군에서는 Maréchal de logis(병참감: Quartermaster general)라고 부르는 숙영시설 관리 및 군 숙소와 행군을 조직하는 장교 직책이 있었는데 프랑스 혁명 후 Logistique라는 용어만 남게 되었다고 한다.

그 후 보급, 병참, 숙영 등의 용어들이 각각의 개념으로 사용되어 오다가 조미니(Baron Antoine Henri Jomini)는 1838년 『전쟁술』에서 프랑스 군의 '병참감(Major général des logis: 군수장군)' 직명에서 인용하여 현대적 의미인 "부대의 이동을 실행하는 술"이라는 군수 용어를 최초로 사용하였다. 군수 개념의 발전과정을 요약 정리해보면 다음과 같다.

(1) 고대 및 중세의 군수개념; **석기 및 철기 시대의 군수**

고대 및 중세는 단순무기(칼, 화살) 사용에 따른 **단순한 보급개념**으로 **음식과 마초의 현지 획득, 무기의 자체 충당, 기지에서의 보급** 3가지 방법을 주로 사용하였으며, 비교적 전투형태가 단순하여 군수지원사항에 의해 전투행위가 수행되었다.

(2) 조미니의 군수개념; **상비군 시대의 군수**

조미니는 『전쟁술』에서 전략, 전술, 군수 등의 상대적인 범위와 전쟁의 주요 원칙, 교리, 법칙 등을 정리하였다. 그는 전쟁술이란 "전략, 대전술, 군수, 공병 및 소전술의 순수 군사분야와 전쟁과 관련된 정략(정치적 수완)의 부분으로 구성되었다."고 정의하였으며, 군수는 **"부대 이동에 관한 술"**이며, **"행군과 병영, 부대의 숙영 및 보급에 대한 절차와 세부사항을 포함한다. 한 마디로 군수는 전략적, 전술적 차원에서 부대의 작전을 뒷받침하는 것"**이라고 정의하였다. 조미니는 군수를 전략 및 전술과의 결합과 균형을 이루어야 함을 강조하면서 "군수는 참모의 영역일 뿐만 아니라 총사령관이 직접 다루어야 하는 지휘술 분야"라고 함으로써 군수개념에 술적인 개념을 포함시켰다.

(3) 산업화에 따른 군수개념의 변화; 산업화 시대의 군수

19세기 중반의 산업화는 전쟁양상을 혁명적으로 변화시켰는데 이러한 변화는 대군의 동원, 화력의 대량 증가, 군의 급식 및 수송수단을 제공하는 경제적 혁명, 국가의 동원능력과 조직 관리기술 등으로 나타났다. 이는 참모 조직과 기능이 세분화되고 전문화를 가져오게 하였다. 또한 참모업무의 영역도 확장되고 참모의 권한이 위임된 하부조직도 생기는 등 참모조직이 발전되어 갔으나 군수라는 용어는 참모기능과의 연관성을 찾지 못한 채 거의 사라져 갔다. 따라서 군수는 지휘관으로부터 무관심과 경시를 받게 되었으며 학자들의 전유물이 되는 경향을 보여 산업화시대의 군수란 **"군대의 보급, 정비, 수송, 시설, 근무 등을 제공하는 군사과학 활동"**이라는 제한된 의미로 사용되었다. 그러나 군수의 중요성이 사라진 것은 아니었으며 조미니의 영향을 크게 받았던 마한(Alfred T. Mahan)은 조미니의 군수개념을 미군에 최초로 소개하면서, 1880년대에 미해군의 확장을 역설하면서 경제력을 바탕으로 한 산업동원과 전시경제를 포함하는 **'확장된 군수개념'** 을 미해군에 소개함으로써 군수 용어를 다시 등장시켰다.

그 후 1차 대전시 미국의 엄청난 군수지원 덕분으로 연합군이 승리하였는데 이러한 영향으로 인해 미해군 중령 쏘프(Cyrus Thorpe)는 1917년 『순수군수(Pure Logistics)』라는 저서를 통해 전략, 전술, 군수라는 삼위일체로서의 순수군수와 응용군수의 개념을 정립하고, 군수는 종전의 보급과 수송 기능뿐만 아니라 전쟁금융, 조선, 군수품 제조 및 전시 **경제의 여타 국면을 포함하며 전쟁수행을 위한 모든 인적, 물적 수단을 제공하는 기능을 포함**하여야 한다고 주장하였다. 이는 군수가 단순한 수단이 아니고 통찰력과 군수 경험 등을 통해 군수에 술적 요소를 추가한 것으로 볼 수 있다. 한편 1차 대전 이후 미군의 역할이 커지면서 미국의 군수개념이 세계에 전파됨으로써 대규모 소요물량의 획득에 중점을 두고 군이 직접 무기를 구매하며, 연구개발에 적극 개입하면서, 막강한 경제력을 바탕으로 군수자원에 거의 제한이 없는 **과학군수개념이 모든 군사군수 개념을 지배**하였다.

(4) 2차 대전 이후의 군수개념

2차 대전 이후 군수이론은 1959년 『국방과 군수조달(Logistics in the National Defense)』을 저술한 이클스 제독이 이끈 미해군연구팀이 발전시켰다고 볼 수 있다. 그들은 〈그림 Ⅳ-1〉과 같이 전쟁의 요소를 쏘프의 전쟁수행 3대 요소에 정보, 통신을 포함한 5대 요소로 확대하면서 "전시에 권한과 책임 또는 영향요소의 다양한 영역들은 모두 상호 연관되어야 하고, 정확한 정의를 내리기 어려우며, 중첩된 부분이 많이 존재한다."고 하였다. 또한 **"전쟁구조를 결정하는 요소들 간의 상호관계에서 권한과 책임을 혼합 및 중첩되게 하는 가장 큰 영역이 군수분야이며 군수는 국가경제와 전투력을 잇는 가교이며, '군사경제' 로서 작용한다."**고 정의하였다. 이로서 국가경제에 기초한 군수를 전투력에 연계하는 개념적 틀을 개발하였다. 그리고 "군수는 전략, 전술, 경제학, 정치학과 같은 추상적 개념과 같이 단순하고 영구적인 정의를 허용하지 않는다."고 함으로써 군수의 개념이 계속 변화한다는 것과 복잡한 학제적 영역으로 해석될 수 있게 하였다.

이클스 제독팀은 〈그림 Ⅳ-1〉의 군사요소들 간의 상관관계를 설명하면서, "전략은 목표의 결정과 이를 달성하는 다양한 방법을 다루고 있으며, **군수는 무기와 전투력의 지속적인 지원 및 창출을 다루고 있다.** 전략과 전술은 군사작전 수행을 위한 기본 틀을 제공하고, **군수는 이를 위한 수단을 제공한다.**"라고 하였다. 그리고 민간군수와 군사군수 등 군수개념의 확대와 다양한 군수기능에 대한 분류법을 개발하였으며, 특히 군스계획을 수립하고 작전을 수행하는 데 있어서 지휘관의 역할이 필수적이며 군수의 여러 분야를 혼합하고 중첩시키는 국면에서 군수의 기능들을 실제에 적용하는 것은 과학이라기보다는 술이라고 하였다.

일반적 요소						
정치	경제	지리	*군사요소*	심리	과학	기술
모든 요소들은 상호 연관되어 있다.						

군사요소				
전 략	*군 수*	*전 술*	*정 보*	*통 신*
모든 요소들은 상호 연관되어 있다.				
군사적 요소들은 일반적 요소들에 기초를 두고 있다.				

〈그림 Ⅳ-1〉 전쟁의 구조

그러나 미국은 2차 세계대전 이후 핵무기의 등장과 거대한 상비군의 유지 및 평시의 총력전 수행을 위한 군수관리방법으로 1960년대 맥나마라 국방장관의 기획계획예산체계와 과학적 관리기법을 군수영역에 적극 활용함으로써 합리적인 의사결정을 위한 수리적 접근을 강조하게 되어 2차 대전후 **미국 군수는 군수술 보다는 군수관리 과학이라는 데 중점**을 두게 되었다. 따라서 미국의 군수개념은 1. 2차 대전과 한국전 등을 통해서 얻은 **물량중심의 사고**를 바탕으로 **대량지원 위주의 화력소모전적 미군교리**를 낳게 하였고 월남전에도 이러한 군수개념이 도입되었다.

그 후 미국은 월남전 패배 후 기동전 중심의 교리개발과 함께 군수술 개념을 다시 연구한 이후 1986년판 『야전교범 100-5』에 **지속지원(Sustainment) 개념**이 포함됨으로써 이클스 제독의 군수개념이 상당부분 도입되었다. 그 후 공지작전교리 채택과 뒤이은 1991년 걸프전에서 얻은 교훈과 막대한 전쟁비용으로 말미암아 군수술의 중요성이 더욱 부각되어 **1993년판 야전교범 100-5 『미작전요무령』에는 군수가 별도의 장으로 포함**되어 교리적으로나 실질적으로 군수가 전략, 작전술, 전술과 같이 전쟁의 중요한 구성요소로 인정되었다.

(5) 현행 군수개념; **현대전 하의 군수**

위와 같이 군수 용어는 과학과 술의 영역을 넘나들며 개념이 발전되어 왔으나 현재는 과학과 술의 개념을 모두 갖고 있다. 따라서 1993년판 미육군 야교 100-5에서 군수는 **"군사작전을 지원하기 위해서 부대의 지속지원을 계획하고 실시하는 과정이다. 군수에는 보급, 야전근무, 정비, 보건근무지원, 인사업무 및 시설의 계획, 개발, 획득, 저장, 수송, 정비, 분배, 후송 기능 등이 포함된다. 따라서 군수는 군사작전의 전 범위에 걸쳐서 발생되는 포괄적인 기능이다. ...중략... 군수만으로 전쟁에서 승리할 수 없지만 군수지원이 제대로 이루어지지 않거나 불충분하면 패배의 원인이 된다."**라고 하여 군수를 전쟁술의 한 분야로 보았다.

또한 2004년판 미합참의 집중군수전역계획(FLCP: Focused Logistics Campaign Plan)은 **집중군수(Focused Logistics) 개념**을 소개하고 있다. 집중군수란 **"모든 군사작전 시 합동부대에 정확한 인력, 장비, 보급품 및 지원을 적소 적시 적량을 제공할 수 있는 능력"**이라면서 이러한 능력은 **"실시간 웹기반의 정보체계**를 통하여 모든 작전 및 군수 요원들을 효과적으로 연결시켜 공통작전상황(COP: Common Operating Picture)의 한 부분으로서 정확하고 조치가 가능한 군수상황을 제공해준다"고 하였다. 집중군수 개념은 1990년대 중반부터 미국의 군사혁신 추진지침을 제공하고 있는 Joint Vision 2010에서 최초로 도입되었다. 미국 군사혁신의 지속적인 목표는 대응력, 작전의 속도와 범위 그리고 효과성을 극적으로 증대시키기 위하여 **보다 더 정확하고, 보다 더 치명적이며, 보다 더 맞춤형이고, 보다 더 가볍고, 보다 더 생존성이 높으며, 보다 더 지속성을 유지할 수 있도록 하는 것**

이다. 따라서 미군의 미래 무기체계는 전투준비태세 요구에 맞도록 전개가 용이하고, 신뢰성, 정비도, 지원성 및 상호운용성이 높은 체계 설계를 요구하고 있다.

나. 군수 개념의 정의

민간인 군수전문가들이 정의하고 있는 군사군수 개념과 미국군과 한국군의 다양한 군사군수 개념을 소개한다. 블랜차드나 짐 존스의 군사군수개념은 기본적으로 미국군의 군사군수개념을 부연 설명하고 있기 때문에 별도로 소개하였다.

(1) Benjamin S. Blanchard가 소개하는 미국군의 군사군수 개념

미국의 군사군수는 1960년대부터 1990년대에 걸쳐 미국방부의 종합군수지원개념과 함께 발전되어 왔다. 1960년대 미군의 종합군수지원(ILS: Integrated Logistics Support)제도는 **"계획된 수명주기 동안 모든 정비수준에서 하나의 체계에 대한 효과적이고 경제적인 지원을 보장하기 위하여 요구되는 모든 지원사항에 대한 고려를 종합한 것"**으로서 "체계의 준비태세를 최대화하고 비용을 최적화하기 위하여 체계를 기획/계획, 개발, 획득 및 운용에 대한 수명주기 접근방법"으로서 군수와 체계와의 관련성과 수명주기 동안의 체계에 대한 효과적이고 효율적인 지원을 강조하고 있어 운용기간의 정비 및 지원뿐만 아니라 설계단계에서의 신뢰도, 정비도 및 가용도 등을 포함하고 있다.

1970년대부터 1990년대까지 더욱 발전된 미군의 종합군수지원개념은 **"체계의 설계시 지원요소들을 통합하고, 전투준비의 목적, 설계, 그리고 둘 다 상호 일관성 있는 지원소요를 개발하며, 이러한 지원소요를 획득하고, 운용단계에서 최소 비용으로 지원소요를 제공하는데 필요한 관리활동 및 기술활동을 규정하고, 통합하며, 반복하는 접근방법"**으로 정의하면서 효과적이고 효율적인 정비 및 지원 기반구조와 관련된 모든 활동을 개발하고 실행하는 것을 강조하고 있다. 〈그림 Ⅳ-2〉는 체계를 지원하는데 요구되는 정비기반구조와 지원기반구조를 나타내고 있다. 따라서 1994년 이후 종합군수지원개념은 군수지원성을 높이기 위한 **군수지원 설계(Design for supportability)**와 **체계설계(System design)**를 **강조**하고 있다.

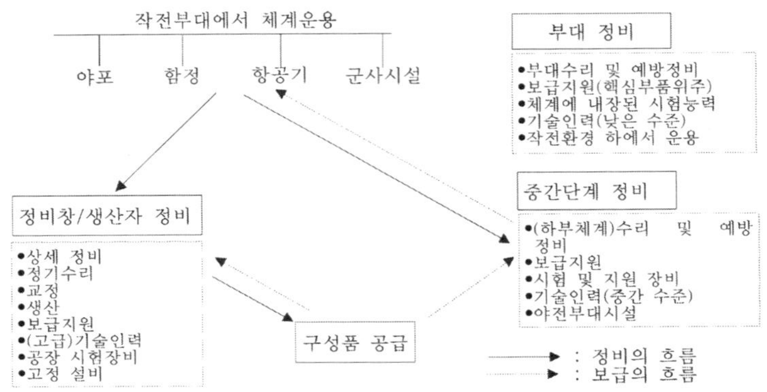

〈그림 Ⅳ-2〉 체계의 정비기반구조와 지원기반구조

(2) Moshe Kress의 군사군수 개념

이스라엘 군분석센터의 크레스는 전쟁수행과정을 〈그림 Ⅳ-3〉과 같이 고전적 생산체계의 생산공정에 적용하여 과학기술의 발달에 따라 생산수단이 발전되어 왔듯이 전투수단도 발전되어 왔다면서 전투수단이 발전됨에 따라 이를 지원하기 위한 전투자원도 다양하고 그 량이 증가한다는 개념을 적용하고 있다. 물론 전쟁은 적군의 방해가 있으므로 입출력이 생산체계처럼 안정되지는 않는다.

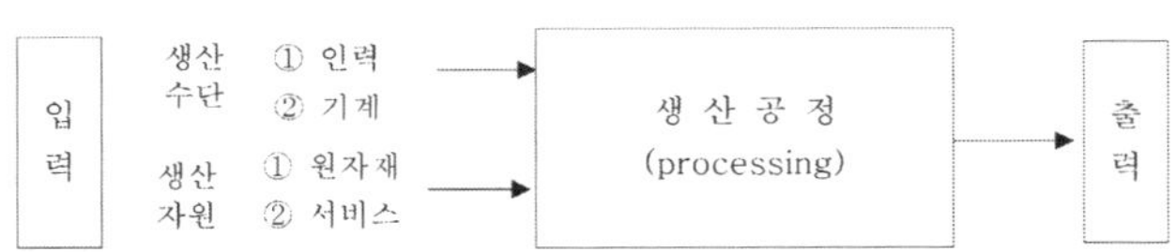

〈그림 Ⅳ-3〉 생산체계(Production system)

예를 들면, 전투수단은 인력과 무기체계이며, 인력은 전투에 참여하는 보병, 포병 등 병과별 간부 및 병으로 구성된다. 또한 무기체계는 탱크, 함정 및 항공기에서부터 전장감시체계나 지휘통제통신체계와 같이 다양하다. 전투자원으로는 탄약, 연료, 식량 등과 같은 전쟁물자와 정비, 보급 및 수송 등의 전투근무지원(생산체계에서는 서비스) 사항들이 이에 속한다. 이처럼 전쟁은 **전투수단, 전쟁물자** 및 **전투근무지원**과 같은 입력들이 전쟁(군사적 생산공정: Military production system)을 수행할 수 있도록 한다는 것이다. 이 때 전투수단이 상대편 보다 우수해야 하지만 물자와 전투근무지원이 불충분하거나 원활하지 못하면 전쟁에서 승리할 수 없다고 하면서, 크레스는 군수란 **"원하는 목표를 달성하기 위하여 군사작전 수행수단을 지속유지하는 데 필요한 자원을 다루는 학문적 영역이다. 군수는 이러한 자원들에 대한 기획, 관리, 처리 및 통제를 포함한다."**고 정의한다.

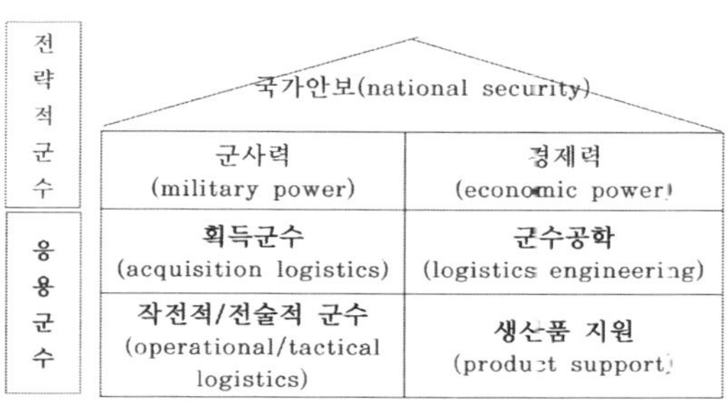

〈그림 Ⅳ-4〉 Jim Jones의 군수의 계층적 정의

(3) Jim Jones의 군사군수 개념

미국의 존스는 〈그림 Ⅳ-4〉와 같이 **전략적 군수**와 **응용군수**로 구분하고 응용군수는 다시 2단계로 나누어 1단계는 하나의 체계가 사용자에게 분배되기 전의 군수지원을 계획하고 획득하는 모든 활동으로서 통상 **획득군수(군수공학)**이라 부른다. 2단계는 하나의 체계가 운용되는 동안의 모든 군수지원활동으로서 통상 **전술적/작전적 군수(생산품 지원)**라고 부른다. 생산품 지원이란 그 생산품의 수명주기 동안 민수산업체로 부터의 모든 지원을 의미한다. 전략적 군수는 국가 경제력이 허용하는 범위 내에서 군사력 건설과 유지를 위한 절충안을 찾는 것이다.

(4) 미국군의 군사군수 개념

(가) 수명주기군수(Life Cycle Logistics)

수명주기군수란 **"전 수명주기체계관리개념 하에서 포괄적이고, 획득이 용이하며, 효과적인 체계의 지원전략을 기획, 개발, 실행 및 관리하는 활동"**으로서 획득(설계, 개발, 시험, 생산 및 배치), 지속지원(운용 및 지원) 및 처리(폐기)를 포함하는 체계 전체에 대한 수명주기기 동안 〈표 Ⅵ-1〉과 같은 주요군수지원활동을 말한다.

수명주기군수의 주요목표는 〈그림 Ⅳ-5〉와 같은 체계운용효과를 높일 수 있도록 획득 가능한 제품의 설계에 영향을 주고; 성과기반군수제도를 이용하여 군수지원체계를 설계하고 개발하며; 군수지원기반구조를 포함한 군수지원체계를 획득하며 동시에 배치하고; 전투준비태세를 향상 및 유지하며, 구매의 용이성을 향상시키고, 군수지원소요를 최소화 하는 것이다. 따라서 수명주기군수는 체계 개발단계부터 군수지원소요는 최소화하여 비용을 절감하고 체계의 신뢰도는 높여 체계운용효과성을 높이려는 노력의 하나이다.

〈표 Ⅳ-1〉 체계 수명주기 간 주요군수지원활동

선행연구 (개념설계)	탐색개발 (기본설계)	체계개발 (상세설계)	생산/건설	운용/정비/지원	퇴역
•초도 군수계획수립 및 군수관리 •요구사항 분석 (운용자요구검토) •타당성 분석 (기술적 기회) •체계 운용요구 •체계 정비개념 •기능적 분석 (체계차원) •군수지원분석 (설계기준) •체계 기본형 규격화(A형) •개념설계 검토 (기능적 기준선)	•군수계획수립 및 군수관리 •기능적 분석 •요구사항 할당 •설계참여 및 지원활동 •군수지원분석 (설계 절충안, 체계지원소요의 정의 등) •군수관리정보 (설계/군수 자료) •개발, 프로세스, 생산품 규격화 (B, C, D형) •체계 구성품의 개발, 시험평가 •체계설계 검토 (할당된 기준선)	•군수계획수립 및 군수관리 (생산자/운용자 요구사항) •설계 참여 및 지원활동 •군수지원분석 (설계절충안, 체계지원소요의 정의 등) •군수관리정보 (설계/군수 자료) •개발, 생산품, 프로세스, 물자의 규격화 (B, C, D형) •체계 및 지원 요소 조달/획득 •체계 시험평가 •장비/SW 상세설계 검토	•군수계획수립 및 군수관리 (생산자/운용자 요구사항) •주체계 요소들의 생산, 조달 및 건설 (물자 흐름, 재고통제, 수송 및 분배) •체계 변경 (필요시) •군수관리정보 (군수자료 검토, 군수지원분석) •체계 시험평가 •고객 서비스	•군수계획수립 및 군수관리 (고객요구) •야전정비 및 지원(운용자 활동) •고객 서비스 (생산자에 의해 제공되는 정비 및 지원) •자료수집, 평가 분석 및 환류 (필요시 군수지원분석 최신화, 자료 수정 등) •체계 변경 (필요시)	•군수계획수립 및 군수관리 •물자 폐기, 재활용 및 처리 •군수지원요소 (필요시)

*주: A형은 기본형이며, B, C, D형이란 운용자의 요구, 기술발달 등에 따른 개량형을 의미한다.

(나) 획득군수(Acquisition Logistics)

미국방부는 1996년을 획득정책 변경의 원년이라고 부를 만큼 장관지침에 의거 획득군수체계를 슬림화하고, 통합생산개발체계를 발전시키며, 성능규격에 기반을 두고, 군사 표준보다는 상용표준을 선호하는 획득정책을 채택하였다. 이 정책에 따라 미국의 획득군수는 **"소요 군의 전평시 전투준비 요구를 만족하는 비용대 효과적인 체계를 설계, 개발, 시험,**

생산하여 야전에서의 지속적인 운용, 성능개량과 관련된 다기능적이고 기술적인 관리영역"이라고 정의한다. 획득군수의 주된 목표는 군수지원요소들을 체계설계 요구와 통합하는 것이며, 체계가 비용대 효과적으로 수명주기 동안 지원될 수 있고, 초기 야전배치 및 운용에 필요한 지원기반구조를 식별하고 개발하며 획득하는 것이다.

〈그림 Ⅳ-6〉은 체계의 개발, 생산 및 운용 단계의 정비활동을 나타내는데 획득군수는 기획/계획 단계 1에서부터 생산 및 건설 단계 4까지 주토 이루어지지만, 체계를 20년 이상 운용하게 되면 성능개량이 필수적임으로 결국은 전 수명주기 간 획득군수개념이 적용되어야 한다. 전 수명주기비용의 약 95%가 설계과정에서 결정되므르 미국방부는 **체계 설계과정에서의 군수관리를 강조**하는 성과기반군수 개념을 도입하고 있다.

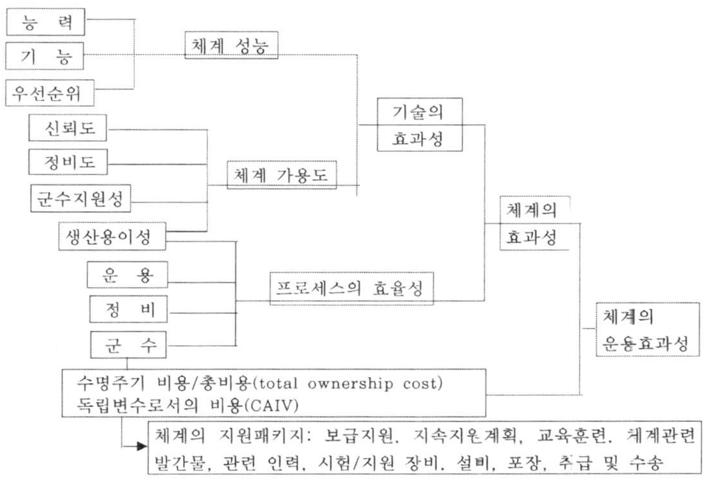

ㅇ체계성능(System performance)
- 아키텍쳐적 영향: 열린 체계(open system)로 설계, 상호운용성을 고려하여 설계
- 기타 설계 고려요소: 생존성과 susceptibility, 소프트웨어, anti-tamper, HSI(Human systems integration), 접근성, 둔감 탄약, 정보보증, 체계보안, 부식방지, COTS, 폐기 및 군관리에서 민간관리로 전환, 환경, 안전, 직업병
- 설계도구: 모델링과 시뮬레이션

ㅇ체계의 가용도(System availability)
- 신뢰도, 정비도, 군수지원성을 고려하여 설계
- 생산용이성: value engineering, 제품의 질과 생산능력을 고려하여 설계

ㅇ프로세스의 효율성(Process efficiency)
-운용측면: 상호운용성, 정보보증, 생존성과 수용성, HSI, 체계보안, anti-tamper를 고려하여 설계
-정비측면: 부식의 방지 및 통제, 접근성, 상호 운용성, 제품의 식별을 고려하여 설계
-군수측면: 군수지원성을 고려하여 설계
-생산용이성: value engineering, 제품의 질과 생산능력을 고려하여 설계

〈그림 Ⅳ-5〉 체계운용효과성을 높이기 위한 체계 설계시 고려요소

(다) 성과기반군수(PBL: Performance Based Logistics)

성과기반군수란 체계의 성능에 기반을 둔 획득전략으로서 **"분명한 권한과 책임을 갖는 장기간의 지원 계약이나 협정을 통하여, 한 체계의 준비태세를 최적화하며 그 체계의 목표 성능을 만족하도록 고안된 획득이 용이하며, 성능을 보장하는 하나의 군수지원 통합패키지를 구입하는 것"**으로서 체계나 용역을 구매하는 것이 아니라 **성능을 보장하는 모든 지원을 구매하는 방법**이다.

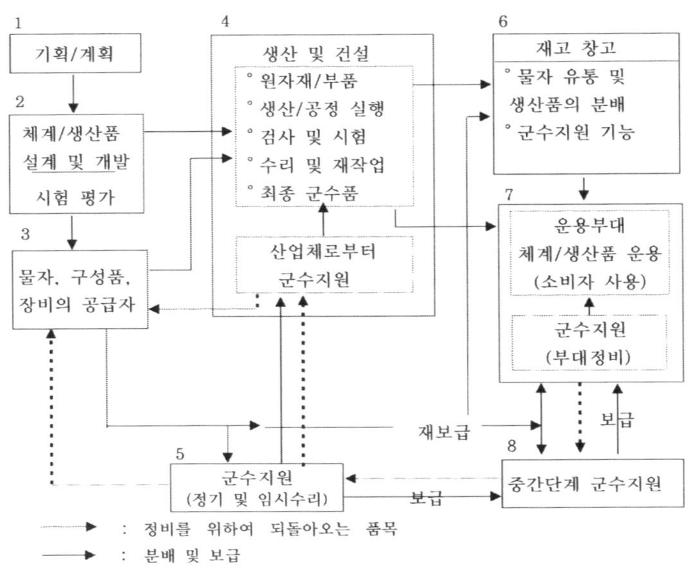

〈그림 Ⅳ-6〉 체계의 운용과 정비활동의 흐름도

생산품 지원이란 **"한 체계의 전투준비 및 운용능력을 유지하는데 필요한 군수지원기능 패키지"**로서 軍直(군의 지원시설) 또는 업체에 의해 수행될 수 있는 군수지원기능 패키지란 물자의 관리와 분배, 기술자료 관리, 정비, 훈련, 목록화, 형상관리, 체계공학적 지원, 폐기관리, 신기술의 적용, 군수지원분석에 대한 지원 등을 말한다. 따라서 한 무기체계에 대하여 효율적인 생산품 지원 패키지를 제공할 수 있도록 획득단계에서 군수지원활동과 체계공학활동이 잘 통합되어야 한다.

미국방부는 국방획득지침 DoDD5000.1(2003. 5)에서 "사업관리자들은 체계 획득 비용과 군수지원소요를 최소화하면서 전체 체계의 가용도를 최적화하는 성과기반군수 전략을 개발하고 실행하여야 한다. ...중략... 지속유지 전략은 법령에 따라 정부와 업체의 공동발의를 통하여 군직 및 민간 부문의 능력을 최선의 방법으로 활용하는 것을 포함한다."고 규정하고 있다. 성과기반군수 여건 하에서는 정부와 업체 요원으로 구성된 하나의 생산품 지원팀(Product support team)이 이해관계자들 간의 계약과 성능합의에 의하여 상호 장기간의 신뢰관계가 필요하다.

미국방부는 사업관리자들에게 국방부 지침에 따라 '체계 수명주기 동안 체계의 신뢰도는 높이고 군수지원소요는 감소시키도록 설계를 하는 것과 성과기반군수 전략을 통해 효과적인 생산품 지원을 제공하는 것' 을 강조한다. 여기서 **전 수명주기체계관리**란 "강력한 체계공학절차에 초점을 맞추어, 야전에 배치된 무기체계의 지속과 관련된 사항을 포함하여 체계의 수명주기 동안에 요구되는 산출물을 생산하기 위한 적절한 활동으로서 **지정된 사업관리자에 의해 무기체계나 물자체계의 수명주기 동안의 획득과 관련된 모든 활동(개발, 생산, 배치, 지속, 폐기)을 실행하고, 관리하며, 감독하는 것"**을 말한다.

미국방부의 획득지침에 "사업관리자는 체계의 지속유지를 포함하여 체계에 대한 전 수명주기체계관리를 위한 사업목표를 달성하는 데 있어서 유일한 책임자다. ...중략... 사업관리자는 사업결심에서 비교할 수 있는 군수지원성, 수명주기비용, 성능, 사업일정에 대해 고려하여야 한다. 운용 및 지원 계획을 수립하고 총비용을 추정하는 업무는 가능한 한 일찍 시작하여야 한다. 체계 성능의 핵심구성요소인 군수지원성은 전 수명주기 동안을 고려하여야 한다."라고 규정하고 있다. 따라서 전 수명주기체계관리제도 하에서는 사업관리자가 체계, 하위체계, 구성품, 수리부속 및 초도생산뿐만 아니라 양산 후의 후속군수지원과 폐기에 이르는 모든 군수지원을 포함하는 사업인가에서부터 사업의 집행을 위한 획득전략을 개발하고 수립하는데 전적으로 책임을 지고 있다. 그러므로 사업관리자는 작전부대의 요구에 만족하면서 생산품 지원은 최소화해야 한다는 두 가지 목표를 추구하기 위하여 필요한 군수지원활동을 균형 있게 통합하는 역할을 수행한다.

따라서 사업관리자는 이러한 전 수명주기체계관리 임무를 성공적으로 수행하기 위해서는 통합사업관리팀(IPT: Integrated Product Team)을 활용하여 이해관계자들과 긴밀한 협력체계를 유지하여야 한다. 팀은 〈그림 Ⅳ-7〉과 같은 성능요구를 정의할 때부터 전투요원, 사용자, 개발자, 구매자, 기술자, 시험평가자, 정비요원, 보급요원들로 구성되어야 한다.

작전부대의 운용요구에 만족하고 기업사례분석에서 입증된 비용대 효과적인 방법이 바로 성과기반군수이기 때문에 성과기반군수는 새로운 사업의 획득과정에서 또는 기 배치된 체계의 성능평가 및 군수지원 대안을 마련하는데 이용되는 성능기반 획득전략을 활용하는 것이다. 성과기반군수 업무는 이용 가능한 재원 범위 내에서 전투부대의 요구를 만족시키고 체계의 성능을 유지하는 군수지원 목표를 일치시키게 하는 업체와의 거래관계 수립(계약)을 통하여 수행될 수 있다. 따라서 **과거의 부속품, 공구, 자료 등의 특정 물량을 국방부(군) 주관으로 구입하는 것이 아니라 원하는 것만 공급자에게 요구하는 개념**이다. 그러나 체계의 모든 군수지원에 대해 일률적으로 성과기반군수 개념을 적용한다는 의미는 아님으로 군직과 업체 지원에 대한 선택은 체계의 종류와 군의 현 지원능력을 고려하여야 한다.

성과기반군수 시행을 위한 성과측정기준으로서 '성능'에 대해 〈그림 Ⅳ-7〉과 같은 정의를 내려야 한다. 성과측정기준이 사용자의 요구를 정확히 반영하고 공급자/생산자의 지원성과를 효과적으로 측정하는 척도로 전환되어야 효과적인 성과기반군수를 실행할 수 있다.

미국방부는 2004년 성과기반평가기준으로 다음 5가지를 제시하고 있다.: 운용가용도(Ao: Operational Availability): 한 체계가 한 임무에 가용한 시간적 비율 또는 작전템포를 지속하는 능력을 의미한다.; 운용신뢰도(Operational Reliability): 한 체계가 임무성공목표를 만족하는 척도로서 임무목표는 출격회수, 발사, 목표도착 또는 체계 규격일 수 있다.; 단위사용당 비용(Cost per Unit Usage): 총운용비용을 정해진 측정단위로 나눈 값이다.

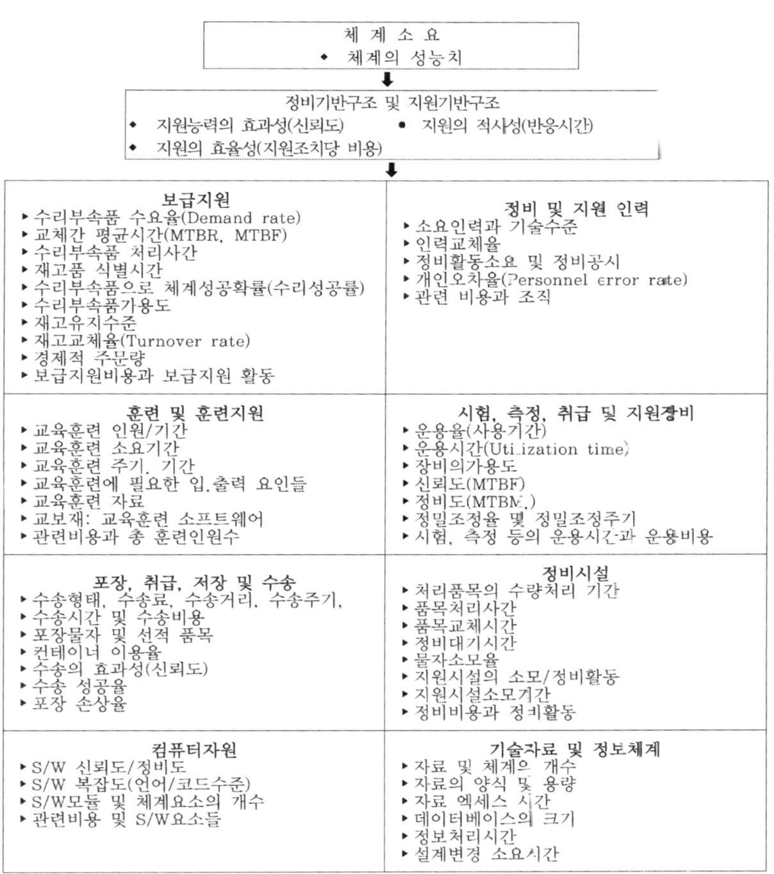

〈그림 Ⅳ-7〉 군수지원기반구조 확립을 위한 주요기술성능 측정

체계에 따라 비행시간, 항해시간, 운전마일, 체계규격 등이 측정단위가 될 수 있다.; 군수기반소요(Logistics Footprint): 한 체계를 전개하고 지속하며 움직이는데 필요한 군수지원에 요구되는 계약의 규모로서 재고량, 장비수, 인원, 시설, 수송자산 및 부동산을 포함한다.; 군수반응시간(Logistics Response Time): 군수요구를 한 후 이를 만족시키는 데 소요되는 시간을 말한다.

위의 척도들은 체계에 따라 다를 수 있으므로 업체와 계약시 이러한 척도에 대하여 성과기반협정(PBA: Performance Based Agreement)을 맺어야 한다. 또한 미국방부에서 적용하고 있는 성과기반군수 실행모델은 〈그림 Ⅳ-8〉과 같으며, 실행모델상의 단계별 절차는 통합사업관리팀의 지침으로서 실제 적용시에는 12단계를 순서대로 또는 사업에 따라 각 단계가 동시에 이루어지거나 생략될 수 있다. 각 단계별 세부 조치사항들은 필자의 저서인『획득군수관리론』을 참고하기 바란다.

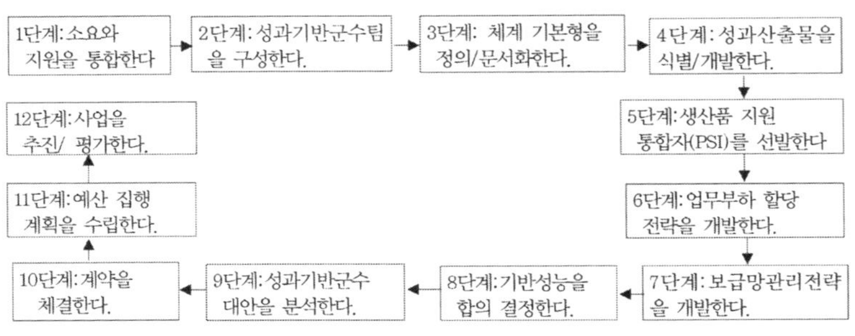

〈그림 Ⅳ-8〉 성과기반군수 실행모델

우리 국방부는 〈그림 Ⅳ-8〉의 체계 기본형 정의 및 문서화(3단계), PSI 선발기준(5단계), 보급망 관리전략 개발(7단계), 기반성능의 합의문서 작성(8단계)과 성과기반군수 대안(9단계)에 대한 업무수행지침을 마련하여야 통합사업관리팀과 업체 간에 체계의 목표성능을 효율적으로 달성할 수 있다. 특히 우리 군은 새로운 체계 개발이나 함정 건조시 작전운용성능이나 기본설계의 목표기준에 미달할 경우 기반성능을 합의해나가는 절차가 발전되어 있지 못하다. 더욱이 군수지원분석방법에 대해서도 자료의 수집 방법과 절차 등이 편람으로 규정화되어야 할 것이다.

(라) 미군의 집중군수 개념은 본장 1항의 현행군수개념에서 설명하고 있다.

(5) 한국군의 군사군수 개념

(가) 국방부의 군수개념

1991년에 발간된『국방군수용어편람』에는 군수란 **"軍政사항으로 무기체계의 연구개발, 장비 및 물자의 소요 판단, 생산 및 조달, 보급, 정비, 수송, 시설, 근무 분야에 걸쳐 물자, 장비, 시설, 자금 및 용역 등 모든 가용자원을 효과적, 경제적, 능률적으로 군사작전을 지원하는 활동"** 으로 정의하고 있어 개발, 생산, 운용 및 지원, 폐기 단계에 걸친 수명주기군수 개념에 대한 언급이 없다.

그러나 2006년 개정한 『국방전력발전업무규정』과 『방위력개선사업관리규정』에는 수명주기군수 개념과 획득군수 개념이 포함되어 있다. 즉, 각 군의 전투실험과 합참의 합동실험 실시를 위한 노력은 물론 진화적이고 체계공학적 체계개발 개념의 도입과 통합사업관리팀 운용 등 미국의 획득군수제도를 벤치마킹하여 방위력개선사업을 관리하고 있다. 그럼에도 불구하고 이 두 규정 모두 획득군수 및 성능기반군수 개념을 명시적으로 정의하지 않고 있다. 한편 우리 군에서는 민간업체가 군의 군직지원능력보다 경제적이고 효율적인 점을 고려하여 성과기반군수를 도입하여 군수지원기능을 민군이 협력적으로 계약에 의해 군에서 원하는 성과산출물만 제시하면 지원방법은 업체에서 알아서 지원하게 하는 생산품 지원전략을 시도하고 있다.

체계공학적 접근을 하고 있는 미군의 수명주기군수와 성과기반군수를 실행하기 위한 이해관계자들 간의 협력방법, 독립변수(CAIV: Cost As Independent Variable)로서의 비용을 사업추진시 조정 통제하는 방법 등에 대한 우리 국방부의 지침과 업무편람들을 찾기 힘들다. 현실적으로는 미국방부의 지침과 편람을 많이 준용하고 있음을 알 수 있다.

앞으로 우리 국방부는 군수 용어의 개념을 재정립하고, 획득사업시 업체의 비용자료를 공식 획득할 수 있는 법규의 재정비, 체계개발 사업시 수명주기 간 비용구조에 대한 명확한 분류기준과 원가산정과 연계된 현실에 맞는 비용추정식의 개발, 내장형소프트웨어의 식별체계 확립, 기술관리의 합리적인 책임부서 지정과 업무수행 방법 등을 발전시켜 나가야 할 것이다.

(나) 합동군수의 개념

2003년에 발간한 『합동인사군수교리』에서 한국군의 합동군수 개념은 **"합동작전을 수행하는 부대가 특정 목표를 달성하기 위하여 작전을 지속할 수 있도록 필요한 군수를 제공하는 제반 활동이다. 합동군수는 국가의 경제력과 군사력을 연결시키는 교량적 역할을 한다. ...중략...** "라고 정의하고 있다. 또한 "합동군수의 원칙은 '군사작전의 원칙' 을 군수측면에서 보완하는 것이므로 변화하는 상황 속에서 적용하려는 군수의 원칙을 선별하는 것은 과학이라기보다는 술적인 문제"라고 규정하고 있어 우리 군도 앞에서 소개한 미군의 합동군수 개념과 동일함을 알 수 있다.

(다) 육군의 군수개념

우리 육군은 2002년 발간한 『군수관리』교범에서 군수란 **"군사목표를 달성하기 위하여 연구개발, 소요, 조달, 보급, 정비, 수송. 시설, 근무 등 제 기능 수행에 필요한 자원 즉, 인원, 물자, 자금, 시설, 용역 등을 획득, 관리, 운용하여 군에 필요한 군사력(무기, 장비, 물자 등)을 준비, 유지, 지원하는 제반 활동"**이라고 정의하고 있다. 이와 같은 군수정의에서 군사목표가 전략목표냐 아니면 작전목표냐에 따라 군수 개념은 그 차원이 달라질 수 있으므로 육군의 군수정의는 전략적, 작전적 및 전술적 군수 개념을 모두 포함하고 있다고 볼 수 있을 것이다.

특히 해공군의 경우는 군수규정으로 군수 관리 및 지원 지침을 마련하여 군수기능을 수행하고 있으며, 2000년 이후 합동군수교리체계를 재정립한 이후 해공군도 교리를 발전시키고 있는 것으로 안다.

(라) 이와 같이 군사군수의 개념은 경제학, 정치학과 같이 간단하게 정의할 수 있는 용어가 아님을 발견할 수 있을 것이다. 그러므로 국가적 수준의 군수, 국방수준의 군수, 합참 및 각 군 수준의 군수, 작전전구 수준의 군수 등 제대별 군수개념이 다양하게 정립되어야 할 것이다. 라이더(Julian Rider)는 전쟁수행이론이 과학이냐 술이냐에 대해 전쟁의 본질을 해석하는 시각에 따라 다르다면서 첫째는 전쟁수행이론이 성공적인 전쟁수행규칙을 확립하였다면 과학으로 간주할 수 있는 반면, 둘째는 과학은 전쟁의 인과관계를 다루며 술은 전투의 성공원칙이나 전투지침을 다루기 때문에 전쟁수행은 과학인 동시에 술이라는 것이며, 셋째, 전투의 과정을 지배하는 불변의 법칙이란 있을 수 없기 때문에 전쟁수행은 단지 술이라는 해석을 한다고 하였다. 그러나 전쟁의 결과는 개연성과 우연성을 동시에 갖고 있기 때문에 전쟁 수행을 과학이나 술로만 볼 수 없는 과학인 동시에 술로 보아야 한다고 주장하였다.

다. 군수의 영역

군수의 영역이란 '군수의 할 일' 을 의미하는 것으로 한국군과 미국군의 차이는 군수기능을 군수관리와 군수지원을 분리하여 보느냐 아니면 관리와 지원을 연계하여 동일시하느냐 아니냐 하는 문제일 뿐이지 그 차이는 없다고 보아야 할 것이다.

(1) 한국 육군의 군수영역 분류방법

우리 육군의 『군수관리』교리에 의하면 군사목표를 달성하기 위한 군수의 영역을 **군수관리분야**와 **군수지원분야**로 구분하고 있다. 군수관리란 "군사목표 달성에 필요한 자원을 최적의 노력과 자원의 투자로, 최대의 군사력을 준비, 유지하기 위하여 보다 합리적인 관리과정, 제도 및 체계, 기법을 적용하는 제반활동"으로서 효과성, 경제성 및 능률성(효율성)을 목표로 **군사력의 준비와 유지에 중점**을 둔다. 특히 군수관리는 평시에 더욱 강조되고 주로 군수전문가에 의해 수행된다. 군수지원이란 "부대 운영유지 및 작전활동에 필요한 자원에 대한 보급, 정비, 수송 및 근무를 제공하는 제반활등"으로서 적기, 적소, 적량 및 정밀지원 보장을 목표로 **군사력의 운용에 중점**을 둔다. 특히 군수지원 분야는 용병술 체계와 연계하여 이루어지며 전시에 더욱 강조되고 각급 제대 지휘관과 참모에 의해 수행된다. 그리고 군수관리와 군수지원의 상관관계는 군수관리의 기반이 없이는 성공적인 군수지원을 달성할 수가 없으므로 상호 대등한 위치에서 다루어져야 함을 강조하고 있다.

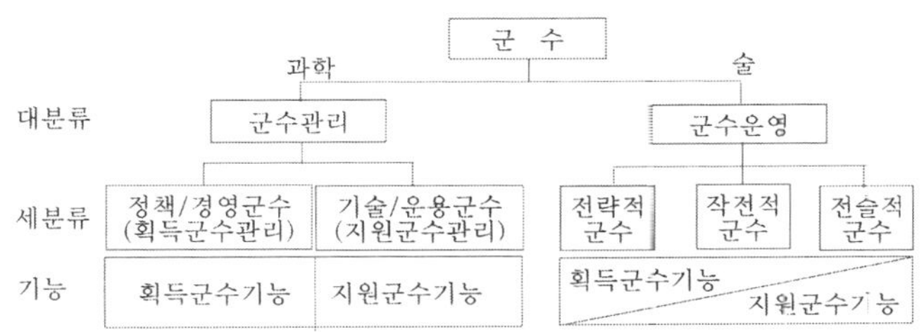

〈그림 Ⅳ-9〉 군수영역의 븐류

〈그림 Ⅳ-9〉는 이재천 장군의 저서 『군사술과 군수』에서 군수 기능의 분류와 미국 존스의 군수분류를 종합한 것으로서, 그림에서 군수과학이란 군수의 대상에 대한 과학적 지식으로서 현행 육군 군수관리 교범상의 군수관리 영역에 속하며, 군수술은 변화하는 전장환경과 전쟁 목적에 부합되게 군수자원을 운용하는 현행 육군 군수관리 교범상의 군수지원 영역에 속한다고 볼 수 있다. 또한 그림의 군수관리 기능은 획득군수기능과 지원군수기능으로 구분할 수 있으며, 군수운영 기능은 획득군수기능과 지원군수기능으로 구분하되 제대가 상위에 속할수록 획득군수기능이 더 많이 관련되어 있고 하위제대에 갈수록 지원군수기능을 더 많이 수행하고 있음을 나타내고 있다.

그리고 경영, 관리 및 정책의 학문적 개념을 이용하여 정책군수는 군사목표를 달성하기 위하여 군수의 제 기능을 통합하여 군수의 새로운 가치, 일반적인 의지를 창출하는 분야이며, 경영군수는 군수지원체계의 합리적 경영을 다루는 분야로서 종래의 군수관리 개념보다 더 넓은 군수의 기획, 계획, 획득 및 조달, 집행 및 운영, 평가 및 통제를 하는 통합적인 차원의 군수관리로 정의할 수 있다. 따라서 정책/경영군수는 미군의 획득군수를 포함하고, 존스의 전략적 군수 영역과 응용군수의 획득군수 영역을 포함한다고 볼 수 있다.

기술군수는 보급, 정비, 수송 및 근무 지원체계와 같은 군수지원체계를 실제로 운용하는 군수기능으로서 체계의 원리를 이해하여 체계를 운용하고 작동하는 데 필요하다. 운용군수는 군수지원체계를 운용하는 방법으로서 장비의 조작, 물자의 사용 및 군수 조직과 제도를 조직의 목표에 맞도록 적용시키는 것이다. 따라서 존스의 획득 이후의 지원군수 관리영역으로 분류할 수 있다. 이 영역은 존스의 획득 이후의 응용군수 영역으로 작전적 군수의 일부와 전술적 군수에 속한다고 볼 수 있다.

(2) 미국군의 군수영역의 분류

〈그림 Ⅳ-4〉에서 미국의 존스는 군수를 **전략적 군수**와 **응용군수**로 대별하고 응용군수를 다시 획득군수와 전술적/작전적 군수로 세분하고 있다. 존스는 군수지원활동이란 군수관리활동의 결과물로서 군수관리와 군수지원을 구별하지 않고 있다. 왜냐하면 획득관리과정에서 체계가 전력화 후에 지원되어야할 제반 군수지원분야 즉, 종합군수지원을 위한 군수지원분석을 실시하여 그 결과를 토대로 하여 군수지원활동이 작전적 군수와 전술적 군수에서 이루어지는 것이기 때문이다. 따라서 필자는 본서에서 군수관리 대상분야로 나누는 종합군수지원제도에서 11대 종합군수지원요소 각각이 군수지원대상이 되어야 함으로 우리 군은 보급, 정비, 수송 및 근무 지원체계뿐만 아니라 연구개발 지원체계, 표준화 및 호환성 지원체계, 군수교육 지원체계, 기술자료 및 기술교범 지원체계, 군수관리정보 지원체계 등이 추가되어 상호 유기적으로 군수기능을 연결시켜야 할 것이다.

〈그림 Ⅳ-4〉에서는 전략적 군수를 〈그림 Ⅵ-9〉와 같이 군수운영 차원으로 분류하지 않고 있는데 이는 전략적 군수는 결국은 획득군수를 포함하는 응용군수의 전 분야에 영향을 미치는 군수활동임으로 운영군수차원으로 분류하지 않고 획득군수와 작전적/전술적 군수보다 한 단계 높은 차원의 군수활동영역으로 구분한 것으로 판단된다. 또한 작전적 군수와 전술적 군수를 하나의 영역으로 분류하고 있는 것이 특이하다. 미국군 내에서도 군수영역을 분류하는 방법에 있어서 통일성이 없음을 보여준다. 이처럼 군수의 영역을 구분하는 방법에 다소의 차이는 있지만 필자는 군수업무 활동영역을 〈그림 Ⅵ-9〉와 같이 군수의 제 기능을 군수과학 차원에서 수행하는 **군수관리분야**와 군사작전목표를 달성하기 위하여 제반 작전상황에 따라 통제의 범위나 우선순위를 군수술 차원에서 조정 통제하는 **군수운영분야**로 구분한다. 따라서 군수관리분야는 체계(군수품 포함) 획득을 위한 연구개발, 소요, 조달 등 군수획득 기능을 수행하는 군수획득관리분야와 군수지원기능인 보급, 정비, 수송, 시설 및 기타 근무지원 활동을 수행하는 군수지원관리분야로 구분할 수 있으며, 군수운영분야는 전쟁의 수준과 연계하여 용병술 차원에서 전략적 군수, 작전적 군수, 전술적 군수 분야로 세분할 수 있다.

(3) 군수관리(Logistics Management): 군수의 과학적 측면

우리 육군에서는 군수관리란 **"군에 필요한 자원을 획득하여 최대의 군사력을 준비, 유지시키기 위하여 ... 중략... 군사력을 획득, 건설, 유지하며 평시에 더욱 강조되고 주로 군수지원계통과 군수기술병과의 영역으로 과학적 관리가 요구되는 분야"**라고 정의하고 있으나, 우리 국방부는 군수관리나 군수지원에 대해 명시적으로 정의하고 있지 않다. 다만 획득군수관리는 어떤 체계가 운용자에게 분배되기 전까지의 군수관리를 의미하며, 지원군수관리는 어떤 체계가 운용자인 부대에 배치된 이후 이루어지는 군수관리영역으로 구분하는 데는 이의가 없을 것이다.

(가) 군수획득관리(Acquisition logistics management)

미국방부는 1997년 발간한 DoD Handbook on Acquisition Logistics에서 획득군수관리의 개념은 **"전평시 소요군의 전투준비요구를 달성하는 비용 대 효과적인 체계를 설계하고, 개발 및 시험하여, 생산 및 야전에 배치하며, 지속지원 및 성능개량과 관련된 다기능적이며 기술적인 관리영역"**이라고 정의하고 있다.

한 체계의 수명주기비용은 연구개발비 등 획득비용을 제외하면 야전에 배치된 후 운영비와 지원비로 구성된다. 그런데 이 비용의 대부분은 체계 개발 초기단계에 결정되기 때문에 초기 설계 결심과정에서 설계대안과 관련요소들을 평가 분석하는 것이 대단히 중요하다는 것이다.

획득군수관리과정을 보다 더 잘 이해하려면 블랜차드가 정의한 군수공학을 이해할 필요가 있다. 그는 체계공학을 **"종합군수지원제도의 목표를 달성하기 위하여 실행하는 설계와 관련된 체계공학"**이라고 정의하면서 체계공학과정은 통상 일곱 단계를 거쳐 획득군수 관리기능을 수행한다고 하였다.: 문제를 기술하고; 대안을 찾으며; 체계를 모형화하고; 통합하며; 체계를 배치하고; 체계를 평가하며; 체계를 재평가한다. 특히 통합사업관리팀은 체계공학에 대한 이해가 필수적이다.

미국방부의 체계공학적 접근방법은 〈그림 Ⅳ-10〉과 같이 "소요분석, 기능적 분석과 할당, 설계의 통합 및 유효성 검증, 체계분석 및 통제를 하향식으로 반복하는 과정으로서 체계공학은 설계, 생산, 시험 및 평가, 생산품의 군수지원 분야에 널리 활용되고 있다. 체계공학의 원칙은 체계의 성능, 위험, 비용 그리고 사업일정 간의 균형을 맞추는 데 영향을 주는 것"이라고 하였다. 체계공학 활동에 대해서는 필자의 저서 『획득군수관리론』을 참고하기 바란다.

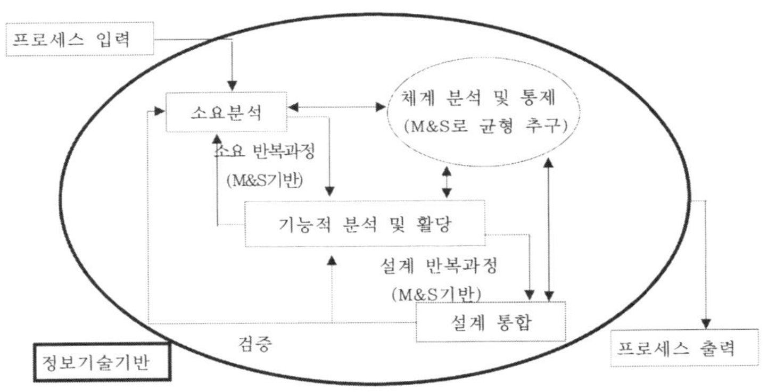

〈그림 Ⅳ-10〉 체계공학과정의 흐름도

(나) 군수지원관리(Logistics Support Management)

가장 경제적이고 효율적으로 종합군수지원을 하기 위해서는 초기 설계단계부터 체계공학과정에 따라 체계개발 및 생산단계 초까지 이루어지는 군수지원소요의 식별 및 결정에 근거하여 군수지원소요를 설계에 반영하는 것이 군수지원관리의 핵심과제이다.

군수계획을 작성하기 위해서는 새로운 체계나 성능개량을 위한 체계의 군수지원소요를 식별해내고 평가하는 분석과정이 필요하다. 이러한 군수지원소요 식별 및 분석의 반복활동을 군수지원분석이라 한다. 군수지원분석은 체계공학과정의 한 부분인 **'설계 분석과정'**으로서 수명주기의 초기단계인 설계 및 개발 단계에서 이루어지며, 군수지원분석의 예로서 신뢰도/정비도/가용도 예측, 체계 요구사항분석, 훈련요구사항분석, 정비업무분석, 수리수준분석, 수명주기비용분석, 고장유형효과위험분석, 자료요구사항/정보체계분석, 수리부속재고 분석, 시험/지원 장비 분석, 시설/설비 분석, 수송/분배 분석 등이 있다.

체계의 운용단계에는 군수운영 영역에 해당되며 전투지속능력을 보장하고, 전투부대가 전투에만 전념할 수 있도록 〈그림 Ⅳ-11〉의 군수지원요소들을 통합하여 집중군수개념에 따라 군수지원기능을 수행하여야 한다. 따라서 미국군은 최근 이러한 군수지원기능을 보다 경제적이고 효율적으로 수행하기 위하여 성과기반군수제도를 도입하고 있음을 앞 절에서 설명한 바 있다.

미국군은 획득군수관리과정에서 〈그림 Ⅳ-11〉의 **10가지 군수지원요소들**(지원요소라 부르기도 함)을 식별, 분석, 확인하여 반영할 것을 요구하고 있다. 〈그림 Ⅳ-12〉와 같은 분석절차를 거쳐 군수지원요소들이 반영된다.

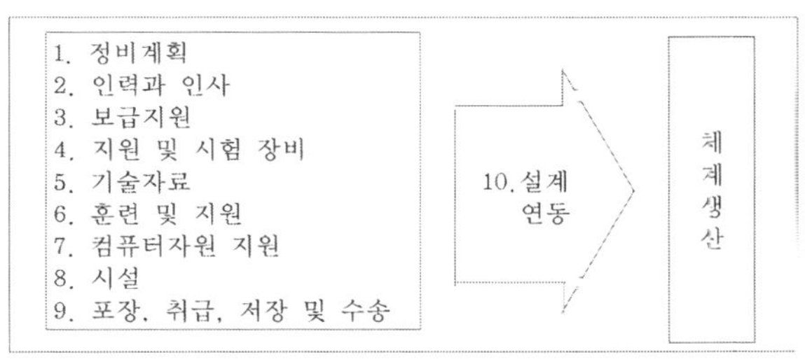

〈그림 Ⅳ-11〉 10대 군수지원요소

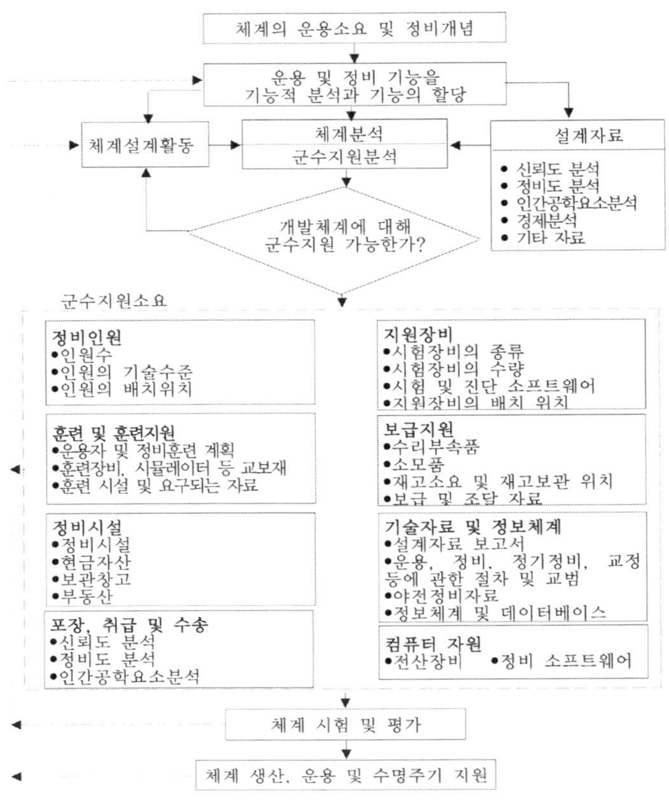

〈그림 Ⅳ-12〉 군수지원분석을 통한 군수지원소요

(다) 군수획득 관리와 군수지원 관리의 상호관계

군수관리 기반이 없이는 성공적인 군수지원을 할 수 없으며 군수지원을 고려하지 않은 군수관리가 존재할 수 없기 때문에 군수의 관리와 지원은 유기적인 협조체계가 확립되어야 한다. 우리 군은 획득군수관리와 군수지원관리를 보다 구체적으로 연결하기 위해서 방위사업청에서 2007년 『종합군수지원업무지침서』를 마련하여 획득관리단계에서 군수지원소요를 최대한 반영하도록 규정하고 있다.

(라) 군수관리의 목표는 교범 상에 가용자원을 효과적이며, 경제적으로 관리하고, 능률적으로 수행하는 것으로 규정하고 있다.

1) 효과성(Effectiveness): 군수관리의 제1목표로서 군이 필요로 하는 모든 가용자원을

사용자(부대)에게 적기 적소 적량을 정확하게 공급하는 것이다. 효과성의 목표를 **사용자(부대) 중심목표**라고 하며 **"보다 좋게 또는 적절하게"**라는 원리가 적용된다.

2) 경제성(Economy): 군수관리의 제2목표로서 최소의 경비로 최대의 효과를 거두려는 것이다. 경제성은 비용절감 중심목표라고도 하며 **"보다 싸게"**의 원리가 적용되다. 경제적 자원관리를 위해서는 국방자원관리제도가 발전되어야 한다.

3) 능률성(Efficiency: 효율성이라는 표현을 사용): 군수관리의 제3목표로서 효과성 목표와 경제성 목표를 동시에 연결시켜주는 **"보다 빠르게"**의 원리가 적용되는 목표이다. 능률성 목표는 군수 업무 수행자가 얼마나 관심을 갖고 업무를 수행하느냐에 따라서 목표달성 여부가 결정되는 내부적인 요소라 할 수 있다. 따라서 능률성을 향상시키기 위해서는 군수인들의 능력 향상은 물론 군수업무 수행절차가 단순화되어야 함으로 능률성을 **단순성 중심목표**라 한다.

군수는 효과적이고 능률적이어야 한다는 것에 대해 '군수의 역설(Paradox of logistics)' 을 만들어낸다고 말한다. 육군이 능률적이려면 합리적인 가격이 우선이지만, 육군이 효과적이려면 작전에서 요구하는 군수능력이 우선임으로 METT_TC요소가 우선되어야 한다.

(4) 운영군수: 군수의 술적 측면

운영군수분야는 제대별 지휘 및 통제 영역으로 군수술 분야이다. 군수술은 군수자원의 준비 및 관리(군수과학)를 전략, 작전 및 전술과 연계시키는 지휘술임으로 전쟁수준과 연계하여 군사술 차원에서 이루어진다. 일반적으로 국방부, 합참 및 각 군 본부는 **전략적 군수**에 중점을 두며, 제대규모를 확정적으로 지정할 수는 없으나 군사작전 수행 수준에 따라 각 군의 야전군/작전사/군단은 **작전적 군수**에, 군단/함대 이하는 전술적 군수의 기능을 수행한다고 볼 수 있다. 전쟁수준별 군수수준이 분명하게 구분되는 것은 아니며 상호 중복되거나 연결되어 군수활동이 이루어진다.

(가) 전략적 군수

전략적 군수에서의 고민은 〈그림 Ⅳ-13〉과 같이 국가 경제력이 허용하는 범위 내에서 군사력 건설과 유지 방안을 찾는 것이라 할 수 있다. 〈그림 Ⅳ-4〉와 같이 전략적 수준의 군수는 전략적 군사행동에 필요한 군수로서 미합참의 국방기본교리에서 전략적 군수는 **"한 국가의 경제와 사회적 힘을 국가방위를 위하여 작용할 수 있게 하는 과학과 술"**이라고 정의하고 있다. 이러한 전략적 군수는 군사적으로 소요되는 인력, 물자, 기반구조 및 용역, 그리고 전시 생산소요 및 민간소요를 기획하고, 협조하며, 할당하는 과정으로 볼 수 있다. 따라서 전략적 군수는 정부 부처, 의회 및 산업체 간의 협조가 요구된다.

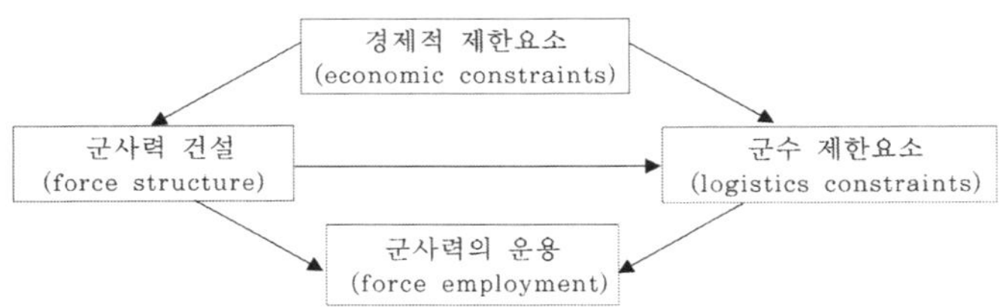

〈그림 Ⅳ-13〉경제적/군수적 제한요소와 군사력 건설/운용과의 상관관계

군수의 제 기능중 **연구개발 투자, 조달 및 보급 정책, 국가적 차원의 수송 기능 그리고 군수부대의 구조에 관한 결심 등**은 전략적 군수에 포함되며 이는 국가경제와 연관되어 있다. 국가의 경제력이 제한되면 부대구조(군수부대 포함)에 직접적인 영향을 미치게 되어 작전수행 방법에도 영향을 주게 된다.

미합참편람의 합동과업목록(Universal Joint Task List)에서 식별된 지속유지를 제공하기 위한 전략적 군수과업은 지속유지의 우선순위를 결정하며; 물자를 획득하고; 자금을 획득하고 관리하며 분배하며; 병력을 획득하고 분배하고; 기지지원과 서비스를 제공하며; 인사근무지원을 제공하고; 국가의 전력과 수단을 재편하는 것으로 규정하고 있다.

Moshe Kress는 전략적 군수문제는 군사력 관련 기반구조를 건설하고 유지하는 문제인바, 여기서 기반구조란 기술기반구조, 산업기반구조, 재고기반구조, 저장기반구조 및 수송기반구조를 포함한다고 하였다.

기타 전략적 군수문제로서 작전적 군수와 연계된 문제들이 있다. 첫째, 교리 및 군수관련 전투발전문제는 전략적 수준에서 다루어지는 문제이다. 교범과 교리에 관한 지침은 전략적 수준에서 개발되고 배포되어야 한다. 둘째, 전력투사 임무 수행을 위한 전략적 기동에 관한 문제와 셋째, 연합작전을 수행하는 외국군과의 군수체계의 협조문제는 전략적 군수문제에 속한다. 이라크전에 한국군이 평화유지작전을 위해 파병될 경우 부대의 이동, 현지에서의 군수지원 문제는 전략적 군수문제이다.

전략적 군수의 또 다른 작전적 군수와 연계된 분야토서 해외파병과 같은 전력투사 임무와 연계하여 해군 수송함이나 공군 수송기 등을 이용한 전략적 기동 시의 입항항구나 중간 기착비행장의 확보와 이라크전에서 동맹군으로 작전시 동맹군과의 군수지원 협조문제는 전략적 군수문제들이다.

(나) 작전적 군수

전쟁의 작전적 수준은 전략목표를 달성하기 위한 전구작전 및 대규모 군사작전을 말하며 전략적 수준과 전술적 수준을 연계시키는 활동이다. 이 수준에서의 군사활동은 통상 합참이 주관이 되어 합동 및 연합 작전, 민관군 통합 작전을 계획하고 수행하는 활동을 말하며, 군단급/함대급 제대의 작전도 여기에 포함될 수 있다.

작전적 군수는 전술적 군수소요를 종합하여 전략적 군수에 소요를 제기하고, 획득한 자원으로 전술적 군수소요를 충족시키는 활동이다. 따라서 작전적 군수의 임무는 **"작전목표 달성을 위하여 전구내의 군수체계를 확립하고 이를 운용하며, 군수자원의 소요를 예측하고 분석하여소요의 우선순위를 결정하는 것"**이다.

미 합참편람의 합동과업목록에서 식별된 "전구부대의 작전을 지속유지"하기 위한 전략적 군수기능은 장비의 수리 및 유지를 위하여 협력하며; 전구부대의 지원을 협조하고; 전구전쟁과 통신지역을 위한 군수품과 서비스의 분배를 지정 및 협력하며; 지속기지를 개발 및 유지하고; 자금을 획득, 관리 및 분배하며; 안전위험요인을 최소화하고; 전역군수기능은 일반지원(차상위 제대 및 군단급에서 제공), 직접지원(직접지원 야전부대가 사용자에게 지원하는 활동) 및 사용자 군수(부대 자체의 정비 및 보급)로 구분하여 수행할 수 있다고 규정하고 있다.

작전 지휘관의 제한요소들로서 불충분한 부대와 무기, 불완전한 정보, 제한된 지휘 및 통제 능력 등이 있으나 **작전에 가장 중요한 제한요소가 군수**이다. 전투에 필요한 자원이 없이 작전의 성공은 보장되지 않기 때문이다. 따라서 작전적 군수능력은 전구내의 부대를 구성하고 전개하는 결심과정에서 매우 중요한 것이다. 군수는 항상 목표를 달성하는 데 제한요소로 작용하기 때문에 **작전계획을 수립 시에는 가용한 지속능력에 기초**를 두어야 한다. 따라서 작전 단계별로 작전지역에 대한 군수의 제 기능별 확보 및 분배계획이 작전적 군수계획의 중점업무가 되어야 한다.

(다) 전술적 군수

전쟁의 전술적 수준이란 전술단위부대나 특수임무부대에 부여된 작전목표를 달성하기 위해 전투와 교전을 말함으로 전술적 군수는 **탄약, 유류 및 식량의 보급, 전투장비에 대한 근접정비, 병력과 보급품의 수송업무, 그리고 기타 근무지원(전쟁포로 및 민간인 처리, 긴급 의무지원 및 후송 등)을 제공하는 것**이다.

전략적, 작전적 수준의 군사행동에서는 전력을 전장으로 동원하는 것과 관련된 것에 비해 전술적 군사행동은 동원된 전력을 이용하는 것과 관련된 것이므로 전술적 군수는 비교적 대상기간이 단기간이며, 작전지역이 좁아 높은 안전수준이나 예비량을 설정하지 않아야 하고, 적의 행동에 따라 예기치 않은 방해가 있기 때문에 예측 불가성을 항상 고려하여야 한다. 전술적 군수는 방호, 기동, 화력에 초점을 맞추어야 하기 때문에 **효과성이 가장 중요한 요소이므로 적량과 적시의 군수지원이 가장 중요**하다.

3. 군사군수의 기능과 원칙

가. 군사군수의 기능

군수의 기능 역시 전쟁의 수단과 자원이 변화함에 따라 그 범위도 계속 변화할 수밖에 없다. 또한 육. 해. 공군 간, 각 군 내부의 제대별, 및 작전전구에 따라 군수의 기능과 그 활동범위가 서로 다를 수밖에 없으나 군수기능이란 "군수자원의 활용(관리 및 지원)을 기획, 계획하고 집행하기 위하여 군수조직에 부여된 기능(편제서 상에서는 직능이라고도 함)"이라 할 수 있다. 또한 군수기능은 실제에 있어서 군수관리 및 군수지원 부대(기관)의 임무와 기능에 해당함으로 각 군 및 합동군의 작전체계와 연계된 각 종 군수지원체계에 따라 업무가 분장되는 것임으로 군수조직 편성 시에 고려되어야할 사항들이다.

〈표 Ⅳ-2〉와 같이 교리와 종합군수지원제도에서의 군수지원요소와 미국의 획득군수에서의 군수지원요소가 일부 차이가 있음을 알 수 있다. 따라서 본 절에서는 미국의 획득군수 10대 군수지원요소에서 다루지 않는 한국군의 교리상에 설명하고 있는 연구개발, 소요, 조달 기능 위주로 설명한다.

〈표 Ⅳ-2〉 군수기능의 분류 차이

합동교범/육군교범의 군수기능	연구개발, **소요**, **조달**, 보급, 정비, 수송, 시설, 근무
종합군수지원제도상의 11대 군수지원요소	연구 및 설계반영, 보급지원, 정비지원, 포장, 취급, 저장 및 수송, 시설, **표준화 및 호환성**, 지원 및 시험 장비, 인력 및 인사, 교육훈련 및 교보재, 기술제원, 군수관리 전산자료
미국군 획득군수의 10대 군수지원요소	연구 및 설계연동, 보급지원, 정비계획, 포장, 취급, 저장 및 수송, 시설, 지원 및 시험 장비, 인력 및 인사, 훈련 및 지원, 기술자료, 컴퓨터자원 지원

(1) 연구개발기능

연구개발은 **"군이 필요한 새로운 장비 및 물자의 개발, 현용 장비 및 물자의 개선, 수입대체 개발과 군수지원을 위한 체계, 제도 및 기법 등을 개발하는 활동"**으로 정의하고 있다. 본 정의에서는 체계의 획득단계뿐만 아니라 운영단계에 이르는 모든 군수 관리 및 지원 기능과 관련된 연구개발기능으로 볼 수 있다.

따라서 획득군수단계에서 군수관리 활동이 이루어지려면 각 군에서 합참에 소요를 제안할 때부터 군에서는 군수지원소요를 함께 고려하여야 하고, 합참에서는 이 소요를 근간으로 합동성을 보장할 수 있는 군수지원소요를 검토 반영한 후 장관의 결재를 통해 최종적으로 소요가 결정된다. 이때 합참 차원에서 합동군수지원을 원활하게 하기 위한 군수지원소요가 검토되어야 할 것이다.

또한 체계의 운영유지단계에서 적용될 각 군수지원요소별 현행 군수지원체계, 군수 관련 규정이나 지침, 군수지원분석기법 등에 대한 제도의 개선 및 발전 업무도 연구개발기능에 속한다는 의미일 것이다. 이와 같이 획득군수단계와 운영군수단계에서 연구개발기능이 구체적으로 무엇인지에 대한 규정이나 지침이 우리 군에는 아직 없다. 이 분야에 대한 정리가 되어야 할 것이다.

획득단계의 연구개발기능에 대해서는 미군의 Acquisition Logistics Guide에 수록된 기능을 소개한다. 획득군수의 관리기능이란 **여러 설계대안 중에서 가장 군수지원성이 높은 설계대안을 선택하는 역할이다. 이러한 획득군수 관리기능 8가지**를 정리하면 첫째, 작전

운용성능에 대한 군수의 제한사항과 설계 대안별 군수지원소요를 식별한다. 이때부터 군수지원분석이 이루어진다. 따라서 이 업무를 수행하는 통합사업관리팀(IPT: Integrated Product Team)의 구성원들은 분석기법과 공학적 기법을 알고 설계기술자와 의사소통을 할 수 있는 능력을 갖추는 것이 매우 중요하다. 둘째, 통합사업관리팀 이외의 관련자들에게 설계 대안별 군수지원계획(안)을 포함한 설계 대안을 마련하여 가장 군수지원이 용이한 설계 대안의 선택을 설득시키는 것이다. 미군의 통합사업관리팀은 군수지원계획(안)을 개발하고 관리하기 위하여 소요군의 대표자, 정부 및 민간기업의 기능적 전문가, 개발된 체계의 운용자 등 다양한 이해관계자들로 구성되고 있다. 셋째, 가장 경제적이고 효율적이며 군수지원이 용이한 상세설계를 하도록 영향력을 행사한다. 넷째, 설계가 이루어질 때마다 그 설계의 깊이와 속도에 맞추어 군수지원소요를 구체화해나간다. 이를 위해서는 군수지원분석은 반복하여 이루어져야 한다. 다섯째, 개발 및 기술 시험기간과 초기 야전배치 및 운용시험 기간 중에 계획하고 있는 군수지원을 포함한 체계의 모든 기능에 대하여 시험 평가한다. 여섯째, 체계나 군수품 그리고 용역과 모든 필수 지원품목을 조달 및 획득한다. 체계를 생산하는 것과 필수 지원품들을 획득하는 업무는 계속 동시에 추진되어야 하며, 통합사업관리팀은 정비소요를 줄이기 위하여 설계에 맞게 변이(Variation)가 작은 양질의 제품을 만드는 것이다. 일곱째, 우수한 군수지원계획과 야전 배치계획을 통해서 생산된 체계가 사용자에게 적시 적소 적량의 군수지원을 제공하는 것이다. 여덟째, 피할 수 없는 변경이나 개량을 통해 성능을 향상시키는 기능이다.

상기 기능들은 통합사업관리팀이 수행해야 할 핵심활동으로서 계속 반복하여 이루어지는 기능이며, 체계의 성능개량은 위의 획득군수 관리기능을 계속 수행해야 함을 뜻하므로 기술이 급격히 변화하고 있는 오늘날에는 **획득군수는 체계의 수명주기 동안에 결코 사라지지 않는다**고 보아야 할 것이다. 여기서 기억해야 할 것은 통합사업관리팀이 운영 및 유지 단계에서부터 폐기단계까지의 군수지원문제를 최소화하기 위해서는 철저한 **책임제형 업무분담**이 되도록 사무분장규정이 규정화 되어야 한다. 따라서 현행 방위력개선사업관리규정을 보다 더 상세하게 업무 절차, 업무 협조방법, 관련 분석기법의 적용사례 등을 포함하는 지침이나 편람이 10대 군수지원요소별로 작성되어야 할 것이다.

결과적으로 연구개발기능은 체계의 획득, 운영유지 및 폐기 단계에서 일어나는 제반 군수기능의 발전을 위하여 현실태를 분석하고 연구하는 것임으로 넓게는 군수지원요소 각각에 대한 연구개발이 필요하다. 따라서 체계의 수명주기 동안의 각 단계별, 각 군수지원요소별 연구개발 기능에 대한 구체적 지침이 요구된다.

(2) 소요기능

소요기능이란 **"질적 양적 군수소요를 판단하는 기능"**으로서 획득군수기능으로서의 군사소요와 운영군수기능으로서의 물자소요로 구분할 수 있다. 통상적인 군수소요는 물자소요로서 물자소요란 "어떤 군(부대)가 부여된 임무와 기능을 수행하기 위하여 일정기간 동안에 필요로 하는 자원(장비, 물자, 시설, 용역 등)의 질과 양"을 말한다. 따라서 소요관리는 **"임무수행에 필요한 자원의 소요를 정확히 반영할 수 있도록 소요기준의 설정, 소요의 산정, 보급수준 설정, 수요의 예측, 수요의 산정, 수요의 제원 관리 등 소요관련 업무를 계획 및 시행 평가하여 조정 통제하는 제반 활동"**으로서 이 소요는 국방기획관리체계 내에서 반영된다. 특히 운영유지 소요의 산정은 하급부대에서 정확한 소요 산출에서부터 시작된다.

소요는 수요로 발전하고 **순환수요**와 **비순환수요**가 있다. 순환수요란 부대의 운용상 소모되었거나 필요로 하였던 보급품의 불출이 계속 반복되는 수요를 말하므로 순환수요 수집자료를 기초로 수요율을 산정한다. 우리 군은 체계가 복잡하고 정밀성이 높아지고 있기 때문에 운용비용을 최소화하기 위하여 연구개발 또는 해외구매 단계 즉 획득군수에서의 소요관리 기능을 보다 효율적으로 수행하기 위한 절차를 군수지원분석에 포함시켜 계속 발전시켜나가야 할 것이다.

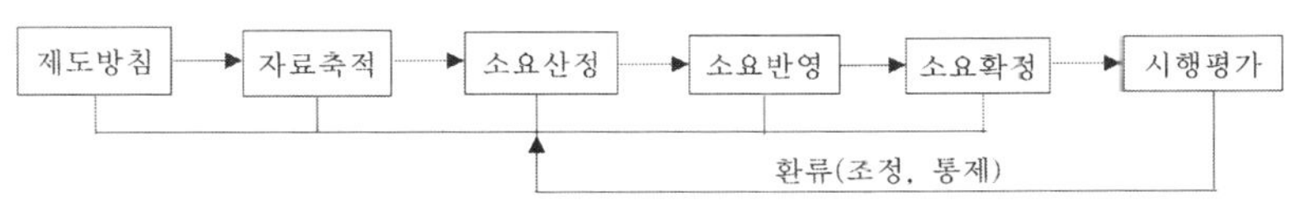

〈그림 Ⅳ-14〉 물자 소요관리 체계

우리 육군의 군수교리 상의 소요관리절차는 〈그림 Ⅳ-14〉과 같다. 특히 자료축적단계에서 수요자료는 군수지원부대에서 자동으로 수집되어야 하지만 해당부대는 정비시 정확한 수리사항과 부속품 등의 소모실적을 장비이력카드에 기록해야 하며, 전자장비의 작동시작시간과 작동중지시간의 정확한 기록이 중요하다.

특히 전시소요의 예측은 군수기능 중에 가장 어려운 분야로서 첫째, 전쟁시나리오가 합참차원에서 먼저 정의되어야 한다. 이 시나리오에는 전쟁의 지속기간이 얼마이며, 며칠간의 작전주기로 어떻게 전쟁이 전개될 것인가 하는 문제들에 대한 가정이 필요하다. 셋째, 각 작전주기별로 주기마다 어느 정도 수준의 전쟁강도가 어떻게 약화되어 전쟁이 종료될 것인가에 대한 판단도 필요하다. 이와 같이 군사정보판단과 군사전략적 판단이 전시 국방정책과 연계되어야 전시소요가 판단될 수 있다. 넷째, 전문분석가의 영역으로 어떤 예측모델을 이용할 것인가를 결정해야 한다. 기존의 모델이 없다면 모델을 개발할 필요도 있는 것이다.

(3) 조달기능

조달기능이란 소요판단에 의해 편성된 군수예산으로 필요한 **"장비와 물자, 시설 또는 용역 등을 획득하여 공급하는 기능"**으로서 적기 적량 적정 품질의 물자를 경제적인 가격으로 획득할 수 있는 획득원(조달원)과 획득방법(조달방법)을 결정하여 시행함으로써 국방예산의 경제성과 효율성을 극대화하는 활동이다. 따라서 조달기능은 생산, 구매, 무상증여 및 취득, 사용대차, 교환, 동원, 징발 등에 의해 이루어지며, 타 군수지원기능에 대하여 보완적 역할을 한다.

군이 전평시 효율적이고 경제적으로 조달하여 적기 적소에 지원하기 위해서는 조달품목의 결정, 조달품의 품질, 조달시기, 품목별 조달 수량, 조달원 및 조달방법을 결정하여야 한다. 군수인들은 조달관리기능 수행을 위하여 국내외 조달관리, 원가관리 및 계약사무처리에 대한 관련 법규를 숙지함은 물론 회계학, 무역학, FMS관련 미국 법규 등에 관한 전문지식도 갖추어야 한다.

(4) 군수기능에 대한 우리 군 분류방법의 개선 필요성

한국의 합참 및 육군 교리 상에는 8대 군수기능으로, 종합군수지원제도는 11대 군수지원요소로 나누고 있으나 군수환경의 변화에 대응하는 제대별 수준에 맞는 적절한 군수기능의 분류가 필요하다. 특히 획득군수 기능이 곧 군수의 수명주기 동안의 모든 군수기능을 좌우함을 인식하여야 한다. 이를 위해서는 체계의 획득단계에서 가장 많이 이루어지고 있는 획득군수의 10대 기능을 분석해볼 필요가 있다.

(5) 획득군수의 10대 기능

미국방부가 분류하고 있는 획득군수의 10대 기능은 종합군수지원요소와 대부분 중복되며 체계 획득단계에서 반영하고 있는 10대 군수지원요소를 의미한다. 우리 군은 선진 미군의 제도를 벤치마킹하고 있기 때문에 미군의 획득군수의 지원요소를 소개하고자 한다.

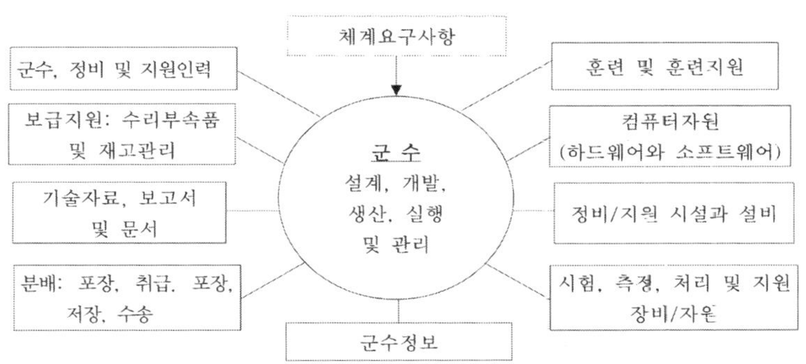

〈그림 Ⅳ-15〉 군수기능의 10대 기본요소

미국방부는 체계 획득시 부터 군수지원성을 높이기 위하여 고려되어야할 군수기능의 10대 기본요소로서 군수를 계획하고, 설계 및 개발하며, 실행할 때 모든 자원들이 〈그림 Ⅳ-15〉의 핵심 군수지원요소들과 통합되어야 한다고 강조하고 있다.

(가) 군수, 정비 및 지원 계획의 수립 시행

〈그림 Ⅳ-15〉의 원 내부에 있는 기능은 소요가 제기되어 승인된 사업에 대하여 군수소요가 적절한 협조과정을 거쳐 만족하게 작성 되었는가를 확인하는 반복적이고 계속 진행되는 절차로서 계획, 조직 및 관리 활동을 나타내고 있다.

획득사업 초기의 계획 및 군수지원분석 활동은 체계의 수명주기 동안의 군수지원 및 정비개념을 포함한 전반적인 군수지원소요를 결정하는 선도적 역할을 한다. 이 때 〈그림 Ⅳ-6〉의 체계의 운용과 정비활동의 흐름도에 나타나는 모든 군수활동을 식별하기 위한 하나의 모델이 개발될 수 있다. 또한 〈그림 Ⅳ-16〉은 전 수명주기 동안 체계가 개발되어 생산, 배치 및 운용하는 활동과 각 단계마다 이루어지는 군수지원활동과의 상관관계를 나타내주고 있다.

정비계획은 개념설계 단계에서 정비개념을 설정하고, 기본설계. 상세설계 및 개발 단계에서 계속적으로 군수지원분석을 실시하여 최종적인 정비계획을 작성한다. 또한 정비계획은 획득단계에서 체계의 수명주기 비용을 최소화하면서 체계의 전투준비태세를 완비하기 위하여 종합군수지원요소들을 동시에 고려하고 기존의 정비지원체계와 조화를 이루도록 수립되어야 한다.

정비계획은 군수지원계획의 한 부분으로서 체계의 수명주기 동안의 모든 지원요소들이 통합되어야 하므로 〈그림 Ⅳ-2〉와 같은 군수 및 지원 기반구조를 선도해야만 한다. 정비계획은 군수지원요소를 하나하나 따져나가는 논리적 출발점이다. 만약 정비계획이 바뀌면 다른 군수지원요소들의 많은 부분이 역시 바뀌게 된다. 전통적으로 정비수준은 3단계로서 부대정비, 중간정비, 창정비로 나눈다. 합리적인 군수계획은 그 계획을 실행할 수 있는 조직을 만들고 이를 관리 및 통제할 수 있는 기능을 필요로 한다. 이러한 군수 및 정비 지원 기능의 목표는 〈그림 Ⅳ-6〉의 체계의 운용 및 정비 활동과 〈그림 Ⅳ-2〉의 체계의 정비 및 지원 기반구조에서 이루어지는 모든 활동과 〈그림 Ⅳ-16〉의 군수기능의 기본요소들을 통합하는 것이다.

정비기능을 세분하면 체계 획득시 정비개념을 설정하는 **정비계획**과 정비지원활동에 해당하는 **정비운영**이 있다. 실무에서는 정비운영을 통상 정비지원이라는 용어로 사용한다. 전투지속능력을 향상시키고 효율적인 정비지원을 위하여 정비지원체계를 유지해야 하며, 정비지원 부대 간에 정비관리정보체계에 의거 정비업무가 조정 통제되어야 한다.

정비관리란 체계의 정해진 가용도를 유지하기 위하여 정비업무와 관련된 제반 자원 및 체계의 운영을 위한 정비활동에 대한 계획, 조정 및 통제하는 일체의 활동을 말한다. 정비지원이란 정비계획에 따라 체계가 야전에 배치시부터 폐처리시까지 정비를 실시하는 활동을 말하는 것으로 정비운영과 동일하다고 볼 수 있다.

체계의 운영단계에서 보급관리와 마찬가지로 정비의 문제점을 파악하여 정비계획에 반영하려면 유사장비의 운용시간, 고장시간과 고장내용, 수리부속품 사용실적 등 장비의 신뢰도, 가용도 및 정비도를 산정할 수 있는 자료들의 정확한 기록유지가 중요하다. 따라서 장비이력카드 및 장비운용기록부 등은 정비관리분석을 위해서는 필수 자료임으로 필요한 자료의 기록 및 보고 등이 군수관리정보로 자동화 처리되도록 제도화해야 한다.

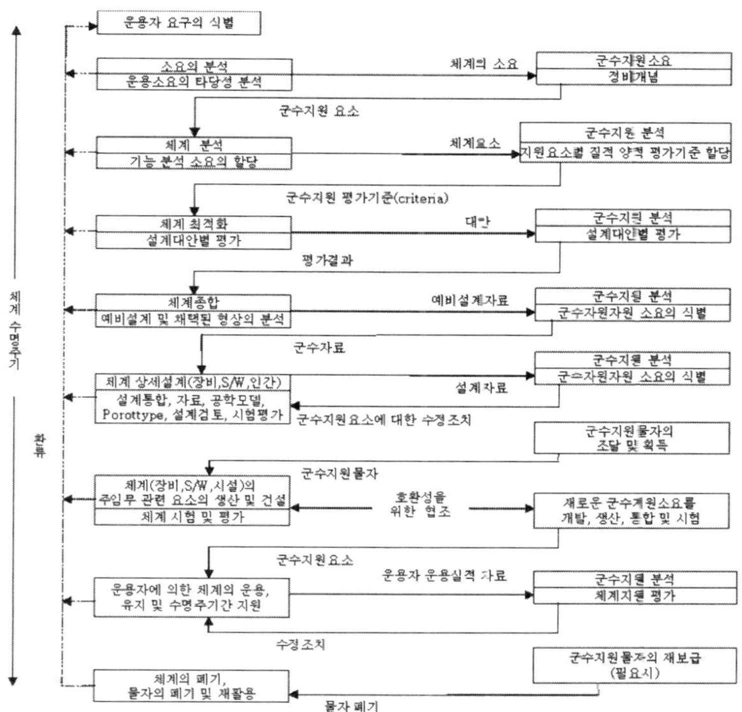

〈그림 Ⅳ-16〉 체계 수명주기 동안 운용활동과 군수지원활동과의 상관관계

(나) 군수, 정비 및 지원 인력

군수 및 정비 활동 수행 인력으로서 군수, 정비 및 지원 활동이란 "지원품목들의 초도 보급 및 조달, 생산과 관련된 군수기능, 체계와 체계 구성품들의 설치 및 검사, 사용부대에 대한 서비스(야전서비스), 수명주기 간 체계(주장비와 정비 및 지원 기반구조의 구성품들을 포함)에 대한 지속지원, 〈그림 Ⅳ-2〉와 같은 체계의 정비 및 지원 기반구조의 시설 및 장비의 폐기 및 처리에 요구되는 기능"을 포함한다.

모든 수준의 정비인력, 이동수리요원, 특수시험 및 교정실험실의 운용 및 정비인력을 포함한다. 어떤 체계를 시험할 때 지원체계와 직접 관련된 요원들을 참여시키는 것은 중요하다. 국방인력은 국방예산의 가장 큰 부분이기 때문에 획득군수에서 인력의 소요를 분석할 때 수명주기 간 체계 운용 및 지원에 요구되는 기술수준과 소요인원을 최소화하는 데 노력해야 한다.

(다) 훈련 및 훈련지원

체계의 운용인원과 정비인원에게 체계 인수시 필요한 최초 교육훈련과 인수후 체계 운용기간 중에 필요한 보수교육훈련을 포함한 모든 교육훈련을 실시하는 데 요구되는 인원, 장비, 시설, 자료/문서 등을 포함한다. 부대 현장훈련 및 원격 교육 등을 위해 시뮬레이터 등과 같은 훈련장비, 훈련편람, 컴퓨터 자원(하드웨어 및 소프트웨어)을 활용할 수 있도록 개발해야한다.

(라) 보급지원: 수리부속품 및 재고 관리

보급지원이란 "어떤 체계를 구성하고 있는 주장비, 컴퓨터 및 소프트웨어, 시험 및 지원장비, 수송 및 취급 장비, 훈련장비, 통신장비 및 기타 관련 시설들을 운용하고 정비하는 데 요구되는 모든 부품, 수리부속, 소모품을 적시에 제공하는 것을 보장하는 것"이다. 부품과 수리부속은 체계운용 전 기간에 요구되며, 소프트웨어에 대한 보급지원은 하드웨어와 마찬가지로 표준화되며, 형상관리 및 허가권 문제 등이 동일하게 다루어져야 한다.

보급지원분석이란 "전평시 준비태세 요구에 만족하는 주장비 및 지원장비 등을 운용 및 정비하는 데 필요한 모든 지원품목을 결정하고, 획득하며, 분류하고, 수령 및 보관, 이송 및 분배, 처리를 하는 과정"으로서 초도보급 및 후속보급 모두를 포함하며, 획득군수의 노력을 주장비 및 지원장비 등에 요구되는 부품과 수리부속들을 표준화하고 그 소요를 최소화 하는 데 두어야 한다.

보급은 국가재산을 대상으로 하기 때문에 관련 법규에 따라 명확한 기준에 의하여 적시 적소 적량의 정확한 군수품이 분배되어야 하며, 보급지원의 세부기능은 재고관리와 유통관리 기능이라 할 수 있으며 다음의 기능을 포함한다.: 제대별 군수품의 적정 인가기준 설정 및 보급 운용수준 확보 유지하며; 부대임무 수행을 위한 군수품의 실소요 청구 반영하고; 분배방법 결정 및 건의(부대 분배, 보급소 분배)하고; 할당 및 우선순위의 결정 및 건의하며; 초과품, 잉여품, 폐품, 선물 그리고 노획한 적의 보급품 및 장비의 수집과 처리; 기타 업무로서 청구보급제도 및 분배체계 발전, 재고관리제도 발전, 재물 조사(자산평가)제도 발전, 보급망관리제도 발전 등이다. 효율적이고 경제적인 보급 관리 및 지원 업무를 수행하기 위해서는 소요예측기법과 함께 재고관리기법에 대한 이해가 필요하다.

필자가 함장 근무시 재고조사 결과 수리부속품 재고기록의 정확성이 55% 수준이었다. 부정확한 이유는 부속품을 보유하고 있으면서 미보유로 기록한 경우, 실제 부속품을 미보유하고 있는데 보유로 기록한 경우, 부속품을 보유하고 있는데도 카드가 미작성된 경우이다. 최근 군수관리정보체계에 의해 수불현황은 잘 유지되고 있겠지만 기록은 실무자가 적시에 입력하지 않으면 정확성 유지가 매우 어렵다.

보급지원체계는 근접추진보급이 가능하도록 조직을 편성하고, 작전개념에 부합되도록 자원이 배분되고 우선순위가 통제되도록 군수품의 양, 위치, 및 상태 등에 관한 군수관리정보체계를 통한 자산이 가시화되어야 하며, 청구보급제도와 할당보급제드 등의 개선을 통한 보급관리 의사결정의 신속성이 유지되고, 군수품의 수령, 저장, 분배 및 처리를 신속하고 원활한 유통관리체계를 유지할 수 있도록 하여야 한다. 유통관리란 기업군수의 보급망관리와 유사한 개념으로 "군수품이 보급계통을 통하여 생산자로부터 사용자에게 효과적, 경제적, 능률적으로 이동할 수 있도록 계획, 집행 및 분석 평가하는 활동"으로서 보급자원의 배분, 보급품의 식별 및 분류, 획득, 저장, 재고통제, 불출 및 수송 활동 등을 포함한다.

(마) 컴퓨터자원(하드웨어와 소프트웨어)

모든 군수기능의 수행, 계획 및 비계획된 정비활동, CAD/CAM/CAS, 원격감시 및 보고의 요구조건, 체계의 작동상태에 대한 원격감시 프로그램 실행 및 체계의 진단능력을 지원하는 등에 적합한 자료의 흐름을 지원하는 데 필요한 **모든 컴퓨터, 소프트웨어, 구성품, 네트워크 및 연결부**를 컴퓨터 자원이라 한다.

미군은 1990년대 초에 컴퓨터프로그램 자동화식별번호체계(ACFINS: Automatic Computer Program Identification Numbering System)를 적용하여 모든 내장형 소프트웨어 군수지원을 위한 식별 및 목록관리 업무를 수행하고 있다. 또한 소프트웨어 군수지원을 위한 정보를 계약업체에 요구하는 '소프트웨어군수지원개념'을 정립하여 활용하고 있다. 최근 K-2전차, 함정의 전투체계, T-50항공기 등의 무기체계 개발시 내장형소프트웨어의 재사용율이 40~80%에 이르고 있어 내장형소프트웨어에 대한 식별 및 목록관리 업무가 중요하게 대두되고 있다.

(바) 기술자료, 보고서 및 문서

기술자료는 체계의 설치 및 확인 절차, 운용 및 정비 지침, 검사 및 교정 절차, 정기수리 지침, 설비자료, 체계 변경자료, 공학설계 자료(규격, 설계도면, 물자 및 부속 목록 등), 보급 및 조달 자료, 공급자 자료, 운용 및 정비 자료, 지원자료 데이터베이스 등으로서 체계의 운용 및 정비에 필요한 모든 기술자료를 말한다. 자료의 요구조건은 기 작성된 기술자료의 중복성을 최소화 하고, 양질의 기술자료로서 생산되는 자료의 양도 고려되어야 한다. 이 범주의 자료는 전 수명주기 간을 통하여 계속 진행되고 반복되는 과정의 자료수집, 분석 및 각종 보고서를 포함한다.

미군의 CALS(Continuos Acquisition and Life-Cycle Support)제도는 무기체계 및 장비의 디지털 자료를 보다 효과적으로 생성, 교환, 저장 및 사용을 가능하게 해주는 하나의 전략으로서 미국은 정부와 업체 간의 본 제도의 참여를 요구하고 있다. 우리 국방부가 1990년대 후반에 군수정보관리체계를 정립하고자 CALS를 시도하였으나 성공하지 못하였다. 특히 군수정보화체계를 정립하기 위한 선행조건으로 각 군별 자료에 대한 양식의 통일 및 실적자료의 자동입력체계를 먼저 확립해야 성공할 수 있다.

(사) 정비 및 지원 시설과 설비

정비 및 지원 시설과 설비란 군수활동을 지원하는 데 요구되는 모든 특별한 시설로서 보관 및 저장 창고, 모든 수준의 정비시설을 포함한다. 공장, 간이 건물, 이동용 벤, 중간수준의 정비공장, 교정 실험실 및 창정비. 물자 공급소, 특별한 수리공장도 고려되어야 하고, 전기, 에너지, 동력, 환경 통제, 통신 및 안전장비 등도 시설로 포함되어야 한다.

(아) 분배: 포장, 취급, 포장, 저장, 수송

모든 물자, 장비, 특수장치, 보관고(재활용 및 폐기가능), 그리고 포장, 안전 및 보호용, 보관, 취급, 및 수송체계의 주장비. 부품 및 부속, 시험 및 지원 장비, 기술자료, 컴퓨터 지원 및 이동시설 등에 필요한 각 종 보급품을 포함한다. 〈그림 Ⅳ-2〉의 양방향 흐름상에서 체계 전 수명주기간에 걸쳐 물자의 분배, 정비 및 지원 활동에 요구되는 모든 수송활동을 포함한다. 수송의 효과성과 포장설계나 수송의 용이성을 높이기 위한 평가항목을 사전 작성하여 활용하여야 한다.

(자) 시험, 측정, 처리 및 지원 장비/자원

이 범주는 〈그림 Ⅳ-2〉의 양방향 흐름상에서 운용 및 정비에 필요한 모든 도구, 작동상태를 확인하는 감시장비, 측정 및 검사 장비, 특별 시험장비, 측정 및 교정 장비, 정비수리대 및 특수 취급 장비를 포함한다. 시험 및 지원 장비의 요구조건은 〈그림 Ⅳ-2〉에 나오는 각 정비수준에 맞아야 한다. 획득군수의 노력은 이러한 시험장비와 지원장비의 소요를 최소화하고 표준화하는 데 두어야 한다.

(차) 군수정보

〈그림 Ⅳ-2〉의 모든 군수활동에 대한 책임을 갖고 있는 조직들 간에 주고받는 군수정보의 흐름을 능률적이고 효과적이 되도록 해주는 데 필요한 자원을 말한다. 따라서 고객, 생산자, 공급자 및 정비 지원 조직들 간에 필요한 통신망도 포함한다.

정보의 형태와 양은 조직 간에 적절한 형태와 신뢰성 있고 적시성 있게 보안성을 고려하여 제공되어야 한다. 최근 전자상거래는 이 영역에 속하며, 전자상거래능력은 사업에 참여하는 조직들을 상호 연결해줄 뿐 아니라 보급망 연결, 정비활동 및 〈그림 Ⅳ-15〉의 10대 군수지원요소를 모두 연결시켜주는 통합 역할도 하고 있다.

나. 군수의 원칙

군수원칙은 군수 기능을 수행함에 있어서 기본적으로 적용되어야 할 사항으로서 전쟁의 제 원칙을 보완한다. 따라서 변화하는 상황에서 적용할 군수원칙을 선택하는 것은 과학에 기초를 둔 술적인 문제임으로 군수원칙에 대한 해박한 지식을 갖추고 충분한 훈련을 해야 한다.

군수원칙들은 군수교리와 참고문헌에 따라 차이가 있다. 미해군 이클스 제독은 그의 저서에서 8가지 군수원칙으로 자원의 한정성, 과소 및 과대 계획, 군수비축, 실행 가능성, 자원할당의 우선권, 융통성, 정보, 군수지휘통제를, 2001년 미해군군수교범은 적절성, 간명성, 융통성, 경제성, 획득 용이성, 지속성, 생존성 7가지 원칙을 들고 있다. 미육군의 군수원칙은 13가지로서 첫째, 등가치: 전략, 전술 및 군수는 작전이나 전쟁을 수행할 때 항상 함께 고려되어야 한다. 둘째, 물자우선: 물자동원은 선행시간을 고려하여 인력동원에 앞서 이루어져야 한다. 셋째, 경제성: 군수자원은 항상 제한되기 때문에 주임무를 달성하는데 최선의 방법으로 집중 활용되는 것이 필요하다. 넷째, 분산: 저장고와 다른 군수활동은 합리적으로 분산되어야 하며, 복수의 병참선을 활용하여야 한다. 다섯째, 융통성: 군수계획은 작전의 모든 상황을 포함하는 계획을 지원할 수 있는 다양한 군수계획을 수립하는 것이 필요하다. 여섯째, 실행가능성: 군사계획은 군수지원 가능성에 의해 제한을 받을 뿐만 아니라 군수계획 자체도 국가 경제력에 좌우된다. 일곱째, 민간인 책임: 조달활동은 민간경제 요구와 함께 협조되어야 하며, 군수품의 생산은 민간산업에 의존한다. 여덟째, 연속성: 전시를 위하여 군수조직의 완전성과 주요 핵심 무기체계의 생산모델의 개발은 평시에 계속 진행되어야 한다. 아홉째, 적시성: 상위제대에 대한 조달이냐 전술적 보급이냐에 따라 적시성은 작전목표에 따라 다르다. 열 번째: 지휘의 단일화: 군수는 지휘기능이다. 열한 번째, 전방추진: 안전한 장소에서부터 작전에 투입된 단위부대까지 지속적인 보급은 대단히 중요하다. 열두 번째, 정보: 정확하고 최신의 정보는 군수계획 및 분배의 열쇠이다. 열세 번째, 상대성: 군수는 시간, 공간과 환경과 상대적이며 절대적인 것은 없다.

참고문헌

육군대학 번역, 美野教 100-5『미작전요무령』, 육군인쇄공창, 1993.

이내주 옮김, 앙투안 앙리 조미니 지음,『전쟁술』, 책세상, 2000.

이재천,『군수술과 군수』, 서울: 21세기군사연구소, 1996.

이필중 번역, Henry E. Eccles 저,『국방과 군수조달』, 국방대학교, 2001.

육군본부, 야전교범 19-1,『군수관리』, 대전: 육군인쇄창, 2002.

장기덕 박사 외,『군수혁신: 군수선진화를 위한 도전과 과제』, 서울: 한국국방연구원, 2005.

최기출,『획득군수관리론』, 서울: 21세기군사연구소, 2008.

Benjamin S. Blanchard, Logistics Engineering and Management, 6th ed, NJ, Upper Saddle River, Pearson Education, Inc., 2004.

DoD, 4100.35G, Integrated Logistics Support Planning Guide for DoD Systems and Equipment, Washington, D.C., DoD, 1967.

DSMC, Integrated Logistics Support Guide, VA, Fort Belvoir, DSMC, 1994.

James Adams, The Next World War, Simon & Schuster, 1998.

Julian Lider, Military Theory : Concept, Structure, Problems, Gower Publishing Company Limited, England, 1983.

Moshe Kress, Operational Logistics: The Art and Science of Sustaining Military Operations, Boston: Kluwer Academic Publishers, 2002.

US Army FM 100-5(Final Draft), 1997

US Defense Acquisition University, Performance Based Logistics, A Program Manager's Product Support Guide, Fort Belvoir, VA, 2005.

US Defense Systems Management College, Acquisition Logistics Guide, Fort Belvoir, Virginia, 1997.

US Defense Systems Management College, Systems Engineering Fundamentals, Fort Belvoir, Virginia, 2001

U. S. JCS, Focused Logistics Campaign Plan(FLCP), Washington, DC: Director for Logistics, 2004.

http://www.acc.dau.mil

http://www.akass.dau/dag

http://www.dtic.mil/jointvision/history.htm

V. 국방과학기술 및 군산복합체

길 병 옥 (충남대학교)

V. 국방과학기술 및 군산복합체

길 병 옥 (충남대학교)

1. 서론

근자에 들어 패러다임과 가치체계의 전환, 제도적 관점에서 의사결정과정 및 조직체계의 변화라는 세 가지 차원에서의 개혁 또는 혁신이 특화된 분야의 산업 경쟁력 강화를 위해 필수불가결하다는 공감대가 형성되어 왔다. 특히 지역혁신과 "분권, 분산 및 분업"을 통한 균형발전과 국토공간의 효율적 활용이라는 시대사적인 소명에 부응하여 국방과학기술 및 군산복합체(military-industrial complex) 영역의 지방경쟁력 확보가 중요한 사안으로 대두되고 있다.

국방산업 육성을 위한 지역혁신체제(RIS, regional innovation system) 구축은 국가 경쟁력은 물론 안보의 초석을 다진다는 측면에서도 그 중요성은 지대하다. 21세기 지식정보화와 세방화(glocalization) 시대에 걸 맞는 국방과학기술을 기반으로 한 지역혁신체제의 선진화 모색과 국방벤처산업 육성과 같은 새롭고도 참신한 아이템의 도입 및 획기적인 개선이 절실한 상황이다.

구체적으로 국방과학기술 분야의 클러스터(cluster) 육성과 이에 연관된 정책 · 정보 · 실행 · 조정 · 통제의 연동화가 지역 경쟁력 강화를 위해 필요하다는 지적이다. 또한 국방과학기술 분야의 지역혁신체제를 통한 "자생(自生)모델"(viable model)에 입각하여 국방산업과 국방과학 R&D 육성을 위한 지역단위의 거버넌스 네트워크(governance network) 형성과 그 구축방안을 제시하는 것이 절실히 요구되고 있다(길병옥 외, 2007). 더불어 국방과학기술의 기초체력 증진과 국가 경쟁력 강화차원에서도 지역통합적인 협력망의 구축이 긴요하다.

따라서 본 장은 국방과학기술을 접목한 군산복합체 구축의 방향에 대해 지역적 차원에서 조망해보고자 한다. 예를 들면, 대전 · 충청권의 국방산업 연계 밸트화는 국방 · 정치 · 경제 · 사회문화 모든 면에 걸쳐 그 중요성이 지대하다. 대전 및 충청지역에 분포, 산재되어 있는 계룡대, 자운대, 국방과학연구소(ADD), 육군 군수사령부 등을 비롯한 국방과학기술 관련분야의 클라이언트(clients)들을 적극 활용할 수 있는 하드웨어(hard-ware)는 물론 소프트웨어(soft-ware) 및 휴먼웨어(human-ware)의 개발과 이를 적극 활용할 수 있는 지역혁신 클러스터 구축과 정책혁신 프로그램 개발은 시급한 과제라 할 수 있다.

주요 관점은 대전 및 충청지역에 개별적으로 산재된 채 유기적인 협력 · 통합시스템을 구축하고 있지 못한 국방관련기관의 활용영역 확대 및 국방과학 R&D 육성을 위한 지역혁신 거버넌스 네트워크를 구축하는데 있다. 특히 신세대형 민군화합 공간, 국방산업 육성 및 국방과학기술 거버넌스 네트워크로서의 성공모델을 제시함으로써 향후 신경제 성장동력을 얻기 위한 하나의 방편으로 삼고자 한다.

구체적 내용은 다음과 같다. 첫째, 대덕 R&D 특구의 특화된 분야로서 국방과학기술 지역혁신체제 설치 구상 및 사업성 분석을 통해 국방산업 분야의 새로운 패러다임을 창출하고자 한다. 둘째, 국방과학기술 클러스터의 유기적 협력 · 통합시스템을 바탕으로 국방과학기술 축적의 중심체 역할 뿐만 아니라 국방산업 및 국방과학 R&D 육성을 위한 정책결정 연결망의 구축방안을 제시하고자 한다. 셋째, 국방중추인 3군 본부가 위치한 계룡대와 군 전문 교육기관인 자운대의 특장(特長)을 십분 활용한 민 · 관 · 군 · 산 · 학 · 연 · 언(民 · 官 · 軍 · 産 · 學 · 硏 · 言) 협력체제를 바탕으로 민군화합의 새로운 공간으로서 21세기 새로운 지평을 열어가기 위한 인프라 구축방안을 모색하고자 한다.

현재 국가적으로 추진되고 있는 지역혁신체제 구축사업이 주로 특정적 산업개발에만 치중된 한계가 노정(露呈)되고 있는 바, 이에 실효성 있는 지속적 성장을 위한 국방과학기술 분야의 역량제고 및 혁신주체의 네트워크 구축에 필요한 새로운 방법론적 틀을 제시한다. 국방특구 지정과 관련하여 다양한 산업 클러스터를 특성화하는 추진방향과 단계적으로 지역혁신체제를 구축하는 전략을 모색한다.

현재 진행 중인 지역혁신체제 구축사업의 향후동향을 감안하여 민 · 관 · 군 · 산 · 학 · 연 · 언의 행위주체들에 대한 역할분담 및 이들 간의 연계화 추진으로 "자생(自生)모델" 기반확충 및 타 지역으로의 확산을 위한 의미 있는 정책적 시사점을 도출한다. 또한 지역별 민 · 관 · 군 · 산 · 학 · 연 · 언간의 혁신역량을 제고하는 방안과 혁신주체들 간의 수평적 거버넌스 네트워크 강화방안 및 지역 내의 특화된 클러스터 구축과 클러스터간의 연계 · 활성화 방안을 제시한다. 결론에서 국방산업 지역혁신체제의 구축에 있어서의 전략적인 방향과 과제를 논의한다. 그러면 여기에서 새로운 틀의 모색이라는 차원에서 논의되고 있는 지역혁신체제와 거버넌스 네트워크의 이론적 관점에 대해 고찰해 보고자 한다.

2. 지역혁신체제 및 거버넌스 네트워크 논의

지역혁신체제는 지방정부, 대학 · 연구기관, NGO 및 지역 언론 등 지역 내 혁신주체들이 지역의 산업생산과정 및 연구개발이나 행정제도개혁, 의식개혁 등 다양한 분야에서 역동적으로 상호협력하고 공동학습을 통해 혁신창출과 지역발전을 도모하는 유기적 체제를 의미한다(국가균형발전위원회, 2005). 지역혁신체제의 구성요소는 전략산업 또는 지식기반, 제도적 또는 물리적 혁신환경, 인적 · 물적 네트워크 등 여러 가지 차원으로 구분되어 있다(김선배, 2005). 이러한 지역혁신체제 그리고 이와 유기적으로 연결된 거버넌스 네트워크의 전반적인 논의는 길병옥 · 제갈욱(2006)의 국방산업 육성을 위한 지역혁신체제 분석에서 원용하여 수정 · 보완하였고 국토공간의 균형발전과 새로운 성장동력의 육성이라는 측면에서 재정리하였다.

지역혁신체제의 각 구성요소는 물리적 요소와 제도적 요소 등이 혼재되어 있고 각 구성요소가 영향을 미치는 공간적 범위도 국지적 차원(local level), 지역적 차원(regional level) 그리고 국가적 차원(national level)으로 그 역할이 서로 다르다(길병옥 · 제갈욱, 2006). 지역혁신체제의 구성요소는 지역사회 및 지역혁신협의회에 포함되는 내부 구성요소(지방정부, 기업, 대학, 시민사회단체, 연구소, 지원기관 등), 국가혁신체제에 속하는 외부 구성요소(거시경제정책, 혁신지원정책, 교육 · 훈련시스템, 정보통신 구조, 경제적 조건 등)로 구분된다(국가균형발전위원회, 2005).

혁신역량 제고를 위한 기본방향은 지역혁신체제를 지역별, 산업별, 분야별로 확산시키고(broadening), 체제적 메커니즘을 공고화하며(deepening), 시간적으로는 영속성을 지니는(continuing) 방향으로 전개하는 것이다(길병옥 · 제갈욱, 2006). 또한 혁신체제의 네트워크화를 통해 혁신조직의 내부적 효율을 증진시키는 것뿐만 아니라 외연능력을 극대화하는 것이 주목적이다. 지역혁신의 추진체계에는 민 · 관 · 산 · 학 · 연 · 언 등 지역혁신 주체들 간의 협력체계를 구축, 전략산업 중심의 클러스터 집중 육성, 연구개발능력 강화 및 통합적 운영체계 구축, 산업기반의 확충과 시스템의 정비 및 연관기업의 집적화, 평가 및 모니터링 체계 구축 등이 포함된다(Moulaert and Sekia, 2003).

즉 지역혁신 주체가 네트워크화된 협력체계를 구축, 기술정보의 집적을 도모하고 독창적인 연구기술을 개발하여 국내외의 산업거점을 형성해 나가는 혁신체제를 의미한다. 특히 전략산업 부문과 관련하여 대학 및 기업의 부설연구소를 활성화하고 연구개발 역량을 배양하는 것과 산업발전전략의 수립, 각종 지원사업의 총괄 및 조정, 지원사업의 집행, 혁신주체간의 중개 및 네트워크의 활성화 등 관련 사업들을 종합적으로 추진할 수 있는 통합적 운영체계를 구축하는 것이 핵심 업무분장이다(국가균형발전위원회, 2005). 다시 말하면, 생산기능과 연구기능이 결합된 혁신 클러스터의 체계화 및 혁신주체의 네트워크화를 통해 지역과 국가경쟁력의 획기적 향상을 추구하는 것이다. 여기에는 앞서 언급한 바와 같이 혁신주체들 간의 유기적이고 통합적인 협력체제의 구축을 필요로 한다.

따라서 지역혁신체제는 지식 및 정보체계의 공유가 중요하며, 공간적 그리고 문화적 근접성과 서로 긴밀한 연계성을 유지하는 산업클러스터가 효과적인 연결채널이다(김선배, 2005; Moulaert and Sekia, 2003). 산업클러스터는 좁은 의미에서 지역산업생산체계, 기업지원기관(기술, 생산, 마케팅 등), 지역산업 플랫폼, 산업입지(집적시설) 등이 핵심 구성요소이고 넓은 의미에서 과학기술체계와 기업지원체계가 효율적으로 접합되거나 상호 연계되어 있는 중첩된 거점(hub) 클러스터가 포함된다.

지역혁신체제의 성과는 지역의 경제성장, 산업의 육성, 경쟁력 강화, 고용의 증대, 대학의 특성화된 발전 등으로 평가될 수 있다. 이러한 의미에서 앞서 주지한 바와 같이 지역혁신체제의 성공적 운영을 위해 수요자 위주의 지원시스템을 구축하고, 사업추진 단계별 평가 및 모니터링 체계를 강화하는 등 피드백 기능을 활성화하는 것이 필요하다.

지역혁신체제의 모형은 지역산업 생산체계를 중심으로 과학기술 및 기업지원체계를 효율적으로 접합하고 네트워크를 활성화하기 위한 산업클러스터를 기반으로 한 유형과 지역의 금융, 교육훈련, 정보통신, 물류유통, 지역문화 등의 지역혁신 인프라를 바탕으로 한 유형 그리고 산업클러스터와 지역혁신 인프라의 효율적 관리운영체계로서 지역혁신 거버넌스 유형 등이 있다(김선배, 2005).

거버넌스는 전통적 정부에 의한 통치(governing)와는 반대되는 것으로 간주관적 현실(intersubjective reality)을 만들어 내는 시민, 시민사회단체 그리고 조직들이 의사결정권한을 공유하고, 지역시민의 자치권과 독립성을 함양할 뿐만 아니라 시민참여를 통해 공공재를 개발하는 일련의 과정을 제공하는데 그 중심목표를 두고 있다(문병기, 2005; 오재일, 2004). 지역혁신을 통한 거버넌스 네트워크의 구축은 국가균형발전과 경쟁력 제고 및 지방의 자치역량 강화를 위한 새로운 정책결정의 과정 및 체계로서 이해되고 있다.

여기에서 혁신주체들의 역할은 크게 조정자(coordinator)로서의 역할, 촉진자(facilitator)로서의 역할, 중앙과 지방의 가교(bridge) 역할, 혁신확산(expansion) 역할 등이 포함된다(남창우 · 최화식, 2005). 조정자로서는 지역혁신에 관한 계획 심의, 추진과제 및 전략설정, 지역혁신사업에 대한 우선순위 조정 등 지역단위의 균형발전 조정 역할을 한다. 또한 지역혁신 주체사이의 네트워킹 및 유기적 통합체제의 형성과정에서 촉진자의 역할을 수행한다. 중앙과 지방의 원활한 의사소통을 위한 창구역할과 지역사회 혁신분위기 확산 및 혁신역량 강화를 위한 역할이 중요하다. 더불어 통합적 네트워크를 통한 혁신주체들은 혁신과제 전반에 걸친 다양한 분야에서 비전 제시자(vision provider), 의제선정자(agenda setter), 이슈제공자(issue maker), 대화통로자(communication center), 정책혁신가(policy innovator), 정책평가사(policy evaluator) 등의 역할이 요구된다(길병옥 · 제갈욱, 2006).

지역혁신 거버넌스 체제는 새로운 유형의 지역혁신협의회로서 각계각층의 정책주체들은 혁신역량을 결집시키고 혁신주체들 간의 네트워크를 조성, 사회적 자본을 촉진시킨다. 이러한 정책주체들의 역할을 통합적이고 유기적인 체제로 전환한 유형이 거버넌스 네트워크이다. 효율적인 지역혁신을 위해서는 정책주체 또는 객체 즉, 민(民) · 관(官) · 정(政) · 산(産) · 학(學) · 연(硏) · 언(言) 등이 자발적으로 참여하는 거버넌스 네트워크를 구축, 유지관리하는 것이 바람직하다. 거버넌스 유형에는 일방적, 특혜적, 집합형, 별거형, 통합형, 네트워크형 등이 있는데 네트워크형이 지역혁신체제를 구축하는데 가장 적합하다(길병옥, 2005; 최병학, 2004).

지역혁신체제에 있어서 거버넌스 네트워크의 체계화는 하버마스의 “공공영역”(public sphere) 및 로위가 비평한 “이익집단 정치”(interest-group politics)의 개념을 뛰어넘는 네트워크 체계를 마련하는 방향이 효과적이다(Habermas, 1991; Lowi, 1979). 다양한 혁신주체들이 정책결정과정에 참여하는 "공공의 네트워크"(public network)를 구축하여 각 행위주체들이 "공존, 협력 및 경쟁하는 네트워크"를 외부적으로는 확대하고 내부적으로는 혁신역량의 강화와 민주적 절차의 공고화를 유지하는 것을 의미한다. 본 연구는 국방과학기술 분야의 지역혁신체제를 구축하는데 있어 거버넌스 네트워크 유형을 바탕으로 다양한 분야의 혁신주체들이 유기적인 협력과 혁신역량을 강화할 수 있도록 그 방향을 제시하고자 한다.

조직혁신과 지역혁신체제에 대한 이론적 논의는 지역에서 특화된 국방과학 R&D 육성을 위한 국방 클러스터 및 혁신거점의 특성화를 가능하게 한다. 따라서 본 연구는 구체적으로 국방산업 육성을 위한 지역혁신 클러스터 구축방안, 민 관 · 군 · 산 · 학 · 연 · 언 연계 자생(自生)모델, 국방특구 지정을 위한 지역혁신 체제 구축방안 등에 대해 다각도의 방법론적 틀에 기초로 분석해 보고자 한다.

3. 국방산업 육성을 위한 거버넌스 네트워크 구축

가. 국방산업 클러스터의 의미와 사례

클러스터(cluster)의 사전적인 의미는 "송이, 무리, 집단"과 같은 것을 의미하고 있으나 2000년대 들어 산업적인 측면과 결합하여 "상호작용을 통하여 새로운 지식과 기술을 창출할 수 있도록 기업, 대학, 연구소 등을 모아놓은 지역"으로 해석되고 있다(길병옥 외, 2007). 따라서 클러스터란 지역에 분포하고 있는 기반시설 및 자원들이 특정목적을 달성하기 위해 유기적으로 결합된 부분으로 이해할 수 있고 자원의 유기적인 연계를 통한 상호발전을 목적으로 한다. 클러스터의 형성은 관련 산업 부분의 직접적인 이익을 창출할 수 있고 그 형성과정에서 광범위한 파생수요를 도출할 수 있다.

현재 대전 · 충청지역에는 계룡대, 자운대, 연무대, 제32 및 제62향토사단, 국방과학연구소(ADD), 육군 군수사령부 등이 위치해 있고 정부의 행정도시(세종시) 건설과 연계하여 국방대학교의 충청지역으로의 이전이 제기되는 등 국방안보의 중심권으로 떠오르고 있어 국방 클러스터 형성에 유리한 입지를 가지고 있다. 군부대의 대규모적 지역 주둔과 함께 수만 명의 군인 및 그 가족들이 지역민으로 편입되었고 2003년에는 국방 및 민 · 군 협력의 대표적 모델 도시인 계룡시의 탄생으로 이어짐으로써 민 · 군협력을 통한 공동발전의 가능성이 한층 높아진 형국이다. 민군협력의 차원에서 군부대와 지자체간의 자매결연, 재난재해 예방과 복구를 위한 민 · 관 · 군 협력, 군 · 학 또는 군 · 연 교류협력, 여성 예비군의 창설 등이 그 예이다.

하지만 국방 분야의 지역적 특성에 부합되고 국방산업과 시민사회간의 협력관계를 중시하는 일련의 지역혁신 연계사업을 국방 및 안보분야에 체계적으로 추진하지 못한 것이 아쉬운 점이다. 반면, 선진국에서는 과학기술과 지역사회발전, 군과 국방첨단기술 발전을 위한 지역혁신에 적지 않은 관심과 투자를 기울여 왔으며, 입장과 견해는 달라도 보편적인 사회발전에 동참하는 바람직한 "과학-국방 협력체제"를 구축해온 사례가 다대한 실정이다(최병학, 2005). 예컨대, 제2차 세계대전의 폐허로부터 라인강의 기적을 이끌어 낸 독일의 루르 지방과 도르트문트가 그 대표적인 사례이고 미국의 경우 국방산업과 연계한 자동차 · 전자부품 · 항공기 · 반도체 등 군산복합체(military-industrial complex)가 그것이다.

특히 이스라엘은 국방 R&D 육성 및 세계 최고수준의 무기개발 능력향상을 위해 지속적으로 정부의 정책지원과 방산분야 개발투자를 확대하였고, 미국에서 수입한 무기체계의 성능을 개량하여 미국을 비롯한 해외시장에 역수출한 경우도 적지 않다(길병옥 외, 2007). 또한 국내수요보다 해외수출에 중점을 둬 총 방위산업 생산량의 70% 이상을 수출하고 있고 군사기술에 대한 해외이전 통제를 제도적으로 하기 위해 대외무기수출국(SIBAT)도 운용하고 있다. 이스라엘은 약 5,000여개의 국방부에 등록된 방산물자 개발생산 및 유통분야 업체를 가지고 방위산업에 있어서의 튼튼한 하부구조를 갖고 있으며, 자체 연구개발에 매출액의 5-7% 이상의 투자를 하는 등 첨단기술 중심의 국방 R&D 육성정책을 펴고 있다(유용원, 2004). 일본 또한 비용 면에서 훨씬 많은 돈이 들더라도 국내 생산능력 확보와 방산기술 축적을 위해 수입보다는 기술도입 생산, 기술도입 생산보다는 자체개발 방식을 유지해왔다.

한국은 이러한 해외선진사례를 벤치마킹하여 장기적으로 대덕 테크노 밸리 및 엑스포 과학공원과 함께 대전 · 충청권의 계룡대 그리고 자운대를 비롯, 인접 국방과학연구소로 이어지는 차별화된 벨트화를 기반으로 "대덕 R&D 특구-국방특구"의 연계지정을 추진하여 국방과학기술의 혁신체제를 구축해야 한다. 대전 · 충청지역의 지리적 여건과 주변의 과학기술 단지조성은 국방산업 클러스터 특성화에 유리한 여건을 제공한다. 특히 국방 R&D

분야와 연계된 산업기반과 인적자원의 형성은 최근에 나타나고 있는 국방과학기술 분야의 관심고조와 더불어 더욱 더 그 실현 가능성을 높게 한다.

나. 대전 · 충청권의 지역특화 국방혁신 클러스터 구축방향

대전 · 충청권은 계룡대, 자운대, 연무대, 성무대 등 국방과학도시로 성장할 충분한 잠재력을 가지고 있기에 앞으로 국방과학도시의 거버넌스 네트워크 구축 방향에 대해 논의해보고자 한다(길병옥 외, 2007). 첫째, 민군협력 거버넌스 네트워크 형성으로서 현재 국방과학도시에서는 민군 간 상시 협력체제를 유지하기 위한 Cyber-거버넌스를 형성하여 상호 필요한 정보를 교환하고 의제(아젠다)를 상호 개방적으로 토의함으로써 신속하고도 긴밀한 협조체제를 유지해야 한다. 또한 상호협력 가능성에 대한 보다 구체적인 협조 노력을 전개하여 독립적인 거버넌스가 아닌 네트워크형의 거버넌스를 형성하도록 해야 한다.

둘째, 국방과학도시에 소재하고 있는 사업체에서 제공할 수 있는 각종 서비스 부문에 대한 홍보를 e-거버넌스 네트워크를 통해 실시하고, 동시에 군에서 필요로 하는 각종 고용, 계약에 관한 정보를 e-네트워크를 통해 홍보하는 등 상호 정보의 교환을 통해 지역경제에 기여할 수 있다. 이를 통해 군이 지역경제에 미치는 적극적인 영향으로 긍정적인 시민의 반응을 도모할 수 있다.

셋째, 고품질의 교육서비스 제공으로서, 국방과학도시의 인구 구성 중에 초 · 중 · 고교에 취학할 연령층에 있는 인구규모 보다는 고등학교가 브족하여 타지역으로 유출되는 경우가 많으므로, 양질의 우수 교육기관을 유치하여 국방과학도시로 이주하고자 하는 의욕을 고취해야 한다(길병옥 외, 2007). 특히, 이 지역에서 근무하는 많은 장교, 부사관들의 대학 · 대학원의 교육수요가 많아 인근 종합대학들이 분고를 설치하고 석 · 박사과정의 전문대학원을 신설, 운영하고 있다.

이러한 교육수요를 효율적으로 충족시키기 위해 국방과학도시에서는 평생교육 차원에서 전문교육기관을 활성화하여 교육도시로 발전할 가능성을 높여야 한다. 더욱이 이는 군인가족의 가정주부들과 은퇴 예비역, 기존 주민들의 평생교육을 통해 국방과학도시의 교육문화 수준을 향상시킬 수 있다. 이를 위해서는 우수 사립고교 유치를 위한 제도적 지원, 대학 · 대학교 · 대학원 등의 전문교육기관 유치 지원, 성인 · 평생교육을 위한 평생교육원과 기술교육, 직업교육 등의 교육기관을 활성화하여 성인교육의 모범도시로 성장시켜야 하며, 각종 문화교실을 적극 유입하여 시민들과 군인들의 생활정서를 함양하는데 노력해야 한다.

넷째, "국방특구" 추진으로 국방모범도시로서의 확고한 자리매김이 매우 중요하다. 이는 3군 본부가 위치하고 있는 계룡대를 중심으로 군사교육의 중심인 육 · 해 · 공군대학이 자운대에 위치해 있고, 인근에는 육군교육사령부, 논산의 연무대, 청주의 공군사관학교와 공군 제17전투비행단 등의 군사시설이 다수 소재하여, 이들을 통합하는 축(벨트, 클러스터)을 형성함으로써 우리나라 국방의 중심적 역할이 실질적으로 가능하다는 것이다.

향후 국방과학도시로서 중심적 역할을 수행하기 위해서는 "국방특구 조성의 당위성과 추진전략"에 관한 연구프로젝트를 별도의 전문연구팀을 구성, 수행토록 해야 하며, "국방특구" 조성을 위한 정치적 대상에게 적극적인 홍보활동을 펼치는데 힘을 기울여야 한다. 그러므로 국방부나 합동참모본부, 국방대학교, 한국국방연구원, 국방품질관리연구소 등의 유치 전략은 국방모범도시로서의 장기발전계획과 미래비전, 그리고 현재 국방과학도시의 특장(特長)과 여건을 인터넷, 청와대, 국회, 국방부, 3군 본부 등에 설득력 있게 홍보하는 것이 중요하고, "홍보사절단"을 시 · 도 공무원, 학계, 연구소, 시민대표 등 다양한 요원으로 구성, 파견 및 홍보에 힘써야 한다.

이와 같은 추진방안들은 기본적으로 국방과학도시를 중심으로 민군화합이라는 독특한 지역적 특수성에 기인하는 것이다. 그동안 시민사회와 군부대는 인위적으로 설치된 "철조망"에 의해 유리 · 격리되면서 군부대는 지방자치의 "사각지대"로 남게 된 것이 부인할 수 없는 우리의 현실이었으나, 이제부터는 국방과학도시가 국방모범도시로서 성장, 발전될 것으로 기대되는 것이다.

앞에 지적한 바와 같이 대전 · 충청권의 지방자치단체 및 광역자치단체들은 국방 클러스터를 형성하기 위한 다양한 노력을 경주하고 있다. 대전광역시의 공급관련 인프라(연구단지, 대학교, 벤처기업), 계룡시의 수요처(계룡대), 논산시의 생산기반 및 관련 지원계획의 연계를 통해 광역적인 클러스터의 조성을 예상할 수 있다. 이와 같이 지역적으로 연계된 클러스터를 통해 관련 산업의 유기적인 네트워크를 형성하고 그에 따르는 파급효과가 발생할 수 있도록 확산해 나가야 한다. 다음은 대전광역시와 충청남도 지역의 관련 기관들을 연계한 국방클러스터를 예시적으로 도식화해 본 것이다(길병옥 외, 2007).

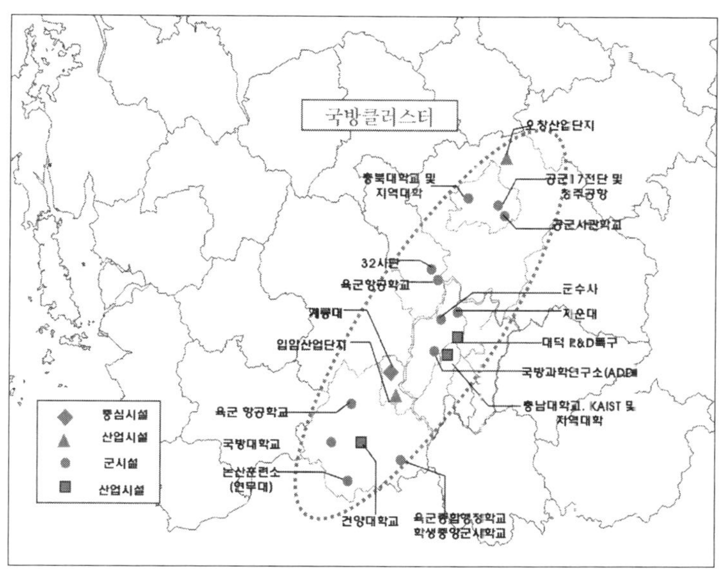

〈그림 V-1〉 대전 · 충청권 국방클러스터 구상도

다. 국방과학기술 혁신역량 강화방향

국방산업 분야로 특화된 지역산업의 경쟁력 향상을 위해서는 지역의 내생적 발전요인으로 지방과학기술기반 구축이 요구되며, 지역의 기술혁신능력 증진과 과학기술 하부구조의 구축을 통해 지역의 내생적 개발을 유도하여 고용과 소득수준을 증가시키고 지역발전과 국가의 균형발전이 이룩되도록 해야 한다(길병옥 외, 2007). 지역 특화과학기술은 시장 지향적이고 미래지향적이며, 네트워크를 형성하여 발전하여야 한다. 또한 지역 특화과학기술은 전통산업의 구조고도화에도 기여하여야 한다.

지역특화 국방과학기술 육성에 포함되는 개방사업의 예는 다음과 같다. 첫째, 나노종합 Fab 센터(기존)이다. 나노종합 Fab 센터(기존) 사업은 산 · 학 · 연 등 나노관련 기술개발 및 전문 인력 양성과 한국과학기술연구원내 나노종합 Fab 센터 구축 사업에 공동참여가 필요하며, 이는 중장기적으로 대전 · 충청권 국방과학기술 클러스터 구축 및 특화산업 경쟁력 강화에 기여할 것으로 보인다.

둘째, 신기술융합센터(신규)이다. 신기술을 지역산업에 접목시켜 지역산업의 경쟁력 제고 및 산업구조의 고도화를 이루고, 첨단기술 융 · 복합화를 통한 신기술 분야의 지식기반 인프라를 확충하며, 이는 기업체의 부족한 핵심기술개발 및 제품개발에 필요한 기술을 지원하여 지역특화산업 발전 및 기업경쟁력 강화를 지원한다.

셋째, 나노부품 · 소재 연구개발(신규)이다. 나노부품 · 소재 분야의 핵심 기반기술 및 원천 기술개발을 수행한다. 특히, 천안 · 아산지역에 설치될 전자 · 정보기기 집적화 단지 및 디스플레이산업지원센터 등을 지원하기 위한 부품 · 소재 관련 연구개발 및 지역거점 인프라를 구축함으로써, 이는 중장기적으로 대전 · 충청권 국방과학기술 클러스터 구축 및 특화산업 경쟁력 강화에 기여할 것으로 사료된다.

국방과학기술 분야의 특화된 혁신역량을 강화하는 데에는 다음의 몇 가지 사안에서 혁신거점의 육성을 필요로 한다(최병학, 2004). 첫째, 지역 과학기술 혁신거점은 일정한 동질적 공간적 범위 내에서 활발한 과학기술발명, 기술혁신, 기술 확산을 끊임없이 수행함으로써 다른 경제주체들에 대해 지배력과 연계성이 높은 추진적 활동주체들의 집적을 의미한다. 지역 과학혁신거점은 세 가지 유형으로 구분된다. 제1유형은 첨단기술기업, R&D 기업, 기술 지향적 기업의 창업에 유리한 조건을 제공하기 위하여 연구단지, 과학단지, 테크노파크, 기술센터, 창업보육센터 등과 같은 물리적 하부구조를 지닌 거점 형이다. 제2유형은 고등교육기관, 공공연구기관, 그리고 중소기업 간의 중재역할을 하는 기관을 설립하고, 기술이전의 형태와 자문기관 등을 가진 창출 형이다. 제3유형은 혁신적인 기업의 재정지원기관이나 전문연구정보센터 등이 있는 지원 형 거점이다.

둘째, 충남 과학기술 혁신거점 육성 및 인력양성전략이다. 과학기술 혁신거점 육성전략은 천안~아산(전자 · 정보, 반도체, 디스플레이 과학기술집적네트워크의 형성), 천안~아산~서산~당진~보령~서천(자동차, 정밀기기, 석유 · 정밀화학, 정밀기기 관련 과학기술집적네트워크 구축), 천안~공주~연기(영상애니메이션 과학기술 네트워크 추진), 논산~금산(BT(동물, 인삼을 중심으로 한 생약개발) 과학혁신 거점 촉진)이다.

충청남도 과학기술 인력양성전략은 지방의 과학정책과 기술혁신을 전담하는 기관을 설립하여 연구개발 투자 및 연구 활동에 관련되는 각종 지원을 전담할 수 있도록 한다. 또한 고등연구기관을 설립하여 대학과 연구소가 공동으로 협동교육과정을 개설하여 기업체 기술 인력의 재교육과 전문 과학기술 인력을 양성하도록 한다. 또한 지역에 필요한 고급인력을 양성하고 역외 두뇌유출을 방지하기 위해서 지방정부와 사업체가 공동출자하여 지역인적자원 기금을 조성한다.

또한 혁신거점 육성사업의 알환으로 지역협력연구센터(RRC) 육성이 필요하다. 대학과 지역특화 산업을 연계하여 특화기술을 집중 육성하고 지역경제 활성화를 촉진하며, 고가 정비의 활용증대로 지역기업 경쟁력 제고를 추구하여야 한다. 또한 벤처육성촉진지구 지정을 통해 성장가능성이 높은 지역을 벤처기업육성촉진지구로 지정, 지원함으로써 벤처기업의 집적화를 촉진한다.

창업보육센터를 육성함으로써 창업 성공률 제고 및 산업구조 고도화를 실현하며, 기술집약 형 중소 · 벤처기업의 창업촉진 및 고용창출을 도모한다. 지식기반 집적지구를 지정함으로써 지식기반 산업의 집적을 촉진하기 위하여 지역의 혁신 클러스터를 조성, 통합지원을 유도하여 사업의 시너지 효과 제고를 지원한다.

지역 과학 인적자원 개발기금을 조성함으로써 지역에 필요한 고급인력을 양성하고 고급두뇌의 역외유출을 방지한다. 따라서 지역특화 과학기술개발에 필요한 인재양성을 위한 훈련 및 교육자금을 조성한다. 차세대 성장 동력 발전재단을 설립함으로써 지방 과학기술정책을 체계적이고 효율적으로 추진하고 기술혁신을 지역산업에 확산시키기 위한 전담기관역할을 수행한다. 지방정부의 과학기술정책을 집행하는 기능과 기업에 대한 기술혁신을 지원하는 기능, 그리고 새로운 성장 동력을 모색하는 연구기능을 통합한 공공기관으로 출범함으로써 기능의 효율성을 도모한다.

대덕연구단지를 R&D 메카로 육성하기 위하여 인근지역의 추가 확대지정이 필요하다. 이 때 전원복합기능형 첨단과학타운을 조성함으로써 지원이 가능할 수 있고, R&D 관련시설 집중 배치로 연구의 효율성 증대가 가능하다. 지방대학의 기초과학학문 분야의 폭넓은 저변을 유지하고 장기적으로 지역산업 발전을 지원하는 고급 과학기술인력을 양성하기 위한 지방대학 우수과학자 지원 사업을 수행한다. 또한 충남고등과학원을 설립함으로써 지역특화과학기술을 집중적으로 개발하기 위한 연구기관을 설립한다.

더불어 지역과학기술 분야의 정보체계화를 위해 대학과 연구소 그리고 기업 상호간의 기술혁신과 기술 확산을 촉진시키는 지역 내 정보네트워크를 형성한다. 전략산업별 과학기술수요와 전문 인력, 그리고 연구역량 및 혁신역량에 대한 모든 자원을 DB화하여 장기적인 산 · 학 · 연 네트워크를 구축한다. 과학기술정보체계 형성을 위한 인터넷 기반의 전자공간을 확보하고, 시간과 공간을 초월한 과학기술 연구개발 활동을 지원한다. 정보소비와 함께 제공이 가능해짐으로써 과학기술과 경제의 연계 고리를 형성한다.

전략산업 R&D 시스템을 구축한다. 중점사업으로는 전략산업별 기업지원을 위한 대전 ·

충청권 내 R&D자료 데이터베이스를 구축하고, 기업 발굴단계에서 객관성, 정확성 확보와 연속적이고 전략적인 기업육성 시스템을 완성한다. Innovation Cafe를 활성화함으로써 전략산업별 시장 및 기술정보, 인적교류의 활성화를 도모하고, 기술애로 해소 및 기술교류 · 협력의 장으로 활용한다. 혁신클러스터와 혁신거점 지역이 유기적으로 통합되는 시점에 이르러 궁극적인 국방산업 거버넌스 네트워크의 구축이 가능하게 될 것이다.

라. 국방산업 분야의 거버넌스 네트워크 구축방향

대전 · 충청권의 국방산업 분야의 지역혁신 클러스터를 형성함으로서 민과 군 그리고 산과 연이 서로간의 협력 · 연계를 통해 혁신역량과 지역 경쟁력의 향상에 기여할 수 있는 사회적 자본이 축적될 것이다. 결과적으로 지속성장이 가능한 국방산업의 육성과 국가 경쟁력 향상이 선순환적으로 형성될 수 있다. 지역혁신의 주체로서 민 · 관 · 군 · 산 · 학 · 연 · 언이 통합적으로 연계된 "자생(自生)모델"로서 국방과학기술 거버넌스 네트워크 체제는 거시적으로 새로운 국방과학기술 분야에 있어서 새로운 도약 · 발전의 전기가 될 것으로 기대된다(길병옥 · 제갈욱, 2006)

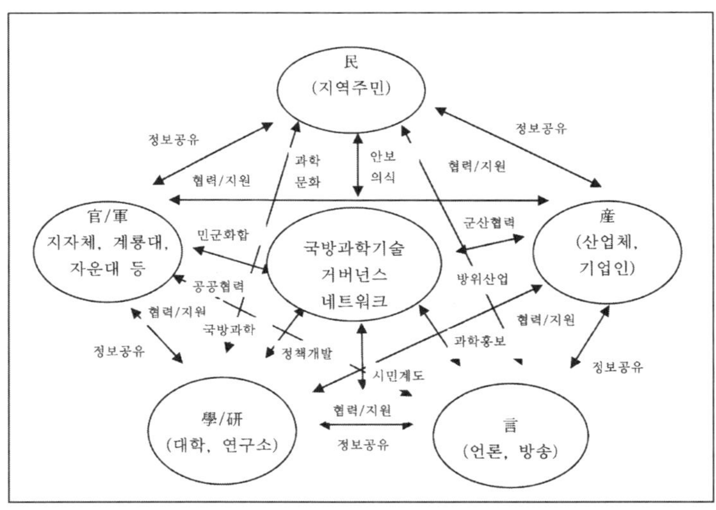

〈그림 V-2〉 민 · 관 · 군 · 산 · 학 · 연 · 언 연계 자생(自生)모델

국방과학기술 혁신체제는 지역의 내발적(內發的) 발전에 기초한 관련분야들 간의 새로운 협력적 네트워크 형성을 가능하게 하고 이를 통한 새로운 지역혁신시스템 구축과 "국방과학기술의 메카"로서 지역발전의 새로운 정책적 대안으로 제시될 수 있다. 국내 유일의 국방과학 분야 연계모델을 육성하는데 있어 국방과학기술 거버넌스 네트워크(national defense science governance network)를 효율적으로 형성, 구축하는 것이 바람직하며 이는 각 행위주체들(과학기술, 국방, 자치행정, 시민사회)에 대한 학습조직화 및 지식공유를 통해 시너지 효과를 극대화하고 대전 · 충청지역을 국방과학기술 분야로 특화시키는 것이다. 결국 선진국의 국방산업도시의 사례와 마찬가지로 지역 경쟁력 제고는 물론 협력 네트워크의 자생적 육성이 가능하게 될 것이다(길병옥 외, 2007).

지역 국방과학기술 혁신역량은 과학기술관련 인력이 얼마나 그 지역에 살고 있느냐 또는 그들의 기술혁신 창출 활동이 얼마나 왕성한가, 기업들이 관련된 기술지식을 얼마나 적극적으로 활용하는가, 지역 내에 위치하는 다양한 조직들이 기술공유 활동을 얼마나 능동적으로 수행하고 있는가, 혁신환경의 하부구조가 얼마나 잘 갖추어져 있느냐에 따라 결정된다(Bull, 2004). 따라서 국방과학기술 혁신주체들의 능력제고 및 네트워크 강화차원에서 국방관련 지방기업 및 벤처산업의 역량 강화를 위한 정책적 방향은 다음의 몇 가지를 들 수 있다. 그 내용은 국방관련 기업체제의 현대화와 공동 마케팅 네트워크 형성, 경영 및 기술역량 강화를 위한 공공 컨설팅 시스템 구축, 자금 및 노동 등 비 기술 생산요소 영역의 혁신, 사회적 그리고 제도적 환경개선, 내외 · 적 자원결집을 통한 R&D 투자재원 확대, 국내 · 외 외부기업 지역유치 강화 등이다.

특히 고부가가치화를 위한 국방과학기술 관련 기존산업과 신산업의 조화를 통하여 자동차, 조선, 철강, 섬유 등 성장 · 성숙기 기존산업의 고부가가치화를 촉진하고 기존산업은 핵심기술 개발과 IT · BT · NT · CT · ET 등 신산업과의 접목을 통해 새로운 발전영역을 확보하는 것이 중요하다. 이렇게 함으로써 지역에서 기술혁신과 생산성 향상을 유도하고 국방과학기술 분야의 산업클러스터 구축을 활성화할 수 있다. 지역특화 국방과학기술의 SWOT 분석이 클러스터 특성화의 기초자료를 제공한다(길병옥 · 제갈욱, 2006).

〈표 Ⅴ-1〉 지역특화 국방과학기술의 SWOT 분석

강 점(Strength)	약 점(Weakness)
· 국방관련 정부기관 및 연구소 등의 지역집중으로 혁신여건 고조 · 국방산업분야의 관심고조 · 국방기술인력 양성 기반 형성 · R&D 관련 연구기관 유치를 위한 지방정부의 적극적 노력	· 취약한 국방연구개발 지원 · 신기술 창업인력 부족 · 국방산업 관련 대학 및 대학원 인적 자원 부족 · 정부출연 연구기관의 부족 · 연구개발의 지역적 편중 및 부조화
기 회(Opportunity)	**위 협(Threat)**
· 국방관련 정부기관 및 군부대의 이전 · 중앙정부의 정부출연 연구기관 지방 분산계획 · 중앙정부의 과학기술혁신에 대한 의지 · 국방 특성화된 지역혁신산업 확산	· 고급 과학기술인력의 지방근무 기피 · 낮은 재정자립도와 재정력 부족으로 인한 지원 부족 · 국방과학기술의 해외수출여건 미비 · 타 지역과의 경쟁에서 정치적, 과학적 기반 취약

향후 국방과학기술 관련 지역특화를 위해서는 위협요인을 제거하고 약점을 보완하여 강점을 집중적으로 육성, 성장기회를 확대해야 할 것이다. 추진방향으로 첫째, 공급자 중심에서 네트워크화 중심의 기술개발이 필요하다. 지역의 국방과학기술 혁신을 위해서는 수요자 중심의 기술개발과 기술개발 주체들의 네트워크 형성과 혁신시스템을 구축하여야 한다. 지역대학, 산업체, 연구소, 지방정부 간의 산 · 학 · 연 · 관 협력체계를 조성하여 연구개발 조직의 활발한 운영과 연구정보, 연구시설 등을 공유관리하고 개별적으로 분산되어 있는 네트워크와 시스템을 통합하는 것이 필수적이다.

둘째, 국방과학기술 혁신거점 중심의 과학기술개발체제를 구축하는 것이다. 그리하여 지역대학과 혁신거점의 연구개발 기반을 토대로 새로운 첨단연구허브(hub)를 마련하고, 기존산업과의 연계를 촉진하며, 인적자원의 교류 및 과학기술정보 관련 하부기반의 구축을 통해 신기술산업과의 시너지 효과를 모색해야 한다. 신지식의 창출을 촉진하고 지식의 활용과 공유, 자율적인 기술혁신 학습과 문화가 창조되는 지속성장이 가능한 학습지향형 지역혁신체제를 구현해야 한다.

셋째, 지역혁신 여건의 조성과 물적 · 인적자원을 확충하는 것이다. 인적자원 교류 활성화는 국방부, 계룡대, 자운대, ADD 등 국방과학기술 관련 기관과의 공동주최 학술세미나를 개최하고 전문가 인재풀의 확보를 통해 가능하다. 더불어 연구개발, 정보, 교육훈련, 금융시스템, 인적자원이 결합되어 상호작용하는 조화로운 지역혁신체제를 구축하는 것이 그 방향이다.

넷째, 지역특화 개발역량의 강화차원에서 국방과학기술의 세계화를 지향하는 것이다.

새로운 기술혁신 거점으로 적극적인 개방화를 추구하여 국제적인 인적자원의 교류, 기술 및 정보의 교류를 추진해야 한다. 특히 선진국의 군사혁신(revolution in military affairs) 기술을 도입, 활용하여 새로운 고부가가치의 기술개발 및 수출시장 확보에 역점을 두어야 할 것이다.

다섯째, 지방 과학기술 연구기획 · 평가능력의 강화가 중요하다. 지역 수준에서 연구사업을 기획하여 추진하고, 그 결과 창출된 과학기술지식이 산업계로 흘러 들어가 생산활동의 혁신에 사용되도록 해야 한다. 더욱이 지역특성에 맞는 국방과학기술을 기획하고 엄정한 평가능력을 준비하는 것은 지방화시대의 과학기술개발 혁신에 있어서 가장 중요한 요소이다. 또한 제한적인 재원을 고려하여 중앙정부의 각종 사업과 정책을 적극적으로 수용하고 이를 대전 · 충청권의 수요에 맞게 전환시키는 전략이 필요하다.

마지막으로 지역의 연구인력 양성과 고용창출 그리고 국방과학기술 육성을 위해서는 지속적인 혁신환경의 하부구조 보완이 필요하다. 국방과학기술 지역혁신체제는 새로운 과학문화의 지평을 열어가는 연구개발 사업으로서 국방부, 3군 본부, 3군 대학의 협조 속에서 과거와는 달리 획기적인 국방과학문화 창달을 위한 절호의 기회를 제공한다. 국방산업 관련 지식활동을 원활하게 하기 위하여 국방과학 관련 공동연구시설 구축, 정보유통을 위한 정보통신망 구축, 국방과학단지 조성, 시험평가 지원, 행정지원 등 하부구조의 지속적이고 장기적인 기반확충이 요구된다.

독자적인 민 · 군 화합 형 국방과학기술 지역혁신체제 육성을 위한 과제는 민 · 군 연계 거버넌스 네트워크 구축을 통한 지역의 새로운 성장 원동력의 창출, 행정중심복합도시(세종시)에 국방관련 공공기관 및 군수 관련 산업 유치, 민 · 관 · 군 정책협의체 운영, 민 · 군 화합 군 문화축제의 활성화 및 독특한 지역의 국방과학문화 창달, 지역의 재대 군인 촌 및 국방연구센터의 건립 등이 포함된다(대전 · 충청포럼, 2003). 종합하면 국방과학기술 거버넌스 네트워크는 민 · 관 · 군 · 산 · 학 · 연 · 언(民 · 官 · 軍 · 産 · 學 · 硏 · 言)이 유기적으로 통합된 시스템으로 국방과학기술의 자생적(自生的) 혁신창출을 위한 지역혁신체제로서 대전 · 충청지역에 새로운 "민 · 군화합공간"(民軍和合空間)을 제공할 것이다.

4. 국방특구 지정을 위한 지역혁신체제 구축방안

국방산업의 혁신 클러스터 육성, 혁신거점지역 확보 및 국방벤처산업의 육성과 연계하여 민 · 관 · 군 · 산 · 학 · 연 · 언이 유기적으로 통합된 거버넌스 네트워크의 구축은 대전 · 충청지역을 국방특구로 지정하는데 있어서 가장 필수적인 사안이다(길병옥 외, 2007). 이는 곧 지역산업의 경쟁력 제고는 물론 국가안보차원에서도 그 혁신역량을 강화하는 지름길이라고 판단된다. 국방과학 기술력의 증대는 국가안보 확립과 효율적인 국방개혁을 추진하는 원동력이기 때문이다. 따라서 국방특구 지정의 당위성은 국가안보의 차원과 경쟁력 제고를 위한 지역혁신체제 구축의 차원으로 분석하여 볼 수 있다.

먼저 국가안보의 확립 부분에서 미래전에 대비한 국방력 건설은 군사혁신의 차원을 뛰어넘어 국가 경쟁력 제고를 위해 필수적인 사안으로 부상하고 있다. 근자에 수행된 대테러전의 결과에서 알 수 있듯이, 전장 환경의 변화는 과학정보기술의 비대칭성, 기술사용 능력의 비대칭성, 연합작전 및 지휘체계 구축의 비대칭성 등을 여실히 증명하였고, 결국 새로운 전쟁 패러다임으로의 전환을 요구하기에 이르렀다. 구체적으로 작전운용적인 측면에 있어서는 신속기동(swift/dominant maneuver), 정밀교전(precision engagement), 초점화 군수(focused logistics), 전 차원 방호(full dimensional protection) 등이 핵심적인 요소로 부각되었다. 또한 비대칭적 위협 요소의 등장은 냉전 종식과 더불어 초강대국들의 군비경쟁이 약화된 틈새를 군사적 강제력과 침략을 통해 주변국의 안전을 위해하려는 몇몇 불량국가(rogue states) 또는 초국가적 테러집단의 소행이 보다 더 현실적인 위협요소로 전개되고 있다. 특히 현대전의 양상이 C4ISR을 기반으로 한 정보기술 및 전장감시체계, 정밀타격체계, 지휘통제체계 구축으로 규정된다는 점에서 현재 진행되고 있는 국방개혁의 방향을 재조명할 필요가 있다.

그 시사하는 바를 다음의 몇 가지로 요약하여 설명하고자 한다. 첫째, 현대전 및 미래전을 수행하기 위해서는 첨단 무기체계를 바탕으로 한 소프트웨어의 보유 및 이를 운영할 수 있는 숙련된 인력과 양질의 훈련이 필요할 뿐만 아니라 지속적인 기술개발 및 투자가 필요하다. 즉 국방개혁에 있어 무기체계와 같은 하드웨어에 치중하기보다는 연구개발과 같은 소프트웨어에 대한 투자를 증대시켜 장기적으로 그 효과가 선순환되어 나타날 수 있도록 군사혁신을 추진해나가야 할 것이다.

군사혁신은 신군사기술을 이용하여 새로운 군사체계를 개발하고 이에 상응하는 작전운용 및 조직편성을 병행하여 혁신함으로써 전투효과를 증대시키는 것을 목적으로 한다. 다시 말하면, 급속도로 발전하는 첨단과학기술을 바탕으로 정보 · 감시 · 정찰(ISR)과 정밀타격무기를 첨단 C4I체계로 연결, 새로운 복합체계(new integrated system of systems)를 구축하여 전투력의 증강을 꾀하는 것을 의미한다. 이러한 군사혁신을 통해 정보획득능력의 향상 및 이의 실시간 공유, 항공우주 및 지 · 해상 기동수단의 속도와 작전반경의 비약적인 진전 등 전장에서의 공간과 시간의 개념에 대한 근본적인 변화를 꾀할 수 있을 것이고 군사기술 혁신을 통해 분산된 전력요소를 동시에 통합하는 합동군 차원의 통합교리체계 구축 및 그에 부합되는 군사력 운용에 힘을 쏟아야 하겠다. 이는 작은 규모의 병력으로 더욱 짧은 시간 내에 전장에서 승리할 수 있는 기반체계를 갖춘다는 점에서 그 중요성이 강조되고 있다.

둘째, 미래에 요구되는 능력을 갖추는 것이 국방개혁의 방향이라면 첨단정보산업을 포함한 국가 기간산업을 육성하는 방향으로 국방투자 사업이 이루어져야 한다. 국방 분야의 연구개발은 일반적으로 많은 시간과 비용이 소요되지만 “주력장비는 독자적으로 개발한 다”는 방향에서 무기체계의 국외획득보다는 국내개발 및 국산화를 통하여 국방과학기술의 자주성을 확보하여야 한다. 일반적으로 군사력 건설은 장기간의 전력화 선행기간이 소요되는데 새로운 무기체계가 연구 · 개발 · 생산되어 실전에 배치되기까지는 최소 10-15년 정도, 이러한 무기체계를 운용 · 유지할 전문기술인력을 양성하는 데에는 10-20년이 걸린다. 하지만 미래지향적 군사력 건설의 핵심인 첨단 무기체계 및 국방과학기술을 육성하는 데에는 앞에서도 지적한 바와 같이 경제적 효율성보다는 국가안보를 위한 공공재 확보라는 시각에서 접근하는 것이 바람직하다.

셋째, 전쟁양상의 변화에서도 알 수 있듯이 첨단 과학기술을 바탕으로 한 정보기술전은 힘의 중심이동을 정보인식체계의 확보여부로 전환하였다. 따라서 정보의 수집, 이용, 보호는 물론 군사작전을 효과적으로 지휘, 통제하고 정보의 우위를 확보할 수 있는 정보통제체계의 네트워크화가 중요하다. 정보통신기술의 발전은 군사력의 존재양식과 성격, 군 구조 및 조직체계, 전술교리, 인력구조 및 교육훈련 등 군사 분야 전반에 지대한 변화를 가져오기 때문에 미래정보사회에 부응할 수 있는 군사발전의 추진이 요구된다. 결국 국방 과학기술 능력의 제고는 정교한 정보수집체계구축을 가능하게 할 것이고 정밀타격 및 종심공격능력은 물론 정보수집능력 및 지휘통제체제의 발전과 더불어 신속성, 정밀성 및 정확성을 포함한 전천후 작전능력의 향상에 비약적인 발전을 가져다 줄 것이다.

마지막으로 향후 정보체계 및 무기체계의 첨단화는 물론 동북아 주변국들의 군사적 현대화 및 질적 증강의 지속현상을 고려해 볼 때 적정 군사력의 확보 차원에서 국방과학기술의 집중투자는 필수적인 것이다. 재래식 무기체계와 병력 집약적인 군사력으로는 미래전에 대비할 수 없다. 동북아 주변국들은 이미 양적인 군사력 보다는 첨단무기체계 위주의 질적인 군사력 건설에 박차를 가하고 있다. 현재와 같은 첨단 군사력 건설경쟁이 지속된다면 예상되는 미래전쟁 양상은 첨단 과학무기의 경연장이 될 것이 분명하다. 따라서 21세기에 대비한 국방전력의 육성을 위해서는 국방재원의 효율적 배분과 범정부적 차원의 국방과학 R&D 투자를 지속적으로 추진해야 할 것이다.

정부는 국방개혁을 통해 국방 R&D 산업 육성의 중요성을 인지하고 주요 선진국의 민군협력 사례를 적용하려는 시도를 하고 있다. 국방개혁 및 군사력 건설의 추진방향 또한 국제체제 환경적인 측면, 군사전략적인 측면, 과학기술적인 측면, 국내정치적인 측면을 고려한 적정군사비를 유지할 수 있는 경제력, 첨단과학기술력, 정보능력, 정밀타격 능력, 시스템복합체계화 능력 등을 기조로 하고 있다(길병옥 외, 2007).

또한 국방부는 국방개혁에 따른 전력공백을 최신 지휘통제(C4I)체계, 무인항공기(UAV) 등 감시 · 정찰장비, 장거리 미사일을 비롯한 정밀타격무기 등 첨단무기 확보를 통해 보완한다는 계획을 발표하였다. 특히 국방 R&D(현재 4.5%) 수준을 국방예산대비 R&D 투자비중을 2012년까지 10% 정도의 선진국 수준으로 끌어올릴 예정이다(국방부, 2006). 정부는 또한 국방예산 중 R&D비를 우선적으로 배분하여 2020년까지 미래 첨단무기체계와 핵심기술을 독자적으로 개발할 능력을 확보할 계획이다. 핵심 연구개발 추진분야로는 정보전자, 감시정찰, 지휘통제, 정밀타격, 신개념 특수무기 등이다.

이렇듯 국가안보 확립 차원에서의 첨단 국방과학기술 육성은 대단히 중요하다. C4ISR을 기반으로 한 정보기술 및 전장감시체계, 정밀타격체계, 지휘통제체계 구축은 이미 지역적 기반을 가지고 특화된 대전 · 충청지역에서 민 · 관 · 군 · 산 · 학 · 연 · 언을 유기적이고 통합된 유형으로 지역혁신체제를 만들어가는 것이 바람직하다. 따라서 국방특구 지정은 군사혁신과 국방산업의 경쟁력 강화를 위해서도 상당히 많은 긍정적 효과가 있다고 판단된다. 하지만 국방과학기술 분야의 지역적 특성화를 추진해 나가는데 있어 반드시 해결해야하거나 그동안 제기된 문제점도 많다. 그 중에서도 가장 두드러진 부분이 국방산업 특성화 전략의 부재이다.

따라서 문제해결의 방향은 차세대 성장 동력산업과 21세기 프론티어 사업으로 구분하여 국방산업을 집중적으로 육성하는 것이다. 국방과학도시 육성 및 국방특구 지정을 위한 장기적인 비전제시로 무한경쟁시대 지방산업 경쟁력 강화를 위한 초석을 마련해야 한다고 본다. 그 이유는 국방산업이 시스템 종합산업으로 민간기업 활용가치가 대단히 높고 WTO/FTA 체제 하에 국방과학기술을 이용한 민간의 경쟁력 강화에 유효한 대안으로 등장하고 있기 때문이다.

이는 앞서 지적한 바와 같이 국방산업과 지역에서 과학기술 협력체제를 효율적으로 접목시킨 선진외국의 사례에서도 찾아 볼 수 있다. 미국의 경우와 마찬가지로 펜타곤, 웨스트포인트, 애나폴리스, 콜로라도 스프링스 등과 같은 국방도시를 육성하여 군산복합체와 첨단의 국방과학 산업단지를 조성하는 방안이라든지, 일본이나 이스라엘처럼 방산기술의 생산능력 확보와 자체개발 및 민간기술의 국방산업 이전 · 육성을 통해 국방과학기술능력을 향상시키고 방산분야 개발투자를 확대하여 지속적인 정부지원을 하는 방안을 한국도 적용해야 한다. 특히 미국과 같이 국가과학기술위원회(NSTC) 산하 국가안보위원회(CNS)를 통해 국방산업정책을 종합조정하고 국방부 산하 국방과학기술연구처(DARPA)에서 연구개발을 주도하며 국립연구소의 연구기술응용국(OTRA)에서 민간기술이전과 민 · 관 · 군 협력체제를 이끌어내는 국방산업 육성 및 투자체계를 구축해야 할 것이다.

지역 경쟁력 강화를 위한 국방산업 특성화 추진방향을 다음의 몇 가지로 요약하여 설명하고자 한다. 첫째, 지역혁신체제의 중심축을 조정하고 협력을 유도하며 사회 인프라를 제공하는 역할자로서 국방산업 육성을 위한 민 · 관 · 군 정책협의체를 구축해야 한다. 이는 곧 국방과학기술과 국방산업 육성을 위한 복합적 협력체제로서 행정협의체를 의미한다. 가칭 「국방산업육성추진단」또는 「국방산업육성추진본부」등이 여기에 해당되고 미국의 국방과학기술연구처(DARPA) 또는 국방기술 및 산업기반위원회(NDTIBC), 일본의 방위청기술연구본부(TRDI) 등과 같은 전담 행정지원체계를 통해 국방산업의 메카를 만들어가는 것이 중요하다. 종합기획조정능력이 겸비된 행정지원체계를 설립하여 범 국가안보적 차원에서 국방산업육성과 민군기술협력을 위한 종합기본계획을 마련하고 국방특구 또는 국방 R&D 특구지정을 추진하는 것이 바람직하다.

이러한 행정협의체는 국방벤처산업단지와 국방물류기지를 조성하고 해당 행정정보를 제공하는 역할을 수행해야할 것이다. 또한 방산업체, 국방물류산업체 등을 포함하여 국방벤처산업을 위한 생산사업 단지를 조성하고 연구개발 자금 지원 및 세제지원 방안을 강구하여야 한다. 행정협의체는 국방산업에 관한 군수규정, 군사보안, 기술획득절차, 물자획득

절차, 조달물자정보 등 관련 규정 및 정보 제공, 군의 물류획득방식 및 공개경쟁입찰방식에 대한 교육, 국방관련 행정정보 전산화 등의 기능을 수행해야 할 것이다.

둘째, 국방산업 분야별 연구개발을 촉진하고 지역혁신 클러스터 주체들 간의 협력을 증진하는 방안을 마련해야 한다. 국방산업 관련 기술개발투자를 지속적으로 확대하고 관련 민수부분의 기술투자를 최대한 유도하여 연구개발 활성화를 촉진시켜야 한다. 특히 전략적 연구 분야를 선정하여 민군공동연구개발을 추진하고 민간기술 이전 시 파급효과가 큰 과제를 선택하여 집중 육성하는 것이 그 방향이다(장명언, 2006). 여기에는 민 · 관 · 군 연구개발 주체간의 협력체제 강화 및 국방관련 산업 민수이전 파급효과 극대화를 위한 제도적 협력방안을 마련하는 것과 개발주체 간의 국방산업기술정보 및 인적자원 교류협력을 활성화하는 것이 포함된다.

구체적으로 국방부는 국방연구개발 역량의 강화를 위해 국방연구개발투자 확대와 국방과학연구소의 기능강화(핵심기술 및 전략무기개발 전담)를 추진하고 있고, 군 구조 개편에 따른 전력구조를 정보감시(ISR)/지휘통제(C4I) 능력과 타격(PGM)전력 확보에 중점을 두고 있다. 국방과학연구소 또한 표 2 및 표 3 에 나타난 바와 같이 C4ISR + PGM 분야에 선택과 집중전략을 통하여 연구개발 역량을 강화해 나가고 있고 일반전력은 과감히 방위산업체에 이관하여 기술혁신을 유도하고 있다(이상진 · 이대옥, 2007). 따라서 향후 방향은 국방핵심기술 국제 경쟁력 제고, 미래 핵심기술 연구개발 집중, 선진 첨단 과학기술 군 대비 군사기술혁신 선도, 국내 방위산업체의 연구개발 역량 제고를 위한 역할을 분담하는 것이다.

〈표 Ⅴ-2〉 기초연구 · 특화연구센터, 민군겸용기술 및 산연주도 핵심기술 투자현황

구 분		2005	2006	2007	2008
민군겸용기술	예산(억 원)	71	90	135	175
기초연구 특화연구센터	예산(억 원)	81	118	145	190
	센터 수	6	7	9	11
산연주도 핵심기술	과제 수(개) 점유율	2 5%	13 26%	19 36%	27 40%
	예산(억 원) 점유율	10 2%	236 30%	469 48%	578 42%

〈표 Ⅴ-3〉 중점 연구개발분야(C4ISR + PGM) 투자현황

구 분		2005	2006	2007	2008
핵심기술개발 투자 확대	예산(억 원)	506	797	975	1,377
	전력투자비 기준 예산 점유율(%)	9	12	14	18
C4ISR+PGM 분야 집중	예산(억 원)	2,869	3,556	4,232	5,171
	전력투자비 기준 예산 점유율(%)	53	56	63	66

셋째, 단계적으로 국방산업 육성과 국방특구 지정을 위한 전략을 추진하는 것이다. 그 단계는 산업단지조성단계, 차세대국방산업육성단계 및 국방특구 지정단계로 구분할 수 있다. 산업단지조성단계는 국방산업단지 조성, 국방산업 클러스터 육성, 국방벤처기업, 국방물류기업 및 국방관련 연구소 유치와 복합적 군방산업단지 조성 등 국방산업 관련 인프라를 구축하는 단계이다. 차세대 국방산업 육성단계에서는 국방산업육성추진단과 추진본부 그리고 국방산업종합지원센터의 설립이 포함되고 행정지원체계를 구축하여 국방산업육성을 위한 종합계획을 제시해야 한다. 또한 민 · 관 · 군 · 산 · 학 · 연 네트워크, 국방산업 클러스터 활성화, 방위사업청 등 정부투자기관 유치도 추진해야할 사안이다. 국방특구 지정단계에 이르러서는 군산복합 국방모범도시를 구축하고 국방산업 시너지 효과를 극대화하여 국가 경쟁력 및 지방산업 경쟁력을 지속적으로 강화하야 할 것이다.

넷째, 국방산업 관련 지방벤처기업의 역량강화와 경쟁력 강화전략을 마련하는 것이다. 국방관련 기업체제의 현대화와 공동 마케팅 네트워크 및 국방과학기술 혁신거점 중심의 과학기술개발체제를 만드는 것이 하나의 방편이다. 대외의존전력 대체중심의 연구개발체제 구축, 국가적 방산 기술력 제고, 국제 기술협력체제 구축, 국방과학기술 연구기획 및 평가능력의 향상 등 국방 시스템 복합체계 중심의 연구개발 능력을 높이는 것이 중요하다. 또한 방위산업 육성과 경영개선 및 기술역량 강화를 위한 공공컨설팅 시스템을 통하여 산업자금과 노동 등 비 기술 생산요소 영역의 혁신을 도모하고 사회적/제도적 환경개선, 국내외 외부기업 지역유치전략 강화와 더불어 내외적 자원결집을 통한 국방 R&D 투자재원의 확대를 모색해야 한다. 이는 곧 지역혁신 여건의 조성, 물적 · 인적 자원의 확충, 연구인력 양성 및 고용창출을 위한 혁신환경의 하부구조를 개선하는 것을 의미한다.

결론적으로 민 · 관 · 군 · 산 · 학 · 연 · 언이 통합적으로 연계된 "자생(自生)모델"로서 국방과학기술 거버넌스 네트워크 체제를 구축하는 것이 대전、충청지역을 국방산업의 메카로 육성하는 지름길이다. 지역특화 국방과학기술에 대한 SWOT 분석을 통해 혁신 클러스터를 특성화하고 선택과 집중에 의해 국방산업을 육성하는 전략을 추진해야 한다. 그 결과로 대전광역시-대덕

R&D 특구-국방산업단지-자운대-군수사령부-국방과학연구소-계룡대로 연결된 과학기술-국방산업 벨트화를 기반으로 국방과학산업 지역혁신체제가 완성될 것으로 판단된다. 결국 국방산업 지역혁신주체들에 대한 학습조직화와 지식공유를 통해 시너지 효과를 극대화하고 지역의 산업 경쟁력을 강화시켜 나가는 것이 방향이다.

향후 국방산업 육성을 위한 지역혁신체제 구축을 위한 과제는 다음과 같다. 먼저 현재의 국방산업 분야의 지역혁신체제구조를 개선할 새로운 국방과학 패러다임이 필요하다. 그동안 국방개혁에 대한 기본적인 로드맵은 제시되어 왔지만 핵심적인 사안으로 협력적 자주국방을 구현하고 미래전에 대비할 수 있는 방위산업과 국방연구개발 분야의 구체적인 실천의지가 담긴 청사진은 아직까지 제시되지 못하고 있다. 국방산업과 국방 R&D 육성을 위한 미래비전과 구체적인 정책방안을 하루빨리 마련해야 할 것이다.

특히 지속적으로 추진해야 될 부분이 핵심기술개발능력 강화와 민군겸용 기술개발을 점진적으로 확대하는 것이다. 국방 R&D 연구개발 증진을 통해 군과 민 그리고 산이 공동 발전하는 시너지 효과를 극대화할 수 있을 것으로 분석된다. 특히 국방연구소의 연구개발 투자에 의한 국내산업 생산유발계수와 부가가치 유발계수는 전체 산업평균보다 높은 1.75배 및 0.73배로 집계돼 산업연관효과가 큰 것으로 나타났다(장명언, 2006). 하지만 취업유발계수는 수입물량으로 인해 산업평균인 20.10보다 낮은 17.76으로 나타났다.

또한 현재의 무기체계 구매유형을 새로운 형태로 전환해야 한다. 해외도입 위주의 무기도입 패턴은 과거와 현재는 물론 미래에도 이어질 전망이다. 획득개발계획서(2002-2007)에 따르면 비용기준 시 해외도입이 전체의 87%로 국내개발 방식을 압도하고 있고 이중 1조원 이상의 대형사업은 95%가, 1,000억 원 이상 사업은 80%가 해외도입 방식으로 계획돼 있다(유용원, 2004). 연구개발비도 체계개발비 비중이 절대적으로 크고 기술개발비는 0.2%에 불과하여 극히 미미한 수준이다. 따라서 국방과학 R&D 육성을 위해 무엇보다 오는 2015년까지 현재 4.5% 수준의 연구개발비 비중을 15%까지 확대하고 부처별 연구개발예산 중 민군겸용기술 투자비율을 현행 1%에서 5%로 확대하는 것이 필요하다.

국내 방산업체의 능동적인 기술개발을 유인하기 위해 무기체계 기술개발은 미국과 같이 방산업체가 수행하는 것도 하나의 방안이다. 또한 국방과학기술개발의 경쟁체제 도입도 필요하다. 방위산업 전문화 및 계열화제도를 폐지하고 무기체계개발의 진입장벽을 완화하는 한편, 경쟁에 의한 국방연구개발사업자를 선정하는 것도 바람직하다. 연구개발에 있어서도 신기술개발 리스크 분할 및 공동시장 개척을 위해 국제 협력개발, 공동연구 및 기술

교류 등 국제협력체계를 강화해 나갈 필요가 있고 지역의 산 · 학 · 연 연계협력을 강화해 나갈 뿐만 아니라 민간우위의 기술 분야는 과감히 아웃소싱을 하는 것이 방향이다(장명언, 2006).

더불어 국방과학연구소의 기능을 조정하여 핵심기술개발 역량을 강화하는 것도 필요하다. 대통령 직속의 국방 R&D 위원회 설치 등 범정부 차원의 태스크포스 팀의 구성도 적극적으로 고려해야 한다. 현재의 국방과학기술자문회의의 국방 R&D 전문가회의를 확대하고 역할증대를 모색해야 한다. 연구개발에 있어서도 국방과학연구소와의 협력 하에 장거리 탄도 · 순항 미사일, 중 잠수함 등 전략 비밀무기 등을 제외하곤 방산업체나 민간 연구소, 학계의 참여와 역할을 대폭 확대해야 할 것이다.

국방 R&D 투자의 중요성은 자주국방의 실현이란 측면에서 핵심기술을 국산화함으로써 해외의존도를 줄일 수 있는데 있다(유용원, 2004). 산업적 측면에서 군수용 사회 인프라와 첨단기술이 민수산업으로 확산될 경우 생산업체로서는 그만큼 초기개발 위험부담을 줄일 수 있다. 또한 이공계의 우수인력 충원이 필요해 일자리 창출 효과가 있고 인력난 해소에도 도움이 될 것이다. 방위산업과 국방연구개발에 대한 특단의 대책을 조속히 세우지 않는다면 첨단무기의 해외도입에 치중하게 되고 결국 해외 의존도가 더욱 심화되어 협력적 자주국방의 구현은 요원하게 될 것이다.

그동안 국방과학기술산업 육성이 저조했던 이유는 여러 가지가 있다. 국방과학기술산업은 기본적으로 막대한 자본을 필요로 하고 첨단과학기술을 필요로 하기에 실패에 따른 위험부담이 대단히 클 뿐만 아니라 국가적 차원에서 보안이 준수돼야 하는 산업이기 때문이다. 방위산업육성 측면을 보면 지난 20-30여 년간 나름대로의 경험과 기술 축적을 바탕으로 국산화를 해왔지만 핵심 기술개발에는 소홀했다는 지적이 많다. 또한 국산화한 제품에 대해 장기간 소요를 보장해줄 수 있는 정부의 촉진정책이 미약했고 무엇보다 국산화를 위한 정부 · 연구기관 · 업체와의 유기적인 협조체제가 부족했다는 비평이다. 따라서 실질적인 무기체계의 국산화 정책을 지속적으로 추진해야 한다. 국방 R&D 육성과 방위산업의 육성은 결국 국방과학기술의 선진화를 꾀하고 군사기술의 종속화를 탈피할 수 있다.

또한 현실적으로 국방과학기술 분야의 지역혁신체제를 효율적으로 운영하기 위해서는 효율적인 인적자원개발 방안을 필요로 한다. 인적자원은 산 · 학 · 연 등의 정책주체들이 유기적인 통합체제를 구축하여 상호보완적으로 개발하는 것이 바람직하다(이영훈, 2003). 그러기 위해서는 첫째, 지방정부가 우선적으로 인적자원개발을 위한 환경을 조성하고, 둘째, 대학과 연구소를 중심으로 지역에 적합한 인적자원개발 계획을 수립하며, 셋째, 기업과 지역사회는 공급된 자원으로 합리적인 운영을 통하여 경쟁력 있는 경제사회기반을 조성해야 한다.

그동안 인력양성에 있어서 전문가 우선정책 보다는 기회균등적인 측면을 강조한 점이 있다. 분야별 전문가를 지속적으로 양성한다는 측면에서 선진 국방과학 연구소에 국방과학기술 분야의 연구원이나 전문가를 주기적으로 파견 또는 교육하는 프로그램을 대폭 확대해야 한다. 또한 전문대학원 등 양성과정을 확대하여 추진하고 공학계열 뿐만 아니라 사회학 계열에 대해서도 보다 많은 연구가 필요하다. 전문가 및 인재양성을 육성하는데 있어서 각종 복지혜택이나 보수수준 향상은 필수적으로 포함되어야 할 것이다.

5. 결론

그동안의 지역경제발전대책은 중앙정부 주도로 추진됨으로써 지역별 특성에 맞는 발전전략이 부재한 가운데 전국 대부분의 지역이 유사한 산업단지, 농공단지, 관광지 등을 획일적으로 개발되는 등 산업화에 중점을 둔 개발전략에 치중하게 되었다. 그 결과 지역의 불균형적인 개발과 중복투자 등 사회적 낭비를 초래하였고 전국을 대상으로 한 일률적인 규제개혁 추진은 각 지방자치단체별 요구되는 개별적인 수요를 반영하기 곤란한 문제를 안고 있었다.

이러한 문제점에 대비하여 대전 · 충청권은 지방분권 · 국가균형발전전략과 함께 국방특성화를 통해 "국방클러스터의 중추지역 건설"을 추진할 필요가 있고 지역혁신체제를 구축하여 국방 · 경제 · 문화 · 사회발전의 새로운 모멘텀을 창출해야할 것이다. 특히 대전 · 충청은 3군 본부가 위치하고 있는 계룡대를 중심으로 군사교육의 중심인 육군교육사 및 육 · 해 · 공군 대학이 위치한 자운대, 군수사령부, 국방과학연구소, 논산의 연무대, 청주의 공군사관학교와 제17 전투비행단 등의 군부대들이 인접해 있어서 이들을 통합하는 축을 형성하는데 유리하며, 그렇게만 된다면 우리나라 국방과학기술의 중심적 역할이 가능하고 대전 · 충청권의 국방중심 지역특화형 경쟁력 강화에 중심적 역할수행이 더욱 용이할 것으로 전망된다.

따라서 앞으로 계룡대, 논산 연무대, 대전 자운대 및 국방과학연구소 등과의 상호 유기적인 벨트화를 추진하고 국방산업 클러스터를 형성함으로써 기대되는 순기능적 효과를 적극 발굴해야 할 것이다. 이는 서로 인접해 있는 대전광역시의 대덕 R&D 특구와 연계할 경우 국방과학기술에 필요한 역량결집이 용이하고 나아가 첨단국방기술에 필요한 정보 · 기술 · 자원 활용이 가능하다는 측면에서도 앞으로의 전망은 매우 밝다 하겠다.

더욱이 그동안에 대덕연구단지를 중심으로 우리나라 과학기술과 시민사회간의 유리된 현상에 대한 비판도 적지 않게 제기된 점에 유념하여 국방과학기술분야와 지역혁신전략 추진간의 유기적인 협력관계 구축에 중점을 두어야 할 것이다. 즉, 국방과학기술분야에 있어서 "제도화되지 않은 전문가 그룹의 운영"에 따른 "단발성 정책제안"의 한계를 효율적 · 제도적으로 극복해야 하며, 군 당국과 시민사회(NGO/언론 포함) · 기술거래/국방벤처 경영인을 함께 아우르는 (가칭) "열린포럼" 개최를 통해 검증 및 확산을 추진할 필요가 있다. 아울러 관련 특정정책의 채택 및 집행단계에서 정례화 된 평가 실시(시민/전문가 조사) 및 "비 구조화된" 정책제안을 탄력적으로 흡수, 피드백(feed-back)은 물론 "피드훠어드" (feed-forward)가 가능하도록 노력해야 할 것이다. 그리고 대전 · 충청권이 국방과학기술 분야를 특화전략으로 추진하기 위해서는 민 · 관 · 군 · 산 · 학 · 연 · 언을 한데 어우르는 "정책공동체"를 토대로 하는 거버넌스 네트워크 체제를 구성, 지속가능한 발전을 도모하는 것이 중요하다.

또한 국방분야의 지역혁신체제를 통해 주목해야 될 부분이 국방 R&D와 방위산업의 육성이다. 그동안 우리의 방위산업은 막대한 국방예산을 사용하였음에도 불구하고 기술개발과 축적보다는 납품물량확보와 제조 중심의 조립산업 위주로 발전해온 결과, 아직도 핵심기술 및 부품은 해외에 의존하는 등 첨단기술기반을 구축하지 못하고 있다(김진식, 2003). 따라서 이제는 유망 중소벤처기업들이 국방 분야의 첨단부품 생산과 핵심기술을 개발 보유토록 하여 방위산업의 기반을 이루도록 해야 하며, 조립부분의 우수 중소기업이 군수품 공급의 사슬을 형성하여 군수품의 품질향상과 국방예산의 효율성 증대 및 자주국방의 실질적인 초석을 마련할 수 있도록 해 나가야 할 것이다.

이를 위해 기존의 국방기술 및 방위산업의 경쟁력 강화를 위한 신기술을 적극 유입할 수 있는 체제정립이 절실히 필요한 실정이다. 현재도 주요 수리부속 및 S/W 해외의존이 갈수록 심화되고 있으며, 기존의 방위산업체는 경제성 및 기술부족을 이유로 국산화를 주저하는 면도 있다. 그리고 기존의 국방기술 개발 및 생산구조로는 첨단의 신기술 유입이 곤란하기 때문에 신기술을 보유한 국내 중소벤처기업이 국방사업에 적극 참여할 수 있도록 국방벤처산업 육성 · 지원을 위한(그러면서도 지역균형발전도 도모할 수 있는) 국방벤처 네트워크체제의 정립이 절실히 요구된다고 할 수 있다.

혁신적인 국방복합체를 구축하기 위해서는 ① 국가적 역량을 통합할 수 있는 추진체제 정립, ②국방벤처기업의 기술력 발휘를 위한 관리조직 구성, ③국방벤처기업 중심의 지원제도로의 개선이 요구된다(최성빈 · 한철희, 2001). 이와 같은 국방벤처 활성화는 첨단 신기술을 국방에 유입하는 계기가 되고, 나아가 군사기술혁신의 저변을 확대하는 지름길로 판단된다. 민간 벤처기업 특성인 신속성, 창조성, 역동성, 모험성 등을 국방부문에 도입할 경우 선진국의 사례가 말해주듯이, 국방기술개발 및 생산체제에 기여할 뿐만 아니라 국가 시책인 벤처기업 육성에도 크게 일조할 수 있을 것이다.

한편, 지방분권에 관한 논의가 주요 화두로 떠오르면서 지역의 균형발전을 이룩할 수 있는 지역혁신전략에 대해 많은 사람들의 관심이 집중되고 있다. 균형발전을 한다고 해서 정부가 지방에 무작정 재원만을 지원할 수는 없는 일이다. 지역의 혁신을 위해서는 지역 스스로가 먼저 자신의 지역발전에 적합한 벤처기업(국방벤처중소기업을 포함한)육성 등과 같은 혁신전략을 찾아내고 중앙정부의 지원을 받으면서 꾸준히 추진해야 소기의 성과를 얻을 수 있을 것이다. 향후 서울, 인천, 부산에 이어 대전 · 충청지역에 국방벤처센터가 들어서서 해외시장도 겨냥하는 등 활기 있게 운영된다면, 국토균형발전 및 지역경제 활성화에도 적지 않은 도움이 될 것으로 기대된다.

국방과학산업의 육성을 통한 기대효과는 첫째, 새로운 과학문화의 지평을 열어 가는 연구개발사업으로서 국방과학기술 거버넌스네트워크 및 민군화합공간의 구축과 같은 새로운 접근방식을 통하여 군 당국(국방부, 3군 본부, 3군 대학)의 협조 속에서 과거와는 달리 획기적인 국방산업 및 국방과학 R&D 육성을 위한 절호의 기회를 마련할 수 있다는 것이다.

둘째로는 대전의 대덕테크노밸리 및 국방산업단지와 함께 대전 · 충청권의 3군 본부 계룡대와 3군 대학 자운대를 비롯, 국방과학연구소로 이어지는 차별화된 벨트화를 기반으로 "과학특구-국방특구"의 연계 지정을 효과적으로 도모할 수 있다.

셋째로는 민 · 관 · 군 · 산 · 학 · 연이 각자의 독자적인 기능의 강화도 중요하지만 그보다 서로간의 협력 · 연계 노력을 통해 고유의 능력 향상은 물론 통합과 화합에 의한 시너지 효과를 통합적으로 창출하는 공생산(coproduction) 협력시스템 구축에 적극 나서야할 필요가 있다고 보며, 이로써 지역경쟁력은 물론 국가경쟁력 향상에 기여할 수 있는 매우 중요한 사회적 자본(social capital)의 형성에 기여하는 독특한 노하우 축적이 기대된다.

넷째는 이상과 같은 기대효과를 통한 지역의 내발적(內發的) 발전에 기초한 관련 분야들 간의 새로운 협력적 네트워크 형성이 가능하게 되며, 이를 통한 새로운 지역혁신시스템 구축과 국방과학기술 메카로서의 지역발전의 새로운 정책적 대안으로 설득력 있게 제시할 수 있다.

마지막으로, 본 프로젝트의 가장 큰 메리트는 국내 유일의 국방－과학 연계모델 구축을 위한 국방과학기술 거버넌스 네트워크(national defense science governance network)를 효율적으로 형성, 구축할 수 있다는 점이다. 이는 각 행위주체들(과학기술, 국방, 자치행정, 시민사회)에 대한 학습조직화 및 지식의 공유화로 인한 시너지 효과를 발생시켜 대전 · 충청지역을 국방산업 분야로 특화할 수 있고 지역경쟁력 제고는 물론 새로운 국방과학기술 분야에 있어서 도약 · 발전의 전기를 마련하는 것이다. 앞으로의 과제를 다음 몇 가지로 정리하여 요약하고자 한다. 먼저 지역에서 국방산업의 육성은 중앙정부와 지방정부 그리고 지역산업의 혁신주체들과의 유기적인 협력체제에 달려 있다. 둘째, 장기적인 차원에서 국내 방위산업의 진작을 위한 R&D 투자 증진, 세제 및 산업용지 지원 등의 정책방안과 해외수요조사와 수출활로 개척을 통한 활성화 대책을 강구해야 한다. 셋째, 방위산업 관련하여 단계별, 분야별로 기술력의 증진을 위해 방산물품의 시험평가장소를 제공하고 지속적인 연구노력이 필수적이다. 마지막으로 정부차원의 정보공유와 협력체제를 통해 국방산업 연계 분야와의 시너지 효과를 극대화할 수 있도록 제도적 장치를 마련해야 한다.

참고문헌

국가균형발전위원회, 「국가균형발전의 비전과 전략」, 서울: 국가균형발전위원회, 2005.

국방부, 「국방개혁 2020과 국방비」, 서울: 국방부 , 2006.

길병옥, "민주평화통일자문회의의 효율적 자문건의체계 구축을 위한 조직혁신에 관한 연구," 「한국거버넌스학회보」, 제12집 1호, 2005.

길병옥 · 제갈욱, "지역혁신체제 구축과 지방대학의 발전방향: 국방과학기술 분야의 거버넌스 네트워크 구축을 중심으로,"「정치정보연구」, 제9권 1호, 2006.

길병옥 · 최기출 · 최병학 · 김강녕, "국방과학 R&D 육성을 위한 지역혁신 클러스터 및 거버넌스 네트워크 구축방안," 국방과학연구소 정책연구보고서, 2007.

김선배, "지역혁신체제 구축의 이슈와 과제," 「KIET 산업경제」, 2005년 11월호.

김진식, "국방 중소벤처 활성화 방안," 「국방품질」, 2003년 가을호.

남창우 、최화식, "지방분권과 지역혁신을 위한 지방정부의 역할과 과제," 「한국정책과학학회보」, 제9집 4호, 2005.

대전 、충청포럼,「대전 · 충청권의 21C 과학기술마인드 제고를 위한 지역협력체제 구축 및 과학기술 지향의 지역특성화방안 연구」, 서울: 한국과학문화재단, 2003.

문병기, "거버넌스 체계의 연결망 특성에 관한 연구: 지역혁신체제 구축사업에 대한 적용," 「한국거버넌스학회보」, 제12집 1호, 2005.

오재일, "지방분권과 로컬 거버넌스," 「지방행정연구」, 제18집 1호, 2004.

유용원, "방위산업과 연구개발: 자주국방 능력이 있는가," 한용섭 편, 「자주냐 동맹이냐: 21세기 한국 안보외교의 진로」, 서울: 오름, 2004.

이상진 、이대옥, "미국 방산기반 변환과 한국 방위산업 정책 방향," 「국방과학기술플러스」, 30, 2007.

이영훈, "지역혁신체제 구축을 위한 지방대학의 역할," 충남지역혁신연구회 및 충남발전연구원 주최 학술세미나 논문집, 2003.

장명언, "국방과학연구소의 현황 및 발전방향," 「국방과학기술 플러스」, 19, 2006.

최병학, "미국과 캐나다의 국방도시," 「열린충남」, 대전: 충남발전연구원, 32, 2005.

최병학, 「지방자치 모델도시로서 계룡시 육성방안 연구」, 대전: 충남발전연구원, 2004.

최성빈 、한철희, "국방벤처 활성화 대책," 「국방정책연구」, 2001년 겨울호.

Bull, Stephen, *Encyclopedia of Military Technology and Innovation*, New York: Greenwood Press, 2004.

Habermas, Jurgen, *The Structural Transformation of the Public Sphere*, New York: The MIT Press , 1991.

Lowi, Theodore, *The End of Liberalism: The Second Republic of the U.S*, New York: W.W. Norton , 1979.

Moulaert, F. and F. Sekia, "Territorial Innovation Models: A Critical Survey." Regional Studies, Vol. 37, No. 3, 2003.

Ⅵ. 군사정보/C4ISR

박 대 광 (한국국방연구원)

Ⅵ. 군사정보/C4ISR

박 대 광 (한국국방연구원)

외교적 수단에 의한 문제해결이 실패했을 때 그 대안으로서 채택되는 최고수준의 인간대립은 전쟁이다. 전쟁에서 당사자들은 상대방의 목적을 상호 배타적인 것으로 간주하고 자신들의 승리를 달성하기 위하여 군사력을 비롯한 여타의 모든 수단을 동원한다. 전쟁은 외교의 실패이며, 합법적인 경쟁이나 제한적인 분쟁이 악화되어 발생하기도 한다.

역사를 통해, 기술은 공격자와 방어자 모두에게 끊임없이 변화하는 전쟁수행의 수단을 제공해왔다. 인류가 범세계적인 차원에서 경쟁하는 정보시대로 접어들면서 정보는 그 자체가 경쟁, 대립, 심지어 전쟁에 있어서도 중심적인 역할을 하고 있다.

20세기의 마지막 4반세기 동안, 인간 활동의 모든 단계에서 전자적으로 수집되고 관리된 정보의 역할이 상업과 전쟁의 주요한 요소가 될 만큼 증대되었다. 정보내용의 전자적 전송과 처리로 사업과 군사과정의 범위와 속도가 모두 확대되었으며, 20세기의 마지막 10년 동안에 전자적 통신 및 처리 기술들은 추상적인 정보의 역할을 가속화하였다. 그 결과 정보는 21세기의 국가들 세계에서 발생하는 다양한 경쟁과 대립, 전쟁에서 핵심요소가 되었다.

전쟁에서의 정보의 중요성과 중심역할은 전혀 새로운 것이 아니다. 이미 기원전 10세기에 군 지휘관이자 왕이었던 솔로몬(Solomon)은 전쟁에서 승리함에 있어서, 지식(군사정보), 지침(전략적 및 작전적 계획), 그리고 참모(객관적인 분석가)가 중요하다는 점을 강조한 바 있다. 기원전 6세기에 중국의 군사전략가 손자(Sun Tzu)는 "손자병법"에서 정보의 중요성에 대하여 상세히 기술하였으며 전쟁에 적용하였다.

기원전 6세기 이전에 이미 전쟁에 적용되었던 정보에 관한 손자의 주요 원리들은 첩보의 획득과 처리, 전파에 의존하는 것이다. 전쟁에 정보를 활용하는 원리들은 변화되지 않았으나 그 획득과 처리, 전파를 위한 수단들은 지속적으로 변화되어 왔다. 전자적인 정보의 획득과 관리 수단들이 초기의 기술, 전령, 문서전송을 대체하였다. 대량의 정보관리를 위한 전자적 수단에 대한 의존도와 정보의 가치 증대로 인해 정보는 그 자체가 전쟁에서의 중요한 표적이면서 동시에 값진 무기가 되었다. 이러한 변화들이 정보의 역할과 전쟁의 수행에 혁신을 가져왔다.

이 장에서는 군사 분야에서 통용되는 정보라는 용어의 정확한 개념과 정보화과정, 주요 수집유형 및 전쟁에서의 역할에 대해 중점적으로 검토한다. 그러한 작업을 통해 전쟁에서 정보가 얼마나 유용성을 가질 수 있는 것인지, 그리고 그 한계점은 무엇인지에 대한 통찰을 제공하는 것이 글의 목적이다. 그러나 정보를 순수하게 군사적인 차원에서 검토하고 논의하는 데는 분명 한계가 존재한다. 그것은 군사정보라는 이슈가 비밀에 관련된 사항인 까닭에 가용자료가 불충분할 뿐만 아니라 국가안보에 관련된 관료조직 내에서조차 정보기구의 구조와 기능에 대한 이해가 잘 되어있지 않다는 현실적 이유 때문이다. 따라서 이 장에서 검토되고 설명되는 내용들은 대부분 몇 몇 학자들이나 전략가들에 의해 이미 제기되었고 논의되었던 비교적 일반적인 사항들이 될 것이다.[88)]

1. 정보의 개념과 정보과정

가. 정보란 무엇인가?

많은 사람들에게 있어서 정보(intelligence)와 첩보(information)는 양자가 모두 비밀에 해당된다는 점을 제외하면 거의 차이점이 없는 것으로 여겨지고 있다. 그러나 이 두 용어

---

88) 이 장에 기술된 내용들은 기존에 출간된 문헌들로부터 주제에 부합되는 내용들을 발췌하여 정리한 것이며 필자의 독창적 연구결과물은 아님을 밝혀둔다. 인용한 내용들마다 일일이 출처를 밝히지 않은 것은 본 교재 『군사학개론』의 집필형식게 맞추어 통일성을 기하기 위함이며 고의적인 것은 아니다. 이 장의 내용을 구성함에 있어 가장 많은 도움을 받은 저서는 Michael I. Handel, Masters of War : Classical Strategic Thought, 3rd edn(Routledge : Frank Cass Publishers, 2006); Mark M. Lowenthal, Intelligence : From Secrets to Policy(New York : CQ Press, 2000); 국방대학교, 정보/전자전 개론(서울 : 국방대학교, 2000) 등이다.

는 분명한 구분을 필요로 한다. 첩보는 그것이 어떻게 입수되었는지에 관계없이 “알려질 수 있는 것”이다. 반면에 정보는 정책결정자들이 진술하였거나 이해하고 있는 “필요(needs)”를 충족하는 그리고 그러한 필요에 부합되도록 수집되고, 정제된 첩보를 지칭한다. 그러므로 정보는 보다 광역의 범위를 갖는 첩보의 하위범주에 속하는 것이다; 정보, 그리고 정보가 규명되고 획득되며 분석되는 모든 과정들은 정책결정자들의 필요에 맞추어지는 것이다. 요약하면, 모든 정보는 첩보이지만 모든 첩보가 정보인 것은 아닌 것이다.

우리가 정보라는 용어를 사용할 때, 우리는 일반적으로 국가안보(national security)에 관련된 쟁점들에 관해 말하고 있는 것이다. 그러므로 타국의 행위와 정책 그리고 능력은 주된 관심영역이 된다. 그러나 정책결정자들과 정보요원들은 자신들의 사고를 오직 적국에 대해서만 골몰하는 것으로 제한할 수 없다. 그들은 경쟁국뿐만 아니라 중립국, 우방국, 그리고 심지어는 동맹국들에 대해서까지도 지속적으로 추적해야만 한다. 20세기 후반에 들어서면서부터는 테러리스트와 마약조직들과 같은 비국가(non-state) 행위자들에 대한 추적의 중요성도 점차적으로 증대되었다. 우리는 이러한 행위자들이 활동하고 있는 모든 영역에서 발생할 수 있는 그들의 행동과 능력에 대한 첩보를 필요로 한다. 군사정보의 영역에서는 부대의 이동상황, 무기능력, 기습공격 계획 등과 같은 측면들이 주된 관심분야가 된다.

정보의 본질에 대한 이해를 심화해 보자. 우선, 정보는 “진실(truth)”이 아니다. 만약 어떤 것이 진실인 것으로 알려져 있다면, 국가들이 그에 대한 첩보를 수집하고 분석하기 위해 정보기관을 운영할 필요성은 없을 것이다. 그러므로 정보는 “진실에 근접한 것(proximate reality)”으로 생각해야 한다고 말하는 것이 보다 정확하다. 정보요원들은 다양한 이슈와 의문들에 부닥치면서 실제로 무슨 일이 벌어지고 있는지에 대한 확고한 이해(understanding)에 도달하기 위해 최선의 노력을 경주한다. 그렇지만 그들은 심지어 그들이 행한 최선의 분석결과물에 대해서조차도 그것이 진실이라고 좀처럼 확신하지 못한다. 그들의 목적은 신뢰할 수 있고, 편견이 작용하지 않은 그리고 정직한(즉, 정치화되지 않은) 정보산물(intelligence products)이지만 여전히 “진실”과는 차이가 있는 것이다.

정보는 정책결정과정에 있어서 필수불가결한 요소인가? 이 질문에 대한 답변은 다음과 같은 측면들을 통해 가능하다. 첫 번째로는, “그렇다”이다. 비록 몇 몇 국가들이 전략적 기습의 희생양이 된 사례가 있기는 했지만 정보는 임박한 전략적 위협에 대한 경고를 제공해야만 하고 또 그렇게 할 수 있다. 정보관료들은 경험에서 우러난 조언자로서의 유용한 역할을 수행할 수 있다. 그러나 다른 한편으로 정보는, 정책결정자의 입장에서 볼 때 정보의 기능을 약화시키는 경향을 가지는 수많은 취약점들로 인해 곤란을 겪는다. 첫째, 어떤 정보들은 직면한 이슈와 관련하여 현재 통용되고 있는 "전통적인 지혜" 이상의 유용성을 제공하지 못한다는 점이다. 둘째, 분석과정에서, 중요한 무형적 요소들이 누락된 데이터들에 지나치게 의존한다는 점이다. 셋째, 정보는 "거울 이미지(mirror-imaging)" 즉, "다른 국가나 개인들은 바로 우리가 행동하는 것처럼 행동할 것"이라고 가정하는 경향으로 인해 분석을 손상시킬 수 있다는 점이다. 거울 이미지는 사회적 규범과 규칙, 에티켓 그리고 경험에 기반을 두고 있으며 따라서 분석가들도 이러한 사고방식을 정보이슈에까지 확장하기 쉽다. 정보영역에 있어서 이러한 경향은 그 자체가 바로 함정이 된다. 거울 이미지의 또 다른 문제점은, 그것이 일정수준의 합리성을 가정하고 있기 때문에 "전적으로 비합리적인" 국가나 통치자들의 행위를 고려할 여지가 전혀 없다는 점이다. 넷째, 아마도 가장 중요한 측면일 수 있는데, 즉 정책결정자들은 그들에게 제공된 정보를 자유롭게 거부하거나 무시할 수 있는 반면 정보요원들은 정책과정에 자신들의 산출물을 강제로 주입시킬 수 없다는 점이다.

이러한 몇 가지의 취약점들은 정보의 긍정적인 측면을 압도하는 것처럼 보이기도 한다. 그러나 정보가 정책과정에 필수불가결한 요소인지에 대한 질문을 "정보가 주어졌을 때 혹은 주어지지 않았을 때, 정책결정자들은 '다른 선택'을 하게 될 것인가?"로 전환했을 때, 만약 그 대답이 "예" 혹은 "아마도"로 나타난다면 정보는 정책과정에 있어 중요한 요소임을 부인할 수 없다.

마지막으로, 정보란 무엇인가? 라는 우리의 최초의 관심으로 되돌아가면 다음과 같은 방식으로 작업개념(a working concept) 차원의 정의를 내릴 수 있다. "정보란, 국가안보에 중요성을 가지는 특정유형의 첩보가 요구되어져서, 분석되고 정책결정자에게 제공되는 과정이자; 그러한 과정의 산물이며; 반정보(counterintelligence) 활동을 통해 그러한 과정과 첩보를 보호하는 행위이자; 법적 권한을 지닌 권위체가 요구하는 바대로 작전을 수행하는 것"이다.

나. 정보과정

정보과정(intelligence process)이란 용어는 첩보에 대한 필요를 인지한 정책결정자에서부터 시작되어, 정보기관이 정책결정자에게 그들이 분석한 정보산물을 전달하기까지에 소요되는 일련의 단계를 지칭하는 용어이다. 이 절에서는 전반적인 정보과정에 대하여 거시적 차원에서 간략하게 개관해보고 각각의 국면에 있어서 핵심이 되는 몇 가지 이슈들을 소개하기로 한다.

정보는 통상 5단계의 과정을 거치는 것으로 생각되어지고 있으나 이 절에서는 두 가지의 단계를 추가하여 소개한다. 정보과정의 7단계란 요구사항의 규명; 수집; 처리와 개발; 분석과 생산; 배포; 소비; 그리고 환류의 단계를 말한다.

요구사항의 규명이란, 정보가 기여해야 할 것으로 기대되는 정책이슈나 영역을 규명하는 것을 의미한다. 이는 또한 특정한 유형의 정보수집에 대한 구체화 작업을 의미하기도 한다. 모든 정책영역에는 정보요구가 존재한다. 그러나 정보능력은 항상 제한적이며 따라서 그러한 요구사항들 중에서 우선순위를 정해야만 한다. 여기서 핵심이 되는 이슈는 누가 그러한 요구와 우선순위를 설정하고 그런 연후에 이를 정보기관에 전달하는가? 하는 문제와 만약 정책결정자들이 그러한 요구를 설정하지 못한다면, 어떤 문제점이 발생하는가? 하는 문제이다.

일단 요구들과 우선순위가 설정되면, 필요한 정보가 수집되어야만 한다. 수집은 예산과 자원의 문제가 개입되는 정보과정의 첫 번째 단계(혹은 어쩌면 가장 중요한 단계)이다. 기술적(technical)인 수집은 많은 비용이 소요되고 또한 각 기관들의 요구도 다양하게 제기된다. 더욱이 어떤 요구들은 특정의 수집유형에 의해 보다 잘 충족될 수 있지만, 어떤 요구들은 몇 가지의 다양한 수집유형을 필요로 할 수 있다. 따라서 여기서의 핵심 이슈는, 항상 제한되어 있는 수집능력들 사이에서, 각각의 요구를 충족하기 위해서는 얼마나 많은 수집을 할 수 있는지 혹은 수집해야만 할 것인지를 결정하는 문제이다.

이미 말한 바와 같이, 수집단계에서는 정보가 아닌 첩보를 생산한다. 따라서 수집된 첩보는 그것이 정보로 간주되어지기 이전 그리고 분석가에게 전달되기 이전에 처리와 개발의 과정을 거쳐야만 한다. 처리는, 예를 들면 복잡한 신호형태의 것을 이미지나 암호(통신) 형태의 것으로 만드는 것을 말한다. 개발은 처리과정을 거친 후에 만약 그것이 이미지 형태라면 분석하는 것을 말하고, 만약 그것이 신호 형태라면 암호해독 혹은 해석하는 것을 말한다. 처리와 개발은 기술적으로 수집된 첩보를 정보화하는 핵심단계이다. 이 단계의 핵심이슈는 “수집”과 관련된다. 즉, “수집”되는 정보의 양과 “처리와 개발”되는 정보의 양 사이의 적절한 비율이 무엇인가의 문제, 그리고 양자 사이의 자원배분 문제이다. 적정비율은 문제가 된 이슈, 가용자원 그리고 정책결정자의 요구에 의존하며, 자원배분을 둘러싼 긴장관계에서의 승자는 통상 “수집”쪽이 되기 쉽다. 그 이유는 “처리되고 개발”될 수 있는 것보다 “수집”될 수 있는 양이 훨씬 많은 경향이 있기 때문이다.

만약 정보가 분석가들에게 이첩되지 않는다면 이전의 과정들은 무의미한 것이 된다. 그것은 분석가들은 자신들의 개별 분야에 대한 전문가로서 다양한 유형의 정보들을 정책결정자들의 요구에 맞게 다양한 종류의 보고서로 생산해낼 수 있는 사람들이기 때문이다. 선택된 산출물의 유형, 분석의 질(quality), 그리고 현재의 정보 산출물과 장기적 차원의 산출물 사이에 지속적으로 존재하는 긴장관계는 이 과정에 있어서 핵심이 되는 쟁점이다.

분석내용을 정책결정자에게 넘겨주는 것과 관련된 문제점은 정보의 배포를 위해 가용한 분석적 전달수단이 많다는 데서 직접적으로 기인한다. 정책결정자의 주의를 끌기 위해서 정보는 어느 정도의 범위(분배할 정책결정자의 수)로 분배되어야만 하고, 얼마나 긴급하게 전달되거나 알려져야 하는지의 문제는 배포에 있어 핵심이 되는 쟁점이다.

대부분의 정보과정에 대한 논의는, 정보가 정책결정자에게 도달되면(최초에 모든 것들을 행동하게 만들었던 정책결정자의 정보요구가 충족되면) 종료된다. 그러나 두 가지의 중요한 단계 즉, 소비와 환류의 단계를 간과해서는 안된다.

정책결정자들은 정보에 의해서 행동하도록 강제되어 있는, “기계적으로 행동하는 사람”이 아니다. 문서로 되어있든지 혹은 구두(oral)로 브리핑을 한 것이든지에 상관없이 정책결정자가 정보를 어떻게 사용(소비)하는지 그리고 그들이 그 정보를 얼마나 사용하는가 혹은 사용하지 않는가 하는 문제는 실질적으로 중요한 이슈가 된다.

비록 정보기관이 원하는 만큼으로 환류가 일어나지 않을 수는 있지만, 정보가 획득(입수)된 연후에는 정보소비자와 정보생산자 사이에 대화가 있어야만 한다. 정책결정자들은 정보기관에게 정보요구가 충족되었는지에 대한 의견을 제시해야만 하며, 정보기관이 정보과정의 어떤 부분에 대한 것이라도 시행해야 할 조정조치가 필요한 점이 있다면 그에 대한 논의를 해야만 한다. 이상적으로는, 이러한 절차가 해당 이슈나 토픽이 여전히 적실성을 가지고 있는 동안에 시행되어서 개선책이나 조정책이 마련되어야 한다. 그것이 안 된 경우에는, 사후에 재검토(review) 하는 것도 아주 큰 도움이 된다.

2. 정보수집의 유형

각각의 정보수집 수단들은 강점과 취약점을 가지고 있다. 그러므로 정보수집가의 입장에서는 가능한 다중적인 방식으로 수단들을 이용하는 것이 유리하다. 그것은 이용되는 각각의 수단들로부터 서로의 취약점을 보완하는 효과를 기대할 수 있기 때문이다.

가. 영상정보(IMINT : Imagery Intelligence)

영상정보(IMINT)는 사진정보(PHOTINT : Photo Intelligence)라고도 일컬어진다. 이 수단은 미국 내전(Civil War) 당시 공중의 기구(氣球)에서 지상의 전투원들에게 던져주던 방식으로부터 유래되었다. 세계 제1차대전과 2차대전 시기 동안에는 사진정보를 얻기 위해 항공기를 이용하였는데 무인기(UAVs : Unmanned Aerial Vehicles)를 포함하여 항공기는 현재까지도 이용되고 있다. 그러나, 오늘날 몇 몇 국가들은 영상위성을 이용하고 있다. 대부분의 사람들은 '영상' 이라는 용어가 카메라와 유사한 광학장비 시스템으로부터 생산된 그림(picture) 정도로 생각하고 있으나 이는 정확한 것이 아니다. 초기의 위성들은 내장된 필름을 사용하여 영상정보를 획득하고 이를 캡슐에 담아 사출시키는 형태로 전달하였지만 현대의 위성들은 그들이 수집한 정보를 신호나 데이터흐름(data streams)의 형태로 전송한다. 이렇게 입수된 정보는 다시 영상으로 재구성되는 과정을 거친다.

적외선 영상(IR : Infrared Imagery)은 녹화되고 있는 물질의 표면으로부터 반사된 열에 기반을 둔 영상을 생산한다. 적외선 영상은 격납고에 들어있는 탱크나 항공기의 엔진과 같은 "溫體(warm objects)"를 탐지할 수 있는 능력을 제공한다. 영상은 또한 구름층을 관통하여 투시할 수 있는 능력을 지닌 레이다에 의해서도 획득될 수 있다. 다중스펙트럼(MSI : Multispectral Imagery) 영상 혹은 초스펙트럼 영상(HSI : Hyperspectral Imagery)으로 불리는 어떤 시스템들은, 스펙트럼을 분석함으로써 영상을 추출해낸다. 이러한 영상들은 본질적으로 사진이 아니며 수 개에 걸친 광스펙트럼 대역으로부터의 반사물들로 이루어지는데 어떤 것들은 눈으로 볼 수 있는 것들이고 어떤 것들은 눈으로 볼 수 없는 것들이다. 이런 영상을 흔히 계측 및 징후정보(MASINT : Measurement and Signatures Intelligence)라고 부른다.[89)]

영상에 의해 제공된 세밀도(level of detail)를 해상도(resolution)라 하는데 이는 가장 작은 물체를 크기(1미터, 10미터 등등)로 표현하여 구분할 수 있는 영상의 수준을 지칭한다. 영상 시스템을 디자인 하는 사람들은 해상도와 영상화되어지는 장면의 크기를 서로 맞교환 할 수 있어야만 한다. 즉, 해상도가 좋으면 좋을수록 영상화되는 장면의 크기는 더 작아지게 되는 것이다.

영상은 여타의 다른 수집수단에 비해 더 많은 이점을 제공한다. 첫째, 때때로 영상정보는 그림의 형식을 띠며 강력한 호소력을 지닌다. 정책결정자들의 앞에 놓여졌을 때, 쉽게 해석된 영상은 천 마디의 말과 동등한 가치를 가진다. 둘째, 정책결정자들로 하여금 쉽게 이해할 수 있도록 해 준다. 비록 소수 혹은 거의 없다고 할지라도, 정책결정자들은 훈련된 영상분석가들이며, 그들의 거의 대부분은 영상을 보고 해석하는데 익숙해 있다. 가족사진에서부터 신문과 잡지, 그리고 방송에 이르기까지 우리들 모두는 하루 일정의 의식하지 못한 부분들을 영상물을 보고 그것들을 해석하는데 소일한다. 영상은 또한 정책결정자들이 사용하기에도 쉽다. 비록 위성으로부터 입수되어 지구로 전송된 영상물에 대한 처리과정과 처리결과물은 35mm 카메라를 사용하는 것보다 더 복잡하지만, 정책결정을 담당하는 고객들은 그것을 당연한 것으로 인정할 만큼의 충분한 식견을 가지고 있다.

영상정보의 또다른 이점은 많은 표적들이 그 스스로가 가용성을 갖도록 해준다는 점이다. 대다수 국가들의 군대는 규칙적인 순환주기에 맞춰, 그리고 예측가능한 지점에서 연습/훈련을 하기 때문에 그 스스로가 영상정보수단에 고도로 포착되기 쉽도록 만든다. 마지막으로, 어떤 특정한 지점에 대한 영상은 단지 한 가지의 활동에 관한 것뿐 아니라 몇 가지의 부수적인 활동들에 대한 첩보까지 종종 제공해 주기도 한다는 점이다.

영상은 마찬가지로 수많은 불리점을 가지기도 한다. 이점으로 간주되었던 그림의 질 바로 그것은 또한 하나의 불리점이 되기도 한다. 영상은 너무나 호소력이 강해서, 성급하거나 혹은 제대로 형태를 갖추지 못한 결정을 하도록 유도할 수 있으며, 혹은 그와 상충할 수도 있는 보다 미묘한 정보들을 배제하게 만들 수 있다. 마찬가지로, 영상에 근거한 정보는 자기증명적(self-evident)인 것이 아닐 수도 있으며; 그것은 훈련되지 않은 사람들은 할 수 없는, 영상에서 무엇인가를 "볼" 수 있는 훈련된 사진분석가들에 의한 해석을 필요로 할 수

89) 레이더, 레이저, 전자광학, 방사파 탐지기, 진동 및 음향감지 등 여러 가지 감지기를 사용하여 목표를 계측하고 목표에서 발생되는 고유의 신호형태(기호)를 식별하여 적을 감지하는 정보로서 지상감시레이더와 열상장비를 복합 운용하여 수집된 정보이다.

있다. 때때로, 정책결정자들은 숙련된 분석가들이 옳다는 신념을 가져야만 한다.

또 다른 불리점은, 그것이 특정한 시간에 특정한 장소에 대한 그림, 즉 속사(snapshot)라는 사실이다. 이를 때때로 "언제, 어디서" 현상이라고 부르기도 한다. 영상은 하나의 정적인(static) 정보조각이기 때문에, 언제 그리고 어디에서 어떤 것을 촬영했는지를 말해주기는 하지만 그 영상이 촬영되기 전이나 후에 어떤 일이 발생했는지에 대해서는 아무것도 알려주지 않는다. 이를 보완하기 위해 분석가들은, 하나의 활동이 개시된 시점을 결정하기 위해 과거의 영상을 분석해 볼 수도 있다. 이후에 발생한 활동을 알아보기 위해 촬영한 지점을 다시 찾아갈 수도 있다. 그러나 단일의 영상은 이러한 모든 것들에 대해 말해주지는 않는다. 더욱이 국가들은 상대국의 영상정보 수집능력을 저하시키거나 배제하기 위해 단계적인 기만책을 사용할 수도 있다.

나. 신호정보(SIGINT : Signals Intelligence)

신호정보(SIGINT)는 20세기적 현상이다. 영국 정보기관이 이 분야를 개척하였는데. 제1차 세계대전 시기에 영국은 수중 케이블을 도청함으로써 독일의 통신내용을 성공적으로 가로챌 수 있었다. 무선(radio) 통신의 출현과 함께 케이블 도청은 공중에서 신호를 "낚아채는" 능력에 의해 보강되었다. 미국 또한 신호정보 능력을 성공적으로 발전시켜 왔다.

오늘날, 신호정보는 함정, 항공기, 또는 지상기지와 같은 지구에 기반을 둔 수집기나 위성을 통해 획득할 수 있다.

신호정보는 사실상, 몇 가지의 서로 다른 유형의 중간차단 수단들을 포함하고 있다. 신호정보라는 용어는 종종 두 당사자들 사이의 통신차단, 즉 통신정보(COMINT : Communication Intelligence)로 알려져 있는 것을 지칭하는 것으로 사용된다. 신호정보는 또한 때때로 원격정보(TELINT : Telemetry Intelligence)라고도 불리우는, 즉 시험(test) 기간 중에 있는 무기에 의해 중계된 데이터를 수신하는 것을 지칭하기도 한다. 마지막으로, 신호정보는 현대의 무기와 추적 시스템으로부터의 전자적 방사물을 수신하는 것을 지칭할 수도 있는데, 이는 그러한 무기와 추적 시스템이 운영(작동)되는 거리와 주파수 등과 같은 것들을 알 수 있도록 하여, 그 능력을 측정하는 데 유용한 수단이 된다. 이런 형태의 신호정보는 때때로 전자정보(ELINT : Electronic Intelligence)라고도 불린다.

통신내용을 차단하는 능력은, 그것이 무엇이 말해지고, 계획되고 있으며, 고려되고 있는지에 대한 통찰력을 제공해주기 때문에 대단히 중요하다. 이것은 영상정보로는 도저히 달성할 수 없는, 원거리에서 상대방의 마음을 읽기 위한 목표를 달성하기 위해 가장 가까이 접근할 수 있는 방법 중의 하나이다. 통신을 추적하는 것은 또한 훌륭한 "징후와 경보"를 제공해 준다. 영상정보와 마찬가지로, 통신정보 또한 어느 정도는 감시대상의 정기적인 행위에 의존하는데, 특히 군부대의 경우에 더욱 그러하다. 메시지의 전송은 정기적인 시간이나 정기적인 간격을 두고 이미 알고 있는 주파수를 사용하여 이루어질 수 있다. 이 때 주기가 감소되거나 증가되는 것과 같은 패턴상의 변화는 활동상에 있어서 커다란 변화가 있음을 알려주는 것일 수 있다. 통신상의 변화를 감시하는 것을 "소통(traffic) 분석"이라 하는데, 이것은 통신의 내용보다는 통신의 패턴과 용량에 보다 더 관련성을 가진다.

통신정보는 취약점도 가지고 있다. 가장 중요한 취약점은 중도에 가로채기(intercept)를 당할 수 있는 그리고 현재 이루어지고 있는 통신에 의존하고 있다는 점이다. 만약 표적이 침묵을 하거나 혹은 공중을 통해서가 아니라 보안성을 갖춘 육상통신선을 통해 통신이 이루어진다면 통신정보를 확보할 수 있는 능력은 중단된다. 비록 육상통신선에 대한 도청도 가능하겠지만, 이는 지상사이트나 위성으로부터 원격차단을 시도하는 것에 비해 확연히 어려운 임무가 된다. 표적 또한 스스로의 통신에 대한 암호화를 개시할 수 있다. 신호정보를 대상으로 한 공세적이거나 방어적인 투쟁은 암호기와 암호해독자 사이의 2차적인 투쟁이다. 암호스파이(Crypies)라고 알려진 이들은 만들어질 수 있는 어떤 암호도 풀어낼 수 있음을 자랑한다. 그러나 오늘날의 암호문들은 그렇게 간단한 것이 아니다. 컴퓨터들은 일회용의 복잡하기 그지없는 암호구축 능력을 엄청나게 증대시켜 주었다. 동시에 컴퓨터들은 그러한 암호들에 대한 공격능력 또한 증대시켜 주었다. 마지막으로, 표적은 의미가 보다 적은 패턴을 창출하는 수단으로서 혹은 아무 의미도 없는 통신의 홍수 속에 중요한 통신내용을 포함하는 수단으로서, 허위전송을 사용할 수도 있는데, 그로 인한 결과는 신호에 있어서의 잡음(noise) 비율의 증대이다.

원격정보와 전자정보는, 다른 방법으로는 알 수 없거나 혹은 훨씬 위험성이 큰 인간정보 작전을 요구할 수도 있는, 무기류에 대한 높은 가치를 지닌 첩보를 제공해 준다. 그러나 무기의 성능을 시험하는 요원들은 비밀을 유지하기 위해 매우 다양한 기법들을 사용할 수 있다. 통신과 마찬가지로 무기성능 시험데이터도 암호화가 가능하다. 무기성능 시험데이터는 또한 시험대상 무기내부에 고스란히 기록되도록 하는 캡슐화가 가능하다. 이 데이터들은 나중에 회수하게 될 독립식 캡슐 내부에서 방출된다. 따라서 데이터들은, 가로채기에 민감한 "신호"의 형태로는 결코 전송되지 않는다. 만약 데이터들을 전송하게 되는 경우라도, 성능시험을 통해서보다는 단번에 "파열(burst)"시키는 형태로 전송할 수 있기 때문에, 데이터를 가로채거나 독해하는데 엄청난 어려움을 겪게 된다. 또한 데이터들은 "방사 스펙트럼(spread spectrum)"을 경유하여 전송될 수도 있는데 이는, 일련의 주파수들을 사용하여 그 속에서 데이터들이 불규칙적으로 이동할 수 있도록 해주는 것이다. 그러한 주파수 변화에 맞추어 수신기를 프로그램할 수도 있지만 이는 모든 데이터 흐름을 가로채기 하는데 커다란 어려움을 겪도록 만들 것이다.

다. 계측 및 징후정보(MASINT : Measurement And Signatures Intelligence)

계측 및 징후정보는 무기의 능력 또는 성능과 산업활동에 직접적으로 관련된 정보분야이다. 그러나 아직까지 이 분야에 대한 이해는 미흡한 수준이며 원격정보와 전자정보, 다중스펙트럼 영상(MSI : Multispectral Imagery) 및 초스펙트럼 영상(HSI : Hyperspectral Imagery) 등의 분야들이 이 분야의 이해에 많은 공헌을 한 분야라 할 수 있다.

따라서 계측 및 징후정보 분야가 하나의 독립된 첩보수집 분야로 간주할 수 있는 것인지 아니면 신호정보나 혹은 다른 첩보수집 분야로부터 도출되는 산물 혹은 부산물 정도로 간주해야 할 것인지에 관한 열띤 논쟁이 지속되어 왔다. 그러나 대량살상무기의 확산과 같은 이슈에 대한 관심이 증대됨에 따라 이 분야의 중요성도 증대되고 있는 것은 사실이다. 예를 들면, 계측 및 징후정보는 화학무기의 식별과 같이 극히 중요한 무기류 생산공장으로부터 배출되는 가스나 폐기물의 유형을 식별하는데 큰 기여를 할 수 있는 분야이다. 이 분야는 또한 무기류의 구성품이나 재료의 내용 등과 같은 여타의 구체적인 특성을 파악하는 데도 유용성을 지닌다.

계측 및 징후정보는 이 분야가 상대적으로 최근에 등장했다는 점과 그 활동에 따른 결과물이 여타의 기술적 정보분야에 많은 의존을 하고 있다는 점 때문에 하나의 첩보수집 분야로서의 정체성 문제에 대해 시달려왔다. 종종 분석가들이나 정책결정자들은 아무런 지식도 없는 상태로 계측 및 징후정보를 대한다. 이 분야는 아직도 정책결정자들에게 좀 더 친숙해져야 하는 분야이며 또한 그 잠재성을 충분히 활용할 수 있는 기술적 훈련을 보유한 분석가들이 요구되는 분야이다.

라. 인간정보(HUMINT : Human Intelligence)

인간정보는 스파이를 통한 첩보수집활동 분야이며 두 번째로 오랜 역사를 가진 전문분야로 일컬어지고 있다. 이 분야는 성경만큼이나 오래되었다. 성경에는 여호수아가 요르단강을 건너 유태민족을 가나안 땅으로 인도할 때 사전에 2명의 스파이를 파견했던 사실을 기록하고 있다. 스파이활동은 대부분의 사람들이 "정보"라는 단어를 접할 때, 자연스럽게 떠올리는 분야이다.

인간정보는 외국국적을 가진 사람들을 스파이로 활용하고자 하는 국가로, 자국 요원들을 파견하는 것까지도 포함한다. 그러므로 이들 요원들은 모국이 원하는 첩보에 접근할 수 있는 사람들을 식별해야만 하며, 그들로부터의 신뢰감 획득, 그들의 취약점 및 첩보요원으로 활용할 수 있는지 등에 대한 평가를 내려야만 한다. 또한 포섭대상자들과의 유대를 지속시킬 수 있기 위해 환심을 살 수 있도록 노력해야만 한다. 포섭 대상자들은 금전, 자국정부에 대한 불만, 스릴(thrills) 등의 다양한 이유로 그러한 환심사기 노력들을 수용할 수 있는 것으로 알려져 있다. 일단 그러한 노력들이 수용되면, 요원들은 첩보입수를 위해 정기적으로 포섭된 자들을 만나야만 하고 이 때 입수된 첩보가 유출되지 않도록 회합 장소나 방법을 선정하는데 신중을 기해야만 한다.

정보활동에 요구되는 기술의 습득과 아울러, 요원들은 자신들이 외국 영토 내에 거주하면서 삶을 영위하는 납득할만한 이유를 제시해야만 한다. 여기에는 공식적으로 거주하는 것과 비공식적으로 거주하는 것의 두 가지 유형이 있다. 공식적인 형태로 거주하는 요원들은 대사관과 같이 자국 정부의 직책을 보유하는 것이 통상적이다. 이러한 형태로 거주하는 요원들은 비록 첩보요원으로 의심을 받을 수 있는 위험성은 가지나 자신의 상급자들과 접촉을 유지하는데 보다 용이성을 가질 수 있다. 비공식적으로 거주하는 요원들은 자신의 정부와는 그 어떤 것이라도 공개적으로 연계되는 것을 회피하며 따라서 접촉을 유지하는 것도 보다 어렵게 된다.

외국 국적의 요원포섭 임무 외에도 인간정보 첩보원들은 문서 절취나 센서를 심어두는 것과 같은 보다 직접적인 스파이활동 임무를 담당한다. 그들의 첩보들 중 일부는 직접적인 관찰활동으로부터 나올 수 있다. 여하튼 인간정보는 스파이활동 이상의 것을 포함한다.

스파이활동은, 수집되는 정보의 극히 작은 부분을 제공한다고 할 수 있다. 영상정보나 신호정보는 훨씬 많은 용량의 정보를 산출한다. 그러나 신호정보와 마찬가지로 인간정보는, 무엇이 말해지고, 계획되어지며, 생각되고 있는지에 대한 첩보활동의 접근성 면에서 중대한 이점을 가진다. 더욱이 타국 정부에 대해 사람이 은밀한 형태로 접근하는 것은 해당 정부에 거짓 첩보나 기만적인 첩보를 제공하여 영향을 끼칠 수 있는 기회를 보다 많이 가질 수 있다. 특히 활동이 미미하여 그로부터 "징후"를 포착하기에 부적절한 정보표적에 대해서는 인간정보가 유일하게 가용한 첩보원천일 수 있다. 인간정보는 여타의 기술적 첩보수집 유형들에 비해 훨씬 비용이 적게 든다는 장점이 있다.

인간정보는 또한 불리점을 가지고 있기도 하다. 우선, 인간정보는 다른 형태의 수집기술들과는 달리 원거리에서 수집활동을 할 수는 없다. 인간정보는 근접성과 접근성을 필요로 하기 때문에 타방의 반정보(counterintelligence) 능력과 불가피하게 경쟁을 해야만 한다. 또한 개별적인 인간들을 위험 속에 투입하는 것이기 때문에 위험성도 훨씬 크고, 만약 그들이 체포되기라도 한다면, 여타의 기술적 첩보유형들에서는 거의 발생하지 않는 정치적인 문제까지 야기할 수 있다.

다른 유형의 첩보수집 형태들과 마찬가지로, 인간정보도 기만에 민감하다. 어떤 이들은 인간정보가 기만에 가장 민감하다고 평가를 내리기도 한다. 인간을 원천으로 하는 첩보에 대한 진실성은 거의 언제나 의혹의 대상이 되며, 어떤 경우에는 결코 그 문제가 해소되지 않을 때도 있다. 수많은 의문들이 제기되고 좀처럼 사그러지지 않는다. 왜 이 사람은 첩보를 제공하였을까? 이념 때문인가? 금전적 이익 때문인가? 아니면 앙갚음을 하기 위해서인가?, 첩보원들은 자신들이 가치 있는 첩보를 입수하기 위해 적절하게 접근했다고 주장 할 수 있겠지만, 그것이 얼마나 적절한 접근방식인가?, 그것은 지속성을 가지는 것인가 아니면 일회성 사건에 국한되는 것인가?, 그 첩보는 얼마나 유용한 것인가?, 이 사람이 제공한 첩보는 그것이 거짓인 것이거나 혹은 어떤 특정한 효과를 기대하여 타방(적대국)이 우리에게 전달해주기를 희망한 첩보는 아닌가?, 이 사람이 혹시 이중첩자는 아닌가? 등과 같은 많은 의구심들이 제기된다.

인간정보 요원들은 분별있는 주의(caution)와 자신들이 가치있는 인간정보 원천을 거부하게 될 수도 있는 지나친 주의의 가능성 사이에서 적정선을 그을 수 있어야만 한다. 인간은 본시 자신이 기만당하고 있다는 사실을 잘 수용하지 않으려는 성향을 갖고 있기 때문에, 기만술은 특히 다루기가 어렵다. 그런 까닭에 다른 한편으로, 사람들은 자신들을 아무도 신뢰하지 않는 상태로 빠져들게 할 수도 있어 결국은 매우 높은 가치를 가진 첩보원천이 등을 돌리게 만들 수도 있다.

인간정보에 있어 고려되어야 할 또 다른 이슈는, 그것이 가지는 독특한 원천과 방법들이다. 인간정보의 원천은, 사람이 용이하게 침투할 수 있는 경로를 개발하는데 많은 시간이 소요되고, 사건에 관련된 관료, 그들의 첩보의 원천 그리고 심지어는 첩보원천의 가족들의 생명까지도 위태롭게 할 수 있기 때문에 극도로 유약한 것으로 간주된다. 그런 까닭에 인간정보에 의한 보고를 입수하는 정보분석가들은 첩보의 원천에 대한 세밀한 내용까지 다 알수가 없다. 예를 들면, 정보분석가들에게는 "이 보고내용은 어느 외교부에 근무하는 제1서기로부터 온 것이다"라고 말해지지 않는다. 대신에, 그 보고서에는 그 원천에 대한 접근로, 그 원천이 가지는 과거의 신뢰성 혹은 현 개념에 관한 변종들에 대한 첩보들이 포함된다. 경우에 따라서는, 여러 가지의 원천들이 하나의 보고서에 혼합되어 있을 수도 있다. 그러므로, 비록 인간정보 원천을 숨기는 것이 그것을 보호하는 데는 유용하지만 그로 인해 해당 첩보와 그 원천에 대해 완전히 이해하고 있지 못한 분석가들로 하여금 보고서의 가치를 평가절하하도록 만드는 의도하지 않은 효과를 야기할 수도 있는 것이다.

인간정보와 여타의 수집분야 사이에 "올바른 균형"은 존재하지 않는다. 실제로, 그러한 아이디어는 주어진 정보소요에 가능한 많은 수집분야들을 적용하고자 하는 "전-원천 정보과정(all-source intelligence process)"의 개념과 역행하는 것이라고 할 수 있다. 각각의 모든 정보수집유형 분야들이 각각의 이슈에 동등하거나 유사한 공헌을 하는 것이 아니다. 그러므로 분명한 것은, 강력하고도 유연성을 가지면서도 당면한 정보요구에 맞추어 적절하게 조정될 수 있는 수집체계를 보유하는 것이 보다 바람직하다는 점이다.

마. 공개출처 정보(OSINT : Open-Source Intelligence)

혹자들에게는, 공개출처정보라는 용어는 모순된 것처럼 보일 수 있다. 어떻게 공개적으로 가용한 첩보가 정보로 간주될 수 있는가? 이러한 질문은 바로 정보라는 것은 반드시 비밀에 관한 것이어야만 한다는 잘못된 개념을 반영하고 있는 것이다. 대다수의 정보는 비밀에 관한 것이지만, 공개적으로 가용한 첩보를 배제하고 있는 것은 아니다. 미국의 고위 정보관리의 말에 의하면, 냉전이 최고조에 달해 있던 시기 동안 소련에 관한 정보의 20퍼센트는 공개출처로부터 나온 것이었다.

공개출처정보에는 매우 광범위한 종류의 첩보와 원천들이 포함되어 있으며 다음과 같은 예를 들 수 있다.

· 미디어 : 신문, 잡지, 라디오방송, 텔레비전, 컴퓨터에 기반을 둔 첩보
· 공적인 데이터 : 정부 보고서 및 예산, 인구통계, 청문회, 법률안 토론보고서, 기자회견, 연설문 등과 같은 공식적 데이터
· 전문적이고 학술적인 사항 : 학술회의, 심포지엄, 전문가 단체, 학회지, 전문가들

탈냉전 시대의 현저한 특징들 중의 하나는 공개출처정보의 가용성 증대이다. 탈냉전 시대의 러시아에 대한 공개출처정보 대비 비밀정보 사이의 비율은 냉전시기 동안의 비율이었던 20:80의 비율 이상으로 역전되었다. 폐쇄사회와 "접근거부 지역"의 수는 극적으로 감소되었다. 과거에 바르샤바 조약기구에 속해있던 국가들의 일부는 이제 북대서양 조약기구의 동맹국들이 되었다. 그러나 이러한 사실이 비밀수집 분야가 더 이상 필요하지 않게 되었다는 것을 의미하는 것은 아니며, 다만 가용한 공개출처정보 영역이 확대되었다는 것을 의미하는 것이다.

공개출처정보의 주요 이점은 그 접근성이다. 공개출처정보는 비록 수집을 위한 노력이 요구되기는 하지만 언제나 가용하다. 또한 기술적인 정보분야나 인간정보에 비해 정보처리나 개발의 문제가 감소된다. 그러나 공개출처정보의 다양성으로 인해, 여타의 정보유형에 비해 기만을 위한 조작에는 더 큰 어려움이 따를 수 있다. 반면에, 공개출처정보는 매우 높은 가치를 지닌 비밀첩보를 보다 광범위한 맥락 내에서 주입해 놓는데 도움을 줄 수 있다.

공개출처정보의 주요 불리점은 그 용량이다. 많은 측면에 있어서, 이 유형의 정보는 "가치 있는 것과 그렇지 않은 것을 구별하는" 최악의 문제점을 대표한다. 어떤 이들은, 소위 정보혁명이 공개출처정보를 더욱 어렵게 만들었다고 주장하는데 그 이유로는 정보혁명에 상응하는 수준으로 이용가능한 정보의 증대가 수반되지 않았다는 점을 든다. 컴퓨터는 첩보를 조작할 수 있는 능력을 증대시켰지만, 도출된 정보의 양은 그에 부합되게 증대되지 않았다.

공개출처정보에 대한 잘못된 관념이, 심지어는 정보기관들 내에서도 존재하고 있다. 공개출처정보는 무료가 아니다. 프린트화된 미디어를 구입하고, 분석가들이 대량의 데이터를 효율적으로 관리하고 분류하며 추출해내는 데는 비용이 든다. 또 다른 잘못된 관념은 인터넷을 공개출처정보의 주요 원천으로 생각하고 있는 점이다. 많은 경험을 가진 정보실무자들은 인터넷을 통해 입수되는 정보가 전체 공개출처정보의 3-5퍼센트도 안된다는 사실을 발견했다.

공개출처정보가 항상 사용되어 왔다는 사실에도 불구하고, 정보당국으로부터 평가절하되어 왔다. 이러한 태도는 정보기관이 비밀을 발견해내는 임무를 위해 창설되었다는 사실에서 연유한다. 만약 국가안보 차원의 요구가 공개출처정보에 의해 많은 부분 충족된다면 그러한 태도는 변화되었을 것이다. 어떤 이들은 첩보획득에 있어서 겪는 어려움의 정도를 분석가나 정책결정자들에 대한 그 첩보의 궁극적 가치와 동일한 것으로 잘못 인식하기도 한다. 이러한 만연된 편견은 정보기관들이 서로 상이하게 공개출처정보를 다루어왔다는 사실에서도 기인한다. 여타의 거의 모든 정보유형들은 수집과 처리 그리고 개발을 전담하는 수단을 보유하고 있지만 공개출처정보는 그렇지 못한 것이 사실이다. 따라서 분석가들은 그들 자신이 보유하고 있는 공개출처정보 수집수단에 의존하여 활동하도록 요구된다. 이것은 분명 잘못된 것이다. 왜냐하면 공개출처정보는 여하의 정보수집을 개시하기 위한 완벽한 장(place)이기 때문이다. 공개출처로부터 어떤 자료가 가용한지를 먼저 결정함으로써, 정보관리 담당자들은 그들의 은밀한 수집수단들이 진정으로 필요한 곳에 집중시킬 수 있다. 따라서 적절하게 사용된다면, 공개출처정보는 대단히 훌륭한 정보수집원(collection resource) 관리자(manager)로서의 기능을 제공할 수 있다.

각각의 정보수집 유형들은 특정의 요구정보에 부합되는 나름대로의 독특한 장점을 보유하고 있을뿐만 아니라 단점 또한 보유하고 있다. 정보수집 기법들을 광범위하고도 다양하게 활용한다면 적어도 두 가지의 이점을 가질 수 있다. 그럴 경우, 우선적으로는 개별적 정보수집 유형의 이점을 이용할 수 있고 이는 다른 정보수집 유형이 가지는 단점을 보완할 수 있도록 해준다. 또 다른 이점은, 그러한 방식이 하나의 이슈에 하나 이상의 정보수집 유형을 적용할 수 있도록 하기 때문에 그 이슈와 관련된 정보요구사항을 보다 잘 충족할 수 있게 해준다는 것이다. 따라서 정보수집체계는 강력하면서도 동시에 제한적인 것이라고 할 수 있다.

유형	장점	단점
영상정보	·생생함, 강한 흥미를 유발함 ·정책결정자들의 사용에 있어 친숙함 ·군사훈련과 같은 특정유형의 표적에 대한 가용성이 높음 ·원격수집이 가능함	·생생함으로 인한 강한 흥미 유발이 과도함 ·여전히 해석을 필요로 함 ·순간성을 가지며 매우 정적임 ·기상과 기만에 취약함 ·비용이 많이 듬
신호정보	·계획, 의도에 대한 통찰력을 제공함 ·대용량의 자료 ·군사표적들은 규칙적인 패턴으로 통신하는 경향이 있음 ·원격수집이 가능함	·암호화에 대한 해독이 필요함 ·대용량의 자료 ·통신침묵, 보안화된 통신선의 사용, 기만에 직면할 수 있음 ·고비용
인간정보	·계획, 의도에 대한 통찰력을 제공함 ·상대적으로 저렴함	·인간의 생명, 정치적 부담의 측면에서 위험성이 보다 높음 ·수집원천을 획득하고 확신을 갖는데 보다 많은 시간이 소요됨 ·거짓 첩보의 주입, 이중첩자 등의 문제점을 가짐
계측 및 징후정보	·대량살상무기의 확산과 같은 이슈에 매우 유용함 ·원격수집이 가능함	·고비용 ·사용자들에게 이해가 잘 안되어 있음 ·정보처리와 개발에 많은 노력이 요구됨
공개출처 정보	·보다 가용성이 높음 ·모든 수집활동개시의 장으로서 매우 유용함	·대용량 ·비밀형의 정보유형에 비해 통찰력 제공이 미약함

〈표Ⅵ -1〉 정보수집 유형 비교

바. 지휘, 통제, 통신, 컴퓨터, 감시, 정찰(C4ISR : Command, Control, Communications, Computers, Intelligence, Surveillance, and Reconnaissance)

2차 세계대전 이후 정보의 수집, 처리, 통신의 전자적 수단의 점진적인 증가는 최소한 3가지 방법으로 전쟁에서 정보의 중요성을 가속화시켰다. 첫째, 정보/감시/정찰(ISR) 기술들은 부대가 교전하는 범위를 확장하여 적들이 관측되고 표적이 될 수 있는 범위와 시야의 폭을 확장했다. 둘째, 지휘통제 기능을 지원하는 컴퓨테이션 및 통신 기술들은 정보가 지휘관에게 도달하는 비율과 교전이 수행되는 템포를 증가시켜 왔다. 가속화된 변화의 세 번째 영역은 정보기술을 무기로 통합한 것으로서, 그들의 유효 치사율과 그들의 운반에 대한 정밀도를 증가시켰다.

C4ISR은 이러한 혁신적 군사정보의 변화에 대한 반영이며, 지금까지 검토한 정보수집

의 유형들을 네트워크화하여 전쟁에서의 정보우위를 달성하기 위한 하나의 군사적 구성체(architecture)이다. C4ISR은 데이터의 수집, 정보의 처리, 적의 의도와 계획 그리고 물리적 활동에 대한 파악, 행동경로의 선택 그리고 시행을 감독하는 것과 관련된 모든 활동을 대변하는 정보활동의 총체이다. C4ISR은 전장의 환경으로부터 전장상황에 대한 인지적 이해와 의사결정에 이르는 세 가지 "영역(domain)"으로 이루어져 있다. C4ISR을 구성하는 세 가지의 영역이란 구체적으로 인지영역(cognitive domain), 정보영역(information domain) 그리고 물리적 영역(physical domain)을 말한다.

물리적 영역에서는 적이 보유한 물리적 실체(무기체계, 지형적 특성, 센서 등)와 체계, 의도와 계획 등의 무형적 요소 그리고 현재와 향후의 물리적 활동 등 현실세계에서 일어나는 사실의 파악에 관련된 활동이 수행된다. 따라서 사실적 상황에 대한 완벽한 평가는 각각의 측면들에 대한 평가를 통해 비로소 이루어진다.

정보영역에서는, 물리적 영역으로부터 데이터를 추출하고 적정 작전상(operational picture)의 형태로 만들어내기 위해 정보를 하나의 구조화된(structured) 형태로 처리하는 활동이 수행된다. 다시 말해 정보영역에서는 세 가지의 기본적인 기능이 수행되는데, 데이터들에 존재하는 격차를 좁히기 위한 목적으로 센서들에 임무를 부여하는 것을 포함하여 센서들과 첩보원천들의 사용을 통한 데이터 수집; 적정 작전상을 산출하기 위한 목적의 융합과정을 통한 데이터 처리; 적정 작전상의 적절한 부문들을 우군에게 배포하는 기능이 그러한 것들이다. 이 중 세 번째의 단계는, 공유된 적정 작전상이 현재와 미래의 상황에 대한 인식의 공유로 전환되도록 하는 인지영역과의 협력과정에 직접적인 연관을 맺는다. 상황에 대한 인식의 공유는 위협과 기회에 대한 이해의 획득뿐 아니라 후속과정, 즉 적절한 행동경로의 선택과 관련된 의사결정과정에도 사용된다.

마지막으로, 상황의 평가를 위한 가용정보의 사용에 관련된 인간적 활동은 인지영역에서 일어난다. 의사결정을 위한 팀이 존재하는 한, 이들은 일정수준의 상황이해를 형성하기 위해 서로 협력하는 과정을 거치게 된다. 정보영역에서 산출된 적정 작전상 이외에, 의사결정팀을 구성하는 개인들과 의사결정자는 그들의 의사결정이 효과적일 수 있도록 하기 위한 정보우선순위를 활용한다. 그러나 최종적으로는 의사결정자가 자신의 군사력과 적의 군사력이 가지는 전투수행능력에 대한 고려사항과 예측사항들을 토대로 자신의 상황평가 및 의사결정을 확정짓는다.

지금까지 소개한 C4ISR 아키텍처는 결국 물리적인 기초사실(Ground Truth)의 존재에 대한 수용, 전장의 실체를 탐색하기 위해 센서들을 사용하는 감지(Sensing), 센서들로부터 전송된 데이터들을 이용하여 적정 작전상을 만들어내기 위한 융합(Fusion), C4ISR 네트워크에 존재하는 사용자들에게로의 적정 작전상 배포(Distribution), 전장상황에 대한 일정수준의 현실적 실체화를 위한 입수된 적정 작전상에 대한 개별 사용자들의 해석과 평가, 전장상황에 대한 현실적 실체화를 증진하기 위한 집단적 평가와 같은 6개의 단계를 거치는 하나의 단선적인 정보화 및 의사결정의 과정으로 요약된다.

21세기의 군대는 국가안보 차원의 도전들을 다루기 위해, 자신들의 전투수행요소들에게 보다 증진된 능력을 제공하기 위한 방편으로, 지속적으로 등장하고 있는 정보시대의 기술들을 자산화할 수 있는 새로운 비전과 전략, 개념들을 형성해나가고 있다. 새롭게 등장하고 있는 이 네트워크화된 C4ISR 능력은 지휘의 속도와 질을 증진하여 정보의 우위와 의사결정의 지배(dominance)를 달성해 주며 혁명적인 전투수행개념을 가능하게 해 줄 것으로 기대되고 있다. 그러나 새로운 과학분야의 발전과 마찬가지로 C4ISR 아키텍처 또한 아직은 그 개념과 메트릭스(metrics), 가설 그리고 분석적 방법론 등에 대한 추가적인 연구와 명확한 정의(definition) 등이 요구된다.

3. 정보와 전쟁

가. 전쟁의 정보모형

대규모 전쟁에 적용된 정보의 광범위한 가치와 역할에 대해 검토하기 전에 기본적 기능수준에서 정보의 역할에 대해 이해하는 것이 중요하다. 이를 위해 이 절에서는 초급수준의 단방향 모형(one-directional model)을 검토해보기로 한다. 그러나 이 모형은 두 개인이나 두 국가 간의 분쟁상황에도 적용될 수 있다.

방어자 B와 교전하는 공격자 A는 어떻게 행동 혹은 대응행위를 해야할지를 결정해야만 한다. A의 목적은 B가 A의 목적에 맞게 행동하도록 영향을 미치고 강요하는 것이다. 이것은 모든 전쟁당사자의 궁극적인 목적이다. 즉, 적을 원하는 방식으로 행동하도록 하는 것으로서, 항복케 하거나, 실수나 실패하게 하거나 철수시키거나, 적대행위를 중지하게 하는 것 등이다. 공격자는 목적을 달성하기 위하여 힘이나 다른 유용한 영향력을 사용할 것이다. 방어자는 A가 원하는 것으로 알려진 결정을 하거나(예를 들면, 패배를 인정하고 항복한다) 혹은 A가 취한 유혹이나 기만행위에 의한 희생을 치르고서 A가 원하는 결정을 한다.

여기에는 세 가지의 주요 요소가 B의 결정에 영향을 끼쳐서 A의 공격에 대한 행동을 하도록 하는 결과를 가져온다.

· 행동할 B의 능력(capacity) : 대응행위를 할 B의 능력은 지휘능력과 군사적 힘의 강도의 견지에서 측정되는 물리적 요소이다. 소모전(attrition warfare)은 B의 전투능력의 저하가 B로 하여금 공격자의 목적에 굴복하도록 의사결정을 하게 한다는 전제에 기반을 두고 있다. 능력은 하나의 크기로 측정되지 않고 중력의 중심(重心, Centers of Gravity)[90]을 포함하는 여러 가지의 요소들로 정의된다.

· 행동할 B의 의지(will) : 의지는 인간적 요소로, B의 인적인 의사결정자의 결의와 대안적 방책에 대한 선호의 척도이다. 이 요소는 공격자가 측정하고, 모형화하거나 직접적으로 영향을 미치기가 가장 어렵다. 명기된 목적이나 목표를 달성하기 위해 행위를 취하는 의지의 강도는 "객관적인" 결심기준으로 나타낼 수 있으나 어떤 군사적 혹은 경제적 패배에 직면했을 때 그 위험의 크기에 상관없이 의사결정자의 의지는 비이성적인 방법으로 반응하도록 강요받을 수도 있다.

· B의 인지(perception) : B의 관점에서 상황에 대한 이해는 정확성, 완전성, 신뢰성 혹은 불확실성, 적시성 등으로 측정된 정보요소이다. B가 취하는 결심은 상황(B에 대한 A의 공격)에 대한 인식과 B 자신의 대응능력에 대한 인식에 의해서 결정된다. 이러한 인식과 인지된 가용대안, 그에 따른 결과 그리고 의사결정자의 인간적인 의지력에 기초하여 B는 대응행위를 한다.

그러면 어떻게 A가 B로 하여금 A의 목적에 부합되는 방식으로 행동하도록 강제할 수 있는가? 공격자는 이상의 요소들에 기초하여 B의 행동에 영향을 미칠 수 있는 몇 가지 대안들을 갖는다. 공격자는 B의 능력을 직접 공격할 수 있다. 공격자는 또한 B의 상황인식에

90) 중력중심은, 결정적이면서도 신속한 승리를 유발할 수 있는 표적, 일단 파괴하면 승리를 보장하는 단일의 표적 또는 표적군(標的群)을 의미하는 용어라 할 수 있다. 클라우제비츠는 중심을 "모든 힘과 운동의 중심이므로, 모든 것은 이 중심에 의존한다. 중심은 우리의 모든 에너지를 집중시켜야 할 핵심"이라고 정의하였다.

직접 영향을 줄 수도 있다(능력에 대한 공격은 직접적인 반면에, 센서와 통신에 대한 공격은 보다 간접적인 것이다). 공격자는 B의 의지를 직접 공격하거나 통제할 수는 없지만, 능력과 인지에 대한 공격으로 비록 제한적이지만 B의 의지에 접근하는 수단을 제공한다.

이제 우리는 앞서 검토한 C4ISR 아키텍처를 토대로 하여 B의 능력에 영향을 줄 수 있는 A의 수단과 B로 하여금 전투상황을 인식할 수 있도록 하는 정보의 흐름을 설명하는 전투모형을 개념적으로나마 구체화할 수 있게 되었다. 이 모형은 A가 B의 상황인식에 영향을 줄 수 있는 대안들을 개발하는데 사용될 수 있을 것이다.

첫째, 물리적 영역은 B의 행동역량이 상주하는 곳으로 사람, 생산과정, 자원의 재고(stockpiles), 에너지 발전소, 무기플랫폼, 통신선, 지휘통제능력들이 이 영역에 존재한다. 두 번째 영역은 정보영역으로 B가 외부세계를 관측하고 A의 공격을 감시하고 자군의 상황을 측정하고, 환경에 대한 보고서를 전달하는 공간이다. 다음 영역은, B가 상황에 대한 방향설정을 하거나 인식하기 위하여 관측된 모든 것을 결합하고 분석하는 인지의 영역이다. 이러한 방향설정과정에서는 목표, 의지 그리고 A의 능력을 평가한다. 여기서는 또한 B 자신의 능력에 근거하여 선택한 대응행위의 결과를 비교한다. 이 영역에서는 비록 전자적 과정과 시각화 과정에 의해 도움을 받지만 궁극적으로 중요한 요소는 인간의 마음이다. 그런 견지에서 B의 상황에 대한 이해와 의지가 행동 또는 대응행위를 위한 최종적인 의사결정에 가장 큰 영향을 미친다.

위 모델에서 구체적으로 제시하고 있지는 않으나, B의 결심을 강요하는 노력 측면에서 B를 공격하는 데 A에게 유용한 4가지의 기본옵션들을 들 수 있다.

· 물리적 공격 : 이는 B의 물리적 대응능력(무기, 군대, 기지, 산업능력, 교량, 기타 자원들)에 대한 공격이다. 물리적 힘은 소모전의 전통적 수단이자 강압의 기본적 도구이다. 공격은 B의 물리적 능력을 파괴하거나 기능적으로 B의 능력을 관측, 방향설정, 명령 혹은 A의 힘에 대응할 수 없도록 하는데 설정된다. 관측(통신, 센서)이나 방향설정과정(지휘)에 대한 물리적 공격은 가치있는 정보를 거부하거나 다른 방법으로 결심권자의 인지능력을 부패시킨다.

· 기만 : 공격자는 방어나 공격 양면에서 B의 효율성을 감소시킴으로써 다른 모든 공격의 효과성을 증대시킬 것이다. 공격에 있어 일정수준의 기습을 성취하기 위한 기만의 실행과 효과가 없고 취약한 실행이 되도록 B를 유혹함은 기만의 본질적인 요소이다.

· 심리적 공격 : 이는 분쟁상황에 대한 B의 지각(perception)을 관리하기 위한 것이다. 기만이 특수한 행동을 유도하도록 하는 것이라면, 심리작전은 B에게 혼란을 야기시키기 위해 B의 인식에 관련된 총체적 능력을 겨냥한다.

· 정보공격 : 이는 B의 결심권자에게 관측과 방향설정을 제공하는 정보하부구조의 내용물(센서, 통신링크, 프로세싱 네트워크)과 전자적 프로세서 등을 목표로 하는 것이다. 이러한 공격은 분쟁상황을 인식하기 위한 B의 효율성과 능력에 직접적으로 영향을 끼치는 잠재력을 지니고 있다. 심리작전과 기만작전과는 달리, 이 공격은 센서를 통해야만 하고 B의 관측과 방향설정과정을 직접적으로 공격한다.

1991년의 걸프전에서 연합군은 이라크 지도자의 의지를 굴복시키기 위하여 이러한 공격수단 모두를 적용하였고, 이는 쿠웨이트에서 이라크 군을 철수시키려는 연합군의 목표에 따라 행동한 것이었다. 연합군의 전략은 상술한 단순모델에서 나열된 각각의 공격수단을 포함하는 것이었다.

전략항공전역은 대공방어, 군수품 생산시설, 지휘통제 교점(nodes), 지상군과 무기체계 등을 포함한 이라크 군사력을 소모시켰다. 이러한 소모는 공중, 정보영역 그리고 마침내 지상에서의 힘의 우위를 증대시켰다. 이어진 지상전은 이라크 군사력을 지속적으로 소모시켰다. 전쟁을 통하여 인식에 대한 공격은 연합군의 행동 또는 아군의 배치와 상태에 대한 인식을 유지하는 이라크의 지휘능력을 파괴 및 붕괴시키기 위하여 감시장비와 데이터링크에 대한 물리적, 전자적 공격으로 이루어졌다. 이라크 군을 상대로 한 방송과 물리적으로 운반된 전단메시지는 연합군이 군사정보와 군사력에서 압도하고 있다는 심리학적인 인식을 강화시켰다. 연합군은 또한 정확하게 식별된 이라크 지상군 부대에 대한 공격경고는 치명적인 행동이 항상 뒤따른다는 인식을 심어주었다. 대규모 지상 기동을 수행하는 동안에 시행된 기만작전은 연합군의 전략에 대한 이라크의 인식에 부정적인 영향을 끼쳤다. 여타의 정치적인 행위 또한 이라크가 그들 자신의 행동결과를 인식하는데 영향을 주었다. 예를 들면, 생화학무기의 사용을 억제하기 위하여 이라크가 대량살상무기를 사용할 경우, 그에 상응하는 대응행위를 할 것이라는 미국의 성명서는 이라크로 하여금 생화학무기의 사용결정을 중지하도록 만들었다. 궁극적으로 이라크의 의지는 이라크의 중력중심에 대한 물리적 및 비물리적 행동의 조합에 의해 약화되었다.

나. 전쟁에서 정보의 가치와 역할 : 고전 전략가들의 논의 검토

손자(Sun Tzu)에 따르면, 정보는 정치 · 군사지도자들이 취할 수 있는 가장 중요한 전력증강책의 하나이며, 결과적으로 전쟁이 발발하기 전이나 각각의 전역(campaign)과 전투를 시작하기 전에 정보와 관련된 분야에 대해 세심하게 준비를 해야 한다고 강조하였다. 손자병법을 통하여 손자는 정보에 대한 평가와 지속적인 정보의 사용이 중요함을 반복적으로 강조하였는데 그 이유는, 좋은 정보는 적이 아군의 능력과 계획을 어떻게 평가하고 있는지를 알려줄 뿐 아니라, 적의 의도와 능력을 파악하는데 보다 정확한 자료를 제공해 주기 때문이다. 이와 같이 정보평가는 작전계획의 근간이 되는 것으로서 적의 약점을 가장 잘 이용할 수 있도록 해 준다. 역으로 입수된 정보를 무시하거나 처음부터 정보수집을 소홀히 하는 것은 비참한 결과를 초래할 수 있다.

비록 신뢰할 만한 정보를 얻기가 극히 어렵고 따라서 불확실한 상황을 벗어날 수 없다고 하여도 전쟁에서 정보는 중요한 의미를 갖는다. 비록 적대적이지는 않더라도 정보의 가치를 평가절하한 클라우제비츠(Carl von Clausewitz)의 부정적인 견해가 결과적으로 그를 추종한 매우 독단적인 전략가들에게 많은 희생이 따르는 패배를 안겨준 점을 생각하면, 이 내용은 충분이 이해가능하다.

전쟁에서 정보의 중요성 또는 핵심적인 역할에 대해 역설한 손자의 견해를 좀 더 상세하게 검토해보면 다음과 같은 진술들로 구성되어 있다. “전쟁에서 비밀작전(secret operations)은 필수적이며, 그에 의해 군대는 일거수일투족을 결정한다... 첩자(secret agents)를 활용하지 않는 군대는 마치 눈과 귀가 없는 사람과도 같다.” 정보에 관한 모든 중요한 사항을 지휘관의 직접 통제 하에 두는 것은 바로 이러한 이유 때문이다. “군대에서 지휘관의 주변 인물들 가운데 첩자보다 더 지휘관과 가까운 관계에 있는 사람은 없다...” 그러므로 지휘관은 첩자를 주의 깊게 고르고 선택해야 하며, 임무를 부여하고 감독하며, 그가 한 일에 대해 엄격하게 평가하고 후한 상을 내려야 한다고 손자는 충고한다. 나아가 지휘관은 전반적인 계획을 완전히 알고 있는 유일한 사람이기 때문에 보안을 위해 개인적으로 첩자와 접촉해야 한다.

지휘관은 기만을 당하지 않도록 하기 위해 첩자가 제공한 정보를 면밀하게 평가해야 한다. 이 작업은 지휘관 자신의 많은 경험과 직관을 필요로 한다. 왜냐하면 진실과 거짓을 구별하는 것은 ‘대단히 미묘한’ 문제이기 때문이다. 사실 지휘관의 능력을 평가하는 가장 필수적인 요소들 중 하나는 바로 정보를 재치있게 사용할 줄 아는 능력이다.

장군들이 첩자의 운용에 많은 의지를 하는 것은 최소한의 비용과 희생으로서 승리를 얻기 위해서이다. 이것은 또한 전쟁발발 이전에 승리를 얻을 수 있는 토대를 마련하는데도 중요하다. 손자의 주장처럼, 전쟁에서 최상의 방책은 "적의 계획을 공격하는 것"이며 이것은 오직 훌륭한 정보를 통해서만 달성될 수 있는 것이다. 그러나 여기에도 문제는 있기 마련이다. 첩자와 요원들의 신뢰도가 낮을 뿐만 아니라, 이들이 오히려 피해를 줄 수도 있기 때문이다. 우리가 적에 대해 할 수 있는 것을 적도 또한 우리에게 가할 수 있다. 그러므로 첩자를 이용하는 것이 유용한 정보를 획득할 수 있는 효과적인 수단이라는 손자의 신념은 비록 잘못된 것은 아닐지라도 과장된 것임에는 분명하며, 따라서 첩자의 활용에 대한 손자의 논의는 전쟁에서 보다 적은 비용으로 또한 간접적인 방법으로 승리를 달성하려는 노력의 일부로 간주되어야 한다.

첩자뿐만이 아니라 전쟁의 전술적 수준에서 이루어질 수 있는 다른 정보수집 방법에도 주의를 기울일 필요가 있다. 여기에는 기본적인 정보(지도, 기상정보, 기타), 정밀수색 그리고 지형에 관한 자료 등이 있다. 오늘날 우리가 '신호' 및 '징후'라고 부르는 것은 적의 상황과 의도에 대한 직접적 정보를 얻을 수 있는 또다른 원천이 된다.

비록 첩자보다는 더 신뢰할 수 있다고 하나, 이러한 징후들은 적에 의해 고의로 조작되기가 쉽다. 따라서 추가적인 확실한 증거를 입수하지 않은 채 그러한 징후들을 믿어서는 안된다. 유능한 지휘관이라면 적에 관한 가장 유용한 정보를 얻고자 노력하는 와중에서 자신의 정보가 적에게 흘러 들어가지 않도록 해야 한다. 이것은 보안과 예측불가능성이라는 두 가지 방법에 의해 가능하다. 자신의 계획을 누구와도 상의하지 않는 지휘관의 비밀에는 접근할 수 없다.

만약, 부대가 전개(deployment) 중에 있다면, 유능한 지휘관은 기만을 통해 그의 의도와 계획을 감출 수 있을 것이다. 그는 기동방향을 명확히 하지 않을 수 있고, 마지막 순간에 즉흥적인 명령을 하달할 수 있고[91] 그 자신 스스로가 예측이 불가능하드록 행동할 수 있으며[92], 같은 계획을 반복하여 실행하지 않거나 자신의 군사적 원칙을 수시로 변화시킬 수 있다.

다른 한편으로 좋은 정보는 전쟁 또는 전투의 결과를 예측할 수 있게 해 준다. 즉, 유용한

91) 전투가 시작되기 전에 꼼꼼한 계획을 마련해야 하는 필요성과 모순이 된다.

92) 잘못된 지시, 일정한 패턴이 없는 지시, 감정의 위장 등

정보는 보다 나은 계획을 수립할 수 있는 기초를 제공하며, 사전 준비를 통해 전장에서의 상황을 장악하면 그러한 계획을 실행하고 승리를 달성할 수 있는 것이다. 그러나 여기에서도 문제점은 드러난다. 예를 들면, 비밀 · 기만 · 주관적 인식으로 가득 찬 전쟁의 세계에서 적의 전투력에 대한 자신의 정보판단이 정확하다는 것을 어떻게 알 수 있겠는가 하는 것이다.

손자에 의하면, 승리의 비결은 입수된 정보와 첩보를 바탕으로 전쟁 이전에 자국의 군대가 적의 군대보다 강한지 약한지를 일정한 방법을 통해 포괄적으로 계산하여 승리의 가능성을 구체적으로 파악하는데 있다. 그는 오늘날의 정보용어로 소위 최종평가의 중요성을 지적하고 있는 것이다. 최종평가는 양편의 전투력의 비교평가를 의미한다. 이와 같이 여기에서 정보는 가장 폭넓은 의미로 정의된다. 왜냐하면 심지어 적에 관한 완벽한 정보를 갖고 있다 하더라도 자신의 전투력과 임무수행능력을 과대평가하게 되면 아무런 소용이 없게 되기 때문이다. 즉, 정보란 적에 관한 정보뿐 아니라 아군에 대한 정확한 정보도 포함한다. "적을 알고 자신을 알면 백 번을 싸워도 위험에 처하지 않을 것이다", "적을 모르고 자신만 알면 한 번은 이기고 한 번은 진다", "적을 알지 못하고 자신도 알지 못하면 싸울 때마다 위험에 처하게 될 것이다"와 같은 손자의 군사적 금언은 최종평가의 고전적 정의라고 할 수 있다. 마키아벨리(Niccolo Machiavelli) 또한 "자신의 군대와 적의 군대 모두를 판단할 수 있는 사람은 거의 패하지 않을 것이다"라는 말로 손자의 견해에 동의하였다.[93] 전장상황에 대한 정확한 최종분석을 내릴 수 있는 사람은 손자나 마키아벨리가 말한 대로 결코 패배하지 않을 것이다. 그러므로 전쟁에 유능한 자가 움직이면 절대 실수하지 않는다. 그가 움직일 때마다 사용할 수 있는 자원은 무한하기 때문이다.

일단 가장 유용한 정보가 입수되고 최종 분석을 통한 전력의 비교과정이 완료되면, 전쟁계획이 적절하게 준비되고 시행될 수 있다. 그리고 그 때에야 비로소 정확한 예측이 가능하다. 이것은 유능한 군사지휘관은 애초에 작성한 그의 계획대로 작전을 시행할 수 있다는 가정에 근거하는 것이다. 만일 한 편이 진정으로 적의 능력과 의도에 대해 신뢰할 만한 정보를 획득할 수 있다면 그리고 그 정보를 주도면밀한 작전계획에 반영하여 활용한다면, 그

93) 그러나 우리는 클라우제비츠가 "인간의 지각과 판단은 불완전하며, 이는 다른 어느 곳보다도 전쟁에서 보다 심하게 나타난다. …특정한 순간에 우리가 처해 있는 상황을 정확하게 아는 경우는 거의 없다"라고 지적한 바를 상기할 필요가 있다. "적을 알라"고 한 사려 깊은 충고는 실제로는 불가능한 것이며, 기껏해야 그에 근접할 수밖에 없는 하나의 이상이다. 인간본성과 인식적 문제, 자민족 중심주의 그리고 인간이 갖게 되는 희망적 사고 등으로 인해 적을 완전하게 이해한다는 것은 도저히 불가능한 일이다. 우리는 적에 대한 것은 고사하고, 우리 자신의 취약점과 한계조차 파악하지 못하고 있는 경우가 태반인 것이 현실이다.

리고 그 계획이 그대로 시행된다면, 손자가 "승자의 군대는 전투를 수행하기 이전에 이미 승리를 거둔다."라고 주장했던 것처럼 첫 포성이 울리기도 전에 승리를 달성할 수 있다는 결론에 도달할 수 있다.

지금까지의 논의는 전쟁에서 벌어지는 일에 대해 군사지휘관들에 의한 상당한 수준의 통제가 가능하다는 인식에 근거하여 이루어진 것이다. 그러므로 그러한 인식과는 반대의 입장에서 정보가 전쟁의 과정이나 결과에 미칠 수 있는 영향의 정도에 대해서도 논의해 볼 필요성이 있다.

클라우제비츠에 의하면, 지휘관들은 전장에서 벌어지는 일에 대해 거의 통제를 할 수 없다. 유능한 장군은 그의 최초 계획을 주의 깊게 이행하는 사람이 아니라 혼란스러운 전장을 '읽고' 순간적으로 스쳐 지나가는 기회를 포착할 줄 아는 사람이다.

모든 수준에서 전쟁은 지극히 복잡하고 예측할 수없는 성격을 지니고 있다는 클라우제비츠의 주장은 전쟁연구에 있어서 최초의 주장이었으며, 동시에 그가 가장 크게 공헌한 부분이기도 하다. 전쟁은 불확실성, 마찰, 우연으로 가득 차 있다. 전쟁은 서로 다른 두 적들이 서로에 대해 완전한 정보를 획득하지 못한 상태에서 서로 독자적으로 행동하고 반응하는 가운데 끊임없이 변한다.[94] 전쟁에는 무수한 변수들이 작용하고 있으며, 그 변수들 사이의 관계는 명확하지 않고 계속해서 바뀌게 된다. 그리고 이러한 전장의 복잡성으로 인하여 어떠한 합리적인 계산도, 어떠한 합리적인 계획도 결코 가능하지 않게 된다. 전쟁의 혼란에 관한 문제는 '뉴턴이나 오일러(Euler)와 같은 재능' 으로드 해결하기 쉽지 않다.

나아가 전쟁 중에는 아주 간단한 결심을 내리는데 있어서도 관련된 모든 요소들을 비교 검토하기가 불가능하다. 심지어 치열한 전투가 벌어지는 상황에서는 지휘관이 적에 관한 정보는 고사하고 그 자신의 병력에 대한 정보나 제대로 얻을 수 있을지 의심하지 않을 수 없다. 따라서 군 지휘관은 자신의 직관에 의해 효과적인 정책을 결정한다.

이러한 점과 더불어 클라우제비츠는 특히, 전장의 변화무쌍함을 고려할 때 정보는 믿을 만한 것이 될 수 없다는 결론에 도달하였다. 따라서 클라우제비츠에게 대부분의 정보는 군

94) 불확실성이 전쟁의 지배적 요소로는 클라우제비츠의 시각에 관한 자세한 논의는 Handel(ed.), Intelligence and Military Operations, pp. 13~21 참조. '펠로폰네소스 전쟁사'에서 투키디데스는 손자와 클라우제비츠의 중간적 입장을 취하였다. 클라우제비츠와 마찬가지로 그는 전쟁은 항상 예측불가하며 대부분의 계획은 실행 단계에서 실패하기 마련이라고 하였다. 그러나 손자와 마찬가지로 그는 광범위하고 잘 짜여진 전쟁 계획은 어느 정도 전쟁의 불확실성을 줄일 수 있다고 하였다. 전쟁의 경로는 예측할 수 없으며 공격은 주로 순간의 충동에 의하 이루어진다. 그리고 지나친 자신감은 준비를 얕보게 하지만 현명한 두려움은 수적으로 우세한 적에 대해 전진할 수 있거 해준다. Thucydides, The History of Peloponnesian War, 제2권 제11절, p. 97 또한 제1권의 Pericles, 제140절, p. 80 참조.

지휘관을 도와주는 요소라기보다는 또 다른 잡음이나 마찰의 원천에 불과한 것이었다.

앞에서 살펴보았듯이, 손자는 정보를 전쟁에서 불확실성을 제거하기 위한 필수불가결한 수단으로 간주하였다. 클라우제비츠의 지휘관이 불확실성의 문제에 대해 그의 직관과 주관적 판단에 의지하여 내부를 지향하고 있는 반면에, 손자의 지휘관은 문제를 해결하기 위해 외부 정보에 주목하라는 권고를 받고 있다. 클라우제비츠의 해결책이 지휘관의 개인적 능력에 초점을 맞추어 영웅적이고 낭만적이라면, 손자의 해결책은 객관적 정보 판단에 입각하여 합리적이라 할 수 있다. 그러나 군사적 천재의 직관을 무시하고 체계적인 정보의 수집만을 강조한다면 이는 재앙을 초래할 수도 있다. 이러한 상황에서 군사 지도자가 희망적 사고에 빠지거나 불쾌한 정보를 무시할 경우, 그 무엇도 그를 진정시키거나 자제시킬 수 없기 때문이다.

여기에서 한 가지 고려되어야 할 점은, 전쟁에서 정보의 가치에 대한 클라우제비츠의 논의는 주로 전쟁의 작전적 · 전술적 수준에만 초점을 맞추고 있다는 사실이다. 클라우제비츠가 살았던 산업화 이전의 시대에는 실시간 통신(유선 또는 무선)이 존재하지 않았기 때문에, 전장에 관한 정보는 그것이 사용되기도 전에 이미 무용지물이 되는 경우가 많았다. 이것은 클라우제비츠가 왜 정보를 가치가 없는 것으로 간주하였는지에 대해 많은 부분을 납득하게 해 준다. 그러나 하위의 작전적 · 전술적 수준에서의 정보가 무가치한 것이 사실이라고 하더라도, 그것이 상위의 정치적 · 전략적 수준에서의 정보마저도 무가치하다는 것을 의미하지는 않는다.(특히 클라우제비츠가 논하는 정보는 하위수준에서의 정보를 대상으로 하고 있다.) 정보에 관한 클라우제비츠의 부정적인 견해가 전장(작전적 · 전술적 수준)에서 뿐만 아니라 보다 높은 수준의 전쟁(정치적 · 전략적)에도 적용될 수 있다고 오해하면서 '전쟁론' 을 읽은 많은 군사 전문가들은 그가 총체적으로 정보에 대해 부정적인 평가를 내리고 있는 것으로 오인해 왔다.

실시간 정보전달이 가능한 오늘날에 와서도 하위수준의 전쟁에서 정보의 가치는 퇴색할 수 있다. 전쟁에서는 '마찰' 과 무수히 많은 예측 불가능한 사건들이 영향을 미치기 때문이다. 작전적 · 전술적 수준에서 거의 완벽한 정보가 가능하다고 하여도 그것이 성공을 보장하는 것은 아닌 것이다. 유틀란트(Jutland)전투 또는 크레타(Crete)전투에서의 영국군의 경우가 바로 그러한 예이다. 이 때문에 클라우제비츠는 '전쟁론' 에서 정보에 관한 논의에 이어 바로 마찰의 개념을 제시하고 있다.

전쟁에서 불가피하게 나타나는 불확실성과 마찰의 지배적인 영향력을 고려해볼 때, 클라우제비츠가 왜 세부적인 계획을 작성하고 이행하여 이점을 얻을 수 있다고 생각지 않았는가를 알 수 있다.

모든 정보나 가정이 불확실하고 여기에 도처에서 작용하는 우연이라는 요소가 영향을 미쳤을 때, 지휘관은 모든 일이 자신이 기대했던 것과는 다른 방향으로 진행되고 있음을 계속해서 발견하게 될 것이다. 그런데 이러한 상황은 당연히 그의 계획과 또 적어도 그의 계획에 근간이 되었던 여러 가정들에 영향을 미치지 않을 수 없다. 그러한 영향이 계획을 변경시켜야 할 정도로 큰 것이라면 말할 필요도 없이 새로운 계획을 수립하는 데에 필요한 정보를 즉시 활용할 수 없을 수도 있다. 더욱이 작전을 수행하고 있는 동안에는 대개 결심이 즉각적으로 이루어져야 하며, 따라서 상황을 검토하거나 심지어 생각할 시간조차도 갖지 못할 수가 있다. 물론 대부분의 경우 새로운 정보와 재평가는 의도를 포기할 정도로 영향을 미치지는 않으며 다만 의구심을 증가시킬 뿐이다. 더 많은 것을 알게 될수록 불확실성은 줄어드는 것이 아니라 더욱 증가한다. 최근의 정보에 관한 보고는 곧바로 이루어지지 않고, 천천히 이루어지며, 지속적으로 우리의 결심에 영향을 미친다. 그러므로 우리가 이들 정보를 다루기 위해서는 소위 마음의 무장을 단단히 갖추어야 한다.

그러므로 클라우제비츠는 '신뢰할 수 있는 정보' 의 부족을 보완하기 위해 세 가지의 해결책을 제시하고 있는데, 첫 번째는, 군사적 천재의 직관이고, 두 번째는 물리적 힘이며, 세 번째는 전쟁술 그 자체이다. 물리적 힘은 물론 전쟁에서 가장 중요한 요소이다. 극단적으로 보자면 아무리 완벽한 정보가 있더라도 충분한 군사력 없이는 아무런 가치가 없게 된다. 반면에 수적으로 우세한 강력한 군대는 정보를 전혀 갖고 있지 않더라도 많은 희생을 감수한다면 어떻게든지 승리를 달성할 수는 있다. 그러한 이유에서, 클라우제비츠는 최대한의 많은 군사력을 동원하고 실전에 배치하는 것이 전쟁의 첫 번째 규칙이라고 주장하였던 것이다. 한편 전쟁술에 기민한 자는 결정적인 지점에 우세한 전투력을 집중시키고, 보다 충분한 예비 병력을 보유함으로써, 정확한 정보의 부족을 보충할 수 있다. 그러한 지휘관은 비록 자신이 충분한 정보를 보유하지 못하더라도, 공격적인 전략을 추구하여 적에게 불확실성을 가중시킴으로써, 그들 역시 아군에 대한 신뢰할 만한 정보를 입수하지 못하게 할 것이다. "한 쪽에 존재하는 불확실성, 즉 신뢰할 만한 정보의 부족에 대하여, 다른 한 쪽으로 용기와 자신감을 발휘하여 저울과 같이 균형을 이루도록 해야 한다." 여기에서 나타나는 결점은 클라우제비츠의 주장이 정보와 정보의 잠재력을 완전히 무시하고 있으며, 오히려 그러한 입장에서 한 걸음 더 나아갔다는 사실이다. 그러나 만일 지휘관의 목적이 전쟁술의 원칙을 가능한 한 효과적으로 이행하는 데 있다면, 아무리 군사적 천재의 직관적인 판단이 뛰어나다 하여도 최소한의 신뢰할 수 있는 정보에 입각하지 않을 수 없을 것이다.

손자와 클라우제비츠 사이의 가장 심오한 차이는 지휘 및 통제, 정보, 기습과 기만에 대한 그들의 견해를 비교할 때 명확히 드러난다. 손자에게 있어서 시기적절한 신뢰할 수 있는 정보는 군사작전을 합리적으로 계획하고, 전쟁에 착수하기로 결정하는 데에 필수적인 요소이다. 그러나 우리는 그의 견해를 문자 그대로 받아들여서는 안 된다. 손자가 비록 전쟁에서 나타나는 마찰 · 불확실성 · 우연이라는 요소들이 핵심적인 역할을 수행하지 않는다고 확고하게 믿고 있었지만, 그 역시 전쟁이 갖는 복잡성과 불확실성에 대해 언급하고 있다.

역설적으로, 가능하다고 판단될 때는 언제든지 기만을 사용해야 한다는 손자의 주장은 정확한 정보의 수집이 가능하고, 또 그러한 정보가 효과적으로 사용되어야 한다는 그의 근본가정과 모순된다. 결국 만일 적과 동일하게 기만술을 사용한다면 대부분의 정보는 신뢰할 수 없게 될 것이다. 따라서, 정보에 의지하는 것이 중요하다고 한 손자의 믿음은 단순히 현실을 묘사하고 있는 것이 아닌, 하나의 학습과정으로서 또는 하나의 이상(ideal)으로서 이해되어야 한다. 그리고 최적의 정보에 대한 요구는 가능한 가장 합리적인 결정을 내리기 위한 하나의 표준으로 간주되어야 한다. 이것은 정치 및 군사지도자들로 하여금 적과 교전하기 전에 전략과 계획을 준비하는데 있어서 극도로 주의 깊은 노력을 기울여야 한다는 점을 상기시켜 주고 있다.

손자의 전쟁에 대한 분석이 전반적으로 클라우제비츠의 분석보다 넓은 범위를 포괄하고 있다는 사실은, 그가 왜 정보의 유용성에 대해 자신감을 갖고 있는지를 설명해준다. 클라우제비츠가 낮은 수준의 전쟁에 초점을 맞춤으로써, 정보의 역할이 더욱 제한되고 정보의 사용에 많은 문제가 대두되는 반면, 손자는 자신의 보다 전략적이고, 보다 높은 수준에서 논의를 진행한다. 그러나 정보에 대한 손자의 긍정적인 태도가 암시하고 있는 가장 중요한 사실은 손자가 근본적으로 합리적이고 계산적인 방법을 통해 전쟁에 접근하고 있다는 점이다.

정보에 대한 조미니(Baron de Jomini)의 견해는 손자와 클라우제비츠의 중간에 해당된다. 정보를 만병통치약으로 보는 손자의 견해와 그것을 혼란을 야기하는 원천이자 신뢰할 수 없는 것으로 평가절하 하는 클라우제비츠의 견해 사이에서 중도적 입장을 취함으로써, 조미니는 확실히 보다 현실적이고 균형 잡힌 결론에 도달하고 있다. 정보의 역할에 관한 조미니의 관찰은 정보의 유용성과 가치에 대한 나폴레옹의 평가를 반영하고 있으며, 따라서 더욱 주목할 만한 가치가 있다. 조미니는 적어도 이론상으로 정보가 모든 작전의 성공에 기반이 될 수 있다는 제안으로부터 이에 관한 논의를 시작하고 있다.

전쟁에서 훌륭한 배합을 이루는 가장 확실한 방법 가운데 하나는 적이 어디까지 진출해 있는지에 관한 정확한 정보를 입수한 후에 아군의 이동을 명령하는 것이다. 사실 적에 대한 것을 전혀 모르는 상태에서 자신이 무엇을 해야 한다고 말할 수 있는 사람이 과연 있겠는가?

전쟁 시 완전한 정보의 획득은 19세기 당시에 있어서 거의 불가능한 것이었으며, 조미니도 이 점을 인정하고 있다. 따라서 그는 클라우제비츠가 정보에 대해서 내린 결론과 매우 유사한 주장을 개진하고 있다. 즉 실제로 믿을 만한 가치가 있는 정보를 획득하기란 거의 불가능하다는 사실이 바로 이론상의 전쟁과 실제의 전쟁 간에 큰 차이를 보여주는 주요한 원인이라는 것이다.

조미니는 또한 불완전한 정보를 보상하기 위한 최선의 방법이 바로 지휘관의 직관에 의존하는 것이라 주장하여 클라우제비츠와 유사한 입장을 취한다. 그리고 그는 가장 신뢰할 수 있는 정보의 출처가 어떠한 것인지에 대해 설명하고 있다. 그가 제시한 정보의 5가지 주된 출처는 오늘날 우리가 살고 있는 시대에 있어서도 매우 적실성이 있고 유용한 것으로 받아들여지고 있다.

1. 고도로 조직적이고 효율적인 첩보활동 조직
2. 특수부대에 의한 정찰
3. 전쟁포로의 심문
4. 가능성 있는 가설 설정(즉 정보 · 추론 · 경험에 입각하여 적이 취할 수 있는 일련의 행동을 체계적으로 분석하는 것)
5. 통신

손자와 마찬가지로 조미니도 첩자가 “지휘관에게 적 진영의 수뇌부에서 무슨 일이 벌어지고 있는지를 다른 어떤 기관보다도 더욱 확실하게 알려줄 수 있다.”고 주장하고 있다. 정찰은 전위가 포진한 지역 너머에 대해서는 신뢰할 만한 정보를 제공해 줄 수 없다. 즉 정찰은 주로 즉각적으로 요구되는 전술적 가치만을 갖는 것이다. 전쟁포로에 대한 심문은 오직 심문기술에 능숙한 정보장교에 의해서만이 긍정적인 결과를 가져올 수 있다.

조미니는 그의 저서 '대군사작전'(Grand Military Operation)에서 결론적으로 정찰과 정보의 중요성을 다음과 같이 강조하고 있다. 이것은 그의 6번째 일반원칙이다.

6. 우리가 결정적인 기세의 주도권을 장악하고 있을 때 적의 위치와 적이 취할 수 있는 기동에 대한 정보의 입수는 매우 중요하다. 간첩의 운용은 많은 수고가 들지 않는다는 측면에서 매우 유용한 수단이 될 수 있다. 그러나 보다 유용한 것은 유격대를 동원하여 모든 방향에서 전 지역에 대해 샅샅이 뒤지는 것이다. 지휘관은 모든 방향으로 소규모의 부대를 파견해야 하며, 그들의 규모를 증가시킬 때는 극도로 신중하게 고려해야 한다. 왜냐하면 대규모 작전에서 이러한 방식을 적용하는 것은 바람직하지 않기 때문이다.…이러한 조심스러운 경계가 없다면, 암흑 속에서 행군하는 것과 다를 바가 없으며, 은밀히 접근해 오는 적에게 우리 자신을 노출시켜 스스로 재앙을 초래하는 결과를 낳을 것이다. 이러한 것들은 너무 소홀하게 다루어져 왔고, 간첩활동을 하는 부대들 또한 충분한 시간적 여유를 가지고 편성되지 않았으며, 이들 부대를 지휘하는 장교들은 그들의 분견대를 적절히 지휘할 수 있을 만큼 충분한 경험을 보유하고 있지 못하였다.

조미니는 또한 정보의 전달문제에 대해서도 인식하고 있었는데, 그것은 조미니의 시대에는 정보를 획득한 적 진영에서 아군 진영으로 실시간에 전달할 수 없다는 것이었다. 그 결과 정보가 그것을 필요로 하는 곳에 다다르게 될 때면 이미 그 정보는 대개 구식정보가 되어버렸다.

그리하여 조미니는 적의 가능한 일련의 행동에 대응하기 위해 사전에 방책을 준비하고 발전시키는 것이 중요하다고 하였다. 그러한 방책들은 가용한 정보에 근거하여 마련되는데 경험, 적의 사고방식에 대한 친숙함 그리고 전쟁원칙에 대한 건전한 지식 등을 바탕으로 한 체계적이고 논리적인 분석에 의해 보강된다.

조미니의 이러한 주장은 정보에 대한 현대적 분석방법과 유사한 매우 훌륭한 설명이다. 그는 주장하기를, "이러한 방법 때문에 나는 거의 실패하지 않았다고 자신 있게 말할 수 있다…나는 내가 말한 방식대로 방책을 마련하고 문제점을 해결하는데 있어서 두 번이나 세 번 이상의 실수를 저지른 적이 없다."

그와 동시대에 존재했던 많은 '근대적' 군대가 첩자의 활용을 매우 소홀히 하고 있음을 간파하고 나서(러시아 군대는 제외), 조미니는 그의 저서 "전쟁술" 가운데 정보에 관한 부분에서 다음과 같은 일련의 권고를 제시하고 있다. 이러한 권고들은 그 당시 처음 씌어졌던 때와 마찬가지로 오늘날까지 군사지휘관과 정보전문가에게 귀중한 교훈이 되고 있다.

1. 지휘관은 정보를 획득할 수 있는 어떠한 수단도 소홀히 해서는 안 된다.…
2. 아무리 불완전하고 모순된 정보라 하더라도 그 안에서 진실이 가려질 수 있으므로정보획득 수단을 증가시켜야 한다.
3. 이러한 수단들 가운데 완벽히 의지할 수 있는 수단은 없다.
4. 언급된 방법에 의해 정확한 정보를 획득하는 것이 불가능하므로, 지휘관은 스스로가능성 있는 방책에 근거하여 여러 가지의 행동 대안을 준비하여야 한다.…그리고 전쟁술의 원칙을 잊어버려서는 안 된다.

다시 말해서, 정보는 결코 완전한 것이 아니기 때문에 작전상 우발계획을 준비하고 전쟁원칙을 정확히 적용하여 불확실성에 대처해 나가야 한다는 것이다.

조미니는 전쟁에 사용되는 신호통신을 비롯한 효율적인 통신체계의 중요성에 대해 그리고 기구(氣球)를 전장의 정찰을 위해 사용하여야 한다고 강조하면서 정보에 대한 논의를 종결하고 있다. 이와 같이 전쟁에서 정보의 역할에 대한 그의 지각 있는 연구는 전근대적 정보로부터 20세기의 정보로 이행하는 과도기적 성격을 가졌다는 점에서 우리의 주목을 끌고 있다. 지금까지 검토한 전쟁에서의 정보의 가치와 역할에 관한 손자, 클라우제비츠, 조미니의 견해들을 요약하면 다음과 같다.

〈표Ⅵ-2〉 손자, 클라우제비츠, 조미니의 견해 비교

구분	손자	클라우제비츠	조미니
지휘통제	어렵지만 국지적이고 전술적인 수준에서는 가능하다.	작전적·전술적 수준에서 불가능한 것은 아니지만 매우 어렵다.	어렵지만 신중하게 준비한다면 작전적 수준에서도 불가능하지 않다.
정보의 가치를 바탕으로 전쟁에서 성공을 거두기 위한 핵심요소	·신뢰할 수 있는 정보를 입수하기 위해 최대한 노력한다. ·정보를 기초로 모든 계획을 수립하고 기만을 광범위하게 활용한다. ·적이 정보를 입수하지 못하도록 하기 위해 최대한 노력한다.	·정보는 믿을 수 없기 때문에 가능한 한 최대한의 병력을 투입하고, 병력을 집중시켜야 한다. ·지휘관의 직관을 활용한다. ·적이 정보를 입수하기 곤란하도록 불확실성을 창출한다.	·개연성 있는 우수한 정보를 입수하기 위해 모든 노력을 다해야 하며, 동시에 이것이 완전하지 않다는 점을 인식해야 한다. ·올바른 전쟁원칙을 기초로 계획을 수립하고, 항상 최대한의 병력을 집중시켜야 하며, 예상하지 못한 상황에 대비하여 예비병력을 유지하여야 한다.
문제점	·정보에 과도하게 의존하고 있으며, 기만을 만병통치약으로 여긴다. ·마찰을 과소평가하고 있으며 계획수립의 가치를 과대평가하고 있다.	·정보와 기만의 가치를 무시하고 있다. ·지휘관의 직관과 맹목적인 군대에 과도하게 의존하고 있다. ·사건에 대해 지나치게 작은 통제력을 가정하고 있다.	·현대적이고 균형적이며, 현실적인 접근이다. ·전쟁원칙의 올바른 검토 및 적용에 과도하게 의존하고 있다.

구분	손자	클라우제비츠	조미니
정보가 논의되는 범위	전쟁의 모든 수준	작전적·전술적 수준	전략적 수준 및 상위의 작전적 수준
정보에 대한 태도	신뢰할 수 있는 정보를 입수하는 것이 가능하며, 이는 전쟁에서 성공을 거두기 위한 핵심요소이다.	정보는 대체로 신뢰할 수 없으며 급속하게 무용지물이 되므로 마찰의 한 형태에 불과하다.	정보를 적절하게 확인 및 확증하고 분석할 수 있으며, 이는 계획을 수립하고 실행하기 위한 기초가 된다.
정보를 입수하는 원천	첩자, 정찰요원	적과의 직접적 접촉, 지휘관의 직접적 관찰	첩자, 전쟁포로, 논리, 조직적 분석, 기구, 특수 정찰부대
합리적 결정 및 예측수립의 가능성	·정확한 정보를 바탕으로 신중하게 계산된 합리적 계획을 수립할 수 있다. ·예측이 가능하며, 신중한 계획수립은 승리를 달성하기 위한 핵심 요소이다.	·전쟁은 마찰과 우연, 그리고 불확실성에 의해 좌우된다. 따라서, 비록 우리가 합리적 결정을 내리고, 계획을 수립하기 위해 최선을 다해야 한다고 하더라도, 이들에만 의존할 수는 없다. ·전쟁에서 예측을 하는 것은 거의 불가능하다. ·지휘관의 직관은 합리적 계산 못지않게 중요하다.	·우수한 정보를 바탕으로 합리적이고 성공적인 계획을 수립할 수 있다. ·전쟁원칙을 보다 잘 이해함으로써, 합리적인 결정을 내리고, 마찰을 감소시킬 수 있으며, 따라서 성공을 거둘 가능성을 높일 수 있다. ·마찰과 우연의 영역을 무시해서는 안된다. ·계획을 실행하기 위해서는 지휘관의 직관이 중요하다. ·예측을 하는 것이 가능하며, 불완전하다고 하더라도 이는 유용하다.

오늘날 급속하게 발전하고 있는 정보기술의 혁명은 '관측'과 '판단'의 절차를 수행하기 위한 전자정보기술의 신뢰성을 증가시켰다. 전자정보기술의 신뢰성 증가는 전쟁에서의 정보의 역할에 대한 손자와 조미니의 주장과 정보와 지각영역에 대한 정보공격 효과에 진실성을 부여한 하나의 새로운 요소가 되었다. 비록 정보기술이 전쟁의 인적요소를 변화시키지는 않았다 하더라도 군과 정치적 영역의 의사결정자들이 그들의 세계를 인식하고 분쟁에 대한 신념을 개발하며, 그들의 군사력을 지휘함에 있어 탁월한 수단이 되고 있다.

참고문헌

국방대학교, 정보/전자전 개론. 서울 : 국방대학교, 2000.

노병천, 기적의 손자병법. 서울 : 양서각, 2006.

마이클 한델 저, 박창희 역, 클라우제비츠, 손자 & 조미니. 서울 : 평단문화사, 2000.

로버트 그린 저, 안진환 · 이수경 역, 전쟁의 기술 : 승리하는 비즈니스와 인생을 위한 33가지 전략. 서울 : 웅진 지식하우스, 2007.

이종학, 클라우제비츠와 전쟁론. 서울 : 도서출판 주류성, 2004.

존 키건 저, 황보영조 역, 정보와 전쟁 : 나폴레옹에서 알 카에다까지. 서울 : 까치글방, 2006.

클라우제비츠 저, 이종학 역, 전쟁론. 서울 : 일조각, 1994.

Baron De Jomini 저, 국방대학원 역, 조미니의 전쟁론. 서울 : 국방대학원, 1987.

Edward Waltz, Information Warfare : Principles and Operations. Norwood : Artech House, Inc., 1998.

John Arquilla, David Ronfeldt, In Athena's Camp : Preparing for Conflict in The Information Age. Santa Monica, CA : RAND, 1997.

Karl Von Clausewitz, War, Politics & Power. Translated and Edited by Edward M. Collins. South Bend : Regnery/Gateway Inc., 1962.

Michael I. Handel, ed., Leaders and Intelligence. Routledge : Frank Cass Publishers, 1989.

Michael I. Handel, War, Strategy and Intelligence. Routledge : Frank Cass Publishers, 1989.

Michael I. Handel, ed., Intelligence and Military Operations. Routledge : Frank Cass Publishers, 1990.

Michael I. Handel, Masters of War : Classical Strategic Thought. 3rd edn,. Routledge : Frank Cass Publishers, 2006.

Mark M. Lowenthal, Intelligence : From Secrets to Policy. New York : CQ Press, 2000.

Max Boot, War Made New : Weapons, Warriors, and The Making of The Modern World New York : Gotham Books, 2006.

Sun Tzu, Sun Tzu : The Art of War. Translated by R. D. Sawyer. New York : Barnes & Noble, 1994.

Thucydides, The Landmark Thucydedes : A Comprehensive Guide to the Peloponnesian War. Edited by Robert B. Strassler. New York : The Free Press, 1996.

Walter Perry, David Signori, John Boon, Exploring Information Superiority : A Methodology for Measuring the Quality of Information and Its Impact on Shared Awareness. Santa Monica, CA : RAND, 2004.

William E. Odom, America's Military Revolution : Strategy and Structure after The Cold War. Washington, D. C. : The American University Press, 1993.

Ⅶ. 국제분쟁과 테러 그리고 민사작전

길 병 옥 (충남대학교)

Ⅶ. 국제분쟁과 테러 그리고 민사작전

길 병 옥 (충남대학교)

1. 서론

대테러전이 전개되는 시점에서 그리고 이라크에서 내전이 끝도 없이 진행되는 상황에서 촘스키(Noam Chomsky)는 미국의 제국주의적 패권의 일방적 독단에 대해 신랄하게 비판한바 있다(Chomsky, 2006; 2003). 9.11테러의 처참함과 그 만행에 대한 국제사회의 응징은 당연한 귀결이지만 그보다 먼저 기독교 중심의 자본주의 시장경제와 이슬람 세계의 대결양상(McWorld vs. Jihad)으로 표현되어 전체의 역사, 문화, 사회질서, 국가정체 등을 뛰어넘어 문명사이의 갈등으로 표출한 것에 대한 자성이다(Huntington, 1998; Barber, 1996).

결국 국제테러라는 심각한 문제가 발생하기 이전에 그것을 해결할 능력을 저버리고 서로 다른 세계관에 대한 이해의 관점이나 틀을 갖추지 못했다는 근시안적 세계관의 문제가 참혹한 결과를 낳았다고 해석한다. 국제문제에 있어서 이러한 우리 아니면 그들(we vs. they)이라는 양극화가 결국 극단적인 대결로 치닫는데 대부분 특정체제의 문화적, 역사적, 학문적, 경제적 및 정치적 범주의 테두리에서 벗어나지 못하는 것이 문제가 되어왔다(Derrida, 1998; 1994).

이론적으로도 근시안적 터널비전을 가진 부분적 담론(partial discourse)으로부터 이해와 해석의 영역을 넓히는 데 있어서의 한계가 국제정치 무대에서 자주 독설로 치닫는 경우가 나타났다. 극한상황으로 전쟁과 테러 그리고 인권유린과 인종차별로 발생하는 갈등양상 등 국제분쟁 양상은 해결불가능의 지경에 이르는 모습을 보이고 있다.

사실상 분쟁의 한 유형으로 지속적으로 나타나고 있는 국제테러는 개개인의 안전은 물론 전 인류의 안전까지 뒤흔들어 놓을 정도로 심각한 위기에 봉착해 있다. 전 세계를 경악케 한 9.11테러와 같은 종교적 원리주의자들의 문제뿐만 아니라 사이버 공간에서의 범죄해위에 이르기까지 테러의 수단과 방법은 나날이 지능화 되고 다양해지고 있다. 테러의 대상 또한 목적달성을 위한 상징적 수준에 그치는 것이 아니라 민간인을 블문하고 반인륜적이고 무차별적 성격을 띠고 있다.

이처럼 문명차원에서의 이분법적인 구분이 가져오는 폐단뿐만 아니라 중요한 정책결정을 하는 시점을 놓치거나 국제질서의 전후사정을 정확히 이해하지 못한 경우 또한 참으로 해결이 난망한 어려움을 겪게 된다. 따라서 국제정치학, 군사학, 안보학 등과 같이 국제관계를 연구하는 학자들이 받는 가장 신랄한 비평중의 하나가 9.11 테러, 구소련의 붕괴, 신세계질서의 부상 및 동아시아 지역에서의 경제위기와 같은 변화를 미리 예측하여 대안을 제시하지 못한 것이다.

이러한 이론적 한계는 촘스키가 지적하는 바데로 기존의 주류학자들을 포함하여 정책결정자들의 세계관이나 역사인식에 있어서 근본적인 변화가 있어야 한다는 점을 시사한다. 기본적인 인식 또는 정책의 변화는 새로운 관점이나 정책적 대안에 대한 희망과 청사진을 필요로 한다. 보다 장기적인 관점에서 새로운 대안이 가져다주는 이득이 현실적인 이익에서 비교우위를 가질 수 있어야 그것의 실현가능성은 높아진다. 본 장은 이러한 국제분쟁과 테러를 이론적으로 분석해보고 그 해결방안으로 국제평화활동(PKO)과 민사작전의 구체적 내용에 대해 살펴보고자 한다.

2. 국제테러 및 테러리즘

국제테러 및 테러리즘의 정의는 다음과 같다. 일반적인 사전적 의미는 현존하는 정부 또는 정치체제를 전복하거나 변화시키는 등의 정치적 목표를 달성할 목적으로 공포와 위협을 통해 무고한 시민이나 비전투원에게 가하는 폭력행위를 의미한다(Faludi, 2007). 선전

포고 없는 전쟁(undeclared war)으로서 국제테러는 주권국가 혹은 특정단체가 정치, 사회, 종교, 민족주의적인 목표달성을 위해 조직적이고 지속적인 폭력의 사용 혹은 폭력의 사용에 대한 협박으로 광범위한 공포분위기를 조성함으로서 특정 개인, 단체, 공동체 사회 그리고 정부의 인식변화와 정책의 변화를 유도하는 상징적, 심리적 폭력행위를 포괄한다(Combs, 2008).

더욱이 폭력적 행위의 한 형태로서 항공기 납치, 요인암살, 공중시설 폭파 등 다양한 수단을 통해 상대방의 공포를 유발하는 행위로서 특징으로 특정한 위협이나 공포로 인해 모든 인간들이 심적으로 느끼게 되는 극단적인 두려움의 근원이 되는 것으로 특정한 전장이 없고 사전 보안이 유지된 가운데 비교적 소규모로 비밀스럽게 진행된다. 미국 국무부에 의하면 국제테러는 주로 정치적 동기에 의하여 민간인을 상대로 행하는 폭력행위(premeditated, politically motivated violence perpetrated against non-combatant targets by sub-national groups or clandestine state agents usually to influence an audience)로 정의된다(US Depart. of State, 2008).

따라서 테러리즘의 구성요소는 정치적 목적이나 동기, 폭력의 사용 또는 사용 위협, 심리적 충격과 공포 유발, 소기의 목표나 요구를 관철시키려는 의도 등이고 그 목적은 정치, 경제, 사회, 종교 등의 목적을 포함하여 일반 대중의 주목끌기, 요구사항과 명분 알리기, 사회적 지위획득과 정당성 추구 등에 있다. 그러면 여기에서 국제테러의 원인에 대하여 이론적 논의를 해보고자 한다.

가. 국제테러의 원인과 테러리즘 관련 이론

냉전기 국제테러의 원인은 근대화로 인한 경제적 불평등, 사회적 기회의 불평등, 종교적 핍박, 계급간 갈등 등이 주를 이루었다. 탈냉전 이후부터는 세계화 및 국제화로 인한 탈국가주의적이고 대량살상형의 테러 증가, 세계체제의 구조적 모순 지속, 개인적 기대감 및 욕망 증대 등이 상대적으로 국제테러를 일으키는 주요한 원인이 되고 있다. 따라서 국제테러의 발생원인 관련 이론은 정치, 경제, 사회문화, 종교, 이념 등의 분야에서 발생하는 인식의 차이에 대한 논의가 주를 이룬다(김상범, 2002; Pillar, 2001).

먼저 국제정치체제 이론에서 보면, 국제테러는 정치, 경제 및 군사적인 측면에서 상대적으로 열등한 국가가 특정의 목적달성을 위해 행하는 행위로 규정된다. 특히 저개발국가 또는 제3세계 국가들의 탈식민지화 과정에서 발생하는 경우가 많은데 민족전쟁이나 종교전쟁 등이 여기에 속한다. 회교도 원리주의자들에 의한 폭탄테러, 인질납치, 항공기 폭파, 요인암살 등이 대표적이고 가장 참혹한 경우가 9.11 테러와 같은 경우이다. 동일현상의 비대칭적이고 이중적인 판단기준에 대한 대립양상(한쪽은 테러국/테러지원국, 다른 한쪽은 자유/평화의 수호자로 해석됨)이 종종 전쟁으로 치닫고 있다.

두 번째로 현대사회구조 이론으로서 현대사회의 생태학적 특징(고도의 도시집중화, 과학기술의 발달로 인한 무기체계의 첨단화, 고도화된 교통체계 및 대중매체 등)은 테러리스트들의 공격표적, 은신터전, 주요 활동무대 등으로 활용되고 있다는 지적이다. 과거 게릴라 유형의 테러집단이 현대사회로 옮아감에 따라 점조직으로 네트워크화 되어가고 있고 사이버 공간에서의 테러 또한 하나의 형태로 자행되고 있다는 것이 특징이다.

세 번째로 세계체제 학파가 제시하는 이론이다. 세계경제체제가 중앙(center), 반주변(semi-periphery), 주변(periphery)으로 구분되어 있고 중앙과 반주변, 중앙과 주변, 반주변과 주변, 주변과 주변 사이에 나타나는 정치, 경제 및 사회의 혼란 및 갈등의 결과르 테러가 발생한다는 논리이다. 주로 변형되거나 새로운 시각을 가미한 종속이론에 바탕을 둔 이러한 주장은 테러의 원인이 주로 경제예속의 장기화 및 경제적 식민지화에서 비롯된다는 점을 부각시킨다.

네 번째로 마르크스 이론은 자본주의 시장경제체제에서 오는 사회적인 갈등과 계급투쟁의 산물로 테러의 원인을 규명한다. 세계체제 학파와 비슷한 형태로 체제적 마르크스주의자들은(structural Marxists) 시장의 실패에서 오는 구조적 모순에서 테러가 발생한다는 점을 지적하고 포스트 마르크스주의자들은(post-Marxists) 후기산업사회의 문화적 충격에서 오는 갈등을 국제분쟁의 원인으로 해석한다. 이들은 또한 자본주의체제에서의 국가 및 사회문화의 역할과 기능에서 오는 문제점과 체제적 불평등 등에 대한 이의제기를 하면서 테러의 원인을 찾기도 한다.

다섯 번째로 사회심리학적인 분석이다. 흔히 상대적 박탈감 이론 또는 좌절-공격이론(frustration-aggression theory)이라고도 불리는데 테러의 유형은 사회적 욕구 불만에서 오는 혼란상과 봉기 등과 같은 형태로 나타난다. 사회 · 심리적 측면에서 비합리적인 법적용, 상대적인 박탈감(relative deprivation) 그리고 기대와 실익간의 괴리에서 오는 테러리즘을 분석한다. 시대나 상황에 따라 다르기도 하지만 때에 따라서 개인의 사회적 좌절감은 포퓰리즘(populism)의 한 단면으로 또는 반정부 시위와 같은 시기에 표출되기도 한다.

마지막으로 동일시 이론이다. 많은 경우는 아니지만 사이버 공간이나 일반 대중매체에서 나타나는 테러를 목격하고 자신의 처지와 똑같이 연상하여 테러를 자행하는 경우를 말한다. 괴기영화나 공상소설 또는 폭력성의 대중매체를 통해 자기환상적으로 도취에 빠져 테러리스트 또는 인질/희생자와 동일시하고 범행을 자행하는 현상이 최근에 나타나고 있다.

이론적으로 테러의 원인을 분석하는 틀은 다르지만 국제테러는 국제규범과 법익을 크게 침해할 뿐만 아니라 인권을 유린하고 인류문명을 파괴하는 행위로써 국제법과 규제, 국제협력을 통한 근절의 대상임에는 이론의 여지가 없다. 국제테러는 민간인을 비롯한 무고한 인명에 대한 무차별적인 폭력행사로서 인간의 생존권과 지구촌 사회의 자유민주주의 법질서를 심히 위태롭게 한다는 점에서 반사회적 · 반인류적 · 반문명적 범죄행위임에는 틀림이 없다.

나. 국제테러 발생현황, 특징 및 조직유형

국제테러는 탈냉전이후 그 발생 빈도수가 많이 줄어들기는 했지만 사실상 파괴적인 측면에서 사상자 수는 기하급수적으로 증가되었다. 미 국무부의 국제테러 유형에 관한 보고서(Patterns of Global Terrorism)에 의하면 2003년 국제테러 발생 수는 190건, 사상자는 1,900여명에 탈하고 있다. 다음의 표에서 나타난 바와 같이 1980년대 중반까지 최고조에 이르렀던 국제테러 발생빈도는 1990년대 들어 다소 감소한 반면, 미국을 대상으로 한 테러리즘은 1970년대 11건, 1980년대 72건, 1990년대 135건으로 급격한 증가추세에 있다(채재병, 2004; 김상범, 2002). 지역별로는 중동지역과 아시아지역이 테러 발생빈도가 상대적으로 다른 지역보다 높고 대중매체 등을 통한 홍보효과가 큰 민간시설이 테러리즘의 주요 공격대상이 되어 왔다. 한국의 경우 무장공비의 청와대 습격(1968.1.21), 대한항공 YS-11기 납치(1987.11.29), 미얀마 아웅산 대통령 시해 기도(1983.10.9), 대한항공 858기 폭파사건(1987.11.29), 동해안 잠수함 침투사건(1996.9.18), 탈레반 한국인 인질사건(2007.7.20) 등이다.

〈표 Ⅶ-1〉 국제테러리즘 발생현황

연도	1982	1983	1984	1985	1986	1987	1988	1989	1990	1991	1992
발생수	487	497	565	635	612	665	605	375	437	565	363
사상자	1,094	1,925	1,300	2,042	2,284	2,905	1,789	1,082	620	738	335
연도	1993	1994	1995	1996	1997	1998	1999	2000	2001	2002	2003
발생수	431	322	440	296	304	274	395	426	355	198	190
사상자	1,502	977	6,380	2,963	914	6,693	906	1,196	5,783	2,742	1,900

〈표 Ⅶ-2〉국제테러리즘 지역별 발생빈드

구분	아프리카	아시아	유라시아	남미	중동	서유럽
1995	10	16	5	92	45	272
1996	11	11	24	84	45	121
1997	11	21	42	141	37	52
1998	21	49	14	111	31	48
1999	52	72	35	123	25	85
2000	55	98	31	192	16	30
2001	33	68	3	201	29	17
2002	6	101	8	46	35	9
2003	6	80	2	20	67	33

〈표 Ⅶ-3〉국제테러리즘 주요 공격대상

구분	아프리카	아시아	유라시아	남미	중동	서유럽
1995	10	16	5	92	45	272
1996	11	11	24	84	45	121
1997	11	21	42	141	37	52
1998	21	49	14	111	31	48
1999	52	72	35	123	25	85
2000	55	98	31	192	16	30
2001	33	68	3	201	29	17
2002	6	101	8	46	35	9
2003	6	80	2	20	67	33

탈냉전이후 국제테러의 발생 목적, 유형 및 특징을 살펴보면 과거 정치적 목적에서 사회적, 종교적, 민족적, 경제적 목적 등의 다양한 테러의 형태가 등장하였고, 유형 면에서 요인암살, 인질납치, 자살폭탄 공격, 항공기 납치/폭파, 마약테러, 환경테러, 정보통신 관련 국제테러로 다양해지고 있다. 탈국가주의적이며 소규모의 점조직으로 그 근원을 파악하기 어렵고 생화학 · 핵 · 방사능(CBRN; chemical, biological, radio-logical, nuclear)을 포함한 대량살상무기의 보유/사용 가능성 증대, 목적추구 및 위협수단의 다양화, 테러 관련 정보확보의 어려움 등이 특징이다.

국제테러리즘 경향으로 보았을 때 발생요인의 다양화, 다수준화 및 다차원화(특히, 정치적 이데올로기가 아닌 종교적 이데올로기가 주요 동기로 등장)를 들 수 있고 테러의 목적이 변질(주권인정, 구속자 석방에서 경고 및 존재인식 또는 적대세력에 대한 응징 보복과 메시지 전달 등으로 전환)되었다고 할 수 있다. 테러분자의 공격목표 또한 적대세력의 수뇌부 또는 핵심시설에서 민간시설을 공격하는 사태로 변화되었다. 문제가 되는 부분은 테러 공격에서의 핵 및 생화학 무기의 사용 가능성 증대(핵물질 밀수출 및 생화학 무기 개발/운송수단 개발의 용이성 증대) 되었다는 것이고 무기체계의 혁신적 발달로 인하여 첨단 무기의 접근이 용이해짐으로서 테러로 인한 인명피해 및 치명성이 증가된 점이다.

또한 자살테러의 급증(9.11테러, 러시아 여객기 폭파 등)이라든지 미래의 테러리즘인 사이버 테러리즘의 출현(정보혁명이 사이버 테러리즘의 배경이 되고 있음), 그리고 불법이민, 마약거래, 무기구입 등을 목적으로 한 테러분자들의 불법적 밀입국 확산(테러리즘과 초국가적 범죄 이슈들과의 연관성 증가)이 문제가 되고 있다.

간단히 설명하면 국제테러리즘의 특징은 테러주체인 초국가집단 및 비국가 행위자 증가; 요구조건이나 공격주체가 불분명하여 추적이 곤란; 전쟁수준의 무차별공격으로 피해 막대; 규모나 대상에 있어 불특정 다수에 무차별적 테러 급증; 그물망/세포 조직으로 형성되어 있어 무력화가 난망; 테러의 긴박성으로 인해 대처시간 부족; 효과적인 테러방지 수단의 제한; 대량살상무기 사용에 대한 새로운 대처방법의 강구 필요; 언론매체 및 사이버 공간활용으로 공포의 확산 용이; 사건의 대형화로 정치적 부담 증가; 중산층 및 사회 지도자들의 충원으로 테러가 지능화 등으로 요약된다(채재병, 2004; Pillar, 2001).

다음으로 국제테러리즘 조직유형은 테러리즘 수행집단의 목표와 신념에 따른 조직구분이 가장 일반적이고 그 내용은 사회혁명적, 인종/민족주의적, 종교적, 경제적 테러조직으로 대별된다(Waldmann, 1988). 또한 조직형태로서 반체제 또는 체제지원세력과 같은 테러집단, 테러의 발생요인, 테러의 수단과 방법에 따른 유형으로 구분이 가능하다(US Depart. of State, 2008).

먼저 조직형태에 의한 구분으로 기존의 질서파괴, 국가전복 및 권력획득을 목적으로 하는 반체제 테러조직이 있다. 구체적으로 범죄집단조직(범죄조직으로 인질을 납치하여 몸값획득이나 구속자 석방 요구하는 마약테러조직, 이탈리아의 마피아 집단 등), 허무주의 테러조직(체계적 정치행동계획은 있으나 구체적 목적이 결여된 허무주의 조직으로 독일의 바다 마인호우(RAF) 그룹, 일본의 적군파, 이탈리아의 붉은 여단 등), 민족주의 테러조직(국가로부터의 분리 및 독립을 요구하는 집단으로 바스크 조국과 자유(ETA), 부르타뉴 해방전선(FLB), 시크교도 분리 독립파, 아르메니아 해방 비밀군(ASALA), 모로 민족 해방전선(MNLF) 등), 혁명형태 테러조직(정치체제 탈취 및 국가 또는 세계질서의 변혁을 추구하는 팔레스타인 해방기구(PLO), 하마스(HAMAS), 이슬람 성전운동(JIHAD), 민족저항무장군(FARN), 파라군드 · 멀티 민족해방전선(FMLN), 트파크 · 아말 혁명운동(MRTA) 등)이 그 예가 된다고 할 수 있다(김상범, 2002).

체제지원 테러조직은 국가 또는 지배계층이 기존의 권력과 권위에 반대하는 도전을 억제하기 위해 행사하는 무력행사 조직을 의미한다. 구체적으로 자경단 테러조직은 가장 제도화되지 않은 조직으로 테러의 수행주체가 개인인 경우가 많다(IRA에 대항하여 결성된 북아일랜드 프로테스탄트계의 과격파 조직 아르스타 방위협회(UDA), 아르스타 자우전사단(UFF), 아르스타 의용군(UVF) 등). 남미 과테말라의 암살부대 흰 손 또는 보라색 장미 등과 같은 비밀공작원 테러조직도 있다. 또한 나치학살, 쿠르드족 학살 등과 같이 목적달성을 위해 특정조직이나 단체 및 민족을 말살하는 대량살상형태의 테러조직도 있다.

두 번째로 발생요인에 의한 구분이 가능한데 혁명적 테러조직(체제전복을 궁극적 목적으로 하는 독일의 바다 마인호우(RAF) 그룹, 일본의 적군파, 이탈리아의 붉은 여단 등), 정치적 테러조직(기존 세력에 반대하는 정치적 신념과 이상을 가진 테러조직으로 백인우월주의 KKK), 종교적 테러조직(종교적 박해에 대한 반항 또는 종교적 이념을 전파하기 위한 테러조직으로 대부분의 이슬람 원리주의자 조직), 민족주의적 테러조직(소수민족이나 종교집단의 이해를 증진시키기 위한 테러조직으로 이슬람 원리주의자 조직, 스페인 바스크 독립국가 건설을 목표로 한 ETA, 북아일랜드 독립을 목표로 한 IRA, 팔레스타인 해방기구 PLO 등), 목표지향적 테러조직(구체적인 정치적, 종교적, 민족적 목표를 가지고 폭력을 자행하는 오사마 빈 라덴, 탈레반 조직 등), 환경주의적 테러조직(환경보호라는 명분으로 과격한 폭력을 자행하는 지구해방전선(ELF) 등)이 있다(김상범, 2002).

세 번째 테러수단 및 방법에 의한 구분은 요인암살 조직(20세기 중반 오스트리아, 세르비아의 검은 손, 1995년 이스라엘 라빈 수상 암살조직 등), 인질납치 조직(구속자 석방, 정치적 또는 물질적인 양보, 정치선전 등이 목적인 남미의 혁명분자 조직, 이슬람 원리주의자 조직 등), 자살폭탄 공격조직(차량이나 몸에 폭탄을 지니고 자폭하는 중동지역 테러리즘의 전형), 항공기 납치/폭파조직(항공기 납치, 공중폭파, 공항시설 및 항공기 이용객에 대한 공격행위를 일삼는 남미의 혁명분자 조직, 이슬람 원리주의자 조직 등), 사이버 공격조직(정보통신기술을 이용한 사이버 공간상에서의 무차별 공격행위를 하는 해커, 네덜란드 트라이던트, 러시아 지하해킹마피아 등) 으로의 조직구분이 가능하다(김상범, 2002).

이러한 국제테러를 지원하는 국가를 미국 하원 외교위원회는 테러지원국으로 명명하고 "영토를 성역으로 사용할 수 있도록 제공, 테러활동에 사용할 수 있는 치명적 물자를 개인이나 집단에 제공, 테러리스트나 그 집단에 군수지원, 테러리스트와 그 조직에 은신처나 본부를 제공, 테러활동 수행의 계획, 지시, 훈련 또는 지원 제공, 테러활동에 대한 직접 또는 간접적 재정지원, 테러활동을 지원 또는 교사하기 위해서 서류작성 등의 외교적 수단을 제공하는 국가"(US House of Representative, 2008)를 지칭한다. 2008년 10월 북한은 공식적으로 테러지원국에서 해제된 바 있지만 쿠바, 이란, 이라크, 리비아, 수단, 리비아 등이 테러지원국으로 지목되고 있다.

세계 각국은 이러한 국제테러에 대비하기 위해 국가 법제도를 구축하고 국제협력을 강구하고 있다. 하지만 국제사회는 테러집단의 제거 또는 테러행위의 억제에는 노력해 왔지만 테러원인 규명 및 제거에는 한계를 보여 왔다. 대응차원에서 단기적 군사적 대응과 장기적 비군사적 대응이 전개되어 왔고 반테러의 수단으로는 국내법/제도, 외교/국제기구/레짐, 정보/비밀작전, 경제적 제재/재정압박, 군사력, 국제/국내 관련기관 협조 등이 있다. 대테러리즘의 한계로 이념적, 종교적, 문화적 차이와 내재된 갈등양상 지속, 사회구조적인 모순(계급, 계층간의 갈등 등), 국제체제적인 한계(힘 및 경제력의 불균형 등), 정보공유 등 국제협력체계의 한계, 국내정치제도상의 문제 및 대처능력의 한계 등이 문제로 지적되어 왔다(문정인, 2002).

국제테러리즘의 향후 전개양상은 다음 몇 가지로 요약할 수 있다(국방부, 2006; 문정인, 2002). 첫째, 체제적인 측면에서 정치적, 종교적, 경제적 등 지구촌의 체제적 갈등의 지속 가능성이 있다. 특히 중동지역의 종교적 권리 및 위상, 남미지역의 경제적 이득, 선진국내의 개인과 집단간의 정치적 목적 등이 갈등과 분쟁의 이슈로 남아 있다.

둘째, 국제테러주체의 측면에서 국가지원 테러집단의 감소, 테러집단의 지역적 편향성, 비밀테러조직의 NGO와의 연대 가능성 증대, 반체제테러리즘의 지속, 소규모 초국가테러집단의 테러빈도 증가되는 점이 문제이다.

셋째, 국제테러수단의 측면에서 테러리즘의 수단 다양화(전통적인 요인암살, 인질납치, 항공기 폭파 등 포함), 자살테러 확산, 대량살상무기의 사용 가능성 증가, 사이버 테러리즘의 증가, 과학기술 및 무기체계의 발달로 인하여 테러집단의 대량살상무기 접근 및 사용 가능성 증가가 대두된다.

넷째, 대테러국제연대의 차원에서 미국을 비롯한 테러리즘 방지를 위한 국가안보차원에서의 노력 및 대테러국제연대가 적극적으로 추구될 것으로 보인다. 특히 정보능력 제고를 위한 국제협력 증진, 엄격한 법적용, 국가주권 및 헌정수호 차원의 시민의 자유제한 등이 국제규범으로 작용할 것으로 판단된다.

대테러리즘의 정책구상의 일환으로 국가안보의 대상, 내용 및 추구방법의 포괄적 변화가 예상되고 물리적인 군사안보에서 경제, 사회, 인간, 환경안보 등으로 국가안보의 내용 및 범위가 확대되어 국가중심적 군사력 및 동맹관계 유지뿐만 아니라 초국가적이고 비군사적인 요소를 포함하여 국가간의 협력안보를 유지하는 방법을 추구하게 될 것이다. 또한 테러발생과 피해의 최소화를 위해 법/제도적 차원의 정비, 테러전담기구의 운영, 테러관련 정부부서간 정보교류, 업무조정 및 협력, 그리고 국제평화유지활동 등과 같은 다방면의 국제협력 추진이 강화될 것으로 예측된다.

3. 국제평화유지활동(PKO)과 민사작전

대테러전 시대를 통해 국제평화유지활동(PKO)에 대한 관심과 우려가 교차됨에 따라 그 역할과 기능에 대한 논의가 활기를 띄고 있다. 특히 여기에는 지구촌 평화구축 · 유지 · 관리라는 측면과 국제테러 방지를 위한 국제사회의 협력 및 지역간 그리고 국가간 분쟁해결이라는 임무수행이 요구되고 있다(길병옥, 2008; 길병옥 · 길정우, 2006). 한국은 그동안 유엔 회원국으로서 국제평화유지 노력에 적극 동참하고 분쟁지역의 안정화와 평화달성에 기여하기 위해 국군부대를 파견하여 왔다.

탈냉전이후에도 국제분쟁이 지속적으로 나타나고 있는 바, 일반론적인 견해이지만 평화유지활동을 주축으로 한 민사작전(民事作戰, CMO)은 한국의 위상제고와 역할 확대 그리고 국제안보와 평화유지를 위해 필수적인 것으로 판단된다. 하지간 민사작전, 전쟁이외의 군사작전(MOOTW), 평화유지활동 등에 대한 개념적인 부분에서부터 해외파견의 근거, 국제협력의 방향, 후속조치, 앞으로의 과제 등 다양한 분야에 결처 여러 가지 문제가 대두되고 있다.

본 장에서는 민사작전의 기본적인 논의에 대해 길병옥(2008)의 분석과 내용을 원용하여 정리하였지만 최근의 국제상황이 분쟁해결을 위한 적극적 참여보다는 소극적 협력의 유형을 띄우고 있기에 국내외적으로 많은 논란이 되고 있는 사항을 포괄하여 정리하였다.

가. 평화유지활동 정의 및 법적근거

평화유지활동은 각국별로 다소 상이한 점이 있어 명확한 정의는 내려져 있지는 않고 시대와 상황에 따라 여러 가지 목적으로 사용되고 있다. 국제연합은 평화유지활동을 ①UN 안보리나 총회가 행하는 결의에 의거하여 ②국제 평화를 위협하는 지역분쟁과 사태에 대해서 ③분쟁 당사자들이 분쟁해결에 대한 동의가 있는 경우 ④그 분쟁 지역에 이해관계를 갖지 않는 UN 회원국들이 ⑤UN 사무총장의 요청을 받아 자발적으로 군인 및 민간인들을 파견하여 ⑥파견요원들의 정치적 군사적 중립성이 유지되는 가운데 ⑦UN이 주도하여 평화적으로 수습해 나가는 UN활동으로 정의하고 있다(UN DPKO, 2008).

일반적으로는 "분쟁이 악화되어 당사자간의 자체 해결이 곤란한 지역에 UN 및 국제기구의 요청에 의해 각국이 자발적으로 파견한 부대와 요원들에 의해 수행되는 국제평화 및 안전의 유지와 질서회복을 돕기 위한 제반활동 각국에서 자발적으로 파견한 군사 및 민간요원에 의해 비 강제적인 수단을 통해 국제평화 및 안전의 유지, 회복을 돕기 위한 UN주도의 분쟁해결 활동"으로 정의되고 있다(차영구 · 황병무, 2002).

국방부는 평화유지활동을 "분쟁이 악화되어 당사자간의 자체해결이 곤란한 지역에서 각국에서 자발적으로 파견한 군사 및 민가요원에 의해 비강제적인 수단을 통해 국제평화 및 안전의 유지회복을 돕기 위한 UN 주도의 분쟁해결활동"이라고 정의하고 있다(국방부, 2006).

평화유지활동의 탄생은 국제적인 제반갈등을 평화적으로 해결하여 지구상에 항구적인 평화체계를 정착시켜야 되겠다는 인류의 공동선에서 출발하였다. 이러한 분쟁해결 노력은 종전에는 대부분 지역적, 국지적 차원에서 추진되었으나 근래에 이르러 국제적인 분쟁 발생시 안보리 상임이사국의 거부권 행사로 군사적 방법에 의한 강제집행이 무기력하게 됨에 따라 안보리 상임이사국의 거부권 행사를 회피하면서 국제 분쟁을 해결하기 위한 수단으로 탄생하였다.

평화유지활동의 법적근거는 유엔헌장 1장 (국제간의 평화와 안전을 유지)과 6장 (분쟁의 평화적 해결방법), 7장 (평화와 안정을 위한 유엔의 강제 집행권한 부여)에 근거를 두고 활동하고 있다. 한국은 1991년 UN에 가입하여 회원국이 되면서 과거 6 · 25전쟁 수혜국으로서 유엔의 요청에 의해 1993년 7월 최초로 소말리아 PKO에 공병 1개 대대 252명이 유엔평화유지군(PKF)으로 참여하였으며 서부사하라 PKO, 인도 · 파키스탄 PKO, 그루지아 PKO, 동티모르, 아프가니스탄, 이라크 등에서 활동했거나 활동 중에 있다(국방부, 2008).

나. 평화유지활동의 유형 및 개념적 해석

평화유지활동의 유형은 일반적으로 분쟁예방, 인도적 구원, 평화유지, 평화강제, 평화구축 등으로 구분된다(국방부, 2006; 차영구 · 황병무, 2002). 분쟁예방(conflict prevention)은 분쟁이 시작되기 전에 현행 또는 잠재적 분규가 무력을 수반한 분쟁으로 확산되지 않도록 예방적 차원에서 취해지는 제반 활동으로, 사실확인, 상담 사찰 및 감독 등 초기단계의 외교적 조치로부터 군사력의 예방적 전개까지를 포함하는 활동을 말한다.

인도적 지원(humanitarian assistance)은 분쟁상황 하에서 유엔 및 국제기구, 이해 당사국 양자 또는 다자간 그리고 민간기구에 의한 인도적 구호활동, 난민 귀환 지원, 인권침해감시 등 분쟁지역의 주민들을 고통으로부터 해방시킬 목적으로 수행하는 활동을 말한다. 인도적 지원활동은 주로 민간기구 활동을 지원하는 형태이나 때로는 독자적인 민사작전의 일환으로 실시될 수도 있다.

평화유지(peace-keeping)는 분쟁 당사자들이 사전에 합의한 정전협정이나 평화협정을 준수하도록 하여 분쟁을 조기에 수습하고자 휴전 및 정전감시, 완충지대 통제, 부대해산 및 무장해제, 폭발물 제거 등의 임무를 수행하는 활동을 말한다. 통상 유엔헌장 제6장에 기초하여 분쟁 당사자들의 동의가 이루어진 이후에 전개되며, 지금까지 유엔 및 지역기구가 전개해 온 대부분의 활동들이 여기에 해당된다.

평화강제(peace enforcement)는 휴전합의 후 분쟁 당사자간 합의내용을 일방적으로 파기하거나 군사행동을 감행할 경우 필요시 중무장한 평화유지군을 투입하여 강제적으로 평화를 유지 또는 회복하거나 분쟁을 해결하는 활동이다. 최선의 평화유지활동은 분쟁예방을 통해 분쟁을 종결하는 것이지만 평화강제는 최악의 경우 무력개입을 통해 분쟁을 해결하는 것이다.

평화구축(peace building)은 정치 · 경제 · 사회적 안정을 공고히 함으로써 분쟁의 원인을 근원적으로 제거하거나 분쟁이 종식된 이후 평화와 안정을 항구적으로 정착시키는 데 초점을 맞춰 이루어지는 활동이다. 여기에는 인도적 구호활동, 군대해산 · 창설, 경제재건 및 복구, 선거지원 등이 포함된다.

요약하면, 평화유지활동은 일반적으로 다국적 기능을 가지고 있다. 평화유지활동은 지역의 공공선을 유지하기 위한 집단안보의 차원에서 시작되었고 이해 당사국 들의 공동 관심사에 의해 추진되어 왔다. 또한 지역에서 분쟁이 지속되거나 확산 또는 증가되는 것을 해결하거나 지연, 통제하는 역할을 수행한다. 극단적인 무력사용에 대해서는 엄격한 제한이 있으나 때에 따라서는 통상적인 외교협력의 수단보다는 강도가 높은 전투적 성격의 민사작전을 수행하는 경우도 있다.

다. 민사작전의 일반론적 논의

최근 군의 해외파병에 대한 여론이 다양하게 전개됨에 따라 "선 군병력 파병"의 효과분석이 요구되고 있다. 더불어 국력에 비해 우리나라의 PKO 참여가 저조하다는 지적이 있고 파병 때마다 국회의 비준을 받도록 되어 있는 현재의 제도적 틀을 대체할 새로운 법률의 제정이 필요하다는 의견이 제기되어 왔다. 최근에는 기후변화로 인한 대형 재난재해에 대비한 지구촌 차원의 재난안전관리체제의 필요성 또한 앞으로의 과제로 부각되었다.

이러한 다차원적이고 다수준에 걸쳐 전개되는 국제안보환경 변화에 대응하기 위하여 한국의 평화유지활동에 대한 명확한 개념규명 뿐만 아니라 제도적인 뒷받침이 절실하다. 또한 앞으로 국제평화 및 안전을 유지하고 국제연합의 요청에 부응하는 한국군의 제도적 틀을 마련하여 군부대의 파견 및 철수와 임무 수행절차 등을 규정하고 해외파견의 근거를 마련하는 노력이 필요하다.

국제평화유지활동이 국제연합상비체제(UNSAS, UN Stand By Arrangements System)를 거쳐 신속배치단계(RDL, Rapid Deployment Level)로 그 적용개념과 역할이 전환됨에 따라 이에 부합되는 제도적 장치가 구축되어야 한다. 더불어 해외파병의 신속성이 요구되고 작전의 범위 또한 다양해지고 있는 관계로 민사작전의 개념, 절차, 대응방향, 후속조치 등에 대한 다방면의 연구분석과 문제해결방안 마련 및 미래 발전방안 제시가 필요하다는 점을 주지하고자 한다.

민사작전은 그 역할과 기능에 있어서 특정국가의 정치 및 사회문화적인 영향을 많이 받게 되고 행위주체 면에 있어서도 다른 정부기관이나 국제기구 및 비정부기구와 같은 민간단체들과 함께 수행될 수 있기 때문에 군 자체의 노력만으로 그 역할을 수행하는 데는 많은 한계점이 있다. 따라서 개념적인 범위나 내용뿐만 아니라 실질적이고 종합적인 대책을 마련하는 데에도 다소 미흡한 부분이 노출되어 왔다.

먼저 개념적인 면에서 민사작전 또는 국제평화유지활동은 합동참모본부 및 각 군의 교리에 반영되고 있기는 하지만, 아직까지 국내적으로나 국제적으로 구체적인 범위, 내용 및 수단적인 면에서 이론적인 정립이 되어 있지 않다(김년수, 2003). 여기에는 문제인식의 문제를 비롯하여 파병절차, 임무수행의 범위, 후속조치 등 다양한 범위에 걸쳐 논란이 야기되고 있다.

특히 새롭게 등장한 불특정적 위협이 전통적인 군사적 분쟁차원을 뛰어넘어 미래의 국가안보를 위협하는 요소로 부각됨에 따라 국가의 안보전략 전반에 걸친 정책적 방향의 수정이 요구된다는 의견도 제기된바 있다(박선섭, 2002). 주목해야 될 부분은 국제안보환경 및 안보위협 요인의 변화에 따라 전 · 평시 군사작전 자체만을 수행하던 군이 민간부분에도 기여해야 한다는 점이다. 따라서 전쟁, 분쟁, 평시로 구분되는 군사활동의 범주 중에서 분쟁시와 평시의 군사활동으로 분류되는 "전쟁이외의 군사작전"(MOOTW)이 군의 중요한 임무로 인식되고 있다(국방부, 2006; 문영한, 1998).

분쟁지역에서의 군의 "안정화작전" 또는 민사작전은 냉전이전부터 치열한 전투를 수반하지 않는 환경 하에서 지역안정을 증진하고 민주주의의 달성을 위해 수행되어오던 군의 활동에서 그 기원을 찾을 수 있으며, 탈냉전 이후 포괄적 안보개념이 대두됨에 따라 본격적으로 발전된 개념이다. 민사작전은 특정 군부대가 주둔 또는 점령한 지역에서 분쟁해결, 평화유지, 인도적 지원 및 재건복구를 위한 국제기구, 다국적군, 관련국 정부, 시민사회단체 및 주민간의 일어나는 군사활동의 제반사항을 의미한다(국방부, 2006).

한편, 전쟁이외의 군사작전이라는 개념은 전통적인 전쟁이 아닌 비정규전에 대해 소규모전쟁, 게릴라전쟁, 저강도 분쟁이라는 용어를 사용하면서 알려지게 되었다(길병옥 · 길정우, 2006; 이갑진, 2003). 하지만 저강도에 대한 수준이 모호할 뿐만 아니라 국가의 입장에 따라 같은 전쟁이 전면전과 저강도 분쟁으로 간주될 수 있다는 문제점이 제기되었다. 이후 "우발작전" 또는 "저강도 분쟁에서의 군사작전"이라는 용어를 사용하였지만 통합적으로 적용되는 개념으로 발전하지는 못했다(최종철, 1999).

저강도 분쟁은 "대립하는 국가 및 그룹의 재래식 전쟁 이하 범주와 국가들 간의 일상적이고 평화적인 경쟁 이상의 범주 사이에서 정치 · 군사적인 대결," 저강도 분쟁의 군사작전은 ①전복전(顚覆戰) 및 대전복전 지원, ②대테러 작전, ③평화유지활동, ④평상시 우발사태 작전 등 4가지 유형이 포함된다고 정의되어 있다(US Depart. of Defense, 1990). 이후 1991년 발간된 미군의 "합동작전 교리(JP 1 Joint Warfare of the U.S. Armed Forces)"에서 저강도 분쟁 대신 전쟁이전의 작전(Military Operations Short of War)이라는 용어로 사용되었으나, 현재의 전쟁이외의 군사작전과 비교하여 볼 때 이 개념에는 전투지원이나 재난에 대응한 작전 개념은 포함되어 있지 않았다(윤태영, 2004).

종합하면, 국제평화유지활동과 관련한 전쟁이외의 군사활동 또는 민사작전은 개념적인 면에서 공통적으로 해당되는 작전활동과 유형이 있으나 그 적용의 범위나 상황 그리고 시대에 따라서는 개념적인 그리고 운영상의 차이가 존재한다. 따라서 일반적으로 민사작전으로 대별되는 국제평화유지활동은 전시, 분쟁시, 평시 가운데 평시 및 분쟁시의 활동으로 지역안정을 증진하고, 민주주의의 최종상태 달성에 기여하며, 곤궁에 처한 지역에 대해 인도지원을 하는 작전활동이라고 정의할 수 있다.

미국 합참은 민사작전을 계획하는데 참고해야 할 사항을 다음과 같이 제시하고 있다(U.S. Joint Chiefs of Staff, 2001). 첫째, 군이 타국가의 정부 및 다른 기관들과 공조하여 작전을 수행해야 함에 따라 기관간의 협조가 이루어져야 한다. 둘째, 모든 민사작전 유형에 적합한 단일 지휘체계는 존재하지 않기 때문에 노력의 통일을 이룰 수 있는 표준형태의 지휘관계를 융통성 있게 사용해야 한다. 셋째, 정보 및 첩보의 수집은 매우 중요하고 전쟁이외의 군사작전을 수행함에 있어서 교전규칙과 관련된 제한사항 이외에도 다수의 제약사항이 따를 수 있기 때문에 이 같은 사항을 잘 고려해야 한다. 다섯째, 합동, 다국적군, 기관간의 작전에 초점을 맞춘 훈련이 개인 및 단위부대별로 이루어져야 한다. 여섯째, 분쟁이후의 작전에 대해서도 사전에 계획해야 한다.

따라서 민사작전은 특정행위를 수행하기 위한 법적 근거뿐만 아니라 전쟁이이외의 군사활동을 수행하는데 있어서 군을 포함한 다양한 기관의 책임 및 한계가 명확히 설정되어 있음을 볼 수 있다. PKO에 참여하는 주요 국가들은 국제법상에서 일반적으로 적용되는 동의, 공정성, 최소한의 무력사용 등의 원칙에 따라 평화유지활동을 수행하고 있다. 분쟁당사자로부터 협조와 동의를 이끌어내는 것은 분쟁법에 기술된 법적 원칙이자 평화유지요원의 행동의 자유 확보에 긴요하므로 임무수행의 성패를 좌우하는 중요한 요소이다.

평화유지활동을 수행함에 있어서 공정성이 결여되거나 특정의 분쟁당사자에게 치우친다는 인식을 주게 되면 동의를 이끌어낼 수 없을 뿐만 아니라, 평화유지군이 분쟁의 당사자로 전락하게 되어 분쟁을 더욱 악화시킬 수 있다(김열수, 2003, 김강녕, 2002). 무력의 사용은 분쟁당사자로부터 동의를 이끌어내는데 악 영향을 미칠 수 있으므로 자위권(자신의 생명이 위협을 받을 경우 이를 보호할 경우)을 제외하고는 어떠한 군사력이라도 사용에 신중을 기해야하고, 사용 시에는 부수적인 피해가 발생하지 않도록 제반 대책을 강구하여야 한다. 한국 또한 이러한 국제적 기준에 부합되는 제도적 기반을 구체화해야 할 것이다.

4. 한국군 민사작전 활동과 제도적 기반구축

가. 한국군 민사작전 활동

한국의 해외파병은 베트남전으로부터 시작되지만 국제평화유지활동에 대한 본격적인 논의는 1991년 9월 남 · 북한이 유엔에 동시에 가입하면서 부터이다(박수길, 2002; 합동참모본부, 1998). 한국이 최초로 평화유지활동에 참여한 것이 소말리아 PKO이다. 1991년 유엔 회원국으로 가입한 한국은 1993년 소말리아에 건설공병대대를 파견한 이래 유엔의 평화유지활동에 적극 참여하여 지역 재건, 의료 지원 등 인도적 활동은 물론, 치안 유지와 평화정착의 임무를 수행하였다(국방부, 2008).

1993년 7월에는 무력충돌과 가뭄으로 기아에 시달리던 소말리아(UNOSOM-Ⅱ)에 250명 규모의 건설공병단을 파견하여 평화유지활동을 펼쳤으며, 1995년 10월부터 1997년 2월까지 160여명 규모의 야전공병단이 앙골라에서, 그리고 1999년 10월부터 2003년 10월까지 3년 동안 대대규모의 보병부대가 동티모르에서, 각각 지역재건과 치안회복을 지원하여 인권 보호 및 평화정착에 기여하였다. 특히 2006년 5월 17일 제23진을 마지막으로 말레이시아군과 그 임무를 교대하고 철수한 서부사하라 국군의료지원단은 1994년 9월부터 10년 이상의 기간 동안 현지 PKO요원 전원에 대한 의료지원임무를 기본으로 지역 주민에 대한 방역지원 및 전염병 예방활동을 전개하였다.

한국군은 1994년부터 인도 · 파키스탄의 유엔정전 감시단을 비롯하여 그루지아, 라이베리아, 브룬디, 수단, 아프간 등에 31명의 영관급 장교를 군 옵서버로 파견하여 해당 지역의 정전감시 및 순찰, 조사, 중재 등의 임무를 수행하고 있다. 또한 2006년 2월과 6월에는 한국군은 현지사령부의 부단장 요원으로 선발되어 인도/파키스탄과 그루지아에서 각각 활동하여 왔다. 2008년 1월 현재 한국군의 PKO 참여는 총 1,060명이고 국방부는 한국의 국제적 지위에 맞는 PKO활동을 전개하고자 노력하고 있다(국방부, 2008).

한국군의 PKO 활동에 대한 평가는 상당히 긍정적이다. 국가 이미지 제고는 물론 국위선양에 많은 공헌을 한 것으로 인식되고 있고 적극적이고 능동적인 인도적 구호활동 및 지역 재건활동은 현지인들에게 한국인의 헌신적인 자세에 대한 호의적인 인식을 심어 주는 결정적인 계기가 된 것이 사실이다(국방부, 2006). 따라서 한국군 해외파병의 성과는 첫째, 유엔 등 국제기구에서의 한국의 국제적 위상의 제고이다. 둘째, 국제 안보분담에 참여하는 평화유지 및 인도주의적 활동을 하는 국가로서 그 이미지가 고양되었다는 점이다. 셋째, 다국적군과의 연합작전 능력을 배양하여 군의 미래작전에 대비할 수 있는 역량을 함양하게 되었고 한국군의 세계화를 촉진시키는 계기가 되었다고 평가할 수 있다.

대내적 측면으로는 첫째, 탈냉전 시대에 군의 역할이 전투뿐만 아니라 평화를 위해 일조할 수 있다는 것과 평화유지활동에 대한 바른 이해를 국민들에게 인식시켜 주는 계기가 되었다. 둘째, 확대되는 평화유지활동의 참여에 대한 이해와 이를 위한 기반 형성이 필요하다는 것을 정부와 국민이 공감대를 함께 할 수 있는 계기가 되었으며, 평화유지활동의 효율적인 수행방안 모색에 대한 필요성을 인식하였다는 평가를 내릴 수 있다.

결국 PKO 파병은 한국군의 전력강화 및 국익증진, 국제평화 및 협력체제 유지, 대내적 안보의식 및 국민적 자긍심 고취에 상당한 효과를 거두고 있다고 판단된다. PKO 활동은 평화와 민주 인권국가로서 헌법의 기본정신은 물론 국방목표의 구현에도 직접적으로 기여할 수 있는 분야이며, 대부분의 동북아 주변국은 법적 제한 또는 내부 사정 등으로 PKO에서의 핵심적 역할수행이 제한되는 상황에서 우리가 주도적으로 추진 가능한 분야이기도 하다(국방부, 2008). 탈냉전 이후 최근 발생한 걸프전, 코소보, 동티모르 등 분쟁의 대부분은 국제사회의 개입과 협력에 의해 해결되어 왔다. 특히 이러한 분쟁해결 방식은 남북이 분단된 한반도의 안보현실을 고려해 볼 때, 평시부터 국제적 공조 체제에 적극 동참하는 노력이 궁극적으로는 우리의 안보에도 매우 긴요함을 시사해 주고 있다.

나. 한국군 민사작전 참여유형

민사작전의 유형은 분쟁예방, 인도적 구원, 평화유지, 평화강제, 평화구축 등으로 구분된다. PKO 활동의 기본원칙(동의성, 중립성, 비강제성, 대표성, 자발성)에 의거 분쟁예방(conflict prevention), 인도적 구원(humanitarian assistance), 평화유지(peace-keeping), 평화강제(peace enforcement), 평화구축(peace building) 등의 활동이 그 유형에 포함된다(국방부, 2006). 앞서 논의한 바와 같이 이러한 참여유형은 국내외적인 여러 가지 제반 제약요소나 국가별로 시행하는 제도적 차이에 따라 다양하게 전개되기도 한다.

특히 민사작전의 참여유형을 세부적으로 비교해 보면 국가별로 능력, 여건, 구분기준이 상이하여 각각 다른 방법과 절차로 운영되고 있고 각 국가들은 자국의 현실적인 능력과 여건에 적합하도록 참여유형을 개발하고 발전시켜 나가고 있는 것을 볼 수 있다. 〈표 4〉에서 보는 바와 같이 국가별로 우선순위를 두고 있는 초국가적 안보위협 요소는 각각 다르기 때문에 각 국가들은 저마다의 안보현실과 상황에 적합한 대응책을 수립해 나가고 있다(육군본부, 2002; Franke, 2005; Sorensen, 2005).

〈표Ⅶ-4〉 아시아 · 태평양 지역국가 및 NATO의 대표적 초국가적 위협

지 역	국 가	관 심 위 협	태평양지역	NATO
동북아시아	일본	•무기 · 탄약밀매 •해적활동 •자금세탁 •불법이민 •전염병확산	•초국가 범죄 •전염병 •테러리즘 •해상범죄 •환경파괴 •무기밀거래 •불법이민	•테러리즘 •정보기반에 대한 사이버 범죄 •대량살상무기의 제조 및 확산 •마약 밀거래 •조직적 범죄 •인도적 위기 및 난민유입 •불법이민 •경제적 도전 •잠재적 원자로 재앙
	중국	•마약밀매		
	러시아	•테러		
	한국	•마약밀매 •밀입국 •해상범죄 •해양환경오염		
동남아시아	필리핀	•국경통과문제 •유괴테러		
	태국	•마약밀거래		
남아시아	인도	•마약거래 •불법무기거래 •불법이민 •테러		
	파키스탄	•테러 •마약거래 •불법이민		
남태평양	도서국가	•환경문제 (해수면 상승)		
	PNG	•인신매매		
	호주	•지식층 범죄 •자금세탁		

각 국가들이 수행하는 민사작전의 유형을 비교해 보면 공통적으로 해당되는 작전유형들이 상당수 존재하는데 한국의 민사작전을 수행하는 일반적인 유형을 도출해 내는 기초자료가 된다. 사실 한국은 〈표 Ⅶ-4〉에 명시된 초국가적인 위협뿐만 아니라 다양한 비군사적 위협에도 직면해 있다. 비군사적인 위협에는 주변국과의 관계를 유지해 나가는데 있어서 갈등과 마찰로 인해 발생될 수 있는 위협에서부터 북한으로 인해 발생될 수 있는 비군사적 위협요소도 상당수 존재하고 있다.

특히 북한의 대량 탈북자 유입과 북한의 체제통제능력 상실과 같은 문제들은 사전에 충

분한 대비가 이루어지지 않으면 커다란 안보문제로 대두될 수 있는 사안들이다. 따라서 각 국가들에서 공통적으로 수행되고 있는 민사작전을 한국적인 여건에서 보다 원활히 수행하기 위한 세부적인 개념과 절차를 마련하는 한편 군이 개입되어 해결해야 할 각종 비군사적인 위협들이 충분히 고려되어 한국적 현실에 필요한 전쟁이외의 군사작전 유형들이 도출되고 발전되어야 할 것이다.

한국군에 적용되는 민사작전의 유형은 현재 국제연합의 요구에 의한 분쟁예방, 인도적 구원, 평화유지 등의 활동에 추가적으로 동북아 지역에서 발생하는 국제테러, 해상범죄 예방활동, 마약거래 방지, 환경오염 방지, 국제재난재해 예방 및 복구활동 등이 가능하다고 본다. 한국은 이에 따른 제도적 장치와 국제협력기제를 구축하고 국내외적인 협력방안들을 도출해내는 것이 시급하다.

다. 민사작전 수행을 위한 제도적 기반구축

민사작전은 수많은 정부기관 및 민간단체들과 협력하여 작전을 수행해야 하기 때문에 타 기관이나 단체와 원활한 협조관계를 유지하는 것이 무엇보다 중요하다. 현재 이와 같은 임무는 국방부를 포함하여 국가정보원 및 행정안전부에서 담당하고 있지만 그 운영기반과 시스템을 더욱 보완하여 각부서의 기능과 역할을 명확히 규정하고 국가의 종합적인 안보대책을 수립, 시행할 수 있는 능력을 갖출 수 있도록 발전시켜 나가야 할 것이다.

또한 민사작전을 원활하게 수행하기 위해서는 각 부서간의 협조를 위한 제도와 기구를 마련하는 것 외에도 각 수행주체들 간의 공감대 형성과 국민들의 지지가 뒷받침되어야 한다. 부서간의 유기적 협조를 통한 노력의 통일과 국민의 지지를 보장받기 위한 합법성은 외국에서도 민사작전 원칙으로 공통적으로 강조되고 있는 사항이다. 따라서 민사작전을 위하여 모든 활동의 주체가 상호 유기적으로 연계되어 작전을 효율적으로 수행할 수 있는 체제 또한 구축되어야 한다.

한국에서 민사작전을 수행하기 위한 법률은 〈표 Ⅶ-5〉에서 볼 수 있는 바와 같이 다소 제한적이기 때문에 일부 활동들은 법률상의 근거가 제대로 마련되지 않은 상태에서 이루어고 있다(박선섭, 2002; 엄태암, 2002). 제도적인 부분과 더불어 정부부처간의 협력, 인적ㆍ물적자원의 확보, 정보체계화 등의 문제점도 있다. 따라서 민사작전의 효율적 수행을 위한 법적 · 제도적 장치의 재정비와 필요한 경우 일원화하는 방안도 검토해야 할 것이다.

〈표 Ⅶ-5〉 한국의 민사작전 관련 법률

관련분야	근거법률
간첩의 후방침투 및 국지도발	통합방위법 및 대통령훈령 28호(통합방위지침)
대테러	대통령훈령 47호(국가대테러지침)
재난구조/복구지원	재난 및 안전관리 기본법
자연재해 구조/복구지원	자연재해 대책법
공해상의 불법행위 지원	수난구호법

현재 한국의 민사작전과 관련되는 법률들로 국지도발 및 대테러 작전의 근거가 되는 대통령 훈령 28호와 대통령 훈령 47호에는 비교적 주관 업무부서 및 책임의 한계, 세부적인 절차에 대해서 상세히 명시되어 있으나 재난 및 안전관리기본법, 자연재해 대책법, 수난구호법 등에는 군의 지원근거만 규정되어 있을 뿐 지휘권이나 비용발생시의 비용분담과 관련된 세부적인 규정이 마련되어 있지 않으므로 완벽한 법적 제도화를 이루었다고 보기는 어렵다.

또한 해외 파병활동에 있어서도 평화유지작전(PKO)참여에 대한 법적 제도가 구비되어 있지 않음에 따라 헌법 제60조 2항의 규정에 따라 매 파병시마다 국회의 동의를 거쳐야 하며, 이미 파견중인 지역에도 매년 국회의 동의를 거쳐 파견기간을 1년 단위로 연장을 해야 하는 실정이다(차영구 · 황병무, 2002). 또한 파병업무에 관한 세부사항이 국방부의 규정에 의해 이루어지기 때문에 정부 부처간 업무분장 등과 같은 사항들에 대해서는 구속력을 행사하지 못하고 있다. 따라서 유엔 회원국으로 국제적인 평화지원활동에 적극적이고 능동적으로 참여하기 위해서는 관련법규가 하루속히 제정되어 시행되어야 할 것이다.

강조하지만, 적시적이고 안정적인 국제평화유지활동에 대한 참여 여건을 보장하기 위해 법적 · 제도적 장치의 마련은 시급하다. 먼저 PKO 파견 규정과 절차의 간소화가 필요하고 2007년 국회에 상정한 "국제연합평화유지활동참여에관한법률안"이 조만간 통과되어 국제사회의 요구에 부응하는 제도적 기반을 구축되어야 한다. 연관하여 유엔 요청시, 필요에 따라 적시적인 파병이 가능한 적정규모의 상비부대 편성이 가능해야 할 것이다. 최초 분쟁의 성격과 이에 대한 PKO 활동 내용이 보다 복잡해지고 있는 추세인 관계로 임무지역에 대한 적시적인 투입과 임무수행태세를 갖추는 것은 필수적이다. 따라서 정부차원에서 유엔상비체제 격상 추진과 연계하여 2008년중 육 · 해 · 공 · 해병대를 포함하는 1,000여명의 상비군을 편성 및 지정하고 사전 훈련 등 상시 파견태세를 갖추도록 할 예정이다(국방부, 2008).

상비전력의 구조적 재편성 못지않게 중요한 것이 예비전력의 정예화 및 적극적인 활용이다. 특히 국가위기관리 차원에서 예비전력의 역량강화뿐만 아니라 재난재해, 안전관리 등 국가안보의 생존권 수호차원에서도 효율적인 운영체계 정립 및 무기체계 개발과 확보는 필수적인 과제이다. 예비군은 유사시 정규전투임무, 군수지원임무, 비대칭전을 비롯하여 평시 재난재해 대비 구호활동 및 민사작전 등의 역할을 수행하여 왔다. 이와 같이 예비군의 임무 및 역할이 다양해짐에 따라 그 법적인 제도개선, 전력구조 및 조직구성, 운영방법도 다양하게 재편되어야 할 것이다. 상비전력과 유기적으로 결합 · 통합된 총합전력으로서 예비전력의 임무, 역할 및 기능을 상비전력과 연계하여 정립하고 전투력 발휘의 시너지 효과를 극대화해야 한다.

따라서 과제는 단순한 예비전력의 규모조정에 있는 것이 아니라 전쟁양상의 변화와 미래 불특정 위협에 대비한 전력의 구성에 있다. 장기적으로 예비전력의 편성연차에 따른 임무구분과 규모조정은 전력체계화 및 정예화 계획에 맞추어 전환될 필요가 있다. 예비전력의 규모는 대테러전, 대사이버전, 재난재해, 향토방위, 평화유지활동(PKO) 등의 임무유형에 따라 기능적으로 필요한 부분에 맞게 규모를 재조정해야 한다고 본다. 군사 및 민사작전의 임무를 수행함에 있어 상비전력과 예비전력의 임무설정과 그 역할에 부합되는 예비전력의 기능, 구성, 조직, 무기체계, 정보체계, 동원 관련 방법, 절차 및 훈련, 보상 및 복원 등 다양한 조직구성과 운영체계를 정립해야할 것이다.

국방부는 2008년 5월 제7차 아시아 안보회의에서 국제적 대형재난 극복을 위한 "글로벌 재난관리체계" 구축을 제안한바 있다. 동남아의 쓰나미, 미얀마의 사이클론, 중국의 지진 등에서 보듯 재난 피해 규모가 대형 · 글로벌화하고 있는 관계로 재난 및 안전관리를 위한 국제협력은 필수적이다. 특히 이러한 재난재해는 피해 국가의 노력만으로 극복이 어려운 실정임 관계로 다양한 위협에 보다 효과적으로 대응하기 위해 각 국가의 경험과 노하우를 공유하는 다차원적인 위기관리 시스템 및 제도적 기반 구축이 절실하다.

향후 국방부는 정부의 "국력에 걸맞은 수준의 PKO 등 국제평화유지활동 확대" 방침에 따라 주무부처인 외교부와의 협조 하에 국가차원의 "PKO 참여법" 제정을 지원하고, 유엔 상비체제 참여수준 격상과 연계하여 PKO 상비부대 편성, PKO 센터 역할 및 기능 강화,

그리고 PKO 관리 대외군사교류협력을 확대해나갈 예정이다(국방부, 2008). 정부는 적극적인 민사작전의 수행을 통해 지역의 안정과 세계의 평화는 물론 국제사회의 지위와 국격(國格)을 높이는 계기를 마련하고, PKO에 참여하는 각각의 요원들이 긍지와 보람을 가지고 현장에서 활동할 수 있도록 지속적인 노력을 기울여 나가야할 것이다.

5. 결론 및 전망

오늘날의 국제정세는 냉전체제의 붕괴로 인하여 대규모 전쟁의 발발 가능성은 현저히 감소하고 있지만, 민족, 종교, 영토, 자원 등의 고전적 갈등요인 이외에 시장, 정보기술, 마약, 인권, 환경 등의 갈등요인이 새롭게 파생되면서 지역적 차원의 소규모 저강도 분쟁은 오히려 증대되는 이중적 상황을 보이고 있다. 또한 기후변화, 자연재해, 인도적 사안 등에 따르는 다양한 유형의 국제평화협력 증진을 위한 요인이 증가되고 있다.

이러한 점에 비추어 국제평화유지활동의 향후 전망은 다음 몇 가지로 요약하여 분석하고자 한다(국방부, 2008; 윤종호 · 김열수, 1997; Bellamy, 2005). 첫째, 탈냉전 이후 실제의 평화유지활동은 여러 유형이 복합적으로 결합하여 이루어지는 다면적 활동을 그 특징으로 한다. 둘째, 비 국가적 행위자들을 포함하는 행위자의 다양성뿐만 아니라 세계 도처에서 전개하고 있는 활동의 지역적 광역성의 특징이다. 셋째, 평화유지활동 참여국가들의 양적 증가와 더불어 지역기구의 역할에 보다 많은 중점을 둘 것으로 판단된다.

또한 지속적으로 대두되는 문제점은 첫째, 평화유지활동 관련법 제정 문제와 둘째, 민 · 군 통합참여 문제, 셋째, 평화유지활동 전담부서 설치문제, 넷째, 평화유지활동 상비체제 보완 문제 등으로 크게 나눌 수 있다(전병환, 2005; 송영선, 1996). 더불어 평화유지활동의 개념 및 법률적 모호성, 분쟁 당사국간의 국가주권 및 국제기구와의 갈등, 지휘통제관련 군사적 · 기술적 문제, 재정적 부담 등이 앞으로의 과제로 남아있다. 한국은 국력신장에 따른 국제사회의 요구와 미래 국제안보 및 경제환경 변화를 고려할 때 제도적 장치, 인적 · 물적기반, 정책적 능력 등을 강구하고 적극적인 국제평화유지활동을 통해 국격(國格)을 높이는 전기를 마련해야 한다.

앞으로 정부는 한국군의 민사작전과 국제평화유지활동에 대한 이론적, 방법론적 틀을 마련하여 국제정치무대에서 한국의 외교적 역량을 강화하고 그렇게 함으로써 한반도 문제에 대한 구제사회의 지원과 지지를 확보하는 기반을 구축하여야 한다. 또한 민사작전에 있어서 모범적인 지원활동 사례를 분석하여 적용하는 방법을 강구하고 분쟁종료후 임무지역에 대한 재건지원과 후속 경제개발에 진출할 수 있는 교두보를 확보하는 방안도 지속적으로 제시하여야 할 것이다. 군사작전적인 측면에서는 다국적 연합작전과 평화재건작전에 참여하여 경험을 축적할 수 있다는 점이 있다. 향후 평화유지활동을 통한 국가위상 제고와 국익증진을 위한 제도적 장치와 여건마련을 위한 정책방안을 강구하는 것이 그 방향이다.

국제평화유지활동은 과거 정전감시, 평화협정 이행 감시의 활동에서 경제지원, 난민귀환, 치안확립 등의 국가재건활동을 포함한 광범위한 분야의 평화유지, 관리 및 구축의 역할을 수행하고 있다. 민사작전에 필요한 인적 · 물적자원 확보, 소요재원 확충, 유엔의 지휘통제 부분에 이르기까지 해결해야 될 과제가 산적해 있다. 따라서 정부는 다음 몇 가지 측면에서 향후 국제평화유지활동을 수행하는 방향을 설정해야한다고 본다.

먼저 정부와 군은 국가전략 차원에서 지금보다 훨씬 더 적극적으로 해외파병을 시행할 필요가 있다. PKO 임무수행 경험을 고려해 볼 때 해외파병을 통한 국가이익의 확대 가능성은 상당하다. 해외파병은 자원과 지리적 여건의 제한성을 극복하고 장기적으로 국가경쟁력을 제고하여 세계무대에서 외교강국으로 거듭나는 국가중흥의 기반을 확보하는데 크게 기여할 것이다. 지리전략적인 한계를 극복하고 해외로의 경제적 진출과 더불어 해외파병을 통한 세계평화 유지와 국가 영향력 확대를 동시에 추구하는 것은 상당한 승수효과를 거둘 수 있는 방안이다.

둘째, 효과적인 민사작전의 수행을 위한 제도적 기반의 확충이다. 보다 효율적인 신속한 파병을 위한 법적인 제도, 민 · 관 · 군 통합적인 협력체제, 예비전력의 PKO 활용, 국제평화유지활동 부대 및 센터의 신설 등은 상당히 많은 법률적 고려 사안들이 포함된다. 세계 속의 국위선양과 포괄안보를 실현하기 위하여 정부부처는 물론 정치권과 국민 모두의 협력과 노력이 절실하다고 본다. 또한 법령을 제정하는 과정에서 필요한 부분이 민사작전에 대한 명확한 개념과 방향, 업무분장 및 실질적인 수행절차의 확립이다.

셋째, 민사작전을 수행하는데 있어 필수적인 사안이 명확한 정책적 목표설정이다. 정책결정 과정에서부터 종합적인 국가전략적인 비전이 고려되어야 하고, 국가전략적 그리고 정책적 목표 제시는 파병부대의 성공적 임무수행에 기반이 되는 것이다. 해외파병의 특성상 파병되는 그 규모와 상관없이 국가간의 이해관계에 따라 다양한 임무와 역할이 주어지거나 때에 따라서는 상충되는 경우도 있다. 따라서 과거 우리의 경험에 비추어 정확한 로

드맵에 따른 임무수행이 요구된다.

넷째, 성공적이고 효과적인 민사작전의 수행을 위해서는 파병장병들에 대한 적절한 예우와 처우개선이 필요하다. 인적 · 물적자원의 확충은 파병장병들의 사기와 임무수행의 효율성을 위하여 합리적으로 개선되어야 할 것이다. 특히 우리나라가 독자적인 자원을 운용하여 파병을 수행하는 경우에는 파병부대 임무수행여건을 보장하기 위한 예산을 포함한 적절한 자원의 편성이 필수적이라 하겠다. 향후 국방부는 할당된 자원과 제한사항을 바탕으로 민사작전 임무완수를 위한 방안들을 면밀히 검토하여 필요한 경우에는 자원의 추가할당 또는 임무조정을 단행하여야 한다.

다섯째, 민사작전의 효과와 향후 정책방안들에 대한 국민적 홍보와 계도를 강화해야 한다. 최근 정부정책에 대한 "소통의 문제"와 "인식의 차이"에 대한 논란이 많다. 불필요한 오해와 분열적인 논쟁은 많은 부분 국력의 낭비로 소진될 가능성이 높다. 따라서 국민적 공감대 내지는 합의를 도출하기 위한 정부, 정치권, 시민사회단체 그리고 국민 모두가 건설적인 대화와 협의조정을 이루어 낼 수 있는 "공공의 장(public sphere)" 형성에 많은 노력을 기울어야 할 것이다. 정부는 또한 파병장병뿐만 아니라 그 가족들에 대한 배려차원의 다양한 조치를 해줄 의무가 있다.

결론적으로 국제평화유지활동은 한국의 국제적 위상제고와 역할 확대 그리고 국제안보와 평화유지를 위해 필수적인 것으로 판단된다. 향후 민사작전에 대한 명확한 개념정립과 더불어 해외파견의 근거, 제도적 장치, 국제협력의 방향, 후속조치, 앞으로의 과제 등에 대해 심도 있는 논의와 재정비가 필수적이다. 이러한 것이 국제정치무대에서 한국의 외교적 역량을 강화하고 국제사회의 지원과 지지를 확보하는 기반을 구축하는 첩경이다.

국제분쟁과 테러를 해결하기 위한 국제시회의 다양한 협력체제 구축과 지속적인 분쟁해결 노력에도 불구하고 아직 테러방지를 위한 시각상의 차이는 물론 제도화의 미비, 핵 테러 · 사이버테러 · 생화학테러와 같은 뉴테러리즘 등 중대한 위협요인들이 현존하고 있다. 현재 국제테러위협에 대한 경계의 인식이 국제적으로 공수되고 있는 바, 보다 효과적으로 대처할 수 있는 테러대응 패러다임의 변화와 함께 전세계적 방위태세를 구축하기 위한 작업이 이루어져야 할 것이다.

참고문헌

국방부, 「2006 국방백서」, 서울 : 국방부, 2006.

국방부, 「ZAYTUN 민사작전 핸드북」, 서울 : 국방부, 2006.

국방부, 「정책 포커스: 세계 속의 한국군」, 서울 : 국방부, 2008.

길병옥, "한국군 민사작전의 발전방향 및 향후 과제," 「군사논단」, 제54권, 2008.

길병옥 、 길정우, "전쟁이외의 군사작전(MOOTW) 수행을 위한 정책방향," 「군사」, 제60집, 2006.

김강녕, 「동북아 국제정치와 한반도」, 부산: 신지서원, 2002.

김년수, "비전통적 위협의 등장과 해군의 역할," 해군 전투발전단 전략발전 용역연구 보고서, 2003.

김상범, "테러리즘의 발전 추세와 미래 양상," 「국방연구」, 제45권 1호, 2002.

김열수, 「국제기구를 통한 분쟁관리」, 서울 : 도서출판 오름, 2003.

문영한, "우리 軍과 OOTW," 「군사평론」, 제337집, 1998.

문정인 편, 「국가정보론」, 서울: 박영사, 2002.

박선섭, 「비군사적 위협에 대한 육군 대비책」, 대전 : 육군본부, 2002.

박수길, 「21세기 유엔과 한국」, 서울 : 도서출판 오름, 2002.

송영선, 「한국 PKO정책 방향 연구」, 서울 : 한국국방연구원, 1996.

엄태암 외, 「비군사적 위협에 대한 평가와 정책적 대응방안 연구」, 서울: 한국 국방연구원, 2002.

육군본부, 육군본부, 「비군사적 위협에 대한 육군 대비책」, 대전 : 육군본부, 2002.

윤종호 、 김열수, "탈냉전시대의 PKO추세와 한국의 대응방향," 「국방연구」, 제40권 2호, 1997.

윤태영, "탈냉전기 비전통적 위협의 대두와 미국의 전쟁이외의 군사작전 (MOOTW)," 「전사」, 제6권, 2004.

이갑진, "전쟁이외의 군사작전과 해병대 역할 및 운용개념," 제7회 해병대 발전 심포지엄 발표논문집, 2003.

전병환, 「캐시미르 분쟁과 유엔의 PKO 활동」, 서울 : 21세기 군사연구소, 2005.

차영구 · 황병무 편저, 「국방정책의 이론과 실제」, 서울 : 도서출판 오름, 2002.

채재병, "국제테러리즘과 군사적 대응," 「국제정치논총」, 제44집 2호, 2004.

최종철, "한국의 저강도 분쟁전략," 「국방연구」, 제42권 1호, 1999.

합동참모본부, 「한국군 평화유지활동 파병사」, 서울 : 군인공제회, 1998.

Barber, Benjamin, *Jihad vs. McWorld: How Globalism and Tribalism Are Reshaping the World*, New York: Ballantine Books, 1996.

Bellamy, Alex J. *Peace Operations and Global Order*, New York: Routledge, 2005.

Chomsky, Noam, *Failed States: The Abuse of Power and the Assault on Democracy*, New York: Metropolitan Books, 2006.

Chomsky, Noam, *Power and Terror: Post-9/11 Talks and Interviews*, New York: Seven Stories Press, 2003.

Combs, Cynthia, *Terrorism in the 21st Century*, New York: Prentice-Hall, 2008.

Derrida, Jacques, *Monolingualism of the Other or the Prosthesis of Origin*, Trans., Patrick Mensah, Stanford, CA: Stanford University Press, 1998.

Derrida, Jacques, *Specters of Marx: The State of the Debt, the Work of Mourning and the New International*, Trans., Peggy Kamuf, New York: Routledge, 1994.

Faludi, Susan, *The Terror Dream: Fear and Fantasy in Post-9/11 America*, New York: Metropolitan Books, 2007.

Franke, Volker C. *Terrorism and Peacekeeping: New Security Challenges*, New York: Praeger, 2005.

Huntington, Samuel P., *The Clash of Civilizations and the Remaking of World Order*, New York: Simon & Schuster, 1998.

Pillar, Paul R., *Terrorism and U.S. Foreign Policy*, Washington, D.C.: Brookings Institution Press, 2001.

Sorensen, David. *The Politics of Peacekeeping in the Post-Cold War Era*, London: Frank Cass, 2005.

UN, Department of Peace Keeping Operation(Http://www.un.org), 2008.

U.S. Department of Defense, *Military Operations in Low Intensity Conflict*, Washington, D.C.: Government Printing Office, 1990.

U.S. Department of State, Bureau of Resource Management, "Patterns of Global Terrorism"(www. state. gov/ s/ct/rls/pgtrpt), 2008.

U.S. House of Representative(Http://www.house.gov), 2008.

U.S. Joint Chiefs of Staff, *Doctrine for Joint Operations*, Washington, D.C.: JCS, 2001.

Waldmann, Peter, *Terrorismus, Provokation der Macht*, Munchen: Gerling Akademie Verlag, 1988.

Ⅷ. 군사기상과 군사지도

권 이 현 (합동군사대학교)

Ⅷ. 군사기상과 군사지도

권 이 현 (합동군사대학교)

1. 군사기상

가. 기상정보의 일반적 이론

(1) 기상과 기상정보의 정의

기상이란 어느 시간과 장소에 있어서 대기 중에서 일어나는 물리현상으로서 넓은 의미로는 대기의 조건과 그 속에서 일어나는 모든 대기 현상을 말한다. 대기의 조건과 현상은 기온, 기압, 습도, 구름, 강수, 안개, 박명 등의 기상 요소로서 설명 될 수 있다.

기상과 함께 유사한 의미를 가지는 단어로 기후가 있는데 기후학자인 J. Hann은 '기후란 어떤 장소에서 매년 되풀이 되는 정상 상태에 있는 대기 현상의 종합된 평균 상태' 로 정의 하고 있다.[95] 즉 기상과 달리 기후는 각각의 대기 현상을 따로 따로 잘라서 생각하는 것이 아니고 종합된 전체를 가리키는 것으로 영어로는 Climate, 독일어로는 Klima, 프랑스어로는 Cliamt 인데 어원은 모두 그리스어의 '기울어지다(Clinein)' 이다. 어떤 특정지역의

95) 송동근. 『기상이 군사작전에 미치는 영향에 관한 연구』 (서울 : 국방대학교, 2003), p6.

기후가 형성된 원인을 지구의 기울어짐으로 해서 특징지어지기 때문에 고대로 부터 기후에 영향을 주는 원인에 중점을 두고 기후를 정의했다는 것은 매우 흥미로운 일이다.

기상정보는 기상부대(서)에서 수집, 분석, 생산하여 제공하는 모든 기상관련 자료를 말하며,[96] 기상정보의 종류는 항공 기상관측 자료, 상층 및 고층 기상관측 자료, 원격기상관측 자료, 예보자료, 기상특보,[97] 기후통계 자료, 항로기상 자료 등이 있다. 여기서 항공 기상관측 자료, 상층 및 고층 기상관측 자료, 원격 기상관측 자료는 기상예보를 생산하기 위해 기상부대(서)에서 사용하는 자료이며, 수요자의 요구를 충족시키기 위해 기상부대(서)에서 생산되고 제공되는 자료로써 기상예보 자료, 기상특보, 기후통계 자료 및 항공기상 자료 등이 있으며 이를 일반적으로 기상정보라 한다.

(2) 한반도의 기상환경

한반도는 전체 면적의 약 75%가 산악지대로서 대체로 동고서저, 북고남저의 특징을 이루고 있으며, 낭림산맥과 태백산맥을 축으로 하천이 동서로 발달되어 있고, 서부와 남부에는 비교적 평야가 많으며, 동부와 북부는 산지 소구획형으로 고지, 계곡, 능선으로 형성되어 있다. 삼면이 바다로 동해안과 남해안은 수심이 깊고, 서해안은 조수간만의 차가 크고 수심이 얕다.[98]

한반도는 위도상으로 북위 33°N에서 43°N에 걸쳐 위치하고 있으며 중위도에서는 그 중간에 위치하고 있다. 따라서 우리나라의 기후는 온대성 기후의 특색을 나타내고 있다. 그러나 남북의 위도 차이가 약 10°나 되어서 남북의 기온의 차가 크며, 그것에 따라 식물분포, 토지이용, 생활양식의 차이 등이 남북에 있어 현저하게 나타난다.

한반도의 지형을 중요시하는 이유는, 한반도는 이라크와 같은 사막지대와는 달리 대부분이 산악지역으로 구성이 되어 있어서 은폐할 수 있는 곳이 많다. 즉, 험준한 산맥과 산림이 우거져 있어서 1996년 강릉무장간첩 침투시 수색에 매우 어려움을 겪었다는 증언을 전투에 참가한 요원들로부터 많이 들었다.

한반도의 지형과 기후특성을 고려하여 지휘관들은 그의 부대가 지형에 따른 기후 상태를

96) 공군본부, 『군 기상정보 업무』(공군규정 5-221, 2006), p3.
97) 기상 특보에는 기상 경보 및 주의보가 있음.
98) 작전요무령, 『작전지역의 특징』(대전 : 육군본부, 1996), p3.

어떻게 가장 효과적으로 사용할 것이며, 그 지형과 기후상태가 적 능력에 미치는 영향이 어떠하고, 적을 방해하기 위하여 어떻게 이용할 것인가를 결정해야 한다.

기상 및 기후가 작전에 미치는 영향은 자연적인 현상을 군사적으로 이용할 수 있느냐, 이용할 수 없느냐에 따라서 군사작전의 성격이 다르게 나타나게 된다. 또한 반도국으로서 대륙과 도시의 육교적 위치는 기후에 있어서 점이적 기후를 나타낸다. 즉, 우리나라는 중국, 소련과 같은 심한 대륙성 기후와 도서국인 일본과 같은 해양성 기후의 중간적 특성을 갖는다. 점이성이란 뚜렷한 두 지역성을 갖는 중간 지역에 있어 한 특성에서 다른 특성으로 옮겨져 가는 중간지역의 특성이다.

한반도의 남서부는 서남 일본과 비슷한 기후이지만 차차 북부로 가면서 아시아 대륙내부의 대륙성 기후에 가깝다. 한반도의 기후 특징은 4계절이 뚜렷이 구별된 기후로서 하계는 해양기류의 영향으로 온난다습한 기후가 되고 동계에는 대륙기후의 영향을 받아 한랭건조한 기후가 되는 대륙성 기후와 해양성 기후의 특성을 함께 지니고 있다.

나. 군사작전과 기상정보

군사적 의미에서 정보라 함은 적 및 작전지역에 관한 모든 가용한 첩보를 수집 · 평가 · 분석 · 종합 및 해석한 자료로서 모든 작전을 계획하고 실시하는 기초요소라 할 수 있다. 기상정보 또한 모든 군사작전 수행 전에 반드시 파악되어 지휘관으로 하여금 상황을 인식하고 적절한 방책을 결정하는 결심수립 능력을 향상시키는 기초요소로 작용하게 된다. 한편 기상은 시간에 따라 달라질 수 있는 가변적인 것으로 지휘관이 통제하지 못하는 요소이므로 때로는 행운이나 불운으로 작용할 수 있다. 하지만 아군에게 불리한 기상이 주어진다 하더라도 기상 변화의 예측이 가능하다면 그 기회를 아군에게 유리한 요소로 적에게는 불리한 요소로 활용할 수 있는 것이다.

(1) 기상과 전장환경

훌륭한 지휘관은 지형에 대한 안목을 갖추고 기상이 작전에 미치는 영향을 이해함으로써 동일한 환경 여건을 적에게는 불리하고 아군에게는 유리하도록 활용할 수 있어야 한다.[99]

지형은 피 · 아 부대의 어느 한쪽을 돕거나 방해한다는 뜻이다. 그러므로 지휘관은 지형을 보는 안목을 갖추어 아군을 보호하고 적군을 불리하게 만들 수 있는 가능성과 한계를 인식할 수 있어야 한다.

전쟁의 각 수준에서 지휘관이 지형을 보는 안목과 평가는 다르다. 전략적 수준에서 지형은 지역을 점령하거나 통제하는 것에 대한 가치와 연관된 고려사항까지 확대된다. 이러한 전략적 수준에서 지형(terrain)보다는 지리적 지역(geographic area)이라는 특성이 더 중요한 고려사항이 될 수 있다. 예를 들면 정글 또는 열대 우림지역인가, 사막지역인가, 산악지역인가, 아니면 혹한 지역인가, 내륙지역인가, 바다로 둘러싸인 지역인가 하는 지리적인 조건에 따라 전쟁의 양상이 크게 다를 수 있다.

한편 기상은 지휘관이 통제하지 못하는 결정적인 요소로서 지형과도 또 다른 특징을 가진다. 지형이 시간이 흐름에 따라 불변하는 요소라면 기상은 시간에 다라 달라질 수 있는 가변적인 요소로서 때로는 행운이나 불운으로 작용할 수 있다. 그러므로 기상의 변화를 예측할 수 있거나 혹은 예측하지 못한 변화라 하더라도 그 기회를 주도적으로 활용할 수 있다면 아군에게 결정적으로 유리하고 적에게는 불리한 요소로 활용될 수도 있다. 지형과 기상에 대한 정보가 정교하게 수집되고 분석되어지면 지휘관에게 교전의 시간과 장소를 선택하는데 도움을 줄 수 있다.

예를 들어, 정보요원이나 첩보위성, 첩보기 등을 통해 수집 · 축적한 지형과 기상 자료들이 컴퓨터의 자료처리 능력으로 분석되고 적에 관한정보와 접목하여 소위 전장정보분석 (IPB : Intelligence Preparation ofthe Battlefield)이라는 절차를 통하여 통합되면, 전장 환경과 그 환경에서 피 · 아가 선택할 방책들이 예측될 수 있다. 이를 활용하면 적이 선택할 수 있는 방책을 예상하고 그 방책별로 아군이 취할 수 있는 방책을 개발하고, 쌍방의 방책에 대한 워게임을 통하여 어떤 방책이 어떤 결과를 가져올 것인지 분석해내는 데 사용할 수 있다. 그 결과 최선의 방책을 선택하고 이에 따라 시간대별 사태의 진행을 예상하여 적의 활동을 감시하고 결정적인 시간과 장소에서 타격하는 시간대별 사태의 진행을 예상하여 적의 활동을 감시하고 결정적인 시간과 장소에서 타격하는 등 작전에 활용될 수 있다.

지형과 기상의 정보를 사전에 수집 · 분석하고 이를 적과 아군의 능력에 대입하여 정교한 작전을 구상하고 이를 오차 없이 실행하여 놀라운 승리를 거둘 수 있다는 것을 걸프전 및

99) 강호국 외, 『지형 및 기상』(서울 : 양서각, 1999), p3.

이라크전을 비롯하여 현대전에서 여실히 증명해 주고 있다. 이는 기상 및 지형과 임무, 특정한 전장환경에 적 교리를 통합시키는 것이다. 또한 적의 능력과 취약점을 체계적으로 결정하고 평가하는데 도움을 주며, 전장정보 분석과정은 계속적인 절차이다.

군사기술이 발전하면 할수록 군사작전은 날씨에 더욱 민감해진다. 로켓은 고층 대기를 통과하기 때문에 지상에서 사용되는 무기들보다 구름, 연기, 먼지, 바람, 이온층의 전자기장 등에 의한 기체 손상과 전자식 추진시스템의 고장 확률이 높아진다. 짙은 구름은 레이저 유도 폭탄의 사용에도 지장을 준다. 구름이 레이저 빔을 방해하여 유도기능을 상실케 하기 때문이었다. 작전지역에서의 정상적인 기상자료 수집이 곤란해지자 위성에 의한 구름 사진이 자료의 공백을 메우곤 한다.

걸프전에서 밝혀진 바와 같이 기상은 무기기술의 발달에도 불구하고 현대전에서도 매우 중요한 역할을 한다는 사실과, 수퍼 컴퓨터를 이용한 자료처리기술, 첨단예보기술, 기상위성 탐측기술 등 고급 기상기술에도 불구하고 아직도 기상전문가의 주관적인 판단에 크게 의존하지 않을수 없다는 것을 알 수 있다.

고층 기상과 해상관측 정보는 대포와 미사일의 목표물 조준에 이용할 수 있고 국제적으로 교환되는 기상위성 정보는 적지에서의 군사작전에 이용될 수 있다. 영국군이 오만과 합동으로 실시한 신속한 검(Swift Sword)작전 이후에 모래가 장비에 큰 영향을 준다는 것이 밝혀졌다. 이 작전에서 나타난 가장 심각한 문제점은 영국 육군이 자랑하는 첼린저 전차가 사막의 모래먼지 때문에 제 기능을 발휘하지 못했다는 점이다. 모래먼지가 엔진 필터를 막아 작전 개시 4시간 만에 투입된 전차 중 절반이 사막에서 정지해 버렸다.

미국도 예외는 아니어서 모래로 인해 사막작전에 투입할 전차의 개조를 할 수 밖에 없었다. 미국이 자랑하는 에이브럼스 전차는 종래 전차의 특성을 크게 뛰어넘는 신개념의 기술을 응용한 최신예 전차다. 그러나 사막의 모래바람을 이겨내기 위해 공기 필터를 다시 설계, 장착했는데 이 결과로 원래의 에이브럼스 전차의 기동 순발력 등 장점이 사라졌다. 이 외에 영국 육군이 보유하고 있는 클리스먼 무전기가 모래먼지로 인해 고장이 너무 잦아 작동이 거의 불가능했다고 한다. 그리고 자주포 · 기중기 등도 모래바람의 환경 하에서 성능을 발휘하지 못했으며 자동소총도 발사되지 않는 경우가 많았다고 한다. 이처럼 모래바람은 최신형 정밀반도체가 장착된 무기나 많은 공기를 소요하는 장비에 큰 영향을 준다.[100]

100) 육군사관학교, 『군사연구와 과학기술』(서울 : 육군사관학교, 1991), p570~577.

기상조건이 작전에 영향을 주어 전쟁의 승패를 좌우한 사실은 고대전쟁에서부터 현대전에 이르기까지 수많은 사실을 통해서 증명되고 있다. 오리엔트를 통일하여 강대한 제국을 이룬 페르시아가 유럽 진출의 꿈을 끝내 이루지 못한 원인은 다라톤 전투를 위시하여 세 차례의 그리스 원정에 실패하였기 때문인데, 이때 그리스 군의 승리는 기상현상 중의 하나인 바람을 잘 이용하였기 때문에 페르시아 대군을 물리칠 수 있었다. 또한 징기스칸의 몽고군대와 고려군대가 일본 원정에 실패한 이유는 장마와 바람의 영향(당시)이었고, 나폴레옹과 히틀러가 러시아 원정을 실패한 이유는 기온(한파) 현상을 제대로 파악하지 못했기 때문이다.

이와 같이 고대의 전쟁에서 기상요소는 전쟁에서 승패를 좌우하는 중요한 요인으로 대두되었고, 장차전에서도 기상요소는 군사작전에서 중요한 요소로 대두가 될 것임을 보여 주고 있는 것이다.

(2) 기상요소가 작전에 미치는 영향

기온, 기압, 바람, 습도, 강수, 안개 등 기본적인 기상요소들은 군에서 부대의 기동에 영향을 주고, 공중과 지 · 해상작전의 합동, 종심감시, 종심전투 등에 영향을 준다. 또한 인체에 미치는 영향을 통하여 전 병사들의 전투력에 영향을 주고 장비와 물자의 상태에도 영향을 준다. 군사작전을 행하는 군인, 즉 인간 자체가 일정한 체온을 유지하지 않으면 생존이 곤란한 존재이기 때문에 기온이 너무 높아도 힘들고 기온이 너므 낮아도 곤란을 당한다. 또한 배터리를 비롯한 화학물질의 능력은 저온에서 급격히 저하될 수 있으며, 차량이 시동이 걸리지 않는다든지 무전기가 작동하지 않을 수 있다. 반대로 온도가 높아지면 온도차에 의존하는 적외선 감지기 등이 둔감해지거나, 각종 회로 또는 전자소자 등이 열운동에 따른 저항이 높아지거나 반도체 등의 작동이 달라져서 통신, 정보, 유도장치 등은 능력이 저하될 수 있다. 항공기의 경우 기온이 높아지면 더워진 공기와 연료의 혼합비가 달라져 활주거리가 길어지므로 무장탑재 및 수화물 중량 제한 등 작전운용에 따른 제한이 생긴다.

기압은 공기의 무게로서 단위 면적당 작용하는 힘으로 정의되며, 기압의 변화는 고도계를 사용하는 정밀 유도무기 체계와 항공기의 경우, 이착륙 및 실속 속도와 상승률에 영향을 주기 때문에 비단 날씨의 변화를 예측하는 기준뿐 아니라 무기체계의 적용을 위한 기준으로서의 이해가 필요하다.

바람이란 기압의 차이에 의해 지표면에 상대적인 공기의 운동으로 대기운동의 수평적 성분을 말하며, 방향과 속도로 표시되고 풍향은 바람이 불어오는 방향을 나타낸다. 바람은 화학제, 생물학제 및 방사능 낙진에 의한 오염지역을 고찰하는데 중요하다. 15 knot의 풍속을 가진 바람은 비지속성 작용제의 사용에 가장 적합하며, 이상의 속도를 지닌 바람은 가스, 연막 화학제, 방사능, 구름 및 안개의 효과를 감소시킨다. 풍속 및 풍향은 핵무기의 열복사선 효과 및 폭풍 영향과 초기 핵 방사능 지대의 범위에 대해 영향을 미치지 못하나 핵무기의 표면폭발, 지하폭발, 공중폭발로 인하여 발생하는 낙진지역 판단에는 중요한 요소이다. 그리고 강풍은 항공기의 이 · 착륙에 영향을 주어 항공작전의 운용에 방해를 주며, 상륙작전에 있어 상륙 주정의 상륙 및 철수를 방해하여 연합 및 합동작전의 성과를 저하할 수 있다. 또한 황무지에서 먼지와 모래를 불러올려 관측능력을 감소시키고, 눈이 덮인 지역에서 시계를 감소시킨다.

습도는 일반적으로 대기 중에 포함된 수증기의 양을 나타내는 척도이다. 수증기는 공기 중에 포함된 여러 성분 중에서 가장 변화하기 쉬운 물체이며 액체 상태인 물이 되거나, 고체 상태인 얼음이 되기도 하고, 기체 상태인 수증기가 되기도 하면서 기온에 따라 비, 눈, 안개, 구름, 우박 등으로 변하여 기상에 가장 영향을 미치는 중요한 요소가 된다. 습도는 대부분의 유독성 화학 작용제의 효과에 치명적인 영향을 미치지는 않으나 수포성 가스 같은 것에는 그 효과를 증가시킨다. 생물학 작용제의 어떤 것은 건조한 공기나 태양의 직사광선에 의하여 역효과를 발생한다. 또한 습도는 핵무기의 폭풍효과, 핵 방사능 효과 및 열방사능 밀도에는 직접적 영향을 미치지 않으나 피복, 구조물, 장비 및 식물이 함유한 습기가 점화 가용성을 결정해 주므로 효과를 감소시키는 역할을 한다. 습기가 탄도에 미치는 영향은 극소하지만 중요하다. 공기 중에 포함된 수증기의 양은 대기의 온도와 밀도에 영향을 미침으로써 탄도에 간접적 영향을 미치게 된다.

강수는 대기 중에서 응결하여 생긴 입자가 성장하여 지표면까지 낙하하는 모든 것으로 비나 안개비 같이 액체로 된 것과 눈이나 우박, 싸락눈 같이 고체로 된 것이 있다. 장기 작전계획을 수립할 때에는 예상 지역내의 평균 강우량을 고려해야만 한다. 연중 500mm 이하의 강우량을 갖고 있는 지역은 충분하지 않은 급수량 때문에 급수계획을 고려해야하고, 연 2,000mm 이상인 지역의 작전계획은 강우가 집중되는 계절을 피하는 등 강우의 계절적 혹은 일별 주기는 군사 활동계획 수립에 영향을 미친다. 비가 때때로 공기 중의 불순물을 제거해 주기도 하고 은폐를 제공해 주며, 유독성 화학제 및 생물학제의 효과를 감소시키는 역할도 하지만 강수는 통상 시계 및 관측에 역효과를 나타내며, 항공 및 해상작전에 영향을 미친다.

안개는 미세한 수적이 지표면 부근의 대기 중에 부유해서 시정을 나쁘게 하는 현상으로 지 · 해 · 공 모든 공간에서 대부분의 작전을 어렵게 만들므로 형성시간이나 소산시간에 대한 기상정보는 작전에 직접적인 영향을 준다. 안개는 은폐 효과로 인해 상륙작전 등 병력 이동시에 적 관측 및 공중공습으로부터 보호받는 이점은 있으나, 병력 관장이 어렵고 기계화 부대의 경우 관측, 통제, 기동에 영향을 준다. 또한 근접항공지원이나 함포 사격 지원의 효율성을 저하시키고, 조명지뢰나 조명탄의 효율에 악영향을 주고, 박격포나 각종 야포의 육안 사격에 성능을 저하시키고 표적 확인이 불가능해지므로 작전계획 수립이 어렵다.

다. 전쟁에서의 기상 적용 사례

(1) 제2차 세계 대전(WW II)에서의 노르망디 상륙작전(上陸作戰) Operation Overlord

1944년 6월 6일, 미 · 영 · 캐나다 연합군은 총사령관 아이젠하워의 지휘아래 북 프랑스 노르망디의 유타, 오마하, 골드, 쥬노, 스워드 해안에서 사상 최대의 상륙작전(세부 작전명 넵튠 Neptune)을 감행하였다. 넵튠 작전은 6월 30일까지 전개되었다.

▲ 프랑스 상륙작전 지역 해안 지도

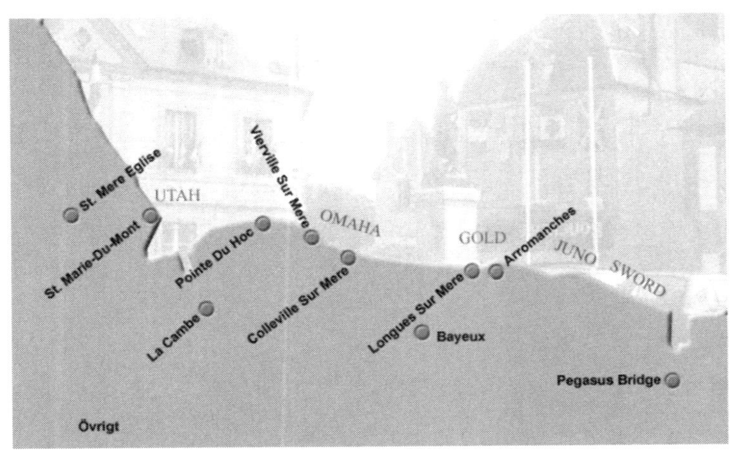

▲ 연합군의 상륙작전 지역 침투계획 지도

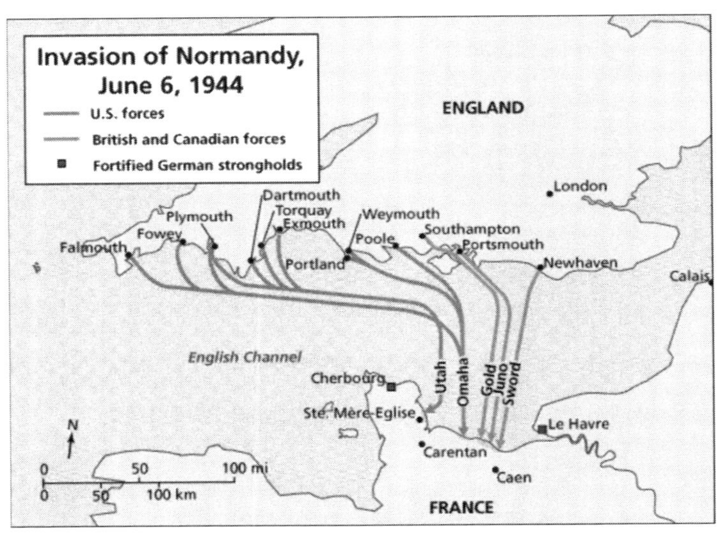

아이젠하워 장군은 적이 포착할 수 있는 모든 정보를 차단하기 위하여 "막강한 공군의 지원을 받는 연합군 전함들이 연합군 병력을 프랑스 북부 해안에 상륙시켰다"라는 간단한 문구로 전세계에 연합군의 대대적인 작전이 개시되었음을 알렸다.

이 작전은 전쟁 초기, 서부전선에서 패하여 유럽대륙으로부터 퇴각한 연합군이 독일 본토로 진공하기 위한 발판을 유럽대륙에 마련하기 위한 것이었다. 작전 실행은 1943년 5월 워싱턴에서 열린 미국의 루스벨트 대통령과 영국의 처칠 총리와의 수뇌회담에서 결정되었으며, 약 1년간의 준비를 거쳐 미국 제1군, 영국 제2군, 캐나다 제1군을 주축으로 300만 가까운 장병을 영국 본토에 집결시켰다. 작전은 약 1만 1000대의 항공기가 약 1개월간에 걸쳐 행한 항공공격에 뒤이어 6월 6일(D데이) 미명(未明), 프랑스 내륙에 거점을 확보하기 위해 수송기 2,316대와 글라이더로 3개 공수특전사단(空輸特戰師團)을 독일군 배후에 투하하였으며 연이어 함정 약 600척의 호위 아래 약 4000척의 수송선이 5개 보병사단, 3개 기갑여단의 기간병력을 상기한 5개 해안 지점에 상륙시켰다. 작전에 동원된 연합군 병력 숫자를 독일군은 초기에 알지 못했으며 쉘부르(프랑스 바스노르망디주(州) 망슈현(縣)에 있는 도시)에서 104km 떨어진 카엔 해안에 상륙한 대병력이 포착된 것을 시작으로 연합군의 상륙 지점을 비로소 파악하게 되었다.

네 차례로 나누어진 연합군의 상륙을 리드한 것은 거대한 낙하산의 물결이었는데 탄약을 메거나 가슴에 안은 채 C-47 수송기에서 낙하된 수만 명의 병력들 중의 일부는 후미를 교란시킬 목적으로 적진 깊숙이 투입될 특공대들과 독일군 활주로를 점령하거나 실패할 경우 새로운 활주로를 건설할 공병대들로 구성되어 있었다.

D-Day와 다음날 상륙할 3,4차 연합군 병력들은 점차 강화되어가는 독일군 방어선 때문에 더욱 힘든 작전을 치를 것으로 예상하였다. 독일군의 저항은 아이젠하워 장군과 그 밖의 연합군 지휘관들이 미리 예상했던 것처럼 그리 만만치가 않았다. 그 동안 연합군 공군기의 2~3%가 추락한 것도 이미 예상했던 피해이지만 시간이 흐르면서 독일군의 서치라이트가 증강되고 그들이 자랑하는 모든 20밀리 기관총들이 모래사장을 힘겹게 전진하고 있는 상륙군들을 향해 배치되기 시작했다. 또한 원시적이긴 하지만 날카롭게 깎은 말뚝들이 해안 지역에 수없이 박혀 있는 것도 발견되었다.

상륙 작전이 치열해지면서 아이젠하워 장군의 음성이 라디오 전파에 실려 서부 유럽으로 퍼져나가기 시작하였다. 프랑스인들을 겨냥한 아이젠하워 장군은 주로 대대적인 연합군의 공격이 시작되었음을 알렸다.

> "프랑스 시민들이여, 이미 프랑스 땅에 발을 딛는, 성공적인 연합군의 상륙이 이루어졌으며, 나는 프랑스인들에게 더욱 자신 있게 이 메시지를 전할 수 있게 되었습니다.
> 하지만 아직 여러분들은 여러분들의 지도자의 지시를 따르십시오. 성급한 봉기는 드움이 되지 않습니다. 인내를 가지고...... 이번 상륙 작전은 서부 유럽을 해방시키는 첫 발걸음이며, 우리는 앞으로도 수많은 전투를 치러야 할 것입니다. 자유를 사랑하는 모든 이들이 우리들의 편에 서주기를 기원합니다."

사상 최대의 상륙 작전에 동원된 미군과 영국군 그리고 캐나다군 병력들은 노르망디 해안 160km를 따라 12군데로 분산되어 상륙했다. 연합군 정보기의 분석에 의하면 파사 데 칼라이스에 주둔하고 있는 독일 병력이 가장 강력한 방어진을 펴고 있었으며 막강한 파워를 자랑하고 있던 그들의 기갑사단도 여전히 제 위치를 지키고 있었다.

본격적인 작전은 독일의 해안 방어 진지와 지뢰밭을 때리는 수많은 폭격기의 공습과 함께 시작되었다. 새벽 5시가 되자 해안에 가까운 바다 위에는 영국의 각 항구에서 끌어 모은 수천 대의 선박이 연합군 병사들을 실은 채 새카맣게 몰리고 있었으며, 곧 그 뒤쪽에 집결해 있던 전함들이 독일군의 방어 진지를 향해 수만 발의 포탄을 날리기 시작하자 먼저 상륙한 공병특공대원들은 탱크와 자주포의 엄호를 받으며 장애물을 폭파하기 시작하였다.

작전이 시작되기 전부터 아이젠하워 장군을 비롯한 연합군 지휘관들을 괴롭혔던 것은 어떻게 해상을 통해 육로를 이용하는 독일군보다 빠른 지원을 할 수 있느냐라는 문제이었으나 작전이 시작되자 영국 공군과 미 공군은 적의 열차 선로들, 교량, 레이다 통신망 그리고 보급 창고들을 철저히 파괴하여 이 문제를 훌륭히 해결해주었다. 이에 따라 독일군은 하룻밤에 상당한 양의 이동 능력과 보급품을 잃게 된 것이다. 한편, 영국 의회에 참석한 처칠 수상은 "이제 작전이 만족한 성과를 올리고 있으며 피할 수 없었던 수많은 어려움들이 극복되었다"라고 작전이 성공하였음을 시사했다. 전체적인 연합군의 피해는 예상보다는 훨씬 적었으며 독일군의 저항도 연합군 공군의 활약으로 차츰 기세를 죽이기 시작했다. 작전이 시작된 이 D-Day 저녁 무렵, 연합군은 독일군의 진지를 향하여 수 킬로미터 전진하는 성과를 올렸다.

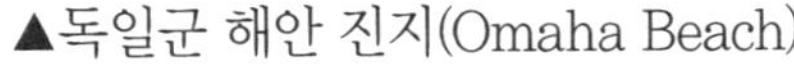
▲독일군 해안 진지(Omaha Beach)

이 상륙은 전술적 기습효과를 가져와 그날 안으로 독일군의 저항을 제압하고 대부분의 상륙지점에서 교두보를 확보하였다. 그러나 롬멜 원수가 지휘하는 독일군 B군(軍)의 강력한 저항으로 연합군의 교두보 확대와 돌출(突出)은 계획보다 훨씬 늦어져 7월 25일이 되어서야 겨우 생로를 돌파하고 기동전으로 돌입하였다.

D-Day 하룻동안 연합군은 병력 8만 7000명, 각종 차량 7000량, 보급물자 3500t을 양륙(揚陸)시켰고, 7월 말까지 병력 156만 7000명, 각종 차량 33만 3000량, 보급물자 160만t에 달하였다. 상륙 이후 첫 3주 동안 연합군의 손실도 사망자 8,975명, 부상자 51,796명에 이르렀다고 전해진다. 또한 작전 수행 과정에서 독일군 약 41,000명을 사로잡았으며, 상륙작전을 통해 비로소 독일 본토로 진격하기 위한 발판을 마련한 계기가 되었다.

▲ 연합군의 상륙작전 장면

(2) 노르망디 상륙 작전을 성공시킨 날씨

제2차 세계대전에서 독일 히틀러에게 치명타를 날린 명승부 중 하나가 노르망디 상륙 작전이다. 연합군측이 이 상륙작전에서 독일군을 누를 수 있었던 결정적인 요인이 바로 효과적인 날씨정보의 활용이었다.

당시 독일군은 연합군 상륙 날짜인 1944년 6월6일 노르망디의 날씨가 악 천후가 전개될 것으로 예상했다. 해안 경비가 허술할 수 밖에 없었던 것이다. 반면 연합군은 이 날이 상륙작전을 펴기에는 최적의 날씨가 될 것으로 내다봤다.

상륙 전 당일의 날씨는 연합군이 예측한 그대로였고 결국 승리는 연합군의 것이었다. 주목할 점은 당시 상륙전이 감행된 날을 제외하고 한 주 내내 폭풍우가 계속 노르망디 해안에 몰아닥쳤다는 것이다. 기가 막힌 예보였던 것이다. 당시 연합군 사령관 아이젠하워 장군에게 날씨 정보를 제공한 기상학자가 바로 기상업체인 미국 플래닐 라이틱스를 창업한 어빙 P. 크릭이다.

(3) 작전 전후의 경과

▲ 코탕텡 강하 직전의 미국 공수 부대. 새벽 1시, 미 82, 101 공수, 영국 6 공수사단이 해안 후방 지역에 강하, 교량등 교통 요지 확보, 적 포병 진지 제압을 위해 싸웠다.

1944년 6월 6일 자정 직후 오르네(Orne), 다이브즈(Dives)강 사이에 영국 공수부대가 강하했다. 한편으로는 미군 공수부대도 코탕텡(Cotentin)에 낙하했다. 그 사이 영국 공군의 중폭격기가 독일군 대서양 방어선(Atlantic wall)의 위협적인 포병 부대를 폭격했다. 새벽에 독일군은 배들이 꽉 들어찬 해안을 목격하게 된다. 유럽 재 탈환을 위한 상륙작전 오버로드의 첫째 단계인 넵튠 작전이 전개중이었던 것이다.

▲ 연합군 함대의 포격 장면

새벽 5:45 독일군 방어선에 대한 함대 포격이 시작되었다. 새벽 6:30 유타, 오마하 해안에 미군 제 1진 상륙부대가 밀어 닥쳤다. 영국 및 캐나다 담당구역에서의 상륙은 조수 시간

차이를 감안하여 1시간 뒤에 전개되었다.

▲ 오마하 해안에 상륙하는 미군 The Americans land at Omaha

6월 6일 저녁까지 2만대의 차량과 공수 부대 포함 15만 5천명의 병사들이 상륙하였다. 사망, 부상, 실종자 합계는 약 만 명에 달하였지만 애초 입안자들의 생각보다는 적은 수였다. 수 시간동안 팽팽한 접전이 지속된 오마하를 제외하곤 독일 대서양 방벽은 끊임없이 두들겨 맞아 연합군은 수 킬로 미터 전진하는데 성공하였다.

▲ 캐나다군의 상륙 The Canadians land at Bernieres

▲ 군 장비가 가득한 해안가 Beaches cluttered with equipment

2. 군사지도

가. 우리나라의 전통지리(지도) 사상

우리 민족이 살아온 삶의 터전인 국토에 대한 관심은 유사 이래로 많은 사람들의 관심의 대상이었다. 지리(지도)에 대한 관심은 초기에는 주로 대외적으로는 정복, 대내적으로는 통치나 개척이 주요한 원인이었으며, 우리나라도 예외는 아니었다. 조선시대 이전까지는 문헌이나 지도가 거의 남아있지 않아 당시의 지리(지도) 사상을 추적해 보는데 어려움이 많으나 조선시대 이후에는 많은 지리서들이 전하고 있다. 그러나 우리나라의 전통 지리(지도) 사상에 대한 연구는 많이 부족한 것이 사실이다.

'Geography' 가 일본인에 의해 '地理' 로 옮겨지면서 전통적 의미의 '地理' 는 곧 풍수와의 혼란을 초래하였고 이러한 것이 전통지리(지도) 사상에 대한 무관심으로 이어졌다. 더욱이 일제의 민족정기 말살 정책은 전통지리(지도)에 대한 접근을 의도적으로 차단했던 측면이 많으며 그 결과 나타난 '전통적 사상이 사라진 지리(지도)' 는 '자원이 빈약한 국토' 라는 국토에 대한 비관을 이끌어 내는 역할만을 했을 뿐이었다.

이처럼 식민지 역사는 역사뿐만 아니라 지리에 있어서도 완벽한 단절을 유발하는 역할을 한 것이다. 그러나 사실은 '輿地'라는 전통적 의미의 지리(지도)를 의미하는 용어를 사용한 지리서들이 무수히 존재해 왔으며 이는 우리나라도 지리(지도)에 대한 관심이 지대했었다는 것을 증명하고 있다.

전통지리(지도) 사상에 대한 관심은 단순한 지리(지도)의 한 분야로서가 아니라 끊어진 지리(지도)의 맥을 잇는다는 면에서 중요한 의미를 지닌다.

이렇게 지도의 개념이 변천되어 오면서 우리와 함께 자리를 같이한 지도의 중요성과 군사지도에 대하여 간략히 살펴보고자 한다.

나. 지도의 정의

지도는 지구표면의 일부 또는 전부를 축척에 맞추어 여러 가지 기호선, 색깔 및 형태로서 표시하여 평면사에 나타낸 그림이며, 군사지도란 군사목적을 위하여 사용하고 있는 각종 지도를 말한다.

다. 군사지도의 중요성

군사지도의 태생은 그 유래를 찾아보기 힘드나 전쟁의 형태가 갖추어지기 시작했던 고대에 적의 상황과 지형에 대한 정보를 획득하기 위하여 원시적인 군사지도의 제작이 시작되었다고 추정할 수 있다.

이렇게 시작된 군사지도는 전쟁지휘관들의 정확한 정보판단을 위하여 수많은 피와 땀으로 만들어져 왔으나, 적합한 지형도를 제작하기가 쉽지는 않았다. 군사지도의 정확성 여부에 따라 소수의 인원으로 대군을 물리치거나, 대군을 보유하고 있으면서도 대패하는 경우가 전사에서 쉽게 찾아볼 수 있다.

또한 전장에서 전투의 승패를 좌우할 만큼 중요한 요소인 군사지도의 정확성 제고를 위한 계기가 된 것은 바로 항공기의 출현과 항공사진의 발달을 들 수가 있는 데 정확한 군사지도를 제작하기 위한 항공사진의 필요성은 1차 세계대전 중에 처음으로 인식되었고, 2차 세계대전 동안에는 사진 측량법의 급속한 발전으로 군사지도 발전에 크게 기여하였다

이렇게 발전된 군사지도는 현대전에 있어서 승리를 위한 필수적인 요소로 부각되고 있으며, 특히 항공작전을 수행하고 있는 공군에 있어서 군사지도는 사람의 눈과 같은 역할을 수행하고 있다고 해도 과언은 아니다.

라. 군사지도의 분류

군사지도는 군사목적으로 제작된 항공도, 육도, 해도 및 기타 특수지도로 구분되어 있다. 육군은 육도 및 사진도를, 해군은 해도를 각각 담당하여 제작 지원하며, 육군은 공군의 요청에 따라 항공도의 원판을 제작하여 복제 후 지원하고 있다.[101]

각 군은 자군 제작 지도를 타군의 요청에 따라 요구량을 국방부의 인가를 받은 후 지원할 책임을 가지고 있으며, 육군은 측지 측량자료, 해군은 수로제원과 해양관계 정보자료, 공군은 정찰사진 자료를 수집하여 이를 분석, 평가하여 당해 군에 통보하여 상호 정보를 교환한다.

공군에서 사용되고 있는 지도는 주로 육도와 항공도로서 육도는 육군에서 지원을 받고, 항공도는 육군 지도창에 의뢰하여 지원을 받고 있다.

통상적으로 군사목적을 위하여 사용하도록 제작된 군사지도는 통상 축척별, 형태별, 용도에 따라서 분류된다. 축척에 따라서는 소축척지도, 중축척지도, 대축척지도로 나뉘고, 용도에 따라서는 전술지도, 전략전술지도, 전략지도, 일반지도로 분류되며, 형태에 의해서는 평면지도, 지형도, 기복지도, 사진지도 등으로 분류된다.

(1) 형태에 의한 분류

(가) 지형도

지구표면의 인공물이나 자연물을 실지의 위치와 꼭 같이 도시하며 지형간의 수평거리는 지도 축척상의 거리가 된다. 또한 지형의 기복을 나타냈으며 통상 그 높이는 등고선으로 3차원적인 지도이다.

(나) 평면지도

지형지물과 관계되는 수평위치만을 표시하여 고도 측정수단이 없다. 즉, 위치와 거리 두 가지 요소를 포함하는 2차원적인 지도이다.

101) 해군본부, 「군사지도의 이해와 활용」, (충남 : 해군인쇄창, 2006), 91~92.

(다) 기복지도

주로 '플라스틱' 으로 제작되며 지형이 입체모형을 이루고 있는 지형도로서 사용자가 쉽게 고도상의 변화를 볼 수 있게 입체적으로 제작된 지도이다.

(라) 사진지도

항공사진이나 집성사진에 좌표선, 난외주기 지명, 도로번호, 중요한 고도, 지경선 방향 등 추가적인 제원을 수록한 지도이다.

(마) 합동작전지도

1:25만 지도는 공 · 지 합동작전을 위하여 제작된 것으로 항공(공중) 자료와 기상자료가 포함되어 있으므로 지상군과 항공작전 시 사용되며, 1:5만 지도는 해상, 육상자료를 포함한 지리좌표, UTM 좌표가 표시되어 있으며 지명을 표기한 지도이다.

(바) 군사 시가도

중요한 도시에 대하여 좀더 상세히 제작된 지도로서 도로명, 중요 건물 등 시가지에 대한 정보자료가 상세히 기록된 지도이다.

(사) 특수지도

특수목적에 따라 제작된 지도이다.

(2) 축척에 의한 분류

〈표 Ⅷ-1〉 축척에 의한 군사지도 분류

		종 류	용 도
대축척	1:7,500~20,000	시가도	- 야전부대 전술용 - 지 · 해 합동용 - 행정용
	1:25,000	전술보조지도	
	1:5만	전술기본지도	
		합동작전지도	
		비닐지도	
		단채식 지도	
		비행안내도	
		지형분석도	
		기복지도	
		삼각점 성과표	
중축척	1:10만	전술보조지도	- 작전계획 수립용 - 조접항공 정찰용 - 사격통제요 - 공지합동작전용
		기복지도	
	1:25만	합동작전지도	
		기복지도	
	1:50만	대한지도	
		기복지도	
소축척	1:70만	도로망도	- 대규모 부대계획 수립용 - 전략용
	1:100만	대한전도	
		기복지도	
	1:2,200만	세계전도	
	1:4,000만	세계전도	

마. 지도관리[102]

군사지도의 관리는 사용자가 항상 최신지도를 사용할 수 있도록 최신판 지도를 확보하여야 하며, 필요시 상시 지원이 가능토록 충분한 물량을 확보, 유지하여야 한다.

이를 위해 지도의 사용부대 및 사용부서에서는 지도 관리책임관을 임명하여 지도신청, 반납, 수령 등의 임무 수행과 지도의 자연 훼손 및 보안관리를 위한 적절한 조치를 취해야 한다.

군사지도의 최신판 확보 및 충분한 물량 확보를 위하여 지도 사용부대에서는 신판 및 개정판 지도 발행시 즉각적인 조치를 취해야 하며, 훼손, 망실, 폐도의 폐기, 반납조치 등의

102) 공군본부, 「군사지도 관리 운영」(서울 : 공군교재창, 1990), p12.

사유로 지도가 소모되었을 때에는 즉각 보고하여 보충지원을 받아야 한다.

이를 위해 지도 사용부대 및 사용부서의 지도 관리책임관은 정기 및 수시확인을 통하여 인가량 대 보유현황, 지도 지출현황, 폐 · 구도 처리 및 신판지도 확보상태, 훼손 및 망실지도 유무, 전시예비지도 보관 상태를 점검하고, 공군규정에 의거 각종 보고를 실시하여야 한다.

또한 지도관리 책임관은 군사지도가 군사대외비에 준하여 취급하도록 되어 있으므로 훼손, 망실, 폐도의 폐기시 군사보안업무 시행규칙에 의거하여 비밀소각 및 세절시설을 이용하여 처리하여야 하며, 군사지도는 군사목적 외에 사용을 금하고, 개인 또는 민간기관에게 지급 또는 대여할 수 없다는 보안규칙을 준수하면서 지도 사용자가 불편없이 필요시에 최신지도를 사용할 수 있도록 최적의 상태로 군사지도를 보관 유지하여야 함을 상기하여야 한다.

참고문헌

강호국 외, 『지형 및 기상』(서울 : 양서각), 1999.
송동근. 『기상이 군사작전에 미치는 영향에 관한 연구』 (서울 : 국방대학교), 2003.
공군본부, 『군 기상정보 업무』(공군규정 5-221), 2006.
공군본부, 「군사지도 관리 운영」(서울 : 공군교재창), 1990.
육군사관학교, 『군사연구와 과학기술』(서울 : 육군사관학교), 1991.
해군본부, 「군사지도의 이해와 활용」, (충남 : 해군인쇄창), 2006.
작전요무령, 『작전지역의 특징』(대전 : 육군본부), 1996.

http://www.tgedu.net/student/tfowor/HTML/IMAGE/HY117.html
http://www.kweather.co.kr/kcompany/s_news/knews101.html
http://park.org/Korea/Pavilions/PublicPavilions/KoreaImage/calender/main/6/6_6_2.html
http://www.nobelmann.com/old/history/blitz/lose.htm 독일군의 작전실패
http://w1.480.telia.com/~u48019556/eng/index.html
http://town.hall.org/travel/france/normandi.html
http://www80.homepage.villanova.edu/james.dion/pictures.html 지도
http://www.army.mil/cmh-pg/books/wwii/7-4/7-4_5.html

IX. 군사 지휘통솔

이 강 언(대전대학교)

IX. 군사 지휘통솔

이 강 언 (대전대학교)

1. 개요

가. 리더십 용어의 출현

인류가 집단생활을 시작하면서부터 집단을 이끌어가는 우두머리, 즉 지도자(리더, leader)와 추종자(follower)라는 계층이 자연스럽게 형성되었고, 집단의 생존과 번영은 상당부분 그 집단을 이끄는 지도자의 지도역량, 즉 지도력에 의하여 좌우되었다고 해도 지나친 말은 아닐 것이다. 여기서의 지도력을 리더십(leadership)이라는 말로 표현하고 있는데, 리더십이라는 단어가 처음 등장한 것은 19세기 초로 보고 있다(옥스퍼드 백과사전, 1943). 리더십은 근본적으로 인간관계를 다루는 관계로 사회학, 심리학, 경영학, 정치학, 행정학, 교육학 등 광범위한 학문 분야를 망라하며, 리더십의 주체이며 대상인 인간은 저마다 독특한 개성과 능력을 갖고 있고, 리더십 환경도 시대의 흐름에 따라 사회적 변화 속에서 계속 변해 오고 있기 때문에 지금까지 리더십에 대한 많은 연구와 발전에도 불구하고 여전히 다양하고 새로운 시각의 리더십에 대한 논의가 계속적으로 요구되고 있다.

나. 군대와 리더십

인류의 역사는 전쟁의 역사라고 할 만큼 전쟁은 사회 변화를 주도하여 왔으며 그 중심에는 군대라는 조직이 있다. 군 조직은 전투라는 극한 상황에서 적과 싸워 이겨야하므로 군 조직에서는 사회의 어느 조직보다 리더의 역할이 중요하다. 따라서 한국군에서는 군 조직의 특성과 군의 임무수행 환경에 적합한 리더십을 발전시켜 왔으며, 특히 육군에서는 리더십이라는 용어 대신 통어, 통솔, 지휘통솔이라는 용어를 사용하여 왔고(국방부, 2004) 현재는 지휘통솔이라는 용어를 사용한다.

현재 육군에서 사용하고 있는 지휘통솔이라는 용어는 "지휘통솔자가 자기에게 부여된 권한과 책임을 바탕으로 부대 발전 및 조직의 목표를 효과적으로 달성하기 위하여 구성원에게 목적과 방향제시, 동기부여를 통한 영향력을 행사하여 구성원의 모든 노력을 부대목표에 집중시키는 활동 및 과정"(육군, 2004)이라고 정의되고 있다. 또한 육군은 지휘와 통솔을 구분하여 개념을 정의하고 있는 데, 지휘(Command)란 지휘권에 입각하여 부대를 이끌어가는 일체의 행위로서 임무완수를 위하여 부대활동을 계획, 지시, 협조하는 기능으로 정의하고 있다. 여기서 지휘권이란 지휘통솔자가 계급과 직책에 의해서 예하부대에 대해 합법적으로 행사하는 권한을 말한다. 통솔(Leadership)이란 개인의 인격 또는 능력에 의해 구성원에게 직·간접적으로 영향력을 미쳐 자발적이며 적극적으로 임무를 완수하게 하는 과정으로 정의하고 있으며, 통솔의 요체는 지휘통솔자가 솔선수범을 통하여 부하에게 믿음과 감동을 주어 동기를 유발함으로써 부하들이 스스로 따라오도록 만드는 데 있다고 강조한다(육군, 2004).

여기서 지휘와 통솔(리더십)이라는 용어는 지도자가 조직을 이끌어 가는 데 합법적 권한을 더 많이 사용하느냐, 아니면 솔선수범으로 추종자들이 스스로 따라오도록 만드느냐에 차이가 있을 뿐 결국 조직의 목표나 임무를 달성하는 수단으로서의 공통된 의미를 갖는다 할 것이다. 따라서 육군이 사용하고 있는 지휘통솔이라는 용어는 지휘라는 용어와 통솔이라는 용어를 하나의 개념으로 묶어서 사용하고 있지만 현대적 시각에서 광의의 리더십 개념과 같은 범주에 속한다고 할 수 있을 것이다.

따라서 본 장에서는 우선 리더십의 일반적 개념과 주요 이론을 살펴보고 군 조직의 특성과 군 리더십(지휘통솔)의 특성 및 주요 내용에 관하여 기술한다.

2. 리더십의 개념

리더십이라는 용어는 사람마다 사용하는 의미에서 상당한 차이가 있다. 즉 사회적 상황과 학자들의 관점에 따라서 다양하게 정의되고 있다. 여기서 몇 개의 대표적 정의를 간추려보면 다음과 같다.

우선 헴프빌과 쿤스(Hempbill & Coons, 1957)는 "리더십이란 집단의 활동을 공동의 목표로 指向케 하는 한 개인의 행동이다."라고 하였고, 탄넨바움 등(Tannenbaum, Weshler & Massarik, 1961)은 "리더십이란 한 상황 속에서 행사되어지며 의사소통 과정을 통하여 명시된 목표의 달성을 지향케 하는 개인 간의 영향력이다." 라고 하였다.

한편 코터(John. P. Cotter, 1988)는 "리더십이란 어떤 집단을 가장 비강압적인 방법으로 어떠한 방향으로 움직이는 과정이다."라고 정의하고 있다. 한편 미 육군에서는 리더십을 "목적과 방향과 동기를 부여하고 임무를 성취할 수 있는 추진력을 주며 조직을 개선해가면서 사람들에게 영향력을 미치는 것이다."라고 정의하고 있다(HQ, Department of Army, 2006).

앞에서 살펴본 바와 같이 리더십에 관한 대부분의 개념에는 둘 또는 그 이상의 사람들 사이의 상호작용이 포함되는 하나의 집단현상이라는 가정을 공통분모로 갖고 있으며, 부가적으로 리더가 부하들에게 의도적으로 행사하는 영향력 과정이 있다는 가정을 내포하고 있다. 또한 리더십은 목표 지향적이며 구성원의 자발적 참여를 전제로 하고 있다는 것을 함축하고 있다. 결국 리더십이란 주어진 상황에서 제기된 일을 해야 할 목적을 제시하고, 이러한 목적을 달성하기 위해 리더에 의해 설정된 우선순위에 따라 달성해야 할 과업의 방향성을 제공하며, 부여된 임무를 수행하기 위하여 구성원들에게 동기를 부여하고 영향력을 행사하는 과정이라 할 수 있다.

3. 리더십이론의 발전

가. 전통적 접근방법

리더십 이론은 전술한 바와 같이 그 개념규정부터 연구하는 사람의 견해와 사회적 상황에 따라서 상이한 것처럼 연구방법도 다양하게 이루어져 왔다. 리더십에 대한 과학적인 연구가 본격적으로 이루어진 20세기 이후 최근까지 이루어진 전통적인 연구방법은 대부분 다음의 4가지 접근방법 즉, ① 권력-영향력(power-influence) 접근방법, ② 특성이론적(trait theory) 접근방법, ③ 행동이론적(behavioral theory) 접근방법, 그리고 ④ 상황이론적(situational theory) 접근방법으로 분류될 수 있을 것이다.

(1) 권력-영향력 접근방법은 리더십 효과를 리더가 이용 가능한 권력의 양과 출처, 그리고 부하들에게 권력을 행사하는 방법에 의해 설명하려는 것이다. 이 분야의 연구는 주로 영향력 과정(권력의 획득과 상실)의 상호적 성질, 리더와 부하들 간의 교환관계(leader-member exchange)에 중점을 둔다(Yukle. 1981).

(2) 특성이론적 접근방법은 리더의 개인 자질을 강조하는 접근방법으로써 성공적인 리더에게는 남들과 다른 개인적인 특성과 기술이 있다고 생각하고 그들의 공통분모를 추출하려고 노력하였다.

이러한 접근방법에서 제시된 특성이론은 효과적인 리더십에 관련된 리더의 육체적, 지능적, 그리고 성격적 특성을 연구하고 성공적인 직무수행에 요구되는 구성원의 자격조건 등을 분석함으로써 선발과 승진 그리고 교육훈련 등 인적자원관리에 많은 도움을 준다.

(3) 행동이론적 접근방법은 밖으로 나타나는 리더의 행위에 초점을 맞추고 효과적 리더와 비효과적 리더 사이의 행동 형태상의 차이를 구별하려는 것이었다. 여기서 제시된 행동이론은 리더와 집단구성원들 간의 관계를 연구함으로써 집단구성원들과 원만한 관계를 유지하고 집단구성원들의 사기와 성과를 높이는 인적자원관리에 많은 도움을 주며, 그러한 관리행동을 개발하기 위한 교육훈련에도 도움을 준다.

(4) 상황이론적 접근방법은 집단에 의하여 수행되는 과업의 성질, 거기에 작용하는 리더의 권한과 재량 그리고 상급자, 동료 및 부하들에 의하여 부과되는 역할기대, 외부환경의 성격 등과 같은 상황요소의 중요성을 강조하고 있으며, 이러한 여러 가지 상황 국면이 어떠한 종류의 리더 특성, 기술 및 행동들이 적합한 것인가를 결정한다고 보는 것이다(Yukl, 1981). 리더십 상황이론은 과업의 성격과 부하의 특성 그리고 권력구조와 정보체계 등 리더십과정에 영향을 주는 조직체의 상황적 요소를 연구함으로써 성과달성에 적합한 관리자의 선정과 리더십 환경조성에 많은 도움을 준다(이학종, 2000).

나. 리더십 유형

초기 리더십 연구에서는 리더십 유형을 ① 생산지향 리더십과 종업원 지향 리더십(Michigan 대학의 연구), ② 구조주도형(Initiating Structure)과 배려형(Consideration)(오하이오 주립대학 리더십 연구), ③ 과업형, 사교형, 중도형, 무기력형, 팀형(Black and Mouton의 관리망-Managerial Grid-연구) 등으로 구분하고 있다. 브랭차드와 허시(Blanchard & Hersey, 1988)는 그들의 상황 리더십 모델에서 리더가 부하들에게 주는 지도 및 지침의 정도, 리더가 부하들에게 제공하는 지원의 정도, 그리고 부하들이 특정 과업, 기능 또는 목표 수행에 보여주는 준비상태의 상호작용에 따라 리더의 행동을 ① 알려주는 형(Telling), ② 설득형(Selling), ③ 참여형(Participating) 그리고 ④ 위임형(Delegating)으로 구분하고 있다.

특히 리더십 행동이론은 구성원들의 직무만족과 구성원들 간의 상호작용 등 인간관계를 중요시하면서 리더의 관리행동 스타일을 여러 가지 유형으로 분류하고 이들의 효과를 연구 분석한 결과를 토대로 하여, 독재적(authoritarian) 리더보다는 민주적(democratic)리더가, 구조주도적(initiating structure)리더 보다는 배려적(consideration)리더가, 생산중심적(production-oriented)리더 보다는 인간중심적(people oriented)리더가, 그리고 과업중심적(task-oriented)리더 보다 부하중심적(employ-oriented)리더가 구성원들의 직무만족과 그들 간의 상호작용 그리고 나아가서는 집단성과에 더 효과적이라고 전제한다(이학종, 2000).

다. 현대 리더십의 연구경향

(1) 리더십 연구 접근방법

현대의 리더십 연구는 리더의 행동에 있어 자연주의적 현상학적 입장을 수용하고 있으며 ① 변혁적 접근, ② 자기관리적 접근으로 대별할 수 있다. 아울러 이들 견해들의 본질은 변혁 · 비전 · 위임 · 자아 개발, 그리고 도덕 및 윤리 측면의 사회적 책임들로 요약될 수 있을 것이다(신응섭 외, 2004).

변혁적 접근은 1980~1990년대에 번스(Burns), 배스(Bass) 등의 학자를 중심 으로 이루어 졌으며 변화를 추구하면서도 도덕적 이상에 호소하고 권한부여를 통해 동기를 고양시키는 데 중점을 두고 있다. 자기관리적 접근은 1990년대 이후, 만쯔(Manz), 쵸이(Choi) 등의 학자를 중심으로 연구가 이루어졌으며 내면적 · 희생적 자기관리를 통해 리더십 역량을 강화하는 것이 이 접근의 핵심이다. 셀프 · 서번트 · 자기희생적 리더십이론 등이 여기에 속한다.

(2) 현대 리더십이론

(가) 변혁적 리더십(Transformational Leadership)

변혁적 리더십은 1978년 번스(J. M. Burns)에 의해 처음으로 제시되어 1985년 배스(B. M. Bass)가 조직 상황에 맞춰 구체화한 것이다. 이들은 기존의 리더십 이론들이 리더와 하급자간의 교환관계에 기초한 거래적 리더십(Transactional Leadership)에 치중해 있다고 비판하였다(오점록 외, 1999). 따라서 번스(Burns)는 변혁적 리더는 부하들의 태도와 과정에 영향을 끼쳐 강한 변화를 가져옴으로써 그들의 사명 그리고 조직의 목적과 전략에 대한 몰입(commitment)을 강화시키며, 집단, 조직, 그리고 나아가 사회에도 그 변화는 이루어질 수 있다고 보았다(Burns, 1978). 배스(Bass)는 거래적 리더십 과정에서 리더는 부하와 경제적 또는 물질적 성격의 교환관계를 통하여 성과를 추진하는 것과는 달리 변혁적 리더십에서의 리더는 부하들의 의식구조, 가치체계, 태도와 믿음에 혁신을 가져옴으로써 더 넓고 높은 목적을 성취한다고 보고 있다(Bass, 1985). 즉, 변혁적 리더는 부하의 고차원의 욕구를 자극함으로써 부하의 욕구단계를 끌어올린다는 것이다.

본질적으로 변혁적 리더십은 추종자들의 기존의 태도와 인식에 큰 변화를 가져오도록 영향력을 행사하는 과정으로서 추종자들이 그들이 속해있는 조직의 사명, 목표, 그리고 전략에 대한 몰입을 불러일으키는 것이며, 변혁적 리더십의 궁극적 목적은 추종자들에게 권력을 심어주어 그들이 조직을 변형시키는 과정에 참여토록 하는 것이다. 이러한 변혁적 리더십의 요인들은 ① 카리스마(charisma), ② 부하의 노력에 대해서 칭찬 또는 감정적으로 격려하며 활기를 불어넣어 주는 고무적 리더십, ③ 개별적 배려, ④ 지적자극 등이 있다.

(나) 카리스마적 리더십(Charismatic Leadership)

카리스마(charisma)란 원래 그리스어로 예언이나 기적을 행할 수 있는 '천부적 자질' 이라는 뜻의 말이다. 사회학자 막스 베버(Max Weber, 1946)는 직책이나 전통 등의 권위에 의거하지 않고, 부하들이 특별한 자질을 갖춘 리더라고 자발적으로 추앙함으로써 갖게 되는 영향력이라는 의미로 카리스마라는 용어를 사용했다. 최근의 카리스마적 리더십 이론 연구의 선구자로는 하우스(House, 1977)를 들 수 있는데, 그는 카리스마적 리더가 어떤 방식으로 행동하고, 보통사람들과는 어떻게 다르며, 어떤 상황에서 카리스마적 리더가 출현할 가능성이 가장 많은가에 대한 이론을 제시하였다.

(다) 윤리적 리더십(Ethical Leadership)

리더십에서의 윤리이론은 특정한 상황에서 무엇이 옳고 그른지, 또는 무엇이 좋고 나쁜지를 판단하는데 지침이 되는 법칙과 원칙의 체계를 제고해 준다. 또한 도덕적으로 고결한 인간이란 무엇을 의미하는지에 대한 이해의 토대를 제공하기도 한다. 윤리이론은 어떻게 하면 윤리적이 될 수 있는가에 대한 의사결정 지침이 될 수 있는 일련의 원칙들을 제공하고 있으며, 윤리가 리더십에서 중심적 역할을 하고 있음을 설명하고 있다. 윤리적 리더십은 '존중 · 봉사 · 정의 · 정직 · 공동체 윤리' 등 다섯 가지의 원칙에 뿌리를 두고 있다.

윤리이론은 크게 두 가지로 구분할 수 있는데, 하나는 ① 리더의 행위에 대한 이론이고 또 하나는 ② 리더의 자질에 관한 이론이다.

첫째, 리더의 행위를 다루는 이론은 리더 행위의 결과에 초점을 맞추는 목적론과 리더 행위를 지배하는 의무와 규칙에 초점을 맞추는 의무론이 있다. 목적론은 개인의 행위의 결과에 의해 그 특정 행동의 옳고 그름이 결정된다는 것이고, 의무론은 주어진 행위가 윤리적이냐 아니냐는 단지 그 행위의 결과만이 아니라 그 행위 자체가 선한 것이냐 아니냐의 여부에 달려 있다고 보는 관점이다. 따라서 의무론적 관점은 리더의 행위와 그의 도덕적 의무와 책임에 초점을 맞추고 있다고 볼 수 있다.

둘째, 리더의 자질을 다루는 이론은 덕성이론이라고도 하는데, 윤리를 리더의 자질이라는 관점에서 보는 접근법으로서 리더가 인간으로서 어떤 사람인가에 초점을 맞춘다. 덕성이론은 본질적으로 선하고 가치 있는 인간이 되는 것에 대한 이론이다. 그리고 이 이론의 주장은 사람들이 선한 가치(덕성)를 학습하고 발전시킬 수도 있지만 그러한 덕성들이 개인의 성향(기질) 속에 내재하게 된다고 주장한다. 즉, 젊어서부터 어른이 될 때까지 익히게 되면 시간이 지남에 따라 사람들은 그동안 익힌 좋은 가치(덕성)들이 습관화되어 자신의 한 부분으로 내면화된다는 것이다.

(라) 셀프 리더십(Self Leadership)

만쯔(Manz, 1989)는 "셀프 리더십은 스스로 자신에게 영향을 미치기 위해 취해가는 광범위한 사고 및 행동전략이다."라고 하였다. 다시 말해서 셀프 리더십이란 스스로 자신을 리드하기 위해 취하는 행동으로서, 책임 있는 행동이라고 말할 수 있다. 즉 자율과 책임이 주어질 때 사람들이 스스로 책임지고 행하는 독특한 행동이 바로 셀프 리더십인 것이다.

조직이 장기적으로 생존하고 발전하기 위해서는 구성원의 헌신과 열정이 필요하다. 이를 불러일으키려면 리더는 사람들이 스스로에게 영향을 미치는 방법을 파악해서 그것을 효과적으로 활용해 나가야 한다. 즉, 구성원의 자아(self)를 중요시하고, 그들의 내면에 잠재해 있는 셀프 리더십을 이끌어 내야 한다. 결론적으로 셀프 리더십은 구성원 스스로 내적 영향력과 에너지를 자극하고 활성화하도록 함으로써 그들 스스로의 자율통제가 가능하도록 하는 것이다.

(마) 슈퍼 리더십(Super Leadership)

슈퍼 리더십은 부하의 능력 개발에 초점을 두는 리더십으로서, 여기서 슈퍼리더(super leader)란 추종자(follower)들을 스스로 판단하고 행동에 옮기며 그 결과도 책임질 수 있는 셀프리더(self-leader)로 키우는 리더를 가리킨다(Manz, 1989).

따라서 슈퍼 리더십은 하급자들이 셀프리더(self-leader)가 될 수 있도록 가르치고 이끄는 과정이 된다(오점록 외, 1999). 슈퍼리더는 부하들 각자가 셀프리더가 되도록 교육시키는 시스템을 개발하고 실행하며, 이들의 목표는 모든 부하들에게 셀프 리더십을 키우는 데 필요한 행동상, 의식상의 방법을 제공하는 것이다.

(바) 자기희생적 리더십(Self-Sacrificial Leadership)

카리스마적 및 변혁적 리더에게 자기희생이 리더십의 중요한 구성요소라고 많은 학자들이 공감(Burns, 1978; Bass, 1985; Mackenzie 등, 2001)하고 있는데, 이러한 리더십을 자기희생적 리더십이라고 한다.

쵸이와 마이달튼(Choi & Mai-Dalton, 1998)은 이런 희생의 범용한 인식을 리더십 이론으로 구체화시켰다. 그들은 조직상황에서의 자기희생을 "업무분장, 보상분배, 권한행사에 있어서 개인의 이익, 특권 혹은 복지의 전부 및 일부를 포기하거나 영구적 또는 일시적으로 연기하는 것"으로 정의하고, 리더가 이런 행동을 보일 때 자기희생적 리더십이 나타난다고 하였다.

(사) 감성적 리더십(Emotional Leadership)

오랜 동안 인간의 행동을 결정적으로 좌우하는 것이 이성(理性) 이라고 믿고 있었다. 그러나 최근에는 오히려 인간의 행동을 좌우하는 것은 사고나 추리가 아니라 감정이라는 사실이 여러 학자들에 의해 입증되고 있다. 예일대학의 샐로비(Salovey)와 메이어(Mayer) 교수는 정서지능(emotional intelligence : EQ)의 개념을 소개하면서 지능지수(IQ)는 성공 또는 행복의 10~20%만을 설명할 뿐이고 나머지 80~90%는 정서지능에 의해 좌우된다는 점을 강조하였다. 또한 정서지능에 대해 세계적으로 널리 소개한 골먼(Goleman) 역시 IQ가 높다고 해서 반드시 사회생활에 성공하는 것이 아니라 본인의 감정조절, 타인의 감정인식, 동기부여, 원만한 대인관계 등과 같은 감성 능력이 개인으로 하여금 조직 속에서 지지자를 만들어 내고 이를 통해 힘을 얻어 성공할 수 있게 한다고 주장하였다.

리더십 분야에서 연구되고 있는 감성이 높은 리더들의 행동특징을 보면 자신의 내적 상태를 정확히 이해하고 있어 본인의 감정 및 장 · 단점을 객관적으로 파악하고 있으며, 이를 바탕으로 하여 높은 자신감을 갖고 있다. 이들은 자신뿐만 아니라 타인의 감정을 이해하는 능력이 뛰어나 상대방과 좋은 사회적 유대감을 발전시킨다.

자신과 타인에 대한 정확한 이해는 본인이 관리하는 집단의 높은 팀워크를 만들어 내고, 구성원 사이의 갈등을 중재하면서 변화를 촉진하는 특징을 가지고 있다. 리더십 분야에서 연구된 실증분석 결과에 의하면 탁월한 성과를 올리는 리더는 지위가 높아질수록 그들의 효과성을 높이는데 있어서 정서지능의 효과가 크게 나타나고 있으며, 부하들의 만족과 직무성과에도 직접적인 영향을 미친다고 한다.

4. 리더십 인접 개념

가. 팔로워십(Followership)

워트만(Wortman, 1986)은 팔로워십을 리더십의 하의 개념으로 보고 "주어진 상황에서 조직 목표 달성을 위하여 리더가 의도하는 바에 따라 팔로워가 개인이나 집단적 노력에 참여함으로써 개인적 목표를 획득하는 과정"으로 정의했다. 그러나 켈리(Kelley, 1998)는 팔로워십을 리더십에서 분리하여 팔로워의 주요성을 점 더 크게 부각시켰다.

최근의 연구자들은 리더십과 팔로워십의 관계에 관하여 강조하고 있다. 번스(Burns, 1978)는 리더십이란 용어 자체는 집합적 의미를 지니기 때문에 '리더만의 리더십'이란 본질적으로 모순이라고 지적하였으며, 가드너(Gardner, 1987)는 팀 리더가 혼자 모든 것을 리드할 수 없으며 리더십은 반드시 팀원 전체와 공유되어야 한다는 것을 강조하였다. 즉, 리더십과 팔로워십은 상호배타적인 것이 아니며 완전히 독립적으로 생각할 수 있는 것도 아니다. 리더십과 팔로워십은 오히려 상호보완적인 관계에 있다고 볼 수 있다.

나. 임파워먼트(Empowerment)

임파워먼트는 다양한 의미로 정의되고 있다. 머렐(Murrell, 1985)은 "파워를 구축하고, 개발, 증대시키는 행동"으로, 보웬과 롤러(Bowen & Lawler, 1992)는 "조직 행동에 관한 정보, 조직 행동에 기초한 보상, 구성원이 조직행동을 이해하고 수행할 수 있도록 하는 지식, 조직의 방향과 행동에 영향을 미치는 의사결정권 등을 구성원에게 나누어 주는 것"으로 정의하였다.

임파워먼트의 방법은 권한위임을 넘어서서 가장 효과적인 파워가 쓰이는 곳에 실질적으로 파워를 부여하는 것이며, 위임(delegation)보다는 위양(devolution)의 관점으로 개인에게 구속된 파워를 풀어주고 키워주는 것이다. 다시 말하면 임파워먼트는 위임을 통해서 일어나는 것이 아니라 조직원이 지니고 있는 파워를 신뢰하는 데서 출발하여, 그 신뢰를 바탕으로 구성원의 능력과 잠재력을 키워주는 방법이다.

다. 조직문화(Organizational Culture)

조직문화란 조직구성원들이 모두 공유하고 있는 가치관과 신념, 이념과 관습, 그리고 지식과 기술을 모두 포함한 거시적이고 종합적인 개념으로서 조직구성원들과 전체 조직체 행동에 영향을 주는 중요한 요소라고 할 수 있으며, 이들 가운데 가치관이 구성원의 행동에 지배적인 영향을 준다. 따라서 조직문화는 한마디로 조직구성원들의 공유가치(shared value)라고 할 수 있다.

조직구성원들의 공유가치로서 조직문화는 구성원들에게 정체성을 부여하고 조직체에 대한 몰입을 촉진하며, 그들의 행동에 지배적인 영향을 줌으로써 조직체 성과에도 많은 영향을 준다. 또한 조직문화는 모든 구성원들에 의해 형성, 변화되는 것이기는 하지만, 그 중에서도 리더의 행동이 핵심적인 역할을 한다. 아무리 훌륭한 리더가 있다고 하더라도 조직문화가 역기능적인 요소를 많이 내포하고 있으면 그 조직은 제대로 기능하기가 어렵다. 따라서 리더는 조직 내의 역기능적인 요소를 제거하고 순기능적인 요소를 보강하는 등의 조직문화 개선에 관심을 기울이는 것이 중요하다.

5. 軍 리더십의 특성

가. 군 조직의 특성

군은 국가의 존망과 국민의 안전을 책임지고 있는 공익적 조직이라 할 수 있다. 따라서 군 조직은 개인의 이익보다는 조직의 이익을 우선함은 물론, 상황에 따라서는 목숨까지도 버리면서 주어진 임무를 완수해야하는 숭고한 희생정신을 요구하는 조직이다.

또한 군 조직은 전투상황에서는 목숨까지도 희생을 요구하는 임무의 절박성, 급변하는 상황에 대한 불안감과 죽음 또는 부상에 대한 공포, 그리고 극단적인 심신의 피로와 배고픔, 갈증 등 최악의 조건에서 명령을 수행하기도 하며, 항상 전투에서 승리해야 하는 특수한 목적을 위하여 인명살상을 포함한 제반 수단과 방법을 사용할 수 있는 폭력적 조직이며, 과정보다 결과를 중요시한다. 군은 이러한 임무 및 과업 수행의 특수성으로 인하여 일반 사회의 어느 조직보다도 많은 특성을 갖고 있기 때문에 군 조직의 특성은 연구자의 관점에 따라서 다양하게 기술되고 있다.

나. 군 리더십의 특성

군 리더십은 전술한 바와 같이 군 조직이 일반 사회조직과 구분되는 특성들로 인하여 일반 사회조직, 특히 기업의 리더십과는 많은 차이가 있음을 짐작케 한다. 이러한 추론의 주요 요인은 기업의 구성원들이 실리주의적(utilitarian)인 가치관에서 행동과 태도를 결정하는 것에 비하여 군은 규범적(normative)이며 기업조직 보다는 어느 정도의 강제성이 허용된다는 점일 것이다. 군 리더십의 특성을 정리해 보면 다음과 같다(이종인, 1999).

첫째, 군 리더십은 서로 수용하기 힘든 극과 극이 공존한다. 따라서 군 리더십은 강직과 유연함, 엄격과 관용, 신중과 단순함, 솔직함과 기지, 상과 벌 등의 상극적 요소를 적절히 조화시켜 상황에 맞게 행사되어야 한다.

둘째, 군 리더십은 실천적 행동으로 이루어진다. 특히 전투를 지휘할 때 행동하면서 사고하고 판단하는 능력이 필요한데, 이는 군의 특성인 결렬한 무력 발휘 활동 때문이라 할 수 있다.

셋째, 군 리더십은 결과를 중시하고 있다. 그 것은 전쟁에서는 패배가 인정되지 않기 때문에 군 리더십은 기필코 승리를 쟁취할 수 있도록 발휘되어야 한다.

넷째, 군 리더십은 동시다발적인 상황을 신속히 처리해 나가야 한다. 군은 사회의 어느 분야보다도 긴박한 상황에서 제한된 자원을 가지고 복잡하고 다양한 업무를 동시에 처리해 나가지 않으면 안 된다. 특히, 전장의 긴박한 상황에서는 이러한 특성이 더욱 두드러지게 나타난다.

다섯째, 군 리더십은 견고성과 강인성을 전제로 한다. 군대는 무력충돌을 그 기본 특성으로 전제하기 때문에 군 리더십은 육체적으로나 정신적으로나 강인하지 않고서는 성립되지 않는다.

다. 군 리더십의 수준

일반적으로 리더십의 수준은 고급 리더십과 초급 리더십으로 구분할 수 있을 것이다. 고급 리더십은 주로 조직의 장기적 의사결정과 자원의 배분 및 조직의 활동을 계획 · 조정 · 통제하는 최고 경영자를 포함한 상위 계층의 리더를 대상으로 한다고 볼 수 있다. 초급리더십은 주로 조직 상부의 계획과 지침에 따라서 실질적인 조직을 운영하는 활동을 하는 계층을 대상으로 하는 리더십을 말한다. 또한 수행하는 업무의 수준에 따라 전략적 수준의 리더십과 전술적 수준의 리더십으로 구분할 수도 있을 것이다.

한국군에서는 제대 및 계층별 리더십 체계를 적용하고 있다. 즉, 각 제대별 · 계층별로 요구되는 리더십의 핵심요건을 분명히 하고, 이를 적용할 대상과 양성책임 소재를 체계화 하는 것이다. 제대별 리더십은 직접적, 대면적 리더십을 위주로 하는 초급제대 리더십, 직 · 간접적이면서 조직 관리적 리더십을 위주로 하는 중급제대 리더십, 간접 및 전략적 리더십을 위주로 하는 고급제대 리더십으로 구분한다(국방부, 2004).

6. 군 지휘통솔(육군, 2004)

전술한 바와 같이 한국육군은 군의 특성과 환경에 부합한 군 리더들의 지도력 향상을 위하여 지휘통솔이라는 개념체계를 정립하고 실행을 위한 구체적 방안을 제시하고 있다.

가. 지휘통솔의 개념과 본질

"지휘통솔이란 지휘통솔자가 자기에게 부여된 권한과 책임을 바탕으로 부대 발전 및 조직의 목표를 효과적으로 달성하기 위하여 구성원에게 목적과 방향제시, 동기부여를 통한 영향력을 행사하여 구성원의 모든 노력을 부대목표에 집중시키는 활동 및 과정이다"라는 정의에서 보듯이 지휘통솔의 핵심은 "영향력 행사로 구성원의 노력을 부대의 목표에 집중시키는 활동 및 과정"이라는 데 있다. 여기서 영향력 행사는 부하들에게 지휘통솔자가 원하는 바를 행동하게 하는 과정이며 부하 및 조직을 운영하고 발전시키는 수단으로 목적 및 방향을 제시하고 동기를 부여하는 것이다.

나. 지휘통솔의 구성요소

지휘통솔 요소는 지휘통솔자와 지휘통솔의 대상인 부하(집단), 그리고 지휘통솔에 영향을 미치는 상황으로 구분된다.

지휘통솔자는 지휘통솔을 수행하는 책임자이며 주체로서 자기에게 부여된 권한과 책임을 바탕으로 부하에게 영향력을 발휘하여 해당 조직체를 이끌어 나가는 역할을 맡은 자이다.

부하는 지휘통솔의 대상, 곧 객체이다. 군 조직은 계급과 직책으로 상하관계, 즉 상관과 부하의 관계로 명확히 구분되어 진다. 따라서 모든 장병은 부하의 지휘통솔자이며 상급지휘통솔자의 부하이기도 하다. 부하는 명령에 복종하고 상관이 결심한 사항을 적극적으로 이행해야 한다.

상황은 임무수행에 영향을 주는 여건과 환경이다. 지휘통솔자는 전 · 평시를 막론하고 주어진 상황에 맞게 지휘통솔을 해야 한다. 지휘통솔자가 당면하게 되는 상황은 매우 다양하고 유동적이다. 따라서 지휘통솔자는 상황의 변동을 적시에 판단하여 이에 적합한 지휘통솔 기법을 발휘하도록 노력해야 할 것이다.

다. 지휘통솔의 원칙

지휘통솔의 원칙은 지휘통솔 실천의 지배적인 원리로서 지휘통솔자가 취해야 할 행동기준이다. 지휘통솔 원칙은 절대적인 것이 아니라 환경과 조건에 따라 변화하며, 독립적인 것이 아니라 상호 밀접한 관계를 갖고 있기 때문에 각 원칙을 창의적이고 융통성 있게 적용해야 효과를 거둘 수 있다. 한국인의 의식구조와 시대적 환경 및 군의 특성을 고려한 지휘통솔 원칙은 다음과 같다. ① 올바른 가치관과 도덕성을 견지하라. ② 변화를 주도하고 창의력을 발휘하라. ③ 비전과 목표를 제시하라. ④ 건전하고 적시 적절한 결심을 하라. ⑤ 부하에게 알려주고 참여시켜라. ⑥ 조직을 활용하고 권한을 부여하며 책임을 물어라. ⑦ 열정을 발휘하고 솔선수범하라. ⑧ 정과 신뢰로 부하를 지도하라. ⑨ 자기 자신과 부하의 능력을 계발하라. ⑩ 부하의 복지향상을 위해 노력하라.

라. 지휘통솔자의 구비요건

지휘통솔자는 어떠한 상황에서 임무를 부여받더라도 이를 성공적으로 수행할 수 있도록 지휘통솔자로서의 가치관을 확립하고 품성과 정신력 및 업무수행 능력 등을 배양하는 것이 필요하다.

(1) 지휘통솔자의 가치관

지휘통솔자는 국가와 국민을 위하여 자신의 생명을 기꺼이 바칠 수 있는 '위국헌신' 정신을 바탕으로 올바른 가치관을 정립해야 한다. 이를 위해서 지휘통솔자는 국가와 국민, 상관에 대한 충성심, 정의감에 따라 자신의 신념대로 행동하는 진정한 용기, 맡은 바 역할과 임무를 완수하겠다는 책임감, 모든 사람의 인간적 존엄성과 그 존재 가치를 인정해 주는 존중정신, 그리고 고정관념에서 탈피하여 새로운 생각이나 착상으로 문제점을 찾아내려고 하는 능동적인 사고력인 창의력 등을 갖추는 것이 중요하다.

(2) 지휘통솔자의 품성 및 덕성

품성과 덕성이란 사람 된 바탕과 성질로 어질고 후한 사람의 됨됨이다. 품성과 덕성은 지휘통솔자로 하여금 무엇이 옳은가를 알게 하는 요소로서 지휘통솔자의 행동에 크게 영향을 미친다. 지휘통솔자가 갖추어야 할 품성 및 덕성으로는 부하애(部下愛), 신뢰성, 공정성 및 솔직함 그리고 비이기성(非利己性) 등을 들 수 있다.

(가) 부하애

지휘통솔자가 어버이 같은 마음으로 부하와 동고동락하면 부하와 지휘통솔자는 한 사람처럼 생각하고 행동하게 된다. 부하들이 지휘통솔자로부터 진정한 사랑을 느낄 때 상하간의 관계는 정으로 맺어져 유사시 지휘통솔자를 위하여 목숨을 바쳐 최선을 다할 것이다.

(나) 신뢰

신뢰란 상대방의 품성이나 능력, 진실성 등을 믿고 의지하는 것이다. 신뢰는 인간 상호관계상의 믿음으로 부하와 지휘통솔자간의 간격을 연결해 주는 역할을 한다. 나폴레옹이 귀양지인 엘바(Elba)섬에서 탈출하여 재집권 할 수 있었던 것은 나폴레옹이 이전의 전투에서 연전연승함으로써 부하들로부터 '나폴레옹에게는 승리만 있을 뿐이다' 라는 깊은 신뢰를 받았기 때문이라 할 수 있다.

(다) 공정성 및 솔직함

공정성이란 조직 내에서 실시되고 있는 모든 제도 및 모든 의사결정이 어느 정도 공정하게 실시되고 있는가에 대한 구성원들의 지각이라 할 수 있다(서재현, 1999). 전통적으로 상명하복을 조직의 중요한 덕목으로 인식하고 있는 군 조직에서의 지휘통솔자의 위치는 부하들의 신상에 대하여 거의 절대적인 영향력을 갖고 있다고 할 수 있기 때문에 군 조직에서 지휘통솔자의 공정성은 부하들의 조직에 대한 태도와 행동에 많은 영향을 미칠 것으로 판단된다(이강언, 2003). 따라서 공정성은 지휘권 행사의 기초가 된다고 할 수 있으며, 공정성을 구비하지 못한 지휘통솔자는 부하들로부터 신뢰를 잃게 되어 부대의 단결을 저해하고 효율적인 지휘통솔력 발휘를 곤란하게 한다.

조직 내에서 구성원 소유할 수 있는 공정성의 원천을 그린버그(Greenberg, 1987)는 구성원이 조직으로부터 받는 보상의 크기에 대한 공정성의 인식 정도를 나타내는 분배적 공정성(distributive justice)과 그러한 보상(임금, 승진, 포상 등)의 크기를 결정하는데 사용된 수단에 대한 공정성 인식 정도를 의미하는 절차적 공정성(procedural justice)으로 구분하고 있다. 많은 연구결과들은 절차적 공정성이 분배적 공정성 보다 조직에 대한 구성원의 태도에 더 많은 영향을 미치는 다는 것을 보여주고 있다.

솔직하다는 것은 숨김이 없어 바르고 곧음을 의미한다. 지휘통솔자는 솔직함을 지녀야만 부하들이 믿고 따르며 신뢰하게 된다.

(라) 비이기성

군대는 공조직으로서 지휘통솔자가 갖는 권한의 근원은 국가가 국가방위를 위하여 부여한 것이다. 따라서 지휘통솔자는 사사로움에 구애받지 않고 공익을 위하여 봉사해야 한다. 위료자(尉繚子)는 "장수가 일단 출전명령을 받게 되면 집안일을 잊어버리고, 군사를 거느리고 야영을 하게 되면 부모님을 잊어버리며, 북채를 잡고 북을 치며 진군할 때는 자기 자신을 잊는 법이다." 라고 하였다.

(3) 지휘통솔자에게는 우수한 정신력과 육체적 능력, 감정통제 능력 그리고 업무수행 능력의 구비가 요구된다.

(가) 정신력

지휘통솔자의 정신력이란 정신적으로 갖추어야 할 능력으로서 군조직의 특성과 지휘통솔 환경을 고려해 볼 때 지휘통솔자에게는 투지력, 결단력, 열성, 명예심, 일관성, 신념, 통찰력 등이 요구된다.

(나) 육체적 능력

육체적 능력이란 적절한 체력유지와 건강상태 등 육체적으로 잘 감당해 낼 수 있는 힘을 말한다. 강인한 체력과 양호한 건강상태를 유지하는 지휘통솔자들은 어려운 상황에서도 최선의 판단과 결심을 하고 적절한 행동을 취할 수 있다. 따라서 지휘통솔자는 부하와 더불어 항상 최상의 체력과 건강상태를 유지해야 할 것이다.

(다) 감정통제 능력

감정통제 능력이란 여러 가지 감정에 대하여 잘 감당해 낼 수 있는 능력을 말한다. 지휘통솔자에게 요구되는 감정통제 능력은 자신의 감정과 행동을 스스로 제어할 수 있는 자기통제 능력, 어느 한 편으로 치우쳐서 판단하고 행동하지 않는 균형감각, 그리고 어떠한 상황에서도 당황하지 않고 차분한 마음 상태로 사태를 처리할 수 있는 침착성 등이 있다.

(라) 업무수행 능력

업무수행 능력이란 주어진 상황을 해결하기 위하여 전문화된 활동을 수행하는 데 필요한 기술과 방법이다. 지휘통솔자가 갖추어야 할 업무수행 능력으로는 군사전문지식, 실기능력, 논리적 사고능력 및 표현능력 등을 둘 수 있다.

지휘통솔자의 구비조건과 관련하여 미 육군이 군 리더십의 불후의 표현(enduring expression)이라고 내세우고 있는 Be-Know-Do에 대하여 알아 볼 필요가 있다. 미 육군은 리더십을 성품(Be), 능력(Know), 행동력(Do)이라는 세 단어를 중심으로 요약한다. 'Be'는 리더가 갖추어야 할 성품으로써 이를 갖추기 위해서는 육군의 가치와 리더의 특성을 이해해야 하며, 이어 그 가치를 내면화해 성숙시키고 몸에 배게 해야 한다고 강조하고 있다. 'Know'는 리더가 리더십을 발휘하기 위해서 요구되는 능력을 말하며, 전투중인 리더는 임무를 수행해내기 위해 대인관계, 개념적, 전문적, 그리고 작전 능력을 모두 동원해야 해야 하므로 리더에게는 이러한 능력 배양이 필요하다는 것이다. 'Do'는 리더의 행동력을 강조하는 것으로서 성공적인 리더는 세 가지 중요한 방식에 따라 행동한다. 즉 사람들을 단일 목적을 가진 팀이나 조직으로 한데 뭉치게 하고, 성과를 내기 위해 일하고, 조직을 더 강하게 변화시킬 수 있는 방식으로 이끌어간다는 것이다(Leader to Leader Institute, 2004).

바. 지휘통솔 발휘 요소

지휘통솔 발휘요소는 지휘통솔 효과를 극대화시키는데 긴요한 요소로서 인간에 대한 이해와 의사소통, 의사결정, 동기부여, 상과 벌, 부대정신, 부대 운영, 감독 및 평가, 부대개선이 포함된다.

(1) 인간이해와 인간관계

군대에서 인간관계란 지휘통솔자와 부하 또는 구성원 상호간에 맺어지는 관계로서 원만한 인간관계를 추구하는 목적은 집단의 기능을 효율적이고 능률적으로 발휘하기 위한 것이다. 이러한 인간관계는 지휘통솔자 자신을 중심으로 수직적인 상관과 부하의 관계, 그리고 수평적인 동료와의 관계 속에서 동시적으로 형성된다.

(가) 상관과의 인간관계

군조직의 특성상 상관과의 관계는 업무를 효율적으로 수행하는 데 매우 중요하다. 상관과의 인간관계시 고려할 사항으로는 신뢰의 획득, 정직, 상관의 의도 예측 및 대비, 복종(아첨이나 비굴한 행동 금지), 신임 상실시 재도전 등을 들 수 있다.

(나) 동료 간의 인간관계

군 조직에서 동료 간의 관계는 경쟁관계이면서도 협력관계라는 양면성이 있다. 따라서 동료와의 인간관계시 고려할 사항은 손해 감수, 많은 대화, 사소한 것 양보, 정정당당한 경쟁과 도움을 주고받을 것 등이다.

(다) 부하와의 인간관계

지휘통솔자의 부하에 대한 인간관계는 지휘통솔에서 가장 근본적인 관계로서 상관이 먼저 부하와 좋은 인간관계를 가지려고 노력한다면 효과적인 지휘통솔이 될 것이다. 부하와의 인간관계에서 중요하게 고려할 사항으로는 부하를 정으로 대하고, 그들에게 믿고 맡기며, 대화할 수 있는 분위기를 조성하고, 인정과 칭찬을 아끼지 않으며, 부하와의 약속은 사소한 것이라도 지키는 것이 중요하다.

(2) 의사소통

의사소통은 지휘통솔자와 부하들이 일체가 되게 하는 가장 중요한 매개 역할을 한다. 원활한 의사소통은 지휘통솔의 효과를 증대시키고, 부대 구성원 간의 이해 증진과 정신적 유대 및 신뢰를 강화시킨다. 의사소통은 소통방향에 의해 수직적 의사소통과 수평적 의사소통으로 구분된다. 수직적 의사소통은 지휘계통에 의해 업무를 부여하거나 명령 및 지시를 내릴 때 사용되는 상의하달(上意下達)식 의사소통과 부하들이 지휘통솔자에게 지휘계통이나 비공식적인 통로를 통하여 보고 및 건의를 할 때 일어나는 하의상달(下意上達)식 의사소통이 있다. 수평식 의사소통은 동일한 수준에 있는 개인 또는 집단 사이에서 협조, 토의, 회의, 통보 등에 의하여 이루어진다.

(3) 의사결정

의사결정이란 지휘통솔자의 권한과 책임으로 부여된 임무 및 부대 목표를 효과적으로 달성하기 위하여 두 가지 이상의 수단 중에서 하나의 행동방향을 합리적으로 선택하는 과정이다. 의사결정은 통솔 측면에서 부하들에게 매우 중요한 영향을 미치게 되므로 부하들로부터 신뢰를 얻도록 신중하게 의사결정을 해야 한다. 효과적인 의사결정은 종합적인 분석뿐만 아니라 적시성도 중요한 요소가 된다. 올바른 결정을 했더라도 그 결정이 적시성을 잃게 되면 요망하는 효과를 얻을 수 없다.

(4) 동기부여

동기는 행동을 유발하고 행동의 방향을 설정하며 그 행동을 유지하도록 하는 심리적인 힘이다. 동기유발을 위해서는 부하들의 기본적인 생활여건 보장과 정신적, 심리적으로 만족감을 주는 것이 무엇보다 중요하다. 부하들의 기본적인 생활 여건 보장을 위해서는 우선적으로 인간의 생리적 기본 욕구인 의식주에 관심을 가지고 불편함이 없도록 최대한으로 보살펴 주어야 한다. 부하들의 정신적 심리적 만족감 고취를 위해서는 부하들의 재능과 능력을 찾아 인정해 주고 이를 최대한 발휘할 수 있도록 활용하는 것과 부하들의 신상에 대하여 철저하게 파악하여 적시적인 조치를 해 줌으로써 부하들로 하여금 상관이 자신들을 돌보아주고 있다는 감정을 갖도록 하는 것이 중요하다.

(5) 상과 벌

상은 사기에 직접적인 영향을 미치며 인간의 인정 욕구를 만족시킴으로써 적극적인 행동을 유발시키는 자극제의 역할을 한다. 벌은 부하의 행동이 규정과 방침에 벗어나고 부대의 원활한 운영에 저촉될 때 징계를 함으로써 재발을 방지하고 효과적으로 목적달성을 도모하고자 지휘의 한 요소로서 행사하는 것이다. 상과 벌은 부하의 동기유발과 부대의 사기 및 군기 등에 영향을 미치는 중요한 요소이므로 부하들의 행동에 대한 정확한 기준을 설정하여 공정한 판단으로 적용해야 한다. 또한 상벌은 원칙에 따라 적용해야 하나 그 효과가 최대한으로 발휘되도록 하는데 역점을 두고 신중하게 시행하여야 한다.

(6) 상담

상담이란 부하들의 심리적 갈등이나 애로사항 등에 대하여 지휘통솔자가 문제의 핵심을 파악하고 해결방안을 찾아 도와주어 맡은바 임무를 효과적으로 수행해 나갈 수 있게 하는 과정이다. 상담은 군의 특성상 부하들과의 직접 접촉이 많은 대대급 이하 제대의 지휘통솔자에게는 부하를 관리하고 사고를 예방하는 데 매우 중요하다. 특히 엄격한 계급구조로 되어 있는 군대에서 피상담자인 부하와 지휘통솔자 간의 상담은 많은 제한이 있으므로 피상담자가 부담 없이 원하는 때에 상담이 이 이루어 질 수 있는 환경조성이 필요하다.

(7) 부대정신

부대정신은 모든 장병이 강한 연대감(連帶感)으로 뭉치고 부대의 일원이라는 소속감을 갖게 하는 무형의 힘을 말한다. 부대정신에 의해 강한 소속감을 지는 병사들은 전투시에 지휘통솔자 및 전우와 생사를 같이 할 수 있는 강한 응집력을 보여준다. 부대정신은 부대의 역사 속에서 계승되어 내려오는 동안 지휘통솔자들의 노력에 의해 재창조되고 발전된다. 부대정신의 주입에는 지휘통솔자의 역할이 가장 중요하며, 부대에 대한 자긍심을 고취시키고 부대목표의 설정과 부대상징을 잘 활용해야 한다.

사. 지휘통솔 지표

지휘통솔 지표란 지휘통솔의 결과를 측정할 수 있는 기준으로 사기, 군기, 단결, 숙달이 포함된다.

사기는 부대원이 목표달성을 위해 자발적이고 적극적으로 참여하는 심리상태라고 할 수 있으며, 군기는 명령이 있거나 없거나 어떤 일을 신속하고 정확히 실시하는 심적 상태와 복종심으로서 군대의 기율이며 생명과 같다. 잘 세워진 군기는 전장에서 극한상황과 공포를 극복하게 하며, 전우를 위하여 자신을 희생할 수 있는 전우애로 나타난다. 단결은 조직체의 응집력을 나타내는 것으로 전쟁의 승패를 좌우하는 중요한 요소이다. 숙달은 부대임무를 완수할 수 있도록 개인•및 부대의 전술적, 기술적 및 신체적 능력을 높이는 것으로서 이러한 숙달을 위해서는 교육훈련이 밑바탕이 되어야 한다. 지휘통솔과 교육훈련은 상호 불가분의 관계를 가지고 있다. 부대의 숙달 정도는 교육훈련의 성과에 달여 있고, 교육훈련의 성과는 지휘통솔자의 효과적인 지휘통솔력 발휘에 달려있고 할 수 있다.

아. 전장에서의 지휘통솔

전장은 시시각각으로 변화하는 상황 속에서 인간의 생명을 위협하고 인간에게 고통을 안겨다 주며, 공포와 불안을 느끼게 하여 비정상적인 행동을 유발시킨다. 전장이라는 특수환경 속에서 전투원은 생명의 위협과 고통으로 인하여 극심한 심리적 갈등과 변화를 겪게 된다. 이와 같은 전장 환경 속에서 겪게 되는 심리적 변화를 전장심리라고 한다. 전장심리는 장병들의 전투의지를 약화사키고 전투능력을 감소시킨다. 따라서 전투시의 지휘통솔자는 평시와 전혀 다른 지휘통솔 환경이 존재함을 이해하고, 장병들의 심리를 파악하여 효과적인 지휘통솔이 이루어지도록 해야 할 것이다.

참고문헌

국방부, 한국군 리더십 진단과 강화방안, 국방대학교. 2004.

서재현, 조직공정성이 조직후원인식에 미치는 영향에 관한 연구: 상사에 대한 신뢰의 매개 역할을 중심으로, 대구대학교, 1999

신응섭 외, 리더십의 이론과 실제, 학지사, 2004.

오점록 외, 리더십의 이론적 고찰, 한국군 리더십, 박영사, 1999.

이강언, 상관과 인사정책에 대한 지각이 직무만족, 조직후원인식, 조직몰입, 이직의도에 미치는 영향에 관한 연구, 경기대학교, 2002.

이종인 외, 한국군의 리더십 역할 모델, 한국군 리더십, 박영사, 1999.

육군본부, 지휘통솔(야전교범 6-0-1), 육군인쇄창. 2004.

이학종, 전략적 인적자원관리, 세경사, 2000.

리더 투 리더 재단, 최고의 리더십, 아시아코치센터, 2007.(유자화 역, Leader to Leader Institue, "Be Know Do", Jossey-Bass A Wiley Imprint, 2004.)

Bass, B. M., Leadership and Performance Beyond Expectations, Free Press, New York, 1985.

Burns, J. M., Leadership, Harper & Row, New York, 1978.

Choi, Y. & Mai-Dalton, R., On leadership function of self-sacrifice, Leadership Quarterly, 9(4), 1998.

Gary A. Yukl, Leadership in organization, Prentice-hall, Inc., Englewood Cliffs, N.J. 1981.

Greenberg, J., A Taxonomy of Organizational Justice Theories, *Academy of Management Review*, 1987.

Hemphhill, J. K., & Coons, A. E., Development of the leader behavior description questionnaire. 1957.

House, R. J., A 1976 theory of Charismatic leadership. In J. G. Hunt & L. L. Larson(Eds.), *Leadership : The cutting edge*. Carbondale : Southern Illinois University Press, 1977.

Kelley, R. E., In praise of follower, Harvard Business review (November-December), 1998.

Kotter, J. P., The leadership factor, The Tree Press, New York, 1988.

Manz C. C., & Sims, H. P., Super leadership : Leading others to lead themselves, Englewood Cliffs, NJ: Prentics Hall, 1989.

Paul Hersey & Kenneth H. Blanchard, Management of organizational behavior, Prentice Hall, Englewood Cliffs, N.J. 1988.

Tannenbaum, R., Weschler, I. R., and Massarick, F., Leadership and organization, McGraw-Hill, NY, 1961.

Webber, M., The sociology of charismatic authority, In H. H. Mills & C. W. Mills(Eds. and Trans.), *From Max Webber: Essays in Sociology*. NY:Oxford University Press, 1946.

U.S. Army, Army Leadership, HQs, Department of the Army, 2006.

X. 인적자원관리

이 강 언(대전대학교)

X. 인적자원관리

이 강 언 (대전대학교)

1. 개 요

인사관리(personnel management)란 일터(at work)에서 사람(personnel)을 관리(management)하는 것에 관한 학문이라고 말할 수 있다. 여기서 일터는 조직(organization)을 의미하며 사람(personnel)은 조직의 구성원으로서의 사람을 지칭한다. 따라서 인사관리는 조직 내 사람의 효과적 관리에 관련된 이론과 방법을 다루는 경영학/행정학의 한 분야이다.

인사관리가 학문적으로 연구되기 시작한 것은 인본주의적 경영이념의 실천을 시도했던 『인사관리의 아버지』(Megginson, 1972)로 불리고 있는 오엔(R. Owen)이 효시라고 할 수 있다. 그러나 인사관리가 대학에서 처음 강의된 것은 1915년 미국의 Dartmouth College에서였고, 우리나라에는 1950년대 말에 소개되었다.

사회가 발전함에 따라 조직에서 사람의 역할이 증대되고 이들의 능동적이고 적극적인 참여가 조직의 성과에 중요한 역할을 하게 됨에 따라 선진국에서는 1960년대부터 인사관리 대신 인적자원관리(human resources management)라는 용어가 사용되어 왔다. 우리나라에서도 최근에 사회 환경의 급속한 변화에 따라 인적자원 중요성 커지면서 인사관리와 함께 인적자원관리로 불리고 있다. 한편 우리나라 군에서는 인사지원이라는 개념의 한 기능으로서 인사관리라는 용어를 사용하고 있다(육군본부, 2002). 따라서 본장에서는 인적자원관리(인사관리)의 개념과 주요 내용을 개관한 후 이를 기초로 한국군의 인적자원관리에 대하여 기술하기로 한다.

2. 인적자원관리의 개념

가. 인적자원관리의 정의

인적자원관리란 조직 내의 인적자원의 효과적인 관리에 관련된 이론과 방법을 다루는 경영학/행정학의 한 분야로서 "조직의 목표를 효과적으로 달성하기 위하여 조직의 인적자원을 효과적으로 확보 · 개발 · 보상 · 통합 · 유지 · 이직 등의 업무적 기능을 계획, 조직, 지휘, 통제하는 것"(E. B. Filippo, 1984)으로 정의 될 수 있다. 오랫동안 인적자원관리와 인사관리는 거의 같은 개념으로 인식되고 있으나 현대조직에서 인사관리가 경영관리의 하위시스템으로서 조직의 목표 기여에 초점을 두는 것이 비하여, 인적자원관리는 경영전략의 일환으로서 인적자원의 중요성과 특히 인적자원의 개발을 더 강조하고 있고, 일반관리자의 인적자원기능(human resource function)을 더 한층 강조하고 있으며, 무엇보다도 조직의 성과요인으로 경쟁적 비교우위의 결정 요인으로 강조하고 있다는 점에서 중요한 차이가 있다(이학종, 2000).

나. 인적자원관리의 기능

인적자원관리의 기능을 관리과정 관점에서 볼 때 인력자원의 확보(in-take), 활용(utilization), 개발(development)로 크게 나누어질 수 있다. 따라서 이를 중심으로 인적자원관리 기능을 ① 조직구조설계와 인적자원계획, ② 직무연구와 직무설계, ③ 인적자원의 확보, ④ 인적자원의 활용과 보존, ⑤ 인적자원의 개발과 조직개발, ⑥ 노사관리 등으로 분류할 수 있다(Noe et al., 2000).

인적자원관리의 가장 중요한 기능은 조직에서 일의 성과를 높임으로써 조직의 경쟁력을 높이고 조직의 지속적인 생존을 보장하며, 구성원들에 대한 보상과 만족을 증대는 것이다. 일의 성과는 일반적으로 생산성, 만족, 성장으로 나타난다. 인사관리 분야에서의 일의 성과에 대한 평가는 인사고과/성과평가(Performance Appraisal)로 이루어진다.

또한 일의 성과는 능력과 동기부여라는 두 변수의 함수관계라고 할 수 있다. 즉 구성원의 능력이 우수하고 동기부여가 잘 되면 일의 성과는 증대될 것이다. 개인의 능력은 선천적 능력과 후천적 능력으로 나눌 수 있다. 선천적 능력은 찾아내는 노력이 중요한데 선발제도를 통하여 또는 과업 수행 간 관찰에 의하여 찾아 낼 수 있다. 후천적 능력은 개발이 중요한데 선발할 때는 잠재능력을 고려하여 선발하고, 선발한 후에는 교육, 훈련, 경험을 통하여 타고난 적성 및 소질을 개발하도록 해야 할 것이다.

따라서 직무분석/직무설계, 선발/채용, 교육훈련. 인사고과, 승진/전직관리, 동기부여(보상, 징계, 안전 등), 이직관리, 인력개발 및 경력관리 등이 인적자원관리의 주요 영역이 된다.

3. 직무분석과 직무설계

인사관리의 성공여부는 직무와 사람을 어떻게 조화를 이루도록 할 것인가에서 출발한다고 해도 과언은 아닐 것이다. 즉, 사람(person)과 일(job)의 조화 속에서 개인과 조직의 목표를 동시에 달성토록 하면 조직의 성과를 최대한으로 얻을 수 있는 것이다. 따라서 조직에서 소요되는 인적자원을 확보하기 위해서는 우선적으로 인적자원에 배정될 직무들을 확정하고 이들 직무의 업무내용과 자격조건이 구체화되어야 한다.

가. 직무분석(job analysis)

직무분석은 직무를 구성하는 구체적인 과업(task)을 설정하고 지식, 기술, 능력 등 직무와 직무수행에 요구되는 기본사항에 대한 정보자료를 수집 · 분석 · 정리하는 과정을 말한다(Noe et al., 2000). 또한 직무분석은 인적자원 관리 전반에 걸쳐서 기본 자료로 활용되는 직무기술서(job description)와 직무명세서(job specification)를 작성하기 위하여 직무목적과 내용, 수행방법과 작업조건, 그리고 자격요건 등 직무에 관한 모든 자료를 체계적으로 수집 · 분석하는 과정이 포함된다. 직무분석은 조직의 합리화와 업무개선의 기초를 제공하며 채용, 배치, 승진, 인사고과, 훈련 · 개발, 임금 등 인사관리 기초자료 및 기준을 제공하며 직무평가(job evaluation)의 기본 자료로도 사용된다.

직무기술서는 직무개요, 직무내용, 직무책임, 작업조건 등 직무의 특성을 중심으로 기술되며 구성원의 입사교육, 교육훈련, 업적 평가 등의 기본 자료로 사용된다. 직무명세서는 연령, 학력, 전공, 경력, 자격, 신체조건 등 직무수행에 요구되는 최소한의 자격요건을 기술하며 주로 모집과 선발에 사용되며 직무기술서와 함께 직무개선과 직무재설계 그리고 경력계획과 경력 상담에도 사용된다. 직무평가는 직무의 상대적 가치를 평가하여 공정한 임금을 결정하는 자료로 사용된다. 직무의 가치를 측정하는 중요 요소는 지식, 경험, 노력(정신적, 육체적), 책임, 직무조건 등이다.

나. 직무설계(job design)

직무설계는 직무분석과 영역이 중복될 만큼 밀접한 관계를 갖고 있다. 직무분석은 기존 직무를 분석하는 목적을 선발, 훈련, 인사고과, 보상관리 등 인적자원관리를 위한 정보자료수집에 초점 맞춘다(Harvey, 1991). 이에 비하여 직무설계는 동기부여적 관점에서 기존 직무내용을 개선하고 직무의 효율성 향상시키기 위한 직무 재설계에 초점 맞춘다(Griffin, 1982).

개인은 조직구성원으로서 조직체에서 주어진 직무를 수행하고 그 대가로서 보상을 받으면서 생계를 유지해 간다. 개인과 조직체간의 가장 바람직한 관계는 개인이 직무를 수행하는 과정에서 충분한 보상을 받고 만족스러운 생활을 하면서 자아실현과 더불어 성숙인으로 성장을 달성 할 수 있는 진지한 관계를 유지하는 것이다. 또한 직무는 조직구성원과 조직체를 연결시키는 중요한 구조적 위치를 차지하고 있다. 따라서 직무를 어떻게 설계하느냐에 따라서 개인의 직무만족과 자아실현은 물론 조직체의 성과에도 많은 영향을 준다.

직무설계 접근방법은 크게 나누어 합리적 접근방법(rational approach)과 동기부여적 접근방법(motivational approach)으로 분류할 수 있다. 합리적 직무설계 방법은 테일러(Taylor)의 과학적 관리법과 인간공학 개념에 기초한 구조적 접근방법으로서 직무의 전문성과 능률, 합리성, 생산성을 강조하는 직무설계 방법이다. 동기부여적 직무설계방법은 직무의 경제적 · 기술적 요소에 사회 · 심리적 요소를 통합함으로써 보람 있는 직무내용을 설계하여 구성원의 동기를 유발시키려는 직무설계방법이다. 동기부여적 직무설계방법에는 수평적 측면과 수직적 측면이 고려된다. 직무설계의 수평적 측면은 과업의 수와 종류를 확대하여 직무의 의미와 정체성을 증가시킴으로써 구성원의 성취감을 증가시킨다(직무확대, job enlargement). 직무설계의 수직적 측면은 과업의 질(지식, 기술, 창의력, 분석능력 등)과 참여를 높임으로서 직무의 기술수준과 구성원의 자율성은 커지고 결과의 피드백은 강화되면서 전반적인 직무 충실화(job enrichment)가 이루어진다.

4. 모집과 선발

가. 모집(recruitment)

모집은 조직체가 필요로 하는 인력을 조직체로 끌어들이는 과정을 말한다. 따라서 모집은 조직체의 목적에 기여할 수 있는 외부 인력의 원천을 개발하고, 이들 인력으로 하여금 조직체에 관심을 갖고 조직체에서 일할 기회를 찾도록 만드는 과정이다. 다시 말해서 모집은 지원자를 확보하는 활동과 유능한 인재들이 필요한 때에 조직 내의 어떤 직위에 응시하도록 자극을 주는 과정이라고도 할 수 있다.

모집은 조직체 내의 기존인력을 원천으로 하는 내부모집과 조직체 외부 인력을 원천으로 하는 외부모집이 있다.

(1) 내부 모집

내부모집은 조직 내부의 구성원을 승진과 전환배치를 통하여 보충하는 방법으로 직무게시(Job Posting)와 부서장 추천 등의 사내공모방법과 생산직, 기능직, 사무직의 경우에는 전산화된 기능목록(skill inventory)을 활용하고, 관리직이나 기술직의 경우에는 인력 데이터베이스를 활용하는 방법이 있다.

(2) 외부 모집

외부모집은 인적자원을 조직외부로부터 충원하는 방법으로 광고, 교육기관과의 협조(고등학교, 직업학교, 대학교 등), 공공직업안내소, 채용박람회 등을 이용하는 일반 공모와 이전 근무자 또는 현 구성원들의 추천에 의하거나 친척(특히 개인기업)을 대상으로 하는 연고모집이 있다. 일반적으로 고급기술 또는 관리인력 일수록 학교와 단체기관 그리고 친지의 활용이 비교적 중요한 모집방법으로 사용되며, 하위계층의 인력일수록 광고와 직업소개소가 비교적 많이 사용된다.

기타 초과근무제, 인턴사원제(Internship), 하청계약, 임시직, 리스계약 고용 등도 모집방법으로 볼 수 있다.

나. 선발(Selection)

선발은 지원자 가운데 특정 직위에 가장 적합한 사람(최적의 자격요건과 적성 등을 구비한 사람)을 선택하는 과정으로 인사관리의 출발점이라 할 수 있다.

(1) 선발방법

선발방법은 시험(필기, 실기) 적성검사, 인성검사, 지능검사, 면접, 추천 등의 방법을 조직체의 특성에 따라 복합적으로 사용한다. 최근 선발의 일반적인 추세는 필기시험 보다 면접을 중시하며, 학벌 중심에서 개인의 능력과 인간성을 중시하는 경향으로 흐르고 있다. 또한 평가를 전문으로 하는 종합평가센터(Assessment Center)를 만들고 일정기간 동안 다양한 자료와 방법(집단토의 등)을 이용하여 종합 평가하는 방법을 사용하는 기업들이 증가하고 있다.

선발은 조직체의 새로운 인적자원을 선택하는 과정인 만큼 조직체의 목적달성에 가장 적합한 인적자원을 선발하기 위해서는 무엇보다도 공정성과 객관성의 확보가 핵심이라고 할 수 있다.

(2) 선발도구의 요건

조직체에서 요구하는 적격자를 선발하는데 사용되는 다양한 선발도구가 갖추어야 할 요건 중에서 가장 중요한 요건은 신뢰성과 타당성이다.

신뢰성은 동일한 대상자에게 동일한 환경에서 한 가지 시험을 시기를 달리하여 여러 번 실시할 경우 그 측정 결과의 일관성, 안정성, 정확성의 정도를 말한다. 타당성은 측정하고자 하는 대상 또는 내용을 정확히 측정하고 있는가를 나타내는 정도 또는 개념으로서 ①기준관련 타당성(criterion-related validity), ② 내용 타당성(content validity), ③ 구성 타당성(construct validity) 등이 있다. 기준관련 타당성은 성과를 예측하는 기준치가 실제로 성과를 얼마나 잘 예측했는지를 나타낸다. 내용 타당성은 선발도구의 측정 내용이 본래 선발하고자 하는 직무에 부합되는지를 나타낸다. 또한 구성 타당성은 직무성과와 관련된 심리적 특성들이 얼마나 잘 구성되었고 시험이 이들 심리적 특징을 얼마나 정확하게 측정하는지를 나타낸다. 여기서 심리적 특성은 지능, 역학적 소질, 안정감 등을 말한다.

다. 배치(Placement)

배치란 선발된 인원에게 일정한 직무를 담당하게 하는 것을 의미한다. 즉, 사람과 직무를 연결하는 행위이다. 선발된 인재를 가장 알맞은 장소에 배치한다는 것이 적재적소주의(適材適所主義)의 원칙이다. 적정배치란 직무요건에 맞는 사람을 뽑아서 그 직무에 배치하는 일이다.

배치를 신중하게 해도 인사고과 상 부적정성이 나타날 수도 있다. 이러한 경우 배치의 수정이 필요하게 되는데 부적정 배치에 대한 수정조치로 재교육이나 훈련을 실시한다. 부적격자는 직무에 대한 불만이나 인간관계의 잘 못에서 발생되는 경우도 많기 때문에 생활지도 방법을 사용하여 문제를 해결해야 한다. 또한 직장 분위기라든가 작업환경에서 부적격이 발생할 수도 있기 때문에 직장환경의 개선을 통하여 원인을 제거할 수도 있다.

5. 인사고과(Performance Evaluation/Performance Appraisal)

인사고과는 조직구성원의 성과 또는 조직에서의 가치를 평가하는 인적자원관리 기능으로서 조직구성원의 보상과 동기부여 그리고 능력개발에 결정적인 역할을 한다. 이반세비츠(Ivancevich,1995)는 인사고과를 구서원이 주어진 직무를 얼마나 효율적으로 수행하고 있는지를 결정하기 위해 사용되는 인적자원관리 활동으로 정의하고 있으며, 슐러(Schuller, 1995)는 인사고과란 구성원의 직무관련 태도나 행동을 측정하고 평가하며 영향을 주는 공식적이고 체계적인 시스템이라고 주장하였다. 또한, 인사고과는 직무담당자인 구성원의 현재적(顯在的)이고 잠재적인 유용성을 공식적이고 체계적으로 평가하는 프로세스로 정의되고 있다(오정석, 1997). 군에서는 인사고과 대신 근무평정(勤務評定)이라는 용어를 사용하고 있다.

가. 인사고과의 목적과 활용

인사고과의 기본목적은 조직구성원들의 성과를 평가하는데 있다. 그러나 평가요소와 기준 그리고 평가방법에 따라 인사고과의 목적과 활용범위가 달라진다. 인사고과는 인력수급계획/모집 및 선발, 징계관리, 진급/보수의 결정, 배치전환, 능력개발, 자기계발 등에 활용된다. 지금까지 인사고과는 주로 진급과 임금결정 등 통제적 목적에 사용되어 왔으나, 최근에는 교육훈련 및 피드백 자료로 활용이 확대되고 있는 추세이다.

나. 인사고과 체계

인사고과 체계의 기본요소는 Who(고과자), What(고과요소), Why(목적), When(시기/빈도), Where(장소), How(고과방법) 등이다.

(1) 고과자(평정계통)

인사고과에는 직속 상사를 비롯하여 다음과 같은 여러 사람들이 평가자로 고려될 수 있다. 자기 자신(자기고과), 상급자(하향평가), 동료(수평평가), 하급자(상향평가) 및 외부인 평가자 등이다.

최근에는 상사에 의한 단독 평가 시 주관적 평가 경향에 의한 평가오류를 방지하기 위한 고과방법으로 다면평가제(多面評價制)를 적용하는 조직체들이 증가하고 있다. 다면평가는 상사뿐만 아니라 부하, 동료 등 여러 위치에 있는 사람들이 평가하는 것을 말하며 360도 고과라고도 한다.

(2) 고과요소

일반적으로 인사고과에서 고과요소가 많으면 더 정확한 고과결과를 기대하기 쉬우나 고과요소의 수와 고과결과의 정확도 사이에는 높은 상관관계가 없다. 오히려 고과요소들 간에는 높은 상관관계가 있을 뿐 아니라, 고과자의 현혹효과(halo effect)도 작용하고 있음으로 타당도가 높은 적정수의 간단한 평가요소가 효과적이다. 대체로 양적 성과(amount of work), 질적 성과(quality of work), 인간관계(interpersonal relationship), 그리고 승진 가능성(promotability) 등이 가장 기본적인 고과요소라고 할 수 있다(이학종, 2000). 효과적인 평가요소는 성과와의 연결성, 조직목표와의 연계성. 실질성과 객관성(측정 가능성) 등을 고려하여 선정하여야 한다.

(3) 고과 시기와 빈도

공식적인 인사고과는 1년에 한 번씩 실시하더라도 비공식적인 피드백을 피고과자에게 자주 제공함으로써 그의 동기를 강화해 주는 것이 바람직하다.

(4) 고과방법(기법)

인사고과에는 여러 가지 방법이 사용되고 있다. 전통적으로 흔히 사용되어 온 방법들을 요약 설명한다.

(가) 서열법 : 성원의 능력과 성과에 대하여 순위를 매기는 방법

(나) 대조리스트법 : 미리 작성된 평가세부일람표에 따라 가부를 표시하여 평가하는 방법

(다) 평정척도법 : 평가요소마다 주어진 평정 척도에 따라 평정자가 피평정자에 대한 평가 결과를 표시하는 방법

(라) 자유서술법 : 피평가자에 대해 자유로이 서술하는 방법

(마) 자기신고법 : 피평가자가 자신의 업적이나 특성 등을 기록하게 하는 방법

(바) 강제선택법 : 관대화 경향이나 중심화 경향을 받지기 위해 주어진 항목들 중에서 선택하도록 하는 방법

(사) 강제할당법 : 정해진 비율에 따라 피평가자를 할당하는 방법

(아) 행동기준고과법(BARS) : 중요사건법과 평정척도법을 결합하여 두 방법의 장점 강화하고, 단점 보완한 방법

(자) 중요사건 기술법 : 조직목표 달성의 성패에 영향을 미치는 중요 사실들을 중점적으로 기록 · 검토하여 평가

(차) 목표관리법(MBO) : 평가자와 목표 달성치를 공동으로 결정하고 달성여부를 공동으로 평가하는 방법

6. 승진(promotion)관리

가. 승진의 의의

일반적으로 승진(promotion)이란 구성원이 현재 맡고 있는 직무보다 더 중요성을 갖는 높은 수준의 직위로의 상향이동을 의미한다(French, 1987). 보상의 측면에서 보면 승진은 다른 사람이 개인에게 부여하는 외재적 보상(extrinsic reward)으로서(Steers & Poter, 1981), 금전적으로도 보상이 많아지고 특권도 늘어나며 직무성격도 좀 더 다양해지고 책임감도 많아지게 되는 복합적 보상이다(Keer, 1981). 이러한 승진은 지위 및 신분의 상승과 더불어 책임과 권한이 커지고 과업수준도 높아지며 보수를 비롯한 대우도 좋아지는 것을 의미한다. 또한 승진은 많은 조직 구성원의 가장 중요한 목적이고 자아실현의 상징이며 동기의 유의성(有意性)에도 가장 강하게 작용하고 있다. 또한 승진은 조직구성원의 공정성 지각에 있어서도 가장 중요한 요소로 작용한다(Adams, 1963).

나. 승진관리의 중요성

이와 같이 승진은 조직구성원 개인의 자아발전욕구 충족의 중요한 수단일 뿐 아니라 조

직체의 입장에서도 효율적인 인적자원개발과 조직성과 향상 등 매우 중요한 전략적 의미를 지니고 있기 때문에 승진에 대한 관리는 전체적인 인사관리활동에 중요한 역할을 담당하고 있다고 할 수 있다. 따라서 승진제도가 합리적이고 명확한 방침아래 객관적이고 공정하게 이루어 질 때 조직구성원으로부터 인정을 받고 개인의 욕구충족과 조직에 대한 태도 및 행동에 긍정적인 영향을 미칠 수 있을 것이다.

다. 군조직의 승진과 일반사회조직의 승진 간의 차이점

군 조직에서의 승진은 군 조직의 특성상 일반사회 조직과 여러 면에서 상이한 점을 발견할 수 있다.

우선 군에서는 일반사회 조직에서 사용하는 승진이라는 용어 대신 진급이라는 용어를 공식적으로 사용한다. 군 인사법은 "장교 및 부사관으로서, 최저 근무기간 및 계급별 최저 복무기간의 복무를 마치고 상위의 직책을 감당할 능력이 인정된 자는 1단계 씩 진급 시킨다"고 규정함으로써 진급을 상위 계급으로 1단계씩 올라가는 것으로 정의하고 있다. 이는 군 조직이 통상 집단주의 문화가 강한 조직에서 운영하는 연공(seniority)중심의 승진관리를 바탕으로 한 능력(ability or competence)중심 승진관리제도를 운영하고 있는 것을 의미하기도 한다(예, 각 계급별로 정해진 일정 기간이 경과해야만 차 상위 계급으로 진급할 수 있는 자격을 부여하는 제도).

또 다른 특성은 폐쇄적이고 계서적(階序的)이라는 것이다. 즉, 군은 간부를 외부에서 충원하지 않는다는 점, 신분과 계급별로 엄격한 위계질서를 강조한다는 점 등이 일반 사회조직과 다르다. 또한 군은 계급정년이라는 일반사회조직과 다른 정년제도가 있기 때문에 진급이 안 되면 본인의 의사와 관계없이 조직을 떠나야 하며, 일반 사회조직과 달리 진급을 통해서 획득되어지는 눈에 보이는 계급장과 함께 계급에 따른 역할과 대우가 현저하게 달라지기 때문에 다른 어느 조직보다도 진급의 의미가 크다고 볼 수 있다.

라. 군의 진급관리

진급이 직업군인의 사기와 복무의욕에 미치는 영향이 지대하다. 따라서 공정성과 객관성이 보장된 가운데 유능한 인재를 올바르게 평가하고 진급선발을 하는 것은 매우 중요하다.

우리 군의 진급제도를 살펴보면,

먼저 군의 진급선발 중점은 전문성과 능력, 그리고 도덕성을 겸비한 장차 군의 발전을 주도할 수 있는 유능한 인재를 선발하는데 두고 있다(육군본부, 2001).

또한 진급선발 기준을 인사고과, 경력, 교육, 상훈(賞勳), 지휘추천, 잠재역량 등의 다양한 요소를 평가함으로써 균형감과 공정성 및 객관성을 높이고자 하고 있다. 또한 군은 진급에서 있어서 직업군인에게 현실적으로 가장 중요한 요소라고 할 수 있는 공정성을 확보를 위하여 진급선발 절차를 4심제로 운영하고 있다.

7. 전직(Transfer)관리

전직(轉職)이란 인사이동의 한 형태로서 구성원이 동등한 수준의 다른 직무 또는 직위로 수평적으로 이동함을 뜻하며, 직무의 내용이나 책임, 위신 및 보상 등에 있어서 이동 전 직무와 큰 차이가 발생하지 않는다(French, 1987). 따라서 조직에 대한 불만이나 보다 좋은 곳을 찾아 다른 조건으로 옮기는 자발적인 전직(voluntary turnover)과는 구별된다.

가. 전직관리의 목적

전직관리는 조직체의 인사관리에 중요한 영향을 미치드로 전략적 관점에서 여러 가지의 단기적, 장기적 목적이 반영되어야 할 것이다. 홀과 이사벨라(Hall & Isabella, 1985)는 전략적 관점에서 전직관리의 목적을 ①성과관리 관점에서 조직체내의 각 부서와 업무분야의 인력상의 균형 유지, ②조직구성원의 관점에서 적재적소의 원칙에 따라 직무와의 적합관계를 통하여 자신의 직무만족 증대, ③ 인력개발 관점에서 다양한 직무경험과 새로운 기술의 습득을 통하여 구성원들의 경력개발을 증진, ④경력쇠퇴 단계에 있는 구성원에게는 점진적인 역할축소와 극단의 경우에는 퇴직의 사전 준비 등으로 주장하고 있다. 또한 전직은 구성원 개개인의 직무만족과 자기 능력향상을 지원함은 물론 상위직위를 위한 준비과정의 역할도 한다. 특히 우리나라에서는 전직과 승진이 밀접하게 관계되어 있는 경우가 많다. 따라서 전직관리는 합리적이고 공정하게 이루어져야 할 것이다.

나. 전직관리 방법

전직관리의 대표적 방법으로의 직무순환(job rotation)은 구성원들을 현 수준의 지위신분과 대우 범위 내에서 여러 기능부서나 업무분야의 각종 직무에 배정하는 인사이동으로서 구성원들 상호간의 접촉범위를 넓히며 조직체 목적에 대한 이해와 실질적인 문제해결 능력도 향상시키며(Noe, Hollenbeck, Gerheart, & Wright, 2000), 대체로 구성원의 직무만족에 긍정적인 영향을 준다(Campion, Cheraskin, & Stevene, 1994). 또한 직무순환은 조직구성원의 관리능력과 자질개발 그리고 경영 인력의 훈련방법으로 크게 강조되고 있다.

군에서는 전직개념으로 보직이동이라는 용어를 사용한다. 보직(duty assignment or job assignment)이란 어떤 직무의 담당을 명하는 것으로서 육군의 보직관리는 육군규정으로 정하여 관리하고 있다. 육군의 장교보직관리규정은 "장교의 보직은 직무수행에 요구되는 지식, 적성, 잠재능력, 경력관리, 그리고 본인의 희망 등을 고려하여 분야별 전문성을 개발할 수 있도록 보직하며 선 교육 후보직을 원칙으로 한다." 라고 보직관리 방향을 규정하고 있다. 장교는 계급에 따라서 규모의 대소 차이는 있으나 부대를 지휘 및 관리하는 지휘관과 참모직을 순환하게 된다. 따라서 군의 보직관리는 다른 조직에 비교하여 직무순환의 성격이 더 많다고 할 수 있다.

8. 보상(Reward)관리

가. 보상의 의의

보상은 조직 성원이 조직에 대한 공헌(노동)의 대가로 주어지는 여러 가지 형태의 급부를 말한다. 또한 보상은 조직 성원의 공헌에 대한 조직의 반응임과 동시에 공헌을 유도하는 자극제의 역할을 한다.

나. 보상의 중요성

(1) 경제적 중요성

보상은 조직구성원에게는 경제적 생계의 원천인 동시에 조직체에게는 가장 중요한 비용의 하나이다. 따라서 조직구성원 각자에 대한 정당한 보상관리는 물론, 조직체의 비용절감이라는 측면에서 인건비의 관리는 매우 중요하다.

(2) 투자로서의 중요성

조직체에서 주어진 직무를 수행하고 성과를 달성하는 과정에서 구성원은 자신의 기술과 능력을 개발해 간다. 따라서 보상은 조직구성원의 노력에 대한 대가일 뿐만 아니라 인적자원 개발을 위한 투자라고 할 수 있다.

(3) 구성원의 만족과 성과상의 중요성

보상은 조직구성원의 만족감에 많은 영향을 주고, 나아가서는 그의 성과에도 크게 작용한다. 테일러(F. Taylor, 1919)는 보상을 만족과 성과의 가장 중요한 요인으로 보았고, 허쯔버그(Herzberg, 1966)는 보상을 위생요인으로서 불만족의 가장 주요한 요인으로 보았다.

다. 보상의 유형

보상은 크게 경제적 보상과 비경제적 보상으로 나눌 수 있다. 경제적 보상(compensation)은 각종 임금과 주식옵션 등 직접적인 보상과 각종 복리 혜택 등 간접적인 보상을 포함한다. 비경제적 보상은 직장안정과 경력발전 등 경력 상의 보상과 지위신분과 인정 등 사회적 보상을 포함한다.

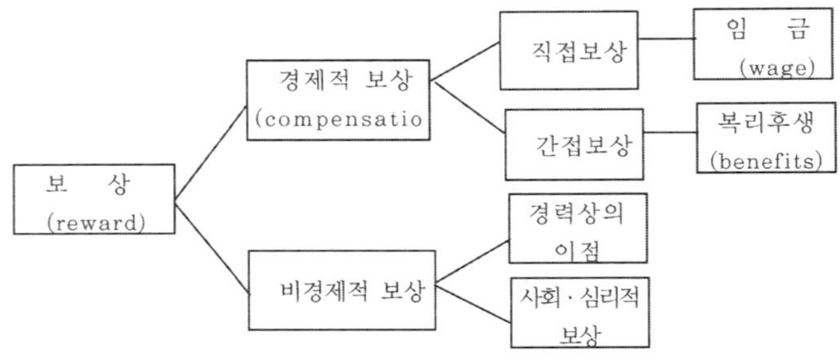

라. 경제적 보상(compensation)의 구성 요소

(1) 용어의 개념

① 임금(wage) : 주로 시간당 또는 일당 기본지급률을 말한다.
② 봉급(salary) : 주로 주당 또는 월당 지급률을 말한다.
③ 수당(allowance) : 기준 외 보수로서 기본급을 보완해 주는 부가급(附加給)을 말한다.
④ 상여금(incentive) : 보너스, 커미션, 이윤분배 등 원칙적으로는 성과에 따라 지급되는 것을 말한다.
⑤ 복리후생(welfare benefits) : 부가급(fringe benefits)이라고도 말하며 구성원의 생활안정과 생활의 질을 높이기 위해서 임금이나 상여금 형태를 지니지 않고 구성원에게 직접 또는 간접적으로 부여되는 혜택을 말한다.
⑥ 보상(compensation) : 개인이 조직체를 위하여 일한 데 대하여 지불되는 금전적 대가로서 임금(봉급)과 상여금, 복리후생을 모두 포함한 포괄적 개념이다.
⑦ 급여/보수(pay) : 임금(봉급)과 상여금을 포함한 재정적 직접 보상을 말한다.

(2) 경제적 보상의 구성

<table>
<tr><td rowspan="2">기본임금</td><td colspan="3">기본급</td><td rowspan="4">급여/보수</td><td rowspan="6">보상</td></tr>
<tr><td colspan="2">정상 근무수당</td><td rowspan="2">수당</td></tr>
<tr><td>기준 외 임금</td><td colspan="2">특별 근무수당</td></tr>
<tr><td>상여금</td><td>개인</td><td>집단</td><td>조직체</td></tr>
<tr><td rowspan="2">복리후생</td><td colspan="4">법정 복리후생</td></tr>
<tr><td colspan="4">법정 외 복리후생</td></tr>
</table>

마. 보상관리의 요건(원칙)

보상관리의 전략적 목적은 조직구성원들에게 정당한 보상을 통하여 그들의 동기를 유발시키고 잠재능력을 개발하여 조직체의 전략경영과 전략목적 달성에 기여하도록 하는 것이다. 이러한 관점에서 조직체의 보상시스템이 갖추어야 할 중요한 요건으로 적절성(adequacy), 공정성(equity), 균형(balance), 경제성(cost effectiveness), 안정성(security), 동기부여(incentive providing), 수용성(acceptability) 등이 있다(Patton, 1977).

바. 임금지급 방법

(1) 시간급

시간급은 성과에 관계없이 일한 시간에 따라서 임금을 지급하는 방식으로서 조직구성원들에게 안정된 임금을 지불한다는 장점은 있으나 성과에 직접 연결되지 않으므로 동기부여에는 기여하지 못한다. 여기에는 시간제, 일급제, 주급제, 월급제 및 연봉제가 있다.

(2) 성과급

성과급(능률급)은 일의 성과나 능률에 따라 임금을 지급하는 방법으로서 개인성과급제와 집단성과급제 그리고 조직체성과급제가 있다.

개인성과급제는 성과에 정비례하여 임금을 지불하는 단순성과급제, 표준량까지는 일정한 성과급을 적용하고 표준량을 초과하면 높은 성과급률을 적용하는 차별성과급제 그리고 표준량까지는 기본 시간급을 지급하고 표준 초과량에 대하여 성과급률을 적용하는 할증성과급제가 있다. 집단성과급제는 제한된 인원으로 구성된 작업집단을 단위로 그들의 성과를 측정하고 이를 기준으로 임금을 지불하는 방법으로서 개인별 성과측정이 어려운 작업환경에서 작업집단 구성원의 동기를 부여할 수 있고, 구성원들 간의 상호협력과 압력을 통하여 동기부여적 집단분위기를 조성할 수 있는 장점이 있다.

(3) 성과배분제도

성과배분(gain sharing)제도는 전체조직 또는 공장이나 사업부 등 주요 조직단위의 성과를 구성원들에게 상여금 형태로 추가임금을 지불하는 방법으로 조직체성과급제(organization-wide incentive plan)라고도 불린다. 스켈론제도(Scanlon Plan), 이윤분배제도(profit-sharing)가 이에 속한다.

(4) 연봉제도

연봉제도는 근본적으로 구성원의 능력과 업무성과 그리고 조직체에 기여한 정도를 평가하고 계약에 의하여 연간 보상을 결정하는 능력중심의 보상제도이다. 그러나 연봉제가 원래 취지대로 이루어지려면 조직구성원 개개인의 능력과 업적에 대한 객관적이고 공정한 평가가 이루어져야 하며, 학력과 연공서열 중시하는 고정관념에서 능력과 업무성과를 중시하는 가치관으로서의 의식개혁이 이루어져야한다는 문제점을 안고 있다.

최근에 들어와서 임금관리의 일반적인 추세는 이제까지의 사람중심 연공서열 위주의 집단보수체계인 직급별 호봉제로부터 능력중심, 업적중심 개별보수체계인 능력급, 연봉제, 고과상여제로 발전하고 있다.

사. 복리후생(benefits)

기본급, 수당, 상여금 외에 조직구성원의 경제적 안정과 생활의 질을 향상시키기 위한 간접적인 경제적 보상을 복리후생이라고 한다. 복리후생은 의료보험, 연금보험, 재해보험, 실업보험 등과 같이 법에 의하여 구성원들과 그들 가족의 사회보장을 위한 법정 복리후생과 법정 외에도 주택시설, 급식시설, 구매시설, 진료시설, 문화 · 체육 시설 등 조직체가 자발적으로 제공하는 법정 외 복리후생이 있다.

군에서는 복리후생이라는 용어 대신 복지(福祉)라는 용어를 사용하고 있다. 군 조직은 국가의 존망과 국민의 안전을 책임지고 있는 공익적 조직으로서 그 임무의 절박성, 절대성이라는 특성과 근무환경의 열악성, 불안정성 등 직업성에 부정적 영향을 미치는 요소를 많이 가지고 있다.

따라서 군에서는 이와 같은 군 직업에 대한 부정적 요소를 극복하고 군의 사기를 앙양시키기 위해서 군 조직의 구성원 특히 직업군인들의 물질적 정신적 욕구를 일반사회와 동등하거나 그 이상으로 충족시킬 수 있는 수준의 군 복지정책을 추구하고 있다.

9. 인력개발과 경력관리

가. 현대조직과 인력개발의 중요성

현대조직이 경쟁력을 강화 · 유지하려면 교육훈련과 인력개발을 통하여 조직구성원들의 성과향상에 필요한 새로운 기술과 지식 그리고 행동을 끊임없이 개발해야 한다. 교육훈련과 인력개발은 같은 의미로 사용되나 엄밀히 말해서 차이가 있다. 교육훈련에서 훈련(training)은 조직구성원이 자기 업무나 작업에 즉각 적용할 수 있는 지식이나 기술(skill)을 가르치는 것을 의미하는 반면에, 인력개발에서 특히 개발(development)은 구성원의 근본적인 자질과 능력을 향상시키는 것을 의미한다.

따라서 훈련은 현직무의 비교적 단기적인 효과향상에 초점을 맞추는 반면에, 개발은 구성원의 비교적 장기발전과 조직체의 장기적인 필요에 초점을 맞춘다(이학종, 2002). 같은 맥락에서 디 센조와 로빈스(De conzo & Robbins, 1996)는 종업원 훈련(employee training)이란 현재의 직무에 중점을 둔 현재지향적인 훈련이며, 종업원 개발(employee development)이란 종업원의 개인적 성장에 중점을 둔 미래지향적인 훈련이라고 했다. 인력개발은 넓은 의미에서 교육훈련을 포함한 포괄적 개념으로 사용되는 경우가 많다.

세계화 · 정보화 · 기술고도화의 다변화환경 속에서 현대조직은 지식인력(knowledge manpower)을 필요로 하게 되었으며, 이러한 지식인력의 증가는 교육훈련과 인력개발 그리고 나아가서는 경력개발의 중요성을 한층 더 높여 준다(Von Glinow, 1989).

나. 인력개발 과정

인력개발은 그 내용이 매우 복잡하고 장기적인 관점에서 이루어져야 하기 때문에 체계적인 훈련과 개발 프로그램이 필요하다. 훈련과 개발프로그램은 일반적으로 세 가지 단계로 이루어진다. 첫째는 어떠한 훈련과 개발이 필요한가를 조사하는 조사과정이고, 둘째는 프로그램 실시 과정이며, 셋째는 평가과정이다.

먼저, 훈련프로그램의 조사과정은 ① 조직체의 전략적 목표 달성을 위하여 필요한 훈련 및 개발소요를 분석하는 조직상의 필요성 분석(organizational need analysis), ② 직무기술서와 직무명세서를 중심으로 실무부서 수준에서 성과달성에 요구되는 훈련 및 개발소요를 분석하는 직무상의 필요성 분석(job need analysis), ③ 각 구성원 수준에서 현재 및 미래 업무수행에 필요한 훈련 및 개발 필요성을 분석하는 개인의 필요성 분석(person need analysis) 과정으로 이루어진다.

둘째, 프로그램 실시과정은 ① 훈련과 개발의 대상과 담당자 및 훈련내용을 결정하고, 훈련 설비 및 자재의 준비, 훈련조직의 구성 등을 포함한 훈련과 개발계획을 수립하는 과정, ② 수립된 계획에 따라 실제로 각종 교육훈련을 실시하는 과정이 포함된다.

마지막으로, 평가과정은 시험, 설문반응, 동료 또는 관리자의 평가 등의 방법을 통하여 교육훈련의 학습효과를 측정하는 과정이다. 평가내용은 차후 교육훈련 프로그램의 개선 및 개인의 인사고과 자료로 활용될 수 있다(Russ-Eft & Zenger, 1985).

다. 훈련과 개발의 체계와 종류

(1) 훈련과 개발의 체계

조직체의 훈련과 개발의 체계는 조직체의 종류, 규모, 발전단계 등의 차이가 있고, 조직체 내에서도 여러 계층과 기능으로 구성되어 있으며, 조직 구성원들도 경력과 경험, 지식과 기술수준 그리고 능력과 행동에 있어서 모두 다른 배경을 가지고 있기 때문에 조직체에서 요구되는 훈련체계는 조직체마다 다르다. 따라서 기업조직의 경우 훈련과 개발의 담당 주체를 기준으로 훈련과 개발체계를 다음의 표와 같이 정리할 수 있을 것이다(오정석, 1996).

(2) 훈련과 개발의 종류

(가) 오리엔테이션

신입사원을 대상으로 조직체의 조직과 방침, 역사와 전통 등 조직체에 대한 일반적인 소개와 조직체의 일원으로서 조직생활에 필요한 자세와 태도를 갖추게 하는 것을 목적으로 하는 훈련을 말한다(Jones, 1984).

(나) 계층별 훈련

조직계층과 조직구성원의 신분에 따라 구분하여 하는 훈련으로 임원진, 간부 또는 중견간부, 일선관리자, 사원 등의 계층으로 구분할 수 있다.

(다) 직능별 훈련

조직체의 직능(전문)분야별로 구분하여 하는 훈련으로 기업의 경우 생산, 마케팅, 재무, 인사, 노무 등이 있다.

(라) 직무훈련(OJT : On-the-Job Training)

감독자가 부하의 직무수행을 감독하면서 직무수행방법과 이에 필요한 기술을 습득시키는 훈련을 말한다.

(마) 특수훈련

언어 교육과 같은 특수훈련 프로그램을 말한다.

(바) 기타 조직구성원들이 외부에 나가서 다른 조직체 구성원들과 같이 교육을 받는 조직 외 훈련은 교육기관, 연구 및 연수기관, 정부 및 경제/산업단체, 해외연수 등을 활용하는 훈련이 있다.

라. 경력관리(Career Management)

(1) 경력관리의 기본개념

경력관리란 개인의 경력 목표를 설정하고 이를 달성하기 위한 경력계획을 수립하여 조직의 욕구와 개인의 욕구가 합치될 수 있도록 각 개인의 경력을 개발하는 활동을 말한다. 여기서 경력이란 한 개인이 일생을 두고 일과 관련하여 얻게 되는 경험 및 활동에서 지각된 일련의 태도와 행위(Hall, 1986)로 정의되며, 인력개발이 보다 효과적으로 실현되기 위해서는 구성원들의 경력개발(career development) 욕구도 충족되어야 한다. 경력계획은 경력목표를 설정하고 이 경력목표를 달성하기 위하여 경력경로를 구체적으로 선택하는 과정을 말하며, 경력개발이란 개인적인 경력계획을 달성하기 위하여 개인 또는 조직이 실제적으로 참여하는 활동으로서 조직의 요구(목표)와 조직구성원이 희망하는 목적을 통합시켜 성원의 경력경로를 체계적으로 계획 · 조정하는 활동을 말한다.

(2) 경력개발계획 과정

경력개발계획 과정은 경력개발 계획(Plan), 경력 개발(Do), 평가 및 피드백(See) 과정으로 크게 나누어 볼 수 있다. 이를 좀 더 구체적으로 구분하면 ① 조직구성원의 인적자료를 수집하고, ② 직무분석을 통하여 직무내용, 자격조건, 직무 간 연결 관계, 승진진로 등을 명확히 하고 인력계획을 통하여 장 · 단기적 인력수요를 분석하며, ③ 조직체의 인력수요를 중심으로 구성원들에게 경력기회에 대한 홍보를 하고, ④ 실무관리자 또는 전문경력 상담자와의 상담을 거쳐서 경력목표를 설정하며, ⑤ 능력개발 필요성을 분석한 후에 ⑥ 경력목표를 달성하기 위하여 구성원이 거쳐나가야 할 직무와 교육훈련 프로그램 등 경력경로(career path) 또는 경력사다리(career ladder)를 설정하고 구성원의 구체적인 경력계획을 작성하며, ⑦ 구성원의 경력계획은 주기적인 결과분석과 경력 상담을 거쳐 적절히 조정 · 수정되어 나가도록 하는 것이다.

마. 군 교육훈련체계

군의 교육훈련체계는 학교교육과 부대훈련으로 대별된다. 학교교육은 군사학교에서 실시하는 군사전문교육과 국내외 민간대학교 및 군사학교에서 개인교육 형태로 이루어지는 전문특기 교육이 있다. 군사전문교육은 다시 양성교육과 보수교육으로 나누어지는데, 양성교육은 사관하교나 부사관학교 처럼 장교 또는 부사관을 양성하는 교육을 말한다. 보수교육은 기존 군 간부를 대상으로 계층별로 실시하는 직무보수교육을 말한다. 전문특기 교육에는 석 · 박사과정의 전문학위교육과 능력개발 교육 등이 있다.

부대훈련은 현행 임무수행을 위해 각급 부대에서 실시하는 훈련으로 개인훈련과 집체훈련으로 구분된다. 개인훈련은 기본훈련과 특기훈련으로 구성되며, 집체훈련은 전투임무수행을 위한 부대단위 집단훈련으로 연합훈련, 합동훈련, 제병협동훈련 및 병과훈련이 있다. 여기서 연합훈련은 외국군과 연합하여 하는 훈련이며, 합동훈련은 병종이 다른 육·해·공군이 합동하여 실시하는 훈련을 말하며, 제병협동훈련은 동일 군(육군)에서 병과가 다른 부대들이 참가하여 협동으로 하는 훈련을 말한다.

10. 군조직의 인적자원관리(육군본부, 2002)

한국군(육군)에서는 광의의 인적자원관리 개념으로 인사지원(人事支援)이라는 용어를 사용하고 있다. 그리고 인사관리라는 용어는 인사지원의 한 분야로 사용하고 있다.

가. 인사지원의 개념

인사지원은 전투에서 승리를 보장하는 요체로서, 전투력을 구성하는 기본 요소인 인적자원을 효과적으로 관리 및 운용하기 위한 제반 활동을 말한다. 인사지원의 목적은 부대가 최상의 전투력을 유지함으로써 지속적인 전투수행을 보장할 수 있도록 하는데 있다.

나. 인사지원의 기능 및 주요 내용

인사지원은 피아를 막론하고 군의 직접적인 통제 하에 있는 군인과 민간인을 대상으로 하며 그 기능과 주요 내용은 다음과 같다.

(1) 부대병력 유지

현재 보직된 인원을 적절히 관리하여 개인의 능률을 고도로 유지하고, 손실로 인해 발생한 부족병력을 충원하여 인가된 병력 수준을 유지하는 업무로 병력업무, 보충, 인사기록 및 보고에 관한 사항이 주로 해당된다.

(가) 병력업무 : 병력의 현황 유지 및 손실판단

〈인원손실의 구분〉

전 투손 실	전사, 전상, 전투 중 실종 및 포로
비전투 손실	비전투 사망, 비전투 실종, 질병 및 사고로 인한 후송
행 정 손 실	전역, 전출, 군무이탈, 구속

(나) 보충

- 개인보충 : 계급별, 병과별, 특기별로 편제상의 공석을 보충 하는 것.
- 부대보충 : 부대가 일시에 많은 피해를 입어 전투력을 상실하였을 때 피해부대와 동일 편성 및 장비를 갖춘 부대로서 일개 부대 전체를 대치시키는 것.
- 집단보충 : 부대보충을 위한 별도의 부대를 보유하지 않았을 경우, 피해부대와 동일한 편성 장비를 갖춘 기존의 부대로 부대를 교대시켜 임무를 수행케 하고, 피해부대는 전투력을 회복시키는 방법.

(다) 인사기록 및 보고

병력현황을 유지하고 인사업무를 판단, 계획 및 결심하며, 지휘관 및 관계참모와 상급부대에 인사 분야의 첩보를 제공하기 위한 수단으로서 개인기록 및 보고, 부대기록 및 보고, 참모부 기록 등이 있다.

(2) 인사관리

부대의 임무를 성공적으로 수행할 수 있도록 인원의 획득, 교육, 보직, 진급, 분리 등의 제반 활동을 계획, 편성, 지시, 협조 및 감독하는 업무로 인사관리절차, 포로 및 민간인 억류자, 복귀자, 민간인 관리에 관한 사항이 포함된다.

(가) 인사관리의 준칙

- 적절한 분류 및 보직에 의하여 적재적소에 배치
- 교육을 통한 개인의 능력 증진
- 개인을 긴요한 임무에 활용
- 직무수행에 대한 개인의 의욕 고취
- 개인의 전문지식 발전 보장

(나) 인사관리절차

인사관리절차는 군의 인력을 효율적으로 사용하기 위하여 군 인사관리 준칙에 따라 군인을 실제로 운용하는 방법과 절차로서 군에 필요한 인원을 ① 획득하고, 획득된 인원에게 필요한 ② 교육을 실시하여 적재적소에 ③ 보직시킴으로써 효율적인 임무수행을 보장하며, 근무의욕 증진 및 군조직의 활성화를 위하여 우수자원을 발굴하여 활용하기 위한 ④ 진급관리와 군에서 임무를 다한 인원을 사회로 내보내는 ⑤ 분리관리, ⑥ 포로 및 민간인 억류자 관리 등에 관한 행정절차를 포함한다.

(3) 인력관리

인력(man power)은 국가 목표의 실현에 공헌할 수 있는 사회 생산인구를 뜻한다. 인력관리란 최소한의 인력으로 부여된 임무완수가 가능하도록 인력의 소요, 인가, 획득, 분배, 활용 등 제반 업무를 효율적으로 관리하는 일체의 활동을 말한다. 인력관리와 인사관리의 관계를 살펴보면, 인력관리는 인사관리에 대하여 그 계획이 선행되어 이루어지고 조직을 대상으로 양적으로 관리되며, 인사관리는 인력관리에 대하여 그 계획이 후속지원으로 이루어지며 개인을 대상으로 질적으로 관리된다.

(4) 인사근무

부대원의 사기와 단결을 도모하고 전투의지를 고양하기 위한 제반 근무활동을 말한다. 인사근무에는 사기 및 복지, 포상, 영현등록업무, 사상자보고, 안전관리에 관한 업무가 있다.

(가) 사기 및 복지활동

- 피로회복과 업무능률 향상을 위항 휴가 실시, 휴양소 운용
- 사기앙양을 위한 적절한 교대, 경리업무, 복지 및 편의시설 운용, 군종활동 수행
- 군인가족에 대한 적절한 보호 및 복지대책 강구

(나) 포상

제대별로 명확한 포상기준을 설정하여 최대한 공정성을 유지하고 신속하게 포상함으로써 개인의 근무의욕을 고취시키고, 부대의 단결을 도모하도록 해야 한다.

(다) 영현등록 업무

영현이란 사망하여 유명을 달리한 아군 및 연합군의 영혼을 말하며 영현등록 업무는 사망자의 식별, 후송, 매장 및 화장과 유품의 수집 및 처리에 관련된 사항의 감독과 집행업무를 말한다.

(라) 사상자 보고

전 · 사망자 및 행방불명자에 대한 신속한 확인과 상급부대 보고 및 가족에게 통보할 수 있도록 보고체계를 확립해야 한다.

(마) 안전관리

임무수행 간 예상되는 각종 안전저해요소를 사전에 파악하고 이를 제거시켜 인원손실을 최대한 예방한다.

(5) 의무근무

전 · 평시 환자치료, 입원 및 후송, 대량전상자 처리, 전투피로증 예방 및 조치, 예방의무활동, 간호근무, 수의(獸醫) 및 치무(齒務)근무, 혈액업무 등을 수행한다.

(가) 환자의 관리 및 후송

즉각적인 진료 제공, 신속하고 다양한 후송체계 구축, 대량전상자 발생 시 환자의 신속한 치료와 후송 지원, 전투피로증 환자 발생 예방대책 강구 및 환자발생시 즉각 조치 등의 업무가 포함된다.

(나) 예방의무지원 : 질병예방을 위한 대책수립 및 시행하는 활동

(다) 혈액지원은 적십자 혈액원에서 공급하도록 되어 있으나, 유사시에 대비하여 군채혈반을 운용할 준비를 한다.

(6) 군기 · 군법 및 질서유지

군대의 규율과 질서를 유지시키기 위한 제반 활동으로 엄정한 지휘권 확립, 제 규정 이행, 군기확립, 복종심 함양, 재판 · 처벌 · 감금 등에 의한 병력손실의 방지를 목적으로 업무를 수행한다.

(가) 군기 · 군법 및 질서 유지활동

군기 · 군법 및 질서 유지는 지휘관의 책임으로, 부대 내의 군기 · 군법 및 질서유지를 위한 계획을 수립하고 시행하여야 한다.

(나) 전장이탈자 및 낙오자 통제를 위한 군법 및 지휘관 정신교육을 실시한다.

(다) 낙오자 통제를 위한 통제선, 통제소, 수집소를 운용한다.

(라) 준법정신 함양과 엄정한 군기학립을 위한 대책을 강구한다.

(마) 헌병활동을 통한 군기확립 및 사고예방 활동을 수행한다.

(7) 사령부관리

사령부는 지휘부 및 참모부로 편성되며 예 · 배속부대를 지휘 및 통제, 감독하는 본부를 말하며, 사령부관리란 작전을 능률적으로 지휘 및 수행 할 수 있도톡 사령부의 편성과 행정을 통제하는 활동이다. 사령부 관리의 주요활동으로는 사령부 이동, 내부배치와 통제, 그리고 제반 업무절차의 표준화 등이 있다.

(8) 기타 인사지원업무

어느 일반참모에도 부여되지 않은 업무로 선거업무, 주요방문객 접대 등이 포함된다.

참고문헌

오정석, 인적자원관리, 삼영사, 1997.

육군본부, 지휘통솔 교범, 2002.

육군본부, '02년도 장교 진급방침, 2001.

이학종, 전략적 인적자원관리, 세경사. 2000.

Adams, J. S., "Toward an understanding of inequity", *Journal of Abnormal and Social Psychology*, 1963.

Campion, M. A., Cheraskin, L. & Stevene, M. J. "Career-Related Antecedents and Outcomes of Job Rotation", *Academy of Management Journal*, Vol. 37, 1994.

De Conzo & Robbins, "Human Resource Management", (5th ed.), John Wiley & Sono, 1996,

Filippo, E. B., Personnel Management, (6yh ed), McGraw-Hill, 1984.

French, W. L., "The Personnel Management Process", (6th ed.), Houghton Mifflin Co., 1987, p.3.op. cit., 1987.

Griffin, Ricky W., "Task Design : An Integrative Approach", Glenview, IL, Scott Forceman. 1982.

Hall, Douglas, T. and Associates, "Career Development and Organizations", SanFrancisco : Jossey-Bass. 1986.

Hall, Douglas T. & Isabella, L. A., "Downward Movement and Career Development", Organizational Dynamics, Vol. 14, 1985.

Harvey, Robert J., "Job Analysis" in M. Dunnette and L. Hough(eds.), *Handbook of Industrial and Organizational Psychology, 2nd ed.*, Palo Alto, CA : Consulting Psychologist Press, 1991.

Herzberg, Frederick, "Work and the Nature of Man", Cleveland, OH : The World Publishing, 1966.

Ivancevich, J. M., "Human Resource Management", Irwin, 1995.

Kerr, S., "Some Characteristics and Consequences of Organizational Reward", In F. D. Schoorman & B. Schneider, ed., *Facilitating Work Effectiveness*, Lexington Books, 1988.

Megginson, Leon C., "Personnel : A Behavioral Approach to Administration", rev. ed., Homewood, IL : Richard D. Irwin, 1972.

Noe, Raymond A., Hollenbeck, J. R., Gerheart, B. & Wright, P. M., "Human Resource Management: Gaining a Competitive Advantage", 3rd. ed., NY : McGraw-Hill, 2000.

Patton, Thomas, "Pay", chicago : Glecoe Press, 1977.

Russ-Eft, Darlene F. and Zenger, John H., "Common Mistakes, in Evaluating Training

Effectiveness," *Personnel Administrator*(April). 1985.

Schuller, R. S. "Human Resource Management", West Publishing Co., 1995.

Steers, R. M. & Poter, W., "Motivation and Work Behavior", 3rd ed., New York: Mcgraw Hill, 1981.

Taylor, Frederick, W., "Scientific Management", NY : Harper & Brothers, 1919.

Von Glinow, Mary Ann, "The New Professionals : Managing Today's High-Tech Employees", Cambridge, MA : Ballinger Publishing, 1989.

XI. 군사교육학

이 성 만 (공군사관학교)

XI. 군사교육학

이 성 만 (공군사관학교)

1. 서 론

최근 우리나라 학계는 군사학에 대하여 뜨거운 관심을 보여주고 있다. 2002년부터 교육과학기술부(구 교육인적자원부)에 의해 군사학이 공식적으로 독립학문으로 인정된 이후 각 군 사관학교에서는 군사학 학사학위가 동시에 수여되고 대전대학을 비롯한 4개 대학에서 군사학 학부과정이 개설되는 등 군사학 교육에 대한 민군 대학교육기관의 발 빠른 행보가 이어지고 있다.[103] 군사학 교육은 학부교육의 수준을 넘어 보다 심도 있는 연구를 위한 교육으로 진전되고 있는데, 충남대 평화안보대학원과 대전대학을 포함한 일부 대학은 군사학 석사과정을 개설하고 국방대학교는 금년부터 군사학 박사학위 과정을 운영하고 있다.

학교기관과 학회에서도 군사학관련 연구와 세미나를 경쟁적으로 개최하면서 바야흐로 군사학 학문의 꽃을 피우는 시대가 도래한 것 같다. 이러한 시기에 정예 장교양성 교육기관인 사관학교도 군사학 교육에 대한 현실진단과 발전과제를 짚어 볼 시점이 되었다. 사관

103) 민간대학에서의 군사학 교육은 육군본부와의 협의서를 바탕으로 2004년에 대전대학교가 민간대학으로서는 최초로 군사학과를 개설하였으며, 이후 조선대학교, 원광대학교, 경남대학교 등 총 4개 대학에서 군사학과 또는 군사학부의 편제 하에 진행되고 있다. 협정에 의해 육군은 군사학부 설립과 운영에 관한 자료 · 정보제공 · 위탁훈련 등 군사학 연구활동에 필요한 제반사항을 적극 지원하고, 대학교는 군사학의 학문적 발전과 효율적인 교육체계 확립을 위해 연구 · 노력할 것을 요구받고 있다.

학교 설립이후 군사학을 교육해온 사관학교는 이제 자의든 타의든 군사학 교육에 대한 객관적 평가를 받을 수밖에 없는 환경에 노출되고 있기 때문이다. 민간대학 군사학 교육의 커리큘럼은 계속적인 차별성을 가지면서 발전해 갈 것이고, 이와 함께 각 군 사관학교 군사학 교육도 특성화된 분야로 발전을 강요받을 것이다. 4년간의 교육 및 훈련을 마치고 장교로 임관할 청년 사관에게 교육되는 군사학은 각 군의 요구에 맞는 전문성과 특수성을 반영하여 높은 경쟁력을 유지해 가야할 것이다.

본 논문은 그간 군사학이 주로 학문적, 이론적 성격에 치우친 고찰이었다고 판단하면서 군사학의 개념 및 범위 설정을 술(術)의 차원에서도 체계적으로 분석하여 균형적인 군사학교육의 틀을 제공할 필요가 있다는 점을 강조하고 있다. 따라서 이론/실무/훈련으로 구성된 현 군사학 교육체계를 분석하고 민간대학과 사관학교 그리고 사관학교간의 군사학 교육의 공통적인 특징과 차별성을 분석하였으며 이를 통해 군사학의 발전방향을 제시하였다.

2. 학(學)과 술(術)의 관계

군사학의 개념은 다양하게 정의되고 있다. 군사학에 관하여 40여년간 깊은 관심을 기울여 온 서라벌 군사연구소 이종학 교수는 "전쟁의 본질과 성격 및 무력전의 준비와 수행에 관한 통일된 지식체계"로 군사학에 대한 간결한 정의를 내렸다.[104] 이종학교수의 정의는 군사학의 전통적 영역인 전쟁연구와 군사력운용에 대한 연구에 유념한 것이다. 교육과학기술부는 한국교육개발원의 군사학 정의를 인용하였는데, 이에 따르면 군사학은 "전·평시 국가목표 달성을 위해 전쟁의 본질과 성격을 연구하고 군사력의 개발, 운영, 유지 및 건설 그리고 이와 긴밀히 연관된 제 요소들을 학술적으로 연구하는 학문"이라고 정의된다. 연구하는 학문의 한 영역으로 한정한 이러한 개념은 군사학 교육을 위한 정의로는 다소 부족한 점이 없지 않다. 군사학을 좀 폭넓게 정의한 국방부는 군사학을 "군사력과 분쟁과정을 연구대상으로 군사력 건설 및 유지, 군사력 운용, 그리고 기타 군사분야를 연구범위로 하여 이를 경험적, 정책적, 규범적으로 연구하는 학문"으로 정의하였다. 국방연구원의 김열수 교수는 "군사학이란 군사력과 분쟁과정을 연구대상으로 군사력 건설 및 유지, 군사력 운

104) 이종학, 「군사이론과 군사교육의 연구」(경주: 서라벌 군사연구소, 1997), p. 292.

용, 그리고 기타 군사 분야를 연구범위로 하여 이를 경험적, 정책적, 규범적으로 연구하는 과학임과 동시에 전기 및 전술, 그리고 각종 훈련 프로그램을 연마하고 익히는 술"로 정의하고 있다.[105] 김열수 교수의 정의는 전통적으로 군사학의 개념을 사학적 관점과 이론적 관점을 넘어서 군사실무교육과 훈련까지도 포함하는 매우 포괄적인 개념으로 확대한 것이다. 이러한 개념은 실용지식과 기술의 비중을 상대적으로 높게 평가하는 미국식 학문개념에 가깝다고 할 수 있다. 미국은 군사학을 military science and art로 표현하는데 이 속에는 과학으로서의 군사학(군사과학=군사사회과학+군사기술과학)과 기예(전기와 전술, 그리고 각종 훈련프로그램)로서의 군사술이 포함된다. 최근 우리나라 학계에서도 이러한 개념이 정착된 것 같다. 즉 지식 · 이론 측면의 '학'과 군사실무 · 훈련 측면의 '술'을 모두 포괄하는 개념을 말한다.

군사학에 포함되는 술의 영역이 어디까지이냐에 관해서는 학자들간에 다소 견해차이가 존재한다. 이종학교수를 비롯하여 많은 학자들은 술의 영역은 어떻게 하면 전쟁에서 승리할 것인가에 대한 방법적 해답을 추구하는 전략, 작전, 전술과 관련된 것으로 보고 있으며, 김열수교수를 비롯한 일부학자들은 앞에서 정의한 바와 같이 술의 영역에 군사훈련 프로그램을 포함하고 있다. 교육과학기술부에서 공식적으로 인정한 학문으로서의 군사학의 개념에는 전자가 더 부합하며, 따라서 고등교육기관으로 졸업학점이 인정되는 군사학 과목에는 군사훈련과목을 포함시키지 않고 있다. 따라서 확대된 군사학 개념을 정의하자면 "전 · 평시 국가목표 달성을 위해 전쟁의 본질과 성격을 연구하고 군사력의 준비 · 운용과 이와 연관된 제 요소들을 학술적으로 연구하고 익히는 기술"로 볼 수 있다.[106]

105) 김열수, "사관학교 군사학 교육 발전방향", 제2회 성무학술 심포지엄 논문집, 공군사관학교, 2007.

106) 여기에서 '군사력의 준비'라는 개념은 평시에 군사력의 개발, 건설, 유지를 모두 포함하는 것이며 '군사력의 운용'은 준비된 군사력을 주로 전시에 운용하는 것으로 전략 · 작전술 · 전술 등의 용병술과 관계된다.

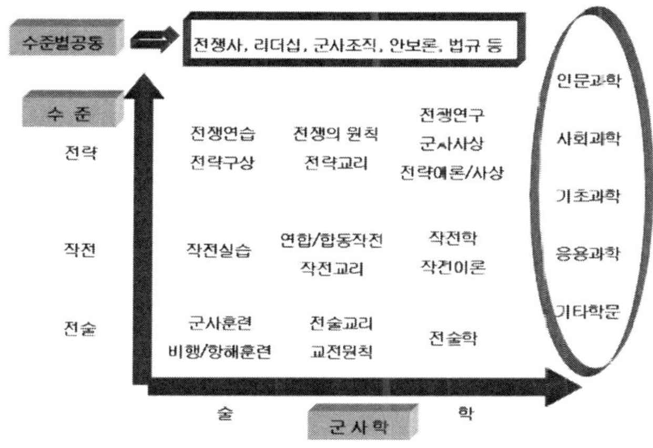

〈그림 XI -1〉 전쟁수준에 따른 군사학의 범위

이와 같이 군사학이 일반학문과 연계되어 있고 또한 술의 영역을 포함한다고 했을 때, 군사학의 범위는 〈그림 XI -1〉과 같이 전쟁수행수준에 따라 구분해 볼 수 있다. 이러한 도식은 전쟁수행수준(용병술)에서 다루어지는 모든 분야를 술의 차원에 놓고 보는 것이 아니라 그 중에서도 학적인(scientific) 요소들을 순수 기예(art)부분에서 분리해 볼 수 있다고 한 것이다.[107]

우선 수준별로 공통적으로 관련된 군사학 과목들이 있는데, 전쟁사, 리더십, 안보론, 군사조직론, 법규 등이 대표적이다. 이러한 지식분야는 동일한 문제에 수준별로 상이하게 연구되며, 병사에서부터 전략을 기획하는 장군에 이르기까지 모두를 대상으로 대상자에 따라 수준을 달리해서 교육될 수 있다.

전략수준에서 학의 영역은 전쟁연구, 군사사상, 전략이론 및 사상 등과 같이 전통적인 군사학연구의 대상이 되어왔던 과목들로 구성된다. 전략수준에서 학문이 술의 영역으로 접근하게 될 때 전쟁의 원칙과 전략교리와 같이 보다 원칙과 실제에 가까운 지식으로 발전한다. 이 수준에서 술의 영역에 해당하는 것은 전쟁연습과 전략구상 등 당면한 위협을 대상으로 한 고도의 전략적 사고력을 배양하는 수준이 될 것이다. 이러한 수준의 교육은 학문을 추구하는 교육기관에서는 어렵고 실제로 합참수준에서 이루어질 수 있을 것이다. 다음

107) 이종학 교수는 군사전략 · 작전술 · 전술에 대한 이론체계를 용병학이라고 부르고 있다. 이종학, 위의 책, p. 297.

으로 작전수준에서 학의 영역은 일반학문과 연계하여 발전한 여러 가지 작전이론 및 작전학을 포함한다. 군사작전이 어떻게 수행되어 왔고, 어떻게 수행되고 있으며, 또한 미래에는 어떻게 수행될 것인가에 대한 이론적 접근이라 할 수 있다. 걸프전 이후 작전수준의 전쟁수행이론이 많이 등장하고 있는데, 대표적인 것은 존 와든의 5개의 동심원이론(5 Ring Model)과 효과중심작전(EBO), 네트워크중심전(NCW), 신속결정적작전(RDO) 등이 있다.[108] 이러한 수준에서의 학문적 지식은 술의 영역으로 좀 더 접근하면서 더욱 실제와 유사하게 적용되는데, 연합/합동작전, 작전교리 등과 같이 전장운영개념과 교리적 지식으로 정제되고 작전실습을 통해 연마된다. 마지막으로 전술수준에서 다룰 수 있는 군사학 범위를 살펴보면 학의 영역에서 다루는 것으로 전술학을 들 수 있다. 전술학은 술의 하위개념인 전투 및 교전의 원리와 원칙에 대한 학문적 연구라 할 수 있다. 우리나라 학계에서는 아직 많은 연구가 이루어지고 있지 않으나, 각 군 작전실무 부서에서 경험을 바탕으로 나름대로 연구가 진행되고 있다. 마찬가지로 전술수준의 연구는 훈련과 실습으로 이어지면서 그 타당성과 효과성을 검증받게 된다. 따라서 전술수준에서 술의 마지막 영역은 지식을 기초로 한 연마와 숙달이 이루어지며, 실수를 최대한 줄이며 전술전기를 최대한 발휘할 수 있도록 개인 및 단위부대 별로 이루어지는 군사훈련, 비행훈련 및 항해훈련 등을 포함한다.

군사학에서 학과 술은 상호 분리되어 있으면서 또한 조화를 이루고 있다. 술은 학에 대한 이해를 바탕으로 높은 현실적용성과 예리한 통찰력을 추구하는 예술의 영역이라 할 수 있다. 실제 전쟁에서 사용될 고도의 전략은 피아의 군사적 능력과 특성, 환경적 조건, 그리고 매우 다양한 종류의 불확실성의 요소 가운데 전략가가 선택하는 술에 해당하지만, 과거 전쟁에서 사용되었던 전략을 분석하고 전략사상을 연구하고 전략의 요점과 전쟁에서의 사례 등을 연구하는 전략론은 학에 해당된다. 따라서 군사학의 이론과 지식분야에 깊은 이해를 바탕으로 술에 해당되는 전략이 개발 될 수 있다. 작전술 및 전술도 마찬가지이다. 실전에서 적용할 작전과 전술은 술에 해당하나, 작전의 시공간적 영역에 대한 연구, 전력구성, 전사상 작전사례 등에 대한 연구는 학문의 영역에 속하게 되는 것이다.[109] 전투에 임하는 군인에게 학과 술의 지식과 훈련이 모두 필요하다. 다변적인 군사학의 여러 학문에서 다양한

108) EBO: Effect-Based Operations, NCW: Network Centric Warfare, RDO: Rapid Decisive Operations. 이에 대한 내용은 강진석,「한국의 안보전략과 국방개혁」(서울: 평단, 2005), p. 412~431. 참고할 것

109) 작전수준의 이론으로 특히 '작전학'으로 불려질 수 있는 대표적인 것을 예로 들면, 존와든(John A. Warden)의 항공전역(The Air Campaign)이 있다. 박덕희 역,「항공전역」(서울: 연경문화사, 2007)

이론과 지식을 이해하는 것과 또 이것을 전투임무에 적용하는 기술이 모두 필요한 것이다.

전쟁이 분명한 논리적 패턴에 의해 진행된다면 전쟁준비와 수행에 관련된 모든 것들은 과학의 영역이 될 것이다. 그러나 완벽하게 합리적인 지도자에 의해 통치되는 국가 간에는 전쟁이 아예 존재하지도 않을 것이다. 전쟁에 인간적인 요소가 작용하는 한 이론과 과학은 현실을 정확하게 예측할 수 없다. 다만, 어느 정도 사실에 가까운 추론을 낼 수 있을 뿐이다. 과학기술과 더불어 첨단의 정보감시체계, 지휘통제체계, 정밀타격체계를 갖춘 현대의 국가도 전쟁의 불확실성의 요소를 완전히 제거할 수는 없을 것이다.

군사학과 술이 매우 밀접한 관계에 있다면 군사학은 이 둘을 포괄하면서 연결고리가 견고하도록 이론과 실제의 양측면에서 발전되어야 한다. 학과 술이 연계되는 과정에서 빼놓을 수 없는 것이 교리라는 개념이다. 학은 논리와 추론, 과학적 연구를 바탕으로 탐구적이고 창의적인 영역에 해당되나, 술은 현실적이고 매우 실용적인 영역이다. 따라서 학의 교육내용이 술로 전달되기 위해서는 보다 정제된 지식체계로의 전환이 필요하다. 이것은 이론이 교리화되는 과정으로 볼 수 있다. 즉, 어떠한 현상을 분석하는 이론적 사고가 과거의 경험과 상황적인 특수성을 고려한 최선의 선택안이 적용될 수 있도록 하는 지식체계가 필요한 것이다.

이와 같이 확대된 군사학개념으로 군사교육기관 특히 장교 양성기관에서 가르쳐야 할 포괄적인 군사학 교육은 〈그림 XI-2〉에서 보는 바와 같이 군사학 이론 및 지식, 군사실무, 군사훈련의 3단계로 구분할 수 있다. 이 그림은 마치 여러 가지 약재들을 약탕기에 넣어서 정제된 엑기스를 짜내는 것과 같은 그림이 되겠다. 따라서 군사학 이론 및 지식으로 갈수록 창의성과 탐구성이 요구되며, 군사훈련단계로 내려갈수록 실무성과 적용성이 요구된다고 볼 수 있다. 첫째 영역인 군사학의 이론/지식의 영역은 군사학 연구의 주된 영역이며, 동서양 고금을 통해서 중요하게 다루어져 왔던 군사학의 학문적 영역이다. 이 영역에서 교육은 군이 왜 존재하고, 군을 어떻게 운용하며, 어떻게 발전해가야 하는지에 대한 이론과 지식을 제공한다. 군사학 이론과 지식영역에서의 교육은 학습자들에게 끊임없는 지적호기심과 창조적 탐구정신을 요구한다. 일반학문의 전공지식교육에서 요구되는 수준이상의 지적호기심과 창의성 및 탐구성을 바탕으로 군사학도들은 군의 존재와 군사력 운영 및 발전을 위한 사고의 틀을 형성하고 전략적 통찰력 및 전문지식을 습득하게 된다.

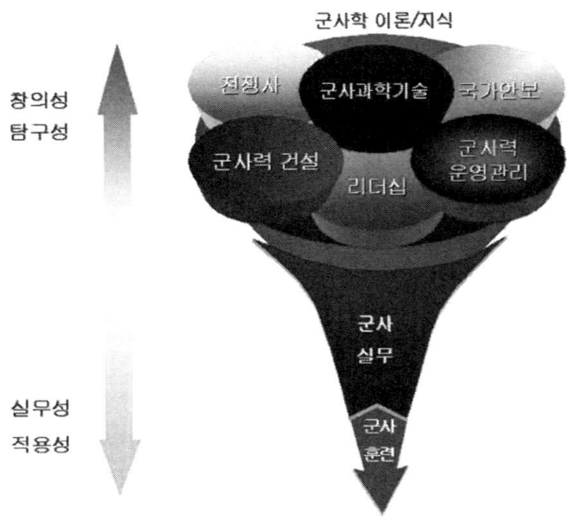

〈그림 XI -2〉 군사학 교육체계

두 번째 영역은 군사실무 교육영역이다. 군사실무교육은 학과 술을 이어주는 단계에서 매우 중요한 역할을 한다. 군사실무교육은 군사학 이론 및 지식을 바탕으로 술을 지도하고 개발시키는 역할을 담당하며, 현장에서 사용되기 위해서 가다듬어지고 정제된 지식을 교육한다. 군사실무지식이란 군사실무에 적용이 가능한 지식으로 탐구적인 군사학 이론 및 지식 중에서 정확성과 실무적용이 인정된 정제된 군사지식을 말한다. 군사이론과 창의적인 지식이 군사실무지식으로 스며드는 과정은 어떠한 이론이 교리화되는 경우와 같이 매우 엄격한 현실 적용성이 검증되어야 한다.

세 번째 영역은 정제된 실무지식을 바탕으로 한 군사훈련 또는 실습이다. 군사훈련은 지식을 바탕으로 특정능력을 연마하는 과정이다. 군인정신, 리더십, 임무수행을 위한 체력단련, 특정화기를 다루는 기술 등 전투에 관련하여 개인적인 능력을 향상시키는 과정인 것이다.

군사학이 군사실무지식으로의 여과 없이 군사훈련으로 이어지는 경우는 매우 어렵고 비능률적이다. 반면 군사학 이론과 지식이 군사실무지식을 거쳐 군사훈련을 지도하게 된다면 매우 효과적인 교육이 이루어질 수 있다. 몇 가지 예를들어보자. 육군사관학교의 경우, 생도들은 군사학 이론/지식교육을 통해 칸네전투에 대한 전사적 지식과 전투수행방식을 여타의 다른 전쟁사례와 비교하여 연구하고 탐구한다. 놀랍게도 지상군 군사교리에는 칸네전투에 사용되었던 포위섬멸작전과 유사한 교리가 남아 있다. 이러한 교리적 지식을 습득한 생도는 군사훈련과정을 통해 소대전투 또는 중대전투를 지휘하는 과정에서 기동과 고지점령 훈련에 적용할 수 있다. 공군의 경우도 예를 들 수 있다. 항공전략과 항공역학적 지식이 공군작전과 공군무기체계라는 실무성격의 과목으로 이어지며 이러한 지식이 비행훈련의 동기와 방향을 지도할 수 있다. 따라서 이렇게 연마된 군사실무지식은 비행훈련을 앞둔 졸업생에게 자신감을 높여 줄 것이다.

3. 군사실무교육

가. 민간대학 군사학(부)과 실무교육[110)]

민간대학의 군사학(부)과의 교과과정을 보면 학교에 따라 다소 차이는 있으나 학생들이 장차 장교로서 임무를 수행하고 군사전문가로 발전하는 데 필요한 다양한 군사지식들을 폭 넓게 쌓을 수 있도록 유도하고 있다. 민간대학들 중 가장 먼저 군사학과를 개설하여 2008년에 첫 졸업생을 배출한 대전대 군사학과는 제1전공을 군사학(전공 66학점)으로 하고, 제2전공을 일반학(전공 42학점)으로 하는 복수전공제로 운영하고 있으며 이는 졸업 후 복수전공 분야별로 다양한 병과로 진출할 수 있게 하고 의무복무 종료 후에는 취직 기회를 확대코자하는 고려의 결과이다. 아래 〈표 XI -1〉에서 대전대의 군사학 전공과목들은 전공필수와 전공선택 선수과목, 전공선택 일반과목, 전공 특성화 과목들로 구분되어 있다. 표에서 확인할 수 있듯이, 대전대는 특성화 과목들을 제외하면 총 38개의 군사지식 관련 전공과목을 개설하고 있다. 여기서 초급장교 실무교육, 체력단련, 군사훈련 등은 학과시간 외의 시간에 행해지는 "특성화 활동"(술의 교육)을 통해 이루어지고 있다.

110) 민간대학에서의 군사학 교육과 관련한 이후의 논지 전개에 있어 이 논문은 각 대학들이 공개적으로 제시한 자료들을 분석의 기반으로 활용했으며, 각 학과가 제시한 자료들이나 관련 언론보도들의 신빙성에 대해서는 별도의 추적이 사실상 불가능한 관계로 그대로 분석할 수밖에 없었음을 밝혀둔다.

〈그림 XI -1〉 대전대학교 군사학 전공교과목 편성

이수구분	교과목 (시간/학점)
전공 필수	군사학개론(3/3), 군사사상(3/3), 군사이론(3/3), 세계전쟁사(3/3), 군사사(3/3)
전선 선수	국방조직론(3/3), 국가안보정책론(3/3), 북한학연구(2/2), 군사영어1(2/2), 군사영어2 (2/2), 초급지휘론(2/2), 무기체계연구(3/3), 군사학방법론(2/2), 한국전쟁사(3/3), 민군관계론(2/2), 직업군인론(2/2), 고급지휘론(2/2), 군사학세미나(2/2)
전선 일반	북한군사론(2/2), 국방기획관리(2/2), 전쟁론(2/2), 국방정책론(3/3), 전략론(2/2), 군사지리학(2/2), 군사과학기술(2/2), 군대윤리(2/2), 병무정책론(2/2), 군사경제학(2/2), 군사제도사(2/2), 국제사회론(2/2), 전자정보전(2/2), 무기발달사(2/2), 위기관리론(2/2), War Game(2/2), 세계군사정세(2/2), 군사사회학(2/2), 미래전쟁(2/2), 병서강독(2/2)
전공 특성화	**잠재역량계발1-8(각 2/1), 병영체험훈련1-2(각 6/2)**

이렇게 행해지는 특성화 활동의 결과들은 일부 전공학점으로 반영이 되나 대부분은 학점과 관계없이 누적적으로 이루어지는 장교화 교육(훈련)이라고 하겠다.

〈표 XI -2〉는 군사학과의 학생들이 4년 동안에 지속적, 단계별로 진행되는 특성화 활동을 통해 초급장교에게 필요한 군사실무를 상당 정도 익히고 있음을 보여준다. 특히, 3, 4학년 과정에 이루어지는 활동들은 임관 후 초급장교로서 임무를 수행함에 있어 직접적으로 필요하게 될 실무능력을 미리 배양할 수 있는 기회를 제공하고 있음을 확인할 수 있다.

이는 군사실무와 군사훈련, 체육 관련 교과를 대부분 학점외의 별도활동으로 규정하여 운영함으로써 학생들이 군사지식, 또는 일반학 지식의 확대에 더 많은 시간과 노력을 투자하도록 유도하고 있다는 점에서 사관학교들의 경우와는 차별화된다고 할 수 있다. 강의, 실습, 연수 및 훈련의 3가지 범주에 따라 체계적으로 구성된 특성화 활동 프로그램은 학생들로 하여금 군사실무 능력을 졸업 전에 갖출 수 있도록 하는 데 기여할 것으로 보인다.

〈표 XI -2〉 대전대학교 군사학과의 특성화 활동

학년	구분	주요 활동 내용
1	강의	군법규, 육군규정소개, 육군제도소개, 충·효·예 교육, 체력단련/태권도, 병과소개, 자기성찰/진단, 병영생활소개
	실습	도수체조, 군대예절/제식
	평가	도수체조/체력검정/적성평가 및 지도/자율학습 평가 및 지도
	기타	해외연수(1학기), 병영체험훈련, 전적지답사/산악행군(전학년), 극기훈련
2	강의	학군/학사 선택지도, 시민정신, 장교단정신, 가치관, 체력단련 지도요령, 경기심판요령, 태권도 지도요령, 의사소통/의사결정, 인간관계
	실습	가치관
	평가	체력검정, 경기심판요령
	기타	안보현장 견학, 병영체험훈련, 국방과학연구소 방문
3	강의	국가관, 발표기술, 보고서 작성요령, 보고요령, 전문직업장교, 군사전문가, 군 직업의식, 군복무 태도/자세
	실습	발표기술
	평가	체력검정, 보고서 작성요령
	기타	전쟁/독립기념관 견학, 3사관학교 방문
4	강의	존중/배려 리더십, 임무수행절차, 병영관리, 소대장 임무수행, 신상파악/상담, 내무생활지도, 교육훈련, 예규/내규 소개, 작전계획 소개, 교수법
	실습	
	평가	체력검정
	기타	국방연구원/방산업체 방문, 육사방문, 전투지휘훈련단 방문

〈표 XI -2〉가 암시하는 바와 같이, 나아가 이런 특성화 활동들은 장차 장교로서 갖추어야 할 인성 및 리더십 함양에도 도움을 주고있는 것으로 보인다. 특히, 사생관, 국가관, 가치관, 시민정신, 군 직업의식, 충 · 효 · 예 교육이 전 학년에 걸쳐 이루어지고 있다는 사실이 사관학교의 생도 훈육 및 교육체계에 던지는 함의는 적지 않다 하겠다.

대전대 군사학과는 이상의 교육과정을 거친 학생들이 졸업인증제에 따라 TOEIC 800점 이상, 전산 사무자동화 산업기사 이상, 운전면허, 체력검정 2급 이상, 태권도 1단 이상의 자격을 갖추었을 때 졸업할 수 있도록 하고 있다.[111]

111) 2008년 졸업자의 경우, 그 전원이 졸업인증제에서 요구한 조건들을 충족한 것으로 알려졌다.

나. 사관학교 실무교육

사관학교는 각 군 특성에 맞게 초급장교에 필요하다고 인정되는 군사실무교육과 훈련프로그램을 운영하고 있다. 각 군의 특성을 반영하여 군사실무교육과 군사훈련의 내용에는 다소 차이가 있다. 육군사관학교는 군사실무과목에 학점을 부여하지 않으나 군사훈련과 매우 밀접하게 연계하여 교육의 효과를 높이고 있으며, 해군사관학교는 해양실습에 강점을 가지고 있고, 공군사관학교는 지식정보화 시대에 앞서가는 지식교육과 비행 특성화 훈련으로 특성화되어 있다.

사관학교에서 교육을 담당해온 교육자들 간에 군사학은 군사훈련과 군사훈련을 지도하는 실무군사이론 및 지식을 군사학으로 이해되어 왔다.[112] 군사학에 관련된 전쟁사, 전쟁론, 군사전략, 지휘론, 무기체계 등의 과목들은 군사교양과목으로 편성되어 군사학에 관련된 일관된 교육체계가 미비하였다. 이처럼 군사학은 '학' 보다는 '술'의 개념에 치중되어 이에 따라 교육이 이루어졌던 것이다. 그러던 것이 군사학 학사학위 수여와 함께 군사학 교과과정이 정립되고 교수부내 군사학처를 신설하여 통합 운영제도를 구비하기 시작했다. 현재 각 군 사관학교에서 군사학 학사학위를 수여하기 위한 과목들에 35~37학점을 부여하고 있다. 이렇듯 사관학교에서 전 졸업생에게 군사학 학사학위를 수여하기 위한 최소학점을 부여하고 있으나, 민간대학의 군사학 교육과정에 비해 상당한 차이가 있다.

앞서 군사학 교육의 범위는 일반학문과 연계된 군사학 이론 및 지식과 군사술을 포함한다고 하였다. 군사학에서 다루는 군사술의 범위가 어디까지인지에 대해서는 완전한 합의가 이루어지지 않았지만, 포괄적인 의미에서 군사훈련까지 포함할 수도 있다고 하였다. 그러나 군사실무교육과 군사훈련이 이러한 군사학 교육의 범위에 포함되는지에 관해 각 군 사관학교에서 동일하게 받아들여지고 있지는 않다.

특히 육군사관학교는 군사학을 군사훈련과 분리하여 과학의 영역에서 단일학문으로 규정짓고 있어 유럽식 학제와 유사하게 군사학의 정체성을 유지하려 한다. 이러한 맥락에서 육사에서 군사학 학사학위를 부여하기 위한 학점과목에 군사실무이론과 군사훈련 과목들은 포함되지 않는다. 일반학기 중 실무경험이 풍부한 소령급 이상 장교와 전문경력 강사로 초빙된 예비역장군

112) 이것은 사관학교 설치법(1955. 10. 1)과 사관학교 설치법 시행령(1958. 9. 4)에서 드러나 있다. 그 내용을 보면 "교수부는 일반학과정, 생도대는 군사학과정의 교육을 분장한다."고 되어 있다. 이처럼 초창기 사관학교는 군사학에 대한 정립된 개념을 가지고 있지 못하였다. 군사학을 전쟁에 대한 지식의 체계로 이해한 것이 아니라 군사훈련정도로 생각하였으며, 이러한 사고로 인해 군사학교육을 생도대 군사훈련처에서 담당했던 것이다. 이종학,「클라우제비츠와 전쟁론」(서울: 도서출판 주류성, 2004), 부록 p.372.

들에 의해 실시되는 군사교리 및 이론교육도 군사학 학점에 포함시키지 않고 있다.

〈표 XI -3〉의 군사학 교과목 구성현황을 보면 각 군 사관학교의 특수성을 엿볼 수 있다. 육군사관학교의 경우 군사실무에 해당하는 과목에 학점을 부여하지 않고 있으나 해군사관학교는 군사학 학사학위 수여를 위한 필수학점으로 군사학실무 성격의 과목들을 포함시키고 있다.

〈표 XI -3〉 삼군 사관학교 군사학 교과목 구성현황

사관학교	과 목(학점)	
공사 (총36학점)	인문사회과학 (17)	국가안보론(3), 전쟁사(3), 군대윤리(3), 리더십(3) 항공전략론(2) 항공우주법(3)
	이공학 (12)	비행역학(3), 항공전자(3), 항공학개론(2), 우주학개론(2), 항공우주추진기관(2)
	선택 1 (2)	전쟁론, 한국군사사, 국방운영분석론, 사이버정보전, 항공우주무기체계, 전자전, 핵/레이저개론, 항공기상
	군사실무 (5)	군과 공군의 이해(1), 핵/생화학전(1), 부대지휘관리(1), 작전일반(1), 연합합동작전(1)
육사 (총37학점)	인문사회과학 (18)	전쟁사(5), 국가안보론, 북한학(2), 군사전략(2), 군대윤리(2), 군사법(2), 국방경영(2)
	이공학(15)	군사지리/기상, 무기체계, 미래정보전, 방호공학, 워게임
	선택2 (4)	국제관계, 군사변혁, 민군관계, 현대전쟁연구, 국방경제, 인체생명과학, 군사화학, 무기공학, 군 환경관리, 핵/레이저광학
해사 (총35학점)	인문사회과학 (17)	군사학연구방법론(2), 군사학개론(2), 군대문화와 윤리(2), 해전사(3), 리더십개론(3), 군사혁신론(2), 전략개론(3),
	이공학(7)	무기체계공학개론(2), 추진체계학(3) 현대무기체계학(2)
	선택 1(2)	군사심리학, 해사법규, 상륙군전술, 북한연구, 잠수함공학개론, 항공공학개론, 동북아지역연구, 핵물리학, 세계문화사
	군사실무(9)	항해학개론(3), 선박조종론(2), NCW와 EBO(2), 작전일반(2)

최근 개편된 교과과정에 의하면, 실무연계의 성격을 강조한 해사의 군사학 교과과정은 선박조종론, NCW와 EBO, 잠수함공학개론, 상륙군전술 작전일반 등 군사실무와 밀접하게 연계될 수 있는 과목들을 개설하여 각각 2학점씩을 부여하여 군사학 학사학위 취득학점으로 인정하고 있다. 네트워크중심전의 기본개념이 함정간 상호연결성이 취약했던 해군의 특성에서 비롯되었다는 점에서 볼 때 해사의 NCW에 대한 관심은 당연한 것이다. 그러나 해사도 학년별로 이루어지는 실습(지상전, 함정, 연안, 원양실습)과 행군훈련, 전투수영훈련 등에는 학점을 부여하고 있

지 않다.

공군사관학교의 2007년 교육혁신과정을 통해 정립된 공사의 군사실무과목은 '군과 공군의 이해', '작전일반', '연합/합동작전', '부대지휘관리', '핵/생화학전' 등 5개 과목으로 구성되었다.[113] 특히 임관을 앞둔 4학년 생도들을 대상으로 한 '연합/합동작전'은 군사실무과목의 핵심이라 할 수 있다. 연합/합동작전은 연합/합동작전에 관련한 이론과 실제, 전쟁사례 및 교리를 교육하며, 무엇보다 미래전 수행의 중심개념인 네트워크중심전(NCW)과 효과중심작전(EBO)을 연계하여 교육함으로써 졸업을 앞둔 4학년 생도들의 실무적용 지식을 배양한다.

이를 종합하면 군사실무성격의 과목들에 대해 공사 및 해사는 학점을 부여하고 있으나 육사는 학점을 부여하지 않고 있으며, 군사훈련은 3군 사관학교 공통적으로 군사학의 범주에 포함시키지 않고 있다. 군사훈련은 정규 학점도 부여하지 않을 뿐만 아니라 운영도 일반학과 군사학교육을 담당하는 교수부에서 분리하여 생도대에서 담당하고 있다.

3군 사관학교의 군사학 교과목 구성 분석을 위하여 인문사회, 이공학, 선택 및 군사실무과목별 학점구성을 도표로 나타내면 〈그림 XI -3〉과 같다. 이를 보면 군사학과목에는 인문사회 이공학 및 군사실무과목들이 포함되어 있다. 인문사회과목이 47~49%로 가장 높은 비율을 차지하며, 이공학과목은 많은 차이를 보이는데 육사가 41%, 공사가 33%, 해사가 20%를 차지한다. 무기체계의 첨단과학분야가 강조되는 해 · 공군의 특성을 볼 때 이러한 비율은 발전적으로 검토해 볼 문제다. 군사실무성격의 과목은 해사가 26%로 가장 많은 비중을 차지하며 공사가 14%, 육사는 학점부여 과목이 없다.

113) 군사실무과목으로 중요성이 인식되는 '군법규'는 전생도 필수교양과목인 법학개론(3학점)에 포함하여 교육하고 있다.

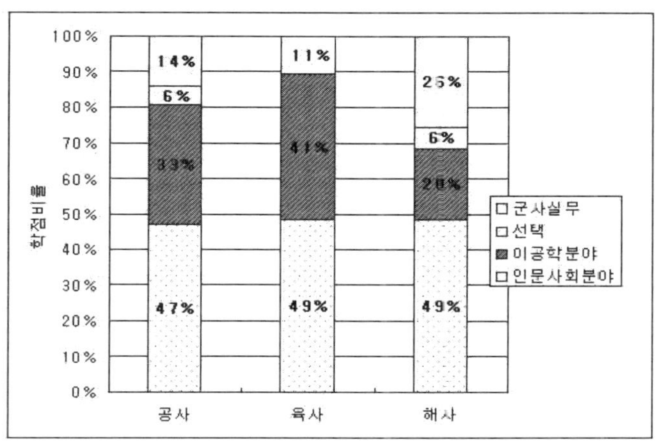

〈그림 XI -3〉 삼군 사관학교 군사학 학점 구성 비교

4. 사관학교 군사훈련 현황

육사의 군사훈련은 군사실무과목과 잘 연계되어 있을 뿐만 아니라 실무적용성이 매우 높다. 육사 졸업생은 생도시절 배운 군사지식과 연마한 군사훈련을 그대로 적용할 수 있는 일선 소대장으로서의 임무를 시작하게 된다. 따라서 군사훈련에 대한 동기부여도 높고 당장 적용 가능한 군사지식과 훈련으로 준비된 졸업생들은 자신감도 높은 편이다. 육군사관학교 군사실무교육(군사교리 및 이론)은 비록 학점을 부여하고 있지는 않지만, 학년별로 매우 구체적이고 군사훈련과 매우 밀접하게 연계되어 있다. 일반학기 1,2학기로 구분하여 주당 1시간씩 4년간 지식적으로 교육하는 군사실무교육은 병 기본과목, 분대전투에서 대대전술 수행을 위한 지식과 지휘통솔 지식을 교육한다.

〈그림 XI -4〉 육사 학년별 군사훈련

<table>
<tr><th colspan="2">학 년</th><th>과 목</th><th>비고</th></tr>
<tr><td colspan="2">기초군사훈련(가입교)</td><td>병기본훈련, 개인화기, 총검술, 제식훈련, 군인복무규율, 생도규정 등</td><td>육사</td></tr>
<tr><td colspan="2">1학년
(병기본훈련 완성)</td><td>병 기본과목, 편제화기/독도법, 장애물</td><td>육훈소
부사교</td></tr>
<tr><td colspan="2">2학년
(분대장 능력 완성)</td><td>분대전투, 편제화기, 공수훈련</td><td>부사교
특선사</td></tr>
<tr><td colspan="2">3학년
(소대전투 숙달)</td><td>개인/편제화기, 소대전투, 유격훈련, 야전체험(겨울학기)</td><td>보병교</td></tr>
<tr><td rowspan="2">4학년</td><td>중대전술숙지
대대/제병협동작전이해</td><td>지휘관/참모업무, 대침투작전, 분·소대전투기술, 중대전술, 제병협동, 대대전술, 과학화훈련</td><td>보병교</td></tr>
<tr><td>야전실무적응</td><td>가치관교육, 인성교육, 교육훈련, 개인화기/교관화교육, 야전실무 부대관리</td><td>육사</td></tr>
</table>

육사의 학년별 군사훈련 과목편성은 〈그림 XI -4〉와 같다.[114] 다른 사관학교와 마찬가지로 육사생도 생활은 가입교 5주간 기초군사훈련으로 시작된다. 입교해서 각 학년별로 구체적인 훈련목표가 주어지며, 주요 훈련과목은 4학년때 집중되어 있다. 입교 후에는 학기 중에는 군사훈련이 없고 하기 및 동기에 군사훈련을 집중적으로 실시하고 있다. 하기군사훈련은 매년 1학기 종료와 2학기가 시작되기 전 기간인 7~9월 여름에 실시된다. 주요 훈련내용은 화기학, 전술학, 교관화 교육, 유격훈련, 공수훈련 등이며 학년별로 구분하여 단계적으로 훈련한다. 훈련 중점은 야전에서 즉응할 수 있는 기초군사지식을 습득하고 지휘통솔능력을 배양하는 것이다. 이처럼 육사는 육군의 초급장교에게 요구되는 군사실무교육과 군사훈련을 매우 밀접하게 연계하여 졸업생이 곧바로 자신감을 가지고 임무를 수행할 수 있도록 교육체계를 구비하고 있다. 군사실무지식에 학점을 부여하지 않지만 교육내용이 군사훈련과 매우 밀착되어 있으며, 생도들은 졸업 후 높은 실무적용성으로 인해 군사실무교육과 군사훈련에 상대적으로 높은 동기를 가지고 학습과 훈련에 임할 수 있다.

해군사관학교 군사학 교육의 강점은 현장감 높은 해양실습[115]이라 할 수 있다. 각 학년별 실습교육훈련은 교육목표를 식별할 수 있도록 모토(MOTTO)를 부여하여 운영하고 있다. 1학년은 주로 지상전 실습을 하는데 모토는 "No Pains! No Gains!"이다. 이 의미는 인내를 통해 자신의

114) 최영윤외, 미래지향적인 교육체계 혁신을 위한 육사 교육제도 연구, 2007, p. 198
115) 해사 해양실습 및 훈련에 관한 내용은 해사 홈페이지를 참조함. www.navy.ac.kr

한계를 극복하고, 강한 육체적 훈련을 통해 군인정신과 체력을 배양하며 희생정신과 동기생애를 함양하자는 것이다.

2학년은 "Hands-on Navy"라는 모토로 함정실습을 나간다. 이 의미는 해군의 일원으로서 해군을 이해하고 장교의 책임과 의무를 체험하며, 해군조직과 부대의 임무를 이해하자는 것이다. 3학년은 "Embracing the Navy Spirit"를 모토로 연안실습을 나간다. 이 모토의 의미는 해군에 대한 애착심과 자긍심을 함양하고 해군생활에 대한 청사진과 기틀을 마련하자는 것이며, 총 4주간 군함을 타고 항해하며 우리나라 주요 항만을 방문하게 된다. 4학년은 "Be Professional"을 모토로 해외로 원양실습을 나간다. 이 모토의 의미는 생도에서 장교로의 신분 전환을 준비하는 시기를 맞이하여 직무에 대한 애착심과 자긍심을 함양하며 장교로의 신분 전환을 마무리하여 해군장교로서 프로가 되자는 것이다. 이를 위하여 총 15~17주간 군함을 타고 세계를 항해하며 군사외교가 필요한 주요국가 항만을 방문하며 견문을 확대하는 실습을 하게 된다.

해사의 군사훈련은 가입교훈련, 행군훈련 및 전투수영훈련으로 평이하게 구성되어 있다. 5주간 실시되는 가입교훈련은 3군 공통으로 운영되는 훈련과정과 유사한데, 행군훈련은 생도전원이 연 1회 국토 대순례 행군훈련에 참가하는 것이 특징적이다. 행군훈련을 통해 협동심과 단결력, 희생정신 등을 함양할 뿐 아니라 지휘근무생도들의 리더십함양도 목표로 한다. 생도 전원이 약 열흘 동안 연1회 참가하는 전투수영훈련은 비상시 해상에서의 생존능력을 향상시키기 위한 훈련으로 훈련 마지막 날에 왕복 4km에 달하는 코스를 완주하는 것으로 훈련을 마무리 한다. 해사는 해군이 요구하는 장교에 부합하는 군사실습과 훈련을 연계하고 있다. 특히 단체로 참가할 수 있는 해양실습은 해사 졸업생이 주 업무에 자신감을 가지고 빠르게 적응하는데 매우 유용한 과정으로 인식되고 있다.

공군사관학교의 군사학교육의 특징을 이해하기 위해서는 공군의 임무와 특성을 이해해야 한다. 공군은 항공력의 독특한 편재성의 특성으로 삼군 중 연합/합동작전을 가장 유연하게 주도할 수 있다. 또한 공군은 과학기술에 가장 민감하게 반응하는 군으로서 우주와 사이버 영역으로 전장이 확대될 것이 예상되는 미래전양상에 비추어 볼때 가장 적합한 으뜸인재 양성은 군사훈련에서보다는 앞선 군사지식에 기반한다. 반면 공군사관학교의 군사훈련은 타사관학교에 비해 상대적으로 동기가 약한 편이다. 공사 졸업생의 대부분은 졸업 후 전투조종사로서의 진로를 따라가게 된다. 전투 조종사가 되지 못하더라도 대부분의 장교들은 항공지원업무에 종사하게 된다. 따라서 병사들을 훈련시키고 병사들과 함께 전투를 수행하는 임무를 수행하게 될 장교는 소수에 지나지 않는다. 이처럼 군사훈련이 태생적 한계를 가진 반면, 공사의 군사실무지식 교육은 무한한 발전 가능성을 지니고 있다. 지식정보화 시대에 리더가 되는 것은 올바르고 정확한 지식의 습득과 창의적 사고에 의한 미래예측이다. 이러한 시각에서 볼 때 군사학 실무지식교육은 미래전 수행개념에 대해 분명히 앞선 지식을 제공할 수 있다.

군사훈련이 군사실무교육과의 연계가 부족한 한계 속에서 공사는 공군다운 훈련을 개발하기 위해 많은 노력을 하고 있다. 사관학교 교육비전으로 "대한민국의 하늘을 드높이는 으뜸인재 양성"을 설정하고 학년별로 세부 군사훈련 목표를 정하고 있다. 1, 2학년은 군인기본자세 배양 및 확립, 3학년은 군사실무지식 활용능력배양, 4학년은 부대지휘 및 지휘역량 향상에 두고 공군특성화 훈련과목으로 행/패러글라이딩, 비행체험, 항공생리훈련 등을 포함시키고 있다.

5. 군사학 교육 발전방향에 대한 제언

현재 편성된 사관학교 군사학 교육과정은 민간대학에 비교하여 다음의 몇 가지 점에서 비교가 된다고 할 수 있다. 첫째 복수학위의 우선순위와 내용이 다르다. 민간대학의 경우 군사학학사학위가 제1학위이고 복수학위로 대부분의 졸업생이 문학사를 취득하지만, 사관학교는 생도개별 전공에 따라 문학사, 이학사, 공학사의 학위를 이수하면서 복수과정으로 군사학 학위과정을 이수하도록 하고 있다. 두 번째로, 사관학교 교육의 아카데미 지향적 특성으로 인해 민간대학 군사학 전공에 비해 군사학 교육심화가 이루어지고 있지 않다는 점이다. 사관학교에서 군사학 학사학위과정을 수여하기 위해서는 36학점 내외의 군사학 과목을 이수하면 되는데 이것은 민간대학의 절반수준에 불과하다. 마지막으로 사관학교는 졸업 후 실무 적용성이 높은 실무과목을 상대적으로 많이 개설하고 있으며, 강도 높은 군사훈련을 실시한다는 점이다. 민간대학도 일부 실습, 현장견학과 군사훈련을 실시하고 있으나, 사관학교에 비교가 되지 않는다. 군사실무, 실습, 훈련 등에서는 사관학교가 매우 유리한 위치에 있다.

지금까지의 분석을 토대로 군사학교육의 발전방향을 제시해보면,

첫째, 사관학교 군사학분야를 일반학분야와 통합하는 문제이다. 사관학교설치법시행령(2004. 9.9) 제7조 1항에 의하면 사관학교 교수부는 일반학과와 군사학과정에 관한 사항을 분장하는 것으로 되어 있다. 이에 따르면 군사학과정은 일반학과정이 아님을 나타내는 조항으로 비쳐진다. 군사학이 엄연히 학문으로서 자리매김한다면 이제는 군사학 분야와 일반학분야를 분

리하여 언급할 필요가 없어졌다. 따라서 학문발전 추세에 따라 교수부 조직에 "이공학분야와 인문사회학분야 그리고 군사학분야를 관장하는 부서를 둔다"라고 명기하여 삼군사관학교 표준 편제 구축을 명시화하여 하는 것이 바람직할 것이다.[116)]

둘째, 학과 술의 균형적인 교육문제다. 학과 술의 군사학교육체계에서 보면 민간대학 군사학과에서는 이론 · 지식교육에 치우친 나머지 실무와 훈련분야의 비중은 상대적으로 취약한 편이다. 민간대학 군사학교육의 1차적인 목표가 군장교 양성이라면 좀 더 균형적인 교육이 이루어져야 할 것으로 판단된다. 실무/훈련분야의 교육시간 부족이 이론 · 지식교육으로 대체한다는 것은 균형적인 교육이라고 할 수 없다. 학문을 연구하는 측면에서 이론분야 치중은 가치가 있으나 군사학도가 아닌 군장교양성이라는 목표지향적인 교육측면에서는 재고할 필요가 있다고 본다. 물론 사관학교는 특성화교육이 용이(기숙)한 환경하에 있어 실무 · 군사훈련 프로그램 적용이 강점으로 작용하여 국가안보의 핵심요원인 정규장교를 양성할 수 있다는 장점이 있다. 그러나 사관학교도 실무교육 · 훈련은 초급장교양성에 일단 목표를 두고 있다는 점에서는 큰 차이를 두어서는 안 될것으로 보인다. 국가안보를 위한 인재양성은 다양화할 필요가 있다는 측면에서 민간대학 군사학부에서의 술(術)의 영역 강화는 간과할 수 없는 부분으로 볼 수 있다.

셋째, 연합 · 합동작전수행을 위한 교과목 구성 강화가 필요하다. 실무교육에서 향후 미래전쟁수행은 각군간의 합동성 강화를 통해 효율적으로 이루어질 것이다.[117)] 따라서 이의 반영은 필수적이다. 민간대학에서는 아예 다루지도 않고 있을 뿐아니라 심지어 육사와 해사도 단일과목이 없다. 양성과정에서 합동성강화의 기본틀을 이해시킴과 동시에 삼군간 균형있는 교육을 통해 미래 효율적인 전력운용과 작전수행에 대비해야겠다.

넷째, 술의 영역에 해당하는 교육분야를 학점화하는 문제다. 군사학 학문은 그 성격상 학과 술이 함께하고, 교육을 통해 그 연계성과 완전성이 구현된다면 더욱이 술의 영역을 높이 평가해야 할 것으로 판단된다. 체육과 예술분야에서 학점화되어 있는 실기과목이 있듯이 군사실무와

---

116) 최근 공군사관학교가 교수부내 군사학처를 신설하면서, 삼사 공히 교수부내에 군사학처를 두고 군사학학사학위 과정을 운영하게 되었다. 군사학처는 인문사회, 이공학, 체육 등 군사학 과목을 담당하는 학과로 구성되어 있으나 군사학처의 운영형태는 다소 차이가 있다. 육군사관학교 군사학처는 삼군사관학교 중 가장 포괄적인데, 군사사학과, 안보관리학과, 무기 · 기계공학과, 체육학과로 구성되어 있다. 공군사관학교 군사학처는 군사전략학과, 국방경영분석학과 및 리더십학과로 구성되었으며, 해사 군사학처는 작전전술학과, 군사전략학과, 항해무기체계학과 및 해병학과로 구성되어 있다.

117) 우리의 연합작전 대상은 미군이며, 합동작전은 3군간 합동으로 실시하는 작전이다. 특히 합동성의 주요 이점으로서 주요한 몇 가지를 들면 ①제반 전력요소의 통합운용으로 전투력 발휘의 시너지 효과 극대화, ②작전 반응시간 단축, 의사결정의 신속화 ③각종 전력시스템의 조화로운 복합(system of systems)으로 상호운용성 증진, ④소요의 중복을 방지하여 자원 및 노력의 낭비를 제거하여 예산의 효율적 운영, ⑤상부조직의 축소 및 간소화, 최소의 자원과 노력으로 최대 성과 성취 등이다. 이처럼 합동성 강화는 향후 전쟁에 있어서 필수적이며 절대적이다. 국방부,「한국적 군사혁신의 비전과 방책」(서울: 군인공제회, 2003), p.282.

훈련을 학점화함으로써 군사학 학문발전을 유도할 뿐 아니라 학습과 훈련에 투자한 시간과 노력에 대한 정당한 평가 인정과 보상의 의미가 있는 것이다.

지난 2월 1일 육군사관학교에서는 군사학 교육에 초점을 맞춘 특성화된 전문학회로서 육사주도로 "한국 군사학 교육학회"를 창설했다.[118] 기존 군사학학회가 군사학자체 연구에 중점을 뒀던 것과 달리 군사학의 교육자료와 방법 개발에 초점을 맞춰 운영될 예정으로 향후 위에서 제시된 방안들에 대한 심층 연구를 통해 한국의 군사교육발전에 기여할 것으로 한껏 기대해 본다.

6. 결 언

1980년대 초부터 군사학을 하나의 학문으로 체계화하기 위한 노력들이 시작된 이래 군사학 학문체계 및 교육체계에 관한 연구 및 토의가 매우 활발하게 이루어졌다. 이제는 군사학의 학문성 문제는 어느 정도 해결되었다고 볼 수 있으나 군사학을 학문화하기 위한 노력은 미흡했다고 본다.[119] 따라서 학문화하기 위한 노력의 차원으로서 술이 포함된 확대된 군사학 개념을 "전 · 평시 국가목표 달성을 위해 전쟁의 본질과 성격을 연구하고 군사력의 준비 · 운용과 이와 연관된 제 요소들을 학술적으로 연구하고 익히는 기술"로 정의하였다. 이에 따라 군사학 교육에서 다루어야 할 몇 가지 방안들로서 학과 술의 균형적 교육, 연합 · 합동작전 실무교육 강화, 실무 · 훈련분야의 학점화 등이 제시되었는데, 이는 학문화를 위한 방안들임과 동시에 술이 포함된 군사학 개념 발전을 위한 내용들로 볼 수 있다.

따라서 장교 양성기관에서 가르쳐야 할 포괄적인 군사학 교육은 군사학 이론 및 지식, 군사실무, 군사훈련 등이 균형적으로 이루어져야 할 것이다. 군사학의 이론 및 지식의 영역은 군사학 연구의 주된 영역으로서 순수학문적 영역이 될 것이며, 군사실무는 탐구적인 군사학 이론 및 지식 중에서 정확성과 실무적용이 인정된 정제된 군사지식으로서 학과 술을 이어주는 단계가 될 것이다. 또한 군사훈련 또는 실습은 지식을 바탕으로 특정능력을 연마하는 과정이 될 것이다.

현재 사관학교는 각 군 특성에 맞게 군사학 교육의 전문성과 특수성을 유지 발전시켜 경쟁력을 향상시키고 있으나 앞에서 제시된 바, 연합 · 합동작전 실무교육 강화와 실무 · 훈련분야의

118)국방일보, 2008. 2. 4.
119) 박휘락, "군사의 '학문화 과제'",「한국군사학회 군사학술세미나 논문집」(2007년 11월), p. 29.

학점화 등을 통해 실무교육의 방향타를 제시하면서 군사학 교육의 주도적인 역할을 해야 하겠다. 특히 군사훈련이 군사실무교육과의 연계가 부족한 한계를 지니고 있는 공군사관학교는 장차 항공우주력을 운영할 항공인에게 군사훈련의 의미를 살릴 수 있는 가능한 가장 공군다운 훈련프로그램을 계속 발굴하고 발전시켜가야 할 것이다.

향후 군사학의 '술'의 영역 발전과제는 더욱 체계적이고 심도있는 연구를 통해서 발전시켜 나가야할 과제가 될 것으로 본다.

참고문헌

「서적 및 논문」

국방부, 「한국적 군사혁신의 비전과 방책」(서울: 군인공제회, 2003)

강진석, 「한국의 안보전략과 국방개혁」(서울: 평단, 2005)

강창구 · 김행복 역,「군사학 강좌」(서울: 병학사, 2000), 일본 방위학 연구회 편.

김열수, "사관학교 군사학 교육 발전방향", 제2회 성무학술 심포지엄 논문집, 공군사관학교, 2007.

박덕희 역, 「항공전역」(서울: 연경문화사, 2007)

박휘락, "군사의 '학문화 과제", 「한국군사학회」군사학술세미나 논문집(2007년 11월)

육군사관학교 군사학처, 「군사학 길라잡이」(서울: 양서각, 2004)

이강언외, 「신편 군사학개론」(서울: 양서각, 2007)

이종학,「군사이론과 군사교육의 연구」(경주: 서라벌 군사연구소, 1997)

----, '한국 군사학의 발전방향', 화랑대연구소주최 세미나 발표논문, 1999. 6. 10.

----, 「클라우제비츠와 전쟁론」(서울: 도서출판 주류성, 2004)

장용운, '한국의 군사학 교육체계: 민간대학을 중심으로', 「한국군사학회」, 군사학술세미나 논문집 (2007년 11월)

최영윤외, 「미래지향적인 교육체계 혁신을 위한 육사 교육제도 연구」, 육사 화랑대연구소, 2007.

하대덕, 김하구, 정병호, '군사학 학문체계 정립에 관한 연구', 국방대학원 연구보고서, 1999.

「인터넷 및 기타」

각군 사관학교 홈페이지: www.afa.ac.kr, www.kma.ac.kr, www.navy.ac.kr

민간대학군사학과(부) 홈페이지: 대전대 (http://home.dju.ac.kr/ms)

경남대(www.kyungnam.ac.kr/~ma)

조선대 (www.chosun.ac.kr/~soldier)

원광대(http://gunsa.wonkwang.ac.kr)

- 사관학교설치법시행령 (2004. 9.9, 대통령령 18537호)

XII. 예비전력과 동원

이 세 영 (건양대학교)

XII. 예비전력과 동원

이 세 영 (건양대학교)

1. 개요

세계는 동 · 서 냉전체제가 종식되었지만 강대국에 의한 새로운 국제질서가 재편되어 가고 있고, 각 국의 경제적인 국익대결이 첨예화되어 종교, 지역 분쟁이 끊이지 않고 있다. 특히 한반도 주변의 열강들은 자국이익에 혈안이 되어 분단 한국을 이용하고 있으며, 북한의 군사적 위협에 대한 한반도의 평화와 번영을 보장하기 위해서는 북한의 무력 도발을 억제할 수 있는 국력배양과 총력방위태세 확립이 절실히 요구된다.

우리나라는 현재 북한과의 남북 정상회담, 경제교류 및 관광, 이산가족의 상봉 등 평화분위기 속에서 주한미군의 역할변화와 함께 우방들의 국익 우선 외교정책은 우리의 자위력 확보에 부담을 가중시키고 있다. 그리고 국내에 점증하는 집단 및 개인주의 팽배 등은 방위비 삭감, 국민안보의식의 해이, 나아가 전쟁발발 가능성이 낮다고 인식하는 국민계층이 늘어나는 등, 국가방위에 대한 의식이 전반적으로 저하되고 있는 실정이다.

현대전의 특징은 국가 총력전으로서 과거와 같이 현존 군사력만 가지고는 승리를 보장받을 수 없으며, 전쟁수행을 위해서는 정치, 경제, 사회, 문화, 심리 등의 제 요소들이 잘 조화되게 통합됨으로써 승리를 보장 받을 수 있고, 굳건한 안보태세를 바탕으로 국가와 국민도 발전을 기대 할 수 있는 것이다. 그 동안 이러한 측면에서 군 내에서도 국가동원에 관해 많은 선행연구가 있었다.

동원이란 전시, 사변 또는 이에 준하는 국가 비상사태 시 한 나라의 인적, 물적, 기타 제반 자원을 국가안전보장에 기여할 수 있도록 효율적으로 통제, 관리, 운용하는 것을 말한다. 우리나라의 안보현실에서 동원이 중요시 되는 몇 가지 중요한 요인은 다음과 같이 고려 할 수 있다.

첫째, 전쟁개시일의 사전 조기경보에 한계가 있다. 물론 과학의 발달로 첨단 무기체계가 도입되어 신속한 동원능력 향상에는 큰 영향을 미칠 것은 분명하지만 아직까지는 대부분의 고급 정보를 미국에 의존하고 있고, 한반도의 지역여건상 짧은 작전종심에서는 조기경보에 한계가 있을 수밖에 없다.

둘째. 수도권이 휴전선에서 불과 40km 정도로 근접해 있다는 것이다. 현대 무기체계에 의해서 예상되는 전쟁을 고려할 때 한반도의 작전종심은 매우 짧기 때문에 북한의 스커드, FROG, SAM계열의 미사일과 각종 장거리포의 사정권내에 있으며, 특히 전국 동원자원의 절반에 해당하는 인원이 수도권에 편중되어 있다. 그 중 많은 인원이 긴급단계에 동원하도록 계획되어 있기 때문에 효율적인 동원 체제를 가졌느냐의 여부가 전쟁의 승패를 좌우할 것이다.

셋째. 한반도에서 예상될 수 있는 북한의 군사전략이 속전속결의 단기전일 가능성이 크다. 단기전일 때 동원능력 및 그 체제가 결정적으로 전쟁의 승패를 좌우한다. 이것은 이미 중동전쟁의 교훈에서도 나타난 바 있거니와 군사전문가들은 한반도에서의 예상 상황을 이와 유사할 것으로 판단하고 있다.

넷째. 속결전인 현대 전쟁에 있어서는 잠재적 국력의 차이보다는 주어진 시간과 장소에 얼마나 신속히 또 효율적으로 동원할 능력을 갖추었느냐 하는 점이 전쟁의 승패를 좌우하게 된다는 점이다.

이상의 요인들은 효율적인 동원체제와 동원능력을 갖추어야만 하는 중요한 이유가 되는 것이다. 하지만 동원자원을 계획된 시간과 장소에 신속, 정확하게 투입해야 한다는 긴박한 상황을 고려할 때, 현재 우리의 동원태세 수준은 취약하고 미비한 점을 많이 가지고 있다.

특히 효율적이고 적시적인 동원력을 뒷받침할 수 있는 국민들의 국가방위 의식과 동원사상이 국가 총체전력의 기조를 이루어야 하지만 시대와 국민의식의 변화에 따라 그 역사적 의미와 정신이 소진돼 가고 있는 실정이다.

오늘날 세계최강의 군사력을 보유한 미국은 막강한 동원력을 바탕으로 세계대전을 치르고 한국전쟁. 베트남전쟁. 걸프전쟁을 이끌었다. 세계의 전쟁을 주도하고 있는 강대국들의 군사력은 대부분 국민들의 동원의지가 그 저력을 형성하고 있는 것이다.

동원제도가 잘 발달된 스위스나 이스라엘 등 의 경우도 그 국가가 처해있는 전략적, 지정학적 환경에 따라 독창적인 동원체제와 사상을 유지하고 있다. 동원제도가 효율적으로 잘 발달된 국가 일수록 평시에는 필수적인 소규모의 군사력을 유지하면서 국방비 지출을 감소시키고 유사시 상황에 따라 단계별로 예비전력을 동원, 대응하는 체제를 발전시켜나가고 있다.

따라서 현대전의 특징인 국가총력전, 단기 속전 속결전에 대비하여 신속한 전시체제로의 전환으로 국력을 집중할 수 있도록 하기 위해서는 평시부터 고도의 준비태세가 필요하다. 이러한 비상대비태세는 현존 군사력과 함께 예비전력이 필수적이다. 이는 적의 도발을 억제할 뿐만 아니라 평시 완벽한 동원태세를 유지함으로 상비군 규모를 최소화하고 경제발전이나 국민 복지부문에 대한 투자를 늘릴 수 있는 것이다.

오늘날 동원의 개념은 최근 그 범위가 확대되어 전 · 평시를 망라해서 국민 총동원부터 민방위, 재난재해 대비 등에까지 그 범주를 확대하고 있다. 이와 같이 동원의 범위가 확대되어 가는 현실에 비해 우리나라 국가동원 조직은 아직까지 미국이나 다른 선진국에 비해 안전 및 위기관리 기능이 이원화되고 각종 재난 및 안전한 국민생활 여건보장이 미흡하다.

더구나 한반도 평화분위기 고조에 따른 위협인식의 약화와 삶의 질 향상과 경제적 효율성을 강조하는 분위기에서 생길 수 있는 군사력 건설에 대한 회의적 견해와 그에 따른 국방비 문제, 그리고 국민 안보의식의 이완 현상 등이 크게 나타나고 있다.

그러므로 지구촌 유일의 분단국이자 전쟁위험이 가장 높은 지역인 한반도에서 우리 군이 총력전을 대비할 수 있는 지름길은 상비전력과 예비전력에 대한 균형된 강화 노력과 함께 국민의 동원의지와 그 사상을 밑바탕으로 총체적인 전시 대비태세를 평시에 갖추는 것이다.

따라서 예비전력과 동원에 대한 전반적인 이해를 높이고 국민들의 국가방위 의식을 고취시키면서 국가안보태세를 보다 공고히 할 수 있도록 노력해야 한다.

예비전력에 대한 이해를 높이기 위해서는 우리역사 속에 흐르고 있는 동원사상의 뿌리와 주요전쟁에서 동원의 역사를 살펴볼 필요가 있다. 국가안보에 있어서의 예비전력의 역할, 그리고 과거 역사 속에서의 동원사상에 대한 이해는 급변하는 안보환경에 대처할 수 있는 미래 지향적이면서도 완벽한 국가안보체제를 구축해 나가는데 있어 무엇보다도 중요한 일이기 때문이다.

2. 예비전력의 개념과 동원에 대한 이해

가. 예비전력의 개념

예비전력은 평시 미 시현된 잠재적 전력으로서 동원을 통해서 비상시 및 전시에 실전적 전력으로 가시화된다. 이러한 예비전력에 대한 개념에는 광의적 해석과 협의적 해석이 있다. 광의적 개념은 한 국가가 상비전력을 제외하고 동원 가능한 모든 인적 및 물적 자원을 총 망라한 총체적 전쟁수행 능력이다. 이에 비해 협의적 개념은 유사시 상비전력의 확장 및 보충을 위해 동원되어 전력화 할 수 있는 인적 및 물적 자원의 집합이라고 볼 수 있다. 광의적 예비전력은 군사적 용도의 자원, 그리고 정부기능 유지용도의 자원도 포함한 것이며, 협의적 예비전력은 군사적 용도에 치중된 잠재적 자원으로 파악되고 있다. 광의적 예비전력은 가시적 가용자원뿐만 아니라 잠재자원에 대한 개발은 물론, 전시에 필수적으로 있어야 하나 현 시점에 존재하지 않는 부재자원에 대한 생산 및 획득 개념까지도 포함한 것이라고 할 수 있으며, 협의적 개념에서는 가시적 가용자원 위주로 군사작전을 염두에 두고 있는 것으로 차별화 시킬 수 있다.

1968.4.1 향토예비군 창설

예비전력의 범주는 인류사회 및 전쟁양상의 변화와 더불어 변모되었다. 과거 농경사회에서는 예비전력이 주로 병력을 대상으로 한 인적자원에 치중되었다. 병사의 대부분이 농사를 짓다가 유사시 동원된 농민군이었다. 그 후 산업사회에서는 전쟁양상이 대량살상 · 대량파괴의 국가 총력전으로 변모됨에 따라 물적 자원(물자, 식량, 에너지, 장비, 수송, 도로, 시설, 공장 등)의 중요성이 크게 강조되었다. 최근 정보화 사회에서는 초국가적 위협(테러, 마약, 밀수, 범죄, 해적, 에이즈 등)과 대규모 재해 · 재난에 대비하는 문제가 매우 중요하게 부각됨에 따라 예비전력의 영역이 군사적 위협대비는 물론, 비군사적 비상사태 대비까지도 포함되는 방향으로 변화되고 있으며, 자원의 범위도 가시적 자원뿐만 아니라 잠재자원 및 부재자원까지도 포함하는 광의적 개념이 수용되는 경향이다. 특히 정보 및 지식이 국가 경쟁력을 좌우하고 전쟁의 승패를 좌우할 정도로 중요한 자원이 됨에 따라 정보와 지식을 예비전력의 주요 자원으로 포함시키고 주요 핵심기술을 보유하고 있는 개인, 기업, 연구기관 등을 중요한 예비전력으로 포함하게 되었다.

나. 동원의 개념

동원(動員 Mobilization)이란 시각에 따라 정의가 매우 다양하게 쓰여 지고 있음을 알 수 있다. 우선 육군본부에서 발행한 교범에는 '전시[120], 사변[121] 또는 이에 준하는 국가비상사태[122] 시 한나라의 인적 · 물적 · 기타 제반자원을 국가안전보장에 기여 할 수 있도록 효율적으로 통제, 관리, 운용하는 것' 이라 명시되어 있으며 그동안 각종 문헌에 정의된 내용을 정리해 보면 〈표Ⅻ-1〉과 같다. 표에서 보는 바와 같이 표현상에서 다소 차이는 있지만 한마디로 축약해서 '평시 일상체제를 비상시 긴급체제로 전환하는 조치' 라 할 수 있다.

오늘날 군사력을 유지하기 위해서는 막대한 국방비가 소요되고 이와 같은 국방비의 지출은 국가의 경제성장과 국민복지 향상이라는 국가목표를 달성하는데 부담이 되기 때문에 평시에는 가능한 한 적정수준의 군사력을 유지하여 국방비의 지출을 감소시키는 한편, 유사시에 대비하기 위해서 동원을 계획하게 되었다.

따라서 군사적인 측면에서 동원은 잠재군사력을 경제적인 방법으로 현존군사력으로 전환시킴으로써 국가목표와 국방목표를 동시에 달성할 수 있는 가장 효율적인 방법이라고 할 수 있다.

이러한 동원의 발전과정을 살펴보면 제 1차 세계대전을 계기로 선진 각 국들은 동원의 중요성을 인식하고 자국에 맞는 동원 체제에 대한 연구를 본격화하기 시작하였으나 우리나라는 사실상 동원에 관한 중요성을 인식하지 못하였다.

창군초기 및 한국전쟁 전 · 후 정비기를 지나 월남파병 및 국방체제 확립기 이후 국제정

120) 상대국에 대한 선전포고, 작계시행 시부터 휴전이 성립될 때까지의 기간
121) 국가의 헌법질서를 문란 시 킬 목적으로 하는 무장반란 집단의 폭력 등으로 혼란한 경우
122) 전쟁에 해당되지 않는 외적의 침입, 반란목적이 없는 비무장집단 및 군중에 의한 사회질서의 교란상태 또는 자연재해로 인한 사회혼란 상태를 의미

세의 변화에 따라 자주국방이라는 문제가 현실적으로 대두되면서 동원의 중요성을 인식하고 계획과 연구를 본격화하기에 이른 것이다.

1963년 국가 안전보장의회가 설치되어 국가 비상대비업무, 국가 동원 체제를 연구하기 시작했으며 1966년에는 국가안전보장회의 내 국가 동원 체제 연구위원회가 설치되어 국가 동원에 관한 전반적인 자료수집과 기초계획을 수립하였고, 동원체제와 국가 동원법 및 동 시행령 안을 작성하게 되었으며, 1968년에는 국가안전보장회의에 충무계획반을 설치하여 충무계획의 기초를 작성하였다.

1969년에는 국가 안전보장위원회의 예하에 국가 동원 체제 연구위원회가 해체되고 그 대신에 기능과 기구가 확대된 비상기획위원회로 개편되어 국가안보에 관한 제반 기획 및 조정과 건의 등에 따른 업무를 수행하게 되었다.

1973년에는 국가동원법에 의해 동원에 관한 업무를 국무총리가 총괄함에 따라서 국무총리를 보좌하기 위하여 중앙동원위원회가 설치되었으며 중앙동원위원회는 동원계획의 기본지침을 제공하고 각 부처의 동원업무를 조정 · 통제 · 협조하는 역할을 하였다.

1983년에는 충무계획 기본지침을 비상대책 업무지침으로 개칭하였고 1984년에는 비상대비자원관리법이 제정 공포되었으며 1988년에는 전시 자원동원에 관한 법률이 제정되었으며 국가 안전보장회의 예하에 비상기획위원회가 중앙동원위원회를 통합 국무총리를 보좌하며 국가동원업무를 수행하게 되었다.

현대 및 미래전 양상은 짧은 기간에 걸쳐 국가의 모든 자원을 동원해야 되는 전쟁으로 진행될 것이 예상된다.

현대전과 장차전의 양상은 짧은 기간에 걸쳐 국가의 모든 자원을 동원해야 되는 전쟁으로 진행될 것으로 예상된다. 따라서 군사력 이외에도 모든 국력요소의 총동원이 요구될 것이므로, 평시에는 정부가 국가동원을 신속히 효율적으로 집행할 수 있도록 국가 동원 체제를 확립하고, 동원 대상조사 및 관리와 물자비축 및 훈련을 통해 전시 동원 동원계획의 실효성을 검증하여 유사시 동원을 보장하며, 전시에는 민간자원의 활용, 산업시설의 전시 생산체제로 전환, 민간수요의 조정 및 통제, 해외자원의 긴급도입 등을 통해 동원소요를 충족시킬 수 있도록 해야 한다.

〈표 XII -1〉 문헌상의 동원개념

구	분	내 용
국내 문헌	KIDA (1988)	전시 또는 이에 준하는 국가 비상사태 시 전 국민의 통일된 국가질서 수호의 정신 하에서 정부가 사태를 극복할 수 있도록 인적, 물적 자원의 활용을 직접 주도하는 일체의 활동
국내 문헌	비상기획위원회	전시 및 사변 등 비상시의 국가목적을 달성하기 위하여 정치, 경제, 군사, 사회, 심리 등 국가의 모든 역량을 동원하는 국가의 총체적 행위
국내 문헌	국방대학원	전시 또는 이에 준하는 국가비상사태에서 국가안전보장상의 목표를 달성하기 위하여 국가의 인력, 자원, 재화 및 용역 등의 자원을 효율적으로 관리, 통제하는 국가권력 작용을 말한다.(국가동원) 군대의 전부 또는 일부를 전쟁 혹은 기타의 비상사태에 대응할 수 있는 태세로 전환시키는 것(군사동원)
국내 문헌	합동참모본부	전시 또는 이에 준사는 국가 비상사태 시에 한 나라의 인적, 물적 기타 제반 자원을 국가안전보장에 기여할 수 있도록 효율적으로 통제, 관리, 운용하는 국가의 권력 작용
국내 문헌	육군본부	동원이란 전시 또는 국가 비상사태 시 한 나라의 인력, 물자, 재화 및 용역 등의 자원을 국가안전보장에 기여할 수 있도록 효율적으로 통제, 관리, 운용하는 국가권력 작용
국내 문헌	새우리말 큰 사전	군대의 평시 편제를 전시 편제로 바꿈. 전쟁에 필요한 여러 기관을 편제하여 특히 병사를 소집함. 전시에 전쟁을 수행하기 위하여 나라 안의 모든 물적, 인적 자원을 동일한 관리 아래 집중함
국내 문헌	내무부	동원이란 전시 또는 국가비상사태에 대처하기 위하여 국가자원을 집결하여 이를 사용하는 행위를 말한다. 즉, 인적 물적 자원, 재화, 용역을 포함한 모든 국가자원을 국가의 안전보장 목적을 위항 통제, 관리 또는 운용하는 국가의 공권력 작용
국내 문헌	민병천	잠재군사력의 현재 군사력 화
외국 개념	미 국	국가자원을 모집하고 조직함으로써 전쟁 또는 국가비상사태에 대비하는 행위(The act of preparing for other emergencies through assembling and organizing national resources)
외국 개념	일 본 (국가총동원법)	전시에 대처하여 국방목적을 달성하기 위하여 국가의 전력을 가장 유효하게 발휘시킬 수 있도록 인적, 물적 자원을 통제, 운용하는 것

출처 : 국가비상기획위원회,「전략 환경변화와 동원체제의 발전방향」 1994, pp,17~18.

(1) 동원의 대상자원과 범위, 시기, 형태, 방법에 따른 구분

대상자원에 따라서는 인원동원, 물자동원, 기타동원으로 구분되는데 인원동원에는 병력동원, 전시근로소집, 인력동원 등이 있으며, 물자동원에는 산업동원, 수송동원, 건설동원,

통신동원 그리고 기타동원은 재경경제동원, 홍보매체동원 등이 속한다.

동원범위에 따라서는 총동원(總動員 Total Mobilization)과 부분동원(部分動員 Partial Mobilization)으로 구분되는데 총동원이란 전시 등 국가비상사태 시 전 대상자원을 동원계획에 의거 단계적으로 동원하는 것을 말하며, 부분동원이란 어느 특정지역에서 작전 시 또는 작전의 전개가 예상될 경우 일부지역의 자원에 국한하여 동원하거나, 대상자원 중 일부를 제한하여 동원하는 것을 말한다.

동원시기에 따라서는 전시동원(戰時動員 Wartime Mobilization)과 평시동원(平時動員 Peacetime Mobilization)으로 구분하는데 전시동원이란 동원령이 선포되어 동원계획에 의해서 동원되는 것을 말하며, 평시동원이란 동원령이 선포되기 전에 전시동원에 사전 대비하기 위하여 동원하거나 대침투작전 및 민방위업무 등을 위한 동원 또는 전시동원을 위한 계획된 훈련 등 평시에 이루어지는 동원을 말한다.

동원형태에 따라서는 정상동원(正常動員 Normal Mobilization)과 긴급동원(緊急動員 Emergency Mobilization으로 구분되는데 정상동원은 사전 계획된 동원에 차질이 발생하거나 우발상황으로 인하여 소요가 발생했을 경우에 실시하는 동원을 말하며, 긴급동원은 동원령 선포 시 동원 주무부처에서 사전에 계획된 동원계획에 의거 동원지정 된 자원을 동원하는 것을 말한다.

동원방법에 따라서는 공개동원(公開動員 Open Mobilization)과 비밀동원(秘密動員 Secret Mobilization)으로 구분되는데 공개동원은 각종 언론보도 매체를 통해 동원령이 선포되었음을 알리고 동원하는 것을 말하며, 비밀동원은 동원령을 공개적으로 선포하지 아니하고 비밀리에 동원하는 것을 말한다.

우리나라는 동원범위에서 총동원, 형태에서 정상 및 긴급동원, 방법에서 공개동원 제도를 적용하고 있으며, 동원령(動員令 Issuance of Mobilization Order) 선포이전 긴급사태에 대비하기 위한 방법으로 병력동원 대상자를 병역법에 의해 병력동원훈련소집(Mobilization Training)으로, 향토예비군설치법(鄉土豫備軍設置法)[123]에 의해 작전동원[124]

의 방법으로 소집 할 수 있도록 발전시켜 적용하고 있다.

(2) 동원목표

동원목표(動員目標 Objective of Mobilization)는 국가의 이용 가능한 인적 · 물적 자원을 신속히 효율적으로 동원하여 군 수요를 충족시킴과 동시에 민간 수요의 적정수급으로 민생의 안정을 도모하고, 지속적으로 경제력을 확보함으로써 총력전(總力戰 Total War)[125] 수행 능력을 보장하는데 있다. 동원은 국가총력전에 대비하여 신속한 동원태세를 완비하고 전쟁지속능력을 보장하기 위하여 효율적으로 이루어져야 하며, 이를 위해 몇 가지 동원원칙을 적용하고 있다.

(가) 목표(目標)의 원칙

동원의 목표는 전시 군사작전 지원과 민간수요의 적정수급 보장을 통한 민생의 안정 도모, 그리고 지속적인 경제력의 확보를 통해 총력전수행에 만전을 기하는데 있으므로, 동원기획자는 자원의 낭비 없이 경제적인 동원을 위하여 목표를 적정수준으로 설정하여야 한다. 동원목표를 과소 책정하면 전쟁수행에 차질이 발생되고, 과다 책정하면 국가 경제활동이 위축되어 전쟁지속 능력이 저하된다. 따라서 동원기획자는 전시에 소요되는 인적 · 물적 자원 등을 효과적으로 충당할 수 있도록 동원목표를 설정하여야 한다.

(나) 통합성(統合性)의 원칙

평시 행정업무를 수행하는 기관이 전시업무를 수행하는 기관으로 전환되어 동원업무를 수행하므로 동원업무와 관련되는 각 기관들은 상호 유기적인 협조로 통합된 계획을 수립하고 동원준비태세를 확립함으로써 효율적인 동원을 보장하여야 한다.

---

123) 내 고장 및 지역을 방위하기 위하여 향토예비군의 설치 · 조직 · 편성과 동원 등에 관한 사항을 규정한 법으 로 1961년에 제정하여 총 16개조로 구성되어 있음

124) 전시, 사변 또는 이에 준하는 국가비상사태에서 주요 전투부대의 편성이나 작전수요를 위한 동원에 대비하기 위하여 사전에 개인에게 작전동원명령서를 교부해 두었다가 유사시에 예비군을 동원하는 것

125) 국가 각 분야의 총체적인 힘을 기울여 수행하는 전쟁

(다) 적시성(適時性)의 원칙

동원은 전쟁을 지원할 수 있도록 적시에 시행되어야 한다. 만약 동원령을 조기에 선포하여 동원을 시행했을 경우 에는 막대한 자원의 낭비를 초래할 수 있으며, 반대로 동원령 선포시기가 지연되었을 경우에는 전쟁수행에 차질이 발생할 수 있다. 따라서 동원령 선포권자는 동원령 선포시기를 적시성을 고려하여 결정하여야 한다.

(라) 융통성(融通性)의 원칙

동원시행 간 민 · 관 · 군의 노력이 통합되지 않을 경우에는 커다란 차질이 발생될 수 있다. 특히 전쟁으로 인한 사회불안과 적의 교란 및 동원방해 활동, 동원자원의 수송을 위한 교통수단과 병참선(兵站線 Line of Communication)[126]의 제한 등은 동원계획의 시행에 커다란 장애요인이 될 수 있다. 따라서 효과적인 동원을 위해서는 적절한 융통성이 필요하다. 융통성을 갖기 위해서는 동원 시 차질이 발생하거나 우방상황의 발생으로 긴급동원이 필요할 경우에 대비할 수 있는 동원 체제를 유지하고, 각종 우발계획(偶發計劃 Contingency Plan)[127]을 수립하여 대비하여야 한다.

다. 예비전력과 동원과의 상관관계

동원(動員 Mobilization)을 전제하지 않고서는 예비전력이 실용화될 수 없다. 앞에서도 언급하였지만 예비전력은 평시 국가가 잠재적 자원으로서 비상시에 국가동원이라는 시현화 과정을 통해야만 작전임무를 수행할 수 있는 전력으로 전환된다. 여기서 중요한 것은 자원자체이고, 그 소유권은 국가가 아니라 개인 또는 기업이라는 것이다. 따라서 국가가 사전에 법령에 의해 마련된 법령에 의해 마련된 동원절차를 거치지 않으면 비상시라도 그 자원을 실전적으로 전환시킬 수 없다는 것이다. 현재 대부분의 국가들은 인력, 물자, 산업

126) 작전 중인 군부대와 군수기지를 연결하여 보급품과 병력이 이동하는 일체의 육 · 해 · 공로를 달함. 통상 병참지대(후방지대)에서는 병참선이라 하고, 전투지대에서는 주보급로라고 한다.

127) 예측하거나 예측할 수 없는 사태의 발생에 대비하여 기본계획의 시행이 곤란하거나 불가능할 경우에 대비하여 준비하는 계획

생산시설 등을 국가비상사태 시, 즉 전쟁발생 상황에 임박해서 사전에 계획된 동원 체제에 의해 전력화하고 있다. 이와 같이 예비전력과 동원은 상호 불가분의 상호관계를 맺고 있는 것이다.

라. 국력, 전력 및 군사력과 동원과의 관계

국가동원을 '국력을 전력으로 집결시키는 것' 이라 할 수 있고 군사동원을 '잠재군사력의 현존 군사력화' 라 할 수 있다. 이러한 국력, 전력 및 군사력과 동원과의 관계를 구체적으로 알아보기로 한다.

국력이라 함은 국가가 국가 목표달성을 위하여 사용할 수 잇는 총체적인 역량을 말한다. 즉 국력이란 국가동원의 대상이 되며, 국방상의 목적 달성을 위하여 국력을 전력으로 결집시키는 것을 국가동원이라고 할 수 있다. 그러므로 전력은 국가의 전쟁수행능력으로써 국력의 제요소가 전쟁수행을 위하여 조직화되어 하나의 집약된 힘을 형성할 때의 힘이라 할 수 있으며, 군사전력, 경제전력, 정치전력, 사상전력 등을 구성된다고 할 수 있다.

국가가 전쟁목적을 달성하기 위해서는 국력과 전력, 그리고 군사력이 일치되는 것이 바람직하다고 할 수 있으나 현실적으로 불가능한 일이다. 따라서 각 국가는 그 국가의 능력에 맞는 적정규모의 상비군사력만을 보유하고, 유사시 전력화할 수 있는 동원 체제를 발전시키고 있다. 이러한 관계를 정리해보면 〈표 Ⅻ-2〉와 같다.

〈표 XII-2〉 국력, 전력 및 군사력과 동원과의 관계

구 분	개 념	내 용	동원과의 관계
국 력	국가정책의 집행을 위해 국가가 동원할 수 있는 총체적인 역량	• 국가정책 달성이 목표 • 물질/정신, 군사/비군사, 계량/비계량적 요소 총망라	국가동원대상
전 력	국가가 전쟁을 수행하기 위하여 동원할 수 있는 총체적인 역량	• 국방목표(전쟁수행) 달성이 목표 • 전쟁수행력으로 조직화 된 국력(군사전력, 경제전력, 정치전력, 사상전력)	• 동원된 국력 • 국력의 전력화를 국가동원이라 할 수 있다.
군사력	국가의 안전보장을 위한 직접적이고 실질적인 전력의 일부로서 군사작전을 수행할 수 있는 군사적인 능력과 역량	• 전력 중에서 군사전력 • 현존군사력/잠재군사력	잠재 군사력의 현존군사력화: 군사동원

출처 : 장병옥 · 이원규, 『통일한국의 군사동원체제 연구』, 1995, pp.121~137.

국가동원 중에서 군사작전 부분 즉, 잠재 군사력의 현존 군사력화를 군사동원이라 한다. 이러한 군사동원의 목표는 군사활동을 위한 인력, 물자, 재화 및 용역 등 적량의 자원을 적시에 적소로 운용할 수 있도록 하는 것이라 할 수 있다. 즉, 군사전력의 확보, 보강을 의미한다하겠다.

그러므로 국력을 효과적이고 효율적으로 결집할 수 있는 동원체제가 필요하다고 할 수 있다. 국력의 규모가 크다 하더라도 이것을 체계적이고 효과적으로 결집시키지 못한다면 국가 목표의 달성이나 전쟁에서의 승리는 기대하기 어렵기 때문이다.

일반적으로 국력과 전력, 그리고 동원체제의 관계는 다음 공식으로 나타낼 수 있다. 전력의 크기를 'Y' 라 하고, 국력의 크기를 'X' , 동원체제의 효율성을 'm' , 군사력(무력)을 'Z' 이라는 공식이 성립된다. 이 공식에서 전력(Y)의 극대화를 위해서는 국력(X)의 크기와 병행하여 효율적인 동원 체제(m)를 발전시키는 것이 필수적이다.

즉 총력전 체제하에서 국가자원을 최대로 발굴하고 전력화하여 인적 · 물적동원의 적시성 및 효율성을 제고하도록 동원 체제를 발전시키고, 적의 기습적인 공격에 대비하여 초전 동원보장 및 동원능력의 즉각적인 전력화를 보장할 수 있도록 하여야 하겠다.

마. 예비전력에 대한 이론

(1) 보조전력론(補助戰力論)

예비(Reserve) 라는 본래의 뜻은 '예정하다, 비축하다, 준비 한다' 는 뜻이다. 다시 발해 예비란 평시에 유사시를 대비하여 완벽하게 준비하고 있다가 즉각적으로 동원되어 전력을 발휘하는 것을 말한다. 이런 측면에서 볼 때 예비라는 개념은 동원이라는 시현화 과정을 통하여 곧바로 상비전력과 동일한 역할을 할 수 있는 상태라고 볼 수 있다. 그러나 우리의 경우는 예비라는 개념을 '여분의, 남아돌아가는, 예비(Spare)'라는 뜻으로 이해하고 사용하고 있다. 즉 상비전력의 보조전력이라는 인식으로 인해 예비전력에 대한 국민들의 인식과 관심이 매우 미흡한 실정이며, 국방정책 수립 시에도 상비전력 중심으로 이루어지고 있는 실정이다.

(2) 동반전력론(同伴戰力論)

세계 주요 국가들의 국방정책을 살펴보면, 상비전력은 단계적으로 감축해 나가면서 상대적으로 예비전력의 역할을 점차 확대해 나가고 있는 추세임을 알 수 있다. 그 대표적인 예로 미국의 경우는 최근의 걸프전을 비롯한 이라크전 등에 다수의 예비군을 현역과 함께 파병하여 전쟁을 성공적으로 이끄는데 지대한 영향을 발휘하였으며, 유럽의 많은 국가들도 상비전력의 감축에서 발생하는 국가안보의 공백을 최대한 예비군을 통하여 해결하고자 하고 있다. 즉 예비전력을 단순히 상비전력의 보조전력으로 보는 것이 아니라 상비전력과 대등한 전력으로 평가하고 국가 안보전략 차원에서 상비전력과 균형적인 발전을 도모해 나가 것을 의미한다.

(3) 핵심전력론(核心戰力論)

전쟁의 양상이 더욱 총력전 형태로 바뀌어 가고 있다. 따라서 현대전은 물론 미래로 가면 갈수록 상비전력만으로 수행할 수 없는 상태가 되고 있다. 즉 한 국가가 소유하고 있는 모든 인적 · 물적 자원뿐만 아니라 국민들의 정신력을 포함한 모든 잠재전력이 동원되어야만 승리를 보장받을 수밖에 없는 상황이 되어가고 있는 것이다. 이런 측면에서 볼 때 상비전력은 어떤 상황이 발생하면 즉각적인 조치와 예비전력이 제 기능을 발휘할 수 있는 여건을 조성해 주는 역할이 주가 되고 궁극적으로 전쟁의 승패는 예비전력에 의해 결정되어 질 수밖에 없어 국가전력에 있어 예비전력이 핵심전력이 될 수밖에 없다는 것이다.

(4) 필수전력론(必需戰力論)

전쟁은 피아를 불문하고 많은 피해를 당할 수밖에 없다. 그리고 이러한 피해는 전쟁수단의 발달로 인해 더욱 커져가고 있다. 특히 접전지역에서의 손실은 막대할 수밖에 없다. 치열한 전투가 벌어지는 전장에서는 가능한 피해는 최소화하고 전과는 최대로 극대화하려는 것이 전쟁 당사자들의 의지일 것이다. 이를 위해서는 무엇보다도 부족한 인적 · 물적 자원이 적시적절하게 지원되어야 한다. 따라서 모든 국가들은 국가별로 나름대로의 국가 동원태세를 유지해 나가면서 전쟁지원을 위한 다양한 제도적 장치를 마련해 놓고 있는 것이다. 이런 측면에서 예비전력은 국가전력에 있어 없어서는 안 될 필수전력인 것이라는 것이다.

바. 예비전력에 대한 새로운 역할론

21세기 안보환경을 고려할 때 한 · 미 군사관계의 역할 재정립에 따라 우리의 국방은 한 · 미 군사동맹관계는 지속적으로 유지되지만 대미 의존도가 점차 낮아지고 적의 공격에 대한 1차적인 대응은 우리 군이 담당하는 한편 미군은 지원작전 위주로 전개될 것으로 예상된다. 따라서 우리는 아직도 수적 우세를 점유하고 있는 북한군의 지상군 전력에 대응하는 군사력을 유지하면서 주변국의 군사 대국화와 북한의 비대칭전력 증강에 대비하기 위해 첨단 과학기술군으로 육성해야 할 것이다. 그러나 첨단 과학기술군의 건설 및 유지에는 막대한 재원이 소요되며, 강대국들로 둘러싸인 한반도의 지정학적 특성 등을 고려할 때 주변국과 수적으로 대등한 군사력을 건설 · 유지한다는 것은 거의 불가능 하다. 다만 대북 및 대 주변국 군사력에 대응하기 위한 상비전력은 즉응적력 위주로 건설 · 유지하고 억지전력의 상당부분은 예비전력으로 충당할 수밖에 없으며 특히 수적으로 절대 우위를 유지하고 있는 적의 지상군 병력 및 예비군에 대응하기 위해서는 우리의 예비군제도를 획기적으로 발전시키고 정예화 하여야 할 것이다.

앞으로 예비군은 그 역할과 수행기능이 점차 확대될 것이며, 단순한 상비전력 충원과 제한된 후방지역작전을 수행하는 기능에서 벗어나 75%가 예비군부대로 편성되어 있으면서도 동원되면 단기간 내에 즉각적인 전투력을 발휘하고 승리하는 이스라엘군과 같이 부대단위로 편성되어 유사시 즉각적인 전투력 발휘가 가능하도록 조직되고 훈련되어야 할 것이다. 이제 소수 첨단정예 상비군의 동반전력으로서 가장 경제적으로 관리 · 유지가 가능한 예비전력운용의 중요성은 더욱 증가할 것이다.

미국을 비롯한 외국의 예비전력은 상비전력과 효과적으로 연계 · 결합하여 총체전력(total force)을 형성하고 있다. 즉 예비군과 상비군이 별도의 체제에 의해 분리되어 있는 것이 아니라 하나의 체제 속에서 상호 유기적으로 결합되어 있고, 병역의무도 현역복무와 예비역복무를 결합하여 연속된 실역복무로 부과하고 있다.

이에 비해 우리의 예비군은 향토예비군설치법에 법적 근거를 두고 있으며, 예비군이 군보직의 일부로 편성되어 있지 않고 그 책임도 병무관서의 장에게 부여되어 있는 것이다. 이에 따라 수임군부대는 평시 예비군 요원들의 교육훈련을 담당하고, 이들 요원들이 동원된 이후 재조직하여 전개시키는 임무를 수행하고 있다. 우리의 예비군제도를 주요 선진국과 비교해 보면 〈표 XII-3〉와 같다. 우리 예비군은 1961년 창설 이후 안보상황의 변화에 따라 그 임무 및 역할이 계속 추가되어 현재는 지나치게 다중적이라는 평가를 받고 있다. 우리 예비군의 임무 및 역할이 변천된 과정을 간략하게 정리해보면, 1960년대 초반에는 향토방위, 병참선 경비, 후방지역 피해통제 등의 임무를, 1960년대 후반에는 무장공비 섬멸기능이 추가되어 예비군이 상비군을 보조하여 후방방위의 임무를 수행토록 하였으며, 1970년대에는 전시동원 임무가 부여되어 준 상비군의 역할을 하도록 예비군의 기능을 강화함에 따라 부가적인 병역임무로 인식하게 되었다, 그리고 1980년대에는 무장소요진압과 민방위지원임무가 추가되어 예비군에게 필요시 준 경찰, 준 민방위대의 역할을 하도록 하였으며 1990년대에는 치안보조기능이 추가되었는데 이는 예비군이 준 방범대의 역할도 수행함을 의미하는 것이다.

〈표 Ⅻ-3〉우리나라와 주요 선진국과의 예비군제도 비교

구 분	선 진 국	한 국
임 무	총체전력의 일부, 주 구성요소	전시동원과 향토방위
위 상	상비국과 동반자 관계	상비군의 종속, 보조관계
조 직	군 조직의 일부로 편성	병무부서의 장이 보유
편성책임	군이 보유	병무부서의 장이 보유
훈련책임	군이 보유	군이 보유
병역의무	현역에 연속된 실역복무	불 명시
병력구성	상비 : 예비 = 40 : 60	20 : 80

이러한 변천과정을 통하여 오늘날 예비군의 임무는 ① 전시 동원 대비 ② 무장공비 소멸 ③ 무장소요 진압 ④ 주요시설 및 병참선 경비 ⑤ 민방위 업무 지원의 5대 기능으로 정립되었다.

우리의 경우 예비군이 처음부터 전시 동원 대비를 위해 설치된 것이 아니라 내 고장과 내 직장은 내가 지킨다는 시민군 개념에서 향토방위를 위해 설치되었으며, 이로 인해 다른 선진국의 동원예비군이 전시에 대비한 전문 군 위주로 발전된 것과는 대조적인 모습을 보이고 있다. 우리는 통상적인 전시대비 예비군의 임무 및 역할에 추가하여 향토방위의 임무가 매우 중요시되고 있으며, 향토방위를 위한 세부 임무에는 기동대 및 타격대, 목진지 점령, 국가 및 군사시설 보호, 병참선 경비, 관측소 및 검문소 운영, 편의대, 일반직장 보호 등이 망라되어 있으며, 향방병력이 전체 예비군의 50% 이상을 차지하고 있다. 이러한 특징적인 임무는 우리와 대적하고 있는 북한이 정규전과 비정규전을 배합하여 전후방 동시 전장화화를 추구하고 있는데 대한 대응전략으로 취해진 것으로 분석된다.

이와 같은 예비군의 다중적인 임무에 관하여 이 분야의 전문가들은 새롭게 정비할 것을 요구하고 있다. 현재 우리 예비군의 위상은 미국 등 선진국에 비해 상당히 낮다고 볼 수 있는데 미흡한 점을 열거하면, 첫째 우리 예비군은 군 조직으로 활용되고 있으나 법적 기반이 국군조직법에 있는 것이 아니라 향토예비군설치법에 있다는 점이고, 둘째 총체전력 중 예비전력으로서의 역할이 미흡하며, 셋째 향토방위와 전시 병력동원의 역할이 혼재되어 있어 지역 및 직장예비군은 향토예비군설치법에 의하고 병력동원은 병역법에 의해 이루어지기 때문에 병역의무에 대한 인식이 미약하며, 넷째 전시근로 및 기술 인력은 부수병력의 개념으로 운영되고 있다.

이러한 미흡한 점을 개선해야 하는데 있어서 지금까지 논의된 주요 정책방향에는, 첫째 시민적 자위조직 개념에서 탈피하여 전시대비 전문조직 개념으로 발전되어야 하고, 둘째

다중적 임무를 대폭 축소하여 본래의 핵심기능인 전시 동원 위주에 충실하도록 하며, 셋째 지역 및 직장 중심의 조직을 군 조직의 일부로 조직화하며, 넷째 상비군의 종속 및 보조 개념에서 탈피하여 상비군 작전과 연계된 동반자 개념 및 총체전력의 일부개념으로 발전시켜야 한다. 이러한 관점에서 현재의 5대 예비군 기능 중에서 무장소요진압과 소수의 무장공비소멸 임무는 경찰이 담당하도록 조정하고, 민방위업무 지원은 민방위로 전환시키는 것이 바람직한 것으로 제안 되고 있다.

미국의 경우 예비군(연방예비군과 주 방위군)은 총체전력의 일부로서 예비군이 없는 작전계획은 존재할 수 없을 정도로 상비군과의 연계성 및 결합성이 탁월하다. 미국은 총체전력 중 예비군이 전투부대의 57%, 전투지원부대의 62%, 전투근무지원부대의 61%라는 큰 비중을 차지하고 있다. 지난 1991년 걸프전 당시 예비군 병력 22만 8천명(최고치)이 동원되어 미 본토의 군 기지, 걸프지역의 작전기지 등에서 전투지원 및 전투근무지원 임무를 수행하였다. 육군의 경우에는 예비군이 전체 병력의 58%나 되었는데 특히 중장비 정비부대의 86%, 유류보급중대의 74%, 의무부대의 69%, 헌병대의 64%, 탄약중대의 62%, 차량중대의 58%가 예비군이었다.

미국은 예비군을 총체전력의 개념에서 정규작전 시 전투지원과 전투근무지원의 임무를 부과하고 있으며, 주요 전역에서 후방지역 경계와 보충의 임무를 수행하도록 임무가 부여되어 있는 것이다. 최근 미국은 소위 전쟁이외의 군사작전(MOOTW : Military Operations Other than Wars)인 평화유지, 평화구축, 인도주의 차원의 지원, 위기관리 작전에 군사력을 투입하고, 이라크에서 안정화작전을 수행하면서 예비군의 활용도를 계속 확대하였다. 탈냉전 이후 안보전략 환경이 변화됨에 따라 대규모 분쟁이 발생할 가능성은 거의 소멸되었으나 소규모 분쟁(SSCs : Small Scale Conflicts)이 발생할 가능성은 대폭 증가하였다. 이에 따라 미국이 이러한 분쟁에 개입하는 경우가 크게 증가하고 있는데 이러한 전쟁은 대부분이 고빈도-저강도-장기전의 특성을 지니게 되고, 이러한 경우에는 예비군의 유용성이 상대적으로 높다. 전통적인 전쟁양상인 저빈도-고강도-단기속결전에서는 상비군이 주도적으로 빠른 템포로 작전을 수행하고 예비군은 전투지원 및 전투근무지원의 역할을 담당하지만 고빈도-저강도-장기전에서는 오히려 예비군이 주도적인 역할을 담당하는 것이 상대적으로 유리하다는 것이다.

더욱이 9.11테러 참사 이후 미국은 국토방위의 중요성을 실감하고 이에 대한 범국가적 안보태세를 강화하면서 예비군의 역할을 확대시킬 필요성을 제기하고 있다. 대테러전은 연방 · 주 · 지방의 일차적인 현지 즉각 대응이 중요하므로 예비군의 역할이 강조되어야 한다는 것이다. 예비군이 위협식별을 위한 경보 및 감시, 중요 국가 및 군사 시설 보호, 사이버 방어, 대량살상무기(WMD)의 식별 및 방어 등에 중요한 역할을 할 수 있다고 판단되고 있다.

이상을 종합해 볼 때 우리의 경우 예비전력분야를 다음과 같이 전략적 국가위기관리 및 안보차원에서의 미래지향적인 방향으로 발전시켜 나가야 한다고 본다.

첫째, 예비군을 상비군과 총체전력 개념에서 상호 밀접하게 연계 · 결합시켜서 상비군과 동반자적인 위상을 부여하여, 모든 전쟁유형의 작전기획 및 계획에 상비군과 함께 예비군을 적극 활용한다.

둘째, 군사작전에서 예비군은 전투임무도 담당할 것이나 주로 전투지원 및 전투근무지원의 기능을 담당한다.

셋째, 고강도-단기전에서는 예비군이 주역을 담당하고 상비군이 보조하는 것이 효과적이다.

넷째, 예비군은 상비군과 함께 전쟁이외의 군사작전(평화유지, 인도적 지원, 위기관리, 대형 재해 재난 등)과 초국가적 위협 대처작전(대 테러, 국제 범죄, 마약, 밀수, 에이즈 등)에도 참가하여, 상비군이 가는 곳은 어디든지 예비군도 항상 함께 가도록 한다. 이는 총체전력의 개념에서 예비군의 임무 및 역할이 확대되는 것을 의미한다.

다섯째, 북한의 위협이 존재하는 한 향토방위는 예비군의 중요한 임무로 계속 존속되어야 한다. 북한이 정규전과 비정규전을 배합한 전 · 후방 동시전장화 전략을 추구하고 북한 자체가 대병영체제로 요새화되어 있기 때문에 향방체제의 존속은 위협요소 소멸 시까지 긴요하다고 본다.

여섯째, 북한의 위협이 소멸되고 미래 대 주변 불특정 · 불확실 위협에 대처해야 될 경우에는 예비군의 임무를 전시 동원 대비 기능에 중점을 둔다.

일곱째, 남북이 공존단계에서군비축소를 할 경우에는 은폐전력 및 전략적 차원의 전력으로서의 기능을 수행할 수 있도록 하고, 통일 및 안정화 단계에서는 주요전력으로서 기능하도록 발전시킨다.

여덟째, 전 · 평시를 막론하고 대형 재해 및 재난(홍수, 지진, 핵사고, 위험 물자관리 등) 발생시 군의 개입이 불가피하다. 이 경우 군은 협조자 위상이 아니라 주무 당사자의 위상에서 적극 참여하여야 하고 필요시 효과적으로 활용한다.

아홉째, 상비군을 대체할 수 있는 기회, 해외파병 등 예비군을 역할 및 기능을 계속 확장하고, 상비군이 담당할 수 없는 영역을 개발하여 국가안보의 경제성을 최대한 도모한다.

3. 동원사상의 개념과 역사

가. 동원사상의 개념

동원사상이란 어원은 동원(Mobilization)이라는 용어와 사상(Thought)이라는 말의 합성어로서 "동원을 사상(思想)하는 것" 또는 "동원을 사고(思考)한 결과"라고 풀이할 수 있다. 그러나 이러한 동원개념 논의는 주로 전시 대비를 위한 군 작전지원 측면에 주안을 두어 논하고 있음을 알 수 있다. 따라서 '전시' 이외의 국가 비상사태에 관한 개념 접근이 미약할 뿐만 아니라 또한 같은 맥락으로 가시적 자원만을 언급하고 있음도 지적할 수 있다. 즉 국민들의 자위적 방위정신이나 의지, 신념 등이 무시되고 있다는 것이다.

여러 가지 고려되고 있는 동원에 관한 개념을 살펴볼 때, 장차 지향해야 할 동원에 대한 개념정립은 다음과 같은 요소들을 먼저 고려해야 할 것이다. 즉, 언제(시기), 누가(주체), 무엇을(대상), 어떻게(행위), 왜(목적)의 요소들을 분명히 할 필요가 있다는 것이다.

이 같은 관점에 따라 동원의 개념은 다음과 같이 정리할 수 있다. 즉, 동원이란 국익을 크게 위협하는 국가 비상사태 시에 전 국민의 통일된 국난극복의 의지와 더불어 정부가 국가의 안위 및 국익을 보장하기 위하여 국가의 모든 자원을 관리, 통제, 운용하는 행위라 할 수 있다.

이러한 국가 차원의 동원개념 하에서, 군사동원은 군이 군사활동을 수행하기 위하여 국가동원체제의 지도하에 인력 · 물자 · 재화 및 용역 등의 자원을 관리, 통제, 운용하는 행위를 말하는 것으로 군의 평시 편제를 전시편제로 전환하여 운용하는 것을 의미하며, 구체적으로 잠재군사력을 현존 군사력화 하는 것이라 할 수 있다.

다시 말해. 군이 전쟁기능을 수행하는 차원에서 국가동원기구의 지도하에 민과 공동 체제를 이루는 범주 내에서 병력동원 및 병력동원에 부응하는 물적 동원을 적시에 적량을 가장 효율적인 방법으로 동원하는 것이다. 특히 전시 민간부문 생산임무가 불가능한 소요자원의 확보 기능까지 포함한다 할 수 있다.

이러한 동원의 행위는 국가 공권력의 발동과 동원자원의 자발적인 참여 의지가 필수적이다. 이러한 자발적인 의지는 곧 자위적인 방호 사상이나 정신 상태를 의미할 수 있다.

여기에서 '사상' 이란 특정 사물에 대한 사유작용을 통해 일정한 체계와 형식이 갖추어진 인식내용으로서 "어떤 개인이나 집단이 자신이 처하고 있는 현실에 정당하게 대처하여 의미 있는 행동을 하기 위한 실천적 규준"의 의미가 함께 내포되어 있다. 그러므로 사상은 특정사물에 대한 개인의 주장과 집단의 가치기준으로서의 신념체계가 공히 포함된 통일된 견해나 관념, 태도라고 할 수 있다.

따라서 동원사상이란 어원적 의미는 동원의 개념을 충족시킬 수 있는 국가와 범 국민적인 견해나 관념, 그리고 태도와 실천의지라고 할 수 있다. 즉, 전시나 이에 준하는 국가 비상사태 시 국민이나 국가가 처하고 있는 위기사태에 정당하게 대처하여 의미 있는 행동을 하기 위한 실천적 규준과 신념이 포함된 개념이라고 할 수 있다.

이와 비슷한 어원적 의미로서 군사사상은 "군사문제 전반에 걸쳐 내면적으로 형성된 군사적 인식체계를 말하는 것으로서 국가목표 달성을 위하여 어떻게 무력을 준비하고 사용할 것인가에 대한 통일된 견해나 관념, 태도라고 할 수 있다.

그러나 동원사상이라는 의미는 현행 군사용어나 문헌상으로 그 개념이 완전히 정립되지 않은 합성어이기 때문에 상기와 같은 일반적인 접근으로써 그 개념을 이해해야 할 것이다.

또한 동원의 운용개념과 혼합하여 그 의미를 구체화 하고자 한다면 "국민적 동원의지 혹은 그 힘"을 나타내고 나아가 국가동원의 신념이나 목표 뜨는 국민들의 자주국방의지와 국가관, 민족 자주정신 등이 포함된 포괄적 의미를 가지고 있다고 할 것이다.

이러한 동원사상의 구성요소에는 동원을 시행할 수 있는 신념과, 군사대비태세, 그리고 군사력 운용에 관한 용병사상도 포함할 수 있다.

나. 고대, 중세, 근대의 동원특징 및 사상

(1) 고대 로마전쟁

로마는 B.C 6세기에 에트루리아의 왕 세르비우스 툴리우스가 최초로 요새를 세우고 군사적 기반 위에서 국가를 조직화한 것으로 추정된다.

로마 시민권 소유자는 누구나 35개의 행정구 가운데 하나에 소속되어 있다. 각 행정구에 소속된 17세부터 60세까지의 남자는 무산자를 제외하고는 모두 병역 해당자로서, 소유하는 자산에 따라 5계급으로 나뉘었다. 이들은 다시 현역과 예비역으로 구분되며, 현역은 17세부터 45세까지이고, 46세부터 60세까지는 예비역이었다. 하지만 장교급이 되면 연령 제한이 없었다. 그러나 60세가 넘으면, 다른 사람으로 대신하기 어렵다고 여겨진 인물이 아닌 경우에는 퇴역하는 것이 보통이었다.

로마의 상비군은 4개 군단이고, 1개 군단에 속하는 로마 시민병의 수는 보병과 기병을 합하여 4,500명 안팎으로 정해져 있었다.

고대 로마 군사력의 가장 중요한 의미는 군대징용의 기반을 넓힌 것이었다. 모든 군대는 문호를 개방하여 지원자로 하여금 군대의 중요한 역할을 담당하게 하였다. 로마의 많은 부호들이 군에 자진 입대하여 로마군사력의 근간을 이루게 되었다. 이러한 자주국방 의식이 군의 직업화를 유도하게 되었고, 그 정치적 효과는 혁신적이었다. 그러나 국가가 급여 지급이나 동원해제에 따른 연금 지급을 약속하지 않았기 때문에, 병사들은 국가에 충성한 것이 아니라 자신들을 모병한 장군에게 충성했다. 장군은 그들을 무장시켰고 전쟁을 승리로 이끌어 약탈을 허용하기도 했다.

B.C.1세기에 마리우스, 술라, 폼페이우스(B.C.106-48), 카이사르 등 군인, 정치가들의 성공이 가능하게 된 것은 바로 상류지도층의 희생정신 때문이었다. 그 의미는 무엇보다도 직접적인 권력투쟁의 원인이 되었고 용병군대가 발전한 것도 빈번하게 국외의 적을 무찌르며 장군들이 솔선수범했다는 것을 의미했다.

로마군단은 로마의 시민들로만 강력하게 구성되었다. 로마문명이 전 유럽을 지배하게 된 것은 지도층의 솔선수범이었다. 전쟁이 일어나면 로마의 귀족들은 앞장서서 전투에 나섰다. 전투에 나서는 것을 피하는 사람이 없었고, 전쟁에서 공을 세운 자만이 국가의 지도자가 될 수 있었다.

평민들은 물론 노예들은 전쟁에 참가할 자격도 주어지지 않았다. 참전은 귀족들의 의무이자 권리였으며, 그들은 외부 침략이 있을 때 죽음을 두려워하지 않고 앞장섰다.

이처럼 국가방위 문제는 예로부터 사회 지도층들이 솔선수범해 온 첫 번째 도의이다. 즉, 능력 있고 힘 있는 상류 사회인들이 먼저 나라를 지켜야 한다는 것이다.

결국 로마제국의 멸망의 요인은 외적인 요인에서가 아니라 내부적인 요인, 즉, 부패와 사치와 향락이 방향감각을 잃게 했기 때문이었다. 제국초기의 강력한 로마군단을 이루던 정예시민군은 없어지고 애국심이 없는 용병으로 하여금 나라를 지키게 하였으며, 노예로 하여금 국민경제를 유지하게 하였으므로 주인인 로마인은 멸망할 수밖에 없었다.

(2) 중세의 전쟁

게르만 민족의 대이동으로부터 시작된 로마제국 쇠당, 게르만 민족들이 세운 국가들 간의 전쟁, 노르만족과 사라센제국의 침입, 십자군원정에 이르는 중세의 여러 전쟁은 그리스나 로마시대의 독창성이 빛나는 군사적 천재들에 의한 전장의 모습은 찾기 어렵다. 당시의 전쟁은 민족의 사활을 걸고 싸웠던 잔혹한 살육과 약탈의 모습이었다. 그래서 이 기간을 전법의 암흑시대로 일컫기도 한다.

회교는 역사상 종교적 · 사회적 및 문화적으로 강대한 세력을 가졌을 뿐만 아니라 수세기간에 걸쳐 그들이 미친 군사적 영향도 대단히 큰 것이었다.

사라센제국의 침략은 콘스탄티노플 방벽에서 격퇴되었으므로 점차 아프리카와 스페인으로 건너 서방 및 북방으로 확장돼 프랑크족이 사는 고을 지방으로 침투해 들어갔다. 사라센 군대는 정복하는 모든 지역에서 인력과 군수물자를 강제로 동원하고 약탈했다. 당시 군대조직의 법규 및 편제는 중세 기사시대의 특징인 봉건제도와 기사도가 나타나게 되었다.

이 봉건제도는 십자군원정과 더불어 중세의 특징 중의 하나이다. 중세에 봉건제도가 점차 발전하게 된 이유는 소지주들을 제압할만한 강력한 증앙정부가 없었고 수적으로 열세한 정복자들이 피정복 민(民)을 예속하려는 데서 나온 결과이다. 십자군시대는 기병(騎兵)이 전장을 지배하던 시기로서 모든 전투는 주로 중기병과 경기병의 싸움이었다.

군사동원적인 측면에서 중세 봉건기사들의 문제점은 전승의 원칙을 추구하는 창의성이 크게 결여되었다. 중세의 장군들은 군대의 최고 전력을 발휘하게 했던 기동성을 무시하고 무모한 돌격과 중량의 위세에만 집착하였다. 결국 군수물자의 동원소요만 극대화시키는 소모적인 결과를 초래하게 되었다.

따라서 중세 기사들은 자기의 공격용 무기의 중량을 증가 시켰을 뿐만 아니라, 이러한 무기의 공격으로부터 방호될 수 있도록 그들의 호신장구의 중량까지도 증대시켰다. 이리하여 전장에서 기동은 찾아볼 수 없게 되었으며 기동이 없는 곳에 전략이나 전술이 있을 리 만무했다.

따라서 국가적 동원의지나 사상도 무모한 살육전을 전개하는 하나의 수단으로 간주되었을 뿐, 전쟁을 승리로 이끄는 군사적 사상으로 발전될 수 없었다.

(3) 근대의 전쟁

17세기 중반 이후에 들어서 프랑스군은 유럽 최대의 지상군으로 등장하게 되었다. 프랑스 혁명과 때를 같이한 군대의 국민화 작업은 정규군의 범주 외에서 본격적으로 이루어지고 국민방위군(National Guard)이 창설되었다.

이러한 방위군은 1789년부터 중산층 시민들이 중심역할을 하였으며 혁명 때 까지 전국적으로 조직되기 시작했다. 이 방위군은 역사상 첫 번째의 국민 무장군(nation-in-arms)이었지만 원래부터 대외전쟁을 위해 창설된 것은 아니었다.

프랑스가 영국과 공식적으로 전쟁상태로 들어간 1793년 당시 프랑스군의 병력은, 40만 명에서 22만 8천명으로 감소했는데 이 중 정규군의 규모는 17만 5,000명을 약간 상회했고 지원병의 규모는 나머지인 5만 명에 불과했다. 부족한 병력과 전투력을 보충하기 위해 혁명정부는 지원군과 구 정규군의 통합을 선언하는 한편, 전국적으로 18세~40세 사이의 미혼남성 가운데 30만 명을 동원할 것을 결정하였다.

그러나 프랑스에서 강제징집은 그다지 인기가 없었다. 지방별로 서로 다른 전통에 따라 각기 다른 반응을 보였지만 징집문제를 둘러싼 방데(Vendee)에서의 반란은 이중 가장 극적인 사건으로 꼽혔다.

30만 명의 지원병력 동원계획이 성공치 못하고 외세의 침공이 지속되면서 정부는 국민총동원령을 발하여 우선 18세~25세에 이르는 모든 미혼남성을 징집하였다.

국민군의 탄생은 병력규모 면에서 이전의 어떤 전쟁보다 대규모로 동원되었지만 물적 자원의 경우에도 프랑스 자체의 자원이 동원되어야 했는데 이에는 엄청난 노력이 필요하였다. 이때 전쟁목적을 위해 이루어진 엄청난 동원의 규모는 20세기 이전에는 유럽 내의 다른 어떤 국가에 의해서도 시도될 수 없었던 것으로, 그 상황을 표현하는 데 총동원이라는 말이 사용된 것은 결코 과장이 아니었다.

우선 무기와 탄약 생산도 프랑스가 부딪힌 큰 어려움 가운데 하나였다. 미국 독립전쟁 시(1778~1783) 프랑스는 약 10만 정의 머스켓 소총을 미국에 보냈기 때문에 무장이 불비한 상태였다.

이에 따라 추진된 총동원령은 교회의 종과 식기류를 녹여 무기제조용 금속으로 전환하는 작업, 염초와 화약류의 제조를 위한 과학자의 동원 등 대단히 다양한 방식으로 이루어졌다. 이러한 동원은 공포정치 시대에 국가의 강제력을 바탕으로 이루어지기는 했지만 프랑스에 대한 국민적 자긍심과 민족주의에 의해 더욱 촉진된 것도 사실이다.

프랑스혁명 이전의 전쟁은 국민과 유리된 전쟁으로 국왕이나 봉건영주가 전쟁을 해도 일반 국민은 극히 냉담한 태도를 취하였다. 그러나 이후의 전쟁은 국가 대 국가, 국민 대 국민의 사활을 건 전쟁으로서 이전의 군주전에서 국민전으로 변화를 가져왔다. 국민이 국가를 방위할 애국적 책임이 있다는 관념이 도출되었으며, 여기서 현대적 총력전의 기초가 확립된 것이다.

한편, 1861~1865년의 미국 남북전쟁은 20세기의 기준으로 브면, 구전쟁의 마지막이자 새로운 전쟁의 시작이었다. 남북전쟁 동원에서 남과 북 양측은 전쟁초기에 주정부를 인력 모집과 장비를 갖추는 중개자로 이용하였다. 남측에서는 주정부에 의지하는 것이 유리한 반면, 북측은 전쟁 초기에 군대를 모집하는 제도를 구축할 능력이 부족했기 때문이었다.

남북전쟁은 규모 면에서 전례를 찾아볼 수 없는 대규모 전쟁이었고 많은 문제가 발생할 때마다 임기응변식으로 해결하였다. 당대의 많은 사람들이 동원제도가 부적절하고 결함이 많다는 것을 인식하고 있었으나, 긴박한 상황에서 임기응변식 대응밖에는 다른 방도가 없었다. 또한 이전 전쟁에서의 오류가 상당부분 되풀이 되었으나 남북전쟁에서 얻은 분명한 전시동원의 교훈은 다음과 같았다.

첫째, 동원계획은 반드시 사전에 수립해야 한다.

둘째, 전쟁수행의 조직적인 감독, 통제, 협조가 동원의 선결조건이다.

셋째, 주요 동원대상인 인력은 단지 지원병제를 통해서 충당될 수 없다.

넷째, 시민군은 충분한 전투력을 발휘하지 못하였다.

다섯째, 전투부대는 보충병을 이용해 완전한 전투력을 유지해야 한다.

여섯째, 훈련된 장교와 사병이 전시 동원부대의 기간요원이 되어야 한다.

일곱째, 인력동원과 군수업무의 협조는 필수적이다.

고대로부터 근대에 이르기 까지 동원의 특징은 계획과 시행에 있어서 절대군주의 군사력 운용에 따라 다르고 생존을 위한 투쟁이 사상적 기반을 이루고 있다.

다. 제1차 세계대전시 동원특징 및 사상

제1차 세계대전을 치르면서 주요 참전국들의 전쟁준비와 수행과정에서 나타난 현상을 근거로 동원측면에서의 특징과 사상을 몇 가지로 구분하여 살펴볼 수 있다.

첫째, 국가별 총력전 수행을 위한 준비정도가 전쟁에 큰 영향을 주었다. 당시 해외로의 영토 확장 야욕에 사로잡혀 있던 유럽 각 국은 전쟁수행 준비를 나름대로 추진하고 있었다. 그중에 독일은 국가총력전 체제를 먼저 구축하고 있었으며, 기타 국가들은 빠른 진척은 보이지 않았지만 전쟁을 대비한 상비군을 정비하고 증편을 위한 준비를 진행하고 있었다. 이러한 관점에서는 각 국가가 전쟁수행에 요구되는 병력의 증편계획, 국가 산업시설을 활용한 장비와 물자의 동원, 전선으로의 보급품 지원 및 이를 수송한 수 있는 철도 · 도로 개설과 운송수단 확보 등에 대한 대책을 강구하였던 점은 동일한 입장이었다. 그러나 전쟁이 장기화됨에 따라 국가차원의 동원과 지속적인 전선으로의 지원이 필수적이었다.

독일은 개전 초기에 기존 병력의 6배나 되는 약 80만 명을 동원하여 필요한 훈련까지 완료하고 전장지역으로 전개하였고, 전쟁기간 중 200만 명에 이르는 병력을 동원하여 전쟁을 치르게 되었으나 독일이 부분적인 전쟁 성공에도 불구하고 프랑스 · 영국 · 러시아 · 미국 등 연합국의 압도적인 군사력의 격차를 극복하지 못하고 결국 패배했다.

프랑스는 전통적으로 군인이 냉대를 받는 분위기가 존재하고 있었고, 그러던 가운데 국민의 안보의식이 희박해지면서 군의 장교들의 전쟁준비는 미흡할 수밖에 없었다. 그러나 프랑스는 독일과 유사하게 국민개병의 징집제도로 현역, 예비역, 후비역을 편성하고 병력 위주 동원으로 연합국에 편성되면서 전쟁수행을 보장받게 된 것이다.

러시아의 독재자들은 전시체제로 휘말려드는 것을 극도로 두려워하였기에 제1차 세계대전과 같은 장기소모전에 대해서는 준비가 없었을 뿐만 아니라 비교적 일정기간에 국가의 모든 능력이 투입돼야하는 새로운 형태의 전쟁에 적응할 능력이 없었다. 러시아는 초기동원 능력은 500만 명에 이르고 있었으나 1년 동안 약 100만 명 동원에 불과하였고, 2/3가 무학으로 전투수행 능력이 저조하였으며 점차 전쟁이 장기화되면서 동원능력도 증대되었지만 불안정한 국내정세로 인해 제대로 전쟁을 치르지 못하였다.

미국은 독일에 선전포고할 당시 연합군에 원조할 준비가 되어 있지 않았으나 1916년 국가 방위법을 제정하여 전시 긴요물자 및 산업동원에 대한 준비를 보완하였고, 지원입대만으로는 병력소요를 충족할 수 없어 징집법을 제정하여 종전 시까지 약 360만 명을 동원하였다. 또한 장교 정예화를 위한 학군단의 조직과 훈련소를 설치하였으며, 기초 군사훈련 체제정비 등 수용능력과 훈련체제를 구비하여 전쟁에 대비하였다.

둘째, 전쟁에서 승리하기 위해서는 전쟁지도 개념정립과 이를 수행할 강인한 의지가 필요하였다.

독일은 대부분의 전투에서 승리하였으나 이러한 전술적인 승리의 누적을 확대할 예비전력이 부족하여 전략적 승리 즉 궁극적인 승리로 연결되지 못하고 말았다. 즉, 전쟁수행에 필수적으로 소요되는 동원역량의 한계가 결정적인 영향을 미쳤다고 보아야 할 것이다.

독일이 패전하게 된 근본원인은, 자국의 제한된 자원에 비추어 반드시 준수해야 할 단기결전을 하지 못하고, 독일이 가장 꺼리던 지구전과 양면전쟁을 수행할 수밖에 없었다는 점이다. 더욱이 동맹국 또는 국제적인 지지 세력을 동원할 능력이 부족하였던 점이다. 이를 위해 독일은 일찍이 국가 총력전체제를 확립하고 자원을 전선으로 원활히 수송하기 위해 동원자원의 지원체계를 갖췄으나 내선에 위치한 독일의 지리적 특성을 이해하지 못하고 지구전의 양면전쟁을 수행함으로써 결정적인 시기에 예비전력의 보충이 곤란하여 전술적인 승리를 전략적인 승리로 이끌 수 없었다.

러시아는 전통적으로 적의 공격에 대해 공간을 활용하여 충분한 지역을 허용하면서 시간을 획득하는 전략을 채택하였다. 따라서 전쟁에 수반되는 손실이 전장에서의 직접적인 패배가 아니라, 한 국가의 전투의지의 붕괴가 큰 문제였다. 전쟁기간 중 막대한 손실과 실패한 공세작전 그리고 군의 지휘 미숙 등으로 러시아 국민들로 하여금 전쟁에 대해 심한 불신과 반감을 불러 일으켰다.

셋째, 전쟁 지속능력 확보의 중요성이다. 전쟁은 군대만의 싸움이 아닌 국가총력전의 형태로 변천되는 과도기라 할 때, 전쟁은 현존하는 정규군에 국한되지 않고 잠재전력인 동원이 필수적이었다. 즉, 여러 국가가 참가하게 되는 세계대전은 장기전화 되고 지속적인 전쟁수행능력이 요구되었다.

독일은 산업이 발달하지 않아 전투에 필요한 각종 화포, 장비 및 물자 · 탄약 등 물자동원능력이 연합군의 능력을 감당할 수 없었다는 점에서 상대적인 열세 하에서 전쟁을 수행하였다.

프랑스는 전쟁 소요 장비 및 물자의 적시적인 보급에 대한 중요성을 인식하여 전선으로 병력과 물자 수송을 위해 의용군과 시민까지 동원하여 도로를 개설하고 보강하였다. 이에 따라 적시에 소요장비 및 물자를 보충할 수 있어서 초기의 실패를 어느 정도 극복할 수 있었다.

미국은 유럽으로부터 멀리 이격되어 해상수송이 당면한 가장 심각한 문제로 대두되었다. 전시소요인 동원인력과 보급품이 대서양을 횡단하여 운송하는 수송수단이 부족하다면 전쟁물자의 보급은 제한을 가져올 것이 분명했다.

당시 독일의 U보트에 의한 상선공격으로 해운상황은 극도로 좋지 않은 상태였다. 이와 같이 심각한 해운의 문제점은 독일 잠수함의 효과를 감소시킨 적극적인 해전과 선박건조 및 고용을 향상시킨 동원정신에 의해 기적에 가까운 성과를 얻을 수 있었다. 또한 해운부족을 경감시켜주기 위해 압수된 독일선박들과 중립국의 용역선박 협정으로 수송수단을 획득하여 유용하게 사용하였다.

넷째, 적시적인 전쟁물자 확보 및 지원체계 구축이 승패를 좌우하였다. 개전 당시는 산업화시대의 대량생산 능력과 제조업의 발달로 철도, 선박, 항공 등 전 분야에 수송의 혁명적 발전이 있었던 시기였다. 영국 · 미국 · 러시아 등 동맹국들은 전쟁에 참가할 준비가 미흡한 상태였지만, 개전 후 긴급동원의 실시와 신속히 부대를 전쟁지역으로 전개시킴으로써 군사력의 우세를 달성하여 전쟁을 승리로 이끌 수 있었다.

독일은 발달된 철도를 이용하여 프랑스와 러시아로 양분된 동서 전역에 신속한 전투부대의 투입과 전환이 가능하였지만 전쟁이 장기화되면서 물자 및 업체에 대한 동원개념이 체계적으로 발전되지 못하여 전쟁종료 시까지 심한 자원부족을 겪어야 했다.

프랑스는 개전 3개월까지 산업동원 시간이 소요되어 물자부족이 심각하였다. 러시아는 무기부족뿐만 아니라 병사들에 대한 심각한 군수품 부족으로 비전투 병력 손실 및 국민들의 혐오감이 촉발되어 대독전쟁에서의 패배와 함께 볼세비키 공산혁명으로 귀결되는 결과를 초래하였다.

영국은 개전 초기에는 대륙으로의 보급이 제한되었으나 미국의 원조를 바탕으로 프랑스 본토의 생산 산업시설을 활용하는 전쟁물자 확보 및 보급체계를 발전시켰다. 특히 현지조달 구매 등의 조치를 취하였다. 또한 전쟁이 장기화됨에 따라 국민들의 전쟁의지를 고무시키고 대규모 부대의 전투근무지원을 위해 국가 총력전으로 전진기지를 건설하여 이를 효율적으로 운용함으로써 전쟁의 승리를 이끌 수 있었다.

미국은 전쟁 물자를 생산할 수 있는 산업능력은 보유하고 있었으나 참전에 따른 군수소요와 생산 확대를 위한 전략, 민 · 관 · 군 소요의 조정과 업무감독을 위한 적절한 기구의 미비 등으로 전시생산에 차질이 발생하였다.

미국은 개전 직전까지 식량, 연료, 운수, 인력, 재정경제 분야 등의 필요한 법률을 제정하고 동원관계 기구를 창설하지만 전시체제로 전환에는 1년이란 시간이 소요되었다. 이로 인해 전쟁초기 장비 및 물자부족으로 육 · 해 · 공군간의 물자획득 경쟁이 유발되었고, 군대훈련이 6개월 지연되는 사태가 발생하였다. 그리고 해운수송 능력도 부족하여 미국은 선박 건조와 동시에 징발, 그리고 우방국 용역선 확보로 전투긴요 물품 위주 수송을 시행함으로써 난관을 극복하였다.

다섯째, 전쟁수행에 필요한 조직개편과 군 구조 조정은 적시성있게 실시해야 한다.

프랑스는 전장 환경에 부합되는 인력운영 및 부대의 개편을 통해 장기소모전으로 전환되면서 동원의 중요성을 인식하여 전투부대 위주의 인력운용을 조정하고 전투와 지원이 조화를 이루도록 하였다. 즉, 부족한 전투지원 및 근무지원부대의 인력을 증가함은 물론, 전장 환경에 새롭게 요구되는 항공전대 등 전투지원부대와 및 철도와 드로를 담당하는 전투근무지원 부대 및 부서 등을 창설하여 물자수송을 확대하고 제공권을 장악함으로써 승리할 수 있는 계기를 만드는데 크게 기여하였다.

미국은 1916년 국가방위법에 법적 기반을 두고, 즉시 사용 가능한 병력을 증원하는 유일하고 즉각적인 수단으로 지원병 입대를 적용하게 되었다. 또한 연방기구 보강노력으로 경제동원을 전담할 전쟁성 예하의 군수품 표준위원회 및 전쟁 산업위원회, 전쟁정보와 언론통제 · 홍보를 위한 공공정보위원회 등 각종 기구를 설치하였다.

이처럼 제1차 세계대전에서는 전쟁수행을 위해 현존 전력의 유지와 운용도 중요하지만 유사시 군사력 증대를 위한 예비전력의 확보가 보다 중요하다는 것을 인식하게 되었다.

라. 제2차 세계대전시 동원특징 및 사상

제2차 세계대전의 각 국가별 전쟁수행을 위한 노력을 등원적 측면에서 분석하여 도출한 종합적인 내용을 다음의 몇 가지로 제시 할 수 있다.

첫째, 각 국가별 자원의 획득 및 보급에 있어 인적 · 물적 자원의 능력평가가 부정확했다는 점이다. 특히 독일을 중심으로 한 동맹국은 연합국에 비해 전쟁수행의 관건인 원자재의 부족과 수송력이 부족 했다. 이에 따라 군수 산업도 초기작전의 성공으로 일부자원은 획득하였지만 원료를 적기에 동원하기 어려워 군수물자의 생산이 곤란하였다. 그러나 일본군의 전쟁의지나 정신적인 방위사상은 크게 부각되었다.

둘째, 전장에서의 다량 소모 및 파괴로 인한 전투긴요 물자의 적시적량 보급과 전장 확대에 따른 보급선 확보 등, 장기 전략계획이 필요했다. 독일의 경우 초기전장에서는 일부 승리했으나 다방면의 전장형성에 따른 상대적 우세와 전투력을 투입하기 위한 동원능력이 부족했다.

일본은 우세한 해군력을 이용하여 진주만 공격과 남방작전에서 많은 승리를 가져왔지만 확보한 동원자원을 군수물자로 전환하기 위한 지속적인 군수 보급계획 수립이 필요하였다. 즉, 남방 자원지대에서 강제동원한 인력은 현지전장에 투입하여 활용했지만 징발한 물자를 광범위한 전장에 적시보급 할 수 없는 수송체계로 인해 전쟁수행에 큰 차질을 초래하였다. 반면에 연합국은 해상과 공중 우세권을 장악하고 동맹국의 보급선을 차단하며, 그 동원능력을 무력하게 만들 수 있었다.

제2차 세계대전시 손실은 1차 세계대전에 투입된 경제 및 재정 손실의 5배이고, 군인의 사상자 수는 2배로 나타났다. 그리고 동원병력은 대략 10% 수준으로 나타났다. 이는 무기체계 및 전략 전술의 발전으로 전세에 미친 영향이 지대한 결과이고 국가 총력전의 필요성을 증명해 주는 사례가 되었다.

특히, 국가동원의 정신적 측면에서 군인 사상자의 경우는 대부분의 국가가 사망자 보다 부상자가 많이 발생했는데 일본의 경우는 그 반대 현상 이었다. 이는 목숨을 걸고 전쟁에 임하는 국민들의 방위사상과 동원정신에 기인한 것이었다.

또한, 전쟁결과 정확한 통계를 제시하기는 어려우나 현재까지 나타난 공식자료는 일부 수치의 오류를 감안 하더라도 전시 동원의 실증적인 사례를 제시해 주고 있다. 제2차 세계대전시의 손실과 동원된 총병력의 현황은 〈표 XII－4〉과 〈표 XII－5〉와 같다.

〈표 XII－4〉 손실 및 동원된 총병력의 현황

구 분	군인사망자 / 부 상 자 (명)	민 간 인 사망자(만명)	동 원 총병력(백만명)	경 제 및 재정손실(억 $)
독 일	285만/725만	50	10.2~12.5	3,000
프 랑 스	21만/ 40만	11	5.0~6.0	1,000
영 국	40만/47.5만	6.5	5.12~6.2	1,500
소 련	750만/1,400만	1000~1,500	12.5~20	2,000
이탈리아	7.8만/12만	4~10	3.75~4.5	200
일 본	151만/ 50만	30만	6.1~7.4	1,000
미 국	29만/ 57만		12.3~14.9	3,500
기타국가*	150만	1,400~1,700	20	3,500

* 기타의 민간인 사상자 수는 유태인 6백만 명, 폴란드인 450 만 명을 포함한 수치임

〈표 Ⅻ-5〉 제2차 세계대전시 참전 각 국가별 예비전력 동원현황

구 분	총인구(명)	동원병력(만명)	비 고(동원비)
미 국	128,916,000	1,230	10.5 :1
영 국	47,239,000	512	9.2 :1
프 랑 스	41,200,000	500	8.24:1
소 련	170,467,000	1,250	12.64:1
독 일	73,765,000	1,020	7.23:1
일 본	70,040,000	609.5	11.5 :1
이탈리아	43,372,000	375	11.3 :1

* 출처 : 국력과 전력. 태평양전쟁 보급전 (1983. 육군 기술병과학교. p.141)

셋째, 국내 자원의 부족을 해소하기 위한 우방국들의 생산시설 활용과 적시 획득 보급체제 구축이 필요하였다. 독일은 자국지원과 점령지역의 자원을 활용한 생산력에 의존하였지만 영국 · 프랑스 등 연합국측은 미국의 방대한 자원과 우수한 장비 및 막강한 화력지원을 이용할 수 있었다. 그러나 전후복구와 관련하여 외국 의존도가 큰 국가는 영국처럼 자국의 경제침체에 영향을 미치기도 하였다.

넷째, 병참체제의 우위확보가 전승을 좌우하였다. 미국은 이동식 병참체제를 활용하여 제공권 및 제해권의 지속적 확보가 가능하였다. 즉 장기작전을 수행하는 부대들은 병력 · 탄약 · 식량 · 연료 · 장비 등에 대한 지원 및 정비소요를 충족시켜야 하고, 이는 전투력을 결정적인 시간과 장소에 집중시키는데 우세를 달성하는 중요한 요소로 작용되었다.

이를 위해 병참부대는 작전지역의 변화에 보조를 맞춰 전진기지를 이동시키는 체제를 채택하고, 보급지원부대는 별도의 함대를 편성하여 대양의 어느 곳에도 보급지원 가능한 체제로 발전되었다.

다섯째, 자국의 생산시설은 보호하고 상대국의 생산시설을 조기 파괴하여 상대방의 전쟁 지속능력을 조기 저하시키는 전략을 채택하였다. 영국은 초기 전장에서 항공기의 열세에도 불구하고 전략폭격 같은 공세적 운용에 집중하여 독일의 산업 및 상업지역을 폭격하였고, 미국은 B-17F 폭격기를 운용한 정밀폭격과 1944년부터 B-29 장거리 폭격기를 개발하여 전장에 투입함으로써 상대적으로 전쟁수행을 위한 군수동원의 우세를 달성하였다.

여섯째, 국민들의 정신적 무장으로 전장에서의 사기와 심리적 요소의 우위를 달성해야 한다. 이는 국민적 호응에도 절대적 영향을 줄 수 있기 때문에 지속적인 관심이 요구되었다. 특히 일본은 국민들의 전쟁의지를 고무시키기 위해 충성심과 희생정신을 강요하고 사

생관을 주입시킴으로써 전장에서 커다란 전투력으로 승화시킬 수 있었다.

연합국은 제해권 및 제공권을 조기 장악하여 동맹국에 대한 사기저하 및 심리적 압박으로 전장에서 제 기능 발휘를 제한하였다. 이를 위해 영국과 독일은 전투기 개발에 박차를 가하여 전쟁말기에 독일이 먼저 생산은 하였으나 기울어진 전세를 역전시키기에는 미약하였다.

따라서, 제2차 세계대전을 통하여 각국은 전쟁에서 승리를 보장하기 위해서는 국가 총력전 수행이 반드시 필요하다는 것을 다시 인식하게 되었다. 그리고 무엇보다도 중요한 것은 총력전 수행의 근본이 되는 국민들의 동원의지와 신념이 필요하며 이를 전투력으로 승화시킬 수 효율적인 방안이 요구되었다.

마. 현대전시 동원특징 및 사상

(1) 중동전의 동원 특징과 사상

중동전에서의 동원의 특징과 교훈은 우선 이스라엘의 잘 조직되고 준비된 국민총동원제도 즉 시민군제도라 할 수 있다. 제4차 중동전에서는 아랍이 이스라엘 동원제도의 구조적 취약점을 효과적으로 활용하였고 이집트의 동원훈련을 통한 기만작전과 사전 전쟁준비가 개전 초기에 아랍이 승리할 수 있었던 요인이라 할 수 있다.

이스라엘은 독립전쟁기간이던 1차 중동전쟁을 통해서 군을 정비하고 지휘체제를 확립하였는데, 특히 동원제도는 스위스의 시민군제도를 창조적으로 발전시켜 1949년 방위 복무법을 마련하여 이스라엘 환경에 맞는 국민총동원 제도를 확립 강화하였다. 이스라엘 동원의 특징은 국방체제의 근간을 동원제도에서 이루고 있는 점으로 방위의 주역은 현역이 아니라 예비역이라는 것이다.

현역은 평시 10만 명 이하로 경계와 전시 동원될 예비군의 조직 및 자원관리와 훈련을 전담하고, 전시에는 적의 공격을 경고하고 동원완료시까지 시간을 확보하기 위해 적의 공격을 지연하는 완충역할을 수행하였다. 예비역은 24~72시간 내 동원되면 약 36개~48개 여단으로 증편되어 주력군으로서 적의 공격을 격퇴하고 격멸하는 부대로 운용되었다.

이스라엘 국민은 독립전쟁 기간부터 아랍 민병대의 무장공격 활동을 진압하는 과정에서 충분한 전투경험을 갖게 되어 전시 동원이 되면 최상의 전투준비태세를 갖추도록 준비되어 있다. 이러한 이스라엘의 동원예비역은 철저한 종교적 신념으로 무장된 유태정신(시온주의, 애국심)과 자발적인 동원 및 참전의식으로 충만 되어 있다.

이러한 동원정신은 국가방위에 대한 국민적 공감대가 형성된 것이기 때문이다. 이는 고난의 이스라엘의 역사와 나라를 상실했던 뼈아픈 경험, 그리고 제2차 세계대전 당시에는 무려 600만 명의 국민이 독일에 의해 처형된 피맺힌 과거를 잊지 않고 언제나 피의 복수를 맹세하고 있는 것이다.

이스라엘의 동원사상은 생존과 조상들의 복수를 하기위한 정신적 자세에 그 기반을 두고 있다.

이러한 정신은 6일 전쟁 당시에 문서 위조 범으로 수배 중 미국으로 밀입국했던 어떤 중위가 자발적으로 귀국한 사건이나, 재미 유태인들이 방위성금을 모으고 미 정부에 압박을 가한 일, 세계 도처의 재외동포들이 전쟁지원 모금활동을 적극적으로 전개한 사례에서 잘 나타나고 있다.

2 · 3차 중동전쟁에서 이스라엘은 신속한 동원 체제를 활용하여 아랍을 기만하고 선제기습공격을 효과적으로 수행하여 전쟁을 승리로 이끌었다. 2차 중동전시 이스라엘은 이집트 접경지역에는 전략적 수세를 취하고 시리아와 요르단 접경인 북부와 골란 고원지대에는 개전 2~3일 전에 동원을 실시하여 이집트에게 요르단에 대한 보복공격을 준비 중인 것처럼 오인하도록 기만하였다.

3차 중동전에서 이스라엘은 지상군 30개 여단 중 23개 여단을 전쟁개시 불과 3일전에 동원하여 기습공격 함으로써 불과 개전 6일 만에 전 영토의 6배에 해당하는 아랍의 영토를 추가로 확보하고 휴전을 체결하는 사상초유의 전격전의 신화를 남기기도 하였다.

그러나 4차 중동전 당시에는 적에게 일격을 허용하는 뼈아픈 낭패를 맛보았지만 신속한 동원을 통해 결국은 전쟁을 승리로 이끌었다.

한편 아랍의 이집트는 3차 중동전쟁까지 이스라엘의 우세한 동원체제와 잘 훈련된 예비역 주력군에 무참히 당한 경험을 살려 4차 중동전에서는 오히려 이스라엘 동원의 구조적 모순을 역이용하여 일대 전기를 마련하였다. 이집트는 빈번한 모의동원을 통해 이스라엘군의 피로를 가중시키고 전쟁위협에 대한 안일한 처방을 하도록 이스라엘군을 방심하게 하고 철저히 기만하였다.

1973년에만 20회의 동원훈련을 실시하였고 대규모 동원을 4회를 실시하여 긴장을 극도로 고조시킨 다음 아무런 일도 없었던 것처럼 부대를 복귀시키는 것을 반복하여 1973년 5월 이스라엘군의 총동원을 강요하였고, 10월에는 이스라엘의 아무런 대비가 없는 가운데 기습공격이 가능한 상황을 조성할 수 있었다.

따라서 여기서 얻을 수 있는 교훈은 이스라엘처럼 잘 준비된 동원 체제를 평시부터 효과적으로 관리하고 유지하는 것이 무엇보다도 중요하다는 것이다. 그리고 전쟁을 대비하기 위해서는 국민적 공감대 형성과 정확한 정보력을 기반으로 위기관리 체제를 갖추어야 한다는 점이다.

오늘날 국민적 관심이 평시의 전시대비와 상반되고 인식조차 거부하는 상황이 고조된다면 비록 전쟁의 위협이 코앞에 있어도 국민은 동원을 거부할 수 있다. 따라서 중동전쟁에서 나타난 아랍과 이스라엘의 동원특징과 사상을 귀감으로 삼고 이해하는 노력이 필요하다.

(2) 걸프전의 동원 특징과 사상

걸프전에서의 사막 방패작전과 사막 폭풍작전 동안, 미국은 1970년대부터 추진한 예비군에 대한 국가 정책이 전례가 없는 방법으로 시험을 받았으며 그 결과는 대성공으로 기록되었다.

미 대통령은 1991년 3월 6일 의회에서의 연설에서 "걸프전쟁의 멋진 승리는 정규군, 예비군 그리고 주 방위군의 것이다. 이 승리는 이 나라의 역사상 알려진 모든 부대 가운데 가장 훌륭한 전투부대의 것이다."라고 천명하였다.

비록 걸프전은 미국이 새로운 전략, 새로운 군 체제 그리고 신속하게 변화하는 지정학적 환경의 소요를 충족하기 위해 현역구성군 및 예비군구성군 혼성부대 정책을 채택하고 있던 시기에 일어났지만 전쟁의 전 과정을 통해서 미국은 총체전력 정책의 성공을 확신하였다.

미군이 동원한 23만 5,000명의 예비군중 서남아시아 지역에 근무한 인원은 10만 6,000명에 불과하였고, 제24사단에 동원된 어떤 주방위 육군전투여단은 7%만 현역 경험이 있었다.

그중 장교는 10%만 현역을 경험하였지만 이들은 잘 준비된 육군 준비태세단(ARG)의 효율적 지원과 육군병과학교 이동 훈련지원반의 운용 등 을 통해 현역부대에 효과적으로 통합되었고, 동원예비군부대에 요구되는 전투준비태세를 기간 내에 완비하였다.

특히 미 의회가 예비군동원에 필요한 제반 법적인 지원을 적시적으로 조치해 줌으로써 예비군을 보유한 단체나 기업에서도 효과적으로 대처할 수 있었고, 예비군개인의 복지문제까지도 능동적으로 해결될 수 있었다.

특히 어떤 해병대부대의 경우는 새로 지급된 최신형 M60A1전차를 23일간의 적응훈련 후에 전투에 투입되어 성공적으로 임무를 수행하였고, 공군 동원예비군은 24시간 내에 동원되어 72시간 내에 임무수행준비를 완료하였으며 전략/전술 항공수송자산의 86%를 예비군 구성군부대가 편성되어 임무를 완수하였다. 또한 해군 예비군의 2척의 대양 기뢰소해정 운용 등 동원예비군의 눈부신 활약상은 주목할 만하다.

사막지역에서 작전하는 새로 도입된 중 기동 전술트럭과 미 해병대의 수송차량 체제는 임무를 잘 수행 하였으나 실제 비포장도로의 운행능력이 부족한 중장비 수송차량과 유조차 등은 임무를 제대로 수행하지 못했다.

특히, 타이어의 마모가 심하게 발생하자 군수지원 사령부에서는 워싱턴으로 3,000개의 HET(중장비 트럭)용 중 타이어를 긴급히 요청하였다. 그러나 미 본토에서는 단지 800개의 타이어를 구할 수 있었고 생산업체의 능력은 한 달에 40개 정도밖에 만들지 못했다. 그러자 미국에서는 중 타이어의 긴급소요를 충당하기 위하여 소매업자들 까지도 모두 동원되었다.

텍사스의 한 타이어 판매상은 군의 도움을 요청받자 자신이 보유하고 있는 74개의 타이어를 포함하여 1,400파운드나 되는 부속품을 자비로 수송하여 공군기지르 보냈다. 그리고 그는 "전쟁터에 있는 군부대가 가능한 한 빨리 내 타이어를 수령하기 바란다"는 짧은 전화 메시지를 남겼다. 이러한 동원 정신은 미국의 각 지방에서 일어났고 전쟁을 수행하는 정부의 노력과 국민들의 애국심이 결부되어 미국이 전쟁에서 승리할 수 있었던 원동력이 되었다.

그러나 일부 초기 동원부대 편성과정에서 나타난 소요브족 인원과 장비에 대한 평준화소요나 현역부대로의 우선보충소요 발생, 그리고 현역구성군과 예비군 구성군의 자동화된 자료처리체계의 호환성 보완소요 등은 발전시켜야할 과제로 도출되었다.

따라서 미군은 장차 총체전력의 운용을 위하여 현재까지 진행되었던 계획을 보다 효율적인 정책으로 추진하기 위해 지속적으로 노력하고 있다. 미군의 예비군 동원 및 운용과정에서 나타난 특징과 사상을 정리하면 다음과 같다.

(가) 장 점

① 사막 방패작전과 사막 폭풍작전은 한국전쟁 이래 예비군구성군에 대한 가장 대규모의

동원과 전개를 필요로 하였지만 효율적으로 수행되었다.

② 사막 방패작전과 사막 폭풍작전은 국방부 총체전력 정책이 강조하고 있는 핵심 개념의 타당성을 입증하였다.

③ 예비군구성의 공헌은 쿠웨이트전구에서의 승리에 필수적인 것이었고, 미 본토와 해외 다른 전구에서의 도전을 해결하는데 유익한 것이었다.

④ 예비군구성군 지원병들은 페르시아만 우발사태의 초기 단계를 지원하는데 효과적으로 운용되었다.

⑤ 예비군구성군 부대가 편성되었을 때, 전투준비태세는 동원 후 최소한의 훈련으로 임무를 수행할 수 있도록 충분히 높았다.

⑥ 예비군구성군 부대 및 개인에 대한 최초의 대규모 강제소집이 미국법에 따라 체계적인 방법으로 실시되었다.

⑦ 현역구성군과 예비군구성군 부대들의 통합은 전반적으로 훌륭하였다. 예비군들은 전투, 전투지원 그리고 전투근무지원 등을 포함한 광범위한 임무를 수행하였다.

⑧ 예비군구성군의 권리 증대 및 수정에 관한 국방부의 신속한 의회 지원 요청 조치는 예비군 및 그들의 가족에 대한 복지를 제공하는데 중요한 것이었다.

⑨ 국가 전 지역의 수많은 공동체로부터의 예비군 부대 편성과 이들의 능력이 전투계획상에 완전히 통합된 것은 미국 언론의 지원이 충분했기 때문이었다.

⑩ 전시 편성된 예비군의 고용주들은 그들의 예비군 고용인에 대해 점차적으로 지원하였고, 군은 가족의 생계와 사기를 고취시키기 위해 노력했다.

(나) 단　점

① 대규모 지상 기동전투부대 등을 포함하여 일부 예비군구성군 부대들은 작전임무에 대한 준비로 종종 미국 본토에서 실시되는 동원 후의 훈련을 필요로 하였다.

② 육군 등 현역구성군과 예비군구성군 사이의 자동화체계의 비호환성은 예비군구성군 요원의 현역임무로의 전환을 복잡하게 하였고, 봉급 및 인원 편성문제를 야기하였으며, 동원 후의 훈련 등을 방해하였다.

③ 사막 방패작전과 사막 폭풍작전에서는 동원전의 가족들의 준비와 주방위군 및 예비군 가족에 대한 지원의 중요성이 입증되었다.

걸프전쟁은 미군의 총체전력 정책의 성공을 확신하는 전쟁이었고 이를 통해 새로운 부대 전개 방식과 새로운 형태의 단기속결전의 전쟁수행체계를 제시한 시범적 사례가 되었다. 또한 이를 위해 미국의 예비전력을 효율적으로 운용할 수 있는 정책과 제도를 구축하였으며 국민들의 지지와 참여를 이끌어 내는데 성공하였다.

(3) 이라크전의 동원 특징과 사상

이라크전쟁을 수행하는 미군의 동원정책은 걸프전쟁 시와 동일한 개념이다. 다만 전장에는 보다 다양한 민간용역 전력을 군 당국에서 고용하고 있다는 점이 특이하다.

이 전쟁에서 미군은 총 21만여 명의 예비군을 동원하였으며, 과거 걸프전 교훈을 토대로 개전 시 까지 사전에 예비군 동원을 위한 충분한 준비기간을 활용하였다. 또한 예비군 운용도 걸프전 때처럼 예비군을 별도의 부대로 편성하여 운용하지 않고 현역과 함께 운용함으로써 예비군동원 이후 빠른 시간 내 임무수행이 가능하게 되었다.

즉 전쟁지역에서는 예비군을 전투에 투입하거나 후방지역에서 전투근무 지원요원으로 운용하였고, 미 본토에서는 연합군 협조 및 경계임무 등에 활용하였던 점은 특이할 만하다.

이라크 전쟁을 위하여 미군은 평시에 예비군 준비태세를 조직적으로 관리 유지하였고 의회를 비롯한 각종 정치적 결정과 지원이 적시적으로 이루어졌다. 또한 동원소집 후 육군 준비태세단 운용 등을 통해 현역 구성군과도 효율적으로 통합하였고 이들은 전장에서 부여된 임무를 성공적으로 수행하였다.

오늘날 미군은 민간 군사조직인 블랙워터(Black Water)회사의 전투요원들과 GRS경비회사의 특수요원들까지 용병계약을 체결하여 전투에 투입하고 있다. 이들은 군 전투부대와 정보기관의 전투요원으로 운용되고 있으며, 군에서는 사상자에 대한 책임을 지지 않으므로 전투력 운용에 대한 부담이 없다. 이러한 체제는 새로운 전정양상에 능동적으로 대처하고 국가동원의 취약한 부분을 보완할 수 있는 새로운 개념의 군사력 운용인 것이다.

이라크는 민병대를 기간으로 지역단위로 예비군의 편성과 임무가 잘 조직되어 있었으나 1990년 초 걸프전 이후 10여 년 이상 계속된 경제제재로 인해 정규군이라 하더라도 제대로 전투장비를 갖추고 있지 못한 상태였다.

따라서 동원물자가 불충분하였거나 고갈되었기 때문에, 전쟁개시 당시에 전투력을 발휘할 수 없었고 이라크의 동원제도는 지극히 낙후된 상태였으므로 사실상 전쟁수행 능력도 없었다.

전쟁기간 중에도 이라크의 예비역이 일부 동원된 민병대의 주요 저항을 찾아볼 수가 없었고 부대의 전투력 또한 인력과 소총 무장수준의 미미한 것으로 나타났다.

이라크 저항세력은 대규모 동원이나 전투의지도 갖추지 못했다. 최정예 정규군인 공화국 수비대의 경우도 진격하는 미군에게 장비를 유기하고 도망하기에 급급하였고 저항세력의 활동은 치고 빠지는 식의 게릴라전에 불과하였다. 그러나 오늘날 소수의 이라크 반군 저항세력과 게릴라전을 벌이고 있는 미군은 새로운 위협, 즉 인간의 저항의지 앞에 직면하고 있다.

이라크전쟁을 통하여 나타난 예비전력의 중요성과 전략적 가치는 미국을 비롯한 우방국들의 전쟁수행과정을 통해 다시 입증되었다.

3. 한국의 동원특징 및 사상

가. 삼국시대의 동원 체제 및 특징

삼국시대의 전쟁은 보급의 한계와 기후의 제약으로 기간이나 규모면에서의 제한을 극복하지 못하고 단기전의 형태로 치러지는 것이 통례였다. 물론 해를 넘기어 전투를 수행하는 경우도 있었으나 이것 역시 보급과 기후의 제한사항을 극복하지 못한 데서 나온 어쩔 수 없는 선택인 경우가 거의 전부였다.

통상 고구려를 침공했던 수 · 당나라는 추수가 끝난 겨울철에 군량을 비축하고 이른 봄에 기동을 개시하여 하계 작전을 수행하는 것이 통례로 되어 있었다. 당시의 보급체계와 기동수단으로 보아 동계작전의 수행은 거의 불가능한 형편이었다. 추위와 굶주림을 극복할 수 있는 보급능력도 없었고 보급 체계도 갖추어지지 않았다. 이와 같은 이유로 전쟁은 규모와 시기의 제약 속에 치러졌다.

전투수행 방식도 대규모 기동전보다는 공성(攻城)과 수성(守城)을 위한 성과 성 주변 지역에서의 전투가 주를 이루었다. 수나 당나라가 수륙병진으로 진격한 후에 결국은 청야입보[128] 개념의 거점방어를 택하는 고구려의 성을 합동 공격한다는 전투수행 방식을 택했다. 이는 보병 위주로 편성된 중국 군대는 속도전이나 기동전을 수행할 역량 자체를 보유하지 못하여 고구려가 이러한 수 · 당 군대의 약점을 극대화하는 거점방어 형태의 초토전술을 구사했기 때문이다.

고구려가 펼친 성곽 중심의 방어 체제는 당시 보병위주로 편성된 원정군인 수나 당나라의 군대가 극복하기 힘든 개념의 체제였으며 고구려는 성곽에 다음과 같이 상시 준비태세를 갖추고 있었다.

성곽에는 활, 갑옷 등 무기류와 충차(衝車), 비루(飛樓), 운제(雲梯) 등과 같은 공성(攻城) 및 수성(守城) 장비들이 대량으로 확보되었으며 그에 따라 군량도 수만 내지 수십만 석이 비축되어 있었다. 따라서 후방 지원이 단절된 고립상황에서도 일정기간 동안 전투임무를 독자적으로 수행할 수 있는 만반의 준비태세와 능력을 갖추고 있었던 것이다. 그러한 까닭에 고구려는 거대한 군사병영이나 다름이 없는 2백여 개의 성곽에 항시 20만 내지 30만 명 선의 병력을 유지하면서 동북아시아 대륙의 패자(霸者)로서 군림할 수 있었다.

중국 군대는 이를 무력화시키기 위해서 항상 위무사(慰撫使)라는 직책을 두어 다른 방책에 의해서도 고구려군의 방어능력의 분쇄를 모색하도록 조치하였다. 공성작전의 어려움을 전투 이외의 방식으로 해결하려는 노력의 하나라고 볼 수 있으며 상대측 내부의 분열과 혼란을 유도하려는 다양한 방책을 모색하려 했다.

당 고종이 수차례에 걸친 소규모의 침공과 대규모의 침공에도 불구하고 고구려를 굴복시키지 못할 때, 고구려의 내분과 이에 따른 지도부의 분열을 기다리는 전략을 택한 것은 원정과 공성작전의 어려움을 고구려의 약점으로 보충하려는 책략이라고 보여 진다. 이와 같이 삼국시대에 행해진 전쟁에서의 전투는 기동전 보다는 공성전으로 특징지어져 이의 이점을 이용하거나 이의 단점을 극복하려는 정략과 전략이 교전 당사국들에 의해서 부단히 모색되었음을 알 수 있다.

또한, 전쟁의 수행도 인원이나 물자를 동원함에 있어 근원적인 한계를 뛰어넘지 못하여, 신라에 대한 끊임없는 침공으로 자국의 국력을 소진(消盡)시킨 백제와, 끊임없는 중국 세력의 침공을 다른 방책으로 막지 못한 고구려가 전쟁 후 사라지는 현실이 나타나게 되었

128) 들판의 곡식을 적군이 수확하지 못하도록 소실 · 파괴하는 작전

다. 단기전의 계속이 결국 장기적인 국력의 소모를 재촉하였고, 이로 인한 궁핍과 내부의 분열이 결국 삼국시대의 전쟁을 마감하는 요인이 되었다.

나. 고려시대의 동원 체제 및 특징

고려시대에 치러진 전쟁의 대부분은 외부의 침공과 고려의 방어 전쟁이었다. 고려시대의 군사제도를 살펴보면 후삼국을 통일한 고려왕조 성립기부터 전기의 군사제도가 결정적으로 붕괴한 원 간섭기 등 시대상황에 따른 많은 변화의 요소는 있었지만 군의 구성은 중앙군과 지방군으로 구분되고 중앙군에는 2군 6위로, 지방군에는 주현군으로 구성되어 있었으며 전체 군사력에서 지방군이 차지하는 비중과 중요성이 컸다.

동원의 시행은 먼저 도성의 경비나 변방지역 경계와 같이 상시적으로 이루어지는 동원의 경우 그 구체적인 과정이나 절차가 밝혀져 있지 않다. 고려가 모범으로 삼은 당 부병제에서 번상병(番上兵)의 동원은 절충부장관인 절충부사와 주자사(州刺史)가 협력하여 업무를 분담하였다.

지방 절충부에서 위사장(衛士帳)이라 불리는 군적(軍籍)을 작성하여 매년 병부에 보고하면 중앙에서는 이 군적으로 현재의 병마수를 파악하고 이것에 기초하여 동원계획을 세웠다. 이 위사장은 주현의 호적을 기초로 하여 간점에 의해 작성된 군적이었다. 번상병 동원 시 절충부의 관원은 군적에 기재된 군인의 사정을 참작하여 불공평이 없도록 하였다. 즉 부자형제를 동시에 같이 동원하거나 부모, 조부모가 노병하고 호내의 여정(餘丁)이 없는 자를 차점(差点)하는 것은 피하였다.

고려 역시 매년 주현에서 호부에 올린 호적을 바탕으로 군적을 작성하였는데 이를 토대로 번상병을 동원하였을 것으로 생각된다. 고려에서는 지방에 절충부가 설치되지 않았기 때문에 군적 작성 등 군사 행정실무와 마찬가지로 군목도 장관인 지방관의 지휘 하에 속관을 비롯한 주현의 향직인 사병(司兵)소속의 병정(兵正), 부병정(副兵正), 병사(兵史) 등이 번상병의 동원 업무를 담당하였다.

번상병의 선발은 군적을 토대로 동원할 군인의 사정을 참작하여 미리 정해진 순차에 따라 동원하였다. 한편 주현군이 번상하는 연차에 대해서는 자료의 결핍으로 자세한 내용을 알 수 없다. 당나라의 경우도 정설이 확립되지 못하고 매년 간점이 실시되었다는 견해, 등 여러 가지 견해들이 제시되고 있다. 고려에서는 매 3년에 1번 번상하는 것을 원칙으로 하였을 것으로 생각되지만 현실적으로 제대로 지켜지지 않았을 것으로 추측된다.

다음으로 유사시, 즉 전쟁이 발발하거나 반란이 일어나 대규모 병력이 필요한 경우 어떤 방식으로 군사의 동원이 이루어졌는지 그 과정이나 절차를 다음과 같이 몇 가지 역사적 사례를 통해 이해하고자 한다.

가. 몽고의 침략에 대비하고자 재추(宰樞)에서 남방 주현의 정용 보승군을 동원하여 북방 요새지에 축성하자는 회의를 하였다.

나. 서해도에서 일어난 도적을 토벌하기 위해 호부원외랑(戶部員外郎)을 보내 주현병(州縣兵)을 동원하게 하였다.

다. 조위총난 때 반란군을 토벌하기 위해 여러 장군에게 명령하여 서남계 주현졸(州縣卒)과 승도를 동원하고 군사를 나누어 지휘하게 하였다.

라. 우부승선을 보내어 남도병마로 거란병을 격퇴하게 하였다.

마. 충주에서 관노들이 난을 일으키자 재추에서 발병, 즉 병력 동원을 논의하였다.

위의 사례들을 통해 군사의 동원, 즉 발병은 재추회의에서 논의하여 결정하였고, 이때 동원할 병력의 규모, 동원지역 등이 결정되었음을 알 수 있다. 이렇게 재추회의에서 발병(發兵)이 결정되면 최종적으로 통수권자인 국왕이 거병을 명령하였다. 그리고 위의 사례에서 보듯이 대부분의 경우 군사 발병의 명령을 받은 자에게 동원한 군대의 지휘권도 함께 부여하였다.

다. 조선시대의 동원 체제 및 특징

조선의 방위개념은 한반도에서 존재해 온 국가들이 채택해 온 청야입보(淸野入堡)였다. 이 개념은 외부의 침공이 있을 경우에 침공군이 사용할 수 있는 식량과 도구 등을 모두 치우고 지역 주민과 병사들은 성곽에 의해서 보호된 요새로 입성하여 이를 지킴으로써 원정군의 보급상 약점을 극대화하여 스스로 물러나게 만든다는 소극적 방어개념이었다.

물론 고구려의 을지문덕은 물러나는 수군(隋軍)을 공격하여 궤멸시킨 전과를 획득하기도 하였으나, 이 개념은 근본적으로 작전의 주도권을 침공군에게 넘겨준 상태에서 작전을 수행하기 때문에 전투나 전쟁의 결과는 침공군의 계획에 따라 결정되는 근본적인 취약점을 지니고 있었다. 특히 몽고의 고려 침공과 같이 침공군의 기동력이 뛰어날 경우에는 요새의 고수가 전투나 전쟁의 결과에 큰 영향을 미칠 수 없는 것이 통상이었다. 그리고 인구수가 증가된 상태에서의 청야입보는 실질적으로 이를 적용하는데 한계가 있기 때문에 청야입보에 의한 고구려의 방어와 인구가 증가된 조선의 방어는 다른 결과를 나타내 주었다.

병자호란 시에는 이러한 방위 개념의 약점을 이용하여 청태종은 요새를 우회하고 신속하게 남하하는 공격전술을 택함으로써 조선의 방위개념을 무력화시킬 수 있었다. 이와 같이 조선은 부실하고 시대의 변화에 적응하지 못한 방위 개념을 채택함으로써 항상 적의 침공시 국토를 유린당하는 수모를 겪었다.

조선전기 국방체제의 근간은 진관체제(鎭管體制)였다. 1457년(세조3)에 확정된 진관체제는 행정조직 단위인 읍(邑)을 군사조직 단위인 진(鎭)으로 동시에 편성해 주진(主鎭) · 거진(巨鎭) · 제진(諸鎭)으로 나누고 행정관인 수령이 군사지휘관의 임무도 겸임하도록 한 제도이다.

한편 제승방략(制勝方略)체제도 훈련이 미흡한 농민군의 문제가 대두되어 이를 보완하기 위해 임진왜란 중인 1594년(선조27)에 전황을 타개하기 위해 농민에게 총포사격술을 훈련시키면서 속오군이 편성되기 시작하였다. 그 후 속오군은 몇 차례 정비를 거쳐 조선후기 지방군의 중추로 자리 잡았다. 속오군은 일종의 전시동원으로 일반 양인은 물론 양반 · 유생 · 향리 · 공사천까지 포함했다. 전란이 끝나면서 양반 · 유생 등은 빠져나갔으나 천인은 그래도 남았다. 전란에 따른 인적손실로 인해 천인을 제외하고는 속오군 유지가 쉽지 않았기 때문이다. 임진왜란 전에는 포함되지 않던 천인이 군역에 들어간 것은 임진왜란 이후 군역 운영의 큰 변화였다.

속오군은 임진왜란 당시 비상전시체제로 만들어진 탓에 이들에 대한 대우를 그다지 고려하지 않았다. 향촌에서 자전자수(自戰自守)한다는 원칙하에 편성되어 보인(保人)도 지정되지 않았고 별도의 보수도 책정되지 않았다. 이보다 더 큰 문제는 이미 신역(身役)을 지고 있는 백성들에게 부가적으로 군역을 부과한 이중 역(役)이라는 점이었다. 그래서 속오군의 처우는 창설 당시부터 계속 문제가 되어왔다.

속오군의 처우는 효종 대에 다소 개선되었다. 북벌론을 표방하며 군비확충에 힘을 기울인 효종은 1654년(효종3) 3월에 「영장사목」을 반포(頒布)한 후 그 해 9월에 영남지방의 속오군에게 각각 보인 1명을 배정하도록 제도화했다. 또 삼남지방에 한해 군사 훈련에 참가한 속오군에게 호역(戶役)이나 신역을 면제해 이중 역이 따르는 부담을 덜어주었다. 효종이 속오군에 대한 처우를 삼남지방에 국한시킨 이유는 조선에 대해 군비간섭을 가하는 청나라를 의식했기 때문이었다.

한편 조선후기에 나타난 민보(民堡)란 민생(民生)을 보장하기 위해서 향촌의 소규모 성곽이나 보(堡)를 근거로 민(民)의 자발적인 참여에 의한 방위전략으로 우리나라의 전통적인 전술인 청야입보를 활용한 방어체제이다. 즉 민간주도형 향촌자위체제로 요해지(要害地)에 보를 설치해 이를 작전 거점지역으로 삼아 전술 효과를 최대로 증대시키는 것이다. 평시에 미리 주민을 편성 · 조직해 훈련시키며, 전시나 비상시에 사전 훈련된 전 주민이 보로 들어가 총력전을 펼치는 것이다.

이것은 당시 관군이 무력화된 상황에서 주민 스스로의 힘으로 자신을 보위하고 적침에 대비하자는 방안이었다. 그리고 향촌 단위의 군사력을 전국적으로 확산해 전력화하면 궁극적으로 국가의 국방력이 강력해질 수 있다는 전망이었다. 요컨대 유비무환의 자주 국방태세 속에서 전 국민을 군사력화 하려는 의도였다.

민보의 조직은 정군(丁軍)과 산군(散군)으로 구분되고 민보에서 가장 핵심적인 역할을 수행하는 정군은 15세 이상 55세 이하의 남자로 편성하도록 하였다.

민보는 또한 관군의 도움 없이 민간의 전력으로 외적을 스스로 방어하는 시스템이다. 전술적으로 견벽청야 및 선수후전(先守後戰)의 방식으로 유사시 백성과 양식, 물자 등을 먼저 보로 옮기고 적과 지구전을 벌여 물리친다는 거점방어의 개념이다. 이런 측면에서 민보는 민간인을 모아 장기전을 펼치고 피난장소를 제공해야 하기 때문에 식량 확보는 적과의 승패를 가름하는 중요한 요인이었다.

이 민보론에 의거 고종의 명을 받아 전국에 내려진 민보령(民堡令)은 지역사회에서 실제로 시행되지는 않았지만 후대에 많은 영향을 끼쳤고 외적의 침공이 있을 때마다 조선 각지에서는 의병이 봉기하여 조직되었으며 이들은 침공군의 후방을 위협하거나 점령을 어지럽게 만들었다. 그러나 청나라와 러시아를 패배시킨 일본의 횡포에 대항하여 여기저기서 의병이 일어나 일본의 한국 합병을 저지하려 하였으나 결과는 일본의 의도대로 진행되어 정착되고 말았다.

이러한 일제에 항거하여 3.1운동도 일어났고, 이것이 계기가 되어 해외에 망명 정부가 결성되고 비교적 조직적인 독립운동도 전개되었으나, 이러한 노력의 결집과 조직화를 위한 통솔력과 지도력이 부족하여 한국민의 민족적 역량을 집중시키지는 못했다. 따라서 산발적인 봉기와 항거가 침공군의 무력 사용이나 침략국의 결집된 강요를 무효화시키지 못하고 말았다.

조선이 유지해온 방위체제는 많은 문제점을 내포하고 있었으며 이를 더욱 취약하게 만든 것은 동원체제의 부실이었다. 조선은 군역(軍役)을 면제받을 수 있는 방법을 공식화하여 군비(軍費)를 충당하고 있었다. 방군수포(放軍收布)라는 이 제도는 누구나 일정한 양의 포를 납부하면 군역을 면제 받을 수 있었다. 이렇게 하여 거두어들인 포는 수사 · 병사들의 생활비용과 일상경비 등으로 사용되었다. 국가재정 형편상 어쩔 수 없는 조치이기는 하였으나 여기에서 발생된 부작용은 조선의 방위체제를 거의 무력하게 만들었다.

건장한 청장년은 거의 군역을 피할 수 있었고 생활력이 없는 신체부적격자가 대역(大役)을 하는 경우가 많아 그나마도 유지되는 병력의 상태는 불량했다. 특히 경군(京軍)의 대다수 병력은 지방에서 번상(番上)을 통하여 중앙에서 근무하는 병력이었으나 이들 역시 신체가 부실한 인원이 여유가 있는 장정들을 대신하여 근무하는 대립(代立)이 보편화되어 있었기 때문에 경군(京軍)의 상태도 부실을 면치 못하였다.

군무는 피할 수 있고, 이를 피하지 못하면 형편이 가난하거나 세도가 없는 집안이라는 사실이 보편화됨에 따라 조선의 방위를 담당한 방위력의 수준은 불비한 상태였다. 임진왜란이 발발하였을 때 수도에서 300여 명의 병력밖에 소집할 수 없었던 현실이 이를 말해 주고 있었다. 그리하여 외부의 침공이 있을 때마다 조선의 국왕은 의병의 봉기와 근왕을 호소하여 많은 전직 관료와 유생, 그리고 일반인의 호응을 불러일으키긴 하였으나 남한산성에 갇힌 조선의 국왕을 구할 정도의 강한 근왕병은 아니었다. 조선은 이와 같이 평시의 상비 병력이 부족하거나, 있어도 부실한 상태에 있었기 때문에 외부 침공을 격퇴시키고 반격작전을 수행하기에는 부족하고 부적합한 방위력을 보유하고 있었다.

총체적으로 조선이 치른 전쟁에서 조선은 왕조와 국가의 운명을 타국에 맡긴 채 개별적인 항거와 울분을 토로하는 것 이외에 아무런 행위를 취할 수 없었다는 역사적인 사실은 국가의 방위와 국체의 보존은 단순한 항거와 울분만으로 보장될 수 있는 사안이 아니라는 것을 알려 주고 있다.

조선의 국가와 국체를 보존하기 위해서는 조선의 조정은 물론 조선인들도 침공을 무효화 시킬 수 있는 평시의 방위력과 이를 뒷받침할 수 있는 국력의 배양을 최우선의 과제로 삼아서 최선의 노력을 기울이고, 응분의 희생을 감수했어야만 했다.

일본군의 침공을 예견하고 10만 명의 병력을 양성해야 한다고 주장한 이율곡의 예지와 탁견이 필요했으며, 평시에 일본군의 침공에 대비하여 거북선을 제조하고 훈련을 강화하며 자신의 전략적 식견과 지혜를 가다듬는 것을 게을리 하지 않았던 이순신의 의지와 대비가 필요했다.

당쟁과 당파적인 이해에만 집착했던 조선의 지도층은 이를 알 턱이 없었고, 이러한 국가적 노력의 중요성을 알지 못한 지도층이 이끌어 가던 조선은 국가적 위기에 대한 대처 능력을 제대로 갖출 수가 없었다. 조선의 전쟁사와 흥망사는 국가의 모습을 제대로 갖추고 이를 지키기 위해서는 어떠한 식견과 조치가 필요하고, 어떠한 사고와 행위는 근절되어야 하는가를 우리에게 일깨워 주고 있다.

라. 한국전쟁 시 동원특징과 교훈

(1) 남한의 동원 특징과 교훈

한국전쟁 당시 남한의 동원 특징과 교훈은 최초의 정부수립 과도기에 사실상 동원을 위한 법적 제도와 행정기구가 갖추어져 있지 않았고, 국민들도 각 정파별 혼란의 와중에 있었다. 또한 미국의 내정간섭과 미약한 산업기반 등으로 독자적 방위체제와 동원능력을 갖추기가 어려웠다. 그러나 전쟁을 치르면서 소집과 징병의 시행착오를 반복했지만 혼란을 극복해냈고, 미국의 지원 하에 장비와 물자를 보충하면서 군을 확장하고 국민개병의 동원체제를 발전시켰다는 점을 들 수 있다.

사실 정부수립 직후부터 한국전쟁 발발 직전까지 정부는 군을 조직하고 발전시키기 위해 헌법에 명시된 국민개병제 정신에 입각하여 1949년 8월 9일 「병역법」을 제정하고 역종을 구분하여 징집과 소집기준을 설정함으로써 전시 · 사변 등에 대비한 동원소집을 법제화 하

였다. 그리하여 1949년 9월 1일 국방부에서는 육본에 「병무국」, 각 지방에는 「병사구사령부」를 설치하여 병무행정과 병력동원제도를 효율적으로 운용하도록 법적 제도적 뒷받침을 마련하였지만 미국에 의한 「국군 정원제한」과 국내 정치 불안정에 부딪혀 1949년 3월 징병제도는 보류되었다.

그리하여 지원병제도로 변경되어 육본의 「병무국」과 각 「지방 병사구 사령부」는 해체되었다. 그래서 정부는 예비전력을 확보하기 위해 1948년 11월 「호국군」(약 20만여 명)에 이어 이를 대신해 1949년 11월에 「청년방위대」(약 20만여 명), 그리고 「학도호국단」(약 47만여 명)을 창설하였으나 국내정치의 불안정, 상급제대에서의 체계적인 계획준비 미흡, 장비 및 훈련여건의 미비 등으로 조직적인 발전이 되지 않은 채로 해체되거나, 초기단계에서 한국전쟁을 맞게 되어 예비전력을 효율적으로 활용할 수 있는 수준으로는 발전되지 못하였다.

이렇게 전시 징발제도나 국가 동원계획이 준비되지 않은 상태에서 전쟁을 맞이하게 되었다. 그러나 수도서울이 3일 만에 피탈당하는 상황이 발생하여 전선부대로 가야할 보급품과 차량, 수많은 장병과 서울시민, 그리고 군사관계 문서가 서울에 유기되어 전쟁초기에 혼란이 극도로 가중되었다.

그러나 정부는 1950년 7월 전라 남 · 북도를 제외한 「전국비상계엄령」선포와 「비상 향토방위령」을 공포하고 이어서 대통령 긴급명령으로 「징발에 관한 특별 조치령」과 「징발에 관한 특별조치 시행규칙」을 공포하여 전시자원동원을 위한 법적인 조치를 취하고 「제2 국민병」을 소집하였다. 하지만 당시 응소인원이 적어서 가두모집이나 가택수색을 통한 강제징 · 소집 등 비정상적인 임기응변식 동원에 의존했다.

이렇듯 전쟁 초기 인력동원 및 병력 확보 면에서 많은 어려움을 겪었다. 이는 남한 내 장정들을 효과적으로 소개(疏開)하거나 보호하지 못했기 때문이었다. 그 결과 전쟁 초기 막대한 병력손실 앞에서 정부와 군은 고육지책(苦肉之策)으로 가두모집과 가택수색에 의한 징집, 그리고 소년지원병, 학도의용군, 대한청년단원, 청년방위대원 등을 동원하여 전선에 투입하는 비정상적인 동원 방법에 의존하였다.

그러나 이런 조치는 국군의 전선 수요에 적시적인 도움을 주지 못하였다. 그리고 당시 부대 재편성을 위해 서해안 전투사령부를 신설하고 전남·북 및 경남·북 편성 관구사령부 예하에 신편사단의 창설 노력을 하였지만 장병 낙오병 수습에 그치고 말았고 정부차원의 장정 소집과 징집을 이루어지지 않아서 제 기능을 발휘하지 못하고 해체되거나 다른 기구에 흡수되고 말았다.

그러나 7월 중순부터 대구 제1보충훈련소에 이어서 전국 7개 훈련소를 설치하여 비록 훈련기간을 7일에서 15일로 짧았지만 신병교육을 실시하였는데, 이는 1952년경부터 창설된 사단들에게 징·소집과 병행해서 야전군훈련소에서 정상적인 훈련을 시키고 투입하는 체제를 마련하는데 밑바탕이 되었다.

1950년 8월 낙동강 방어선에서 전열이 정리되자 국군은 전시 동원 체제를 완비하기 위해 당시 잔존하던 대한청년단과 청년방위대, 유휴전력으로 남아 있는 제2국민병을 한꺼번에 묶어서 동원하는 국민방위군 설치법을 1950년 12월 제정하여 약 68만여 명에 달하는 제2국민병 장정을 소집하였으나 실패하였다. 이것은 국민방위군 사령관이나 부사령관 등 핵심 간부들을 능력이 있고 청렴하고 군인정신이 투철한 현역 장성중에서 엄선했어야 했는데, 군 경험이 전혀 없는 민간인 위주의 대한청년단 및 청년방위대의 기존 간부조직과 지휘관을 선발하여 보직함으로써 엄정한 기강확립과 지휘체계 확립에 실패하였고, 군 내부적으로도 대규모 병력을 수용하고 훈련하기 위한 준비가 미흡하였으며, 상급지휘 감독기관인 국민방위국의 설치가 지연되어 지도 및 감독역할이 적기에 이루어지지 않음으로써 부패와 부실로 많은 사상자만 양산한 채, 국민방위군 사건이란 오점을 남기고 해체되어 병력동원제도는 무산되었다.

그리하여 정부는 1951년 5월 병역법 개정을 통해 병력소집 공고제를 시행하고 국방부에 병무국을 창설하여 지구 병사구사령부를 국방부 예하기관으로 변경시키고 제2 국민병 소집과 징집을 병행하여 징집제도와 병력동원제도를 동시에 정착시켰으며, 1955년 8월부터는 제2 국민병 소집을 종료하고 지원과 징집에 의해서만 병력을 보충하였다.

그러나 국민방위군은 국군과 유엔군 철수 시 장정들을 집단으로 남하시켜 수용·보호함으로써 68만 명에 달하는 장정들에 대한 정부차원의 소개와 보호조치가 이루어졌다. 그리하여 국민방위군은 중공군의 참전 그리고 미군의 철수논의 등 국가가 가장 위급한 시기에 살아남기 위한 생존전략의 일환으로 자리매김하고 국방제도와 조직발전의 기틀을 놓았다

할 수 있다. 또한 국민방위군의 창설은 한국전쟁에서 국민총력전 체제로의 돌입을 의미했다. 만약 정부의 적극적인 지원과 각 행정부서의 유기적인 협조 하에 국민방위군을 당시 정규군이 직접 책임을 지고 운영하여 소기의 목적을 달성했다면 오늘날의 향토예비군 제도로 바로 연결되었을 것이다.

그리고 1951년 4월에 제2 국민병 소집과 더불어 육군을 20개 사단으로 확장하기 위한 국군 증강계획을 수립하고 미국정부와 협의를 하였던 노력은 비록 당시에 곧바로 관철은 되지 않았지만 나중에 미측이 요구한 한국군 장기 확장계획에 적극적으로 반영되어 추진됨으로써 제2 국민병 소집 토대가 합리적으로 발전되었다고 볼 수 있다.

물자 및 시설동원은 당시 미약한 산업기반과 한강 인도교 조기폭파로 많은 차량과 장비를 손실하게 되어 어려움이 가중되었지만 비상계엄선포와 징발에 관한 특별 조치령을 공포하고 육군본부에 민사부를 설치하여 전시 징발을 위한 긴급조치를 신속히 취함으로써 제한되나마 민간 차량 및 선박, 부동산 등을 징발하여 사용토록 보장하였다. 그러나 오늘날과 같은 전시 사용 자원 형황과 관리가 부재한 시기였으므로 현지 징발이 주종을 이루었고, 생산능력과 기술수준이 낮았으므로 전쟁 물자 및 장비는 대부분 미군의 지원에 의존하고 급식과 일부 피복, 민수용 통신 부속품, 전기, 공병 자재만 국내생산품으로 조달하였다.

(2) 북한의 동원 특징과 교훈

북한의 동원 특징과 교훈은 우선 주도면밀하게 준비된 소위 민족해방전쟁 계획에서 비롯되었다고 할 수 있다. 그래서 북한은 전쟁계획 수립과정에 전시 총동원을 위한 국가차원의 전략과 지침을 사전에 마련하고 세부 행동대원까지 조직화한 다음 전쟁발발과 동시에 잘 준비된 계획에 따라 총동원계획을 시행하였다고 할 수 있다.

북한은 총동원체제를 지도할 최고 의사결정 및 전쟁지도 기구로서 군사위원회를 설치하고 군사위원회가 정부 내각의 각부, 중앙기관 및 지방정부기관을 장악하게 함으로써 전시 총동원 체제를 완비하였으며, 북한과 남한지역을 구분하여 동시적 또는 단계별 동원계획 시행지침을 마련하여 이를 적용하였다.

그리고 전시동원 논리는 미 제국주의를 몰아내기 위한 정의의 조국해방전쟁으로 선언하고, 선전수단으로 라디오 · 신문 등 언론을 활용한 김일성의 연설 선전과 동원 및 참전고무 군중집회 · 궐기대회 · 시가행진뿐만 아니라 전문적이고 영향력 있는 대표 인사를 활용한 주민과 대중에 대한 선전활동 · 벽보 · 포스터 · 플랜카드 · 삐라 · 전단 등 홍보성 유인물 · 연극 · 영화상영 · 노래보급 등 문화예술행사, 그리고 호별방문 · 개인설득 등을 조직적으로 전개하였다.

이를 위해 6월 27일 전시상태 선포지역 권한규정 8개항, 7월 1일 18~36세 동원령 선포 등 일연의 조치를 일정별로 추진하였고 인민군 추모사업 조직과 후방강화지침을 하달하여 물자동원과 노력동원도 계획적으로 시행하였다.

또한 북한은 서울을 점령하자 남한의 동원을 위해 7월 1일 최고인민회의 정령을 공포하여 전투인력 동원을 위한 의용군 초모사업과 군중집회를 대대적으로 전개하였다.

인력동원(의용군 및 노무자)을 위해 1개 군단에 2~3경의 정치공작대를 파견하여 선전요원으로 활용하였으며, 북한지역과 동일하게 도시와 농촌지역을 구분하여 인민위원회 · 민청 · 여맹 · 학련 · 전평 등을 조직하여 지역 · 직장 · 계층별 기간조직을 적극적으로 구성하였을 뿐만 아니라 성명서 · 서명운동 전개 · 전향 좌익 활동가를 활용한 국민보도연맹 조직과 할당제식 책임 동원 체제 마련 과 단위 작업반 조직 · 복구대 등을 계획하여 노력동원으로 후방지원을 강화하였다. 또한 북한은 남한지역에서 활동하는 무장부대인 빨치산부대의 활동에 주목하여 주민들에 대한 선전선동을 강화하였다

그리고 물자동원을 위해서도 다양한 방법을 적용하였는데, 주민 저금작업을 전개하여 유휴자금을 동원하였고, 군수물자 수송 기동 공작부를 조직 운용하여 전선군수물자 보급을 보장시켰고, 귀금속에서부터 생필품, 주 · 부식류에 이르기까지 강제동원 하였다.

그러나 이와 같이 북한의 동원은 선전과는 달리 국가기관이 조직적으로 추진한 위로부터의 하향식 동원이었다. 그래서 민중의 이해관계는 무시되거나 파괴되었고 결국 북한의 전쟁수행에 막대한 지장을 초래하였다. 특히 노력동원과 의용군 모집책임자의 일관성과 조직성이 미흡하였으며, 미국의 참전으로 전쟁패배에 대한 주민의 두려움을 불식시키지 못한 가운데 전쟁 장기화에 따른 지나친 동원이 주민의 생존기반을 위협하게 되어 전쟁에 대한 혐오심이 증대하였다.

또한 전쟁실패라는 민중의 동요와 유언비어가 확산되어 동원성과가 미약해지게 되었다. 그리하여 남북한주민들이 북한의 선전을 불신하고 전시동원에 적극적으로 협조하지 않거나, 이탈 · 도주하는 사례가 증가하자 북한은 강력한 사회통제를 통하여 이를 제지하고자 했다. 하지만 강도 높은 통제와 규제는 오히려 민중의 이탈을 가속화시킬 뿐이었고 결국 북한은 남한 점령지역에서 민중의 자발적인 지지를 끌어내는데 실패하여 주민들을 효율적

으로 동원할 수 없었고 전쟁에서도 실패할 수밖에 없었다.

(3) 한국전 시 미국의 동원특징과 교훈

제2차 세계대전과 한국전 사이의 기간(1945~1950년)동안 가장 기본적인 동원의 문제점은, 미국이 대규모 동원만을 고려한 채 냉전체제하에서 발생할 수 있는 제한적 재래전의 가능성을 제대로 읽지 못해 북한의 남침을 예측하지 못함으로써 한국전쟁과 같은 국지전에 부합된 동원계획과 정책이 수립되어 있지 않은데 있었다. 그리고 평시 예비군 조직관리도 허술하여 조직적인 충원이 곤란하였으며, 중앙집권적 자산관리체계가 없어서 관리가 부실하여 보유 장비도 부적절 하였다. 또한 주방위군 뿐만 아니라 동원예비군의 예산이 삭감되어 동원예비군 소집훈련비가 부족함으로써 훈련 및 준비에도 지장을 초래하였다.

또한 한국전쟁 발발 시 한국지역으로의 동원계획과 전략군수계획이 수립되어 있지 않았기 때문에 예비군 동원이 시기 적절하게 이루어지지 못하였다. 한국전 발발 관련 미군 동원준비 및 과정과 운용상의 교훈을 요약하면 아래와 같다.

첫째, 동원준비 면에서 전반적인 미군의 동원준비태세가 미흡하였다. 당시 극동군사령부 예사 24 · 25 · 7 · 1기갑사단 등 4개 사단도 마찬가지여서 병력만 하더라도 인가의 2/3 수준이어서 보병연대를 2개 대대로 긴급재편성하여 한국으로 투입시키고 7사단이 기간요원만 보유한 채 일본에 남게 되는 등, 전투부대는 소요의 50%미만, 전투근무지원부대는 소요의 25.9%에 불과하였다. 또한 급격한 순환근무체제의 변경은 정상근무 기간보다 6개월이나 근무기간의 연장을 강요하였다.

그리고 군수품도 보유기준 60일중 약 15일이 부족하였고 유류비축 부족으로 많은 장비가 사용이 불가한 상태였고, 일본의 전후복구에 투입된 일부 장비를 회수하는 노력이 추가로 소요되었으며, 4.2인치 박격포 · 무반동총 차량 등의 전투장비가 심각하게 부족하여 전반적인 비축물자 준비태세가 부적절하였다. 그러나 전투식량만은 보유한 2차 대전 재고품을 적절히 활용할 수 있었다.

둘째, 예비군동원 면에서는 미 의회가 맥아더사령관의 요구를 충족시켜 주기 위해 신속히 징집기간을 90일에서 1년으로 연장토록 승인해 주었지만 2차 세계대전 후 해외파병을 위한 일반예비군의 동원계획이 수립되어 있지 않아서 준비태세 회복에 1년이나 소요되어 적기 동원이 불가하였다.

그리하여 전투손실 보충소요와 병력부족분에 대한 증강이 제대로 되지 않았다. 또한 동원예비군도 예산부족으로 인가병력의 1/4만 조직이 가능하였고, 동원예비군과 주 방위군의 장비를 정규군에 우선 전환시킴으로써 차량 · 무기 · 공병 · 통신 · 정비장비의 부족이 심각하였다.(연락기 100여대 , 전차 150대, 차량7,000대 ,무반동총 1000정 등)

따라서 동원예비군 40%와 주방위군 34%를 동원하여 한국군에 증원시키고, 중공군 개입 시 주방위군 6개 사단을 동원하는 데는 4개월이 지연되었다. 그러나 부족한 개별병력 보충을 2차 대전 참전 경험자들을 동원예비군으로 사용하여 조기 장비적응과 훈련시간 단축이 가능했다.

대부분의 육군에 하급 위관급 장교를 동원하여 전술적 요구에 부합되면서 진급 등의 동기가 부여 되었으며, 부족한 장비 수준에 따른 필수장비 보급계획을 작성하여 활용하였고, 육군 부관감실에서 인사기록 작성을 위한 정보제공을 위한 병력을 직접 지원하여 조기 동원 보장을 위한 노력이 병행된 점은 고무적이었다.

셋째, 다행히 1948년 6월 24일에 이미 징집법이 준비되었기 때문에 한국전 발발 시 동원시간 단축과 정규군과 예비군이 낮은 보수로도 근무가 가능하여 정부의 예산부담이 감소되었고, 1951년 중공군 참전 시는 신속한 징병확대와 복므기간 연장조치를 취하였다. 그리고 전황이 개선됨에 따라 적극적인 징집유예 조치를 취함으로써 과잉 인력동원을 예방할 수 있었다.

넷째, 초기 병력의 보충 운용기간이 6개월이나 과다하게 소요되어 14주이던 기본교육 기간을 6주로 줄이고 대신 주당 교육시간을 연장하였는데 흔련불충분으로 인한 많은 인명손실이 발생하였다. 그래서 맥아더는 부대 재편성에 소요되는 적절한 병력을 확보하기 위해 일본 사세보, 부산에 보충병 훈련소를 설치하여 훈련체제를 구비시키고 훈련 후에 공수시켜 보충하도록 조치하였다.

다섯째, 1951년 4월부터 동원병력에 대한 순환근무를 실시하여 상대적으로 보충병력 소요는 증가하였으나(1개 사단에 1개 사단 추가소요) 이를 통해 전투피로를 해소하고 사기를 진작시켰으며 순환근무를 위한 근무월수 차등적용 등의 적립제도를 시행하여 병력의 전투효율 및 부대효율 저하를 방지하였다.

여섯째, 동원병력이 신속히 한국으로 이동하도록 이동명령 기간을 2주에서 3일로 단축시키고 일본경유를 없애고 직송하여 신속한 전개를 보장하였다.

일곱째, 초기에 군수물자 조기 조달을 위해 대통령의 비상사태 선언과 국가안보 자원위원회의 기능을 보강시켜 중공군 참전 시 대량 탄약 공급 인가를 적극 조치하였고, 2차 대전 재고물자 및 장비에 대해 육군병기 재생계획을 조기에 시행하여 일본에서 병기를 재생시켜 차량의 78%, 전투차량의 82%, 전차의 45%를 근접 보충하여 신속한 산업동원 및 조달체제를 확립하였다.

여덟째, 전략 군수지원 면에서 일본에 있던 군수사령부가 능력의 2배 이상의 군수지원임무를 담당하게 되고 부가적으로 교리에도 없던 점령임무까지 수행하게 되어 심각한 기술인력 부족에 직면하였다. 미군은 부족인력을 일본 노동자에 의존함으로써 군수사령부가 영구 조직화 되지 않고 분배계통의 하나로 남게 되었다.

그리고 한국전에 대비한 군수지원계획이 사전에 준비되지 않아 우발사태 발생시 마다 현지 군수사령부가 발전하게 되었다. 특히 부산 군수사령부는 작전지원, 피난민, 전쟁포로 등으로 임무가 과중하였다. 또한 미 10군 전개시의 제3 군수사령부는 북진할 때는 경인지역에 위치하였는데 10군단이 다시 동해지역 상륙작전을 수행하자 서울 인천지역에 있던 2 군수사령부가 군수지원임무를 수행하게 되어 서부지역의 미8군과 10군단에 대한 동시 정보교환과 군수지원상의 제한이 발생하였다. 특히 10군단이 함흥에서 철수할 때에는 장비와 병력의 후송계획 수립을 위한 교범마저 부재하여 계획수립이 곤란하였다.

또한 부산 군수사령부로부터 병참선 신장과 동서 교통의 제한, 도로상태 불량, 철도수송 종점지역의 하역 화차가 과다하여 1951년 중반에는 만성적 화차 부족에도 불구하고 1/3의 화차를 놀리고 있던 상황이 발생하였으며, 철도체계 피해 시 철도가 없는 지역을 대체할 충분한 트럭이 없어서 군수 동원지원이 제한되었다. 그리고 부산과 전방지역에 훈련된 근무부대원의 부족과 취급 장비의 부족, 방만한 통제에 따른 병목현상을 완화하기 위해서는 중간지점에 저장 공간을 확대할 필요성이 제기되었다.

한국전 당시 미군의 동원 시행과정에 대해 미군이 도출했던 검토 및 문제점을 다음과 같다.

① 산업동원의 준비태세 면에서 국가안보 자원위원회와 군수위원회의 분쟁은 관료주의

적 관할다툼으로 군 · 민 관계가 산업동원계획과 전쟁 중 실제 동원에 미친 영향이 컸다.

② 극동사령부의 보급 준비태세는 비상사태에서 부적절한 것으로 판명되었다.

③ 한국전 당시 산업분야와 정부분야에서 중요한 업무를 수행하고 있던 예비군의 소집여부 판단이 중요했다.

④ 당시 군별로 징집 연기와 징집 유예에 대한 혼란이 많았다.

마. 중공군 개입 시 전투현장의 사건과 동원 절차 간의 관계에 대한 사례연구로서 검토가 필요하다.

⑤ 1951년 훈련장비가 부족하여 부분적 산업동원을 실시하였으나 방위군부대 동원이 지연되었다.

⑥ 징집 신병들의 소집시간이 지연되었다.

⑦ 극동사령부의 대규모 보충소요는 훈련 중인 부대에 커다란 압력으로 작용했으며, 인력소요에 부응하기 위해 훈련 기간의 축소가 불가피했다.

⑧ 인천 상륙 이후의 낙관적 분위기 때문에 보충계획이 감소함으로써 몇 달 후 분위기가 반전되었을 때 큰 손실을 입었다.

⑨ 군사적 소요는 세계대전 및 한국전 중, 군과 민간 동원전문가들 사이의 논쟁이 발생하였다.

⑩ 제한전 수행을 위한 산업동원은 전쟁이 6개월 이내에 종료될 것이라는 안일한 가정으로 군수지원을 무능하게 하였다.

⑪ 한국전 초기 무계획적인 선적으로 수송된 많은 품목들에 대한 기록이 없으며, 수송된 보급품의 계산이 불가능하였다.

4. 미래지향적인 예비전력 구축 및 동원사상 발전

가. 예비전력 구축

국가총력전을 수행하기 위한 예비전력은 개념적(이론적)으로 상비전력에 대응되는 개념으로서 총체전력의 구성내용 중 상비전력 이외의 비상시 전력으로 전환될 수 있도록 체계화되어 있는 국가의 인력 · 물자 · 정신전력 등의 전 전력으로 정의할 수 있으나, 실체적(실무적) 정의로는 전시 상비군사력의 확장 및 보충을 위해 동원대상이 되는 인적 · 물적 자원의 집합으로 규정할 수 있다.

결국 예비전력이란 현존하는 상비전력을 제외한 국가동원차원에서 동원 가능한 총체적인 의미의 전쟁수행 능력이라 할 수 있으며, 국가동원이 '국력을 전력으로 결집시키는 것'을 의미한다.

따라서, 국가동원에는 군사동원에 의한 인원 · 물자 · 시설 · 행정 · 경제동원에 의한 산업 · 경제통제 · 기타동원, 그리고 정신 · 정보 · 과학기술 및 기타요소 외에 민방위 등 국력의 모든 요소가 그 대상이 된다고 할 수 있다. 이러한 국가동원 대상들이 동원절차에 의해 동원이 되어 전력화되었을 때 이를 예비전력이라 할 수 있다.

이에 비해 동원전력이란 국가동원의 일부라 할 수 있는 군사동원을 통해 그 대상 요소들이 전력화되었을 때 이를 동원전력이라 할 수 있다. 다시 말해, 국가동원의 군사적인 부분 즉. 잠재 군사력의 현존 군사력화를 군사동원이라 하였으므로, 동원전력이란 평시 편제로부터 전시 편제로 바뀜에 따라 발생하는 추가적인 군사력 소요를 군사동원으로 보충되는 전력을 의미한다. 따라서, 동원전력은 군사동원의 대상이 되는 인력 · 물자 · 재화 · 용역 · 시설. 행정 등의 요소로 구성되며, 이러한 군사동원의 대상 요소들이 군사동원절차에 의해 전력화되어 전력으로 표출되는 것과, 이러한 동원 체제 및 동원능력을 동원전력이라 할 수 있으며 국가동원차원에서 예비전력의 한 부분전력이라 할 수 있다.

즉, 국가동원을 '국력을 전력으로 결집시키는 것'이라 할 수 있고 군사동원을 '잠재군사력의 현존 군사력화'라 할 수 있다.

국력이라 함은 국가가 국가 목표달성을 위하여 사용할 수 있는 총체적인 역량을 말한다. 즉 국력이란 국가동원의 대상이 되며, 국방상의 목적 달성을 위하여 국력을 전력으로 결집시키는 것을 국가동원이라 할 수 있다. 그러므로 전력은 국가의 전쟁수행능력으로써 국력의 제요소가 전생수행을 위하여 조직화되어 하나의 집약된 힘을 형성할 때의 힘이라 할 수 있으며, 군사전력 · 경제전력 · 정치전력 · 사상전력 등으로 구성된다고 할 수 있다.

국가가 전쟁목적을 달성하기 위해서는 국력과 전력, 그리고 군사력이 일치되는 것이 바람직하다고 할 수 있다. 따라서 각 국가는 그 국가의 능력에 맞는 적정규모의 상비 군사력만을 보유하고, 유사시 전력화할 수 있는 미래지향적인 예비전력 구축 체제를 발전시키고 있다.

국가가 전쟁목적을 달성하기 위해서는 국력과 전력, 그리고 군사력이 일치되는 것이 바람직하다고 할 수 있으나 현실적으로 불가능한 일이다. 따라서 각 국가는 그 국가의 능력에 맞는 적정규모의 상비군사력만을 보유하고, 유사시 전력화할 수 있는 동원 체제를 발전시키고 있다.

그러므로 국력을 효과적이고 효율적으로 결집할 수 있는 동원체제가 필요하다고 할 수 있다. 국력의 규모가 크다 하더라도 이것을 체계적이고 효과적으로 결집시키지 못한다면 국가 목표의 달성이나 전쟁에서의 승리는 기대하기 어렵기 때문이다.

따라서 총력전 체제 하에서 국가자원을 최대로 발굴하고 전력화하여 인적 · 물적 동원의 적시성 및 효율성을 제고하도록 동원 체제를 발전시키고, 적의 기습적인 공격에 대비하여 초전 동원보장 및 동원능력의 즉각적인 전력화를 보장할 수 있도록 하여야 한다.

인류의 역사는 오랜 전쟁의 경험을 가지고 있으며, 이러한 전쟁의 경험 속에서 군사력의 역할과 기능을 볼 수 있었다. 그러나 이러한 군사력에 대한 개념은 전쟁의 목적, 전쟁의 형태, 과학기술의 발전과 밀접한 관계를 가지고 지속적으로 확대되어 왔다.

순수한 병력만을 의미하는 군사력에서 과학기술의 발달에 따른 무기체계의 발전으로 군사력은 병력뿐만 아니라 무기체계 즉. 기계적 요소를 포함하는 의미로 확대되었으며, 전쟁목적의 변화에 따른 전쟁규모의 확대와 전략과 전술의 발전은 병력. 기계적 요소 등과 같은 유형적 능력 외에 조직의 질과 전략, 전술 등의 무형적 요소로까지 군사력의 개념을 확대시켰다. 또한 국가 총력전 개념의 등장으로 군사력의 의미는 현존하는 군사력뿐만 아니라 잠재력을 포함한 국가의 모든 역량을 의미하는 것으로 확대되었다.

일찍이 클라우제비츠(Carl Von Clausewitz)는 군사력을 정의함에 있어서 정치목적을 달성하기 위한 하나의 수단이라 정의하였다. 즉. 군사력은 국가가 그들의 힘을 구성하는 여러 가지 도구 중의 하나일 뿐이다. 그래서 클라우제비츠 이래 군사력을 외교, 경제적 제재 및 선전 등과 더불어 여러 가지 정치술수의 한 수단으로 간주되는 것이 통상의 인식이다.

국가동원 중에서 군사적인 부분 즉. 잠재 군사력의 현존 군사력화를 군사동원이라 한다면 이러한 군사동원의 목표는 군사활동을 위한 인력 · 물자 · 재화 및 용역 등 적량의 자원을 적시에 적소로 운용할 수 있도록 하는 것이라 할 수 있다. 즉. 군사전력의 확보, 보강을 의미한다.

그러므로 국력을 효과적이고 효율적으로 결집할 수 있는 동원체제가 필요하다고 할 수 있다. 국력의 규모가 크다 하더라도 이것을 체계적이고 효과적으로 결집시키지 못한다면 국가 목표의 달성이나 전쟁에서의 승리는 기대하기 어렵기 때문이다.

나. 총력전 대비태세의 강화

오늘날 군사력에 대한 정의는 학자마다 여러 가지 견해가 있으며 이는 군사력의 복잡성을 나타내는 단적인 예라 할 수 있을 것이다. 쥴리안 라이더(Julian Lider)는 "군사력이란 가상적국과의 관계에서 한 나라가 갖는 실질적인 군사적 힘이라고 해석될 수 있으며, 비상시 동원될 수 있는 잠재적 혹은 잠재군사력으로 해석될 수도 있으며, 다른 국가에 의해서 추정된 군사력이라고 해석될 수 있다"고 하였다.

클라우스 노어(Klaus Knorr)는 국가이익의 국제적인 충돌을 해결하기 위한 하나의 수단으로 정의하였으며, 현재군사력과 추정군사력으로 해석하였다. 오스굿(Robert E, Osgood)은 군사력은 한 국가의 정치목적을 달성하기 위한 수단이라고 정의하였으며, 미국의 공군대학에서는 군사력이란 국가목표을 달성하기 위한 잠재적인 폭력이며, 국가생존에 있어서 하나의 필수적인 조건이라고 하였다.

한국의 하대덕 교수는 군사력은 정치의 목적을 달성하기 위하여 정부가 타국의 정부와의 관계에서 사용하는 합법적으로 허용된 폭력의 수단이며, 필요한 경우에는 국내적 안전보장에도 사용되는 폭력수단이라고 정의하고, "이러한 군사력은 국가가 그들의 국가이익을 추구함에 있어서 적절한 때에 사용하는 종합적인 힘을 구성하는 여러 가지 도구 중의 하나로서, 국제정치의 궁극적 제재수단인 동시에 비군사적 수단의 효용을 높여주는 배경이기도 하다"고 하였다.

장문석 교수는 군사력은 국력의 일부로서 국가이익의 국제적인 충돌을 해결하는 수단이며, 국가가 지향하는 정치적 목적을 달성하기 위한 직접적인 물리적 수단이라고 하였다.

이상과 같은 정의에서 볼 때, 군사력의 의미는 국방대학원의 정의처럼 국가안전보장을 위한 직접적이며 실질적인 국력의 일부로서 군사작전을 수행할 수 있는 군사적인 능력과 역량이라 할 수 있다.

오늘날에는 군사력의 정의가 확대되어 온 만큼 군사력의 구성도 그 범위를 계속 증가시키고 있다. 국가 총력전 개념의 도입으로 오늘날에는 군사력의 구성요소가 복잡하고 광범위해져 학자들마다 다양한 견해를 피력하고 있으며 이러한 것이 군사력의 평가를 어렵게 하는 요인이 되고 있다.

「군사력과 잠재군사력」의 저자인 클라우스 노어(Klaus Knorr)는 그의 저서에서 추정군사력 즉. 군사 잠재력은 군대의 규모, 장비, 능력범위와 관련되며, 군대는 군사력의 필수조건이기는 하지만 충분조건은 아니라고 정의하였다.

또한 퀸시 라이트(Quincy Wright)는 군사력의 구성요소를 군비, 군사잠재력, 국민사기, 국제적 성망(聲望)으로 분류하고 이를 세부적으로 보면, 군비는 현존무기 · 무기의 저장요소 · 기지 · 전략 · 공군 · 군비태세 등으로, 군사잠재력은 지세 · 자연자원 · 교육정도 · 지구력 · 인구 · 식량 · 산업시설 · 경제체제 · 과학기술 등으로, 국민사기는 애국심과 국가번영제도, 국제적 성망(聲望)은 동맹관계와 조약관계로 구분하였다.

국방대학원에서는 군사력을 동원된 군사력과 잠재적 군사력으로 분류하며 동원된 군사력인 국가의 무력 형성은 임전해서가 아니라 전쟁 전에 이루어짐으로써 국가의 상비적인 직접 전력으로 유지되는데, 이 무력이 군사력을 의미한다고 하였다.

또한 잠재적 군사력은 전쟁에서 승리하기 위하여 적 전력의 직접적인 파괴 수단인 무력이외의 수많은 요소가 직접, 간접으로 적절한 시기와 장소에서 적에게 가해짐으로써 이루어지는데 이와 같은 의미에서 무장된 군 자체를 제외한 군사력에 관련되는 모든 요소를 의미한다고 하였다.

이와 같은 정의는 총력전을 구성하고 있는 하나의 부분 전력인 무력을 의미하며, 좁은 의미의 군사력으로서 국가의지를 구현하기 위한 비상수단으로서 조직한 전투력이며, 이 무력은 총력전의 진행과정에서 적 전력의 직접적인 파괴 수단이라는 의미를 전제로 하고 있다.

따라서 전쟁을 수행하는 군사력의 구성은 현존군사력과 잠재군사력으로 구성되는데, 현존군사력은 상비전력과 동맹전력을 의미하며, 잠재군사력은 동원전력과 민방위전력을 들 수 있다.

이상에서와 같이 군사력은 총력전수행에 직접적인 영향을 미치는 현존하는 능력뿐만 아니라 전투수행에 직접적인 영향을 미치는 능력으로 전환할 수 있거나 전투수행에 간접적인 영향을 미칠 수 있는 능력을 포괄적으로 의미한다.

이를 다시 구분하면 현존 군사력과 잠재적 군사력으로 분류하고 다시 현존 군사력은 활용영역에 따라 지상전력 · 해상전력 · 공중전력으로 분류할 수 있으며, 잠재적 군사력은 국가의 모든 동원전력과 민방위전력으로 분류할 수 있다.

다. 총력전 수행을 위한 예비전력

북한군의 남침전략은 기습 및 속전속결 전략으로 개전초기 전장의 주도권을 장악하고 대규모 화력집중과 기계화부대의 고속 종심기동으로 미 증원군 전개 이전에 전쟁을 종결하고 한반도를 석권하려는 것으로 정규 군사력의 기습공격과 동시에 특수전 부대의 대량 후방침투로 동시전장화를 꾀하면서 우리나라 동원전력의 실질전력화 차단에 주력을 둘 것으로 예상된다.

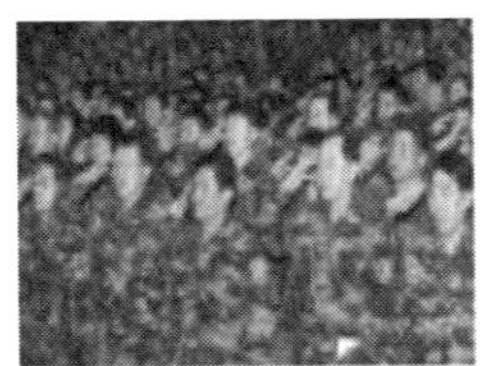

이러한 북한의 군사전략을 볼 때 한반도에서 전쟁이 발발한다면 그것은 전면전, 단기속결전, 전국의 동시전장화의 양상일 것이므로 이에 대한 대비가 요구되며 예상 밖의 양상으로 사태가 진전되는 경우에 대해서도 준비해야 한다. 즉 전면전 대응, 초전즉응태세, 수도권 방위태세, 후방지역 및 주요 산업시설 방어 등을 위한 대비를 갖추고 국지도발과 테러 및 비정규전 대응태세를 완비해야 할 것이다.

이러한 대응전력을 확보하는 확실한 길은 강력한 상비군을 육성하고 충분한 전쟁물자를 확보하는 것이나 자유민주주의 국가에서 상비군을 증강하고 전쟁물자를 비축하는 데는 한계가 있기 마련이므로 전쟁의 방지 또는 승리를 위한 유일한 선택은 충분한 예비전력을 확보하는 것이다.

이처럼 현대전은 국가총력전이므로 상비군만으로 전쟁을 수행한다는 것은 불가능하며 오히려 상비군 이외의 예비전력이 얼마나 크고 잘 훈련되어 있으며 동원체제와 준비가 얼마나 완벽한가에 따라 전쟁의 승패를 좌우한다. 예비전력은 평시에는 국가 경제발전과 국민복지증진에 직접 기여하면서 유사시에는 군사력에 편입되는 자원이므로 국가안보와 복지라는 상충적 목표를 동시에 달성하고자 하는 우리나라로서는 현재 300만 이상의 예비군을 어떻게 전력화 하는가가 중요한 과제가 아닐 수 없다.

왜냐하면 상비군은 시간적으로 초전즉응세력으로서 그리고 지역적으로 최전선방위의 핵심전력이어야 하지만 전쟁지속을 위한 전력, 수도권과 주요 산업시설 및 후방지역의 방위전력은 예비군에 의존할 수밖에 없다. 나아가 국민들의 확고한 국방의지와 효율적인 교육훈련, 완벽한 동원제도 등이 결합된 강력한 예비전력은 가장 확실한 전쟁 억지력이기 때문이다.

우리나라의 예비전력은 사회 안정과 경제발전의 핵심전력으로서 평시 경제활동의 주역으로서의 역할을 최대한으로 보장하는 가운데 잠재전력으로서의 능력이 극대화 되도록 효율적으로 관리되어야 하는 과제를 앉고 있다.

라. 동원사상 확립 방안

(1) 동원 시 보상관련 법규 발전

국민들의 동원사상을 고취시키기 위한 방안은 우선 전시 등 국가 비상사태시에 동원되는 인적자원에 대한 보상의 현실화를 위한 법규의 발전이 요망된다.

현행 법규상 전시 동원되는 자원은 현역에 준한 보상을 받게 되었다. 즉 동원되는 간부급은 그에 준하는 현역의 급여와 전투수당을 받고 예비역의 병 또한 그에 해당되는 월 급여 외에 30%에 해당되는 전투수당을 추가하여 지급하도록 규정함으로써 소정의 보수를 받게 되어 있다.

따라서 이를 동원자원, 특히 기혼자나 가족의 생계를 맡고 있는 자의 가족들이 전시 적절한 생활을 유지할 수 있도록 전시급여를 지불하는 법규를 발전시켜야 하며 이를 위해 관련 법규를 다음과 같이 보완시킬 필요가 있을 것이다.

전시 동원된 인적자원들에게 충분한 보상을 할 수 있다면 바람직하겠으나 그렇게 하기에는 전시 재정운영상 많은 제한을 받을 수 있으므로 최소한 전역 후 국민 기초 생활법에 지정한 부양의무자가 있을 경우에 한하여 동원 시 보상을 법규화 하는 것이다. 이는 부양의무가 없는 자들이 동원될 시와 형평성 문제가 제기될 수 있겠으나 이들이 부양할 가족이 없음을 고려한다면 어느 정도 수용할 수 있을 것으로 본다.

한편 향군법에 의거 예비군을 동원할 시 이에 따른 보상제도도 보완을 필요로 한다. 현행 향군법에 의거 전 · 평시 예비군을 동원할 시 이에 관련되는 보상에 관해서는 전 · 평시 불문하고 최소한도로 생계가 보장될 수 있도록 보상관련 법규를 보완하여야 한다.

이와 같이 법규를 보완하여 예비군 동원에 따른 최저생계비를 보장해 줄 수 있도록 관련 법규 및 규정을 적용하여 실제 보상을 함으로써 예비군동원 응소율을 높이고 임무수행능력을 향상시키는데 많은 도움을 줄 수 있을 것이다.

다음은 비자법과 전시자원동원에 관한 법률(대통령 긴급명령)의 보완 필요성이다. 즉 전시 동원에 대비하여 평시 동원 지정되어 있는 물자나 또는 업체를 소유하는 자에 대한 보상관련 법규의 보완 내용이다.

이와 같이 법령을 보완하고 동원 지정된 업체나 장비 등을 소유하고 있는 사람들에게 이 법적제도를 홍보하고 실질적인 세제지원이나 경비지원 등을 통해서 전시 동원에 따른 임무를 수행할 수 있는 준비태세를 자발적으로 갖추도록 해야 할 것이다. 이러한 근본적인 문제를 우선 해결하는 것이 실제 상황에서 국가동원능력과 국민들의 동원사상을 고취시키는데 기여 할 것이다.

(2) 제도적 보완 발전

국민들의 동원사상을 확립시키기 위해서 우선 제도적으로 보완 발전시켜야 할 사항을 구체적으로 고찰해 보았다.

첫째, 한국전쟁이나 베트남전 참전 국가유공자들에 대한 명예심 고양과 적절한 보상, 원호 및 가료대책 등이 종합적으로 보완 발전되어야 할 것이다.

정부에서는 이들이 경제적으로 궁핍하게 살지 않도록 보상을 현실화하고 진료 등 치료대책과 국가유공자들의 명예심 고양활동을 강화하여야 할 것이다.

둘째, 국군포로로서 북한을 탈출하여 귀환한 자와 아직도 북에 억류되어 있는 자의 가족, 전사나 실종된 자의 가족들에 대한 국가적 배려와 보상을 해야 할 것이다.

복귀한 자에게는 충분한 보상과 배려가 필요하며, 북에 억류되어 있는 국군포로들에 대하여는 정부가 지속적으로 이들이 조국의 품으로 돌아올 수 있도록 노력을 해야 하고, 전사자나 실종자들의 가족에 대한 보상금도 현실화가 되어야 할 것이다.

국방부에서는 한국전쟁 중 전사한 국군의 유해 발굴 활동을 전개, 국립묘지에 안장하고 있으며, 이런 활동은 국민들의 안보의식 제고와 유사시 동원되는 동원자원들의 동기를 유발하게 할 것이다.

이는 국민들로 하여금 국가에 대한 믿음과 신뢰를 줌으로써 국가가 위기 시에 적극적으로 나서서 위기극복을 하는데 커다란 기여를 할 수 있을 것이다. 정부나 국방부에서는 이를 위해 국가의 보훈기능, 예산 등을 전향적으로 뒷받침해야 할 것이다.

셋째, 국민들의 동원자세 확립을 위하여 병역의무의 공정성 확보와 병역의무를 이행한자에 대한 국가차원의 배려도 고려해야 한다.

따라서 병역특례제도를 검토해 볼 필요성이 있고, 아울러서 병역관련 비리가 최소화되도록 비리자 처벌법규 강화와 병무행정 선진화 등이 지속되어야 한다. 그리고 병역의무 이행자에 대한 배려도 발전시켜야 할 것이다.

우리나라는 군복무자들에 대한 가산점부여 제도가 헌법재판소의 위헌판결로 폐지가 되었으므로 적어도 군복무 경력을 직장경력에 반영되게 하고, 병역의무를 마친 제대군인들에게 군복무를 보상해 줄 수 있는 제도의 강력한 실천도 필요할 것이다.

이와 같은 조치들은 단순히 병역의무를 마친 것에 대한 보상뿐만 아니라 궁극적으로는 군복무를 자랑스럽게 여기며 국가와 민족을 아끼고 사랑하는 자발적인 애국심이 고취될 것이다. 그리고 국가의 비상사태가 발생한다면 스스로 희생정신을 발휘하여 참여할 수 있을 것이다.

(3) 국민 안보교육 강화

국민 동원사상의 확립을 위해서는 학교교육을 통하여 건전한 국민정신을 확립하고 군대교육을 통해서 확고한 안보관을 확립하며, 군에서 제대를 한 뒤에는 일반시민으로서 범국민적인 안보의 주체가 될 수 있도록 교육과 홍보가 필요할 것이다.

학교교육에서는 건전한 국민정신 함양을 위한 윤리교육과 국가관 확립에 기여할 국사교육이 보다 강화되어야 한다. 이스라엘이 주변 아랍국들과의 전쟁에서 싸워 이길 수 있는 요인에는 여러 가지 있겠지만 그 중의 하나가 이스라엘은 신이 택한 국가(선민의식)라는 자부심을 갖고 있으며, 또한 지난 2천여 년의 쓰라린 역사를 잊지 않기 위해 이를 반복 교육하며 어려서부터 가드나에 편성되어 심신을 단련하고 국토개발 정신을 함양하며 군사훈련을 통해 필요시는 보조부대로서 활용할 수 있도록 교육을 하는 등, 국민정신 확립을 위한 노력의 결과이기도 하다.

국방부에서는 중 · 고교 교육과정에 호국안보의식과 국가관을 확립하기 위하여 교과과정에 포함되도록 협조를 하고 여러 종류의 비디오테이프와 포스터 등을 제작 지원하여 교육자료로 활용토록 하고 있다. 뿐만 아니라 학생들에게 전방견학과 군부대견학 등을 통해 호국안보교육을 실시함으로써 올바른 정신자세 확립에 기여하도록 하고 있다.

우리나라는 적어도 학교교육에서 올바른 정신자세 확립을 위해 윤리교육과 국사교육을 독립된 교과로 학습을 강화해야하며, 안보의식 함양을 위해 이와 관련되는 자료나 시설 등은 군에서도 지속적으로 지원할 수 있도록 노력하여야 할 것이다.

군에서도 현역이든 보충역이든 복무할 당시 무엇보다도 안보정신교육에 대한 강화가 요망된다. 이들은 군복무 또는 소집해제 후 병력동원이나 전시 근로소집 동원대상이 되는 자원으로서, 군 복무 기간에 숙지한 투철한 안보정신교육이 사회에서도 큰 영향을 미치고 국민들의 동원사상 형성에 커다란 기여를 하게 될 것이다.

국민들의 동원자세 확립을 위해 예비군훈련 시 안보교육은 다른 어느 교육보다도 강화되어야 하며, 이를 위해서 교육의 주체인 각급지휘관 또는 참모장교들은 무슨 내용을 어떻게 교육함으로써 효과를 제고시킬 것인가에 대하여 깊은 연구와 노력이 뒷받침 되어야 할 것이다.

안보교육 뿐만 아니라 예비군들을 대상으로 하는 모든 훈련들을 철저히 준비하고 실시함으로써 예비군들로 하여금 예비군훈련의 필요성과 성과를 인식케 하여 훈련에 자발적으로 참여토록 하는 것도 중요할 것이다.

한편, 군에 대한 기존 인식전환이 중요하다. 동원되는 예비군들을 포함하여 모든 국민이 군을 믿음직한, 신뢰할 수 있는 집단으로 인식될 수 있도록 다각적인 노력이 필요하다. 군에 대한 믿음과 지휘관들에 대한 신뢰는 국가의 위기시에 모든 동원자원과 국민들의 자발적인 참여를 기대하게 되고 이런 것들이 동원사상의 밑거름이 되는 것이다.

일반사회에서는 국민들을 대상으로 범국민적인 안보 공감대 형성을 위한 캠페인과 교육이 필요하다. 국민들에게 안보에 관하여 알려줄 것은 과감히 알려줌으로써 국민이 국가안보의 주체임을 인식케 하고 현실을 바로 보게 하여 국가에 비상사태가 발생 시 에는 국민들이 위기극복에 자발적으로 참여할 수 있도록 하여야 한다.

우리 국민들은 국가의 안보가 제일 중요한 것임을 잘 알고 있음에도 불구하고 안보교육에 대한 거부감을 갖는 경향이 있다. 이러한 것은 구태의연한 교육방식과 동기유발이 미흡하고 체계적인 교육진행이 이루어지지 않고 있기 때문이다.

이런 기본교육들은 언론 보도매체를 이용하여 수시교육을 하는 방식이나 민방위의 날 행사나 교육시간을 활용하여 생활화하고 자연스러운 주입식 홍보를 실시하는 것이 효과적일 것이다.

국민들의 동원사상 확립을 위해서는 법적 · 제도적인 사항의 보완도 중요하지만 더욱 큰 의의는 모든 국민이 스스로 나라를 지키고자 하는 정신적 결속과 자발적인 참여 자세를 유도하는 것이다.

(4) 적극적인 예비전력 홍보

미래 지향적인 예비전력 발전과 동원사상 고취를 위해서는 대국민 공감대 형성이 무엇보다도 우선되어야 한다. 앞에서도 지적했지만 지금까지 우리군은 현역 위주의 홍보 전략으로 예비전력에 대한 체계적이고 조직적인 홍보는 제대로 이루어지지 못하고 있는 실정이다.

홍보를 기업의 생존전략으로 여기고 기업 이미지 광고를 위해 한 해에 수천억을 마다하지 않고 있는 시대에 살고 있으면서도 심지어 군 전문 홍보매체 조차도 예비전력에 대한 홍보에는 관심을 보이지 않고 있어 안타깝기만 하다. 향후 예비전력이 우리나라의 주요전력으로서의 역할을 수행하기 위해서는 체계적이고 조직적인 홍보를 추진해야 할 것이다.

첫째, 조직적이고 체계적인 홍보를 위해서는 중 · 장기적인 홍보 전략을 수립하고 이를 효율적으로 시행할 수 있는 전문 홍보조직이 필요하다.

따라서 국방부 정훈 공보관실과 각 군에는 예비전력 전문 홍보팀이 편성되어야 하며, 시행부대에는 추가적인 조직편성이 현실적으로 어려운 점을 고려하여 동원업무 수행부서에서 홍보업무를 수행해 나갈 수 있도록 임무를 명확하게 명시하여야 한다.

둘째, 동원사상 고취와 예비전력을 강화해 나가기 위해서는 무엇보다도 국민적인 공감대 형성이 중요하다. 국민적 공감대를 형성하는데 있어서는 언론을 통한 지속적이고 조직적인 홍보 노력도 필요하지만 현재 전쟁기념관과 독립기념관 등과 같이 국가 차원에서 운영하고 있는 대규모 기념관에 예비전력 홍보를 위한 상설 홍보관을 설치하여 기념관을 찾는 국민들로 하여금 자연스럽게 예비전력에 대한 이해를 높여가도록 하는 것이 매우 효과적이다.

셋째, TV나 라디오 방송 프로그램에 '국가안보 문제 전문 방송코너'를 개설하되 방송소재를 다양화하고 내용을 흥미롭게 구성하여 시청자에게 가까이 다가서면서 국민들의 동원사상 고취와 예비전력분야에 대한 홍보를 지속적이고 체계적으로 추진해 나가야 할 것이다.

넷째, 국가 기관 중 예비전력 분야에 근무하고 있는 저명인사, 군에서 오랜 기간 예비전력관련 분야에 복무 후 전역한 인원, 대학의 군사학분야 재직 교수, 연구기관 연구원, 예비군지휘관 등 각계각층의 전문가들을 자문위원으로 위촉하여 홍보요원으로 활용하게 되면 더욱 효과적일 것이다.

다섯째, 일반 홍보매체를 활용한 기획홍보가 필요하며 동원관련 정책 기동홍보팀 운영 등이 효과적일 것이다.

마지막으로 예비군의 날 행사를 국가 행사화 하고 예비군 주간을 정하여 예비군과 관련된 행사를 다수 편성하여 관심을 가질 수 있도록 해야 할 것이다. 그리고 행사와 연계하여 예비군들의 활동상에 대한 다양한 홍보활동도 펼쳐나가야 할 필요성이 있다.

4. 결론

국가의 가장 큰 책무중의 하나는 인간의 존엄성과 가치를 규정하고 있는 헌법정신에 비추어 국민의 생명과 재산을 보호하는 것이다. 따라서 국민의 행복과 안전을 지키기 위한 비상대비 업무는 가장 기본적이고 중요한 영역이라고 할 것이다.

특히 오늘날과 같이 국익을 중시하는 각 국가들이 자국의 강력한 힘에 의해 지배되는 안보정세 속에서 단지 탈냉전시대가 도래하고 평화공존의 새로운 질서가 형성되어 전쟁도발 가능성이 줄어든다고 하여 국민의 안보의식과 비상대비 의식이 약화되고 있음은 안타까운 일이 아닐 수 없다.

다만 오늘날에는 안보 개념이 종래와 같이 군사중심의 안보개념에서 비군사적 분야까지를 포괄하는 종합 안보개념으로 변화하고 있고, 전시 이외에도 각종 재난 시 비상대비의 수요가 날로 증가되는 추세에 있으므로 현재와 같은 전시대비 위주의 비상대비 체제로는 당면하는 시대상황에 효율적으로 대처하기 곤란할 뿐만 아니라 국민적 공감대를 얻기도 어려워질 것이다.

오늘날의 국가동원이 추구해야 할 동원의 개념과 역할을 고찰해 보고 국가동원의 본질이라 할 수 있는 동원사상의 개념을 정립하기 위하여 세계 각국의 동원역사를 고찰해 보았다.

과거에는 현재처럼 사전 준비되고 계획된 동원을 아니었으나 고대 그리스의 도시국가로부터 로마시대까지 계승된 국가 총력전 개념의 시민군제는 국가동원의 효시라 할 수 있을 것이다.

로마제국 멸망에 이은 중세에는 봉건 전제군주들의 패권과 왕권쟁탈을 위한 전쟁이 계속되었으며 당시의 군대로는 봉건영주 및 군주의 기사나 용병이 보편적으로 운용되었다.

18세기말의 프랑스 대혁명은 유럽사회의 근간을 변화시켰으며 특히 혁명세력을 지원하면서 프랑스혁명의 확산을 우려한 유럽제국과의 전쟁은 국민군을 탄생시켜 봉건 전제군주들의 재력으로 군대를 유지해 대규모의 병력이 동원된 국가총력전으로 전쟁의 양상을 변화시켰다.

미국의 남북 전쟁은 최초로 총력전 개념이 적용된 전쟁으로서 수행하면서 군대를 확장하고 군수물자를 조달하는 과정은 향후 미국 동원 체제 발전의 기틀이 되었다.

제1차 세계대전을 계기로 전쟁의 규모가 확대되고 장기 지구전 화하여 대량 소모전 양상으로 변화시켰고, 제2차 세계대전 시에는 제1차 세계대전의 경험과 전쟁발발 이전에 수립해 놓은 계획에 따라 쌍방이 비교적 국가동원을 철저하고 완벽하게 수행하였다고 볼 수 있다.

제2차 세계대전 종료와 함께 세계는 다시 자유진영과 공산진영간의 냉전 체제하의 대립과 긴장이 고조되면서 양 진영은 이전의 대규모 동원 체제를 그대로 유지하였지만 한국전과 같은 국지전에 대한 동원 대비는 소홀하였다.

그러나 각국은 경제동원의 중요성을 자각, 전략물자를 비축하고 기간산업의 생산능력을 육성하는 한편, 적의 공격에 의한 피해를 감소시키기 위하여 산업시설을 분산시키고 지하화 하는 노력과 함께 핵전쟁에 대비한 개념도 발전시키게 되었고, 제2차 세계대전 이후의 신생 독립국가들도 현대적 개념의 국가동원 체제를 발전시키게 되었다.

한편 미국은 한국전을 계기로 국지전에 대비한 동원과 부대전개, 운용개념을 실질적으로 발전시킴으로써 걸프전과 아프간 전쟁, 최근의 이라크전쟁을 준비 및 수행하는 과정에서 새로운 국가동원 전략의 전형을 보여주게 되었다.

역사는 미래의 거울이라고 하였듯이 전쟁을 대비하지 않는 국가는 반드시 외침을 받아 국가의 존립을 위협받거나 패전의 고초를 겪게 되는 것을 우리의 역사나 세계사속에서 자명하게 볼 수 있었다.

국가동원이라는 큰 명제가 역사상 대소의 전쟁에서 어떻게 운용되었으며 국력의 조직화가 어떻게 전장에 영향을 미쳤는지 정리하였다. 이러한 세계전쟁의 역사에서 나타난 동원사상은 생존과 자기보호, 나아가 국가와 민족을 지키기 위한 숭고한 애국심과 투쟁정신이었다.

누구나 평화를 말하고 원하지만 아무나 평화를 누릴 수 없으며 이는 스스로를 지킬 수 있는 힘이 있을 때만 가능하다. 제2차 세계대전 중 유일하게 독일의 침략을 받지 않은 영세중립국 스위스, 그리고 작지만 중동의 강한나라 이스라엘, 이 두 나라는 세계에서 동원체제가 가장 잘 정비된 나라로 손꼽히는데 그 원동력은 국민들의 애국심 즉, 국가 동원정신이었다.

이 두 나라의 공통점은 국가동원제도가 체계적으로 「법제화」되어 있으며 국민 모두가 승리 아니면 죽음이라는 「생존의식」으로 똘똘 뭉쳐있다는 점이다. 이 두 가지 공통점 중에서도 더욱 중요한 것은 국민들의 생존의식이다.

그러한 국민정서를 밑바탕으로 잘 정비된 체제와 법제화가 국가동원정신의 기조를 이루고 있고 유사시 생존을 위한 강한 결속과 투쟁심으로 나타나서 승리와 평화를 지켜나갈 수 있었던 것이다.

“평화를 원하는 자, 전쟁을 대비하라.” 이 말은 유비무환의 중요성을 다시금 일깨움과 동시에 북한과 대치하고 있는 세계 유일의 분단국인 우리의 현실을 너무나도 잘 대변하고 있는 말이다.

한반도에서 장차 예상되는 전쟁의 양상은 짧은 기간에 걸쳐 국가의 모든 자원이 동원되는 국가총력전이 수행될 것으로 예상되고 있다. 한반도의 전장종심은 매우 짧고 전쟁양상은 더 빠른 속도와 더 많은 파괴를 수반하는 양상으로 바뀔 전망이다.

우리나라는 높은 교육수준을 바탕으로 하는 고급의 인적자원 외에 경제발전에 힘입어 전시 필요로 하는 풍부한 물적 자원을 보유하고 있으며, 뿐만 아니라 한국전쟁 이후 지금까지 지속적으로 전시 동원의 효율성과 신뢰성을 보장하기 위하여 동원 및 예비군제도를 발전시켜 왔다.

그러나 아무리 우수한 인적자원과 풍부한 물자, 발전된 동원 및 예비군제도를 갖고 있다고 할지라도 동원의 개체가 되는 인적자원이나 또는 물적 자원을 소유하는 자가 국가의 위기 시에 자발적으로 동원에 응소하려는 정신자세와 태도를 확립하고 있지 않으면 이는 사상누각에 불과한 것임을 역사가 증명하고 있다.

그런 의미에서 한국적 동원사상의 확립은 향후 전시 국가동원, 나가서는 전승의 성공을 보장하는 중요한 요소가 될 것이며, 따라서 이를 위한 법적 및 제도적 보완과 더불어 국가안보교육에 대한 확고한 신념을 견지하고 국민교육에 임해야 할 것이다.

그러나 한나라의 민족정신이나 국방사상이 한 순간의 짧은 역사로서 탄생되는 것이 아니므로 국가 총력전 수행을 위한 국민들의 동원사상도 나라의 역사와 국민정신 속에서 자연스럽게 표출되고 발전되는 것이다.

국가 동원사상의 정립 요인들은 국민들의 총체적 정신 동원자세 확립을 위해 발전시켜야 할 일부사항일 것이다. 따라서 무엇을 어떻게 발전시킬 것인가에 대한 깊은 연구와 이에 대한 공론화가 이루어져야 하고 국민적인 공감대가 형성된 가운데 실질적인 동원사상이 정립될 수 있도록 지속적인 노력이 요구되고 있다.

참고문헌

국방부, 「국가동원정책 및 운영계획」, 2003

국방부, 「동원업무 발전과제」, 2003

국방부, 「일본 방위백서」, 2000

국방부, 「국방백서」, 2000

국방부, 「각 국의 동원제도: 미국 외 5개국」, 2003

합 참, 「이라크전쟁 종합분석」, 2003

합 참, 「동원업무 야교 33-1」, 2002

합 참, 「동원 공통교범 10-0」, 2003

합 참, 「미래지향적인 군사력건설과 동원전력의 효율성 연구, 1999

합 참, 「한국의 동원과 산업잠재력」, 1987

합 참, 「한국과 북한의 동원제도 및 능력비교 연구」, 1987

육군본부, 「미래지향적인 예비전력 발전방향」,1998

육군본부, 「국가동원체제의 발전방향」, 2002

육군본부, 「역사적으로 본 우리의 동원제도」

육군본부, 야전교범 8-0「동원업무」, 2002

국방대학원, 「병력동원 제도 발전」, 2002

국방대학원, 「전시 병력동원제도 발전방안」, 2002

육군사관학교, 「한국 병력제도 발전사」, 2002

육군사관학교, 「국력과 전력」, 1983

육군사관학교, 「세계전쟁사」, 2002

한국국방연구원(KIDA), 「동원사전」, 2002

군사편찬연구소, 「한국전쟁 시 동원 연구」, 1995

군사편찬연구소, 「걸프 전쟁」, 1993

군사편찬연구소, 「미 육군사」, 1974

군사편찬연구소, 조선후기 국토방위 전략, 2002

국방군사연구소, 한민족전쟁통사(1), 1994

육군대학, 군평지 355호, 2006

비상기획위원회, 「세계동원의 역사」, 2003

비상기획위원회, 「한민족 전쟁통사(고대, 고려, 조선)」, 1994

비상기획위원회, 「비상논총 18집, 걸프전의 교훈과 전시대비 과제」, 1991

비상기획위원회, 「비상논총 25집, 안보환경과 비상대비체계 방안」, 1998

비상기획위원회, 「비상논총 25집, 미국의 동원업무」, 1998

비상기획위원회, 「한국전쟁 시 미 육군의 동원과 군수에 관한 연구」, 2004
국회도서관, 「북한동원체제의 변화에 관한 연구」, 1995
국회도서관, 「국가 동원능력 강화방안」, 1995
양대규, 향토예비군과 대 침투작전, 육군본부, 2004
양대규, 전사를 통해본 전투근무지원, 교육사, 1999
양대규, 워 스토리, 교학사, 2006
이세영, 「예비전력에 대한 새로운 인식과 우리의 자세」, 향방저널, 2004
온창일, 「한민족 전쟁사」, 집문당
유재갑 외, 「전쟁과 정치」, 한원출판사, 1989
정원영, 동원예비군 보상대책 연구, 2000
장문석, 군사력의 요소와 분석,「안보기초이론」 국방대학원. 1992
주순군, 「초전대비 동원업무의 효율적 시행방안」, 국방대학원. 1994
철학대사전, 성균서관, 1977
하대덕, 「군사전략학」, 을지서적. 1998
Julian Lider, Military Theory, 국방대학원(역) 『군사이론』, 1985
Dupuy & Dupuy, The Encyclopedia of Military History, 조인복, 1959

Ⅷ. 군 상담심리

김 은 미 (건양사이버대학교)

VIII. 군 상담심리

김 은 미 (건양사이버대학교)

1. 상담이란 무엇인가?

가. 상담의 정의

상담(counseling)의 어원은 라틴어의 consulere로 '심사하다' '숙고하다' '고려하다' '조언을 받다' '조언을 구하다' 등의 의미를 내포하고 있다. counseling라는 말이 현재의 상담의 의미로 사용하게 된 것은 Williams의 How to Counsel Student에서 처음 사용한 것으로 알려져 있다.

상담에 대한 정의를 간단하게 기술하기는 쉽지 않다. 왜냐하면, 상담전문가들 각자가 상담의 본질에 대해 바라보는 관점은 다를 수 있기 때문이다. 이후에 우리가 설명하게 될 정신분석적인 관점을 가진 상담가와 현실 치료적 관점을 가진 상담가는 다르게 상담을 정의한다. 또한 상담을 반드시 전문가가 하는 상담 만인가? 이다. 어려움을 갖고 있는 사람을 도와주어 심리적 안정을 취하게 도와준다면 이 또한 상담이라고 할 수 있기 때문이다.

그러나 전문기능으로서의 상담은 단순히 문의하고 조언을 주는 것을 단순하게 의미하지 않는다. 현대적 의미로서의 상담은 훈련을 받은 전문적인 상담자와 도움이 필요한 내담자와의 독특한 인간관계에 의하여 이루어지는 전문적인 활동이다. 이러한 측면에서 상담은

"도움을 필요로 하는 사람을 전문적인 훈련을 받은 사람이 도와주는 상호작용의 인간관계"라고 간단하게 정의해 볼 수 있다.

상담의 의미에는 전문적인 상담자와 도움을 필요로 하는 내담자, 그리고 이들의 상호작용의 관계가 내포되어 있다. 우선 상담가의 입장에서 상담의 의미를 살펴보면, 상담자는 내담자의 문제를 도울 수 있는 전문적인 지식과 훈련을 받은 사람이어야 한다. 인간의 발달학적 측면, 성격적 측면 등에 대한 전문적인 교육을 받고, 전문적인 상담 훈련을 받아야 한다. 또한 상담자는 내담자의 어려움에 대해 적극적으로 도움을 주고자하는 포용력과 이해심, 따뜻한 마음을 가져야 한다.

한편 상담의 과정은 도움을 필요로 하는 사람에게 그 사람이 직면한 어려움에만 국한지어 도움을 주기도 하지만, 좀 더 나아가 한 개인이 어려움으로 인해 자신의 능력이나 잠재력의 충분한 발휘에 장애가 있다면, 적극적으로 도움을 주어 타고난 잠재력과 능력을 충분히 발휘하게 하여 한 개인의 미래의 삶의 질을 높이고 행복감을 증진시키고 성숙된 인격체로의 성장을 돕는다.

특별한 상담관계는 상담자와 내담자의 만남과 접촉으로 이루어진다. 직접적인 대면상황에서 또는 컴퓨터나 전화 등을 통해 관계를 맺는다. 일반적으로 상담은 상담자와 내담자가 상담실에서 일대일의 대면상황에서 대화를 통해 진행된다. 상담자는 내담자의 비언어적 정보를 파악함으로써 내담자의 문제를 직접 확인해 볼 수 있다. 컴퓨터나 전화를 통한 상담은 시간과 공간의 편이성을 들 수 있다. 직접적인 만남 없이도 편리하게 접촉을 할 수 있으며, 자신의 사생활에 대한 노출의 두려움이 없기 때문에 많이 이용된다.

나. 군 상담이란 무엇인가?

군상담은 군인이라는 특별한 집단속에서 일어나는 상담이라고 간단하게 말할 수 있다. 군인이라는 특수한 신분으로 인해 어려움을 경험하게 되는 군인이 군집단의 특성을 이해하고 전문적인 상담훈련을 받은 전문가와 상호작용으로 통해 이루어지는 과정이다. 군 생활을 건강하고 만족스럽게 수행하고, 군생활의 적응을 도와주어 병사들의 심리적 안전을 기하고, 만족스런 군생활에 적응하고, 안전하게 군 복무기간을 마치는 것에 초점을 두고 상담이 진행된다. 군상담의 특성을 구체적으로 살펴보면 아래와 같다(김완일, 2006)

첫째 군상담은 상관인 상담자와 부하인 내담자 사이에서 이루어지기 때문에, 계급차이가 존재하며, 상담자와 내담자간의 인격적인 관계현성에서 한계가 있다. 둘째, 내담자의 문제를 해결해 줄 수 있는 범위와 정도에 한계가 있다. 엄격한 규율과 구성원의 개인생활에 대한 규제가 군 조직 유지를 위해 필수적이므로 적합한 해결을 찾는데 한계가 있다. 셋째, 내담자들이 대부분 인격적으로 미성숙한 20대 초반의 청년이므로 문제해결시 제한된 경험에 집착하거나 감정에 치우칠 가능성이 있다. 넷째, 내담자인 군인들이 군대와 군인이라는 급격한 환경변화와 역할 변화에 따라 정서적, 사회적 적응 상에 문제가 발생할 수 있다. 다섯째, 부하들은 개인의 편리와 이익을 위해 거짓으로 문제를 호소할 가능성이 있다(기완일, 2006).

위와 같은 특성을 고려해 볼 때, 일반적인 상담에서와는 달리 군 상담에는 군의 특성이 고려되어야 한다. 즉 조직사회와 규율, 그리고 집단의 목표가 더 중요한 의미를 둔다는 것이다. 그리고 문제 해결방식에서의 한계와 보고체계의 중시로 인한 비밀보장의 한계가 있다.

2. 상담 이론

가. 정신분석적 상담이론

Sigmund Freud(1956~1939)

정신분석은 프로이트(Sigmund Freud, 1856-1939)가 창시한 것이다. 정신과 의사였던 프로이트가 환자를 면담하고 치료하면서 겪은 임상경험을 통해 인간을 이해하는 관점에서 독보적인 설명을 하였다. 즉 우리가 의식하기 어려운 무의식이라는 개념을 통해 인간의 모든 행동에는 무의식적인 동기가 있으며, 인간을 이해하기 위해서는 무의식에 대한 탐색이 필요하다고 하였다. 무의식은 성과 공격성의 추동으로 되어 있다고 보았다. 그리고 인간의 행동은 어린 시절의 경험에 의해 결정된다는 결정론적 인간관을 취하고 있다.

(1) 의식과 무의식

의식(conscious): 그 순간에 쉽게 알아차릴 수 있는 정신생활의 부분을 말한다. 자신과

환경을 인식할 수 있는 능력, 생활 속에서 제반 지적 활동의 전제조건이 되는 정신적 기능을 의식이라 한다

전의식(preconscious): 쉽게 기억하거나 표현하지는 못해도 주의를 집중하고 노력하면 쉽게 의식활 될 수 있는 정신생활의 부분이다.

무의식(unconscious): 의식수준에서는 전혀 알지 못하고 받아들이기도 어려운 정신생활의 부분으로서 그 내용이 영원히 알려지지 않을 수도 있다.

(2) 성격의 구조

원초아(id): 이것은 성격의 가장 원초적인 부분이며, 즉각적인 만족과 쾌락원리에 의해 움직이게 하는 부분이다. 욕망충족을 위해 계획을 하기보다는 즉각적으로 충족되기를 원하며 긴장과 고통이 없는 상태에 머무르려 한다.

자아(ego): 성격의 현실적인 부분에 해당하며, 현실적인 관점에서 움직이게 하는 힘이다. 즉각적인 만족을 추구하는 원초아의 충동을 억제하고, 현실적인 측면으로 전환하거나 지연시키는 역할을 함으로서 초자아와의 균형을 이루고자 한다.

초자아(superego): 이것은 자아의 이상으로, 도덕적이고 윤리적인 부분이다. 즉 부모의 가치관, 전통적인 사회규범, 도덕원리를 내면화한 것이다. 초자아는 스스로 자신의 행동을 평가하고 보상하고 처벌하기도 하는데, 보상을 하게 되면 긍정적인 자아상을 형성하지만 그렇지 않으면 열등감을 형성하게 된다.

(3) 리비도와 심리 성욕적 발달단계

프로이트는 인간의 심리 성욕적 에너지를 리비도라 하였고, 인간은 태어나면서부터 이 성욕적 에너지를 신체의 접촉과 자극을 통해 충족하려 한다고 하였다. 리비도가 충족되는 신체의 부위에 따라 단계를 구분하였다.

구강기(0-1.5세): 성적 에너지가 구강 부위(입, 입술, 혀 등)에 집중되는 시기이다. 이 시기는 빨고, 깨물고, 마시는 것과 같은 활동을 통해 쾌감을 경험하게 된다. 이 시기에 리비도의 욕구가 부적절하게 만족되면 구강 수동적 성격이나 구강 가학적 성격으로 성장한다고 보았다. 전자의 경우는 구강의 욕구가 지나치게 좌절당한 경우 비관론자가 되며, 지나

치게 만족된 사람들은 낙관적으로 된다고 하였다.

항문기(1.5-3세): 대 · 소변을 통해 리비도의 욕구를 충족하려는 시기이다. 이 시기는 변 냄새를 맡고 가지고 노는 등의 활동에 관심을 보인다. 배변훈련을 하는 시기로 괄약근의 조절을 통해 조절과 통제에 대한 개념을 획득하게 된다. 또한 조절의 과정을 통한 카타르시스를 경험하게 되는 때이다. 이 시기의 양육자가 지나치게 엄격하면 유아는 규칙, 규범에 얽매이게 되어 자존감이 낮아질 수도 있으며, 또는 이에 대한 반동형성으로 지나친 강박성이나 극단적인 청결반응을 보일 수도 있다. 부적절한 리비도의 충족은 후에 성격장애와 관련이 된다고도 하였는데, 강박 신경증이나 편집증과의 관련성으로 이야기 된다.

남근기(4-5세): 프로이트의 심리성적 발달 단계중 가장 중요한 시기가 남근기이다. 이 시기에 아동의 쾌락의 초점은 남근으로 옮겨간다. 즉 유아는 남근을 접촉함으로서 쾌락을 경험하게 된다. 이때의 주요 특징으로는 이성의 부모에 대해서는 연애적 감정과 행동을 보이고 동성 부모에게서는 적대적 감정과 행동을 보이게 된다. 특히 남자아이가 어머니에 대해 느끼는 무의식적 욕망과 그로인한 갈등을 외디푸스 컴플렉스(Oedipus Complex)라 한다. 즉 남자아이에게 어머니는 사랑의 대상이 되는데, 이때 아버지는 어머니와의 사이에서 경쟁자가 되고 동시에 위협적인 존재가 된다. 어머니에 대한 연정과 아버지에 대한 적대감 사이에서 갈등하게 되고, 이때 아버지는 강력한 제재를 할 수 있는 존재로 남아의 경우는 아버지로부터 거세불안(castration anxiety)의 공포감을 경험하게 된다. 거세 위협에 직면한 남아는 아버지와 자신을 동일시(identification) 함으로서 외디푸스 컴플렉스(Oedipus Complex)를 극복하게 된다. 이러한 동일시를 통해 초자아를 발달시키게 된다.

이 시기의 여자아이도 남자아이와 유사한 과정을 밟게 되는데, 이는 엘락트라 컴플렉스(Electra Complex)라 한다. 그러나 여자아이는 자신은 남근을 잃었다고 생각하고 남근선망(penis envy)을 갖는다고 하였다. 여아도 마찬가지로 엄마의 행동을 동일시하는 과정에서 부모의 가치, 규범, 도덕을 내면화하게 되고 이는 초자아의 발달에 주요한 역할을 한다.

남근기에 컴플렉스를 어떻게 극복하였는지는 후에 성격형성과 이성관계 형성에 영향을 미치는 것으로 본다.

잠복기(6-11,12세): 리비도의 욕구가 신체의 특정부위에 집중되어 나타나지 않는 시기로, 성적 활동이 잠시 잠복되고, 사회적인 활동을 통해 성적인 욕구가 표현된다. 또래 친구들과의 사회적 활동에 관심을 보이며, 스포츠나 취미활동을 통해 성적 충족이 표현된다. 이런 활동을 통해 자아가 분화되고 발달하게 된다.

성기기(12세 이후~): 사춘기에 접어들면서 신체적 성숙이 이루어지면서 잠시 휴면하였던 성기에 대한 관심이 생기게 된다. 그러나 남근기에서의 성기에 대한 관심과는 의미가 다르다. 즉 자신의 신체에 관심이었던 성적 만족감은 이 시기가 되면 타인 즉 이성에 대한 관심을 통해 나타나게 된다. 타인과의 관계를 통해 직접적인 성행위를 충족하고자 한다.

(4) 심리적 문제의 원인

인간의 정신 속에는 무의식적 갈등이 자리하고 있으며, 이것은 무의식적이기 때문에 전혀 알아채지 못하고 살아가게 된다. 무의식적 갈등은 삶의 초기에 형성되어 해결되지 않고 있다가 현재 생활의 압력이나 갈등이 이전부터 있었던 무의식적 갈등에 꼭 들어맞을 때 심리적 퇴행현상이 일어나 그 갈등이 되살아난다.

(5) 심리적 문제의 치료

정신분석 상담에서는 무의식을 의식화하여 개인의 성격구조를 수정하고, 행동의 무의식적 동기를 이해하여 보다 현실적으로 행동하도록 도우며, 본능의 충동에 따르지 않도록 자아를 강화하는 것이다. 정신분석에서는 의식되지 않아도 마음속에 잠재해 있는 갈등이 해소되지 않으면 심리적 긴장상태로 남게 되거나 심한 경우 여러가지 증상으로 나타난다고 본다. 상담자가 내담자에게 무의식적 갈등이나 불안을 표현하게 하고 그것을 자각하게 하면, 더 이상 심리적 긴장과 불안을 억압하거나 느낄 필요가 없기 때문에 내담자의 자아가 강화되어 건강한 방향으로 성격이 수정된다.

(6) 정신분석 상담에서의 기법

자유연상: 정신분석 치료의 핵심기법으로, 내담자는 아무리 고통스럽고, 어리석고, 사소하고, 비논리적이고, 부적절하더라도, 마음속에 떠오르는 것을 있는 그대로 이야기하게끔 유도하는 것이다. 내담자가 자신의 마음속에 떠오르는 것이 아무리 사소하거나 비논리적이거나 말하기 어려운 내용일지라도 전혀 거르지 않고 상담자에게 이야기하면, 상담자는 이를 통해 내담자의 마음속에 억압된 자료를 수집하고, 그것을 해석하여 내담자의 통찰을

돕는다.

꿈의 분석: 프로이트는 꿈을 통해 무의식이 표현된다고 보았다. 수면 중에는 내담자의 방어기제가 약화되어 억압된 욕망과 갈등이 의식 표면에 떠오르게 된다. 어떤 동기들은 받아들이기가 너무 힘들기 때문에 직접적으로 표현되지 못하고 위장된, 상징적인 형태로 표현된다. 상담자는 이러한 꿈의 특성을 활용해서 내담자의 꿈을 분석하고 해석하여 내담자가 자신의 심리적 갈등을 통찰하도록 하는 방법이다.

전이: 내담자가 상담 상황에 대해 가지고 있는 일종의 왜곡으로 과거에 다른 사람에게 느꼈던 감정을 현재의 상담자에게 느끼는 것을 의미한다. 내담자는 상담을 통해 이전에 자신이 가지고 있다가 억압하였던 감정, 신념, 소망 등을 표현한다. 전이는 내담자가 접근할 수 없었던 다양한 감정을 재경험할 수 있도록 해 주므로 치료적 가치가 있다. 상담자는 이런 전이를 분석하여 내담자의 무의식적 갈등과 문제의 의미를 통찰하도록 돕는다.

저항: 저항은 불안에 대한 방어로서, 상담진행을 방해하고 현재 상태를 유지하려는 의식적 무의식적 생각, 태도, 감정, 행동을 의미한다. 저항은 내담자에게 위협이 되는 그 어떤 것을 의식에 떠오르지 않게 하려는 것이다. 이러한 저항과 무의식적인 갈등의 의미를 파악하여 내담자가 통찰을 얻도록 돕는다.

해석: 상담가가 꿈, 자유연상, 저항 등에서 나타나는 행동의 의미를 내담자에게 지적하고, 설명하고, 가르치는 것이다. 내담자의 연상이나 정신작용 가운데 명확하지 않는 부분에 대해 상담자가 추리하여 내담자에게 설명해주는 것이다. 내담자의 생각과 감정을 구체화하고, 앞으로 탐색되어야 할 부분에 내담자의 관심을 집중시키고 잡다한 자료에서 핵심적인 주제를 가려내거나 보다 잘 이해 되도록 요약하기 위해 사용한다. 적절한 해석은 내담자가 받아들일 준비가 되었을 때 시행되어야 하며, 그렇지 않으면 내담자가 거부하게 된다.

훈습: 내담자가 상담과정에서 느낀 통찰을 현실 생활에 실제로 적용하여 내담자의 변화가 일어나는 것이다. 상담의 최종목표는 통찰을 현실생활에 적용함으로써 갈등에 대해서 과거보다 효과적으로 순응하게 되거나 그 갈등을 근본적으로 해결하는 것이다. 상담자는 내담자가 상담을 통하여 얻은 개달음을 현실에 적용하여 갈등을 해결하려는 노력에 대해여 적절한 강화를 해 주어야 한다.

나. 인간중심상담

Carl Rogers(1902~1987)

칼 로저스(Carl Rogers, 1902-1987)의 이론에 근거하여 발전된 상담이론이다. 로저스는 정신분석학에서 강조하는 본능적 욕구나 인간의 행동을 지나치게 단순화한 행동주의적 입장을 비판하였다. 그는 본능이나 외부 자극이 성격 형성에 영향을 준다고 인정하였지만, 그 보다 인간은 태어나면서부터 내면의 잠재력을 실현하려는 선천적 경향성을 가지고 있음을 강조하였다.

(1) 성격구조

인간 성격의 핵심요소를 유기체(organism), 현상적 장(phenomenal field), 그리고 자기(self)라 하였다. 유기체란 전체 인간의 신체, 정서, 지식을 말한다. 인간은 경험에 대한 한 유기체로서 반응한다. 어떤 자극이 있을 때 그 자극에 대하여 우리의 전존재가 반응을 한다. 그런 의미에서 로저스는 총체적(holistic) 입장을 띤다.

현상적 장이란 끊임없이 변화하는 경험의 세계이다. 여기서 중요한 것은 실제적 사실이 아니라 개인이 그것을 어떻게 지각하는 가이다. 현상적 장은 경험적 세계 또는 주관적 경험이라 할 수 있다. 로저스는 현재 행동을 결정하는 것은 과거 자체가 아니라 과거에 대한 개인의 현재 해석이라고 하였다.

자기는 성격 구조에서 가장 중요한 요소로 전체적인 현상적 장 또는 지각적 장에서 분화된 부분으로 나에 대한 일련의 의식과 가치를 말한다. 이 자기는 성격 구조의 중심이자 성격 발전의 핵심이다. 자기는 유기체 행동의 일관성을 유지하려고 한다.

(2) 자기실현 경향성

로저스는 모든 인간은 성장과 자기 증진을 위하여 끊임없이 노력하며, 생활 속에서 직면하게 되는 고통이나 성장 방해 요인을 극복할 수 있는 성장 지향적 유기체라고 보았다.

(3) 충분히 기능하는 사람

충분히 기능하는 사람은 자신의 자아를 완전히 자각하는 사람을 말한다. 로저스가 제안하였던 충분히 기능하는 사람의 몇 가지 특성을 살펴보면 다음과 같다. 첫째, 경험에 개방적이다. 둘째, 실존적 삶, 즉 매 순간에 충실한 삶을 영위한다. 셋째, 자신의 유기체를 신뢰한다. 넷째, 창조적이다. 다섯째, 자유롭다.

(4) 심리적 문제의 원인

인간은 누구나 실현 가능성을 갖고 태어난다. 그러나 모든 사람은 살아가면서 심리적 문제에 직면하게 되고, 이런 것은 인간의 타고난 자아실현 가능성을 발휘하지 못하게 한다.

인간은 태어나 성장하면서 주변의 많은 사람들의 가치를 자신의 것으로 받아들이면서 자신의 자아개념을 형성하게 되고, 그 기준에 맞추어 살아가려 한다. 이 과정에서 자신의 자아개념과 삶의 경험이 일치하지 않게 되면 불안하게 되고 이는 위협으로 작용한다.

인간은 위협을 받지 않는 한 개방적으로 삶을 경험하지만, 위협을 받게 되면 자신을 보호하기 위해 방어기제를 사용하게 된다. 만약 자신의 자아개념과 삶의 경험 간에 너무 큰 부조화가 생기면 방어기제가 작용하지 못하게 되고, 이때 심리적 문제가 생기게 된다.

(5) 심리적 문제의 치료

자신의 자아개념과 유기체적 경험 간의 불일치를 제거하고 내담자가 느끼는 자아에 대한 위협과 그것을 방어하려는 방어기제를 해체하여 충분히 기능하는 사람이 되도록 돕는 것이다. 따라서 상담자는 신뢰할 수 있는 분위기를 조성하여 내담자가 거리낌 없이 자기를 표현하도록 함으로서 자신의 내면세계를 이해하고 자신의 문제를 파악하도록 돕는다. 이때 상담자는 상담의 초점을 내담자가 가지고 있는 현재의 문제에 둘 것이 아니라 인간 자체에 관심을 두고 있다. 상담에서는 단순하게 문제만을 해결하는 것이 아니라 내담자의 성장과정을 도와줌으로써 현재 문제 뿐 아니라 앞으로 겪게 될 문제들도 잘 다룰 수 있도록 돕는 것이다. 상담가의 진실한 보살핌, 존중, 수용, 이해의 태도를 통해 내담자는 방어나 경직된 지각을 풀고 보다 잘 기능하게 된다.

(6) 인간중심 상담의 기법

진실성: 내담자의 변화를 가져오기 위한 조건으로 상담자와 내담자 간의 신뢰 있는 관계 형성이 중요하다. 신뢰 있는 관계를 형성하기 위해서는 상담자는 긍정적이건 부정적인건 자신의 행동이나 감정에 솔직해야 한다. 이것을 로저스는 진실성이라 하였다. 상담자는 기만적인 겉치레가 없고 내적 경험과 외적인 표현이 일치하고 내담자와이 관계에서 지금 느껴지는 감정, 생각, 반응 그리고 태도들을 개방적으로 표현할 수 있어야 한다. 상담자가 내담자와의 상담관계에서 순간순간 경험하는 감정을 있는 그대로 솔직히 인정하고 표현하는 태도로서 상담자가 겉으로 표현하는 것과 내면에서 경험하는 것이 일치하는 것을 말한다. 그렇다고 상담자가 모든 감정을 충동적으로 표현해야 한다는 의미는 아니고, 자기-노출을 적절하고 적당한 시기에 해야 한다는 의미이다. 진실성을 통해 상담가는 진실을 향해 노력하는 인간의 모델이 된다.

무조건적 긍정적 존중: 상담자는 내담자를 하나의 인격체로서 무조건적으로 존중하고 있는 그대로의 모습을 따뜻하게 수용하여야 한다. 그리고 내담자의 감정, 사고, 행동 등에 대하여 어떠한 판단이나 평가도 하지 않는다. 상담자는 사심없이 내담자를 있는 그대로 존중하고 수용한다. 내담자가 어떤 행동을 하더라도 무조건적으로 수용할 수 있어야 한다. 수용적 분위기가 형성되었을 때만 내담자는 자신의 감정이나 경험 등을 자유롭게 표현할 수 있으며 상담자와 공유할 수 있게 된다. 이해받고 수용 받고 있음을 느낄 때 내담자는 자신의 감정을 더 잘 탐색할 수 있게 되고, 자신과 관련된 갈등과 혼란된 감정을 더 잘 수용하고 더 잘 통합하게 된다. 수용은 내담자가 자신만의 신념과 감정을 가질 권리를 승인하는 것이다. 그렇다고 모든 행동을 받아준다는 것은 아니다.

공감적 이해: 상담자가 내담자의 감정에 빠져들지 않으면서 내담자의 감정을 자신의 감정인 것처럼 느끼는 것을 의미한다. 정확한 공감은 내담자들이 덜 명확하게 경험한 감정들을 분명하게 인식할 수 있도록 하는 것 이상의 의미를 가진다는 점을 이해하고 있어야 한다. 상담자는 먼저 내담자의 경험을 민감하게 느끼고 이해해야 한다. 그다음 상담자는 그 경험에 대해 이해하는 것에만 그치지 않고 자신의 이해와 느낌을 표현해 주어야 한다. 그래야 진정한 공감을 한다고 할 수 있다. 공감은 내담자에 대한 깊고 주관적인 이해이며 상담자는 자신의 감정을 내담자의 감정과 비슷하게 맞춤으로써 내담자의 주관적인 세계를 공유할 수 있게 된다.

다. 인지행동상담

인간이 가진 감정, 사고, 행동 중에 사고에 초점을 맞춘 것이 인지행동 상담이다. 인지행동상담은 사고를 중시하면서 어떻게 사고를 하느냐에 따라 감정이나 행동이 달라진다고 주장한다. 인간의 심리적 문제는 어떤 상황이나 외부에서 주어진 자극을 여러 가지 사고 중에서 합리적이지 못한 방식으로 지각하고 받아들이기 때문에 일어난다는 것이다. 따라서 인간의 비합리적인 사고 때문에 나타나는 문제를 해결하기 위해서는 비합리적인 사고를 합리적인 사고로 바꾸어야 한다.

대표적인 인지행동 상담으로는 엘리스(Albert Ellis)의 합리정서행동상담(Rational Emotive Behavior Therapy: REBT)과 벡(Aaron T. Beck)의 인지행동 상담(Cognitive Behavioral Therapy)이 있다.

Albert Ellis(1913~2007)

1〉. 엘리스의 합리정서행동상담(REBT: Rational Emotive Behavior Therapy)

REBT의 기본 가설은 정서가 우리가 가진 신념, 평가, 해석 그리고 생활 상황에 대한 반응에서 유발된다는 것이다. 사람들이 정서적 문제를 겪는 이유는 일상생활에서 경험하는 구체적인 사건들 때문이 아니라 그 사건을 합리적이지 못한 방식으로 지각하고 받아들이기 때문이다. 어떤 사건을 자신이 가지고 있는 비합리적 사고방법으로 해석하기 때문에 정서적 문제를 경험하게 된다는 것이다.

이런 점에서 정신분석적, 인간중심적, 형태주의적 접근과는 많이 다르며, 사고, 판단, 행동, 분석을 강조한다는 점에서는 인지치료, 행동치료와 공통점이 많다.

(1) 심리적 문제의 원인

인간은 아동기 동안 중요한 타인에게서 처음으로 비합리적 신념을 학습하고, 때로는 우리 스스로 비합리적 독단, 미신을 만들어 내기도 한다. 이렇게 만들어진 비합리적인 신념은 마치 그것이 유용한 것처럼 믿고 행동하는 인간의 자기 암시와 자기 반복의 과정을 통해 자기 패배적 신념을 더욱 확고하게 만들어 간다. 따라서 역기능적인 태도가 현재에도 우리에게 영향을 미치는 것은 부모가 반복하였기 때문이라기보다 초기에 교육받은 비합리적 사고를 우리 자신이 반복하기 때문이다.

비합리적 신념을 지속적으로 사용하고 그것을 당연한 것으로 믿고 있는 사람들은 스스로를 비하하고 의기소침하게 되며, 타인에게도 상상하기 힘들 정도로 가치를 떨어뜨리는 결과를 가져온다. 결과적으로 분노, 우울, 불안감 등의 부정적 정서 상태에 놓이게 된다.

Ellis가 제안한 필연적으로 자기 패배감을 일으키고 유지시키는 비합리적 사고들은 아래와 같다.

· 나는 인생에서 의미 있는 모든 사람들로부터 애정과 사랑을 받아야 한다.
· 나는 모든 일을 유능하고 완벽하게 수행해야 한다.
· 타인들은 항상 유능하게 행동해야 하며 나에게 사려 깊게 대해야 한다.
· 내가 동일시하는 모든 사람은 누구나 유쾌한 경험을 해야 한다.
· 사건은 항상 내가 좋아하는 식으로 진행되어야 한다.
· 삶의 어려움과 책임감에 직면하기보다 피하는 것이 더 쉽다.
· 과거에 무엇인가가 사람의 인생에 강하게 영향을 주었기 때문에 역시 계속적으로 유사한 영향을 준다.

(2) 심리적 문제의 치료

인지행동 상담에서는 내담자의 인지적 과정에서 발견되는 오류와 왜곡을 수정하여 내담자가 삶에 대해 현실적이고 실현가능한 인생철학을 가지게 함으로써 정서장애와 자기 비패적 행동을 최소화 하고, 궁극적으로 내담자의 정서적 、행동적 변화를 일으키는 것이다.

즉, 합리정서행동 상담에서는 상담자는 내담자가 가지고 있는 삶의 철학 자체를 변화시키는 데 있다.

또한 상담자는 내담자의 증상을 없애는 데만 관심을 가지는 것이 아니라 내담자의 문제를 일으키는 신념과 가치 체계를 새로 학습시키는 데 목적이 있다. 인생에서 잘못된 것에대해 자신 또는 타인을 비난하는 경향을 감소시키고 차후의 어려움을 다루는 방법을 배우는 것이다.

(3) 합리정서행동상담의 모형

엘리스의 이론의 모형은 ABCD모형으로, 이는 REBT의 이론과 실제의 중심이라고 할 수 있다. A는 사실, 사건, 개인의 행동과 감정에 영향을 미치는 것을 의미하는 Activating event, B는 어떤 사건이나 행위 같은 환경적 자극에 대해 개인이 가지는 태도나 신념체계나 사고체계를 의미하는 Belief system, C는 선행사건을 경험한 후 개인의 신념처계를 통해 사건을 해석하여 생기는 정서적 ·행동적 결과를 의미하는 Consequence, 그리고 D는 자신과 외부현실에 대한 내담자의 왜곡되고 비합리적인 사고와 신념에 대한 논박을 통한 개입을 의미하는 Dispute를 나타낸다. 코리(G. Corey)는 여기에 E와 F를 포함시키는데, E는 비합리적인 신념에 대한 자기 메시지가 합리적인지 의문을 던지는 것에 대한 응답 Effect, F는 효과 때문에 나타나는 새로운 감정, 즉 상황에 적절한 느낌을 갖게 되는 것을 의미하는 Feeling을 나타낸다.

A가 C를 직접적으로 일으키는 것이 아니라 A에 대한 그 사람의 신념 B가 주로 정서 반응인 C의 원인이 된다는 것이다. 이후에 D가 오는데 이것은 내담자의 비합리적 신념에 도전하도록 도와주기위한 과학적인 방법을 적용하는 것이다. 내담자들은 이 과정을 통해 논리적 원리를 배우고, 비현실적이고 증명할 수 없는 가설을 파괴할 수 있다. 결국 내담자들은 실제적인 측면을 가지는 효과적인 철학인 E에 도달할 수 있게 된다. 새롭고 효과적이고 합리적인 사고로 바꾸게 되며 이렇게 되면 새로운 감정 F를 갖게 된다는 것이다.

Aron T. Beck (1921~1990)

2) 벡의 인지행동상담

벡(Aron T. Beck, 1921-1990)의 접근은 사람들이 느끼고 행동하는 방식은 자신의 경험을 지각하고 구조화시키는 방식에 의해 결정된다는 이론에 근거를 두고 있다. 즉, 스트레스 사건이나 사회적 지지의 부족 등 여러 가지 환경적 자극은 인간에게 심리적 문제를 일으키고 이를 지속시키는데 영향을 미친다고 하였다. 이러한 환경적 자극을 어떤 의미로 받아들이고 해석하느냐에 따라 개인의 감정이나 행동의 반응이 일어난다는 것이다.

이러한 과정에서 사람들은 자기도 모르는 사이에 생각과 심상을 불러일으키는 환경적 사건으로 말미암아 특정한 감정 및 행동 반응이 자동적으로 일어나는 경향이 있다. 벡은 이러한 인지를 자동적 사고라 불렀다. 자동적 사고는 환경적 사건에서 심리적 증상이 생기도록 매개하는 주요 인지적 요인으로 보았다.

(1) 심리적 문제의 원인

벡은 심리적 문제를 호소하는 내담자들이 가지고 있는 자동적 사고의 내용이 비현실적으로 왜곡되거나 과장된 것이라고 하였다. 특히 정서 장애를 가진 사람들이 객관적인 현실을 자기 비하의 방향으로 왜곡하는 특징적인 "논리적 오류"를 범하는 경향이 있다고 보았다. 인지치료에서는 심리적 문제점들이 잘못된 사고, 부절적하거나 잘못된 정보에 근거한 잘못된 추론, 환상과 현실을 구별하지 못하는 것과 같은 일반적 과정에서 발생하는 것으로 본다. 주변의 사건이나 상황의 의미를 해석하는 정보처리 과정에서 범하는 체계적인 잘못을 인지적 왜곡, 또는 인지적 오류라고 불렀다. 인지적 왜곡들은 근거없는 추론, 흑백 논리적 사고, 긍정적인 측면의 평가절하, 과장/축소, 넘겨짚기, 과잉일반화 등이다.

(2) 심리적 문제의 치료

인지행동상담에서는 비현실적인 부정적 사고가 어떻게 그들에게 영향을 미치는 지를 통찰한 후에, 내담자들은 자신의 인지를 지지하거나 반대하는 증거를 검토하고 평가함으로써 현실에 대해 자동적 사고를 검증하게 된다. 내담자가 환경적 자극의 의미를 받아들이고 해석하는 방식, 즉 자동적 사고를 변화시키고 부적응적인 도식을 재구성하여 새로운 사고를 시작하도록 변화시키는 것이다. 이러한 목표는 내담자들이 그들의 신념을 지지해 주는 증거를 모아서 그것을 중시하고 격려함으로써 달성된다. 내담자는 자신의 사고와 가정, 특히 부정적인 자동적 사고를 인식하고 관찰하고 조정하는 것을 배운다.

(3) 인지행동상담 기법

정서적 기법: 정서도식이 활성화되면 자동적 사고에 가장 쉽게 접근할 수 있다. 정서 도식을 활성화하여 자동적 사고를 끌어내는 기법은 다음과 같다.

1) 최근의 정서적 경험을 구체적으로 이야기 하게 한다. 2) 심상기법을 사용하여 당시의 상황에 몰입 시킨다. 실제 생활에서 생각하고 느끼고 행동하는 방식으로 생각하고 느끼고 행동하는 자신을 상상하는 것이다. 3) 정서 경험을 재현하기 위해 역할 연기를 사용한다. 어떤 행동을 시연함으로써 그 상황에서 느끼는 것을 알아볼 수 있다. 4) 상담 중에 일어나

는 내담자의 정서변화에 주목하는 것과 같은 방법을 사용한다.

언어적 기법: 소크라테스식 질문을 통해 내담자가 자신의 자동적 사고가 현실적으로 타당한가를 평가하고 좀 더 현실적인 생각을 하도록 만드는 방법이다. 무력하고 자기 비난적인 언어를 사용하는 내담자들은 새로운 자기진술을 사용하도록 학습할 수 있다. 그렇게 생각하는 근거는 무엇인가? 대안적 사고 찾기-달리 설명할 수는 없는가? 실제 그 일이 일어난다면 얼마나 끔찍한가? 와 같은 것들이다. 내담자들은 자신들의 언어패턴을 변화시키고 새로운 자기진술을 만들어 가는 과정을 통해서 다르게 생각하고 행동하게 되며 그 결과 다르게 느끼게 된다.

행동적 기법: 행동시험은 내담자가 지닌 부정적 사고의 현실적 타당성을 검증하기 위해서 실험 형태로 어떤 행동을 해 보게 하는 것을 말한다. 행동실험은 내담자가 자신의 자동적 사고가 타당하지 않다는 것을 이해하고 그것을 변화시키도록 하기 위해 수행된다. 즉 행동실험은 인지의 변화를 목적으로 수행되는 실험이다. 대부분의 일반적인 행동치료 절차인 조작적 조건 형성, 자기관리 원칙, 체계적 둔감법, 이완 기법, 모델링 등을 사용한다.

라. 게슈탈트 상담

Frederic S. Perls(1893-1970)

게슈탈트(Gestalt)란 전체 또는 형태란 의미의 독일어이다. 게슈탈트 상담을 발전시킨 펄스(Frederic S. Perls, 1893-1970)는 게슈탈트를 부분이 전체로 통합되는 독특한 지각형태라는 의미로 사용하였다. 게슈탈트 상담에서는 인간의 세계를 조직화하는 것을 개인적인 지각에 의해 주관적으로 현실을 파악하는 것으로 본다. 즉 현실을 절대적인 것으로 규정하지 않는 다는 점에서 현상학적이라고 할 수 있으며, 사람이 항상 자신을 창출-개선, 재발견하는 과정에 있다고 보는 점에서 실존적이라 할 수 있다.

게슈탈트에서는 실존적, 현상학적 접근의 전제를 하고 있으며, 사람은 자신의 현재 행동과 환경간의 관계를 이해하고 있어야 한다. 따라서 상담의 목표는 내담자가 자신의 경험과 행동을 인식하게 하는 것에 있다.

(1) 게슈탈트

게슈탈트란 개체에 의해 지각된 자신의 행동동기를 뜻한다. 즉 개체가 자신의 유기체 욕구나 감정을 하나의 의미 있는 행동 동기로 조직화하여 지각한 것을 의미한다. 그런데 모든 욕구가 게슈탈트는 아니고 개체가 자신이 처한 상황과 환경을 고려하여 자신의 욕구나 감정을 그 상황에서 실현 가능한 행동 동기로 지각한 것이 게슈탈트다. 그러므로 게슈탈트는 환경과의 관계 속에서 형성되고 해소되는 행동동기이다.

게슈탈트는 상황과 환경을 떠나 그 자체로 존재 한다기보다는 서로의 상호작용을 통해 그 상황에서 형성된 것이다. 개체는 단순히 객관적으토 존재하는 게슈탈트를 지각하는 것이 아니라 어떤 상황에서 자신의 욕구나 감정, 환경 조건과 맥락 등을 고려하여 가장 매력 있는 혹은 절실한 행동을 게슈탈트로 형성하는 것이다.

개체가 게슈탈트를 형성하는 이유는 우리의 모든 욕구나 감정을 유의미한 행동으로 만들어서 실행하고 완결 짓기 위해서다. 개체는 자신의 모든 활동을 게슈탈트를 형성하여 조정하고 해결한다. 건강한 삶이란 분명하고 강한 게슈탈트를 형성할 수 있는 능력을 가지고 있다는 것을 의미한다.

(2) 미해결 감정

미해결 감정은 인간의 분노, 격분, 증오, 고통, 불안, 슬픔, 죄의식, 포기 등과 같은 표현되지 못한 감정을 포함하는 개념이다. 이와 같은 감정들은 비록 표현되지는 않았지만 분명히 기억 속에 남아 있다. 그리고 그 감정들은 충분히 자각하지 돗하였기 때문에 배후에 남아 자신이나 다른 사람과 효율적으로 접촉하는 것을 방해하는 형태로 현재 생활에 나타난다. 미해결 감정은 개인이 직접 직면해서 표현하지 못한 감정을 다룰 때까지 지속된다.

미해결 감정의 영향은 신체의 장애로 드러나는 경우가 많다. 형태주의 상담가들은 표현되지 못한 감정은 신체증상을 일으키기도 한다는 가정에서 신체적 경험에 주의를 기울여야 한다고 본다.

(3) 전경과 배경

인간은 대상을 인식할 때 자신에게 관심있는 부분만을 지각의 중심 부분으로 떠올리고 나머지는 배경으로 밀어내는 경향이 있다. 한 순간에 관심의 초점이 되는 부분을 전경이라 하고 관심 밖에 놓여 있는 부분을 배경이라 한다.

게슈탈트 상담에서는 개체가 게슈탈트를 형성하여 지각하는 것도 전경과 배경의 관계로 설명한다. 게슈탈트를 형성한다는 말은 개체가 어느 한 순간에 가장 중요한 욕구나 감정을 전경으로 떠올린다는 말과 같은 의미이다. 개체가 전경으로 떠올렸던 게슈탈트를 해소하고 나면, 그것은 전경에서 사라져 배경으로 물러난다. 그리고 새로운 게슈탈트가 형성되어 전경으로 떠오르고 해소되고 나면 배경으로 물러나는 과정을 되풀이 한다. 이러한 순환과정을 '게슈탈트의 형성과 해소', '전경과 배경의 교체' 라고 부른다. 건강한 사람은 전경과 배경의 교체가 원활이 일어난다.

(4) 심리적 문제의 원인

유기체가 환경과의 접촉이 명확히 이루어지지 않고 환경과 자신의 감정이 명확히 구분되지 않아 자신의 욕구가 원활하게 해소되지 않는 혼동된 상태에 있을 때 심리적 문제가 발생하게 된다.

(5) 게슈탈트 상담의 기법

욕구와 감정의 자각: 게슈탈트 상담에서 가장 중요시 하는 것은 현재 상황의 욕구와 감정을 자각하는 것이다. 개체가 자신의 욕구와 감정을 자각하면 게슈탈트 형성을 원활히 할 수 있고 환경과의 생생한 접촉이 가능해지기 때문에 게슈탈트 상담에서 내담자가 자신의 욕구와 감정을 자각하도록 도와주는 것은 매우 중요하다. 상담자는 내담자가 자신이 처한 상황에서 느끼는 감정을 내담자가 명확히 자각할 수 있는지에 관심을 둔다. 특히 지금-여기에서 일어나는 욕구와 감정을 자각하는 것이 중요하다.

신체자각: 게슈탈트 상담에서는 내담자의 신체언어에 주목한다. 내담자의 비언어적 단서는 내담자가 인식하지 못하는 감정들을 드러내기 때문에 많은 정보를 주는 단서가 된다. 즉, 정신작용과 신체작용이 서로 밀접하게 연관되어 있다고 보기 때문에 내담자가 현재 상황에서 느끼는 신체감각에 대해 자각하게 함으로써 자신의 감정이나 욕구 혹은 무의식적인 생각을 알아차리게 할 수 있다(Pears, 1969). 이때 특히 에너지가 집중되어 있는 신체

부분에 대해 자각하도록 요구하여 내담자의 감정 상태를 더욱 명확히 알 수 있다.

환경자각: 인간의 심리적 문제는 유기체가 환경과의 접촉이 명확히 이루어지지 않고 환경과 자신의 감정이 명확히 구분되지 않아 자신의 욕구가 원활하게 해소되지 않은 혼동된 상태에 있을 때 발생한다. 따라서 상담자는 내담자의 감정과 욕구의 자각을 명확히 하기 위해 주위 환경에서 체험하는 것을 자각하게 한다.

언어자각: 내담자가 사용하는 언어에서 행동의 책임 소재가 불명확한 경우 상담자는 내담자가 자신의 감정과 동기에 대해 책임을 지는 형식의 문장으로 바꾸어 말하도록 함으로써 내담자의 책임의식을 높여 줄 수 있다.

과장연습: 과장연습을 통해 내담자는 신체 언어의 미세한 신호와 단서를 더 잘 인식하게 도움을 받게 된다. 내담자가 어떤 상황에서 자신의 감정을 체험하지단 정도와 깊이가 미약하여 그 감정을 명확히 자각하지 못하고 있을 때, 감정 자각을 돕기 위해 상담자는 내담자의 어떤 행동이나 언어를 과장하여 표현하게 한다. 이 기법은 내담자의 신체언어를 이해하고 의식화 하게 해준다.

빈의자 기법: 게슈탈트 상담에서 가장 많이 사용하는 기법으로, 내담자가 내사를 외형화하는 방법들 중의 하나이다. 현재 상담에 참여하지 않은 사람과 상호작용 할 필요가 있을 때 사용한다. 두개의 의자를 사용하여 상담자는 내담자에게 한 의자에 앉아서 지배자가 되어 보라고 한다. 대화는 내담자의 두 측면사이에서 계속될 수 있다. 이것은 내담자가 모든 역할을 수행하는 역할놀이 기법이다. 이런 대화는 그 인물에 대하여 말하는 것보다 훨씬 효과적일 수 있다. 빈의자 기법을 통해서 내담자는 다른 사람에 대한 자신의 감정을 명료화할 수 있고 새로운 행동을 시험해 볼 수 있다. 또한 타인과의 관계 뿐 아니라 자기 자신의 억압된 부분, 혹은 개발되지 않은 부분과도 접촉할 수 있다. 결국, 내담자가 두 측면을 수용하고 통합함으로써 갈등이 해결된다.

마. 현실치료

William Glasser(1925~2013)

정신분석적 모델을 거부하고 있는 현실치료는 윌리엄 글래서(Willian Glasser, 1925 – 2013)가 개발한 심리치료 방법이다. 인간은 자신의 욕구를 만족시키기 위해 행동하고, 이러한 행동은 인간이 스스로 선택하고 결정하며, 선택에 대한 책임은 자기 자신에게 있다는 기본 개념위에 성립되었다. 이 이론은 현재와 내담자의 현재 행동에 초점을 둔다.

현실치료의 핵심은 무엇을 선택하든, 선택에 대한 책임은 전적으로 우리 자신에게 있다고 본다. 과거에 의해 만들어 지기도 했지만, 우리가 스스로 과거의 희생자가 되기로 선택하지 않는 한, 우리는 과거의 희생자가 아니다. 모든 문제는 현재에 있다(Corey, 2004)

타인에게 피해를 주지 않으면서 내담자의 욕구를 현실적인 방법으로 충족시킬 수 있도록 도와주어 내담자가 성공적인 정체감을 획득하도록 하고 자신의 행동의 결과에 대해 스스로 책임을 지도록 한다.

(1) 선택이론: 인간은 태어나서 죽을 때까지 행동하며, 우리의 행동은 내적 동기와 선택의 결과로 본다. 모든 전 행동은 자신이 만족시키고자 하는 것을 얻기 위한 최선의 시도들이다.

인간의 두뇌가 자기 행동의 통제체제처럼 작용한다는 것으로서 인간의 다섯가지 욕구가 인간에게 동기를 유발한다고 본다. 글래서는 파워즈(Power, 1973)의 이론적인 연구를 기초로 하여 다섯 가지 의지력, 혹은 욕구가 인간에게 동기를 유발한다고 보았다. 인간의 욕구는 선천적이며, 인간의 모든 행동은 소속, 힘 또는 성취, 재미 또는 즐거움, 자유 또는 독립, 생존의 욕구를 충족하고자 한다. 이러한 욕구를 효과적으로 만족시키면 결과적으로 통제의 느낌을 가지게 되거나 자기실현, 자기만족, 충분히 기능하는 인간의 느낌을 갖게 되는 것이다(Wubbolding, 2000)

(2) 심리적 문제의 원인

자신과 주위 사람이 자신을 사랑하고 가치 있게 여기면 성공적 정체감이 발달하지만, 그렇지 못할 때는 패배적 정체감이 발달한다. 부적응 행동이란 글래서가 말하는 패배적 정체감과 같은 것이다.

현실치료에서 부적응은 개인이 사랑이나 자기 가치감을 경험하려는 욕구를 충족시키지 못하였거나 그렇게 할 수 없었던 경우로, 생의초기에 시작하는 것으로 본다. 가치감을 획득하거나 유지하지 못한 것은 가치 있는 어떤 것을 실행한 경험이 없는 데서 비롯된다. 가치감을 경험한 사람은 적절한 방식으로 사랑을 주고 받을 수 있다.

글래서는 성공적인 정체감을 개발하지 못하였거나 책임을 지지 않음으로서 일어난다고 하였다. 책임과 정신건강은 같은 것으로서 패배적 정체감이 나타나고 현실 세계에서 곤란이나 불편을 느끼는 사람은 그런 불편감을 일반적으로 자기 삶에 책임을 지지 않고 현실을 무시하거나 부정해 버리는 두 가지 방식으로 처리한다. 정신적으로 고통받고 있는 사람은 더 편안해지기 위해 환상을 통해 현실 세계를 왜곡하거나 현실을 부정하거나 현실을 무시하는 대처방법을 선택한다.

(3) 현실치료 상담의 기법

글래서와 우볼딩은 현실치료의 실제에서 사용할 수 있는 중요 절차들을 설명하기 위해서 "WDEP"라는 말을 사용한다. W(want)는 욕구, 요구, 자각의 탐색으로 상담자의 숙련된 질문을 통해 내담자는 자신의 욕구를 만족시킬 수 있는 방법을 인식하고, 정의하고, 정체하도록 격려를 받는다. 내담자는 자신이 가족, 친구, 직장에 대해 원하는 것을 포함하여 삶의 모든 국면을 탐색할 기회를 갖게 된다. D(doing)는 현재 행동에 초점을 두는 것으로, 현재 행동을 강조하고 과거 사건에 대해서는 내담자가 지금 행하고 있는 행동에 영향을 미칠 때에만 관심을 가진다. 내담자의 감정을 경청하는 것이 생산적일 수도 있으나 현재 행동과 연결될 때만 그러하다. 지금 하고 있는 활동과 연관을 시키지 않으면서, 감정에 초점을 두어 논하는 것은 비생산적으로 본다. E(evaluation)는 평가로, 내담자가 현재 행동이 원하는 것을 얻을 수 있도록 충분한 기회를 만들어 주고 있는지, 원하는 방향으로 가도록 하는지를 평가하는 것이다. 내담자가 전행동의 각 요소들을 평가하도록 하는 것은 현실치료의 중요 과제이다. 변화하는 것이 더 이득이 된다고 결정하기 전까지 개인은 변화하지 않는다. P(plan)는 내담자의 욕구를 충족시켜 줄 방법을 찾는 것이다. 계획을 수립하고 실천하는 과정을 통해 사람들은 자신의 생활을 효과적으로 통제할 수 있게 된다. 계획은 내담자의 동기, 능력의 한계 내에서 이루어 져야 하고, 단순하고, 이해하기 쉬워야 한다. 긍정적인 행동을 포함해야 하며, 내담자가 하고자 하는 방식으로 만들어 져야 한다.

유머사용: 상담자와 내담자가 농담을 공유한다는 것은 서로가 동등한 입장에서 흥미 욕

구를 공유한다는 것을 의미한다. 상담자가 유머를 통해 내담자와 친근한 관계를 유지하면서 내담자의 소속감의 욕구를 충족시킬 수 있다. 시기적절하게 사용되는 유머는 내담자에게 자신의 문제를 새로운 시각으로 보게 할 수 있다.

역설적 기법: 직접적이고 직설적인 절차로 내담자를 변화시키려 한다. 그런데도 내담자가 계획을 세우지 않으려고 저항 할 수도 있고 계획을 세운 후에는 실천을 하지 않으려고 할 수 도 있다. 이런 경우 내담자에게 예상 밖의 활동을 하게 하는 방법이다. 실수를 두려워하는 내담자에게 일부러 실수를 하라고 하는 경우이다.

직면: 내담자가 현실적 책임과 관련된 모순점을 보이면 사용할 수 있다. 내담자의 책임감을 강조하고 변명을 허용하지 않기 때문에 직면이 필수적이고 효과적인 전략이 된다. 직면은 책임있는 행동을 향한 내담자의 변화를 촉구한다.

3. 군 상담의 과정

군상담은 일반상담과 유사한 특성도 있으나 군이라는 조직사회와 특수성으로 인하여 조직의 특수한 상황을 바탕으로 하여 상담의 기본 원리를 적용시켜야 한다. 때로 상담은 부대 내에서 상사와 부하의 관계에서 일어날 수도 있고, 전문상담원과 장교나 병사 간에 이루어질 수 있으며, 군인의 가족의 어려움을 다루는 상담이 진행될 수 도 있다.

가. 상담신청

군 조직에서의 상담은 병사 개인이 직접 신청을 할 수도 있고, 면담의 과정에서 전문적인 상담이 필요하다고 판단될 때에도 상담이 이루어 질 수 있다.

내담자가 상담을 신청하고자 할 때 기본적인 사항을 기록할 수 있게 하여 상담의 원활한 진행에 도움이 되고자 한다. 내담자의 인적사항, 상담신청 사유, 가족관계, 주요 문제나 증상 등을 기술 할 수 있는 구조화된 질문지가 필요하다.

상담신청서 작성이 이루어지고 나면, 접수면접이 있게 된다. 상담신청서에 근거하여 좀 더 심층적이고 구체적인 정보를 알아보기 위한 절차이다. 내담자가 호소하는 상담신청 사유, 경험하고 있는 주요 문제가 증상들에 대해 구체적인 질문을 통해 탐색하고, 개인적인 삶의 사건들과 가족사 등을 알아보고, 이런 정보를 바탕으로 하여 적절한 상담자를 배정하게 된다.

상담신청서 작성과 접수면접이 이루어지는 과정에서 상담자는 내담자를 편안하게 대해야하며, 상담을 통해 문제해결과 변화에 대한 희망을 갖도록 돕는다.

나. 상담 초기

상담의 초기는 3 · 4회기 동안에 진행되는 과정으로 전체적인 상담의 진행과정에서 상담의 진행방식, 상담의 목표 등에 대한 내용들로 구성된다.

상담처음 회기에서는 상담에 대한 구조화가 필요하다. 구조화란 상담이 어떻게 진행될 것인지에 대한 상담자와 내담자간의 협약이라고 할 수 있다. 즉 첫째는 상담동안에 나누게 되는 이야기에 대한 비밀보장에 대한 정보가 주어져야 한다. 이때는 비밀보장이 원칙이나 비밀이 보장되지 않을 수 있는 상황에 대해서도 다루어 져야 한다. 즉 개인의 신체에 대한 위해나 사회나 군 조직에 해를 끼칠 수 있는 상황에서는 비밀보장이 어려울 수 있음을 주지시킨다. 둘째로 매주 정해진 시간동안 진행될 것이고, 상담시간에 드착하지 못할 경우에 어떻게 행동해야 하는지에 대한 것이다. 셋째, 상담내용의 기록과 녹음에 대한 것이다. 기록물과 녹음자료에 대한 내용은 비밀이 유지될 것이나, 내담자의 문제를 더 심층적으로 이해하기 위해 기록과 녹음이 필요하다는 것을 설명해 주어야 한다. 이러한 기록이나 녹음을 상담자를 보호하기 위해서도 필요한 과정이다. 넷째, 상담은 상담자와 내담자가 서로 협조하여 내담자의 문제를 해결하고자 노력하는 과정임을 이야기하여야 한다. 상담자의 일방적인 노력으로 진행되는 것이 아니라 서로의 상호작용을 통해서 이루어진다는 것을 확인해야 한다.

상담초기에는 상담을 신청하게 된 사유에 대해 확인을 해야 한다. 이 경우 상담자는 표명되어진 문제에도 초점을 기울여야 하지만, 그 내면의 문제를 탐색해야한다. 이런 과정을 통해 상담자는 내담자와의 상담진행에서 상담의 목표를 구체화해야 한다. 이때 상담의 목표를 정하는 것은 내담자와 협의하여 정해야 한다.

또한 이 시기에는 상담자와 내담자간에 동맹관계인 라포를 형성해야 한다. 상담자는 내담자인 병사의 어려움을 경청의 자세로 임해야 하며, 병사의 문제가 더 좋아질 수 있다는 신념을 갖고 상담을 진행해야 한다. 내담자는 상담자가 자신의 문제에 관심이 있음을 느끼고 자신의 어려움이 상담을 통해 해결할 수 있다는 신념을 가져야 한다. 이러한 과정을 통해 내담자는 솔직하게 자신의 문제를 드러낼 수 있게 된다.

다. 상담 중기

상담가와 내담자 간에 라포가 형성되고, 상담의 목표가 구체적인 상담 방법과 절차를 적용하여 문제를 해결해 나가는 과정이다. 즉 초기단계에서 잡혀진 탄탄한 기틀을 바탕으로 하여 내담자의 문제를 해결해 나가는 단계이다. 이 과정에서는 여러 가지 상담의 기법과 방법이 사용된다. 그리고 내담자는 자신을 내면을 탐색하는 과정을 통해 자신의 사고와 행동에 대한 자각과 통찰이 이루어진다.

초기과정에서 설정한 상담의 목표를 달성하기 위해 목표에 도달하기까지 중간지점에 대한 목표를 설정하고 점검해야 한다.

대부분의 변화과정에는 저항이 있기 마련이다. 너무 급격한 변화압력을 가하지 말고, 내담자의 변화의 동기를 고취하는 방향으로 문제해결 노력을 기울여야 한다.

라. 상담 후기

상담의 종결을 앞둔 2 · 3회기를 말한다. 이 시기는 상담의 목표를 점검하는 과정을 통해 이루어지며, 갑자기 종결을 하기보다는 종결을 위한 준비과정이 필요하다. 상담자는 내담자와 상담 종결을 미리 상의해야 한다. 이 과정을 통해 상담자와 내담자는 종결에 대한 심리적 준비를 하게 한다. 또한 내담자에게 상담을 통해 어떤 부분이 좋았는지, 나아졌는지를 확인하고 대화를 나누어서 상담의 효과를 정리할 수 있는 시기를 갖는다. 그리고 나아졌다면 상담자와 내담자가 합의하에 종결한 시점을 결정해야 한다.

상담의 종결에는 여러 가지의 의미가 있는데, 첫째, 심리적 재탄생으로서의 종결의 의미가 있다. 이는 상담을 통해 문제가 해결되고, 삶에 대한 용기와 자유를 회복하게 되는 심리적 재탄생의 의미가 있다. 둘째, 타협형성으로서의 종결이다. 이는 이상을 지향하지만 이상을 현실에서 구현할 수 없는 본질적 한계와 타협으로 이해되어야 하는 것을 의미한다. 셋째, 성과 다지기로서의 종결이다. 이는 점진적 종결과정을 통해 상담성과를 실생활에 적용해보고, 그 과정에서 성과 다지기를 하는 계기가 되는 것을 말한다.

종결을 앞두고 다루어야 할 것 중의 하나는 내담자의 종결에 대한 불안을 다루어야 한다. 상담과정에서 여러 단계에서 일어난 변화의 종류와 내용들을 재음미하고 요약하여 종결불안을 다루어야 한다. 물론 상담자가 종결을 앞두고 불안해 할 수도 있다. 상담가는 자신의 불안을 자각하고 그 불안의 의미를 탐색해야 한다.

상담자에 대한 의존성을 극복해야 한다. 상담관계는 영원히 지속되는 관계가 아니며 상담관계가 아무리 긴밀했더라도 일시적 인간관계일 뿐이다. 따라서 내담자는 자신이 하는 모든 행동에 대해 상담자의 이해나 지지를 구하기보다는 스스로 계획하고 판단하고 실행하는 것으로 옮아갈 수 있어야 한다. 이때 상담자는 내담자의 자율적 판단과 결정을 허용하고 격려하는 태도가 주요하다.

가능한 증상재발에 대한 준비가 필요하다. 공식적인 상담 종결 후 내담자가 중요한 어려움에 처해 상담자의 부가적인 도움이 필요할 경우 추가적 만남을 가질 수 있음을 내담자에게 미리 알려줄 필요가 있다.

4. 상담방법

가. 구조화

상담초기에 내담자에게 상담이 무엇인가에 대해 분명하게 설명해 주는 것으로 상담 여건, 상담관계, 비밀보장 등에 대한 것들이 포함된다. 내담자가 상담에 대해 어떻게 생각하고 있는지, 상담이 무엇인지를 설명해 주는 것이라 할 수 있다. 상담자와 내담자가 서로 편안히 느끼도록 구조화를 최소한으로 줄여야 한다. 구조화는 적절한 시점에서 이루어지되 결코 내담자를 처벌하는 식이 되어서는 안된다. 면담시간 약속 및 내담자의 행동 규범은 구체적으로 정해져야 한다. 또한 비밀보장이 지켜지지 못하는 경우에 대해서도 설명이 되어야 한다. 필요하다면, 상담비용, 지불방법, 상담시간 변경시 어떻게 하야 하는지 등에 대해서도 이야기가 이루어질 필요가 있다.

구조화는 강의식의 일방적인 주입이 되어서는 안되며, 내담자에게 상담에서 무엇을 원하는지 어떤 방향으로 나가길 바라는지 그것을 이루려면 어떻게 해야 할지 등을 공감적으로 탐색하면서 자연스럽게 합의하는 방식으로 이루어져야 한다. 구조화는 첫 상담 혹은 상담초기에 한번만 하는 것이 아니라 상담의 전 과정에서 필요에 따라 반복해서 이루어질 수 있다.

나. 경청

내담자의 말과 행동에 상담자가 주의를 기울이면서 선택적으로 주목하는 것을 말한다. 선택적으로 주목함으로서 내담자가 특정 문제에 대해 탐색하도록 한다. 내담자가 하는 말을 주의깊이 듣지 않고는 내담자의 현재의 감정, 생각을 이해하기 어렵다. 경청의 효과로는 내담자의 말과 행동에 대한 경청은 상담을 성공적으로 이끄는 주요 요인이다. 경청은 내담자에게 생각이나 감정을 자유롭게 표현할 수 있게 복돋아 주며 자신의 방식으로 문제를 탐색하게 하며 상담에 대한 책임감을 느끼게 한다.

상담 진행중에는 내담자의 이야기의 내용, 내담자의 몸짓, 표정 등의 미묘한 변화를 감지해야 하고, 이야기 이면의 의미와 감정을 탐지하는 적극적인 경청이 필요하다.

다. 반영

내담자의 말과 행동에서 표현된 기본적인 감정 생각, 및 태도를 상담자가 다른 참신한 말로 부연해 주는 것이다. 즉 내담자가 하는 말 그 자체보다 그 내용 뒤에 숨어있는 감정을 파악하고 그 감정을 내담자에게 전달하는 것을 말한다. 반영을 통해 상담자는 내담자의 모호하고 양면적인 태도에 대해 반영하며 내담자가 동일한 대상에게 갈등적인 감정과 태도가 있음을 자각하게 해준다. 내담자의 자세, 몸짓, 억양, 눈빛 등에 대해서도 반응을 해 줄 수 있다. 반영에서의 주의할 것은 내담자가 말로 표현한 수준 이상으로 깊이 들어가지 않아야 한다. 그러나 내담자가 언급하지는 않았지만, 표현된 감정이 있다면 재빨리 파악하여 반영해 줄 필요가 있다. 즉 몸의 자세, 표정, 목소리의 톤, 그리고 눈동자의 변화 등을 통해서의 내담자의 감정은 표현될 수 있다.

라. 명료화

내담자의 말에 내포되어 있는 뜻을 내담자에게 명확하게 말해 주거나 분명하게 말해 달라고 요청하는 것, 즉 내담자가 말하고자 하는 의미를 상담자가 생각하고 그것을 다시 내담자에게 말해준다는 의미에서 내담자의 말을 단순히 재진술하는 것이 아니다. 이는 내담자의 실제 반응에서 나타난 감정 또는 생각 속에 암시되었거나 내표된 의미를 내담자에게 보다 분명하게 말해 주는 것이다.

명료화의 자료는 내담자 자신은 미처 충분히 자각하지 못하는 의미나 관계, 내담자가 애매하게만 느끼던 내용이나 불충분하게 이해한 자료를 상담자가 말로 정리해 준다는 점에서 명료화는 내담자에게 자기가 이해 받고 있으며 상담이 잘 진행되고 있다는 느낌을 갖게 한다.

마. 직면

내담자가 모르고 있거나 인정하기를 거부하는 생각과 느낌에 대해서 주목하도록 하는 상담자의 언급을 말한다. 즉 상담자가 내담자를 보고 느낀 점 중에서 어떤 모순점이나 의혹이 있을 때 그것을 내담자에게 되물어 주는 것이다. 내담자가 자신의 경험 일부로 지각하기 두려워하거나 거부하는 측면에 주의를 돌리도록 요청하는 것이다. 직면은 내담자의 변화와 성장을 증진시킬 수도 있지만 내담자에게 심리적 위협과 상처를 줄 수도 있다. 그러기 때문에 직면기법을 사용할 때는 내담자의 특성이나 상태에 맞게 적절한 시기에 사용하여야 한다. 직면반응에는 내담자가 미처 깨닫지 못했거나 사용하지 않는 능력과 자원을 지적하여 주목하게 해 주는 것도 포함된다.

직면상황은 내담자 스스로 깨닫지 못하고 있지만 그의 말이나 행동에서 어떤 불일치가 발견될 때, 상담자는 내담자에게 자신의 욕구에 의해서만 상황을 바라볼 것이 아니라 상황을 있는 그대로 볼 수 있도록 직면반응을 사용할 수 있다. 내담자가 상담에서 어떤 화제를 피하거나 다른 사람의 의견이나 생각, 느낌을 받아들이려 하지 않을 때 이를 이해시키기 위해서이다.

바. 해석

내담자가 명확하게 의식하지 못하는 것에 대한 여러 가지 형태의 교육적 설명을 해석이라 한다. 내담자에게 어떤 의미를 전달하고자 하는 상담자의 시도, 내담자가 보이는 행동들 간의 관계 및 의미에 대한 가설을 제시하는 것이다. 해석을 내담자가 받아들일 준비가 되어 있을 때 이루어지는 것이 효적이다.

명료화를 위한 해석에는 명백하거나 함축적인 내담자의 사고와 감정, 저항 전이를 설명해주는 형태일 수도 있으며, 이미 제시된 자료에 관계되는 어떤 생각이나 느낌을 내담자에게 시사하는 형태의 명료화가 있다. 내담자의 말에서 암시적인 것 이외의 새로운 것은 말하지 않는다.

5. 군 집단상담

집단 상담이란 정상인들을 대상으로 상담의 기법과 전략들을 적용하여 그들 사이에서 발생하는 역동적인 상호교류과정을 통해 그들 사이에 발생하는 역동적인 상호교류과정을 통해 문제해결이나 의사결정 또는 인간적 성장을 추구하는 과정을 말한다(강진령, 2007). 집단 원들을 집단상담자의 도움을 받아 자신의 관심사와 느낌을 탐색하고 기존의 태도와 가치관을 보다 생산적인 방향으로 수정함으로서 개인적 성장과 발달을 꾀하게 된다. 또한 집단 내에서 개인적인 관심사를 나눔으로써 치료 기능이 창출되고 활성화된다. 집단 상담은 집단 원들의 적응과 발달을 도모하는데 초점을 둔다. 즉 사고와 행동의 변화, 대인관계 기술의 향상, 성에 대한 올바른 지식의 습득, 가치관과 태도의 수정, 직업 및 진로 의사결정 등을 다룬다.

집단상담은 여러 명의 내담자에게 동시에 상담을 할 수 있어서 시간과 노력을 절약할 수 있다. 특히 제한된 시간에 많은 내담자를 상담할 수 있어서 효율적이며, 비용이 적게 든다는 점에서 경제적이라 할 수 있다. 또한 집단상담은 집단 원들이 다른 사람들과의 관계 속에서 자기 자신을 관찰해 봄으로서 자신에 대해 보다 심도 있게 탐색하고 이해하는 데 도움을 준다(Toseland & Siporin, 1986). 또한 집단원 상호간에 대화를 통한 문제 해결에 초점을 두게 되면서 집단 원들의 의사소통 기술은 자연스럽게 향상되기도 한다.

물론 집단 상담에는 비밀보장에 어느 정도의 한계가 있다. 집단 구성원들에게 필요한 경우 비밀보장의 문제를 일깨워 주어야 하며, 비밀보장의 한계가 있음을 분명하게 상담초기에 설명해 주어야 한다. 그리고 집단 지도자가 여러 명의 내담자들과 상호작용을 함으로써 내담자 개인에게 주의와 관심이 적을 수 있다는 것이다.

6. 군에서의 문제유형별 상담

군상담에 대한 실태 파악을 위한 설문조사결과를 보면, 많은 병사들이 가장 고민하고 있는 문제는 전역후 진로(38%), 선임병과의 관계(10%), 이성문제(8%), 건강문제(8%) 등으로 나타났다. 이는 간부들이 생각하는 병사들의 고민 문제와는 차이가 있었다(김완일, 2006). 본 자료에서는 병사들과 간부들이 생각하는 상담받고 싶어하는 문제들을 다루었다.

가. 진로 상담

진로의 선택과 결정은 중 · 고등학교 시기에만 이루어지는 것이 아니라 평생동안 이루어짐으로서, 삶에서 진로는 중요한 주제가 되었다. 이러한 과정에서의 고민과 갈등과 선택은 병사들에게도 중요한 고민꺼리중의 하나가 된다. 많은 병사들은 전역한 이후에 자신의 진로를 어떻게 선택해야 할지를 고민하게 된다. 입대 전에 다니던 학교를 계속 다닐 것인지 아니면 옮길 것인지? 직장을 다니다 군에 입대한 경우는 새로운 직장을 어떻게 구할지? 전역후 학교생활에 어떻게 적응할 것인지? 또는 자신의 적성과 흥미가 두엇인지를 정확하게 파악하지 못하여 갈등하는 경우 등을 볼 수 있다. 따라서 병사들의 진로탐색에도움을 주고, 자신의 적성과 흥미를 파악하여 진로의 선택에 도움을 줄 수 있는 방법들이 모색될 필요가 있다.

(1) 진로상담의 과정

관계형성: 모든 상담에서도 그러하듯이 진로상담에서도 상담자와 내담자 간의 신뢰로운 관계 형성이 중요하다. 그래야만 내담자는 자신의 이야기를 솔직하게 이야기하고, 상담자는 이러한 자료에 바탕을 두고 내담자에게 적절한 도움을 제공할 수 있다.

정보수집: 내담자에 대한정보 수집은 우선, 내담자의 전반적인 정보에 대한 것이 있어야 한다. 내담자의 전공, 우울증이나 불안감, 내담자가 진술하는 문제들에대한 것이다. 둘, 진로계획과 관련된 정보들이다. 능력에 대한 자신감, 직업세계에 대한 지식, 진로결정의 압력, 그리고 진로를 방해하는 요소는 없는지를 그리고 셋째, 생애 진로 발달적 측면에서의 정보수집이 있어야 한다. 의사결정 양식, 교육경험, 여가활동, 내담자에게 필요한 자원탐색 등이 여기게 해당한다.

심리검사 활용: 내담자의 직업선택이나 자기평가의 정보를 얻는데 도움을 주며, 내담자가 의사결정시 어려움을 겪는 경우 도움을 줄 수 있다. 흥미검사, 가치관검사, 진로 관련 검사 등이 있다. 이러한 검사를 바탕으로 하여 직업세계에 대한 탐색이 이루어져야 한다.

상담개입: 진로상담에서는 내담자의 특성에 따라 진로의 목표가 달리 설정되어야 한다. 자신의 진로를 이미 결정한 내담자인 경우, 진로 결정의 타당성을 고려해 보아야 하면, 자신의 진로를 구체화 할 수 있는 실천 방안이 모색되어야 한다. 또한 진로의 실행과정에서 일어날 수 있는 어려움을 탐색해 보아야 한다. 자신의 진로를 아직 결정하지 않는 내담자의 경우, 진로를 결정하지 못하는 원인을 탐색해 보아야 한다. 적성을 고민하는 경우도 있고, 자신에 대한 이해나 정보가 미비한 경우, 직업세계에 대한 구체적인 정보가 부족한 경우도 있다. 정확한 이유를 탐색한 후 그에 적절한 상담이 진행되어야 한다. 이외에 자신의 진로와 관련해서 선택을 하지 못하는 우유부단 형이 있다. 이 경우는 의사결정의 능력이나 자신의 성격적인 측면이 상담의 내용에서 다루어 져야 하며, 장기적인 상담으로 진행될 경우가 많다.

진로상담은 내담자의 기본적인 정보를 바탕으로 진로문제의 유형을 탐색하고, 적절한 정보가 제공되거나 내담자의 내적 탐색이 이루어져야 한다.

나. 복무 부적응

군 복무중 군의 조직과 위계적 체계에 적응하지 못하고 어려움을 경험하는 경우가 많이 있다. 그러한 과정 속에서 가혹행위를 당하거나 집단 따돌림을 당하기도 한다. 이런 병사들은 혼자 지내는 경우가 많고, 정서적으로도 불안해하며, 주변사람들의 눈치를 과도하게 의식하는 등의 외적인 모습으로 구분이 어느 정도는 될 수 있다. 이 경우 중요한 것은 상담자가 그러한 일이 일어나게 된 근원이 무엇인지를 파악하는 것이 중요하다.

조직적 사회에 적응을 하지 못하는 성격적 측면으로 인해서나, 개인적인 건강이 좋지 않거나 하여 자신의 직무에서 적절하게 대처하기 어려울 수 있으며, 또는 선임병의 횡포로 인한 부적응을 보일 수도 있다.

상담초기에는 상담자와 내담자간에 관계형성을 통해 사병이 겪고 있는 어려움을 충분히 털어놓을 수 있는 기회가 될 수 있게 하는 것이 중요하다. 그러기 위해서는 충분한 공감과 지지를 통해 군 복무기간동안 겪어냈을 어려움을 이해하 주는 것이 중요하다.

상담이 진행되면서 구체적인 원인을 바탕으로 하여 깊이 있는 상담이 진행되어야 한다. 성격적인 적응상의 어려움으로 인해 어려움이 발생하였다면, 내면의 자아를 탐색하고, 자신을 이해하고 통찰할 수 있는 기회를 갖도록 상담자가 도움을 주어야 한다. 건강상의 어려움으로 인한 부적응이라면 건강상의 어려움인지를 정확하게 알아보아야 하며, 이를 근거로하여 적절한 조치가 내려져야 한다. 그리고 선임병의 횡포로 인한 어려움이라면 어떤 이유로, 언제, 어떻게 그런 횡포를 부리는 지를 확인하여야 한다.

다. 이성문제

군 상담에서 복무중인 병사들이 많이 고통스러워하는 문제가 이성관계로 인한 것이다. 군복무 중에 이성친구와 헤어지고 난후, 군의 특수한 상황에서 원활한 상호작용이 이루어지지 못하고 혼자서 괴로워하며, 고통스러워하다가 무단이탈이나 자살을 시도하기도 한다. 또한 이성관계서 발생한 임신과 같은 문제에 직면에서 어떻게 대처해야 할지 몰라서 혼란스러워하고 갈등하고 괴로워하는 경우가 있다.

자주 오던 편지가 끊기거나 자주 외출을 하려고 한다거나, 또는 전화를 자주 걸며 싸우거나 하는 경우, 또는 모든 일에 의욕을 잃거나 하면 이성과의 헤어짐을 경험하고 있는 것은 아닌지 확인해 볼 필요가 있다.

상담의 초기에는 상담자는 내담자의 분하고 속상한 마음을 충분히 수용해 주어야 한다. 또한 모든 일에 의욕이 없고, 뛰쳐나가고 싶은 마음, 혼란스런 마음을 공감해 줄 필요가 있다. 이런 과정을 통해 내담자는 자신의 마음을 이해해주고 들어주는 누군가가 있다는 생각에 힘을 얻게 된다.

상담의 중기에는 내담자가 어떤 점이 가장 마음이 아픈지, 내담자가 할 수 있는 최선의 선택이 어떠한 것이 있을 수 있는지, 극단적인 방법들이 어떤 위험스런 결과를 초래할 수 있는지 등을 통해, 상담자는 내담자 스스로가 어려움을 합리적인 선택을 할 수 있도록 도와주어야 한다. 물론 내담자가 자신의 문제에 대한 통찰과 문제해결의 의지와 노력을 보일 때는 충분한 칭찬이나 보상을 해주어야 한다.

라. 성 교육과 성 상담

과거에 비해 성에 대한 사회적 환경이 개방적으로 변화하고 있고, 성적 다양성이 인정되고 있는바, 성에 대한 사람들의 가치관과 태도도 변화할 것이 요구된다. 즉 개방적이고 다양화가 되어감에도 불구하고 우리의 태도는 성에 대해 부정적인 인식을 하고 있고, 그러다 보니 잘못된 성지식에 근거한 행동을 하게 되는 경우가 많다.

따라서 성교육을 통해 성지식과 바람직한 성가치관을 가지고 책임감 있는 성행동을 할 수 있게 해야 한다. 아울러 성문제를 통찰력을 가지고 적절히 대철할 수 있도록 도와주는 것이 필요하다.

성상담에서는 우선 관계형성이 어느 것보다 중요하다. 왜냐하면 내담자는 자신의 성적 경험이, 특히 성폭력의 피해자일 경우 그 이야기를 하기가 아주 어렵기 때문이다. 특히 내담자가 가질 수 있는 수치심, 불안, 두려움들 충분히 이해하고 있음을 전달해야 한다. 또한 성상담은 비밀보장에 대한 안심을 하게 하여 좀 더 편안한 상태에서 이야기를 할 수 있게 도와주어야 하며, 적절한 상담을 통해 신체적, 정신적 고통에서 벗어날 수 있음을 이해시킬 필요가 있다.

상담의 중기단계에서는 내담자가 성폭력 상황을 구체적으로 확인해 가면서 무의식적으로 억눌렀던 그때의 장면들을 연상하도록 하여, 상황을 구체화 하여야 한다. 그래서 구체적으로 어떤 일이 일어났었는지, 그때 내담자는 어떤 행동을 하였는지, 내담자의 마음이 어떠하였는지를 조심스럽게 확인하여야 한다. 이런 과정을 거치면서, 내담자는 억눌렀던 감정의 환기를 통하여, 성폭력의 피해자가 오랫동안 혼자서 감당하왔던 어려움을 충분히 풀어낼 기회가 있어야 한다. 이때 상담가가 하여야 할 중요한 것은 내담자의 잘못으로 인해서 그런 일이 발생한 것이 아님을 확인시켜 주어야 한다. 내담자는 자신이 적절하게 대처하지 못해서, 스스로가 못나서 그러한 일이 발생하였다고 자책을 하기 쉬운데, 이런 생각으로 인해 더욱 더 괴로움을 겪을 수 있다.

이시기에는 내담자가 잘못 알 고 있는 성지식이 있다면 상담자는 올바른 성적 지식을 전달해야 한다. 그러기 위해서는 상담자는 성에 관한 생물학적, 심리적 지식을 이해하고 있어야 한다.

어느 정도 목표가 달성되었다고 여겨지면 종결을 준비하여야 하며, 내담자에게 목표달성에 대한 정도를 알리고, 종결에 대한 준비를 시켜야 한다. 어떠한 점이 나아졌으며, 심리적으로 어떤 점이 편안해 졌는지를 확인하여야 하며, 이런 결과들은 내담자가 전적으로 노력하였기 때문임을 주지시킬 필요가 있다.

참고문헌

강진령(2007). 집단상담의 실제. 학지사: 서울

김계현, 황매향, 선혜연, 김영빈(2004) 상담과 심리검사. 학지사: 서울

김완일(2006). 군상담의 이론과 실제. 학지사: 서울

노안영, 강영신(2005). 성격심리학. 학지사: 서울

이장호,정남운, 조성호(2007). 상담심리학의 기초. 학지사: 서울

천성문. 박순득, 배정우, 박원모, 김정남, 이영순 (2007). 상담심리학의 이론과 실제. 학지사: 서울

Corey G.(2001). Theory and Practice of Counseling and Psychotherapy, 6th ed. CENGAGE Learning.

Kennedy, C.H. & Zillmer E. A(2006) Military Psychology: Clinical and Operational Applications. The Gulilford press.

XIV. 군비통제/군축/군사통합

김 강 녕 (조화정치연구원)

XIV. 군비통제/군축/군사통합

김 강 녕 (조화정치연구원)

1. 군비통제

가. 군비통제의 개념

군비통제(arms control)란 무엇인가? 군비통제의 의미규정과 관련해서는 셸링과 핼퍼린(Thomas C. Schelling & Morton Halperin)의 정의가 가장 고전적이면서도 널리 사용되고 있다. 이들에 의하면 군비통제란 "잠재적국 사이에 전쟁의 가능성과, 전시에 그 확산범위와 파괴력을 제한하며, 평시에 전쟁에 대비한 정치경제적 기회비용을 감소시키기 위한 다양한 형태의 군사적 협력"을 의미한다.

군비통제의 개념은 비교적 광범위하고 포괄적이면서도 정교한 의미로 규정된다. 그것은 원칙적으로 군비의 의미를 포함하면서도 그의 접근방식이 군사적 수단에 한정되지 않는다는 점에서 군축과는 다른 의미도 내포하고 있다. 군축(arms reduction)은 기본적으로 무기체계나 병력문제에 초점을 두고 그의 감축이나 폐기에 목표를 두고 있기 때문에 군비경쟁(arms race)이나 억제(deterrence)를 불필요로 하고 불가능한 것으로 규정한다.

군비통제(arms control)는 국가들간의 관계에서 전쟁의 기회나 위험성을 축소시키기 위해 협상을 통한 당사자들의 합의에 기초해서 그리고 경우에 따라서는 일방적으로 군사력이나 무기체제를 관리하는 데 그 기본목표를 두고 있다. 이러한 군사력 관리는 해당 국가들이 군사력의 통제된 증강이나 동결 · 감축, 재배치 또는 군사적 긴장완화나 불안정화의 축소 등과 같은 조치를 취하는 방향에서 이루어지도록 하는 데 특징이 있다.

다시 말해 군비통제는 방법상의 다양한 스펙트럼을 지닌 포괄적 개념으로서 상비군사력은 물론 잠재적 군사력과 그 군사력의 사용과 관련한 매우 복잡하고 다양한 측면을 지닌다. 즉 군비통제란 "무기의 생산 · 배치 · 이전 · 사용에 대해 특정한 제한이나 규제를 가하는 것"이라는 협의의 군비통제로부터 "① 특정 무기체계의 동결(freeze) · 제한(limit) · 감축(reduce) · 폐기(abolish), ② 특정 군사활동의 제한, ③ 군사력의 전개 · 조정 · 통제, ④ 군사적으로 중요한 물자 이전(transfer)의 규제, ⑤ 특정한 무기사용 제한 혹은 금지, ⑥ 우발전쟁의 방지책, ⑦ 국가간의 투명성 확보를 통한 신뢰구축" 등을 포함하는 광의의 군비통제에 이르기까지 매우 다양한 측면을 지닌다. 즉 군비통제의 통제대상은 전쟁수단과 관련된 모든 장비와 시설 이외에 전력구성, 운영체제 등과 같은 소프트웨어적인 것까지 모두를 포함한다고 할 수 있다.

결국 군비통제란 "관련 국가들간의 주로 상호 협의로 특정 군사력의 건설 · 배치 · 운용 등에 대한 확인 또는 제한 · 금지 · 축소를 통해 전쟁의 위험을 감소시켜 안보를 증진하려는 전략"인 것이다. 군비통제는 "전쟁의 주요 원인은 인간의 마음이나 국가간의 긴장에 기인하며, 평화와 안정은 군사력 못지않게 의도(intention)의 함수"라는 인식에 입각하여 군비경쟁으로 야기될 수 있는 전쟁 위험성을 제거하거나 최소화하려는 접근방법이라 할 수 있다.

일반적으로 논의할 때, 군비통제의 목적은 크게 다음 3가지로 요약될 수 있다. 즉 ① 잠재적국간의 전쟁의 가능성을 감소시키고, ② 전쟁발발시 그 확산 범위와 파괴력을 제한하며, ③ 평시 전쟁준비에 대한 정치 · 경제적 부담을 감소시킨다는 것 등이 바로 그것이다.

군비통제의 목적은 일차적으로 '군사적 안정화' 에 있다. 군사적 안정화란 군사력 규모의 차이, 공세적 군사력 보유, 전방위전력 배치, 대규모 군사연습 또는 부대이동, 공세적 전략 · 전술과 군사독트린 유지 등으로 인해 초래되는 군사적 불안정을 제거하려는 노력을 말한다. '군사력 건설' 이 적대국의 위협에 대한 대응전력을 확보함으로써 전쟁을 억제하려 한다면, '군비통제' 는 군사적 안정성을 달성하여 전쟁을 억제하려는 메커니즘이다.

따라서 군사력 건설과 군비통제는 상반된 개념이 아니라 국가안보 목표 달성을 위한 상호보완적 개념인 바, 우리가 국가안보를 추구함에 있어서 '군사력 건설이냐' 아니면 '군비통제냐' 하는 양자택일의 이분법적 사고는 바람직하지 않다. 정부가 지속적인 군사력 정비를 통해 대북억제력을 유지해 나감과 동시에 군비통제를 통해 남북간에 군사적 긴장완화 및 한반도 평화정착을 적극 모색하는 것은 병립 가능한 것이다.

군비통제의 개념은 안보 개념의 변화에 따라 더욱 발전되었다. 즉 이 개념은 냉전시대의 '절대안보' 의 딜레마에서 벗어나 상대국과 대화를 통해 자국의 안보는 물론, 상대국의 안보도 함께 증진시킬 수 있는 공동안보(common security) 또는 '협력안보' (cooperative security) 그리고 안보위협의 범위가 군사 · 정치 · 경제 · 환경 · 테러 · 마약 등 모두를 포괄하는 '포괄적 안보' (comprehensive security)의 개념의 출현과 함께 더욱 발전되어온 개념이다. 동북아 상황은 다르지만, 이렇게 변화되고 확대된 안보개념에 따라 세계 각국은 쌍무적 · 다자적 협력으로 안보를 추구하고 있다.

군비통제는 이러한 공동안보, 협력안보, 포괄적 안보를 추구하는 안보전략으로서 크게 보아 ① 정치 · 군사적 신뢰구축(confidence building measures), ② 군비제한(arms limitation), ③ 군비축소(arms reduction)를 포괄하는 개념이다.

먼저, '신뢰구축' 은 상호간에 자국의 군사활동과 군사력 운영, 군사력 규모에 대해 상대방에게 공개함으로써 군사행위에 대한 투명성(transparency)과 예측가능성을 제고시켜 군사적 불신과 긴장을 완화시키는 것을 말한다. '군비제한' 이란 군사력 건설의 수준을 양적 또는 질적 수준으로 제한하여 무제한적인 군비경쟁이 이루어지지 않도록 하는 것으로서, 특정시점에서 더 이상의 군사력을 건설하지 않도록 하는 군비동결(arms freeze)은 이러한 군비제한의 한 유형이다.

후술하는 바와 같이, 군축 즉 '군비축소' 는 이미 건설된 군사력, 즉 보유하고 있는 무기나 병력을 질적 또는 양적으로 감축함을 말한다. 무기나 병력을 전면적으로 감축하는 것을 무장해제(disarmament)라고 하며, 이는 군비축소의 극단적인 유형에 해당된다.

나. 군비통제의 유형

군비통제는 통제대상 · 참여국가수 · 무기형태 · 접근방법에 따라 다양하게 분류된다.

첫째, 군비통제는 통제하고자 하는 대상에 따라 운용적 군비통제(operational arms control)와 구조적 군비통제(structural arms control)로 대별된다. 먼저, 운용적 군비통제는 군사력의 배치와 운용을 통제하는 것으로서 관련국 상호간에 ① 전쟁규칙(rules of war)의 마련, ② 위기시 직접대화수단으로서의 통신 및 행정협정의 마련, ③ 신뢰구축조치(confidence building measures) 등의 방법이 포함된다. 이러한 신뢰구축조치에는 ① 정보의 교환, ② 상호 통신, ③ 상호 군사시설에의 접근, ④ 부대훈련 및 기동의 사전통보, 그리고 ⑤ 특정 부대 이상의 훈련제한 등의 방법이 포함된다. 다음으로, 구조적 군비통제는 실질적인 병력과 무기체계에 제한을 가하는 방법으로 ① 군사력 건설과 획득 그리고 동원의 제한, ② 특정지역에서의 특정무기 사용의 제한, ③ 무기의 생산이나 이전에 대한 규제 등이 포함된다.

운용적 군비통제의 가장 대표적인 사례인 신뢰구축조치로는 제2차 세계대전 이후로 1975년 헬싱키 신뢰구축조치, 1986년 스톡홀름 '신뢰 및 안보구축조치,' 1992년 비엔나 '신뢰 및 안보구축조치 등을 들 수 있고, 구조적 군비통제의 사례로는 미소간의 '전략무기제한협정' (SALT Ⅰ, Ⅱ)을 위시하여 '유럽 재래식전력감축협정,' 핵확산방지체제(예컨대 NPT), 화학무기금지협약(CWC) 등을 들 수 있다.

둘째, 군비통제는 참여국가수에 따라 일방적 군비통제(unilateral arms control), 쌍무적 군비통제(bilateral arms control), 다자간 군비통제(multilateral arms control)로 구분된다. ① 일방적 군비통제란 분쟁당사국 중 일방이 타방의 협력을 유도하기 위해 타방과의 협정이 없는 상태에서 일방적으로 자신의 군사력에 제한을 가하는 행위로서 1962년 미국의 대기권핵실험금지선언, 1991년 한국의 비핵화선언이 대표적인 예이다. ② 쌍무적 군비통제는 가장 전통적 방법으로 2개의 분쟁당사국 사이에 이루어지는 통제형태로서 미소의 전략무기제한협정(SALT)이 대표적인 예이다. ③ 다자간 군비통제는 3국 이상의 국가간에 이루어지는 통제형태로서 1922년 미 · 영 · 일 · 러 · 이 등의 5개국이 참가한 워싱턴군축조약, 핵확산금지조약(NPT), 화학무기금지협약(CWC), 전면핵실험금지조약(CTBT), 제네바군축회의(CD) 등이 좋은 예이다.

셋째, 군비통제는 무기형태에 따라 재래식 군비통제(conventional arms control)와 핵군비통제(nuclear arms control)로 구분된다. 전자는 재래식무기를 중심으로 이루어지는 통제로서 '유럽 재래식전력감축협정' (CFE: The Negotiation on Conventional Armed Forces in Europe)이 대표적인 예이며, 후자는 핵무기를 위주로 한 통제로서 미소의 전략무기제한협정(SALT Ⅰ, Ⅱ)이 대표적인 예이다. 많은 군비통제연구자들은 핵무기의 가공할 만한 살상력과 재래식군비통제의 기술적 어려움 등을 들어 핵군비통제가 재래식군비통제보다 중요하다는 견해를 피력하고 있다.

넷째, 군비통제는 접근방법에 따라 기능주의적 접근과 정치적 접근으로 구분된다. ① 기능주의적 모형은 경제 · 사회 · 문화 그리고 인도주의적 교류를 통해 신뢰를 조성하고 이로써 군비통제에 이르고자 하는 방법이다. ② 정치적 모형은 관련국간의 정치적 해결을 통해 새로운 관계구조를 형성하고 이로써 군비통제를 모색하는 것이다. 두 접근법은 이론적으로 출발점은 달리하나 상호보완적이다. 기능주의적 모형은 다시 '단계적 군비통제'와 '포괄적 군비통제' 모형으로 세분화할 수 있다. 즉 ㉠ 단계적 군비통제는 비군사적 측면의 교류→정치적 신뢰조성→군사적 신뢰조성 등으로 이어지는 일련의 단계적인 절차에 따라 군비통제에 이르는 것이라 할 수 있다. ㉡ 포괄적 군비통제방식은 비군사적 기제(주로 경제적 수단)와 군사적 기제를 상호 연계하여(단계적이 아닌 동시적으로) 전자가 후자에게 직접적인 영향을 주는 방법이라 할 수 있다. 포괄적인 방식에 따른 군비통제수단의 대표적인 예로, 지금은 북핵문제의 돌출로 원점으로 돌아갔지만, 북한의 핵동결을 위한 한반도에너지개발기구(KEDO)의 대북경수로지원사업을 들 수 있다.

이밖에도 군비통제는 소멸적 군비통제, 적극적 군비통제, 소극적 군비통제, 예방적 군비통제로 분류되기도 한다. 여기서 ① 소멸적 군비축소란 기존 군비의 감축 또는 철거를 통해 긴장을 완화하고 분쟁요인을 소멸하려는 통제이고, ② 적극적 군비통제는 소멸적 군비통제와는 대조적으로 군비의 비취약화 및 전력적 증강을 통해 긴장을 완화하고 분쟁요인을 소멸하려는 통제이고, ③ 소극적 군비통제는 현존 무기체계와 그 전개세력 그리고 기타 군비의 요소를 삭감 또는 증강하지는 않고 현상동결하거나 그 원인행위를 금지하는 조치를 포함하는 통제이며, ④ 예방적 군비통제란 상대방이 아방의 힘과 의지를 정확하게 이해하고 있는지의 여부를 확인하기 위한 감시나 검증 그리고 커뮤니케이션 수단과 방법을 통해 분쟁요인을 줄이고 분쟁시라고 할지라도 이를 국지화할 수 있는 예방적 통제를 말한다.

다. 국제군비통제의 현황

탈냉전 이후 국제군비통제는 군비통제의 필요성에 대한 폭넓은 공감대를 바탕으로 전세계 거의 모든 국가들이 참여하는 다자간 군비통제의 형태로 확대되었다. 우리 정부도 국제군비통제기구 및 활동에 참여하여 관련기구의 정책결정과정에 우리의 안보현실과 국가이익을 반영시키는 한편, 북한의 참여를 유도하는 데 가장 큰 역점을 두고 국제군비통제활동에 적극 참여하고 있다.

국제군비통제는 유엔과 기타의 국제단체를 통해 활발하게 진척되고 있다. 유엔의 군축기구로는 총회의 군축기관들인데 총회의 상하기관으로는 제1위원회(first committee)가 있고 사무총장 산하의 사무국 내 유엔 군축국(UN Department for Disarmament Affairs)과 사무총장 자문기관인 군축연구자문위원회(Advisory Board on Disarmament Studies), 독립연구기관으로 유엔 군축연구소(UNDIR: UN Institute for Disarmament Research)가 있다.

제네바군축회의(CD: Conference on Disarmament)는 유엔 산하기관은 아니지만 유엔과 밀접한 관련을 가지고 있다. 예산이 유엔의 예산에 포함되어 있고 사무총장을 임명할 때 유엔사무총장과 협의하도록 되어 있다. 이 군축회의는 설립당시에는 40개국으로 시작했으나 현재는 공인된 핵무기 보유국 5개국(미 · 소 · 영 · 프 · 중)을 포함하여 65개국으로 이루어져 있다. 연례회의는 24주간 열리며 9월 이전에 세 기간으로 나누어 개최된다. 1979년에 설립된 제네바군축회의는 국제사회의 유일한 다자간 군축회의로서 이전의 여러 군축협상에서 유용한 많은 조약이 생겨났는데, 핵확산금지조약(NPT: Non-Proliferation Treaty), 생물무기금지협약(BWC: Biological Weapons Convention), 화학무기금지협약(CWC: Chemical Weapons Convention), 포괄적 핵실험금지협약(CTBT: Comprehensive Test Ban Treaty) 등이 있다.

특정재래식무기협약(CCW: Convention on Certain Conventional Weapons)은 1980년에 제정되었으며, 유엔의 재래식무기등록(UN Register of Conventional Arms)제도는 국가간에 무기의 이전과 거래의 투명성을 높이기 위해 1991년 12월 유엔총회에서 결의문으로 채택된 이래 설립되었다. 이는 1988년 유엔군축특별총회에서 무기이전에 관한 개관적인 보고서를 작성하자는 결의에 의해 이루어졌다. 이 제도는 유엔 회원국에 대해 매년 4월 말 기준 재래식무기의 대외수출입에 관한 사항, 국내생산의 무기조달통계와 관련 정책 그리고 무기이전 및 획득에 관한 배경설명 등을 규정하고 있다.

화학무기금지협약(CWC)은 화학무기 사용에 대한 국제적인 비판여론에 따라 1980년 제네바군축회의는 유엔총회의 결의에 따라 실무단을 구성하여 1992년 8월 7일 최종문안을 작성하고 9월 3일 유엔총회에 송부하여 채택되었고 1997년 4월 29일 발효되었다. 2000년 6월 기준으로 171개국이 서명하고 139개국이 비준하였으며, 그 후 2003년 우리의 주도로 채택된 바 있는 보편성 확보 노력으로 다수의 국가들이 가입했으며 2015년 10월 현재 가입국은 192개국이다. 2013년 시리아의 가입으로 북한, 이집트, 앙골라, 남수단이 미가입국으로 남게 되었으며, 이들 미가입국에 대해 국제사회가 관심을 기울이고 있다. 이 협약은 가입구들에게 ① 화학무기의 개발 · 생산 · 획득 · 보유 · 이전(다른 국가들간에 직접적인) 금지, ② 화학무기의 사용금지, ③ 화학무기의 생산시설의 폐기, ④ 보유화학무기 폐기, ⑤ 보유 독성화학무기 보유 제한 등을 규정하고 있다. 이 협약을 이행하기 위해 화학무기금지기구를 두고 정기사찰과 불시사찰로 강력한 검증제도를 가지고 있다.

우리 정부는 국제적인 대량살상무기 비확산노력에 동참하고, 국내 화학산업을 보호하기 위해 1997년 4월 28일 비준서를 유엔에 기탁했다. 같은 해 5월 제1차 당사국 총회에서 화학무기금지기구(OPCW) 집행이사국으로 선출되고, 1998년 11월에 제3차 당사국총회에서는 의장직을 맡아 1999년 제4차 당사국 총회까지 임무를 수행했다. 그러나 북한은 아직도 화학무기금지협약(CWC) 미가입국으로 현재 북한은 8개의 화학공장에서 생산한 신경성 · 수포성 · 혈액성 · 구토 및 최루성 등 유독작용제를 6개 시설에 저장하고 있으며 보유량은 약 2,500~5,000톤인 것으로 알려지고 있다.

생물무기금지협약(BWC)은 1972년 4월 10일에 서명되고 1975년 3월 26일에 발효되었다. 2006년 11월 현재 192개국이 서명했고 이 중 한국을 포함한 155개국이 비준을 마치고 가입한 상태이다. 이 협약은 생물무기의 사용 · 개발 · 생산 · 비축 · 획득 · 보유를 금지하고 있다. 그러나 이 협약은 적용범위가 모호하고 협약이행을 위한 구체적인 검증체제가 미흡하여 제대로 기능을 하지 못하고 있다. 이와 같은 문제점을 보완하기 위해 1980년 이래로 재평가회의를 하고 있는데 지금까지 4차례의 평가회의가 열린 바 있다. 남북한은 생물무기금지협약에 모두 가입했지만, 북한의 경우 탄저균 등 생물무기를 배양 및 생산할 수 있는 능력을 보유하고 있는 것으로 추정된다.

특정재래식무기금지협약(CCW)과 오타와협약은 대인지뢰를 비인도적인 무기로 보고 1970년대 이후 비인도적인 무기의 규제에 대한 여론이 일다가 1980년에 국제적인 협약이 맺어졌고 1983년에 발효되었다. 그 후 1990년 중반 이후 대인지뢰규제 움직임은 제네바군축회의를 중심으로 한 특정재래식무기금지협약(CCW)의 제Ⅱ의정서 개정을 거친 것이고 다른 하나는 캐나다 정부와 민간단체를 중심으로 한 규제 움직임이다. 특정재래식무기금지협약의 제Ⅱ의정서(일명 지뢰사용금지의정서)의 개정은 1996년 5월 3일에 채택되고 1998년 12월 4일에 정식 발효되었다. 한편 오타와협약(Ottawa Process)은 국제대인지뢰금지운동으로서 민간운동이며 1999년 3월 1일에 발효되었고 2015년 10월 현재 162개국이 가입했다.

특정재래식무기금지협약(CCW)과 오타와 협약과의 차이는 전자가 대인지뢰뿐만 아니라 대전차지뢰를 포함한 모든 지뢰와 부비트랩 및 이와 유사한 기타의 장치도 포함하고 대인지뢰의 경우 탐지 불가능한 것만을 대상으로 하고 1997년 이전에 생산된 대인지뢰는 탐지물질부착유예기간인 의정서 발효 후 9년간 제한적으로 사용을 허용한 반면, 후자는 대인지뢰만을 대상으로 하되 예외없이 전면적으로 적용하고 있다. 비축된 모든 대인지뢰를 협약 발효 후 4년 내에 폐기해야 하고 매설된 지뢰는 10년 내에 폐기하되 불가피한 경우 기간의 연장을 요구할 수 있도록 하고 있다. 한편, 협약이행을 위해 체결국들이 사실규명을 요청할 수 있게 하고 있다.

특정재래식무기금지협약(CCW)과 오타와협약(Ottawa Process)에서 대인지뢰문제와 관련해서 우리의 입장은 한반도의 특수한 안보상황을 고려할 때 특정재래식무기금지협약(CCW) 제Ⅱ의정서에는 가입할 수 있지만 대인지뢰를 전면 금지하는 오타와협약에는 가입할 수 없다는 입장을 취했다. 이는 지뢰가 방어의 전략을 택하고 있는 한국의 입장에서는 필수적인 무기이며 북한의 전쟁유혹을 거부할 수 있는 무기라는 것이다. 또한 우리의 비무장지대는 엄격한 통제 아래 있는 곳이어서 민간인 피해는 거의 없다는 것이다.

국제사회의 압력과 우리의 안보현실을 절충 · 고려하여 우리나라는 2001년 5월에 대인지뢰의 비인도적 사용을 규제하는 특정재래식무기금지협약(CCW)에 가입했다. 가입 후 우리는 대인지뢰로 인한 민간인 피해방지를 위한 각종 조치를 취함으로써 우리의 인도주의적 지뢰제거 활동 의지를 대내외에 인식시키는 한편, 안보현실을 감안한 지뢰의 사용여건을 마련하게 되었다.

미사일기술통제체제(MTCR: Missile Technology Control Regime)는 서방선진7개국이 핵무기 운반수단인 미사일 확산을 방지하기 위해 1987년 발족시켰는데 가입국은 2015년 현재 34개국이며 한국은 2001년 3월 26일 정식 가입했다. MTCR은 옵서버가 인정되지 않는 것이 특징이며, 통제대상은 대량살상무기 운반이 가능한 사정거리 300㎞ 탄두중량 500㎏ 이상의 미사일과 무인항공운반체와 관측로켓 등이 포함되고 완성품에 포함될 수 있는 하위체계와 생산설비 및 생산장비도 포함된다. 그러나 미사일기술통제체제는 가입국들의 비공식적인 신사협정에 의존하고 있고, 북한 등 중 · 장거리 미사일 개발 및 기술을 가지고 있는 국가들이 모두 가입하고 있지 않아 통제의 실효성이 약하다. 그리고 생산설비와 장비도 포함하고 있어서 다른 산업의 발전에도 악영향을 미치고 있다.

앞에서 설명한 것들이 국제수준의 군비통제수단이며 군비통제라고 할 수는 없지만 지역 차원의 공동안보 대화노력으로 아시아에서는 아세안지역안보포럼(ARF: ASEAN Regional Forum)을 들 수 있는데, 1994년 7월 25일 방콕에서 참가국의 합의로 설립되었고, 2001년에는 북한도 가입했다. 이 포럼의 실무협의의 주요 논제가 예방외교, 탐색 및 구난, 신뢰구축조치(CBMs)였음을 보면 군비통제의 성격도 일부 포함되어 있다. 이러한 정부차원의 대화 외에 민간차원의 활동도 활발한데, 동북아안보대화(NEASD: Northest Asian Security Dialogue)와 아태안보협력이사회(CSCAP: Council for Security Cooperation in Asia-Pacific)가 그것이다.

동북아안보대화(NEASD)는 한국 · 미국 · 일본 · 중국 · 러시아 등 동북아 5개국이 참여하고 있고 북한의 참여를 종용하고 있다. 원칙적으로는 개인적 차원의 의견교환을 하고 있지만 참여인사가 현직관료나 군인도 참여하고 있고 미국은 이를 정부차원의 기구로 승격시키려고 노력하고 있다. 1993년 6월 발족한 아태안보협력이사회(CSCAP)은 역내 다자안보를 통해 국가간 신뢰를 증진하고 정부차원의 안보협력을 지원 강화하기 위한 민간차원의 안보대화로 남북한을 포함하여 21개국이 참여하고 있다. CSCAP도 민간안보협력기구지만 각국의 회원이 전 · 현직 관료와 학자로 구성되어 있어 반관반민(半官半民)의 성격이라 할 수 있다.

이와 같이 국제적인 군축기구와 단체들에 대해 살펴본 것은 탈냉전 이후의 군비통제와 안보현안들이 협력안보라는 큰 틀에서 이루어지고 있고 그 역할과 중요성이 점점 부각되고 있다는 것이다. 그러므로 우리는 이러한 국제적 조류를 외면할 수만은 없을 것이다. 남북의 군비통제는 이러한 국제군비통제의 흐름과 조화 속에서 추진되어야 할 것이다.

여기서 남북한 국제군비통제의 참여현황을 보면 〈표 XIV-1〉과 같다.

〈표 XIV-1〉 남북한 국제군비통제기구 참여현황

구 분	발효일	한국		북한	
		서명일	비준일	서명일	비준일
핵확산금지조약(NPT)	70. 3. 5	68. 7. 1	75. 4.23	85.12.12	85.12.12
화학무기금지협약(CWC)	97. 4.28	93. 1.14	97. 4.28	미가입	
생물무기금지협약(BWC)	75. 3.26	72. 4.10	87. 6.25	87. 3.13	87. 3.13
특정재래식무기금지협약(CCW)	98.12. 4	미가입		미가입	
오타와 협약	99. 3. 1	미가입		미가입	
미사일통제체제(MTCR)	87. 3. 1	2001.3.26 가입		미참여	
유엔재래식무기등록제도	92. 1. 1	참여		미참여	
제네바군축회의(CD)	1979	참여		참여	

라. 남북한 군비통제의 제약요인과 성공요건

(1) 남북한 군비통제 제약요인

군비통제가 실천되기 위해서는 ① 합의(agreement), ② 신뢰구축조치(confidence building measures), ③ 합의이행(implementation), ④ 사찰(inspection), ⑤ 위반사항시정(supplementation) 등의 조치들이 단계별로 성실히 이루어져야 한다. 이 중 어느 단계에서 문제가 생겨도 실패하게 되므로 군비통제가 성공한 사례가 극히 드물다고 할 수 있을 것이다.

한국의 안보적 위협을 주변국으로 확대하여 생각해본다면 그렇지 않지만, 단순히 남북한으로 국한시켜 본다면 남북한이 보유하고 있는 군사력이 크다는 데는 이론의 여지가 없을 것이다. 또한 ① 전쟁예방 및 가능성 감소, ② 군축을 통한 전쟁피해의 감소, ③ 과중한 군비지출의 경제발전 및 복지로의 투자, ④ 평화통일에의 기여 등과 같은 군비통제의 필요성에 많은 사람들은 공감할 것이다.

그러나 군비통제 또는 군축은 그 당위성이 뚜렷함에도 불구하고 제약요인들이 있는데, 여기에는 내적 제약요인과 외적 제약요인들이 있을 수 있다. 내적 요인으로는 다음과 같은 것을 들 수 있다.

첫째, 남북한간에는 강한 불신감과 적대감이 여전히 존재하는 탓에 쉽게 군축이 성립되기 어렵다는 점이다. 남북한간에는 국토분단(1945), 정치적 분단(1948), 민족분단(1950, 6·25전쟁) 등을 거치면서 불신과 적대의 골이 깊어졌고 또한 군사력의 경쟁적 증강을 가져왔다. 북한은 1950년대 이래 주한미군철수를 겨냥하여 수시로 남북 모두 10만명 이내로 감축하자고 주장한 바도 있다. 하지만 기존의 대남전략을 고수하는 한 북한으로서는 남한보다 앞선 병력을 선뜻 줄이기가 쉽지 않고 북한이 내심으로도 그렇다고 보기도 어렵다.

둘째, 한국은 정치체제의 특성상 신속동원이 어려워 상비군을 대폭 줄이기 힘든 처지에 있다는 점이다. 북한은 계엄통치와 비슷한 병영국가의 성격을 가지고 있어서 군축을 하더라도 쉽게 동원할 수 있는 까닭에 군축으로 생기는 위험부담이 적지만, 한국은 형식적 측면에서 동원제도가 만들어져 있으나 신속하고 성공적인 동원이 쉽지 않아 위험부담이 크다.

셋째, 미군주둔으로 전쟁을 억제하려면 한국으로서는 군축을 본격화할 때 미군주둔의 명분이 약해지기 때문에 군축추진을 주저하지 않을 수 없다. 한국이 자체 군대를 줄이면서 미군주둔을 바라기 어렵고 미국의 입장에서도 군대주둔명분을 갖기 어려우며, 북한에게는 주한미군 철수의 명분을 주게 될 것이다. 군축을 하면서 주한미군을 가지고 전쟁억제에 큰 도움을 받겠다는 한국의 기본적 대전략구상 자체가 문제가 아닐 수 없다.

넷째, 남북한 모두 군대유지에 따르는 재정적 곤란을 감당하기 어려운 한계점에 이르지는 않았고, 또한 군축 단행시 양측 군부의 반발이 염려되기 때문에 군축을 하기 어렵다는 견해도 나오고 있다. 남북한 모두 예상되는 군부의 반발은 군축협상과 실행을 가로막는 중요한 장애요인이 될 것으로 보고 있다.

다음으로, 군비통제의 외적 제약요인으로 다음 사항을 들 수 있다.

첫째, 남북한 주변국과의 방위조약상 제약을 들 수 있다. 한국은 미국과 방위조약을 맺고 있고, 대부분의 주요 무기를 공급받고 있다. 한국은 미국의 무기를 구입하고, 그에 따라 미국의 무기체계에 맞추고 있어서 미국이 한국의 군비를 실제로 통제하는 것이나 다름없다. 미군주둔으로 생기는 억제력 때문에 한국의 군사력을 북한보다 열세에 있게 하는 군비통제기능을 하게 된다. 물론 2012년 전시작전권을 환수하도록 예정되어 있지만 예정대로 그렇게 되더라도 조약상 미군이 한국에 주둔할 수 있게 되어 있어서 군비통제에서 주한미군 처리문제가 문제시되고 미국이 영향이 클 수밖에 없다. 북한의 경우도 마찬가지로 중국과 '방위조약'을 맺고 있고 러시아와는 협력조약을 맺고 있어서, 주요 무기를 두 나라로부터 공급받고 있는 상태이다. 이러한 상황이 외적 제약요인으로 작용하고 있는 것이다.

둘째, 주변국들이 군사혁신을 통해 새로운 군비경쟁을 벌이고 남북한에 무기를 지원 · 판매하는 환경에서 남북한만이 군사혁신을 외면하거나 일방적으로 군축을 단행한다는 것은 어려운 일이다. 미국과 소련의 일방적 전술핵무기감축선언(1991.9; 1991.10)처럼 상대국의 군축을 유도할 수 있다는 견해도 나오고 있지만, 한반도와 동북아의 현 군사안보정세에 비추어볼 때, 자칫하면 자승자박(自繩自縛)적 안보위기를 초래할 수도 있다. 한반도에서 군축이 이루어지기 위해서는 남북한의 군사적 신뢰구축과 군축노력도 중요하지만, 무엇보다 국제군축환경 즉 주변국의 군축분위기가 함께 조성되어야 한다.

셋째, 북한 핵문제, 화생무기, 중 · 장거리 미사일 등 전략무기의 지속적 개발도 남북한간 군축분위기를 조성하기 어렵게 하는 제약요인으로 작용하고 있다. 4차 핵실험(2016.1.6)까지 마친 북한의 핵문제, 중 · 장거리 미사일 등 전략무기의 지속적 개발도 남북한간 군축분위기 조성을 어렵게 하는 제약요인으로 작용하고 있다. 북한의 핵 · 화생무기 · 미사일 등 대량살상무기 개발프로그램은 한반도뿐만 아니라 동북아지역의 안정과 평화를 해칠 수 있는 심각한 안보위협요소로 인식되어 그동안 국제사회로부터 많은 논란을 불러일으켜왔다. 1994년 한반도에서 북한 핵개발 저지와 관련한 북미간의 전쟁위험까지 발생한 북한의 핵개발은 북미제네바 핵합의로 피해갔지만 1998년 북한이 장거리 미사일을 실험발사함으로써 긴장은 더욱 고조되었는가 하면, 2002년 10월 다시 불거진 북한의 핵위기로 북미제네바 핵합의가 파기되고, 2006년 10월 이래 수차례의 핵실험을 강행하고 있어 북한의 비핵화 실현이 불확실한 상황이 지속되고 있다. 이러한 북한의 대량살상무기 위협의 해소를 위해서는 남북한간의 군비통제협상은 물론 국제사회의 긴밀한 협조와 지원도 함께 요구된다고 할 수 있다.

이상과 같은 한반도 군비통제의 대내외적인 제약요인을 고려해볼 때 남북한의 군비통제문제는 결코 간단하거나 단순하지 않은 매우 복잡하고 복합적인 문제임을 알 수 있다. 남북한의 군비통제문제는 남북관계의 역학과 통일문제, 이해관계가 다른 한미 · 북미관계와 주변국의 한반도정책 등이 복잡하게 얽혀있기 때문이다.

(2) 남북한 군비통제의 성공여건

분단 반세기가 훨씬 지나도록 남북한간에 어떤 효과적인 군비통제조치가 아직 이루어지지 않고 있다는 것은 그러한 제안의 규범성과 현실성간의 괴리(gap)가 존재하고 있음을 의미한다. 무엇보다 중요시 되어야 할 것은 분단심화에 따른 뿌리 깊은 상호불신이 바로 그와 같은 결과를 가져오게 한 주요 원인이 되었다는 점이다. 군비통제가 어떠한 상황에서도 가능한 것이 아님은 재론할 필요가 없다. 대외적 요인보다 남북한에 국한시켜 생각해볼 때 진정한 의미의 남북한의 군비통제가 가능하려면 다음과 같은 여건이 성숙되어야 할 것이다.

첫째, 대상국가간에 공동이익에 대한 공감대가 형성되어야 한다. 즉 상호간에 정치적 · 영토적 현상유지에 대한 공동인식을 바탕으로 군비통제의 필요성과 이로 인한 기대이익의 공감대가 형성되어야 한다. 남북한의 군비통제는 상호 군비통제의 필요성을 인식하고 모두에게 이익이 될 수 있도록 추진되어야 한다. 즉 대규모 기습공격능력 제한에 의한 전쟁위험 제거, 전쟁발발시 피해 최소화, 국방비 절감 및 경제발전에의 기여, 남북한간 정치적 · 군사적 대결구조의 평화공존관계로의 정착을 통한 평화통일 기반조성, 한반도 안정과 평화에 대한 주변국의 기대와 관심에의 기여 등 남북한 상생의 원칙이 적용되어야 한다.

우리 정부는 무력통일이나 어느 일방에 의한 흡수통일을 불용하고 배제하며, 남북한간에 정치적 · 영토적 현상을 인정하는 토대 위에서 평화공존관계를 추진하는 대북정책을 추진해왔다. 반면에 북한은 우리와 함께 2000년 6월 남북정상회담에서 남북공동선언을 발표한 이래 변화된 모습을 보여준 것도 사실이나 아직 대남적화통일노선을 변경했다고 보기는 어렵다. 이러한 상황에서 우리는 남북대화와 남북간 교류협력을 지속해 나가면서도 대북안보태세를 공고히 함으로써 북한의 적화통일 시도가 결코 성공할 수 없음을 인식토록 하여 북한이 실질적인 군비협상에 나올 수 있도록 여건을 조성해 나가야 할 것이다.

둘째, 군비통제가 성공적이려면 협상하려는 국가상호간에 군사적 균형이 상당한 정도 이루어져야 하며 안정성이 확보되어야 한다. 즉 전력구조 및 군사적 운용에 있어서 상호 대칭적 균형을 바탕으로 자위능력에 대한 자신감을 가질 때 비로소 군비통제의 진행과 타결이 가능한 것이다. 군비통제 논의를 수월하게 진행하기 위해서는 군비통제 당사국 간에 가능하면 군사적 대칭성이 존재하는 것이 유리하다. 군사적 대칭성이란 보유한 병력의 구조나 무기체계의 종류, 동맹구조 등이 서로 대등한 구조를 이루고 있음을 말한다.

그러나 현재 남북한 군사력에는 상당 정도의 불균형이 존재하고 있다. 물론 질적 측면에서 우리가 앞선 무기도 없지 않지만, 북한은 우리보다 병력면에서 1.7배, 주요 장비에서 1.9배, 화력 면에서 2.3배 등 재래식 전력에서 우위를 보이는 것으로 알려진 바 있다. 더욱이 핵 · 화생무기 · 미사일 등 대량살상무기를 다량 보유함으로써 전략무기에서도 우세를 보이고 있어서 안보에 심각한 위협을 주고 있는 상황이다.

그동안 우리는 북한의 군사적 도발과 위협에 대처하기 위해 대북 억제력을 확보하기 위해 노력해왔다. 그러나 아직까지 남북한간 군사력 불균형이 지속되고 있는 현 상황에서 우리 정부가 군비축소나 군사비 감축을 일방적으로 선언하고 실천하는 것은 남북한간 군사력 불균형을 더욱 심화시켜 우리의 안보를 심각하게 저해하게 되는 결과를 초래할 것이다. 따라서 향후 이러한 군사적 불균형의 문제가 시정될 때 남북한 군비통제는 적극적으로 추진될 수 있을 것이다.

셋째, 해당 국가간에 정치적 · 군사적 신뢰구축의 기반이 조성되어야 한다. 이를 통해 피차간에 적대감과 불신을 완화 내지 해소시켜 상호 신뢰 속에서 대화와 협상을 통해 합의를 도출하고, 이를 실질적으로 이행할 수 있어야 한다. 북한은 1992년 남북간에 합의한 '남북기본합의서' 의 이행을 하지 않고 있다. 또한 남북한 신뢰구축과 긴장완화를 통해 항구적인 평화체계를 구축하기 위한 '4자회담' 도 북한측의 무성의로 교착상태에 빠진지 오래이다. 북한의 대남전략은 전술적 변화는 몰라도 전략적 · 정책적 차원에서는 전혀 달라지지 않은 결과이다. 이러한 상황에서 남북간의 근본적 갈등원인은 무시한 채 상호 군사력을 통제해

갈등의 동인을 해소하려는 노력은 마치 "마차가 말을 끄는"(to put the cart before the horse) 시도나 다름없다고 할 수 있다.

북한이 주장한 바 있는 '10만명 병력감축'이 성공적으로 이루어지기 위해서는 해결되어야 할 문제들이 있다. 감축규모와 관련해 남한의 기본입장은 먼저 단계적 감축으로 상호동수 균형을 이룬 다음, 통일국가로서의 적정군사력 수준으로 상호균형 감축하자는 입장을 견지하는 반면, 북한은 합의 후 3~4년 내에 3단계 감축을 통해 30만, 20만, 그리고 최종 10만으로 획기적인 병력감축을 하자는 것이다. '북한의 10만명 병력감축' 주장은 병력감축의 적정선으로 얼른 보기에는 이상적인 것 같지만 실현 가능성은 매우 희박하다고 할 수 있다.

물론 남북한이 합의한다면 전혀 불가능하지는 않지만, 이 주장이 실현 가능성에서 의심받는 이유는 다음과 같이 몇 가지로 정리할 수 있다.

먼저, 앞에서도 지적한 바처럼 북한체제는 병영국가로서 성격상 남한보다 신속한 동원능력을 보유하고 있다는 점에서 10만명 감축주장은 신빙성이 떨어진다. 현역군인은 '제복을 입은 민간인'(uniformed civilian)에 불과하다. 역으로 훈련된 민간인은 무기와 장비, 신속한 동원체제만 유지한다면 언제든지 정규군화할 수 있다는 점을 간과해서는 안될 것이다.

다음으로, 제도적 · 사회경제적 이유에서 병력을 10만 수준까지 그것도 3~4년이라는 짧은 기간 내에 감축할 수 있을 것인가 하는 문제이다. 상비병력을 이 정도 수준으로 유지하려면 남북한 모두 병역제도를 바꾸어야 하며 이행에 상당한 시간이 요구된다. 급격한 병력감축으로 사회에 방출된 엄청난 유휴 인력자원을 단기간에 해소할 수 있는 사회경제적 여건이 갖추어져 있는가 여부도 관건이다.

그 다음으로, 병력감축에 다른 무기 및 장비의 처리문제이다. 잉여장비를 그대로 가져다 버릴 수 있다면 문제는 간단하다. 그러나 이를 완전히 폐기해야 한다면 엄청난 비용과 인력, 그리고 많은 시간이 필요하다. 만약 무기와 장비를 존치한 채 병력만 줄인다면 10만 감축안은 공허할 수밖에 없다.

마지막으로, 군축문제는 남북한만으로 해결되는 문제가 아니라 주변국과의 동맹관계, 주변국의 군사혁신에 따른 신무기 개발 및 군사력의 증감도 함께 고려하여 해결되어야 할 문제인 것이다.

우리가 현재 직면한 무엇보다도 가장 중요한 군비통제문제는 수차례의 핵실험까지 마친 북한의 핵전력을 무력화시킬 수 있는 전략 및 전력의 개발과 북한의 핵불능화를 위한 6자회담 및 대북유엔재제 등을 포함한 관련국들과 군비통제 노력이라 할 수 있다. 남북한의 병력감축과 같은 군비통제과제보다는 북한의 핵문제 해결이 더 시급하고 중대한 과제가 아닐 수 없다.

2. 군축

가. 군축의 개념

군축(軍縮)은 '군비축소'의 줄임말로서 군대의 부분적 감소 및 전체적 철폐를 의미한다. 모겐소(Hans J. Morgenthau)는 군비축소란 군비경쟁을 종식시키려는 목적을 위해 모든 무기를 제거하거나 무기의 일부를 감소시킴을 의미한다(Disarmament is the reduction or elimination of certain or all armament for purpose of ending the armament race)고 규정하고 있다.

군축은 군비통제의 하위개념이라 할 수 있다. 군비통제는 공동안보, 협력안보, 포괄적 안보를 추구하는 안보전략으로서 크게 보아 정치·군사적 신뢰구축(confidence building measures), 군비제한(arms limitation), 군비축소(arms reduction)를 포괄하는 개념이기 때문이다. 군축은 이미 건설된 군사력, 즉 보유하고 있는 무기나 병력을 질적 또는 양적으로 감축함을 말한다. 무기나 병력을 전면적으로 감축하는 것을 무장해제(disarmament)라고 하며, 이는 군축의 극단적인 유형에 해당된다고 볼 수 있다.

군비통제(arms control)를 다루는 문건에서 제2차 세계대전 때까지는 주로 disarmament '(무장해제, 군축)라는 단어를 썼다. 이 단어는 뜻 그대로라면 '모든 군비와 군대를 제거' (total elimination of armaments and armies)를 말하게 되나, 실제로는 장비나 군대의 폐기가 아니라 '장비의 양적·질적 감축과 비인도적 전쟁수단의 불법화, 그리고 일정한 지역의 비무장화' (the quantitative and qualitative reduction of armaments, the outlawing of inhumane means of warfare, and the demilitarization of geographic areas)를 말하기도 한다(Henry W. Forbes).

많은 경우에 군비통제와 군축이 같은 것으로 사용되거나 때로는 군비통제가 군축의 부분개념으로 사용되기조차 한다. 그러나 군축은 군비의 감축을 뜻하는 것이며, 군비통제는 보다 일반적인 용어이기 때문에 보다 넓은 개념을 갖는 것이라고 보아야 할 것이다. 군비통제의 하위개념이라 할 수 있는 군축은 보유하고 있는 군비를 기준으로 할 때 적어도 다음과 같은 네 가지 현상을 가져오는 것을 말한다. 즉 ① 현상태에서의 동결, ② 현상태에서의 제한, ③ 현상태에서의 감축 ④ 현상태에서의 무장해제 등이 바로 그것이다.

국제정치상 군축은 다음의 4가지 개념으로 정리할 수 있다. 즉 ① 패전국의 무장해제(독일과 동맹국에 대한 베르사유 조약 규정은 대표적인 예), ② 1817년 오대호(五大湖)의 비무장을 위해 영국과 미국 간에 체결된 러시-배것협정과 같이 특정지역에 적용되는 쌍무적 군축협정, ③ 이상주의자나 평화주의자들이 역설하는 군비철폐, ④ 가장 보편적인 개념으로 국제연맹 · 국제연합 등의 일반협정을 통한 군비의 제한 및 축소 등이 바로 그것이다.

오늘날 핵무기 등 대량살상무기의 발달로 말미암아 군비축소는 더욱 복잡하고 긴박한 문제로 부각되고 있다. 군비경쟁이 경제적으로 의미가 없고 필연적으르 전쟁을 초래하게 된다는 것이 과거의 주장이었으나 1945년 원자폭탄의 위력이 처음으로 입증된 이후 핵전쟁은 인류멸망의 가장 큰 위협이 되고 있다. 제2차 세계대전이 끝나고 국제연합을 중심으로 한 각종 회의로부터 전략무기제한협상(SALT) · 전략무기감축협상(START) · 중거리핵전력협정(INF Treaty) 등 핵보유 초강대국간의 교섭에 이르기까지 군비의 제한과 통제를 위해 다양한 노력이 경주되어왔다.

나. 군축의 유형과 주요 사례

군축은 기본적으로 2가지로 분류된다. 즉 ① 일반적 군축(general disarmament)과 국지적 군축(local disarmament)의 구별, ② 양적 군축(quantitative disarmament)과 질적 군축(qualitative disarmament)의 구별이 바로 그것이다.

먼저 일반적 · 국지적 군축을 보면, 일반적 군축은 모든 관계국이 참가하는 형태의 군축(a kind of disarmament in which all the nations concerned participate)을 지칭한다. 모든 해군 열강이 조인한 1922년의 해군군비제한에 관한 워싱턴조약과 국가공동체 모든 구성국이 출석한 1932년의 군축회의가 그 실례이다. 국지적 군축은 어느 일정수의 국가들이 관여하는 군축을 말한다. 1817년 미국과 캐나다간의 러시-배것(또는 바고트)협정(the Rush-Bagot Agreement)이 그러한 예이다.

다음으로 양적 · 질적 군축을 살펴보면, 양적 군축은 대부분 또는 모든 형태의 군비에 대한 전면적 감축(an over-all reduction of armaments of most or all type)을 목적으로 한다. 이는 1932년 세계군축회의에서 영국이 불법화하려고 노력했던 공격용 무기 혹은 국제연합위원회에서 철폐 및 제한이 논의된 바 있는 핵무기 등과 같은 특별한 무기를 감소 혹은 철폐할 것을 목표로 한다. 질적 군축은 1932년 세계군축회의에서 영국이 불법화시키려고 노력했던 공격용 무기 혹은 국제연합위원회에서 철폐 및 제한이 논의된 바 있는 핵무기 등과 같은 특별한 무기를 감소 혹은 철폐할 것을 목표로 한다.

보다 최근의 사례로는 1972년과 1979년 미소간에 체결된 제1, 2단계 전략무기제한협정(SALT Ⅰ · Ⅱ: Strategic Arms Limitation Talks), 1987년 12월 미소간에 조인된 중거리핵무기폐기(INF)협정, 1990년 11월에 체결된 유럽재래식무기감축조약(CEF), 1991년 7월 미러간에 체결된 제1단계 전략무기감축협정(START I), 1991년 9월 미국의 일방적 전술핵무기감축선언과 1991년 10월 그에 따른 소련의 전술핵무기감축선언, 그리고 1993년 1월에 체결되고 2000년 4월 러시아 연방회의가 비준한 제2차 전략무기감축협정(SALT Ⅱ) 등을 들 수 있는데, 부분적이긴 하나 군축의 성공적인 사례로 들 수 있다.

그 후의 군축시도의 새로운 사례로는 2002년 5월 24일 미국과 러시아가 「전략핵무기감축협정」(모스크바협정)을 체결하여 2012년 12월말까지 양국의 핵탄두를 1,700~2,200기 수준으로 감축하고, 핵전력 구선과 구조는 이 상한선 범위에서 독자적으로 결정하도록 함으로써 상호 대규모 핵무기 감축을 본격화한 것을 들 수 있다.

다. 군축의 효과

군축을 하는 일차적인 목적은 긴장과 전쟁의 위험을 감소시키는데 있지만 그것이 가져오는 효과는 거기에 그치는 것이 아니다. 군축의 효과는 크게 보면 경제적인 면과 군사적인 면에서 생각할 수 있다. 먼저 군축 등 군비통제가 바람직하게 실현된다면 과중한 군사비지출로부터 벗어날 수 있다. 방대한 군비는 국민들의 어려운 부담이 될 격화되는 군비경쟁은 파멸적이고 낭비적이다. 뿐만 아니라 다음으로 군사비를 줄여 생산 및 복지부문에 대한 투자를 할 수 있다는 것이다. 그 다음으로는 군축을 통해 충돌의 위험을 감소할 수 있다는 것이다. 군사력은 본질적으로 충돌하는 속성을 가지고 있다. 군사력의 비율이 높을수록 충돌의 위험이 높아진다고 본다. 따라서 군축을 통해 긴장과 전쟁의 위험을 감소시킬 수 있다는 것이다. 도덕적인 견지에서도 군축의 필요성이 제기되고 있다. 주지하는 바와 같이, 허다한 종교가 전쟁이나 살인을 부인하는 사상을 강조해왔다. 성경(Bible)은 "검으로 얻은 자는 검으로 망한다."고 경고하고 있다. 또한 칸트(Immanuel Kant)의 영구평화론(Zum ewigen Friden, 1975)도 이성을 중시하며 무력을 부정하는 태도를 고수하고 있다.

전면완전군축(GCD)론자들은 군비의 존재가 군사적 충돌을 필연적으로 초래하기 때문에 군비를 축소하여 궁극적으로 전면완전군축에 이르면 국가간에 무력을 통해 싸울 수 없게 되므로 항구적 평화가 도래한다는 이상을 논하고 있다. 하지만 군비의 전폐는 일종의 환상이라는 비판을 받고 있다.

다수의 사람들은 군축이 국제무대에서 권력투쟁의 전형적인 유형 가운데 하나를 제거하는 것으로서 그러한 투쟁이 가져오는 전형적인 결과인 국제무정부상태의 전쟁을 추방할 수 있다고 믿고 있다. 하지만 그 반대의 논리를 펴는 사람도 적지 않다.

"매일 24시간 핵무기를 탑재한 비행기들이 하늘에 떠있기 때문에 오랜 냉전에도 평화가 지켜질 수 있었다. 평화는 군비를 축소해서 지켜지는 것이 아니라 오히려 군비를 유지하는 것으로 지켜진다." 2005년도 노벨경제학상 수상자인 미국인 로버트 아우만(Robert John Aumann) 교수가 역설적으로 제시한 평화론이다. 아우만 교수의 주장이 옳고 그름을 떠나 군비는 전세계 무력분쟁이 줄고 있는 추세와 정반대로 가고 있다.

요컨대 군비축소를 위한 노력의 역사는 수많은 실패와 극소수 성공의 역사였다고 할지라도 이러한 노력은 여러 가지 면에서 볼 때 지속되어야 할 것이다. 원래 군비란 그것을 갖추고 있는 나라로 하여금 전쟁에 치닫게 하기 쉬운 것이므로, 군비축소는 전쟁방지의 중요한 원인이라 볼 수 있다. 물론 군비경쟁이 전쟁의 직접적 원인이라고 생각할 수는 없지만, 군비경쟁과 전쟁은 상관성을 지니고 있고 군비확장이 전쟁발발의 유인이 될 수 있음은 부인할 수 없을 것이다. 경제적 효과나 도덕적 필요성도 무시할 수 없는 요인이다. 따라서 군축문제는 세계평화를 확보하기 위해 빼놓을 수 없는 중요한 문제인 것이다. 더욱이 인류전체를 공멸에 이르게 할 핵무기의 등장은 이제 군축이 인류의 생존을 위한 절실한 요청임을 재확인시켜주고 있다.

라. 군축의 난점

군축은 전쟁방지와 세계평화 · 복지의 확보를 위한 중요수단으로서 많은 사람들에 의해 강조되거나 요청되고 있음에도 불구하고, 군비축소에는 다음과 같은 여러 가지의 곤란한 문제가 수반된다.

첫째, 군비경쟁은 인간의 본성에도 기인한 국제적 대립과 전쟁의 위협이라는 국제정치현실을 반영하는 것이기 때문에 군축의 철저한 이행을 어렵게 한다는 점이다. 전쟁이란 인류의 역사와 더불어 시작되었다고 해도 과언이 아니다. 인간의 본능인 경쟁의 본능, 파괴의 본능, 투쟁의 본능, 질투심, 자기보존의 본능이 모두 전쟁과 직 · 간접적으로 연결되어 있기 때문이다. 군비축소는 군비경쟁으로 인한 전쟁유발 기회를 줄이는 데 기여할 수 있으나 국제사회에서 국가간 대립과 전쟁의 위협이 상존하는 한, 군비경쟁이 가속화되는 악순환 현상이 불가피하고 이러한 국제정치의 현실이 군비축소의 철저한 이행을 곤란하게 한다는 점이다.

둘째, 상호불신(distrust)의 문제가 있다. 군축의 만족할 만한 실현을 위해서는 상호신뢰와 협력이 필수불가결하다. 군축이 현실적으로 진행되려면 쌍방간의 또는 다자간의 비교적 제도화된 대화와 교류체제, 즉 안정된 커뮤니케이션 라인(communication line)이 있어야 한다. 고래로 군축이 쉽게 성립되지 못했던 이유 중의 하나는 상호신뢰와 협력이 결여되었기 때문이다. 특히 제2차 세계대전 후 이념적인 갈등요인이 상호불신을 더욱 부채질함으로써 군축을 위한 기반을 크게 무너뜨렸다. 이와 관련하여 한 나라의 우위가 곧 다른 한쪽 나라의 열위를 초래하는 것으로 생각하는 제로섬게임(zero-sum game)적 사고방식이 군축문제의 해결을 어렵게 만들었다. 남북한의 상황도 예외는 아니다.

셋째, 사찰(inspection)을 포함하는 검증문제와 군축무기의 분류방식의 문제이다. 군축이 실행될 경우에 그 실행여부를 어떻게 감시 · 사찰할 것인가가 어려운 문제이다. 군축을 사찰하는 경우 무엇을 대상으로 하여 어떤 방식에 따를 것인가가 문제로 남는다. 예를 들어 미소간의 '전략무기제한협정'(SALT)에서 소련의 백파이어(Backfire)기를 미국이 전략폭격기라고 고집한 반면, 소련은 전술무기로 간주하였던 사례가 바로 그것이다.

또한 참여문제와 신무기개발문제이다. 이론적으로 군축협상에는 모든 관계국가의 참여가 있어야만 의미있는 과정이 될 수 있는데 만약 몇몇의 강대국이 참여하지 않는다면 군축은 협상국간의 균형을 이루는 데는 성공을 거두었다고 하더라도 그 균형의 취약성은 면하기가 어렵다는 것이다. 이와 함께 전쟁무기의 신속한 발달도 군축협상을 하는데 또 하나의 어려움을 제공한다. 군축협상은 대부분의 경우 몇 년을 두고 진행되며, 그것이 구체적인 합의에 도달했을 때는 이미 군축의 대상이 되었던 무기는 구식무기가 되고 겨우 이룩한 합의는 새로운 무기의 개발로 인해 깨어지기 쉽다는 점이다.

군축의 성립여건으로는 ① 안보에 대한 확신(억제력의 균형달성), ② 군축의 필요성에 대한 상호인식, ③ 공동이익의 존재, ④ 상호신뢰 등을 들 수 있다. 군축은 이를 달성하는 데 여러 가지 저해요인이 상존하고 있으며, 전술한 것 외에도 군산복합체(military-industrial complex)와 지속적인 무기개발기술의 발전 등과 같은 군축을 저해하는 여러 요인도 지적될 수 있을 것이다. 군축은 전쟁방지와 세계평화를 확보하기 위한 차선책임은 분명하나 군축 자체만으로 국제평화를 담보할 수 없는 것이 현실이다. 군비축소의 저해요인을 극복하고, 군비를 철폐할 수만 있다면 그것은 평화에의 첩경이라 하지 않을 수 없다. 하지만 국제사회에서 군축을 저해하는 요인들이 많아 아직은 군축보다는 억지가 더 효과적으로 작용하고 있다.

군축을 포함한 군비통제이론은 싸울 수 있는 수단을 통제하여 싸우지 못하게 하겠다는 이론이고 억지이론은 힘으로 힘을 견제하여 싸우지 못하게 하겠다는 이론으로서 전쟁예방의 목적은 같으나 그 처방은 서로 반대된다. 군비통제, 즉 군축은 군비를 제거하는 처방이므로 비용은 덜 들지만 합의가 어렵고, 억지는 억지능력을 발휘할 만큼의 군비를 갖추어야 하므로 비용이 많이 드나 합의가 필요치 않다는 점에서 전쟁예방방법으로 국제사회에서 더 효과적인 처방으로 활용되고 있는 것이 오늘의 국제사회의 현실인 것이다.

전세계적 차원의 보편적 군축협정은 아직 시작되지 못하고 있으며, 냉전과 더불어 핵무기시대가 시작되면서 군비통제 및 군비축소의 관점은 모두 핵무기의 제한, 핵군축으로 쏠리고 있다. 핵무기는 재래식 무기와는 비교되지 않을 정도로 엄청난 파괴력을 가진 것이어서 국제질서에 미치는 영향도, 그리고 따라서 각국이 가지는 관심도 달라 같은 논리와 같은 방식으로 논의될 수 없게 되었다. 따라서 핵군축문제는 일반군축문제와 구별해서 다루는 경향이 있다.

3. 군사통합

가. 군사통합의 개념

통합(integration)이란 용어는 여러 개의 이질적인 의미를 내포하고 있기 때문에 통합연구자들 사이에서도 아직 공통된 정의가 내려지지 못하고 있다. 일반적으로 통합은 "부분들로써 전체를 형성하는 것"이라고 정의되며, 좀 더 전문적으로는 "개별적 단위로써 일관성 있는 체계(coherent system)를 형성함"을 뜻한다. 따라서 체계의 통합이란 구성단위들이 서로간에 상호의존적 관계(interdependent relations)를 유지할 뿐만 아니라, 그들 개별단위만으로는 가질 수 없는 체계특성(system properties)을 공통적으로 만들어 내는 공통적으로 만들어 내는 체계단위간의 관계를 지칭한다. 통합의 개념은 경우에 따라서는 통합되기 전의 개별국가들이 통합의 상태인 상호의존적 관계를 형성하여 체계특성을 만들어내는 통합과정(integration process)을 기술하는데 사용되기도 한다.

잘 알려진 통합의 의미에 대해 살펴보면 칼 도이치(Karl W. Deutsch)교수는 통합의 시발점을 가장 낮은 단계의 차원에서 다루면서 복합적 안전공동체의 유형을 제시하여 통합을 "한 집단의 사람들이 일정 영역 내에서 이들 내의 문제들에 대해 평화적인 변경이 가능하다는 믿을만한 기대를 오랫동안 확신하기에 충분할만한 공동체의식(sense of community)과 기구 및 관행을 갖는 상태의 조건"이라고 보고 있다.

도이치보다 차원을 높여 통합개념을 정의한 하아스(Ernst B. Haas)는 통합이란 "몇 개의 서로 다른 국가의 정치행위자들이 그들의 충성심과 기대 및 정치적 활동을 기존의 관계되는 국민국가들에 대한 관할권을 가지고 있거나 요구하는 새로운 중심으로 옮기도록 설득하는 과정"이라고 보고 있다.

여기서 통일과 통합은 구분되는 개념이다. 통일(unification)은 "서로 다른 정치적 실체(political entity) 또는 국가들이 하나로 결합되는 정치적 국제법적 사건(event)"으로 볼 수 있는 반면 통합(integration)은 "민족 또는 국가내부의 다양한 구성부문들 가운데 상호 동질적 부문간의 조화와 융합의 과정(process)을 뜻하기 때문이다. 통합은 전체적인 차원에서나 부분적인 차원 모두에 적용될 수 있는 개념으로 가장 완성된 통합형태가 통일인 것이다. 분야별 통합은 부분적 통일을 의미하며 통일과정에서 이루어지는 결합상태라고 할 수 있다. 통합은 분야에 따라 정치통합, 군사통합, 경제통합, 사회통합 등의 유형으로 분류할 수 있다.

군사통합에 대한 정의도 보는 관점에 따라 다양하게 표현되고 있다. 군사통합이란 "국가통합의 핵심과정으로 결속하려는 국가 상호간의 군조직, 지휘명령체계, 병력과 무기체계 등을 통합하여 결속지역 내 국민들에게 새로운 통합체제에 대한 일체감을 형성시키는 과정"으로 정의되고 있다. 군사통합은 "국가차원에서 두 군사집단이 동일한 군사목표를 설정하고 달성하기 위해 군사력의 양성(군정)과 군사력의 운용(군령)을 동일한 체계(coherent system) 하에서 수행하기로 합쳐지는 과정"으로도 정의되고 있다. 군사통합은 군내 · 군부의 결합과 국가간의 통합을 총괄한 개념으로 다음과 같이 정리해 볼 수 있다.

즉 군사통합은 ① 국가통합의 일부분이나, 핵심과업으로서 통일된 국가이념과 목표에 맞는 군사목표를 설정하고 이에 부합되도록 합치는 것을 의미하고, ② 군조직, 기능 및 제도를 일원화한다는 의미를 담고 있고, 쌍방 군대를 단순하게 물리적으로 합치는 개념을 넘어서 체제를 일원화하는 것을 뜻하며, ③ 두 군대를 합치는 과정과 상태를 의미하는 것이라 할 수 있다. 요컨대 군사통합이란 "통일과정에서 취해져야 할 국가통합의 핵심분야로, 서로 다른 군대사상 위에 수립된 조직, 기능 및 제도를 통일국가의 이념과 국가목표에 맞게 외형적으로 단일화하는 것뿐만 아니라, 내적으로 일체감을 갖게 하는 과정이자 만들어진 상태(결과)"를 말한다.

남북한간의 군사통합도 남한군과 북한군을 일정한 비율로 끌어 모아 단순히 물리적으로 합치는 것이 아니라, 하나의 군제로 체제를 일원화시키는 과정과 상태로 보아야 할 것이다. 즉 군사통합의 본질은 쌍방 군대의 단순한 가감적 의미가 아닌 일원화 체제의 보강적 의미에서 통합주도측의 기득권을 일방적 흡수통합의 형태로 추진되는 것이라 할 수 있다.

스탠리 호프만(Stanley Hoffmann)은 '하위정치'(저차원의 정치, low politics)인 복지와 경제는 순조롭다 하더라도, '상위정치'(고차원의 정치, high politics)인 군사통합과 군사력의 역할과 같은 문제는 심한 견해차와 이익상충을 가져오며 나아가서는 통합과정을 위기로 몰아넣을 수 있고, 군사통합이 제대로 이루어지지 않으면 제반분양의 기능적 통합 또는 통일자체가 수포로 돌아갈 위험성이 크다고 지적했다.

따라서 군사통합이 성공적으로 이루어지기 위해서는 ① 군사적 정당성, ② 안정성, ③ 효율성 등이 추구되어야 한다. 먼저 군사적 정당성이란 군사통합의 본질이 단순히 '하나로 글어 모은다는 것'(integration)보다는 결국 '체제를 일원화시킨다는 것'(unification)이어야 하며, 통합 전후의 군대의 정통성과 목표성을 가져야 한다는 것이다. 다음으로 '군사적 안정성' 이란 통합후의 무력갈등요인을 근원적으로 배제하기 위해 잔존세력을 조직적으로 제거하고 이념 지향적 무장세력 형성을 차단함과 아울러 통합군사력이 장차 국가위협에 충분히 대처할 수 있는 전략성을 유지해야 한다는 것이다. 끝으로 '군사적 효율성' 을 기하기 위해서는 군사지휘통제의 일원화 및 군사활동의 일관성이 유지되어야 하고, 군사통합에 따른 군제 및 조직변화를 최소화함으로써 혼란을 방지해야 하며, 군사통합의 마찰요소를 감소시켜 군사통합의 합의가능성 및 용이성을 증대시켜야 하고, 통합기간에 있어서 이를 단기화시켜야 하는 군사통합의 시간성을 가져야 한다.

그러나 군사통합은 이러한 군 내부의 독자적인 구상으로 수행될 수 있는 것이 아니며, 통일과정에서 종합적인 국가통합구상의 일부로서 정치 · 경제 · 사회 등 제분야의 통합과 연계되어 상호보완적으로 이루어져야 한다는 것이다.

나. 군사통합의 유형

군사통합의 유형은 일반적으로 통합형태와 과정으로 구분할 수 있다.

먼저 통합형태 측면에서 군사통합 유형은 양국간에 합의 여부에 따라 강제적 통합과 합의적 통합으로 구분된다. 즉 강제적으로 통합이 이루어지는 경우에는 일반적으로 흡수되는 방식, 즉 '강제적 흡수통합' 으로 이루어지게 된다. 합의에 의해 통합이 되는 경우에는 한 국가의 군이 상대국 군에 의해 흡수되는 방식으로 이루어지느냐 아니면 대등한 입장에서 이루어지느냐에 따라 달라질 수 있다. 군사통합에 합의하더라도 흡수되는 방식을 따르는 경우에는 '합의적 흡수통합' 으로 이루어지게 된다. 두 군대가 대등한 입장에서 통합이 되는 경우에는 '합의적 대등통합 방식을 따르게 된다. 따라서 군사통합은 크게 3가지로 분류가 가능하다. 즉 ① 강제적 흡수통합, ② 합의적 흡수통합, ③ 합의적 대등통합이 바로 그것이다.

첫 번째의 '강제적 흡수통합' 방안은 전쟁 또는 무력에 의해 통일이 되어 군사통합이 이루어지는 경우에 취해진다. 따라서 피합병국의 무조건적인 굴복과 무장해제가 이루어지며, 주도국 군제 중심으로 군사통합이 이루어지게 되면서 피합병국의 군 자산이 몰수되는 등의 강제적인 조치가 취해진다. 베트남의 군사통합방안이 이 범주에 속한다.

두 번째의 '합의적 흡수통합' 방안은 합의에 의해 어느 일국의 주도 하에 통합이 이루어지는 방안이다. 피합병국의 무조건적인 굴복과 무장해제, 주도국 군제 중심으로의 통합 등은 '강제적 흡수통합' 방안과 같으나, 통일 후 하나의 민족이나 국민으로 공생해야 한다는 점이 고려된다. 따라서 상대방을 인정하는 가운데 통합을 하는 방안이므로 극히 일부 적대 지도계층을 제외하고는 군 인력의 전역에 따른 연금, 일시금 등의 보상과 군사자산에 대해서는 보상을 하게 된다. 독일 군사통합 방안이 이 유형에 속한다.

세 번째의 '합의적 대등통합' 방안은 양국의 군이 대등한 입장에서 군사통합에 합의하고 양국 군제를 가미한 상태에서 통합이 이루어지는 방안이다. 이 방안은 양국의 군이 충분한 협의를 통해 군대사상이나 제도 면에서 비슷한 상태에서 통합을 하게 될 때에 통합에 따른 문제점을 최소화할 수 있는 장점이 있다. 그러나 이러한 과정을 거치지 않고 단기간에 통합이 이루어지는 경우에는 통합의 초기단계에 불안정이 내재될 수밖에 없다. 이질화되어 있는 양국의 군대를 물리적으로 일단 합쳤다는 데에 그 의미가 있다. 그러나 일체화 · 동질화가 필요한데 이 과정에서 이해가 상반되는 경우에 갈등이 증폭될 가능성을 배제할 수 없다. 예멘의 최초의 합의에 의한 통합이 이 방안에 해당되는데 결국 갈등을 극복하지 못하고 전쟁을 치르고서야 통일하게 되었다.

군사통합 유형을 구분하는 또 다른 방법은 통합 과정별로 유형을 구분하는 것이다. 즉 ① 점진적 · 단계적 군사통합과 ② 급진적 군사통합이 바로 그것이다. 이와 같은 방법은 과정의 절차와 속도에 따라서 점진적으로 이루어지는지 급진적으로 이루어지는지가 통합방안을 결정짓는 중요한 영향요소가 된다. 점진적 · 단계적 군사통합은 평화적 합의를 통해 이루어지는 방안으로 '합의적 흡수통합' 방안이나 '합의적 대등통합' 방안을 취하게 된다. 따라서 통합이후 군대는 주도국의 군대를 중심으로 상대국의 장점을 수용하여 만들어지게 된다. '급진적 군사통합' 방안은 어느 일방이 급작스럽게 붕괴되거나 전쟁에 패하게 되어 이루어지는 방안으로 조기에 안정화를 위한 각종 조치들이 따르게 된다. 그러므로 군제를 포함한 모든 군사통합은 주도국에 의해 강제적으로 이루어지는 '강제적 흡수통합' 방안을 취하게 된다.

이러한 군사통합 유형에 비추어 볼 때, 남북한이 통일시에 취하게 될 군사통합방안은 상황에 따라 어떠한 유형도 가능하다. 북한이 전쟁을 도발하여 패하게 되거나 내부적으로 붕괴되는 경우에는 군사통합은 남한에 의한 '강제적 군사통합' 방안이 취해질 가능성이 높다. 반면 북한이 정권과 체제를 유지한 가운데 남북한이 합의에 의해 군사통합을 하게 될 경우에는 '합의적 흡수통합' 이나 '합의적 대등통합' 방안을 택하게 될 것으로 생각된다. 강제적으로 이루어지게 되는 통합방안은 대부분 북한군대를 해체하게 되므로 남한의 군대는 북한지역을 포함하여 재배비되는 것 이외에 현 한국의 군사체제 자체에 미치는 영향은 많지 않을 것이다.

다. 군사통합 주요사례와 시사점

제2차 세계대전이 끝나고 전 세계적으로 12개 지역에서 분단이 있었다. 그러나 분단된 국가들이 모두 통일되기를 원하는 것은 아니었다. 전후 12개 분단지역 중 인도와 파키스탄, 팔레스타인과 이스라엘, 내몽고와 외몽고, 남북 에이레, 라오스와 캄보디아, 르완다와 부룬디, 파키스탄과 방글라데시 등은 통일문제가 제기되지 않고 있다. 통일을 원했던 국가 중에서는 중국과 대만을 제외하면 한반도만이 분단된 채 남아 있다.

제2차 세계 대전 이후 통일을 이룩한 독일, 베트남과 예멘은 각기 다른 방식으로 군사통합이 이루어졌다. 베트남은 전쟁에 의해 강압적으로 군사통합이 되었다. 예멘은 처음에는 합의에 의해 대등한 입장에서 군대를 물리적으로 합했다. 그러나 갈등이 표출되어 다시 내전을 치르고, 전쟁에서 승리한 북예멘의 주도 하에 일방적으로 군사통합이 이루어졌다. 독일은 합의에 의해 흡수하는 방식으로 통합이 되었다.

(1) 독일의 군사통합

1990년 3월 18일 동독선거에서 서독의 지지를 받고 있던 우파연합이 압승을 거두어 민주정부가 수립되고, 국방장관에는 에펠만(Rainer Eppelmann)이 임명되었다. 양국 국방장관은 1990년 4월 27일 제1차 회담을 개최하여 양군은 협력을 강화하고 독일이 통일되면 북대서양조약기구(NATO)에 가입하기로 하였다. 1990년 5월 2일 동독 국방장관이 1개국 2군대론(동독군 10만명 포함)을 언급한 것과 관련하여 서독 국방장관은 1990년 6월 13일 통일독일군은 1개군으로 통합될 것이라 하여 통일이 되면 동독민족인민군은 해체될 것임을 분명히 했다.

서독은 1990년 7월 15일 다른 한편으로 소련과 회담을 통해 통일독일의 독일의 동맹국 선택의 자유, 1994년까지 동독 주둔 소련군의 철수, 통일독일군의 병력을 1994년까지 37만명으로 감축하기로 합의하였다. 독일통일을 위한 내 · 외부 환경이 급진전되자, 동독 국방장관은 군사통합 주도권이 이미 서독 군에 넘어가 있음을 인정하고, 1990년 8월 2일 '1국가 2개군' 주장을 포기하는 선언을 하였다. 이때부터 군사통합 업무가 활발하게 전개되었다. 서독은 이어서 8월 3일 동독군 5만명을 연합군에 편입할 것을 천명하고, 8월 29일에는 '구 동독군의 법적 지위와 급료관계'를 발표하였다. 8월 30일 동독 국방장관은 그 동안 장전되어 있던 모든 신관과 탄약을 제거하도록 일반경령을 하달하였다. 이튿날인 8월 31일 동서독 국방장관은 군사통합협상을 마무리 짓고, 통일독일군의 총병력 37만명 중에서 5만명은 동독민족인민군 출신으로 편입하기로 하였다.

동독은 1990년 9월 24일 바르샤바 조약기구를 탈퇴하고, 동독 장군 및 제독에 대한 전역명령을 통일유효 바로 전날인 10월 2일부로 하달하였다. 그리고 동독 국방장관은 동독 군인 10만 3천명에게 1990년 10월 3일 0시부로 근무를 해제한다는 일반명령을 내렸다. 이로써 원래 병력 규모 17만명의 동독군은 1990년 10월 2일부로 공식적으로 해산되었고, 1990년 10월 3일 독일통일과 더불어 동독군에 대한 지휘권이 서독 연방군으로 넘어가게 되었다. 동독군은 통일이 발효되기 전에 이미 완전히 무력화되었다. 통일발효와 함께 동독군은 개별군인만 존재할 뿐, 부대는 이미 해체가 되어 조직적인 저항력은 상실된 상태가 되었던 것이다.

(2) 예멘의 군사통합

그동안 예멘의 통일을 끊임없이 추진해왔던 북예멘(이슬람교를 중심으로 하는 자본주의 체제)은 남예멘(맑스-레닌주의를 표방하는 사회주의체제)을 자극하지 않기 위해 정부형태를 국방, 국내치안 및 외교 기능을 통합하여 중앙정부에서 관장하고, 기타 정부기능은 남북의 양 지역정부가 갖는 일종의 느슨한 형태의 연방제를 택하려고 하였다. 그러나 남예멘은 뜻밖에도 통합된 단일정부를 구성하자고 제안했다. 다만 권력은 50 대 50으로 배분할 것을 요구하였다. 1989년 11월 28일 남북예멘은 남예멘의 수도 아덴에서 역사적인 정상회담을 갖고 남북통일에 합의하였다. 주요 골간은 일정한 과도기와 총선거를 거쳐 통일정부를 수립(선통합 후조정)하고, 양 정부의 권력은 50 대 50 비율로 배분키로 하였다. 이렇게 하여 1990년 5월 22일 통일예멘이 탄생하였는데 정부형태는 단일정부가 아니고 연방정부도 아닌 그 중간의 모습으로 나타났다.

남북예멘의 군사통합은 1단계와 2단계로 구분된다. 1단계는 통일합의에 따라 양군이 대등한 입장에서 수행한 군사통합이다. 통일에 합의하기 전에 살레(Ali Abdullah Saleh) 예멘 대통령(통일전 북예멘 대통령)은 진정한 통일을 위해서는 군사통합이 선결되어야 함을 강조했지만, 남예멘은 북예멘에 흡수통일될 것을 두려워하여 극구 완전한 군사통합에는 반대하였다. 남예멘의 알비드 정권은 20여년간 사회당 정권을 수호해온 군부를 보호하는데 중점을 두었다. 결국 통일이 발효되기 전까지 최고통수권자(북예멘 대통령)을 통수권자로 하여 군사체제는 국방부(남예멘 국방부장관)와 통합군사령부(북예멘 군참모총장) 등의 상부체제만 통일하고 그 이하 제대의 체제는 과도기간에 점진적으로 통합하기로 하였다. 기타 국방부와 통합군사령부의 주요 요직도 남북예멘 출신에게 균등하게 안배되었다. 결국 군사통합은 양국 군대를 통합한다고 하기보다는 물리적으로 합하는 개념으로 추진되었다.

남북예멘의 군사통합의 2단계는 통일과정에서 갈등을 극복하지 못하고 발발한 남북전쟁에서 북예멘이 승리함으로써 이루어진 강제적 군사통합이다. 통일전의 양국군대의 병력규모는 각각 3만명 수준이었으나, 통일 후에도 군의 동요를 방지하기 위해 축소되지 않았다. 통일정부의 군은 북부사령부(구 북예멘 군조직)과 남부사령부(구 남예멘 군조직) 이외에도 지방 부족세력이 지닌 독립무장집단이 있어 실제로는 3분화되어 있어 무력충돌시 효과적인 규제가 불가능한 상태에 있었다. 결국 암란지역에서 일어난 총격전이 비화되어 1994년 남북예멘 사이에 내전이 벌어졌으며, 충돌에서 7,000여명의 사상자를 내고 북예멘이 승리함으로써 남북예멘은 재통합을 이루게 되었다. 북예멘이 무력에 의해 남예멘을 굴복시킴으로써 군사통합도 강제적인 흡수통합방식으로 다시 이루어지게 되었다.

'합의적 통일' (합의에 의한 통일)이 성공하지 못한 요인 중 가장 결정적인 요인은 통일이 의도대로 되지 않을 경우 독자적 행동이 가능한 군사력을 남북예멘 양국이 보유하고 있었다는 점이다. 합의에 의한 예멘통일이 무산된 데는 형식적인 군사통합이 결정적인 요인으로 작용했던 것이다.

(3) 동서독 · 남북예멘 군사통합의 시사점

전술한 동서독과 남북예멘의 군사통합과정에서 나타난 교훈들은 향후 우리가 남북한군사통합을 추진하는데 있어 다음과 같은 많은 것을 시사해주고 있다.

첫째, 군사통합에 대한 준비는 세밀하게 준비되면 될수록 시행착오(trial and error)를 줄일 수 있다는 것이다. 독일과 예멘은 모두 통일이 그렇게 빨리 오리라고는 생각하지 않았던 것으로 알려지고 있다. 군사통합에 대한 준비는 개념적으로만 이루어졌고 세부적인 준비가 제대로 되지 않아 겪게 된 시행착오도 없지 않았다. 둘째, 주변국의 협조와 지원을 획득함으로써 외부적 개입 여지를 원천적으로 차단함으로서 군사통합을 보다 용이하게 이르어낼 수 있었다는 점이다. 독일은 패전국으로 분할되었고 독일이 통일이 될 경우 군사대국이 될 거라는 주변국들의 우려가 팽배했으나 이러한 우려를 불식시키기 위해 통일득일군의 병력은 통일이전의 동서독 군보다 약 30만 명으로 유지하기로 합의하였다. 아울러 소련과 협의를 하여 동독지역 주둔 소련군의 안전한 철수와 이에 따른 경제지원을 하기로 하였다. 그리고 통일된 독일군은 북대서양조약기구(NATO)에 가입하기로 한 것이다.

셋째, 정치통합 이전에 군사통합문제가 선결되어야 한다는 것이다. 독일의 경우 정치통합 발효이전에 군사통합문제를 완결하여 통합과정에 있어서 큰 문제가 발생하지 않았지만, 예멘의 경우 군사통합문제를 중요하게 생각하지 않고 정치통합을 서둘러 추진함으로써 갈등이 증폭될 여지를 남겨 두게 되었던 것이다. 남북예멘의 지도자들이 통일의 시기를 늦추는 한이 있더라도 군사통합을 선결하였더라면 전쟁은 예방할 수도 있었을 것이다.

넷째, 통합을 주도했던 국가의 군이 수적으로 많았거나 최소한 동등한 수준이었다는 점이다. 서독군이 49.5만명이었던 반면, 동독군은 17.3만명에 불과하였다. 예멘은 남북이 약 3만여 명으로 대등한 수준을 유지하고 있었다. 이와는 대조적으로 남북한은 수적인 면에서 북한군이 남한군을 훨씬 상회하고 있다. 따라서 통합이전에 군비통제를 통해 동수로 조정하려는 노력이 필요하다.

다섯째, 독일은 통일이 발효되기 전에 동독군을 완전히 무력화함으로써 국가통일을 이룩하는데 적어도 군부가 걸림돌이 되지 않도록 하였다. 반면 예멘은 통일전에 지휘체계가 그대로 유지되고 있어서 조직적인 무력동원이 가능한 상태에 있었다. 따라서 어떤 사안으로든지 갈등이 빚어지게 되면 군이 대립하게끔 되어 있었다. 이러한 예멘의 상황은 전쟁의 결과로 나타났다.

끝으로, 통합당시 군의 안정화 대책이 수립되어야 한다는 점이다. 독일은 동독군을 해체한 이후에 개인자격으로 5만명을 흡수하기로 하였다. 그리고 전역하는 군인에게는 연금을 받도록 하거나 상당한 현금을 지급하여 최소한의 생활여건을 보장하였다. 그리고 통합초기에 군의 동요를 막기 위해 서독 상비군은 동독지역에 투입하지 않았다. 주로 동독군의 기존 조직과 인원을 활용하여 대다수의 동독군의 해체작업을 하였다. 아울러 통일과정에서 나타날 수 있는 갈등요인이 무력저항으로 표출되지 못하도록 군내 정치조직을 해체하고 무기와 탄약을 분리하여 별도 보관하는 등의 조치를 통해 불안요인을 원천적으로 봉쇄했다.

군사통합은 통일을 이루어가는 과정에서 그 무엇보다 선결되어야 할 중요한 부문이며, 갈등요인이 무력이라는 형태로 표출되지 않도록 통합초기에 강력한 통제대책과 안정화 대책이 필요하다. 북한은 현재 선군정치로 군대위상이 상당히 제고되어 있고, 국가 전반에 군의 영향력이 광범위하게 미치고 있으며, 모든 것이 병영체제화 되어 있다. 이러한 현실을 고려할 때 군사통합은 통일의 성공을 가늠하는 잣대가 될 것이다.

우리에 있어서도 군사통합은 통일과정에서 가장 중요하면서도 어려운 분야이다. 통일에 대비해 주변국과의 협의 및 관계정립이 필요하고, 남북한 간에 미리 해결해야 할 사항이 있으며, 그리고 내부적인 준비가 병행하여 이루어져야 할 것이다. 우리의 견지에서 볼 때 성공적인 남북한 군사통합이 위해서는 다음과 같은 준비가 요구된다고 할 수 있다. 즉 ① 주변국과의 협조체제의 구비, ② 남한주도하의 군사통합, ③ 시기와 절차에 대한 세부적인 방안 마련, ④ 남북한간의 신뢰구축과 구조적 군비통제 이행, ⑤ 통합초기의 각종 우발대책의 마련, ⑥ 통합초기 북한군에 대한 안정화 대책의 수립 및 이행, ⑦ 군사통합을 위한 세부적인 연구와 정책수립 등이 바로 그것이다.

군사통합은 일반적으로 통일에 이르는 한 부분이라 할 수 있으나, 현재 남북한이 처한 특수한 상황을 고려해 볼 때, 남북한 통일과업의 성공여부가 군사통합문제가 어떻게 추진되느냐에 달려 있을 정도로 매우 중요한 사안임은 아무리 강조해도 지나치지 않을 것이다. 군사통합이 국가통합의 하위체계지만, 한반도는 군사통합이 가능해야 국가통합이 실현될 수 있는 현실이다. 남한주도하의 군사통합을 할 수 있는 수준으로 군사능력을 키워나가면서 또한 동서독 남북예멘 등 통일을 이룩한 국가들이 군사통합에 대한 대비부족으로 부분적으로 어려움을 겪었던 것을 타산지석(他山之石)의 교훈으로 삼아 예컨대 군사통합을 전담상설조직 및 통합초기 군의 안정적 관리를 위한 기본계획의 수립 등 통일에 대비한 군사적 통합의 대응책 마련에 최선의 노력을 다해야 할 것이다.

참고문헌

구영록, 『인간과 전쟁』(서울: 법문사, 1978).

권양주, "남북한 군사통합 추진방향," 한국군사학회, 『한반도 미래전투환경 재검토와 미래전 지향 방향』(제16회 국방 · 군사 세미나, 2008.7.4, 전쟁기념관 대강당).

길병옥, "북한의 핵보유국 지위획득전략과 한국의 정책대응방안," 한국동북아학회, 『한국동북아논총』, 제45집』, 2007.12.15.

김강녕, 『남북한 관계와 군비통제』(부산: 신지서원, 2008).

김강녕, 『국제정치와 남북한 평화안보』(경주: 신지서원, 2007)

김강녕, 『현대군사문제와 남북한』(2001).

김강녕, "남북한 군사력 비교와 군축 전망," 한국동북아학회, 『동북아논총』, 제6권 제4호, 통권 21집, 2001.12.30.

김강녕, "남북한 군사력 비교와 군축 전망," 『햇볕정책 평가와 과제 그리고 중장기 비전』(민주평통 · 한국동북아학회 주최 영호남학자 및 민주평통협의회장 합동학술회의 주제발표논문집, 2001.11.9~10, 지리산온천호텔).

김계동, 『남북한체제통합론』(서울: 명인출판사, 2006).

김계동 외, 『한반도의 평화와 통일』(서울: 백산서당, 2005).

김순규, 『현대국제정치학』(서울: 박영사, 1997).

김용석, "평화공존시대의 비상대비과제와 국가동원의 중요성," 『남북한 평화공존시대에 대비한 국가동원 강화방안』(국무총리 비상기획위원회 제18회 비상대비 세미나 발표논문, 2001.6.19, 용산 전쟁기념관 소강당 1층).

김재영 · 김창희 · 손병선 · 신기현, 『정치학의 이해』, 제3판(서울; 삼우사, 2000).

나기산, "안보환경의 변화와 상호안보론," 『군사연구보고서 '96-2』(성남: 한국군사문제연구원, 1995).

대한민국 국방부, 『2006 국방백서』, 2006.12.29.

대한민국 국방부, 『2004 국방백서』, 2005.1.26.

대한민국 국방부, 『국방백서』, 2000.12.1.

대한민국 국방부, 『국방백서 1991~92』, 1991.10.

대한민국 국방부, 『독일군사통합자료집』, 2003.

대한민국 국방부, "군비통제의 이해와 남북군비통제의 방향," 『국방소식』, 2000년 3월호.

류광철 외, 『군축과 비확산의 세계』(서울: 평민사, 2005).

민병천, "한반도군축의 제약성에 관한 연구," 동국대학교 행정대학원, 『행정논집』, 제13집, 1983.

서준원, "독일연방공화국 독일민주공화국간의 군 통 과 정 과 남북한 군통합에의 적용가능성"(충남대학교 통일문제연구소 주최 통일문제국제학술회의 발표논문, 1997.8).

신정현, 『한반도의 군비통제』(서울: 예진출판, 1990).
안동환, "군비경쟁 각축장 동아시아," 『서울신문』 2006년 7월 7일자.
유지호, 『예멘의 남북통일』(서울: 서문당, 1997).
유지호, 『예멘통일이 한국에 주는 교훈』(공관장 귀국보고 시리즈 93-8)(서울: 외교안보연구원, 1993).
이동훈 외, 『북한학』(서울: 박영사, 1996).
이상우, 『국제관계이론』, 3정판(서울: 박영사, 2001).
이선호, 『신한국국방론』(서울: 도서출판 정우당, 1993).
이수혁, 『전환적 사건』(서울: 중앙북스, 2008).
이철기, "한반도 군비통제 및 군축: 각종 국제레짐과의 연결 및 활용," 『전략연구』, 제VIII권 2호(한국전략문제연구소, 2000).
장홍기 · 이량 · 이만종, 『남북 군사통합방안』(한국국방연구원 정책보고서), 1994.
전경만, "남북한 통일이후의 군사통합 제과제," 건국대통일문제연구소,『민족통일연구』, 제9집, 1995.
제정관, "남북한 군사통합방안과 통일국군 건설방향," 한국군사학회, 『군사논단 2001년 겨울호, 통권 제29호.
주독한국대사관, 『통독과 동 · 서독군 통합과정』, 1991.
통일부 통일교육원, 『통일문제이해』, 2003.3.
홍성민, 『행운의 아라비아 예멘』(서울: 북갤러리, 2006).
황진환, 『협력안보시대에 한국의 안보와 군비통제』(서울: 봉명, 1998).

Bartlett, Ruhl J., *The Record of American Diplomacy*(New York: Alfred A. Knopf, 1956).
Claude, Jr., Inis L., *Sword into Plowshares: The Problems and Progress of International Organization*, 3rd ed(New York: Random House, 1964).
Bowie, Robert R., "Basic Requirement of Arms Control," in Donald G. Brennan, ed., *Arms Control, Disarmament, and National Security*(New York: George Braziller, 1961).
Bull, Hedley, *The Control of the Arms Race*(London: Weidenfeld and Nicolson, 1961).
Buzan, Barry, *Introduction to Strategic Studies: Military Technology and International Relations*(London: Macmillian Press, 1987).
Darilek, Richard, "The Future of Conventional Arms Control in Europe: A Tale of Two Cities, Stockholm, Vienna," Survival, Vol.29-1(January/February, 1987).
Deutsch, Karl W., et al., *Political Community and the North Atlantic Area*(Princeton: Princeton University Press, 1957).
Dougherty, James E., *How to Think Arms Control and Disarmament*(New York: Crane, Russak,

and Company, 1973).

Goldblat, Jozef, *Arms Controls: A Guide to Negotiations and Agreements*(Oslo: International Peace Research Institute, 1994).

Haas, Ernst B., *The Uniting of Europe*(Stanford: Stanford University Press, 1958).

Hoffmann, Stanley, *Gulliver's Troubles, or the Steering of American Foreign Policy*(New York: McGraw-Hill, 1968).

Morgenthau, Hans J., *Politics Among Nations*, 5th ed.(New York: Alfred A. Knopf, 1973).

Richardson, Lewis R., *Arms and Insecurity: A Mathematical Study of the Cases and Origins of War*(Pittsburgh: Boxwood Press, 1960).

Rose, William, *U.S. Unilateral Arms Control Initiative: When Do They Work?* (New York: Greenwood Press, 1988).

Schelling, Thomas C. and Morton H. Halperin, *Strategy and Arms Control, 2nd ed.*(Washington, DC: Pergamon-Brassey, 1985).

Schwarzenberger, G., *Power Politics: A Study of World Society*, 4th ed. (London: Stevens, 1964).

Sheehan, Michael, *Arms Control: Theory and Practices*(New York: Basil Blackwell, 1988).

Spanier, John W. and Joseph L. Nogae, *The Politics of Disarmament*(New York: Frederik A. Praeger, Inc., 1962).

산업자원부, "생물무기로 사용가능한 생물작용제 및 독소 규제에 대한 '화학 · 생물무기금지법' 2007년 1월 1일 시행," http://www.lawmaul.com/datacenter/news/ ?board =home_sago_board&m _num=4442&search_gull =&search_select=(검색일: 2008.1.12).

외교통상부, "편람: 미사일기술통제체제(MTCR) 관련 주요 이슈," 2007.10 10, p.2, http://www.mofat.go.kr/index.jsp(검색일: 2008.1.12).

일민국제관계연구원, "NEASED(동북아지역안보대화)," http://www.ilminkor. org/elibrary/intl_politics/eastasia/ cooperation.asp(검색일: 2008.1.12).

"군축,"『Daum 백과사전』, http://enc.daum.net/dic100/contents.do?query1=b02g2998a(검색일: 2008.9.4).

"미사일기술통제체제,"『Naver백과사전』, http://100.naver.com/100.nhn?docid=759282(검색일: 2008.1.12).

"2006년도 유엔군축위원회(UNDC) 의장 수임," http://cafe.daum.net/asiavision/N4E7/1994(검색일: 2008.1.12).

XV. 국방개혁과 군사혁신

정 춘 일 (하이브시스템, 한국전략문제연구소)

XV. 국방개혁과 군사혁신

정 춘 일 (하이브시스템, 한국전략문제연구소)

1. 개관

오늘날은 정보 · 지식 문명의 발전에 따라 존재의 원리와 생존의 조건 그리고 경쟁의 방식이 본질적으로 바뀌고 있다. 세계 최고의 CEO인 빌 게이츠(Bill Gates)는 "나는 매일 무일푼의 알거지가 되는 꿈을 꾼다. 나보다 더 좋은 아이디어가 있는 사람이 나타난다면 나는 그날로 실패한 사업자로서 실업자가 된다"고 언급하면서 자신이 경영하고 있는 기업이 언제든지 망할 수 있다고 스스로 경고한 바 있다. 개인이나 조직은 물론 국가도 변화를 거부하고 발상과 경영 패러다임을 바꾸지 않으면 생존이 어렵다.

군사 분야도 마찬가지이다. 세계 선진국들은 〈그림 XV-1〉에서 보듯이 안보 환경의 본질적 변화, 전쟁 · 군사 패러다임의 파격적 전환, 가용 국방 재원의 대폭적 감소 등을 배경으로 미래 군사력 발전 청사진을 설계하고 국방개혁과 군사혁신을 추구하고 있다. 예를 들면, 미국은 운영혁신(Revolution in Business Affairs)과 군사혁신(Revolution in Military Affairs)을 추진하고 있다. 다른 주요 선진국들도 자신의 안보 상황과 경제 · 기술적 능력 등을 고려하면서 국방개혁과 군사혁신을 모색하고 있다.

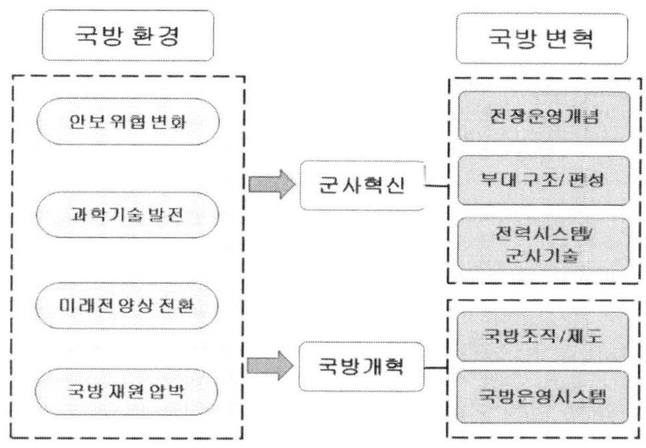

〈그림 XV-1〉 국방개혁과 군사혁신의 범위

산업 문명 패러다임이 정보 문명 패러다임으로 전환됨에 따라 전쟁 수행 방식과 양상이 본질적으로 변화되고 있다. 산업시대의 전쟁 방식 및 양상과는 근본적으로 다른 정보전쟁(Information Warfare) 및 네트워크 중심 전쟁(Network-Centric Warfare) 등과 같은 새로운 전쟁 형태가 발전되고 있다. 19세기에는 총과 대포가 전사들에게 지급되었고, 제1차 세계대전 때는 탱크와 폭격기가 등장하였으며, 제2차 세계대전 때는 원자폭탄이 선을 보였다. 21세기에는 인공위성, 컴퓨터, 전투 로봇들이 전쟁터의 주역이 될 것으로 예상된다.

전쟁 수행 방식과 양상이 파격적으로 변화되면 군사 패러다임도 근원적 변환이 불가피하다. 군사혁신을 추구하여야 하는 것이다. 급속하게 발전을 거듭하고 있는 과학기술을 활용하여 전력 시스템과 전장운영 개념 및 조직 편성을 혁신시킴으로써 전투력 발휘의 효과를 극적으로 증폭시키는 전력 발전을 모색하여야 한다.

문제는 군사혁신을 추구하여야 하나 가용 국방 재원이 압박을 받고 있다는 점이다. 국방 재원의 제약으로 인해 국방 구조와 운영의 대수술이 요구되고 있는 것이다. 경제 · 기술 중심의 국가 경쟁력 개념이 중시되고 있는 가운데 정부 재정이 압박을 받음으로써 결국은 국방 재원의 축소가 불가피해지고 있다. 국민들은 군사비의 축소에도 불구하고 전투력은 최고 수준의 유지를 요구하고 있다. 따라서 적은 군사비로도 강력한 군사력을 창출하여야 하는 것이 오늘날 국방의 최대 고민이다.

2. 개념적 이해

가. 국방기획

'국방개혁'과 '군사혁신'은 '국방기획'(defense planning)의 틀 속에서 추진된다. 국방개혁과 군사혁신은 국방기획을 통해 설정된 목표와 방향 및 과제를 집중적으로 구현하는 과정과 노력을 의미한다. 따라서 국방개혁과 군사혁신이 국방기획의 틀을 벗어나면 목표성과 일관성 및 추동력을 잃게 된다. 국방개혁과 군사혁신의 다양한 과제들이 지향점 없이 산발적으로 추진되다가 좌초되는 것이다. 따라서 국방개혁과 군사혁신 문제를 논의하기 전에 국방기획에 대해 먼저 살펴볼 필요가 있다.

국방기획은 국방의 목표와 방향을 설정하고 이를 구현하기 위한 정책을 수립하는 것이다. 국방기획의 핵심은 국가의 생존과 같은 사활적 이익에 대한 위협 및 침략을 억제 · 저지하기 위한 군사 능력을 구축하는 것으로서, 국방 목표를 달성하기 위한 대안을 모색하는 과정이다. 특히 목표와 자원간의 조화 방책을 강구하는 것이다. 다시 말하면 국방기획의 핵심적 요체는 가용한 자원으로 국방 목표를 달성할 수 있는 능력을 어떻게 발전시킬 것인가에 대한 정책적 방안을 수립하는 것을 의미한다.

국방기획은 다양하게 정의되나, 크게 분석적 정의(이론적 정의)와 제도적 정의(실무적 정의)로 구분할 수 있다. 분석적 정의에 의하면, 국방기획이란 국방 목표와 이를 달성하기 위한 장래의 행동 방안들로서 군사적 · 비군사적 수단을 모색 · 개발하는 종합적 의사 결정 과정을 의미한다. 제도적 정의에 의하면, 국방기획이란 국방 목표를 달성하기 위해 기획 · 계획 · 예산 기능간의 유기적 연계 체제를 유지하면서 경제적 · 효율적으로 군사력을 건설하는 종합적 · 체계적 의사 결정 과정을 말한다. 이에는 '무엇을 할 것인가'를 결정하는 기획 수립(필요성), '어떻게 목표를 달성할 것인가'를 선택하는 계획 수립(실천 가능성), '얼마만큼의 재원을 사용할 것인가'를 정하는 예산 편성(운영 · 집행 가능성)이 포함된다.

헌팅턴(Samuel P. Huntington)의 군사정책(military policy)에 관한 정의를 원용하면, 국방정책은 전략(strategy)과 구조(structure)라는 두 개의 범주로 대별할 수 있다. 국방정책의 전략적 측면은 부대와 군사력의 행사에 관한 것으로서 계획 이슈(program issue)와 사용 이슈(use issue)로 구별된다. 계획 이슈는 군사력의 전반적 규모와 구성 및 무기체계에 관한 것으로서 무기체계의 양과 형태 및 발전 속도 등에 대한 사항을 포괄한다. 사용 이슈는 군사력의 배치와 운용에 관한 것으로서 동맹 관계와 전쟁 계획 및 병력 이동 등으로 구현된다. 요건대 전략은 국방 목표를 달성하는데 필요한 군사력의 사용과 크기 및 무기체계에 대한 정책 사항을 제시한다. 국방정책의 구조적 측면은 군사력의 단위와 소요 자원의 획득 및 조직에 관한 것으로서 예산 정책(군사력에 투자할 수 있는 재원의 규모와 분배 등), 인력 정책(병력의 획득, 유지, 보수, 교육 · 훈련, 복무 환경 등), 획득 정책(무기체계와 장비의 획득 및 분배 등), 조직 정책(목적, 임무, 명령, 통제와 행정의 방법 및 형태 등)을 포괄한다. 이러한 두 측면의 국방정책은 상호의존적 관계에서 작동되며, 먼저 전략적 개념으로 형성되어 구조적 정책으로 구체화되고, 구조적 정책의 결과는 다시 전략적 개념의 형성에 영향을 미치게 된다.

대부분의 국가들은 안보 위협을 분석 · 평가하고, 그에 대처할 수 있는 군사적 목표를 수립하며, 가용한 자원으로 그 목표를 성공적으로 달성하기 위한 군사력을 기획 · 발전시킨다. 이러한 점에서 국방기획은 안보 위협을 하나의 변수 축으로 하고 가용 재원을 다른 변수 축으로 하여 이루어진다고 볼 수 있다. P(planning) = F(threat, budget)라는 함수 관계가 성립되는 것이다. 위협이 중대함에도 불구하고 군사력 건설에 대한 자원 투자를 소홀히 하면 국방 목표의 달성에 차질이 발생한다. 위협이 감소함에도 불구하고 군사력의 건설에 자원을 과도하게 투자하면 국가 발전에 주름살이 잡히게 된다. 따라서 가용 국방 재원을 효율적으로 사용하여 안보 위협에 차질 없이 대처할 수 있는 적정 수준의 군사력을 발전시키는 것이 국방기획의 핵심적 과제라고 할 수 있다.

그렇다면 국방을 어떤 개념 틀(conceptual framework)로 어떻게 기획할 것인가? 국방기획의 출발점은 대내외 국방 환경의 분석과 예측이다. 이는 세계 · 지역 정세 및 국가 여건과 같은 상위 차원의 체계가 국방이라는 하위 차원의 체계에 미치는 영향을 파악하는 것이다. 우선, 국가의 생존 및 안전에 대한 직접적 위협과 잠재적 위협을 분석하여야 한다. 위협은 침략의 능력과 의지를 포함한다. 어느 국가가 침략의 능력만 있고 의지가 없다면 위협은 형성되지 않는다. 그 반면에 침략 의지만 있고 능력이 없어도 위협은 형성되지 않는다. 둘째, 20~30년 앞의 세계 전략 판도를 예측하여야 한다. 특히 전쟁의 촉진 요인과 억제 요인을 분석하고 그 발생 가능성을 예측하여야 한다. 이 경우 가장 불리한 상황을 추측하는 일이 매우 중요하다. 평시부터 그 대처 능력과 방책을 준비하여야 위험 상황에 직면해도 혼란에 빠지지 않기 때문이다. 셋째, 미래의 전쟁 양상을 예측하여야 한다. 미래에는 어떤 무기체계를 쓰고 어떤 방식의 전쟁을 하며 군의 조직 편성은 어떻게 변화될 것인가를 예측하여야 하는 것이다. 군사기술의 발전 속도가 전례 없이 빨라지고 무기체계의 수명 주기도 아주 짧아지고 있으며 작전 방식도 매우 신속하게 변화되고 있기 때문에 그러한 추이를 제대로 예측하지 못하면 쓸모 없는 군사력을 건설할 우려가 있다. 넷째, 국가의 경제 · 기술 능력 및 정치 · 사회 상황을 분석하여야 한다. 국방의 발전은 국가의 능력에 바탕을 두고 기획되어야 할 뿐만 아니라 국가의 노선 및 방책과 국민의 요구에 부응하여야 한다. 국방기획은 국가이익, 국가 목표, 국가 정책 및 전략에 근거하여야 하는 것이다. 요컨대, 전략 환경의 분석과 예측은 국방 발전에 유리한 여건과 불리한 여건을 규명함으로써 기회의 창을 활용하고 제약을 극복할 수 있는 다각적 방책을 모색하기 위한 것이다.

국방기획의 다음 단계는 국방 목표의 설정이다. 목표란 달성하려고 하는 미래의 바람직한 상태를 의미한다. 국방 목표는 국방체계를 구성하고 있는 여러 하위구조와 연계 설정된다. 예를 들면, 군사력 건설과 국민경제 건설의 관계, 군대와 군수산업 및 국방과학기술의 관계, 상비군과 예비군의 관계, 상비군 내부 수뇌부와 예하부대의 관계, 각 군 상호간의 관계, 작전부대와 지원부대의 관계, 장교와 병사의 관계 등 여러 측면을 고려하여 목표가 설정되어야 한다. 국방의 목표체계는 복잡하며 다음과 같은 특징을 갖는다. 첫째는 계층성이다. 국방의 여러 계층은 각각 그 수준에 걸맞은 목표가 있다. 최상위에는 총체적 목표가 있고 각 군별 · 부문별로도 목표가 있다. 하위 계층의 목표는 상위 계층의 목표 달성을 보장하고, 상위 계층의 목표는 하위 계층의 목표를 실현시켜 주어야 한다. 둘째는 단계성이다. 국방 목표는 단계를 나누어 실현된다. 대체로 장기 목표(20년 전후), 중기 목표(10년 전후), 단기 목표(5년 전후)로 나뉜다. 각 단계의 목표는 서로 연계 중첩된다. 단기 목표는 중기 목표의 실현을 보장하고 중기 목표는 장기 목표의 실현을 보장할 수 있어야 한다. 셋째는 명확성이다. 국방 각 계층 및 단계의 목표는 명확하고 구체적이어야 하며 검증할 수 있어야 할 뿐만 아니라 간단 명료하게 개념과 숫자로 표현되어야 한다. 넷째는 종합성이다. 국방 목표는 단순한 단일 지표를 추구해서는 안 되며, 수량과 질 및 전투력 형성 등 다방면을 고려하여야 한다.

국방기획의 세 번째 단계는 국방 목표로 통하는 길로서 발전 노선을 선택하는 것이다. 이는 효율성의 원칙과 경제성의 원칙에 부합되어야 한다. 대부분의 국가들은 국가의 경제 · 기술적 능력과 가용 국방 자원을 고려하여 국방 목표를 달성할 수 있는 합리적인 발전 노선을 채택한다. 미국과 같은 강대국들은 튼튼한 경제력과 세계 일류의 첨단 과학기술을 기반으로 군사적 우위를 차지하기 위하여 막대한 군비를 투자하면서 고차원적이고 대규모적이며 첨단 정밀화된 군사력을 건설한다. 옛 소련과 같은 독재 국가들은 상대국과의 군비경쟁에서 우위를 점하기 위해 국민 경제를 희생시키면서까지 군수산업의 육성에 주력하며, 군사력의 건설에 있어서 질적 발전에 한계가 있을 경우에는 양적 증강으로 상쇄한다. 나토 국가들과 일본 및 한국처럼 외부 세력과 동맹 관계를 유지하고 있는 국가들은 강대국의 안보 우산에 의존하면서 국민경제와 과학기술을 발전시킴과 동시에 연합 · 협력적 차원에서 군사력을 발전시키는 노선을 채택한다. 세계 여러 국가들은 각각 자신의 전략적 구도와 국방 여건에 적합한 국방 발전 노선을 채택하고 있으나 공통점이 있다. 평화시에 상비군을 줄이는 동시에 예비전력을 발전시키고, 동원체계의 정비 · 발전, 고도 전투준비태세의 유지, 군사과학기술 및 방위산업의 발전 등에 많은 노력을 기울이고 있다.

국방기획의 네 번째 단계는 국방 발전의 중점을 설정하는 일이다. 국방체계 전반이 최대의 노력으로 성취하여야 할 최고 우선 순위의 정책 영역을 찾는 것이다. 이는 국방 발전의 전반적 성과에 결정적 영향을 미치는 핵심을 도출하는 것을 의미한다. 진정한 중점은 총체적인 구조와 군사력 건설의 전반에서 찾아야 한다. 전체와 부분의 연계 관계 그리고 당면이익과 장래 이익의 보완관계를 고려하여 하나를 자극하면 전체를 움직일 수 있는 정책 영역을 식별하여야 한다. 국방 발전의 중점은 전반적 국방 역량에 심대한 영향을 미치기 때문에 매우 신중하고 합리적으로 선택되어야 한다. 어떤 국가는 어느 일정한 시기에 육군 · 해군 · 공군 중 어느 1개 군의 발전에 중점으로 두거나 상비군 위주의 발전에 주력하는 경향이 있다. 예를 들면, 과거 미국의 아이젠하워 대통령은 전략핵무기와 전략공군의 발전을 중점으로 선택하고 육군의 발전을 경시한 바 있다.

국방기획의 마지막 단계는 행동 계획의 수립이다. 이는 총체적 차원에서 설계된 국방 발전전략을 구체적으로 실현하는 것이다. 행동 계획은 보통 10~20년의 장기 발전 계획을 가리킨다. 장기 계획에 근거하여 단계별 실천 계획과 연간 계획이 수립되며, 이러한 계획들은 상황 변화에 신축적으로 부응할 수 있도록 상호 유기적으로 조화 · 결합되어야 한다. 장기 계획에는 미래의 전략적 방침과 장기적 목표 및 실천 방안 등이 망라된다. 실천 계획은 장기 계획의 항목을 다소 크게 분류하여 중기 차원의 계획으로 수립된다. 연도 계획은 실천 계획의 첫 해에 달성할 사업의 우선순위와 필요 예산을 확정한다.

나. 국방개혁

국방개혁이 무엇인지를 살펴 보기 전에 일반적 의미의 개혁에 대해 이해할 필요가 있다. 국방 분야에서 추구되는 개혁이 국방개혁이기 때문이다. 국립국어연구원에서 발행한 『표준 국어대사전』에 의하면 개혁은 제도나 기구 따위를 새롭게 뜯어 고친다는 뜻으로 발전에 비해서는 급속하고 급진적인 변화를 추구한다. 개혁은 현재를 부정하는 상황에서 올바른 방향으로 시급하게 변화해 나가야 한다는 점을 강조한다. 그러나 개혁은 혁명적 변화가 암시하는 급진성을 경계하기 때문에 혁명과 비교할 때 변화의 속도나 범위가 온건한 것으로 인식된다. 개혁은 혁명과는 달리 합법적인 방법에 의해 점진적으로 새롭게 고쳐나가는 절차이고, 혁명적 결과에 이르는 진화적 변화라고 할 수 있다. 박휘락 박사는 『정보화시대 국방개혁의 이론과 실제』라는 저서에서 개혁의 의미를 다음과 같이 정리하였다.

첫째, 개혁은 지금까지를 부정하는 바탕에서 새로운 방향으로의 변화를 지향하고 있다. 개혁은 낡은 현재에 대한 부정이고 새로운 미래에 대한 구상이다. 조직의 습관화된 관행에 대한 비평적 성찰이고 미래에 대한 창조적 구상 행위이다. 개혁은 과거의 방법은 비효과적이거나 비생산적이었다는 결론에 근거하여 업무 수행의 사고와 방법을 바꾼다는 것이다.

둘째, 개혁은 혁명보다는 미약하지만 일반적인 발전에 비해서는 매우 의도적이면서 집중적인 비약을 지향하고 있다. 통상적인 변화로는 상황이 요구하는 바를 충족시키지 못하기 때문에 특별하면서도 집중적인 노력, 즉 자연스럽지 못한 손에 의한 변화를 촉진한다는 의도에서 개혁을 시도하기 때문이다. 현재 추진하고 있는 방향을 존중하는 가운데 노력과 시간을 증가시켜 나가는 것이 아니라, 현재의 문제점을 분석하고 해결할 수 있는 목표를 설정하며, 그러한 목표를 달성할 수 있는 최선의 방법과 수단을 찾고자 노력한다. 따라서 개혁은 목표 지향적이고 탁월한 리더에 의한 선도를 요구한다.

셋째, 개혁은 혁명에 비해서 급진적인 변화를 경계한다. 개혁에서는 급진적인 변화로 인한 위험 부담을 회피하고자 하는 노력이 강조된다. 동일한 결과를 지향하더라도 개혁은 변화의 범위를 적정선에서 유지하고자 노력하고 변화를 위한 시간적 여유를 확보하고자 하며, 구성원들의 동참과 공감대를 중시한다. 따라서 대부분의 조직이나 사회에서 혁명에 대해서는 거부감을 갖으나 개혁은 긍정적으로 수용하는 경향이 있다.

넷째, 개혁은 결과의 산출을 중요시한다. 개혁이라는 거창한 구호를 외치기보다 결과를 통해 개혁적인 정도의 변화를 달성하는 것이 중요하다. 개혁은 최소한 그 당시에 목표와 중점으로 내걸은 변화들을 통상적인 정도보다는 신속하고 광범위하게 달성하는 것이다.

용어 또는 개념상으로 보면 이러한 의미의 개혁을 국방 분야에 적용한 것이 국방개혁이다. 그러나 국방 분야의 개혁은 다른 분야와는 구별된다. 국방개혁은 대체적으로 국방이 지향하는 본연의 임무, 특히 전쟁에서 승리할 수 있는 태세의 구비와 같은 본질적인 측면이 중심이 된다. 국방개혁의 진정한 목적이자 최우선 사항은 확고한 전투준비태세를 보장하는 것이다. 군사력 운용 개념을 발전시키고 이를 구현할 수 있는 군대의 조직과 무기체계를 발전시키는 것이다. 무기체계의 현대화뿐만 아니라 전투수행 개념과 부대구조도 혁신적으로 발전시켜야 국방개혁이 진정한 성과를 거두게 된다. 미군의 경우 전투준비태세를 향상시키기 위해 동시에 발전시켜야 하는 사항들을 전투발전(combat development) 요소로 제도화해 놓고 있다. 교리(doctrine), 조직(organization), 훈련(training), 물자(material), 간부계발(leader development), 인력(personnel), 시설(facilities) 등과 같은 요소를 동시에 고려하여야 한다는 것이다.

국방개혁은 군대 전반의 효율성을 강화하는데도 중점을 두어야 한다. 군은 어떤 희생을 감수하고라도 전쟁에서 승리할 수 있어야 한다는 점에서 효율성보다는 효과성이 중요하지만, 비효율성이 과도해지면 재원이 낭비되고 결과적으로는 군대의 발전이 지체될 수 있을 뿐만 아니라 국민들로부터 신뢰를 받을 수 없기 때문이다. 군의 효율성은 관리 및 운영 분야를 대상으로 한다. 전투 수행에 직결된 분야는 효율성을 위협에 대응하는 것이기 때문에 단기간에 평가할 수 없으며, 그 판단 기준도 애매하고, 위험을 초래할 수도 있다. 이에 비해 일상적인 관리 및 운영 분야는 효율성 여부를 용이하게 평가할 수 있고, 성과와 처방도 명확하고, 위험성도 거의 없다. 따라서 운영 및 관리 분야의 개혁을 통해 자원을 절약하여 전투 수행 분야의 강화에 활용할 필요가 있다.

국방개혁을 추진함에 있어서 중요하게 고려하여야 할 또 다른 사항은 사회의 기술적 발전을 최대한 활용하는 것이다. 산업화시대 이후 기계가 인간의 힘을 대체하면서 기술적 우위를 통해 군사적 우위를 확보하는 것이 군대 발전의 핵심이었다. 정보화시대에는 첨단 정보기술을 활용하여 전투력의 우위를 확보하는 것이 군사적 경쟁의 핵심이 되고 있다. 첨단기술은 일상적인 발전보다는 개혁과 같은 특별한 노력을 통해 집중적으로 도입하여야 성과를 극대화할 수 있다. 첨단 기술은 다른 국가보다 신속하고 효과적으로 도입 · 활용하여야 경쟁력을 확보할 수 있는 것이다.

이러한 논의에 비추어 볼 때, 국방개혁의 가장 중요한 점은 이제까지의 발상과 패러다임을 버리는 것이다. 새로운 변화를 적극적으로 수용하고 불확실한 미래에 과감히 도전하는 혁신적인 마인드와 접근방법이 요구된다. 우선, 전략 환경의 급격한 변화, 국력의 신장 및 정보 · 지식 사회의 발전, 과학기술(특히 정보기술)의 발달 등을 수용하면서 민주 시민사회의 요구에 부응할 수 있어야 할 것이다. 둘째, 현존하는 적뿐만 아니라 미래의 잠재 적보다도 비교 우위의 역량을 구비하고 싸워서 이길 수 있는 임무 중심의 군대를 육성하여야 할 것이다. 셋째, 미래전에 적합한 전략적 핵심 전력체계 및 군사기술을 의지적으로 일관성 있게 확보하여야 할 것이다. 넷째, 야전 전투력은 최대한 보장 · 강화하고 상부구조 및 지원 기능은 통 · 폐합 축소시켜 자원절약형 군사력을 발전시켜야 할 것이다. 끝으로, 가용 국방재원의 제한을 극복하고 저비용 · 고효율로 국방을 운영하기 위해 사회의 비교 우위 능력을 적극적으로 아웃소싱하여 활용하여야 할 것이다.

국방의 미래를 개척하면서 가장 중요한 과제는 군사력을 어떻게 발전시켜 나갈 것인가이다. 장기적 관점에서 주변 전략 환경의 변화, 전쟁 패러다임의 전환, 국가 경제 · 기술력의 발전 추세 등을 고려하여 목표 지향적으로 국방력을 발전시켜 나가되, 중 · 장기적으로 예상되는 다양한 안보 · 국방 변수들을 반영하여야 할 것이다. 예를 들면, 북한의 대량살상무기 위협 추이, 남북관계의 변화와 통일과정에서의 군사력 조정, 북한 급변사태 등 돌발적 안보사태, 한 · 미 동맹관계의 재편 및 주한미군 임무 · 역할 · 위상 · 규모의 변화, 주변국의 위협 증대 및 군사력 증강 동향 등이 그러한 변수들이다.

다. 군사혁신

군사혁신은 구소련 군사이론가들에 의하여 1970년대 및 1980년대에 처음으로 군사기술혁명(Military Technical Revolution) 형태로 발아되었다. 그들은 21세기에는 정밀 전자, 센서(sensor), 정밀 유도, 자동제어체계, 지향성 에너지(directed energy) 기술 등이 출현하여 전쟁 양상에 파격적 혁신이 발생할 것임을 예측하였다. 구소련 군부에서는 1980년대 초에 가장 선진화된 국가를 중심으로 군사혁신이 추구될 것이라는 주장이 제기되었다. 오가르코프(N. V. Ogarkov) 원수는 1984년 핵무기의 정치 · 군사적 유용성이 감소하고 새로운 과학기술(emerging technologies)을 이용한 전투 능력(combat capabilities)이 혁신적으로 향상되고 있기 때문에 군사적 혁명(military revolution)이 촉진되고 있다고 역설한 바 있다. 당시 구소련의 군사사상은 새로운 군사기술이 군사교리, 작전개념, 교육훈련, 전력구조, 방위산업, 연구개발 우선 순위 등을 혁명적으로 변화시키고 있다는 데 주안을 두고 있었다.

구소련의 이러한 군사사상은 유럽지역에 있어서 자신의 군사교리와 작전개념 및 전력구조가 나토(NATO)에 대해 불리해지고 있다는 강박관념에서 비롯되었다. 당시 구소련은 중부유럽지역에서 나토에 대처하기 위해 전방에 배치해 놓은 자신의 대규모 기갑부대가 나토의 장거리 탐지 및 미사일 타격에 취약해질 우려가 있음을 발견하였다. 나토가 자신의 기갑부대들을 탐지 · 발견하고 즉각적으로 수백 킬로미터 떨어진 원거리에서 대전차 유도무기를 우박처럼 쏟아 붇게 되면, 그 전력은 재래식이지만 작은 전술핵무기 못지 않은 위력을 발휘하게 되어 자신의 기갑부대들을 결정적으로 파괴할 수 있게 된다는 것이다.

구소련은 그 이전까지는 '정찰'(reconnaissance)과 '화력'(fire)을 전술적 차원에서 연결 · 결합시킨 전투체계를 사용하여 왔다. 적의 목표를 탐지 · 발견하고 화력으로 파괴하는 전투체계를 발전시켜 왔으며, 탐지 능력과 범위가 제한되었을 뿐만 아니라 화력의 사거리도 짧고 부정확하였다. 그러나 1970년대부터 군부엘리트와 군사전문가들은 전략적 차원에서 위력적으로 전투력을 발휘할 수 있는 '정찰 · 타격복합체'(reconnaissance-strike complex)를 창출하기 위한 군사기술혁명 필요성을 제기하였다. 새로운 기술(emerging technology)을 활용하여 새로운 제어체계(new control system)를 개발하고 정확도가 매우 높은 장거리 정밀 타격무기(very accurate long-range precision weapon)를 연결 · 결합하면 핵무기에 비견되는 혁명적 전투위력을 발휘할 수 있게 된다는 것이다. 뿐만 아니라, 정찰 · 타격복합체를 구축할 경우 표적을 신속하게 탐지 · 발견하고 원거리에서 거의 순간적으로 파괴시킬 수 있게 됨으로써 전통적인 공격과 방어의 구분조차도 곤란해지게 된다는 것이다.

미국은 걸프전을 계기로 1990년대 초부터 새로운 차원의 군사력을 창출하기 위한 군사혁신 방책을 모색하기 시작하였으며, 그 대안적 패러다임으로서 '군사기술혁명' 또는 '군사분야혁명'(Revolution in Military Affairs; RMA) 개념이 논의되었다. 초창기에는 구소련의 '정찰 · 타격복합체'와 유사한 개념에서 각종의 센서(sensor)와 타격수단(shooter)을 지휘통제네트워크(warnet)로 연결 · 결합시키는 군사혁신 구상을 발전시켰다. 그러나 점차 군사혁신의 범위와 영역을 군사기술의 혁명(technological revolution)에서부터 전장운영개념의 혁신(operational innovation)과 조직편성의 혁신(organizational innovation)

으로까지 확장 · 발전시켰다. 군사기술의 변혁은 군사교리 및 전장운영개념, 지휘구조 및 조직편성, 리더십 및 교육훈련, 군수지원 등에도 충격적인 영향을 미치기 때문에 이러한 제반 요소들을 상호 조화 있게 연결 · 결합하여 동시적으로 혁신시켜야 전투 위력이 혁명적으로 발휘될 수 있다는 것이다.

1990년대 중반이후 군사기술혁명은 기술적 요소에 치중한 개념으로, 군사분야혁명은 기술적 요소와 함께 전장운영개념과 조직편성도 중시하는 광범위한 개념으로 구분되기 시작하였다. 「군사기술혁명 + 전장운영개념 혁신 + 조직편성 혁신⇨군사분야혁명」이라는 도식적 표현이 성립되었다. 미국의 저명한 군사혁신 전문가인 크레피네비치(Andrew F. Krepinevich) 박사는 군사분야혁명을 ①새로운 기술을 이용하여, ②새로운 군사체계를 개발하고, ③전장운영개념의 혁신과 조직편성의 혁신을 조화 있게 추구함으로써, 전투 효과를 극적으로 증폭시키는 것으로 정의하고 있다.

미국 내 일각에서는 군사기술혁명과 군사분야혁명에 이어 '안보분야혁명'(Revolution in Security Affairs; RSA)이라는 새로운 군사혁신 용어가 제기되었다. 국방대학원의 국가안보전략연구소는 1996년 발간한 「전략평가보고서」(Strategic Assessment)에서 군사기술혁명과 군사분야혁명 개념에 추가하여 안보분야혁명 개념을 사용한 바 있다. 군사문제는 정치, 경제, 기술, 산업, 심리, 문화 등과도 밀접하게 연관되어 있기 때문에 안보 차원의 포괄적 개념에서 군사혁신에 접근하여야 한다는 것이다. 토플러(Alvin Toffler) 박사는 거시적 수준의 경제구조 측면에서 혁명적 군사발전을 관찰하였다. 진정한 의미의 혁명적 군사발전은 새로운 문명이 낡은 문명에 도전하여 사회 전체가 변화되고, 그러한 문명사회의 변화가 군으로 하여금 전략, 무기, 기술, 조직, 제도 등 모든 것을 동시적으로 변화시키도록 강요할 때 발생하였다는 것이다.

이상의 논의를 종합하여 군사혁신의 개념과 범위 · 영역을 정리하면 〈그림 XV-2〉와 같다.

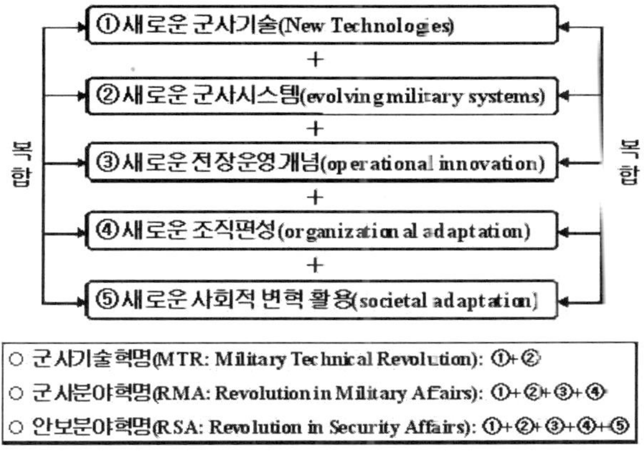

〈그림 XV-2〉 군사혁신의 요소 및 개념

미국 랜드연구소는 한 연구 보고서에서 군사혁신이란 군사작전의 성격 및 방식에 있어서 그 기본적 패러다임이 전환되는 것으로 정의한 바 있다. 〈표 XV-1〉이서 보여주는 바와 같이 주도적 행위자(dominant player)의 핵심 역량(core competencies)을 진부화시키거나 새로운 차원의 핵심 역량을 창출하는 것이 군사혁신이다.

사 례	패러다임 전환의 성격	영향 받은 핵심 역량	주도적 행위자
항공모함	해전의 새로운 작전적·전술적 모델 창출	전함의 함포 진부화	미국/영국의 전함
전 격 전	지상전의 새로운 작전적·전술적 모델 창출	고정적 진지 방어전을 위한 보병 및 포병 능력 진부화	프랑스 육군
I C B M	전쟁의 새로운 차원으로서 대륙간 미사일전쟁 창출	새로운 핵심역량으로서 핵무기의 장거리 운반체계 개발	

〈표 XV-1〉 군사혁신의 주요 사례와 특징

핵심 역량이란 군사력의 기반을 제공하는 근본적 능력을 말한다. 공군의 경우를 예로 들면, 공중에서 이동하는 표적을 탐지하고 정밀 유도무기로 공격할 수 있는 능력이 핵심 역량이 된다. 제1·2차 세계대전 기간 동안의 해군은 20마일 이상 떨어져 있는 표적을 공격할 수 있는 함포가 핵심 역량이었다.

주도적 행위자란 군사작전에서 지배적 능력을 보유하고 있는 군사조직을 말한다. 예를 들면, 공군은 공중전과 공대지 공격을 수행할 수 있는 주도적 행위자이다. 제1차 세계대전 기간 동안의 영국 함대와 제2차 세계대전 기간 동안의 미국 항모전투단도 주도적 행위자였다.

패러다임 전환이란 군사작전을 구성하고 있는 여러 요소들의 기본적 원리가 근원적으로 변혁되는 것을 의미한다. 예를 들면, 항공모함 패러다임의 태동은 당시까지의 전함 중심 해전 모델을 근원적으로 변혁시켰다. 함포 위주의 작전 원리와 모델을 진부화시킨 것이다. 또한 독일의 전격전 패러다임(blitzkrieg paradigm)은 당시까지의 고정적 진지 방어전 원리 및 모델을 무기력하게 만들었다.

인류역사에서 발생한 군사혁신은 학자나 전문가들의 관점에 따라 다양하게 분류되고 있으나, 그 저변에는 몇 가지의 공통적 특징이 깔려 있는 것으로 분석된다. 첫째, 인류 문명과 과학기술이 변혁됨에 따라 군의 무기체계와 전장운영개념 및 조직편성도 급속하게 변화되어 왔으며, 현대로 올수록 그 주기가 단축되었다. 둘째, 역사상 기존 문명이 새로운 문명으로 전환될 때 가장 중요한 군사혁신이 발생하였다. 셋째, 기술적 요소가 군사혁신의 주된 견인력이 되었다. 논리적으로는 전쟁수행 개념이 정립되고 그에 필요한 무기와 기술이 개발되어야 하나, 현대로 올수록 과학기술이 문명 발전의 원동력으로서 인류의 경제 · 사회구조와 인간의 생활방식을 파격적으로 변혁시킴에 따라 그 반대의 현상이 보편화되고 있다. 예를 들면, 핵무기의 출현은 국제정치의 역학 구조와 관계를 근본적으로 변화시켰을 뿐만 아니라 기존의 전쟁패러다임에 단절을 초래하였다.

라. 국방변혁

최근에 들어 군사 분야에서 혁신적인 변화와 발전을 모색하는 일련의 조직적인 노력을 일컫는 용어로서 '군사변혁'(military transformation), '전력변혁'(force transformation), '국방변혁'(defense transformation) 등이 보편적으로 사용되고 있다. 이러한 논의는 1990년대 후반 미국이 새로운 군사력 구조를 창출하는 과정에서 사용하기 시작하였다. 미국의 군사력을 냉전형에서 탈냉전형으로 전환하는 군사혁신을 추구하는 과정에서 만들어진 것이다. 미국 육군은 냉전시대의 전통적 군사력(legacy force)을 탈냉전 21세기의 새로운 목표 군사력(objective force)으로 전환하는 노력을 '육군변혁'(army transformation)이라는 용어로 표현하였다. 미국 국방부는 새로운 시대적 상황에 대비한 국방력의 창출 노력을 '국방변혁'(defense transformation)으로 설명하고 있다.

미국은 군사변혁 또는 국방변혁의 목표와 방향 및 계획을 공식적으로 발행하는 국방정책

문서에 포함하고 있다. 그 예로서 1997년에 발행한 『4년 주기 국방태세 검토』(QDR: Quadrennial Defense Review) 보고서에 "미래를 위한 미군의 변혁"(Transforming U.S. Forces for the Future)을 1개 장으로 다룬 바 있다. 2001년 9월에 발행한 QDR 보고서에서는 미래 경쟁국을 단념시키기 위해 군사변혁을 추구한다는 점을 분명히 하였다. 2005년도에 발행한 『국가방위전략』(The National Defense Strategy of the United States of America) 보고서에서도 군사변혁의 필요성과 의지가 강조되었다. 군사변혁을 통해 혁신적인 작전 수행 개념과 능력 및 조직을 발전시킴으로써 미국의 월등한 힘을 과시하고 이로써 미래 군사 경쟁국을 단념시킨다는 것이다.

미국 국방부는 2004년 10월에 책자 형태로 발행한 『국방변혁의 요소』(Elements of Defense Transformation)에서 국방변혁의 범위를 업무 수행 방식의 변혁, 협력 방식의 변혁, 전투 수행 방식의 변혁으로 구분하였다. 업무 수행 방식(How we do business)의 변혁은 민간 기업의 선례를 적극적으로 반영하여 국방 분야의 업무 수행 절차와 과정을 시대 상황에 부합되도록 변화시켜 국방 분야의 효율성을 높이는 것이다. 협력 방식(How we work with others)의 변혁은 정부 내 각종 기관들과의 긴밀한 협조를 보장하고 나아가 우방국들과도 협조하고 지원한다는 것이다. 전투 수행 방식(How we fight)의 변혁은 미래 합동 작전 수행 개념을 개발하고 이를 지원하기 위한 교리, 조직, 훈련, 물자, 리더십 및 교육, 인적 자원, 시설 분야에 대한 발전 소요를 도출하는 것이다.

미국의 국방변혁에 대한 구체적 내용은 미국 국방부가 2003년 4월 공식 발행한 『변혁 기획 지침』(TPG: Transformation Planning Guidance)에 잘 정리되어 있다. 미국 국방부는 변혁의 개념을 세 가지로 정의하고 있다. 변혁은 포괄적 개념으르서는 개념 · 능력 · 인력 · 조직편성의 새로운 결합을 통해 군사적 경쟁과 협력의 본질적 변화를 조성해 나가는 과정으로 정의되고 있다. 군사기획 관점에서는 군사혁신을 통해 전쟁패러다임의 혁신적 변화를 모색하는 것으로서 장기적으로 전쟁 수행의 개념과 방식을 혁신적으로 개발하기 위한 계획과 행동을 말한다.

변혁 기획 지침은 국방변혁의 핵심 중점을 다음과 같이 설정해 놓고 있다. 첫째, 미래의 잠재적 군사문제와 불연속적 변화 추세를 망라한 비전을 발전시킨다. 둘째, 가용 국방재원으로 장기적 도전에 대비할 수 있는 방안을 수립한다. 셋째, 미래로의 전환 과정에서 발생될 수도 있는 불확실성과 실패 가능성에 대비한 정책적 · 제도적 방책을 강구한다. 넷째, 기술 · 산업기반을 전환한다.

이 지침은 변혁의 범위를 다음과 같이 구분하고 있다. 첫째는 싸우는 방법의 변혁으로서 미래 합동 전투 수행 개념에 적합하도록 교리 · 편성 · 훈련 · 물자 · 간부 및 교육, 인원 · 시설 분야를 혁신하는 것이다. 둘째는 일하는 방법의 변혁으로서 업무 및 계획제도, 나선형 개발제도, 신속 획득 주기, 분석지원기법들의 혁신 등을 추구하는 것이다. 셋째는 협력하는 방법의 변혁으로서 군사력을 국력의 다른 요소들과 통합하는 방법을 변혁시키는 것이다.

변혁 기획 지침은 다음과 같은 6대 핵심 작전 목표를 세워 놓고 있다. 첫째, 중요 작전기지들을 보호하고 핵 및 화생무기와 이들을 운반할 수 있는 수단을 무력화한다. 둘째, 지역적으로 혹은 국지적으로 접근을 거부하는 원거리의 작전 환경에 미군 전력을 투사 및 유지하고 지역적으로 혹은 국지적으로 접근을 거부하는 위협을 격퇴한다. 셋째, 어떤 사거리, 어떤 기후 및 지형에 위치하든 중요한 이동 및 고정 목표물에 대해서는 공군, 지상군, 해군 능력의 상호보완적인 결합을 통해 지속적으로 감시 · 추적하고 대량의 정밀타격을 통해 신속하게 개입함으로써 적의 은신처를 거부한다. 넷째, 정보기술과 혁신적인 사고를 활용함으로써 상호 운용이 가능한 합동 C4ISR체계 구축하고 적절하게 변형시킬 수 있는 합동작전을 구상한다. 다섯째, 정보체계를 보호하고 효과적인 정보전을 수행한다. 여섯째, 우주체계의 능력과 생존성을 향상시킨다.

미국 국방부의 변혁 기획 지침은 6대 핵심 작전 목표의 달성을 위한 전력 발전을 다음과 같이 제시하고 있다. 첫째는 미사일방어체계의 구축이다. 다단계 미사일방어체계를 개발하고 시험한다는 것이다. 둘째는 무인기체계의 발전이다. 신형 무인전투비행체의 개발을 가속화하고 해군의 무인잠수정을 개발한다는 것이다. 셋째는 트라이던트급 전략핵 탄도미사일 잠수함을 재래식 무장(토마호크 함대지 순항미사일) 잠수함으로 전환한다. 넷째는 첨단 통신네트워크의 발전이다. 네트워크 중심 작전 개념을 채택하고 혁신적인 통신체계와 데이터 연결에 집중적으로 투자한다는 것이다. 다섯째는 첨단 첩보 수집 체계의 확보이다. 우주 배치 레이더와 같이 전 지구적으로, 지속적으로, 전천후로 정보를 감지할 수 있는 능력을 개발하고 실천 배치에 많은 노력을 경주한다는 것이다. 여섯째는 장거리 발사체계의 개발이다. 세계 어느 곳이든지 더 많은 수의 고정 혹은 이동 목표물을 타격할 수 있도록 능력을 개선한다는 것이다. 일곱째는 정밀 공격 능력의 확보이다. 신형 초음속 무기, 합동직격탄(JDAM), GPS 유도무기 등 정밀무기체계에 좀 더 큰 비중을 두기 위해 무기체계의 구성 분포를 전환하는 조치를 진행한다는 것이다. 여덟째는 견실한 과학기술 개발 및 획득이다. 이에는 ①초음파 비행체계 발전을 지원하는 기술, ②첨단 동력, 연료 및 에너지 시스템, ③정보처리, 인증 및 운용, ④센서, ⑤통신, 지휘 및 통제, ⑥ 첩보, 정찰 및 수색, ⑦레이저 및 고출력 마이크로 웨이브, ⑧우주체계, ⑨생물학전 방어, ⑩견고하고도 지하 깊숙이 매장된 목표물 파괴 탄약, ⑪정밀 유도장치, ⑫테러 척결, ⑬미사일방어, ⑭지뢰 대응체계, ⑮전자전, ⑯무인 지상 · 영해 · 영공 추진체, ⑰종심 타격체계 등이 포함된다.

3. 미국의 국방개혁과 군사혁신 사례

가. 미국의 국방 상황 변화

제2차 세계대전이후 초강대국으로 부상한 미국은 그동안 옛 소련을 정점으로 한 공산권의 팽창을 봉쇄 · 저지하는 데 기본 목표를 두고 국방의 전략과 구조를 발전시켜 왔다. 국제적 경찰 역할을 자임하면서 공산권을 봉쇄하기 위한 동맹 네트워크를 전 세계로 확대하였고, 세계적 수준의 대규모 전면전 시나리오를 전략적 전제로 그에 대처하기 위한 국방구조를 유지하였다. 필연적으로 대규모의 병력을 유지하고 막대한 군사비를 지출할 수밖에 없었다. 그러나 미국의 이러한 국방 전략과 구조는 양극적 냉전 대결체제의 붕괴로 인하여 전면적이고 근원적으로 재편되어야 하는 도전과 위기를 맞게 되었다. 미국의 국방이 냉전이후 봉착한 시대적 상황과 도전은 1990년대 초반 육군참모총장을 역임한 바 있는 고든 설리반 장군의 다음과 같은 상황 진단에 함축적으로 나타나 있다.

> "1989년까지도 소련의 가상 공격이라는 단 하나의 전쟁을 염두에 두고 투자 계획이 세워졌다. 그러나 1990년으로 접어들면서 그러한 방법론은 더 이상 받아들여지지 않았다. 우리가 상정하고 있던 미래는 이제 더 이상 존재하지 않았기 때문이다. 그럼에도 불구하고, 최소한의 조정과 관료적인 결단, 단기적인 계획 사이클이라는 과정 속에서 변화를 수용하려는 기존의 방법론은 여전히 계속되었다. 달러가 바닥나고 사명은 달라졌지만 과정 그 자체는 그다지 바뀌지 않았던 것이다."

설리반 참모총장의 이러한 상황 진단은 다음과 같은 몇 가지로 풀어서 설명해 볼 수 있다. 첫째는 전략환경이 본질적으로 바뀌었다는 점이다. 옛 소련의 해체와 세계적 냉전체제의 붕괴로 인하여 그동안 안보 · 국방전략의 대전제로 삼아왔던 세계적 규모의 전면전 가능성이 소멸된 것이다. 이는 미국의 국방이 전략 개념과 틀을 전면적으로 다시 세워야 함을 의미한다. 둘째는 과거의 전통적인 임무와는 전혀 다른 새로운 임무가 국방에 부과되고 있다는 점이다. 그동안의 국방 임무는 오로지 전쟁에서 승리하는 것이라 해도 과언이 아니다. 그러나 이제는 전쟁의 승리라는 전통적 임무에 추가하여 국내 및 국외에서의 평화유지, 인도주의적 차원의 원조제공, 재난구제, 민주주의 건설과 같은 새로운 임무가 국방에 부여되고 있다. 셋째는 국방재원의 압박이 가중되고 있다는 점이다. 국가재정의 어려움과 경제 중시 여론의 확산으로 인하여 국방 분야의 대규모 비용 절감이 강요되고 있는 것이다. 따라서 이제는 적은 비용 구조로 높은 전투 효율성을 유지할 수 있는 국방 경영 구조를 발전시키기 위한 전면적 개혁이 요구되고 있다.

미국의 합동참모본부는 1996년 발행한 『합동비전 2010』(Joint Vision 2010)에서 앞으로 군이 직면하게 될 도전을 다음과 같이 상정한 바 있다. 첫째는 잠재적 적대 세력(Potential Adversaries)의 변화이다. 그동안 미국의 이익과 가치를 위협하던 세력은 공산주의 국가 또는 집단이었다. 그러나 오늘날 미국은 선진 첨단 군사기술 및 무기체계(특히 대량살상무기)가 확산되어 현재의 지역적 군사력 균형이 파괴될 것을 우려하고 있다. 특히, 지역적 패권세력 또는 부랑아국가(rogue state)와 같은 적대 세력이 최첨단 기술을 활용하는 '비대칭적 방책'(asymmetrical counters)을 강구하여 미국의 국가이익을 중대하게 위협할 가능성이 있는 것으로 판단하고 있다.

둘째는 첨단 과학기술의 비약적 발전이다. 오늘날에는 정보 · 통신기술의 비약적 발달에 따른 전쟁패러다임의 전환으로 인해 정보기술의 우월성(information superiority)이 군사력 발전의 핵심요소가 되고 있다. 첨단 정보 · 통신기술이 군의 모든 분야에 엄청난 영향을 미치고 있기 때문에 군이 이러한 새로운 기술을 잘 이용할 경우에는 군사력을 비약적으로 향상시킬 수 있으나, 그렇지 못할 경우에는 군사력의 조기 진부화로 인하여 기술적 우위에 있는 상대와 효과적으로 싸울 수 없다는 것이다. 특히, 미래의 전쟁에서는 첨단 장거리 정밀 타격 능력(Long-Range Precision Strike Capability)과 광범위한 투발 수단(Wide Range of Delivery System)이 결합되어 엄청난 위력을 발휘할 것으로 판단되고 있다.

셋째는 정보 우위 확보의 중요성이 부각되고 있다는 점이다. 정보의 수집 · 이용 · 보호는 군사작전을 효과적으로 지휘 · 통제함에 있어서 절대적으로 중요하다. 자신의 정보활동(수집, 처리, 저장, 전파 등)은 보호하면서 상대측의 정보활동과 정보유통은 방해하거나 거부할 수 있어야 하는 것이다. 정보 우위를 확보하기 위해 공격적 차원의 정보전(Offensive

Information Warfare)과 방어적 차원의 정보전(Defensive Information Warfare)이 수행된다. 공격적 차원의 정보전은 상대측의 정보 수집 또는 사용 능력을 감쇄시키거나 그 능력을 역으로 이용하는 것을 의미한다. 이에는 적의 지휘통제 능력을 파괴하는 전통적인 방법과 적의 정보 · 지휘통제 네트워크체계에 전자적으로 침투하여 지휘 결심을 혼돈 또는 기만하는 비전통적인 방법이 있다. 방어적 차원의 정보전은 자신의 정보작전 수행 능력을 보호 · 방어하는 것을 의미한다. 이에는 물리적 보안 수단(Physical Security Measures) 및 암호화(Encryption)와 같은 전통적 방법이 있을 뿐만 아니라, 바이러스 침투 방호 및 자료전송 안전보호 등과 같은 비전통적 방책이 다양하게 발전되고 있다.

미국의 국방은 오늘날 시대적 상황의 변화와 함께 다음과 도전에 직면해 있는 것으로 분석된다. 첫째, 전략적 전제가 본질적으로 변화되었다. 냉전체제의 붕괴라는 시대적 상황의 변화는 미국의 안보 · 국방전략에 있어서 기본적 전제인 우 · 적 개념의 근원적 변경을 초래하였다. 현재는 뚜렷한 적이 없지만 미래의 상황은 불투명하고 불확실하기 때문에 현상에 만족해서는 안 되고, 선행 기간(lead time)을 고려하면서 미래에 대비하여야 한다는 것이다. 핵전쟁으로 이어질 수도 있는 대규모 전면전 가능성은 희박하나 지역적 차원의 전쟁과 전쟁이 아닌 형태(재난구조, PKO 등)의 위기상황은 더욱 증가할 것이기 때문에 새로운 군사 능력과 전략 · 교리의 발전이 시급하고 중요한 것으로 판단하고 있다.

둘째, 과학기술의 급속한 발달로 인해 군사력 발전 패러다임의 근원적 전환이 불가피해지고 있다. 오늘날 새로운 과학기술의 비약적인 발전은 사회 전반뿐만 아니라 국방에도 엄청난 영향을 미치고 있다. 특히, 정보 · 통신기술의 혁명적인 발전과 첨단 대량살상무기의 세계적 확산으로 인하여 미국은 새로운 전쟁수행 개념과 방식의 개발이 요구되고 있다.

미국은 이러한 시대적 상황과 도전을 극복하기 위하여 두 가지의 국방 패러다임을 추구하고 있다. 하나는 경영혁신(Revolution in Business Affairs; RBA) 패러다임에 입각하여 국방운영의 체제 · 제도 · 절차를 개혁하는 것이다. 이는 제한된 예산을 효율적으로 사용하여 성과를 극대화하기 위해 국방 구조를 조정하고 운영 방책을 혁신하는 데 중점을 두고 있다. 다른 하나는 군사혁신(Revolution in Military Affairs; RMA) 패러다임에 입각하여 새로운 차원의 군사력을 창출하는 것이다. 이는 새롭게 발전하고 있는 첨단 과학기술을 활용하여 미래의 불확실한 안보 위협에 대비할 수 있는 군사체계(전력시스템, 작전운용 개념, 조직편성)를 개발하는 데 중점을 두고 있다.

나. 경영혁신(RBA)과 국방운영 개혁

미국은 클린턴 행정부이후 국방의 구조 및 운영 전반에 걸쳐 본격적 개혁을 추진하여 왔다. 클린턴 행정부는 1993년 정부 부문의 관료화로 발생하는 번문욕례(繁文縟禮: Red Tape)의 비효율성 · 비합리성을 제거하고, 민간 기업의 경영 개념과 기법을 정부의 운영에 도입하기 위해 고어(Al Gore) 부통령을 위원장으로 하는 '국가성과검토위원회' (National Performance Review Committee)를 구성하였다. 이 위원회는 기업의 경영 혁신 및 정부 기관의 성과 사례들을 분석하고 1993년 9월 완성한 보고서에서 정부 재창조(Reinventing Government)의 기본 개념과 원칙을 설정하였다. 클린턴 대통령은 백악관 앞뜰에서 정부 개혁에 대한 의지를 다음과 같이 천명한 것으로 알려져 있다. "엄청난 규모의 법규집들로 인해 성실하고 유능한 공무원들이 규정화되어 있는 업무 과정에 얽매여 있다. 공무원들은 마땅히 해야 될 기본 업무인 고객 서비스를 소홀히 취급할 수밖에 없다. 그리고 공무원들에게 있어서 성과를 높이겠다는 목표 의식과 귀중한 창의력이 마비되고 있다. 이제 이와 같은 번문욕례(繁文縟禮: red tape)를 과감하게 청산하고 미국 시민이 건국이래 추구해 온 작지만 당차게 일하는 정부를 재창조해 나가겠다"는 것이다.

국가성과검토위원회의 보고서는 정부 재창조의 지향점을 '기업형 조직으로 만드는 것' (creating entrepreneurial organization)이라고 결론짓고, 다음과 같은 기본 개념과 원칙을 정립하였다. 첫째, 번문욕례의 과감한 제거이다. 공직에 근무하는 실무자들이 규정에 충실히 따르는 것만이 모든 책임을 다하는 것처럼 여기는 규정 관리 위주의 업무 수행 체제를 지양하고 성과에 대해 책임지는 체제를 발전시키기 위하여 창의력을 질식시키는 번거롭고 시대에 뒤떨어진 불필요 규정들을 일대 수술하여야 한다는 것이다.

둘째, 고객 우선의 봉사이다. 기업이 시장 경쟁 원리에 입각하여 고객 최우선 개념에서 좋은 제품을 개발하고 사후 서비스를 철저히 제공하는 것처럼, 정부 조직도 시민이 흡족하도록 공공 서비스를 개발하여야 한다는 것이다. 고객의 소리를 듣고, 고객을 만족시킬 수 있는 공공 서비스 목표와 기준을 설정하여, 그 목표 수준을 달성하도록 하고 있다.

셋째, 실무자들에 대한 권한 부여이다. 효과적인 기업형 정부는 중앙집권적 통제체제가 아니라 분권화 위임 책임체제를 강화하여야 한다는 것이다. 일선 실무자가 스스로 결심하여 문제를 해결하고 업무의 성과를 높일 수 있도록 재량권을 대폭 부여하되, 권한에 상응한 책임도 같이 부과하도록 하고 있다. 성과 측정이 가능한 목표를 부여하고, 결과에 대한 책임을 지도록 하며, 우수한 실적에 대해서는 반드시 포상하도록 모든 필요한 방책을 마련하도록 하여야 한다는 것이다.

넷째, 비용은 더욱 적게 들면서도 성과는 한층 더 높일 수 있는 정부의 창조이다. '작지만 업무 성과가 대단히 좋은 정부' 를 만들어야 한다는 시민의 기대에 부응하기 위하여 정부는 낡은 것을 버리고 중복을 제거하여 생산성을 높여야 한다는 것이다. 말하자면, 정부 운영체제를 과감하게 혁신시키고, 새로운 정보기술을 적극적으로 활용할 수 있어야 한다는 것이다.

미국의 국방도 이러한 기본 개념과 방향에서 구조의 조정과 운영의 혁신을 추구하는 개혁을 과감하게 추진하여 온 것으로 알려지고 있다. 국방부는 행정 비용을 줄이고 지원 부문을 혁신하는 작업을 추진하여 왔으며, 그러한 국방 재창조만이 군사준비태세를 향상시키고 무기체계를 현대화하는데 소요되는 자원을 더 많이 염출해낼 수 있는 유일한 대안으로 판단하고 있다. 코언(William S. Cohen) 국방장관은 1997년 11월 국방 재창조를 위한 과제들을 '국방 개혁 계획' (Defense Reform Initiative; DRI) 보고서로 발표하였다. 이 보고서는 군사 능력을 확대하는데 필요한 인적 · 물적 자원의 가용성을 확보하기 위해 경영혁신을 추진한다는 취지와 의지를 천명하고 있으며, 민간 부문의 앞선 기술을 활용함으로써 군의 지원 비용을 절감하고 군의 관리 기술과 인력의 전문화를 향상시키는 데 중점을 두고 있다. 특히, 간소하고(lean) 민첩하며(agile) 집중된(focused) 지원 시스템을 갖추도록 한다는 것이다.

미국의 국방개혁은 세계적 경쟁력을 갖춘 미국 기업들의 관리 기법과 경영 개념을 도입하였다. 국방장관이 민간 기업의 최고 경영자들과 면담하고, 공통적인 원칙들을 찾아서 국방개혁의 추진 원칙으로 삼았다. 그 원칙들은 다음과 같다. ①통합된 비전에 초점을 맞추어 기업을 경영한다. ②지도층으로 하여금 변화를 주도하게 한다. ③핵심 우위 분야에 초점을 맞춘다. ④조직을 간소화하여 신속성을 추구한다. ⑤사람에 대한 투자를 중시한다. ⑥정보기술을 활용한다. ⑦조직간 장벽을 제거한다.

미국 국방부는 이러한 원칙 하에서 다음과 같은 방향으로 개혁을 추진해 왔다. 첫째는 구조혁신이다. 세계적 수준의 성과 기준을 달성하기 위해 현대적 기업 경영 개념을 도입하는 것이다. 둘째는 통합이다. 중복을 제거하고 시너지 효과를 극대화하기 위해 조직을 간소화하는 것이다. 셋째는 경쟁이다. 품질을 향상시키고 비용을 절감하며 수요자의 요구에 적극적으로 대응하기 위해 시장원리를 적용하는 것이다. 넷째는 제거이다. 자원을 절약하기 위해 과도한 지원 구조를 축소하고 핵심 부문에만 집중하는 것이다.

다. 군사혁신과 군사력 창출

미국은 장기적 관점에서 자신에게 도전해 올 수 있는 세계적 경쟁자 또는 위협 세력을 고려하여 군사혁신 차원의 군사력 창출에 박차를 가해 왔다. 미국은 냉전종식에 따른 안보상황의 대변혁과 과학기술의 혁신으로 인한 전쟁 패러다임의 전환에 대비하여 1990년대 초부터 군을 재창조하는(Reinventing Military) 군사혁신 방책을 모색하여 왔다. 군사전략 및 군사교리, 지휘구조 및 조직체계, 무기체계 및 전장관리체계, 지휘통솔 및 교육훈련 등 제반 분야에서 혁신적 발전을 추구하여 왔다.

육군은 '지식에 기초한 디지털구조' (Knowledge-Based Future Digital Framework)라는 패러다임에 입각하여 군사혁신 비전을 설계하였다. '21세기 육군' (FORCE XXI)과 '차차기 세대 육군' (Army After Next Project; AANP)이 그것이다. '21세기 육군' 은 2010년 이전에 대적하게 될지도 모르는 여하한 차원의 위협에 능히 대응할 수 있는 미래 육군을 개발하는 비전이다. '차차기 세대 육군' 은 2025년경 미국의 경쟁자로 등장할지도 모르는 새로운 차원의 위협에 대응하기 위한 미래 육군을 연구 · 발전시키는 비전이다.

육군의 군사혁신 비전은 '디지털전장' 의 구현에 근간을 두고 있다. 전투에 참여하는 모든 요원들이 전장 상황에 대한 지식과 정보를 공유한 상태에서 상호 유기적으로 연결 · 결합되어 전쟁을 수행하는 방책을 개발하는 것이다. 이 전쟁 수행 구상에 의하면, 전투원들은 모든 전장 정보를 공유한 상태에서 첨단 C4I체계로 전차와 헬기 및 포 등 가용한 제반 플랫폼(Platforms)을 상호 연결시켜 전투를 수행하게 된다. 디지털전투원(Digitalized Warrior)들은 GPS 수신기와 야간 센서장비를 부착하고, 헬멧 앞쪽의 조그마한 스크린을 통해 모든 정보를 파악하게 되며, 거미줄처럼 구축된 통신망을 통해 후방에 위치한 모든 화력 수단을 요청할 수 있게 된다. 또한 전투원들은 열상 탐지경이 부착되어 있는 레이저 조준 소총으로 무장하고 적을 발견하는 순간 즉각적으로 정확하게 사격할 수 있게 된다.

해군 역시 전략 환경과 전쟁 양상의 본질적 전환에 부응하기 위하여 임무 · 역할과 작전 운용개념 및 능력 등을 새로운 차원에서 발전시켜 왔다. 냉전시대의 대양 전개 지향 해군력 운용개념을 전력투사와 연안작전(littoral warfare) 중시의 전략 개념으로 전환시켰다.

해군은 1992년 '바다로부터… : 21세기를 지향한 해군 준비'(… From the Sea: Preparing the Naval Service for the 21st Century)라는 비전을 내놓았고, 1994년에는 종전의 비전을 보완하여 '바다로부터… 앞으로'(Forward … From the Sea)라는 비전을 발표하였는데, 다같이 연안지역작전과 분쟁예방 및 위기통제 등에 중점을 두고 있다.

해군의 군사혁신 아이디어는 '네트워크 중심 전쟁'(Network Centric Warfare) 개념 및 방책의 발전이다. 해군 전력이 광범위한 지역에 분산되어 있더라도 센서-지휘소-작전부대를 네트워크로 연결·결합하여 단기간 내에 집중적 전투 효과를 발휘하도록 하는 데 중점을 둔 군사혁신 구상을 개발하고 있다. 그 대표적 아이디어로 '협동적 전투 수행 능력'(Cooperative Engagement Capability; CEC)을 발전시켰다. 인공위성을 이용하여 광역 정보네트워크체계를 구축하고 각종 감시수단과 타격수단 및 지휘관을 연결시켜 전력 발휘를 획기적으로 향상시킨다는 것이다. 그렇게 될 경우 해군의 전투지휘관들은 확대된 전장의 모든 정보를 신속하게 획득하여 공유할 수 있게 되고, 이를 활용하여 원거리의 표적들을 다양한 타격수단들(항모, 전함, 잠수함, 화력지원함, 스텔스전함 등)로 정확하게 공격할 수 있게 된다.

공군은 1990년대 초부터 임무·역할과 작전개념을 다시 정립하고 미래 전력체계를 개발하기 위한 군사혁신 비전과 전략을 발전시키기 시작하였다. 가장 대표적인 비전서로서 「우주계획 2020」(Spacecast 2020)과 「공군 2025」(Air Force 2025)를 들 수 있다. 「우주계획 2020」은 2020년경을 목표 연도로 새로운 우주기술을 활용한 공군 혁신 개념과 방책을 다양하게 제시하고 있다. 이 비전에서는 ①미래 전투원에게 요구되는 정보체계의 창출, ② 2020년경의 감시·정찰체계와 성능이 뛰어난 GPS체계(Super Global Positioning System) 개발, ③우주 교통통제체계 개발, ④우주로 뻗어 나갈 수 있는 각종 수단들(Rocket-Powered Trans-Atmospheric Vehicles)의 발전, ⑤자신의 우주체계에 대한 방호 대책 및 적의 우주체계에 대한 공격 방책 개발, ⑥우주로부터 지상과 대기권의 표적을 공격할 수 있는 초운동에너지(Hyperkinetic Energy) 및 지향성에너지(Directed Energy) 무기체계의 발전 등과 같은 군사혁신 아이디어를 제시하고 있다.

공군이 추구하고 있는 군사혁신 아이디어 중의 하나는 '타격계획'(Project Strike)이다. 이는 현행 조직과 작전개념 및 무기체계 등을 혁신시키지 않고 전장의 모든 전투 요소들을 네트워크로 연결·결합하여 전투력 발휘를 획기적으로 향상시키겠다는 구상이다. 네트워크체계에는 인공위성을 비롯하여 공중조기경보통제기(AWACS), 합동 감시·표적공격레이더시스템(J-STARS), U-2 첩보기, F-15 전폭기, 무인비행기, 해군의 F/A-18 전투기 등이 모두 연결된다. 공군은 또한 인공위성으로부터 표적 정보를 직접 받아 공대지 미사일을 발사하는 개념의 프로젝트(Talon Sword Project)를 개발하고 있다. 그 일환으로 각종 탐지수단들을 활용하여 가시영역 밖의(over the horizon) 표적을 공격하기 위한 타격 수단을 발사시킬 수 있는 항공기를 개발하고 있다. 또 다른 아이디어는 무인항공기(Uninhabited Aircraft)의 개발 · 활용이다. 여러 대의 무인전투항공기(Uninhibited Combat Air Vehicle; UCAV)가 서로 연결된 네트워크를 구축하여 정보를 공유하고 유기적으로 협조하는 가운데 전투를 수행한다는 구상이다. 대형 비행기에 많은 무인전투항공기를 탑재하여 수송한 후 작전 가능 지역에서 발사시킨다는 것이다.

이처럼 육 · 해 · 공군이 군사혁신 비전과 전략 및 방책을 경쟁적으로 개발하고 있는 상황에서 합동참모본부는 1996년 「합동비전 2010」(Joint Vision 2010)을 수립 · 발표하였다. 이는 의회의 요구에 의해 가동된 '군 임무 · 역할 위원회'(The Commission on Roles and Missions of the Armed Forces; CORM)의 권고에 따른 것으로 알려지고 있다. 이 위원회는 1995년 5월 "현재 각 군별로 활발하게 개발하고 있는 미래 군사 비전을 조화시킬 수 있는 중심적 비전(Central Vision)을 만들어야 한다"는 점을 국방장관에게 제안하였다. 이에 국방장관은 그 해 8월 합동참모본부가 미래 합동 전쟁 수행 비전을 수립하여 각 군의 노력을 돕고 비전에 따른 소요를 충족시킬 것을 지시하였다. 합참의장은 그러한 요구에 따라 「합동비전 2010」을 수립한 것이다.

이 비전은 급속하게 발전하고 있는 첨단 정보 · 통신기술에 의해 지휘 · 통제 · 정보 능력이 획기적으로 향상됨에 따라 지금까지의 기동(maneuver) · 타격(strike) · 보호(protection) · 군수(logistics) 양상이 근본적으로 변모하여 새로운 작전개념을 발전시켜야 한다는 점에 기초를 두고 있다. 그리고 새로운 작전개념으로서 ①우월한 기동(Dominant Maneuver), ②정밀한 교전(Precision Engagement), ③전 차원적 보호(Full Dimensional Protection), ④적시 · 적량의 군수지원(Focused Logistics)을 제시하고 있다. 우월한 기동은 광범위하게 분산 · 전개되어 있는 육 · 해 · 공 · 우주군을 동시 · 일체화시켜 활용함으로써 적 심장부에 대한 군사력의 결정적 행사(Decisive Force)를 보장하는 것이다. 정밀한 교전은 신속한 지휘통제력을 구사하여 정밀하게 타격하고 그 결과를 즉시 평가 · 분석한 후 필요시 다시 정밀하게 타격하는 것이다. 전 차원적 보호는 군사력의 자유로운 전개 · 기동 · 전투 개입을 보장하는 한편 군사력이 적에 의해 손상되지 않도록 다층방어체계를 구축하는 것이다. 적시 적량의 군수지원은 전장 정보와 군수 · 수송기술을 융합시켜 작전에 필요한 군수 요구를 적시 · 적량으로 신속하게 지원하는 것이다. 이러한 능력을 확보하게 되면 이제까지와는 차원이 완전히 다른 전투력을 발휘할 수 있고, 그 결과 모든 유형의 위협에 지배적으로 대처(Full Spectrum Dominance)할 수 있다는 것이다.

미국은 냉전종식 이후 세계 유일 초강대국으로서의 위상을 계속 유지하고 새로운 세계질서를 주도적으로 관리하기 위해 막대한 경제력과 첨단 기술력을 바탕으로 새로운 군사혁신을 추구하여 왔다. 미국의 군사혁신은 정보 · 감시 · 정찰(ISR)과 C4I 및 정밀유도무기의 결합이 근간을 이루고 있으며, 그에 따라 플랫폼 중심(Platform-Centric) 전투체계가 네트워크 중심(Network-Centric) 전투체계로 전환되고 있다. 정보 · 지식 기반의 전쟁 패러다임을 발전시키고 있는 것이다. 또한 과학기술 능력과 연계된 '싸우는 방법'을 개발하고 있다. 작전개념을 구현하는 데 필수적으로 요구되는 국방 과학기술 목표(Defense Technology Objectives; DTO)를 설정해 놓고 첨단 기술을 개발하고 있다. 예를 들면, '우월한 기동'이라는 작전개념을 구현하기 위해서는 '신속한 전장 가시화'(Rapid Battlefield Visualization)를 가능케 하는 국방 과학기술 목표가 달성되어야 한다는 것이다.

미국은 오늘날에도 군사혁신 차원의 군사력 변혁에 박차를 가하고 있다. 미국은 어떠한 유형의 분쟁도 단기간 내에 효과 중심으로 스마트하게 끝낸다는 목표로 디지털 네트워크 중심전, 효과 중심 장사정 정밀타격전, 정보전 · 사이버전, 비선형 초고속 기동전, 인명 중시 비살상전 및 무인 로봇전, 동시 병렬 통합전 등 새로운 전쟁 수행 방식을 복합적으로 발전시키고 있다. 아울러 이러한 전쟁 수행 방식들을 구현하기 위해 선견 · 선결 · 선타(先見 · 先決 · 先打) 개념에서 새로운 전력체계를 지속적으로 개발하고 있다. 지구적 차원에서 전장을 투명하게 보고 지휘통제를 할 수 있는 C4ISR체계를 구축하고 있으며, 원거리의 전략적 · 작전적 표적을 신속하고 정밀하게 타격할 수 있는 정밀 유도무기체계를 개발하고 있다. 뿐만 아니라, 전략적 · 작전적 중심을 순간적으로 무능화 · 무력화시킬 수 있는 지향성 에너지무기 체계를 개척해 나가고 있다.

4. 한국의 국방변혁

가. 국방 발전 패러다임

한국의 국방은 지금 전환기를 맞이하고 있으며, 변화와 발전을 위한 여러 가지 복합적인 과제를 부여받고 있다. 첫째, 안보구도의 이중성으로 인한 고민과 애로에 봉착해 있다. 북한의 군사 위협에 대처함과 동시에 주변 전략 환경의 불확실한 변화에 대비하여야 하는 '전략 선택' 의 과제를 안고 있다. 둘째, 혁신적으로 발전되고 있는 과학기술을 군사력 창출에 적시 적절하게 반영하여야 하는 부담을 안고 있다. 전쟁 양상의 변화와 군사력 패러다임의 전환에 대비하여야 하는 '군사혁신' 의 과제를 해결하여야 한다. 셋째, 이중적 안보 구도에 대처하고 과학기술의 혁신적 발전에 부응하여야 하나 국방 재원의 제약으로 인해 많은 어려움을 겪고 있다. 저비용 · 고효율의 국방 경영 체계를 구축하여야 하는 '운영 개혁' 의 과제를 풀어야 한다. 넷째, 대외 의존 자세와 자기비하 의식을 일소하고 자존 정신을 함양하는 것이 매우 중요하다. '의식 혁명' 의 과제를 극복하여야 한다.

그렇다면, 이러한 국방 발전의 과제를 어떻게 해결할 것인가? 당면한 북한 위협에 대처하는데 중점을 둘 것인가, 아니면 미래 안보 위험에 대비하는데 중점을 둘 것인가? 기존의 군사력 발전 패러다임을 유지할 것인가, 아니면 혁신적 차원의 군사력 발전 패러다임을 추구할 것인가? 운영 유지에 급급한 고비용 · 저효율의 비생산적 국방 운영 체계를 계속 유지할 것인가, 아니면 전력 투자가 우선하는 저비용 · 고효율의 생산적 국방 운영 체계를 발전시킬 것인가? 대외 의존적 국방을 어쩔 수 없는 약소국의 운명으로 받아들일 것인가, 아니면 생존을 스스로 책임지는 국방을 추구할 것인가? 그 답은 새로운 사고와 발상을 통해 찾아야 할 것이다. 군사혁신의 개념과 원리를 국방 발전의 기본 패러다임으로 받아들일 필요가 있다.

오늘날 첨단 정보기술(IT)의 발전에 따른 전쟁패러다임의 혁명(Revolution in Warfare Paradigm)이 무기체계와 작전개념 및 조직편성 등 국방 분야 전반에서 혁신적 전환을 요구하고 있다. 이러한 상황에서 군사혁신의 개념과 원리는 미래 전쟁 양상 변화에 대비할 수 있는 군사력을 발전시킴에 있어서 체계적 개념 틀(coherent conceptual framework)을 제공할 뿐만 아니라 국방 기획의 기본 원리가 될 것으로 예상된다. 특히, 정보기술에 기반을 둔 군사혁신은 앞으로 국방을 기획함에 있어서 다음과 같은 네 가지 원리의 반영을 요구할 것이다.

첫째, 정보 우위(information dominance)를 보장하여야 한다. 정보의 우위란 우군의 정보 흐름을 보장하고 적의 정보 흐름은 거부하는 것을 의미한다. 정보는 전쟁 수행의 초석으로서 전투 의사 결정과 전략 · 전술 구현의 요체이다. 미래의 전쟁에서 승리하기 위해서는 정보를 신속하고 정확하며 광범위하게 공유시킬 수 있어야 한다. 적의 위치에 대한 지식은 군사 행동의 토대를 제공한다. 표적의 정확한 위치는 정밀 유도무기를 사용함에 있어서 필수적이다. 고속 템포의 작전을 수행하기 위해서는 전투 전개 상태에 대한 정보의 신속한 교환과 신뢰성 있는 실시간 지휘 · 통제가 필수적이다. 적보다 신속하게 전투 행위 사이클(OODA: Observe → Orient → Decision → Action)을 회전시키면 적의 혼돈 · 교란 · 무력 · 마비를 가져올 수 있다.

전통적으로 전투 행위는 '찾기'(find)와 '숨기기'(hide) 간의 치열한 게임이었다. 자신은 상대측이 발견할 수 없도록 숨기거나 자신의 의도와 행동을 상대측이 파악할 수 없도록 기만하였다. 상대측의 약점을 발견하는 즉시 기습적 공격을 감행하여 주도권을 장악하는 측이 전투에서 승리를 거두었다. 오늘날 각종의 감시 · 정찰체계 등 정보기술의 혁명적 발전으로 인해 찾기와 숨기기 간의 경쟁이 한층 더 치열해지고 있으며, 정보력의 지배적 우세를 확보한 측이 전쟁에서 압도적으로 승리할 수 있게 된다. 정보의 지배적 우세를 확보하면 자신은 군사작전에 있어서 행동의 자유를 확보할 수 있게 되고, 반면에 상대측은 제반 군사작전의 수행을 방해받게 된다. 상대측이 정보를 지배하게 되면 자신은 장거리 타격체계의 위력을 상실하고 기동화 · 스텔스화된 무기체계에 의한 공격에 아주 취약하게 된다.

미래의 전쟁에서는 항공 · 우주기술과 정보기술이 결합되어 '전장공간에 대한 주도적 인식'(Dominant Battlespace Awareness; DBA)이 가능할 것으로 예상되고 있다. 상대의 위치 및 특성에 대한 정보를 파악할 수 있을 뿐만 아니라 정밀 타격체계에 정보를 실시간으로 분배하고 전투 피해를 지속적으로 평가(Battle Damage Assessment; BDA)할 수 있게 된다는 것이다. 다시 말하면, 적 위치 파악 → 공격 시기 결정 → 공격작전 수행 → 공격 피해 평가로 연결되는 전투의 전 과정을 스마트하게 이끌어 갈 수 있게 된다.

둘째, 시너지(synergy)를 극대화하여야 한다. 시너지라는 용어는 이제까지 통상 합동성(jointness)으로 사용되어 왔으며, 부대 단위간의 전투 능력을 극대화하는 전력 승수(force multiplier)를 의미한다. 다시 말하면, 시너지는 여러 군종(services)과 병과(branches) 및 다양한 무기체계의 능력을 효과적으로 함께 결합시켜 전투를 수행하는 것이며, 그 각각의 고유한 능력을 단순한 부분들의 합보다 더 큰 전체로 융합하는 것을 말한다. 오늘날 군사과학기술의 급속한 발전은 과거 그 어느 때보다도 시너지의 중요성을 한층 더 증대시키고 있다. 작전이 고속으로 진행되고 무기체계가 정밀화될수록 여러 전력 요소들 간의 유기적인 협력과 결합이 절대적으로 중요하다. 정밀 유도무기는 적절한 표적 데이터가 없이는 무용지물이 된다. 지상이나 공중에서 고속으로 이동하는 전력 단위들은 지휘통제체계가 구축되어 있지 않으면 아무런 성능도 발휘할 수 없다. 통신은 다양한 전력 단위들 간의 유기적이고 지속적인 협력을 보장해 준다는 점에서 시너지의 생명선이라 할 수 있으며, 따라서 상호운용성(interoperability)을 구비한 지휘통제체계의 구축이 매우 중요하다.

오늘날 전장의 가시화와 정보의 공유화가 가능해짐에 따라 네트워크 중심의 전쟁패러다임(Network-Centric Warfare Paradigm)이 발전되고 있다. 이는 네트워크 중심의 사고를 군사작전에 적용하여 전투 요소들의 시너지 효과를 극대화시키는 것이다. 지리적으로 분산되어 있는 제반 전투요소들을 네트워크체계로 연결시켜 전장 정보를 공유한 가운데 새로운 전투력을 창출하는 것을 말한다. 이제까지는 전투기, 함정, 전차 등 포탄이나 미사일과 같은 발사체를 목표지점에 운반하는 플랫폼의 공격력을 향상시키기 위해 기동력이나 방어력을 강화함과 동시에 고성능 센서나 사격통제장치를 플랫폼에 탑재하는 등 그 자체에 다양한 능력을 갖추는데 중점을 두었다. 그러나 미래의 전쟁에서는 다양한 센서와 플랫폼을 정보네트워크체계로 연결함으로써 플랫폼 자체의 센서에서는 확인할 수 없는 목표에 대해서도 정밀 유도무기에 의한 공격이 가능해진다. 이제 플랫폼은 자체에 탑재된 센서를 통해 획득한 정보에 더하여 종합적 정보네트워크체계를 통해 다양한 센서들로부터 제공받은 정보에 근거하여 보다 원거리의 목표를 정확하게 타격하는 것이 가능해지고 있다.

이러한 전쟁 수행 개념 및 방식의 혁신으로 인해 광범위한 지역에 분산되어 있는 전력을 적시에 통합적으로 사용하는 것이 가능해지고 있다. 병력이나 부대의 집중 그리고 센서체계와 타격 수단의 물리적 이동 내지 기동이 없이도 전력의 효과를 집중시킬 수 있기 때문에 군사작전이 지리적으로 제약받지 않을 뿐만 아니라 다수의 상이한 표적에 대해 동시적으로 교전을 벌일 수 있게 된다. 전장 지식 기반의 협동 전투(Cooperative Engagement) 개념이 발전되고 있는 것이다. 제반 전투 부대 및 요소들이 네트워크체계를 활용하여 전장 정보를 공유하고 지휘관의 의도를 이해하게 되기 때문에 협동적 조화(orchestration) 속에서 자율적이고 효과적으로 작전을 수행할 수 있게 된다. 이 전쟁수행 방식은 전장 전투 요소들간의 효과적 네트워크체계를 형성함으로써 전투력 발휘 효과를 획기적으로 향상시킬 수 있는 장점이 있다. 네트워킹은 전투요소들을 단순하게 연결하는 것이 아니라 정보 공유를 통해 전투 능력이 향상된 각 전투 요소들이 상호작용을 통해 새로운 전투력을 창출하도록 하는 것이다.

최근 미국을 비롯한 선진국들은 전투력의 시너지 효과를 창출 · 극대화하기 위해 시스템복합체계(system of systems) 개념에서 전력체계의 혁신을 추구하고 있는 추세이다. 이는 각종의 센서(sensor)와 정밀타격수단(precision guided munitions: PGMs)을 지휘 · 통제네트워크(C4I)체계로 결합하는 것이다. 전장의 가시화와 전장 상황의 주도적 인식을 위한 광역 · 원거리 정보 · 감시 · 정찰체계를 발전시키고, 전투원 간의 실시간 전장 정보 공유를 위한 지휘 · 통제네트워크시스템을 구축하며, 원거리 정밀 타격을 위한 유도무기시스템을 연계 · 발전시키되, 각 시스템 상호간의 조화 · 연결로 시너지 효과가 창출되도록 하는 것이다. 이러한 시스템복합체계를 완성하면, 전장정보를 지배적으로 확보하여 임무를 순간 자동적으로 할당하고 정밀 유도무기로 표적을 타격한 후 그 결과를 실시간으로 평가할 수 있게 됨으로써 전투력의 승수 효과 발휘가 가능해진다.

시너지 효과를 극대화하기 위한 또 다른 방책으로서 합동성의 강화가 요구된다. 합동성이란 동일 목적을 위해 2개군 이상의 전력을 운용하는 것으로서 각각의 전력 구성요소들을 산술적으로 합한 것보다 더 큰 승수 효과를 창출하기 위해 필요 전력 요소들을 조화롭게 연합 · 운용하는 것을 의미한다. 합동성은 ①제반 전력 요소의 통합적 운용으로 전투력 발휘의 시너지 효과를 극대화시킬 수 있다는 점, ②작전반응 시간을 단축시키고 신속한 의사결정을 보장할 수 있다는 점, ③각종 전력시스템의 상호운용성을 증진시킬 수 있다는 점, ④소요의 중복을 방지하여 예산의 효율성을 제고할 수 있다는 점, ⑤상부조직을 축소 · 간소화시킬 수 있다는 점에서 매우 중요하다. 국방조직들이 제각각 이기주의적 발상에서 임무와 역할의 경계를 구획하기 위해 분열적으로 경쟁하는 것은 시너지 효과를 치명적으로 해치게 된다. 전장에서 감시 · 통제 · 타격체계의 도달거리가 중첩됨에도 불구하고, 육 · 해 · 공군이 각각 독자적으로 시스템을 확보하고 전장운영개념과 조직체계를 발전시킨다면, 이는 자원의 낭비뿐만 아니라 상호운용성의 치명적 손상을 초래할 우려가 있다.

셋째, 정밀 교전(Precision Engagement) 능력을 발전시키는 것이다. 미래 전쟁체계는 전장의 가시화, 정보의 공유화, 무기체계의 정밀화 및 장사정화를 요체로 하고 있다. 적의 목표를 주도적 전장 인식 능력에 의해 정확하게 파악하고 필요 최소한의 정밀한 파괴력으로 상대의 사정거리 밖에서 공격을 가하는 전투 방식이 미래전의 핵심적 특징인 것이다. 이러한 전투 방식은 이미 걸프전과 코소보전에서 그 가능성이 보여졌다. 미국은 이 두 전장에서 광역 감시 · 정찰체계 및 실시간 지휘 · 통제체계와 장사정 정밀 유도무기체계를 복합적으로 결합 · 활용하여 적 무기체계의 도달거리 밖에서 전략적 · 작전적 목표를 파괴 · 무력화시켰다. 인공위성과 항공기 탑재 정보 · 감시체계를 통해 광범위한 지역을 지속적으로 정찰하여 표적을 실시간에 파악하였고, 첨단 지휘통제체계를 통해 지휘관의 신속 · 정확한 판단을 보장하였으며, 정밀 유도무기로 목표 표적만을 정확하게 공격한 것이다.

미래의 전쟁에서는 무기체계의 정밀성 혁명(revolution in accuracy)과 장사정화로 인하여 플랫폼 중심의 접적 전투보다 타격체계 중심의 비접적 전투가 한층 더 중요해질 것으로 분석되고 있다. 제2차 세계대전에서는 3마일 범위 내의 목표물을 95% 파괴할 수 있었으나, 걸프전에서는 10피트 범위 내의 목표물을 85% 파괴시킴으로써 무기체계의 정밀도가 최소 100배 향상되었다. 앞으로의 전쟁에서는 미사일이나 폭탄의 공산오차(CEP: Circular Error Probable)가 0(zero)에 가까울 것으로 전망되고 있다. 과거의 전쟁에서는 무기체계의 정밀도와 사거리가 제한되었기 때문에 다량의 재래식 무기를 특정 목표 지역으로 운반할 수 있는 플랫폼이 아주 중요하였다. 우수한 성능의 항공기 · 탱크 · 함정을 보유한 측이 상대방을 쉽게 제압할 수 있었다. 그러나 이제 플랫폼이 전쟁의 결과에 미치는 효과는 크게 감소하는 반면, 플랫폼에 탑재되어 있는 센서 · 자동화체계 · 탄약 · 전자장비 등이 전승의 중요한 요소가 되고 있다. 플랫폼의 숫자보다 탑재 장비의 질이 더 중요해지고 있으며, 첨단 광역 정보체계와 스마트 유도무기 및 지능화 무기체계 등 원거리 정밀교전 능력이 전쟁 승패의 결정적 요소가 되고 있는 것이다.

앞으로는 원거리 정밀 교전 능력이 획기적으로 향상됨에 따라 이제까지의 근접전투 방식과 선형 전투 방식이 무의미해질 것으로 예상된다. 비접적 · 분산 전투 방식이 보편화되는 것이다. 전장의 단위 면적 당 병력 수가 대폭 감소하고 있는 추세가 이러한 사실을 입증해주고 있다. 전문가들의 분석에 의하면, 전장 1㎢ 내에 배치된 병력 수가 나폴레옹시대에는 4,970명이었고, 제2차 세계대전시에는 404명이었으며, 중동전시에는 25명, 걸프전시에는 2.4명으로 대폭 줄어들었다. 앞으로 디지털전장이 완전하게 실현되는 2020년경이면 병력의 분산이 더욱 심화되어 그 수가 1~2명에 불과할 것으로 전망되고 있다. 광역 감시 · 정찰체계와 장거리 정밀 타격 수단의 발전으로 인해 아군의 병력 및 부대가 소규모 단위로 안전한 후방 지역에 넓게 분산 배치되어 있어도 적의 표적에 모든 전투력을 순간 동시적으로 집중시키는 것이 가능해지고 있다.

넷째, 민간 부문을 최대한 활용(civilianization)하여야 한다. 정보화시대의 국방 패러다임은 민간 부문의 비교우위 능력을 충분히 활용할 수 있어야 한다. 오늘날에는 군사 부문과 민간 부문의 구별이 희석되고 있을 뿐만 아니라 민간 부문의 기술 발전 속도가 군사 부문을 훨씬 능가하고 있기 때문이다. 과학기술의 급속한 발달로 인해 민간의 컴퓨터, 엔진, 광학장비 등이 군사 부문의 기술을 월등하게 앞서고 있다. 가격 면에서도 민간 부문의 제품이 훨씬 저렴하다. 더욱이 미래의 전쟁은 정보전 양상으로 발전될 것이며, 그 경우 민간 부문의 정보통신기술이 그 토대가 될 것으로 분석되고 있다.

20세기 산업시대에는 전쟁의 중점이 파괴 · 살상하는 것이었기 때문에 그 주된 수단 역시 파괴 · 살상하는 체계였으며, 따라서 주로 군사기술에 의해 군사적 용도로만 건설되었다. 그러나 21세기 정보화시대는 소프트 킬(soft kill) 수단이 하드 킬(hard kill) 수단 못지 않게 위력을 발휘하고 있으며, 그와 관련된 기술은 민간 부문에서 더 급속하고 우월하게 발전되고 있다. 미래 전쟁의 하부구조는 정보 우위를 보장하는 시스템이며, 이의 주된 구성체계들은 컴퓨터, 통신체계, 위성, 센서체계 등이기 때문에 점점 더 군사기술보다 민간기술에 의존하게 될 것으로 분석되고 있다. 전쟁의 수단들은 더 이상 탱크와 포 같은 경성적 무기체계에 국한되지 않고 컴퓨터 바이러스, 초소형 로봇(microscopic robots), 눈에 띄지 않는 세균(obscure germs) 등이 폭넓게 사용될 것이며, 따라서 국가와 군이 이러한 기술들을 독점적으로 개발 · 관리하는 것이 어렵게 될 것이다. 이러한 사실은 앞으로 군이 광범위한 민간기술의 군사적 활용을 촉진할 수 있는 획득체계를 발전시켜야 함을 시사한다.

뿐만 아니라, 앞으로는 가용 국방재원의 제약이 심화됨에 따라 대규모 상비군의 유지 · 관리가 어렵게 될 것으로 예상되고 있다. 세계적으로 이미 상비군의 감축을 동원전력으로 보완하는 추세이다. 이른바 '시민형 군인'(citizen-soldier)이 군사력의 중요한 요소로 부각되고 있는 것이다. 특히, 사이버전 및 해커전과 같은 '다른 수단에 의한 전쟁'(War by Other Means)이 보편화될수록 민간 전문가들의 기술과 재능을 군사적으로 활용하는 지혜가 필요할 것이다. 민간의 컴퓨터 해커는 바이러스로 적의 에너지체계와 운송체계를 무력화시킬 수 있고, 최첨단 컴퓨터 전문가는 초소형기계로 적 부대의 무선통신을 침투 · 파괴할 수 있다. 그런가 하면, 위성 전문가는 적의 기동에 대한 정보를 제공할 수 있고, 적의 통신을 방해할 수 있다. 이러한 사실은 국방태세를 기획함에 있어서 '민간 기반 국방'(civilian-based defense)과 같은 개념을 심각하게 고려할 필요가 있음을 의미한다.

한국은 이제 미래 국방태세를 기획 · 발전시킴에 있어서 이상과 같은 군사혁신 원리를 수용할 필요가 있다. 정보 우위, 시너지, 정밀 교전, 민간 부문 활용으로 특징지어지는 군사혁신 원리는 국방을 발전시킴에 있어서 새로운 발상과 개념 및 방향을 제시한다. 이 네 가지 원리들은 퍼즐게임 도구의 각 조각들처럼 상호의존적으로 작용한다. 예를 들면, 정보 우위의 원리는 시너지 효과를 극대화하고 민간 부문 잠재력의 활용을 촉진시킨다. 정밀 교전 능력은 정확한 실시간 표적 정보에 의존하고 민간 부문의 수단을 활용한다. 다시 말하면, 이 네 가지의 군사혁신 원리들은 상호 작용하여 유기체적 전체를 이루게 된다. 어느 한 원리만 배타적으로 추구하면 다른 부분들의 원리가 손상된다. 이러한 점에서 한국은 급속하게 발전하고 있는 첨단 과학기술을 최대한 활용하여 전력시스템을 개발하고, 그와 연계된 운영개념 · 조직편성 · 지원체계 등을 시스템 개념에서 종합적으로 혁신시킬 수 있는 방책을 마련하여야 할 것이다.

나. 국방 전환 전략

한국은 당면한 북한 위협에 확고히 대처함과 동시에 통일시대에 대비할 수 있는 군사태세를 발전시켜야 하는 중대한 과업을 부여받고 있다. 북한에 의한 군사 위협을 압도하고(overcoming) 미래의 불확실한 안보 위험에 대비하여야 하는 것이다. 북한 위협에 대응하는 차원에서만 군사태세를 발전시킬 경우, 이는 장기적으로 한반도가 통일된 이후에는 거의 대부분 무용지물이 될 가능성이 높다. 북한 위협과 미래 안보 위험은 본질적으로 차원이 다른 군사 역량을 요구하기 때문이다. 또한 새로운 과학기술의 급속한 발전으로 무기체계의 수명 주기가 급속하게 단축되고 있기 때문에 단기적 관점에서 발전시켜 놓은 군사태세는 장기적으로 진부화가 불가피하다. 그에 비해 장기적 차원에서 탁월한 군사태세를 발전시키면 북한 위협을 압도함과 동시에 미래의 불확실성 안보 위험에 보다 확실하게 대비할 수 있을 것이다. 국방 재원의 효율성 측면에서도 「북한 대응 군사태세 구축 후 미래 대비 군사태세 발전」이라는 단계적 접근 방법은 바람직하지 못하다. 북한 위협에 대처하기 위한 중 · 단기 차원의 군사태세를 지속적으로 확보함과 병행하여 미래 안보 위험에 대비하기 위한 장기 차원의 군사태세를 발전시켜 나가는 것은 국가 재원의 현실을 고려해 볼 때 가능하지 않은 일이다.

이러한 맥락에서 한국은 미래 안보 위험에 대비하기 위한 군사태세 발전에 목표를 두고, 북한 위협에 대해서는 미래 대비의 목표 하에 형성되는 군사태세로 대처하는 개념에서 군사태세를 기획하여야 할 것이다. 그렇다면 어떻게 접근하여야 할 것인가? 포괄적 전환 전략(comprehensive transformation strategy)을 구현할 필요가 있다. 전환 전략이란 장기적 관점에서 전쟁 수행의 개념과 방식을 혁신적으로 개발하기 위한 계획과 행동을 의미한다. 이 전략은 양보다 질을 중시하고 점진적 변화보다 불연속적 변화를 강조하고 있으며, 이러한 맥락에서 미래 비전, 전력 구조, 국방 투자, 소요 결정 시스템, 국방 제도 등을 새롭게 개발 · 설계하고, 기존의 국방방책들을 혁신적 관점에서 전환시킬 것을 요구하고 있다. 다시 말하면, 전환전략은 ①미래의 잠재적 군사문제와 불연속성 및 주요 추세를 망라한 비전을 발전시킬 것, ②불연속적 변화를 위한 제도적 · 정치적 방책을 세울 것, ③가용 국방재원으로 장기적 도전에 전환하기 위한 방안을 수립할 것, ④중요한 불확실성과 중대한 실패 가능성에 대비할 것, ⑤기술 · 산업기반을 전환시킬 것 등을 미래 국방 발전의 핵심 중점으로 제시하고 있다.

이러한 전환 전략은 미래의 국방태세를 발전시킴에 있어서 유용한 개념과 방향을 제시하고, 미래의 안보 환경 및 전쟁 양상 변화에 대비할 수 있는 전략적 적응성(strategic adaptiveness)을 강화시켜 준다. 〈그림 XV-3〉에서 보는 바와 같이, 군사혁신 패러다임을 적용하여 미래의 전략적 관점과 새로운 발상에서 전장운영개념, 전력체계, 군사기술, 조직체계, 인력개발, 운영체계 등 국방의 제반 구성요소를 발전시켜 한반도 통일의 성취를 군사적으로 뒷받침하고 통일한국의 생존과 번영을 보장하여야 할 것이다.

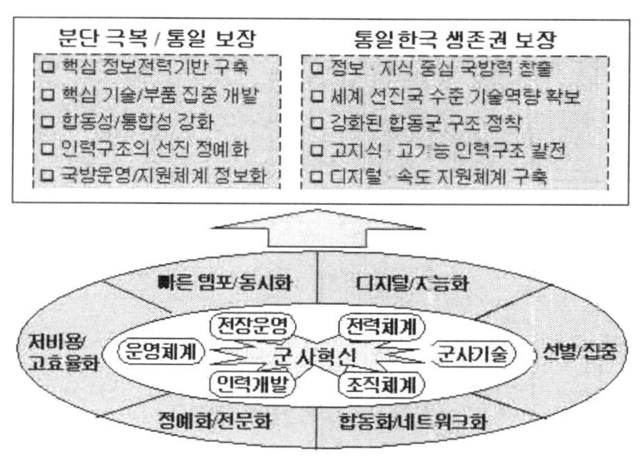

〈그림 XV-3〉 한국 국방의 전환 전략

특히, 우리는 다음과 같은 국방 과제들을 착실하게 발전시켜 나가야 할 것이다. 첫째, 21세기 및 통일시대의 불특정 · 불확실성 안보 위협에 대비할 수 있는 첨단 정보 · 기술군의 기본구조를 설계 · 발전시켜야 한다. 둘째, 정보 및 지휘통제의 우위 하에서 전력의 합동 · 통합적 발휘를 보장할 수 있는 디지털전장 개념 및 방책을 발전시켜야 한다. 셋째, 지 · 해 · 공군력 및 정보력이 조화 · 균형을 이루는 정보 · 지식 기반의 군사력을 발전시켜야 한다. 넷째, 미래 첨단 무기체계의 자립적 개발 및 세계 일류 기술 확보를 보장할 수 있는 연구개발체계 및 방위산업기반을 구축하여야 한다. 다섯째, 고지식 · 고기술 · 고기능의 전사를 육성할 수 있는 인력구조를 설계하고 정예화 방책을 강구하여야 한다. 끝으로, 적은 비용으로 효율성을 극대화할 수 있는 정보 · 지식화 국방운영체계를 발전시켜야 한다.

다. 한국의 국방개혁

한국의 국방부는 2005년 '국방개혁 2020'을 성안하여 2006년 법제화하였고, 2007년 7월 26일 개혁 추진체인 '국방개혁실'을 장관 직속으로 직제화하였다. 그리고 국방개혁 과제를 ①현대전 양상에 부합하는 군구조와 전력체계 구축, ②국방의 문민화 기반 확대와 군의 전투 임무 전념 여건 보장, ③저비용 · 고효율의 국방관리체계 혁신, ④시대 상황에 부합하는 병영 문화 개선 등으로 선정하였다.

가장 핵심적인 과업은 군 구조 및 전력체계을 전환하는 것이다. 그 주요 내용은 다음과 같다. 병력 규모 및 인력 구조의 경우, 상비 병력은 68만 명에서 50만 명 수준으로 축소하되, 간부(장교, 부사관 등) 비율을 40% 수준(현재 25%)으로 상향 조정하고, 여군의 비중을 7% 수준(현재 2.7%)으로 증가한다. 예비군은 150만 명 규모(현재 300만 명 수준)로 감축하되 정예화 하며, 유급지원병제도를 도입한다.

군 및 부대 구조는 병력 위주 양적 개념에서 기술 위주 질적 개념으로 개편한다. 국방 상부 조직을 슬림화하되, 전시작전통권 전환에 대비하여 합참의 군사기획 및 작전 수행 능력을 강화한다. 육군은 1군사령부와 3군사령부를 통합해 지상작전사령부를 만들고, 2군사령부는 후방지역을 담당하는 작전사령부로 개편하며, 군단은 현 10개에서 6개로, 사단은 현 47개에서 20여개로 축소한다. 해군은 잠수함사와 항공사 및 기동전단을 창설하며, 지휘구조는 중간제대인 전대를 폐지하여 2단계로 축소한다. 공군은 작전사 밑에 북부사를 새로이 창설하고 비행단은 현재 9개 수준을 유지하며, 중간제대인 전대는 폐지한다.

전력체계는 네트워크 중심의 첨단 전력을 확보한다. C4ISR 체계(정찰위성, 고고도 및 중고도 UAV, AWACS, TICN 등), 기동전력체계(개량 ATACMS, 차기 MLRS, 차기 전차, 차기 장갑차, KAH 등), 해군 전력체계(KDX-2/3, FFX, KSS-2/3, 대형 상륙함 등), 공군 전력체계(F-15K, KF-X, F-X, RKF-16, 공중급유기, SAM-X, M-SAM 등) 등 첨단 전력체계를 전력화한다.

국방부는 국방개혁 총 소요 비용을 621조원으로 산출하고, 전력 증강에 272조원을 투입하여 2020년 경 한국군의 재래식 전력 지수를 북한 대비 육군은 대등세, 해군은 약 130%, 공군은 약 150% 수준으로 증강시키는 계획을 추진해 왔다.

한국군은 이러한 국방개혁 기본 계획에 따라 그동안 다음과 같은 사항을 추진하였다. 첫째, '국방개혁에 관한 법률' 및 '시행령' 제정, 국방개혁실의 직제화 등으로 일관되고 지속적인 추진을 위한 법적 · 제도적 추진 기반을 마련하였다.

둘째, 군구조 개편 분야에서는 합참의 전쟁지도 보좌와 정보작전 기능을 보강하고 각군 본부를 군정 기능 위주로 정비하는 등 상부구조의 합동성을 강화하였으며, 육군 후방지역 군단 해체와 제2작전사 창설, 해군 전투전단과 공군 비행전대 해체 등 하부구조를 개편하였고, 상비병력의 단계적 감축과 첨단 무기체계의 전력화 등 군구조 개편 로드맵을 이행하여 왔다.

셋째, 국방운영 분야에서는 국방부 공무원 비율을 57% 수준에서 65% 수준으로 확대하고 간부 · 여군 인력 증원과 유급지원병제 도입을 위한 시범 운영을 시작하였다. 또 민간자본 유치에 의한 국방정보통신망 구축과 군인복지기본법 제정, 중대별 인터넷 설치 등 국방체질 개선과 선진 국방운영체제 정립을 위한 기반도 계획대로 구축하였다.

국방개혁 2020은 이러한 성과에도 불구하고 많은 문제가 내재되어 있다. 가장 중요한 문제는 국방개혁 소요 재원의 확보에 차질이 빚어지고 있다는 것이다. 국방예산이 국방개혁 기본 계획 입안 당시 판단했던 소요 재원에 비해 막대한 액수가 삭감되었으며, 경제성장률 등 경제 지표의 변경으로 가용 국방 재원이 더욱 축소될 것으로 예상되고 있다. 뿐만 아니라, 북한의 핵 실험 강행, 전시작전통제권 전환 합의, 유급 지원병 확대, 국방 의무 발전 계획 수립 등으로 인해 신규 소요가 발생되었다. 국방예산의 부족으로 전력체계가 계획대로 획득되지 못할 경우, 병력 규모의 조정과 부대 구조의 개편은 지연될 수 밖에 없고, 따라서 국방개혁 2020의 목표 달성 연도도 늦추어질 수밖에 없다.

앞으로 국방개혁 2020은 정부 차원의 국방예산 억제 추세와 한반도 전략 환경 변화를 고려하면서 합리적으로 보완 추진되어야 한다. 선진 국방 · 실용 국방의 개념을 수용하면서 북한 핵 문제, 전시작전통제권 전환, 주변국의 첨단 전력 증강 추이 등을 종합적으로 반영하여야 한다. 특히 중요한 것은 미래 전쟁 패러다임의 혁명에 대비하여 무기체계와 작전개념 및 조직 편성 측면에서 혁신적 전환을 추구하여야 할 것이다. 군사혁신의 개념과 원리를 적용한 국방 전환을 추구하여야 한다.

참고문헌

권태영. “한국의 군사혁신 개념과 접근전략.”《국방연구》. 제42권 제1호. 1999. 6.

-----. "신 세기 정보사회의 새로운 군사 패러다임."《국방정책연구》. 제47호(1999, 겨울). 한국국방연구원.

권태영 외 다수.《21세기 군사혁신과 한국의 국방비전: 전쟁 패러다임의 변화와 군사발전》. 한국국방연구원. 1998. 8.

권태영 · 노훈.『21세기 군사혁신과 미래전: 이론과 실상, 그리고 우리의 선택』. 서울: 법문사, 2008.

권태영 · 정춘일.《미국의 군사혁신 발전 추세》. 한국국방연구원. 1996. 8.

------------.《선진국방의 지평》. 서울: 을지서적, 1998.

------------. “미국의 군사혁신 추세와 우리 군의 미래 발전 방향.”《한국군사운영분석학회지》. 제22권 제2호. 1996.

------------. “군사기술혁명(MTR)과 한국의 군사발전.”《국방논집》. 1995 가을.

박동진(역).《메가챌린지》. 서울: 국일증권경제연구소, 1999.

박휘락.『정보화시대 국방개혁의 이론과 실제』. 서울: 법문사, 2008.

변도은 · 이일수(역).《21세기 준비》. 서울: 한국경제신문사, 1993.

안병성. “선진국의 국방운영 혁신과 한국군의 추진 전략.” 권태영 외 다수.『21세기 군사혁신과 한국의 국방비전: 전쟁패러다임의 변화와 군사발전』. 서울: 한국국방연구원, 1998. 9월.

육군교육사령부.《NATO의 유고공습 분석》. 1999. 7.

이상현(편).『한미 동맹 로드맵: 비전 · 쟁점 · 전략』. 세종연구소, 2008.

장기덕 외.『국방경영혁신: 선택과 도전』. 서울: 한국국방연구원, 2005.

정춘일. “미국의 군사혁신 개념과 비전.”《국방연구》. 제42권 제1호. 1999. 6.

-----. “선진국의 군사혁신과 한국의 군사전략 발전 방향.” 한국국제정치학회 발표 논문. 1999. 9. 17.

-----. “미국의 국방개혁과 국방전략 변화.” 한국정치학회 발표 논문. 1999. 10. 22.

최기출(역).『미래전에 있어서 불확실성 제거』. 서울: 21세기군사연구소, 2001.

Albert, David S. and Others, *Network Centric Warfare: Developing and Leveraging Information Superiority*. Washington, DC: DoD C4ISR Cooperative Research Program, August 1999.

Bell, Daniel. *The Coming of Post-Industrial Society*. New York: Basic Books, 1993.

Blank, Stephen J. “Preparing for the Next War: Reflections on the RMA.” *Strategic Review*. Spring 1996.

Bodnar, John W. “The Military Technical Revolution: From Hardware to Information.” *Naval War*

College Review. Summer 1993.

Bowdish, Randall G. "The Revolution in Military Affairs: The Sixth Generation." *Military Review*. November-December 1995.

Braken, Paul. "The Military After Next." *The Washington Quarterly*. Autumn 1993.

Braken, Paul and Raoul Henri Alcala. *Whiter the RMA: Two Perspectives on Tomorrow's Army*. US Army War College. July 22, 1994.

Brown, Ronarld H. and Others. *The Global Information Infrastructure: Agenda for Cooperation*, International Telecommunications Union Task Force Report. Washington, DC: NTIA & OMB, 1994.

Cohen, Eliot A. "Come the Revolution." *National Review*. July 31, 1995.

----------. "A Revolution in Warfare." *Foreign Affairs*. March/April 1996.

Cohen, William S. Secretary of Defense. *Report of the Quadrennial Defense Review*. May 1997.

----------. Cohen, William S. *Secretary of Defense, Defense Reform Initiative Report*. November 1997.

Cooper, Jeffrey R. *Another View of the Revolution in Military Affairs*. US Army War College. July 15, 1994.

Creveld, Martin van. *Technology and War, From 2000 B. C. to the Present*. London: Collier Macmillan Publishers, 1989.

Davis, Jacquelyn K. & Michael J. Sweeney, *Strategic Paradigms 2025: U.S. Security Planning for a New Era*. Herndon: Brassey's, 1999.

Davis, Norman C. "An Information-Based Revolution in Military Affairs." *Strategic Review*. Winter 1996.

Drucker, Peter F. *Post-Capitalist Society*. New York: Harper Business. 1993.

Erickson, John. *The Military-Technical Revolution: Its Impact on Strategy and Foreign Policy*. New York: F. A. Praeger, 1966.

FitzGerald, Mary C. *The New Revolution in Russian Military Affairs*. RUSI Whitehall Paper Series 1994. Royal United Services Institute for Defence Studies. 1994.

Fitzsimonds, James R. "The Coming Military Revolution: Opportunities and Risks." *Parameters*. Summer 1995.

Fitzsimonds, James R. and Jan M. van Tol. "Revolution in Military Affairs." *Joint Force Quarterly*. Spring 1994.

Fogleman, Ronald R. "Information Operations: The Fifth Dimension of Warfare." in remarks to the Armed Forces Communication-Electronics Association, Washington, DC, April 25, 1995.

Freedman, Lawrence. *The Revolution in Strategic Affairs*. Adelphi Paper 318. The International

Institute for Strategic Studies. 1998.

Galdi, Theodor W. *Revolution in Military Affairs?: Competing Concepts, Organizational Responses, Outstanding Issues*. CRS Report for Congress. December 11, 1995.

Gompert, David C. "National Security in the Information Age." *Naval War College Review*. Autumn 1998.

Gompert, David C. and Others. *Mind the Gap: Promoting a Transatlantic Revolution in Military Affairs*. Washington, DC: National Defense University Press. 1999.

Gore, Al. *From Red Tape to Result: Creating a Government That Works Better and Costs Less*. The Report of the National Performance Review. A Plume Book. September 1993.

Joint Chiefs of Staff. *Joint Vision 2010*. July 1996.

Joint Chiefs of Staff. *Concept for Future Joint Operations: Expanding Joint Vision 2010*. May 1997.

Gray, Colin S. "The Changing Nature of Warfare." *Naval War College Review*. Spring 1996.

Hallion, Richard P. *Storm Over Iraq: Air Power and the Gulf War*. Smithsonian Institute Press. 1992.

- Hundley, Richard O. *Past Revolutions Future Transformations: What can the history of revolutions in military affairs tell us about transforming the U.S. military?* Washington, DC: National Defense Research Institute, RAND, 1999.

Jablonsky, David. "US Military Doctrine and the Revolution in Military Affairs." *Parameters*. Autumn 1994.

Johnsen, William T. and Others. *The Principles of War in the 21st Century: Strategic Considerations*, Strategic Studies Institute, US Army War College, August 1, 1995.

Kendall, Frank. "Exploiting the Military Technical Revolution: A Concept for Joint Warfare." *Strategic Review*. Spring 1992.

Krepinevich, Andrew F. T*he Military Revolution: Restructuring Defense for the 21st Century*. Testimony Presented to The Senate Armed Services Subcommittee on Acquisition and Technology. May 5, 1995.

--------------. "Cavalry to Computer: The Pattern of Military Revolutions." *The National Interest*. Fall 1994.

--------------. "Keeping Pace with the Military-Technological Revolution." *Military Technology*. Summer 1994.

Laird, Robbin F. and Holger H. Mey. *The Revolution in Military Affairs: Allied Perspective*. McNair Paper 60. April 1999.

Leonhard, Robert R. *The Principles of War for the Information Age*. Novato: Presidio Press, 1998.

MacGregor, Douglas A. "Future Battle: The Merging Levels of War." *Parameter*. Vol. 22, Winter 1992-93.

Mann, Edward. "One Target, One Bomb: Is the Principle of Mass Dead?" *Military Review*, September 1993.

Mazarr, Michael J. *The Revolution in Military Affairs: A Framework for Defense Planning*. US Army War College. June 10, 1994.

--------------. *The Military Technical Revolution: A Structural Framework*. Washington, DC: Center for Strategic and International Studies, March 1993.

Metz, Steven and James Kievit. *Strategy and the Revolution in Military Affairs: From Theory to Policy*. US Army War College. June 27, 1995.

Nye, Joseph S. and William A. Owens. "America's Information Edge." *Foreign Affairs*. Vol. 75. No. 2. March/April 1996.

Owens, MacKubin T. "Technology, the RMA, and Future War." *Strategic Review*. Spring 1998.

Owens, William A. "The Emerging System of Systems." *US Naval Institute Proceedings*. May 1995.

Pillsbury, Michael. *Chinese Views of Future Warfare*. Washington, DC: National Defense University Press, 1997.

Scales, Robert H. *Future Warfare: Anthology*. US Army War College. May 1999.

Schechtman, Gregory M. Captain, USAF. *Manipulating the OODA Loop: The Overlooked Role of Information Resource Management in Information Warfare*. Thesis Presented to the Faculty of the Graduate School of Logistics and Acquisition Management of the Air Force Institute of Technology, Air University, December 1996.

Schwartzstein, Stuart J. D. ed. *The Information Revolution and National Security: Dimensions and Directions*. Washington, DC: Center for Strategic & International Studies, 1997.

Singh, Ajay. "The Revolution in Military Affairs: 4-Dimensional Warfare." *Strategic Analysis*, Vol. XXII, No. 2, May 1998.

Slipchenko, Vladimir I. "A Russian Analysis of Warfare Leading to the Sixth Generation." *Field Artillery*. October 1993.

Sullivan, Gordon R. and James M. Dubik, "War in the Information Age." *Military Review*. April 1994.

Tilford, Earl H. *The Revolution in Military Affairs: Prospects and Cautions*. US Army War College. June 23, 1995.

Toffler, Alvin. *The Third Wave*. New York: Morrow, 1980.

Toffler, Alvin and Heidi. *War and Anti-War: Survival at the Dawn of the 21st Century*. Boston:

Little, Brown & Co., 1993.

Training and Doctrine Command, US Army. *Force XXI Operations: A Concept for the Evolution of Full-Dimensional Operations for the Strategic Army of the Early Twenty-First Century.* TRADOC Pamphlet 525-5. August 1, 1994.

U.S. Department of Defense. *Elements of Defense Transformation*. 2004.

U.S. Department of Defense. Office of Force Transformation. *The Implementation of Network-Centric Warfare*. 2004.

U.S. Department of Defense. *Status of the Department of Defense's Business Transformation Efforts*. Annual Report to the Congressional Defense Committee. Washington D.C.: Department of Defense, 15 March 2007.

Warden, John A. "The Enemy as a System." *Air Power Journal*. No. 1. Spring 1995.

Welch, Thomas J. "Technology and Warfare." Keith Thomas. ed. *The Revolution in Military Affairs: Warfare in the Information Age*. Canberra: Australian Defense Studies Centre, 1997.

XVI. 군사전략 사례연구(중국전략)

최 경 식 (한국군사학회)

XVI. 군사전략 사례연구(중국전략)

최 경 식 (한국군사학회)

1. 서론: 中國 武裝力量의 성격

중국의 군사전략과 그 연변을 고찰하려면 먼저 이를 구성하는 중국 무장역량의 성격부터 규명되어야 한다. 중국의 무장역량은 크게 중국인민해방군과 중국인민무장경찰부대, 민병조직으로 나뉜다. 이중 중국인민해방군은 무장역량의 주력이며, 이것이 신중국 탄생에 기여한 공헌도와 기본적인 지휘체계를 파악해야 대전략과 연계된 중국의 군사전략을 이해할 수 있다.

가. 建軍의 沿革

중국인민해방군은 '紅軍'으로부터 출발하고, 홍군은 '남창폭동(南昌暴動: 1927.8.1)'을 일으킨 국부군 叛軍으로부터 시작된다. 남창폭동이 일어나게 된 배경은 제1차 국공합작을 주도한 孫文이 病死하자, 蔣介石을 주축으로 하는 신흥 군부세력이 국민당 내의 공산당 세력을 숙청하는 과정에서 발생했다.

남창폭동은 국민당 군대의 조기 소탕으로 실패로 돌아갔고, 이후 모택동이 일으킨 '秋收暴

動', 장태뢰(張太雷) · 엽정(葉挺) 등이 주도한 '광주폭동' 등이 일어나나 프롤레타리아를 주축으로 하는 도시폭동은 중국의 실정에 맞지 않아 번번이 실패했다. 모택동은 새로운 시도로 井岡山으로 들어가 '革命根據地'를 마련하였다. 즉 '농촌에서 도시로 포위'다.

1928년 4월 모택동은 정강산에서 주덕, 하룡부대와 합류한 후, 工 · 農 · 紅軍(이하 紅軍) 제4군을 창설함으로써, 인민해방군의 전신인 홍군이 정식으로 탄생되게 되었다.

1934년 10월, 홍군은 국부군의 대대적인 초공전(剿共戰)으로 인하여 호남 · 강서 일대의 혁명근거지가 피탈되고 2만5천리 장정에 돌입하였다. 長征 도중 遵義에서 모택동은 공산당의 당권, 주덕은 홍군의 지휘권을 장악하였다.

1936년 12월, 西安事變을 계기로 제2차 국공합작이 성립되어, 홍군은 國府軍의 八路軍과 新四軍으로 편성되어 항일전쟁에 돌입하였다.

일본이 항복한 후, 1946년 6월 23일부터 전면적인 國共內戰이 발발했다. 홍군은 요심전역(遼沈戰役)과 회해전역(淮海戰役), 평진전역(平津戰役)에서 대승을 거두어 장강 이북을 장악했고, 아울러 남북을 연결하는 전략요충지를 점령하게 되었다. 이를 기점으로 홍군은 1950년까지 국부군 주력을 대륙에서 몰아내고 중국 전역을 석권하였다.

1948년 11월, 중공은 전무장력을 中國人民解放軍으로 개칭하였고 1949년 4월 23일 海軍, 동년 11월 11일 空軍, 1966년 7월 1일 전략미사일부대인 제2포병을 창설하였다.

병력은 정권 초기 420만 명에서 1954년 한국전쟁이 종식된 직후에는 580만 명까지 늘어났으나, 1985년 등소평이 100만 감군을 선언한 이후 423만 명으로 감축되었고, 1999년 다시 50만 명 감군으로 250만 명의 수준이 되었다가, 현재 230만명선을 유지하고 있으며, 향후 2010년까지 200만 명 규모를 유지할 계획이다.

홍군 시절과 중국인민해방군 초기에는 인민전쟁관과 사회계급제 타파라는 관념으로 군대 내에 職級은 있었으나 階級이 없는 상태였다. 한국전쟁이 종료된 후인 1955년부터 계급제를 시행하였다가 1965년 6월 문화대혁명과 극좌노선의 영향을 받아 다시 계급을 폐지하였다. 그 후 1988년 10월부로 군 계급을 부활시켰으나 인민해방군은 아직도 계급보다는 직급을 중시하는 전통이 남아있다.

나. 지휘체계 및 군사조직

(1) 지휘구조 및 중앙군사위원회

중국의 헌법과 국방법에 중국 무장역량 성격을 다음과 같이 규정하고 있다.

> · 중국의 무장역량은 중국공산당의 영도를 받는다.
> · 당의 중앙군사위원회와 국가의 중앙군사위원회는 그 구성인원과 군대에 대한 영도 직능은 완전히 일치한다.
> · 중앙군사위원회는 주석 책임제이다.

위에서 보듯이 중국인민해방군은 당의 통제를 받고, 중앙군사위원회가 최고통수기구로 '당'과 '국가'라는 두 개의 모자를 쓰고 있으며, 중앙군사위원회 주석이 무장역량의 최고통수권자임을 알 수 있다. 인민해방군은 완전한 統合軍체제이며, 중앙군사위원회가 四總部를 통해 전 무장력을 지휘하고, 사총부 체제하에 해 · 공군 사령부, 제2포병사령부는 작전사령부로써 기능을 수행하고 있다. 국방부는 국무원의 산하 기구로서 國防動員 및 대외업무를 담당하고 있다.

군대의 조직으로는 指揮官과 政治委員을 병존시키고 다수의 副指揮官과 副部署長을 두어 상호감시와 견제, 협조와 의견 수렴을 할 수 있도록 하는 집단지도체제를 구성함으로써 부대지휘에 관한 책임과 권한을 분산시키고 있다.

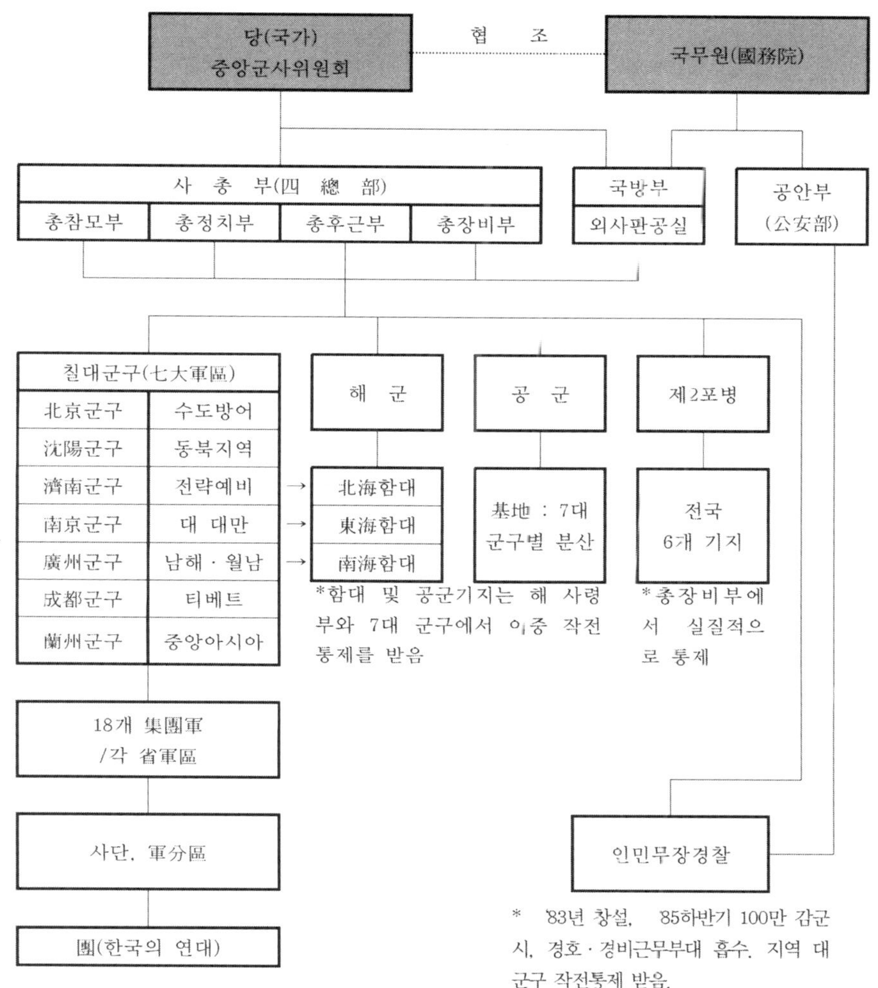

(가). 중앙군사위원회성격

중앙군사위원회는 전국의 무장역량을 통수하며, 군사전략과 작전방침을 결정하고, 인민해방군의 건설을 영도하고 관리한다. 全國人大 혹은 전국인대 상무위원회에 議案을 제출하고 군사법규를 제정하며 결정과 명령을 반포한다. 무장역량의 구성원에 대해서 任免, 교육훈련, 상벌하며 아울러 법률에 규정된 기타 직권을 행사한다.(《中國的國防》, 2006년)

인민해방군의 統帥權은 國家主席이 아닌 中央軍事委員會 主席에게 있다. 당 총서기는 당 중앙군사위원을 선발하는 인사권을 가지고 있기 때문에 軍 統帥에 관여할 수는 없으나, 인민해방군을 統制할 수는 있다. 중앙군사위원회는 政治局이나 書記處등과 같이 黨 中央委員會에서 선출되며, 비록 '국가' 라는 모자를 또 하나 쓰고는 있으나, 全國人大에서 선출되지 않고 단지 추인만 받는다.

중앙군사위원회의 특징으로, 첫째 국가의 기관이기보다는 黨의 機關이다. 둘째는 이로 인해 철저히 당의 통제를 받는다는 것이다. 軍委의 정치업무 기관은 인민해방군의 總政治部이며, 총정치부는 군의 당 관련업무와 정치업무를 책임 관리한다. 셋째 당의 통제 외에는 아무 곳에도 귀속되지 않는 별도의 기관이라는 것이다. 국무원 산하에 국방부가 편제되어 있으나, 이것은 어디까지나 행정적인 면에서 상호 협조와 지원을 위해 군위에서 국무원으로 파견한 연락기구에 불과하다. 인민해방군에 관한 포고, 선언, 법령 등 정부의 행위는 국방부 부장 또는 총리, 국가주석이 아니고 오로지 중앙군위 주석의 명의로만 가능하다.

중앙군위는 주석과 약간 명의 부주석, 약간 명의 위원으로 구성되며, 주석 책임제이다. 임기는 5년이며 연임할 수 있다. 중앙군위 위원의 연임에는 제한이 없다.

(나) 中央軍委와 國務院과의 관계

중앙군위와 국무원의 관계는 상호 협조 관계이다.

국무원은 국방건설사업을 영도하고 관리한다. 중앙군위와 공동으로 인민무장경찰부대 민병의 건설과 징병, 예비역 업무 등을 영도한다.(2006년中國的國防, 2006년)

국무원은 예하에 국방부를 설치하여 정부가 책임지고 해야 할 군사업무를 국방부 명의로 실시하며, 국방부는 비록 국무원의 건제 기구이기는 하나 중앙군위에서 정부로 파견한 연락기구 역할을 담당한다. 따라서 국방부는 국무원과 중앙군사위원회 사이를 연결하는 끈 역할을 하면서, 양대 기구로부터 모두 지시를 받는다.

국방부 예하에는 모병국, 의장국(儀仗局), 외사판공실(外事辦公室), 주유엔 군사대표단 등의 기구가 있으며, 이들 기구는 모두 국무원과도 관련 있는 기구이다.

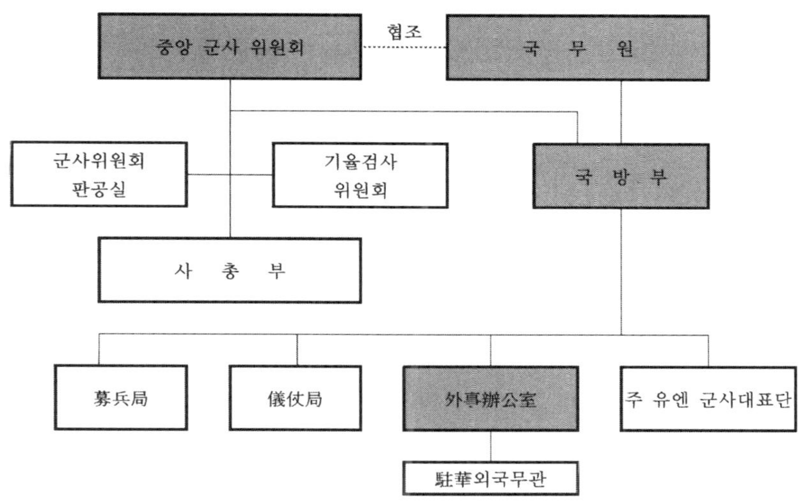

(2) 四總部

중앙군사위원회 예하에 總參謀部, 總政治部, 總後勤部, 總裝備部 등 사총부가 있다. 사총부는 중앙군사위원회의 전략적 결심과 각 항목의 방침 정책을 집행하는 기구로 전군의 군사 · 정치 · 후근 · 장비 기술 업무에 관한 최고 영도기관이다.

총참모부는 전국 군사력의 군사관련 업무 지휘기구로서 전국의 무장역량을 건설 · 조직하고 군사활동을 지휘하며, 작전(作戰) · 정보(情報) · 통신(通信) · 훈련(訓練) · 군무(軍務) · 동원(動員) · 보안(保安) 등 실무부서를 두고 있다.

총정치부는 전군의 정치사상 업무를 지도 감독하는 기관으로서 군대의 당무(黨務) 활동을 관장하고, 정치사상업무를 책임지며, 조직 · 간부(幹部:인사) · 선전 · 보위(保衛) · 체육 · 군사법원 · 검찰원(檢察院) 등의 부서를 두고 있다.

총후근부는 중앙군위의 국방건설과 작전의 방침 원칙에 따라 인력 · 물력 · 재력을 제공하고, 전군의 군수건설과 군수지원업무를 책임지며 재므(財務) · 군수(軍需:주로 식량 피복 등) · 의무 · 수송 · 물자유류 · 기본 병영건설 · 회계감사 등의 부서를 두고 있다.

총장비부는 전군의 무기장비 발전업무를 책임지며, 각 군 및 병과의 장비의 연구개발, 우주 항공기술의 발전 전략과 정책을 집행하며, 예하에 조달 · 공용장비 지원 · 전자정보 · 장비기술 협력 등의 부서를 두고 있다. 예하부대로 핵실험기지와 위성발사 기지, 무기시험기지, 우주탐사선 기지 등이 있다.

(3) 大軍區

대군구는 중국의 행정구역과 지리적 위치, 戰略 · 戰役의 방향, 작전의 임무 등을 고려해 설치한 군사조직이며, 중앙군위가 파견한 戰區聯合作戰 指揮機構이다. 소속부대의 군사 · 정치 · 후근 및 장비업무를 영도한다. 그 임무는 전구부대의 전투준비 · 작전 및 후비역량 건설을 계획하며, 전구 내 제군 병종연합작전을 조직하고 지휘하며 연합근무지원을 보장한다. 예하에 집단군, 병종부대, 후근보장부대, 省軍區(衛戍區, 警備區)가 있다.

(가) 군구제의 변천과정

1932년 井岡山에서 근거지 활동 기간에는 중앙근거지, 인근의 혁명 근거지, 홍색정권의 행정구역에 따라 강서(江西), 복건(福建), 민공(閩贛), 공남, 민절공(閩浙贛), 공동북(贛東北), 상공(湘贛) 및 상악공(湘鄂贛) 등 8개 군구를 설치하였고, 항일 전쟁 시에는 정세에 따라 진찰기(晋察冀), 섬감녕, 진수(晋綏), 진기노예, 산동 등 1급 군구를 설치하였다.

1949년 11월, 서북과 중원, 화동, 동북, 화북 등 5개 야전군체제로 전환하였다가 이를 다시 1950년부터 1955년까지 6대군구제, 1955년부터 1985년까지 정세에 따라 최대 12대 군구(大軍區)로 증설되었으나 1985년부터 7대군구제를 시행하고 있다.

대군구(軍區)	관 할 지 역
북경(北京)	북경위수, 천진경비구, 하북, 산서, 내몽고, **대 러시아**
심양(沈陽)	요녕, 길림, 흑룡강, **대 한반도**
난주(蘭州)	감숙, 섬서, 영하(寧夏), 청해(靑海), 신강(新疆), **대 중앙아**
제남(濟南)	산동(山東), 하남(河南), **중앙예비**
남경(南京)	강소, 안휘, 절강, 강서, 복건, 상해경비구, **대 대만**
광주(廣州)	광동, 호남, 호북, 해남, 광서, **대 동남아**
성도(成都)	사천(四川), 운남, 귀주(貴州), 티베트, **대 인도**

결과적으로 중국무장역량의 성격에서 알 수 있듯이 중국인민해방군에게는 '헌법'보다는 '당장'이 우선시 되고, 군사전략은 당의 방략, 즉 '대전략'에 기초한 하위 전략으로 나타난다.

2. 中國의 大戰略 변화추이

중국은 중국공산당의 일당독재가 시행되는 사회주의 국가이며, 영도들은 민의에 의해 선발되는 것이 아니라 당에서 선택되고 양육되어 그들에게로 권력이 대물림되고 있는 국가다. 중국은 '문화대혁명'이나 '모택동사망', '四人幇숙청'과 같은 권력의 지각을 변동시키는 대변화가 일어나지 않는 이상은 전략이나 정책이 크게 바뀌지 않았다. 따라서 군사전략을 도출하기 위해서는 장기비전 즉, 대전략을 분석하는 것이 선행되어야 한다.

중국의 대전략은 크게 모택동시대, 등소평시대, 등소평 이후 시대의 전략으로 구분할 수 있다.

가. 모택동 시대의 대전략

(1) 追越戰略

모택동이 구상했던 미래 중국의 목표는 국제사회 가운데서 **世界大國의 지위와 역할을 회복**하는 것이었다.

1954년 모택동은 "우리 인민은 열심히 노력하여, 몇 차례의 5개년 계획을 시행함으로써, 경제적 · 문화적 낙후에서 산업화되고 고도로 현대화 된 위대한 국가로 건설해야 한다"고 주장했으며, 같은 맥락에서 1956년 11월, "세계를 향하여 중국은 **'세계의 대국'**이라는 마음가짐을 가져야 한다.", "중국은 장차 강대한 사회주의 공업국으로 변해야 한다. …왜냐하면 중국은 960만 km^2의 국토와 6억 인구를 가진 국가이기 때문이다. 중국은 인류에 대해서 공헌을 해야 한다. 이런 공헌은 과거 오랜 기간 너무 적었다. 이것이 우리를 부끄럽게 만들고 있다"라고 천명했다.

모택동은 중국이 세계의 강국이 되기 위해서는 세계에서 최강국인 미국과 영국을 초월해야 한다는 생각이었다. 따라서 모택동의 기본사상은 서구 열강이 몇 세기의 노력 끝에 비로소 오늘날의 부를 누리고 있지만, 중국은 50~100년간의 노력만 기울이면 세계 최강의 반열에 오를 수 있다는 것이었다.

모택동은 **대전략 목표**를 **'世界大國 성장'**으로 정하고, 이 목표 달성에 필요한 시간을 50~100년으로 보았다. 50~100년이란 시간은 어떤 과학적 근거에 의거 산출된 시간이 아니라, '수 세기' 보다 '짧은 기간' 을 의미할 뿐이었다. 산업혁명이후 수 세기에 걸쳐 이룩한 영국과 미국의 富를 빈곤 · 낙후된 중국이 1세기 안에 따라잡아 '세계대국' 으로 거듭나야 겠다는 것이 **'추월전략'** 이다.

모택동은 미국과 영국을 추월하는 데는 속도가 전부이며, 이 속도가 모택동이 대내적으로 중국의 경제건설을 지도하는 방침이고 전략이 되었다. 이 전략을 실현하기 위해 모택동은 소련이 이룩한 각 방면의 경험을 도입했다. 중앙집권적 권력을 이용하여 국가의 자본을 축적하였고, 사회주의 개조를 통해 국가의 제한된 자원을 집중하였으며, 기초공업과 군수공업을 중점 건설하였다. 반면에 인민의 생활과 관련된 경공업이나 농업은 낙후되어 인민 생활의 질은 갈수록 떨어졌다.

1958년 5월에 열린 중공 제8기 2차 중앙전체회의에서 중국공산당은 '사상전선과 정치전선상의 사회주의혁명' 이라는 極左路線을 채택하였다. 이 회의에서 모택동은 총노선을 확정하고, 대약진을 주창하였으며, 농촌에 인민공사를 설치했다. 이런 분위기 하에서 중공은 **5년을 상회하는 시점에 영국을 초월하고, 15년을 상회하는 시점에 미국을 초월**한다는 비현실적인 목표를 내걸고, 제2차 5개년 계획을 세웠다. 이로써 중국의 전역에는 '강철 만들기' 와 '삼면홍기(三面紅旗 : 총노선 · 대약진 · 인민공사)' 가 중국 전 사회를 흔들었다.

1959년 7월 여산회의에서 모택동은 자신을 좌경모험주의라고 비판한 팽덕회(彭德懷)를 숙청했고, 이때부터 아무도 모택동의 권력에 도전하지 않았다.

'3년의 대기근' 으로 삼천만 명이 아사(餓死)하고 극좌노선이 중국경제를 도탄에 빠트리는 심각한 결과를 초래하자, 劉少奇와 鄧小平이 주축이 된 당권파들은 연착륙을 제기하고, 경제구조의 재조정에 나섰으나, 이때 이미 싹트기 시작한 개인숭배와 모택동의 권력욕으로 인하여, 당시로서는 올바른 선택이었던 여러 가지 개혁적 조치가 제대로 시행되지 못하고, '文化大革命' 으로 인해 철저히 폐기되었다.

결국 모택동의 '추월전략' 은 비싼 대가를 치르고 실패로 끝났다.

(2) 獨立 · 自主와 同盟戰略

모택동 외교의 특징은 반드시 독립 · 자주의 원칙을 견지했다는 것이다. '독립과 자주' 를 견지하기 위해서 중국은 기존의 동맹관계나 정치적 관계를 포기하기도 했다. 독립 · 자주와 동맹전략의 시대적 변천은 다음과 같다.

(가) 一邊倒戰略[中蘇同盟과 反美 : 1949~1957년]

건국 전과 건국 초기, 모택동은 대소 일변도전략을 실행했다. 그는 신중국이 사회주의를 건설하기 위해서는 미소 양국과의 균형 외교는 불가하다고 인식했다. 당시 실 상황도 중국은 미국과 정상적인 외교관계를 수립할 수 없었고, 미국도 신중국에 대해서 적대정책을 취하면서 대만을 지지하고 있었다. 만약 당시 소련과 등맹관계를 맺지 않았다면 중국은 소련으로부터 사회주의 건설에 관한 귀중한 경험 · 교훈 그리고 원조와 지지를 얻지 못했을 것이며, 미국의 위협으로 인하여 신 중국의 독립적인 지위도 유지하기 힘들었을 것이다. 한국전쟁 참전도 일변도전략의 일환이었다.

(나) 兩線戰略[미국과 소련 동시 반대, 1958~1968년]

이 전략의 중심은 제2세계 국가와 개발도상국가가 연합하여 미소 양국의 패권주의에 반대하는 것이다. 일명 '中間地帶' 또는 '제3세계' 전략이라고도 한다. 이 양선전략의 중심사상은 국제적으로 단결 가능한 모든 세력을 결집하여 중국에 유리한 국제환경을 조성함으로써 중국의 대외정책 목표를 실현하는 것이었다.

당시 중국은 소련과 관계가 악화되기 시작했고, 미국과도 불편하여, 미소 양국과 동시에 적대적 상태에 놓여 있었다. 그러나 중국은 소련과 미국을 대하는 데 대해서 약간의 차별을 두었다. 1958~1963년까지 중국은 소련과는 표면상으로 우호적이었고 미국과는 완전한 적대관계에 있었다. 그러나 1964~1969년 사이에는 중 · 소관계가 더욱 악화되어 중 · 소 국경 상에서 무력충돌이 빈발하자, 모택동은 소련의 위협을 매우 심각하게 받아들였고, 미소 양국과 동시에 적대적인 상태에 있었으나 그 심각성의 무게는 소련 쪽에 더 두었다.

(다) 一片一線戰略[聯美反蘇 : 1969~1976년]

1969년, 중국과 소련사이에 珍寶島에서 대규모 무장충돌이 일어났다. 실제적으로는 소규모의 전쟁이었다. 이후 소련은 중국과 몽골 국경지역에 백만 명에 달하는 병력을 집결시킴으로써 중국의 안보를 심각하게 위협하였다. 모택동은 이러한 국제정세 속에서 외교전략을 재조정하였다. 즉 미국을 제1의 적으로 간주하고 여전히 표면적으로 반대하고 있었으나 '파키스탄의 중재' 로 미국과 관계개선을 추진했었다.

1973년 2월 17일 모택동은 미 국무장관 키신저를 만나 일선사상(一線思想:反蘇)을 제기하고, 1974년 1월 5일 일본의 오오히라 외상을 만나 일편사상(一片思想:미국 서구와 연합)을 제기했다. 이로써 미국 · 서구국가와 연합하여 소련의 패권주의에 반대하는 전략이 형성되었다.

1959년 5월, 中印국경에서 충돌이 일어났을 때 모택동은 중국과 인도 사이에 큰 문제가 존재하지 않는다면서 애써 인도를 자극하지 않으려 했던 것은 양면에 적대세력을 두는 것을 피하기 위해서였다. 중국은 지정학적 중점을 동쪽방면, 즉 미국과 일본, 그중에서도 '미제국주의' 에 두었다. 그러나 모택동의 이 지정학적 전략은 60년대에 들어와서 변화가 일어났다. 중국은 동 · 서 · 남 · 북 네 개 방면에서 문제가 발생했다. 특히 문화대혁명 때는 '중국 혁명의 수출' 과 소수민족의 모국 유입을 우려한 주변국가와 중국 사이에 긴장상태가 지속되었고, 이 주변환경의 불안은 중국의 국내건설에도 막대한 영향을 끼쳤다.

소련 외에 모택동이 중시하는 주변국가는 일본이었다. 일본이 미국과 함께 줄곧 중국을 반대한다면 중국의 중요한 위협이 되기 때문이다. 일본의 군국주의 부활을 막고 일본국민이 중국에 대해 우호적이 되도록 하는 것이 모택동의 주변전략 중의 중요한 내용이었다.

다음은 영토문제에 있어서, 모택동은 중국의 영토주권을 절대 수호하면서 다른 한편으로는 인접국과 영토분쟁이 발생했을 때, 융통성 있는 태도를 취하였다. 영토분쟁 시, 중국이 취하는 원칙은 쌍방이 현실적인 입장에서 상대방의 이익을 고려하는 것과 동시에 해결 불가능한 부분은 남겨두는 '求同存異' 의 원칙이었다.

그러나 모택동 치세 기간에는 '안정적인 주변환경' 은 달성하지 못했다. 결국 '계급투쟁' 과 '성급한 공산사회 달성', '문화대혁명' 등으로, 중국의 '혁명수출' 을 우려한 주변국가들 거의가 적대국으로 변했기 때문이다.

(3) 軍備戰略

모택동이 중국을 세계대국화하기 위해, 중국을 재건할 당시는 전쟁의 초연이 끊이지 않은 시기였다. 모택동은 이 시대를 전쟁 또는 혁명의 시기인지, 평화건설의 시기인지 정확히 판단하지 못한 것 같다. 그의 언행을 미루어 보면 평화건설과 전쟁준비가 그의 정서에 따라 교차되어 나타났었다.

신 중국이 탄생한 후, 비록 미국과 심각한 군사적 대치상태에 놓여 있긴 했지만, 한때 모택동은 세계정세를 "세계대전의 위험은 여전히 존재하나, 진정으로 발생하기는 힘들다"고 보았다.

1960년대 들어서면서 중소관계가 긴장하고 국경지역에서 유혈 충돌이 일어나면서, 모택동은 과거의 '전쟁위험 상존'이 '전쟁 직접 위협'으로 인식하게 되었다. 모택동은 새로운 세계혁명의 물결이 나타나 중국에 대한 전쟁의 압력과 위협을 완화시켜 주기를 희망했다. 이 시기에 혁명과 전쟁은 모택동사상의 중심이 되었다. 즉 '世界大戰不可避論'이었다. 따라서 혁명을 통하여 전쟁을 억제하는 전략이 모택동의 주된 외교전략이 되었다.

평화건설과 전쟁준비 병존의 전략은 중국에 아주 큰 영향을 끼쳤다. 중국이 당시 평화적인 환경을 이용하여 대규모 국내건설로 종합국력을 제고하는 성과를 거두기는 했으나, 한편으로는 전쟁준비에 많은 자원이 낭비되었고, 무리하게 군수공업 위주의 중공업을 발전시키고 경제성을 고려하지 않은 채 기업을 산간벽지로 이동 소산했으며, 중국 도처에 질 낮은 방공호와 참호를 구축하는 등 인력과 노력을 낭비함으로써 경제부흥의 기회를 상실하였다.

나. 등소평 시대의 대전략

(1) 전략 관점과 대외전략

등소평은 모택동의 世界大國전략을 계승하고 수정, 발전시킨 사람이라 할 수 있다. 등소평은 모택동에 의해 후계자로 지명된 적이 없고, 여러 차례의 정치적 부침을 거듭하면서 자력으로 중국의 제2대 집단지도체제의 핵심이 되었다. 그는 급변하는 국내외 정세 가운데서 시대의 조류를 파악하고 중국을 개혁개방으로 이끌어 중국을 국제구도 속에서 확고한 지위를 차지하도록 했다. 그는 소련의 고르바초프와 거의 동일한 시대에 개혁을 주도했으나 양자 전략의 차이는 중국으로 하여금 '세계 속의 강자'로, 소련으로 하여금 해체되어 세계의 貧國으로 전락하게 했다.

등소평은 중국이 개발도상국가에서 탈피하여 세계의 대국이 되기 위해서는 정치대국 뿐만 아니라, 경제대국으로 되어야 한다는 목표를 제시했다. 이른바 **'三步走戰略[3단계 발전전략]'**이라 칭해지는 중국의 현대화전략이다. 이 전략의 목표는 20세기 말까지 **소강사회**

(小康社會)를 이룩하고, 다시 50년간의 분투노력으로 2050년경에 **현대화**를 이룩하여 중국을 **중진국의 반열**에 들어서게 한다는 것이다.

등소평은 1992년 南巡講話 시, "중국은 100년간의 노력으로 중진국에 들어선 후, 다시 계속 노력하여 진정한 선진국으로 되어야 한다"라면서 중국의 국제지위상의 최종목표를 제시했다.

등소평은 '平和와 發展'이 현 시대의 주테마라 간주하고 세계 정치 · 경제의 새로운 질서 수립을 주장하였다. 등소평의 외교전략 가운데 白眉라 할 수 있는 것은 세계발전의 조류와 새로운 정세에 기초한 대외개방전략, 현실주의 사상에 입각한 '일국양제'의 통일방안과 개방의 환경과 냉전 종식 후 급변하는 세계구도 가운데서 중국이 독립 · 자주적으로 시행하는 비동맹 외교전략 이었다.

(가) 平和 · 發展戰略

'평화 · 발전전략' 은 등소평 외교의 일반전략인 동시에 글로벌전략이다. 또한 이것은 등소평 전략 체계 중에서 가장 상위의 개념이며 장기적이면서 가장 기본적인 전략이다.

1985년 등소평은 중국의 글로벌적인 전략문제를 제시했다. 하나는 **평화문제**이며, 또 하나는 **경제문제** 또는 **발전문제**였다. 등소평은 "세계의 평화를 유지하는 것이 중국의 국제전략"이라고 말했다. 그 이후부터 평화와 발전은 중국외교의 일반전략이 되었으며, 강령적인 성격을 띠게 되어 장기간 다른 전략을 지배하고 제약하는 지위를 차지했다.

등소평이 제기한 '평화'에는 다음 세 가지의 개념을 포함한다.

하나는 세계정세 발전의 큰 흐름을 가리키는 기본 판단으로, 그는 "현 국제정세는 완화되어 가고 있으며, 세계대전은 피할 수 있다. 따라서 중국은 이 기간에 모든 정력을 집중하여 국내 건설을 이룩해야 한다"는 것이다.

둘째, '평화'는 중국의 기본적인 대외전략이다. 즉 평화유지가 중국의 대외정책에서 주요하고도 장기적인 임무이다.

셋째, '평화'는 중국외교의 영원한 목표이고, 일종의 이상이며, 최종적으로 '평화와 발전'이라는 체계로 구현되고 있다.

등소평이 말하는 '평화'와 '발전'은 상호 분리될 수 없다. 평화는 목표이면서 수단이고, 평화는 발전을 위해서이며, 발전은 평화를 요구하고 있다.

(나) 國際政治 · 經濟 新秩序 수립 전략

1974년 4월, 등소평은 유엔총회 제6차 특별회의에서 처음으로 중국의 국제정치 · 경제 신질서를 수립에 관한 주장을 천명했다.

첫째, '평화공존 5개항 원칙' 위에서 국가 간의 정치 · 경제 질서를 수립해야 하며, 어느 지역에서든지 패권이나 자신의 세력 범위로 정하는 것을 반대하며, 각국의 사무는 각국 인민 자신이 결정한다.

둘째, 국제경제업무는 국가의 대소와 빈부를 막론하고, 일률적으로 평등하다. 세계 각국이 공동으로 관리해야지, 한 두 초강대국이 결정해서는 안 된다.

셋째, 국제무역은 호혜평등의 기초 위에 수립되어야 하며, 중국은 개도국이 그들의 원료와 일차상품, 반제품, 완제품 등의 무역여건 개선과 그들의 판매시장을 확대하고 개도국의 유리한 가격 책정 등을 지지한다.

넷째, 개도국에 대한 경제원조는 피 원조국의 주권을 존중해야 한다. 어떤 정치적 · 군사적인 조건을 달지 말아야 하며, 어떤 특권도 요구하지 않아야 한다.

다섯째, 국제사회는 개도국에 대해서 더 많은 기술 원조를 해야 한다.

1988년에 들어서면서 국제정세는 많이 변했다. 소련의 붕괴에서부터 시작된 동구의 붕괴는 중국공산당에게는 큰 위협이었다. 중국이 시행하고 있는 사회주의를 고수하기 위해서, 등소평은 기회 있는 데로 '국제경제와 국제정치의 신질서 수립'과 '南北問題 해결'을 표명하였다. 특히 등소평이 말하는 '국제정치의 신질서'는 바로 패권주의의 종식과 '평화공존 5개항'을 실행하는 것을 뜻했다. 등소평은 '평화공존 5개항' 중에서도 상호 내정 불간섭을 가장 중요시했다. 바로 이 부분은 중국의 '등소평식 사회주의'가 생존해서 중국이 부강해지느냐는 기로에서 다른 강대국으로부터의 간섭을 배제하는 방법이기도 했다.

결국 '평화'는 중국이 발전하는데 가장 기본적인 여건이고, 발전할 시간을 마련해주며, '국제경제 · 정치의 신질서'는 중국이 영향력을 발휘할 수 있는 공간을 마련해주는 전략이라 할 수 있다.

(다) 反 覇權, 多極化戰略

동구와 소련이 붕괴되기 시작하면서 위기의식을 느낀 등소평은 위기를 호기로 바꾸기 위해 신질서 수립을 주장하고, 이 신질서 수립이 바로 반 패권주의라고 강조했다. 그는 "패권주의도 마땅히 종식되어야 한다. 전 지구상의 패권주의뿐만 아니라, 지역 패권주의도 없어져야 한다. …신 정치질서는 바로 패권주의를 종식하는 것이다. …반 패권주의는 어떤 제3국을 겨냥하는 것이 아니며 단지 패권주의를 추구하는 자면 누구든지 반대한다"고 천명했다.

등소평은 多極化를 이룸으로써 초강대국의 세계적인 패권을 저지할 수 있다고 주장했다. 등소평은 1990년 3월 "국제정세의 변화를 어떻게 봐야 하는가? 과거의 구도는 이미 끝나고, 새로운 구도가 정해졌는가? 국제적으로 논란이 분분하다. 국내도 각종 의견이 있다.…현재 낡은 구도는 변화하고 있으나 아직 종결되지 않았고, 새로운 구도는 아직 형성되지 않았다. 미소가 독점하던 상황은 변화 중에 있다. 세계의 구도는 3극도 좋고, 4극도 좋다. 소련은 다극화 중의 하나다. …소위 다극화를 말하면 중국도 하나의 극(極)이다"라고 밝혔다.

결국 등소평의 다극화전략은 一超多强의 구도를 타파하고 과거 소련의 자리를 중국이 대신하면서 미국과 대등한 입장에서 국제문제에 간여해야겠다는 전략이다.

(라) 독립 · 자주와 非同盟戰略

등소평은 1982년 8월, "중국은 반드시 독립 · 자주 전략을 시행해야 한다. 각국이 비동맹 외교전략과 비동맹정책을 시행한다면 세계의 평화에 더욱 유리하며, 동시에 세계는 이미 각 대륙별로 독립적인 정책을 시행하고 있는 추세이며, 이것은 바로 중국이 시행하고 있는 독립 · 자주 외교전략의 추진력이 되고 있다"고 밝혔다.

등소평의 독립 · 자주 외교전략은 '사비일전(四非一全)', 즉 제3국에 대해서 '비동맹(非同盟), 비고립(非孤立), 비대항(非對抗), 비조준(非照準)을 하는 전방위 외교활동'을 말한다.

등소평이 제기한 비동맹 외교전략의 핵심은 바로 중국이 어떤 형식의 블록화 정치에도 반대한다는 것이다. 등소평 시대 들어서면서 중국은 실제로 미소 등 강대국과 새로운 관계를 정립해나고 있었다. 미국 및 소련과 정상적인 국가관계로 전환하고, 유럽과의 관계를 격상하여 패권주의에 반대를 기초를 다졌다.

중국의 '비동맹 외교전략'은 '독립 · 자주 외교전략'과 연관되어 있으며, 중국이 국제사회에서 융통성을 부여하고 어떤 국가와도 동맹을 맺지 않음으로써 독립성을 확보하며, 국제사회에서 지위를 격상시키고 국제문제에서 발언권을 강화하려는 의도다.

(2) 內治戰略: 開放 및 一國兩制 戰略

(가) 開放戰略

등소평은 개방을 '하나의 전략문제'로, '평화공존 5개항 원칙' 기초 위에서 세계 모든 국가와 외교관계, 경제 · 문화관계를 수립하는 기본으로 인식했다.

등소평은 "현 세계는 개방의 세계다. 중국은 서방국가가 산업혁명을 일으킨 이후부터 낙후되었다. 중요한 원인은 쇄국(鎖國)이다. 건국 이후, 다른 나라가 우리를 봉쇄했다. 어느 정도는 우리도 문을 닫아걸었다. 이것이 우리에게 어려움을 주었다. 30 몇 년의 경험과 교훈이 우리에게 알려주고 있다. 닫아걸면 건설도 안 되고 발전드 못한다.…세계 각국의 경제발전은 모두 개방으로 시작되고, 서방국가는 자금과 기술상에서 모두 융합되어 있고 교류하고 있다. …현재의 어느 국가든지 문을 닫그서는 발전할 수 없다. 우리는…明朝부터 계산한다면, 아편전쟁까지 300년 동안 문을 닫았다… 장기적인 쇄국은 중국을 가난하고 우매한 국가로 만들었다. 중화인민공화국 건국 이래, 제1차 5개년 계획 시행기간은 개방되었으나, 단지 소련과 동 유럽에 대해서 만이었다. 이후 또 문을 닫았다. 조금의 성취는 있었지만, 전체적으로 큰 발전이 없었다. 당연히 내 · 외적인 잘못이 많이 있었다.…역사의 경험과 교훈은 설명한다. 개방하지 않으면 안 된다"고 인식했다.(등소평 어록, 1992년)

중공중앙은 1984년부터 대외개방을 '사회주의 현대화 건설을 가속화하는 전략적 조치'로 결정했다. 중국은 대외개방으로 인한 대외무역이 중국의 GDP에 차지하는 비중이 45%를 점하였고, 중국 발전의 견인차 역할을 하고 있다.

(나) 대만 · 홍콩문제와 '일국양제(一國兩制)' 전략

등소평의 '일국양제' 전략은 등소평 통일전략의 핵심이다.

이 전략은 다음 두 가지에 근거를 두고 있다.

첫째, 중국은 '중국 특색의 사회주의 건설' 과정에서 반드시 장기적으로 자본주의의 성과를 학습하고 거울로 삼아야 한다. 그리고 중국 주변의 평화와 안정이 장기적으로 지속되는 것이 무엇보다도 절실하다.

둘째, 만약 대만과 홍콩문제가 평화적으로 해결된다면 '일국양제(一國兩制)'는 시행할 수 있는 방안이며, '평화공존 5개항 원칙' 이 국내에도 적용되는 케이스가 된다.

등소평의 '일국양제' 구상은 처음 대만문제 해결을 위해 시작되었다. 1978년 1월, 등소평은 미국 방문 기간, 미 상하 양원에서 대만문제에 관한 중국정부의 입장을 밝혔다. "우리는 '대만해방(臺灣解放)' 이란 방법을 다시는 사용하지 않는다. 오직 대만이 조국으로 회귀만 한다면 우리는 그곳의 현실과 현행제도를 존중할 것이다." 미국의 대만에 대한 특수 이익을 공식적으로 인정한 것이었다.

등소평은 대만독립 세력의 대두를 우려했고, '대독(臺獨)' 존재를 방지하기 위하여 등소평은 1985년 9월 평화적으로 대만문제를 해결하되 무력에 의한 해결 가능성을 포기하지 않는다고 천명하였다.

1982년 등소평은 영국 수상 대처를 만나 '일국양제' 의 방법으로 홍콩문제 해결을 제시했다. 등소평은 '일국양제' 의 개념을 "중화인민공화국 내에서 중국대륙은 사회주의 제도를 시행하고 홍콩과 대만은 자본주의 제도를 시행하는 것이며, 사회 · 정치 · 경제제도 면에서는 자본주의와 사회주의의 두 개의 제도가 존재하나, 국가제도의 측면에서는 중앙과 지방의 관계"라고 정의했다.

'일국양제' 의 구상에 의해 중국은 1997년과 1999년 순조롭게 홍콩과 마카오의 주권을 회수하여 대만문제 해결에서도 귀중한 경험을 제공하게 되었다.

(다) 정치 · 경제제도 개혁전략

등소평의 내치전략이 모택동의 것과 상이한 것은 모택동이 사회주의에서 공산주의로 이행을 시도한 반면, 등소평은 사회주의 자체의 개혁을 시행한 점이다. 등소평은 중국은 '중국 특색의 사회주의' 를 건설해야만 중국이 강대해질 수 있음으로, 전통적인 사회주의 제도에 전면적이고 심층 깊은 개혁을 단행해야 한다고 주장했다. 등소평은 **개혁을 일종의 혁명으로 간주**했다.

등소평이 시행한 개혁의 골자는 다음으로 요약된다.

첫째, 경직된 이론 체계에서 思想을 **解放하고 實事求是**를 내세웠다.

둘째, 공유제를 위주로 하되 **다종의 所有制 경제**를 인정하였다.

셋째, 중국은 **장기간 사회주의 초급단계(初級段階)**를 거치야 한다고 했다.

넷째, 분배제도 면에서 전통적인 **평균주의와 '큰솥 밥' 체제를 타파하고 '선부론(先富**

論)' 을 내세웠다.

다섯째, **정치제도 개혁**으로, **민주화와 법치주의 표방**, 중앙과 지방의 권한을 분명히 하고 권력을 하부로 이양했다.

여섯째, 모택동의 '무산계급 독재 하에 계속 혁명' 이라는 **계급투쟁의 중심 사상에서 경제건설을 국가의 중심**으로 설정하였다.

일곱째, '취노구(臭老九: 문혁 시 지식인 경멸하여 부르는 말)' 에서 지식과 인재를 중시하는 경향으로 변화되었다.

등소평이 제정한 **개혁개방전략은** 바로 **'사회주의 정치에 자본주의 경제' 를 접목** 시킨 것이었다.

다. 현 영도체제의 대전략

(1) 中華民族의 위대한 大復興 戰略

등소평 이후 중국은 신장된 국력을 바탕으로 이전의 전략목표였던 '세계 대국화' 에서 한 걸음 더 나아가 '중화민족의 위대한 대부흥' 을 전략목표로 선정했다.

'중화민족의 위대한 대부흥' 전략은 중공 제16차 전국대표대회에서 구체적으로 거론되었다.(강택민, 2002년)

강택민은 국제정세를 "**평화와 발전은 여전히 현 시대의 테마이다**… 세계의 다극화와 경제의 글로벌화 추세는 세계의 평화와 발전에 기회와 유리한 여건을 가져다준다. 비교적 긴 시간의 평화와 국제환경, 양호한 주변 환경을 얻어내는 것이 실현 가능하게 되었다…그러나, 불공정하고 불합리한 국제정치, 경제와 구질서는 근본적으로 변하지 않았다. 평화와 발전에 영향을 끼치는 불확정적인 요소는 여전히 증가하고 있다. 전통적 안보위협과 비전통적인 안보위협 요소가 상호 교차하는 가운데 테러리즘의 위협은 증가되고 있다. 패권주의와 강권주의가 새롭게 표현되고 있다"라고 평가했다. 그는 "국제정세는 총체적으로 화평하나, 국부적으로 전쟁이 계속되고 있으며, 총체적으로 완화되고 있으나 국부적으로 긴장상태를 유지하고 있고, 총체적으로 안정되어 있으나, 국부적으로 혼란"하기 때문에 "국제 신질서 수립"을 강조하고, 공산당원을 향하여 "전면적으로 복지사회를 건설하는 것은 중화민족의 위대한 부흥을 위해서이며, 중국공산당은 지금부터 **중화민족의 위대한 대부흥**을 실현할 장엄한 사명을 어깨에 짊어져야 한다"고 강조했다.

여기에 등장한 '中華民族'의 개념은 중국의 55개 소수민족을 漢族과 하나로 묶어 中華라는 틀 속에서 대단결을 도모하는 것으로, 세계 각국에 이주해있는 華人과 華僑를 망라하며, 싱가포르-홍콩-상해를 잇는 중화경제권까지를 포함한다.

'평화와 안정'은 **'중화민족의 위대한 대부흥(大復興)'**을 위해서는 절대적인 선결요건이고, 중화부흥을 구체화 하는 장기적 전략은 바로 '3단계 발전전략〈三步走发展目标〉'이라 할 수 있다.

중공 16大에서 밝힌 중국의 대외업무 방침은 다음과 같다.

① 독립·자주·평화 외교정책의 기조 아래 역사적 조류에 순응하여 전 인류의 공동이익을 유지하며, 이를 위해서 세계의 다극화를 추진한다.

② 공정 합리적인 국제정치와 국제경제의 신질서를 구축하는 것으로써, 정치적으로 상호존중 협상, 경제적으로 상호촉진 공동 발전, 문화적으로 공동번영, 안보상으로 상호신뢰를 형성하고 대화로 문제를 해결하며, 중국은 영원히 패권을 추구하지 않는다.

③ 평화공존 5개항 원칙을 기초로 선진국과의 관계를 계속 발전시키며, 국가의 이익을 중심으로 사회제도나 이데올로기의 차이는 고려치 않고, 공통이익의 접합점(接合点)을 확대하여 분규를 원만히 해결한다.

④ 제3세계와 단결 협력하며, 상호 이해와 신뢰를 증진하고 인접국과 우호관계를 유지한다.

⑤ 어떤 형태의 테러리즘도 반대하며, 이를 위해 국제적 협력을 강화하여 발본색원하고, 테러활동을 예방하고 타격한다.

결과적으로 **중국은 과거의 도광양회(韬光养晦), 화평굴기(和平崛起)라는 수동적인 정책에서 무실구시(务实求是), 유소작위(有所作为)라는 비교적 적극적인 정책으로 변화**되어 가고 있다.

(2) 중국이 추구하는 이상적인 安保環境

중국 안보전략의 기본목표는 **'중화민족의 위대한 대부흥'을 위한 평화적이고 안정적인 환경을 쟁취**하는 것이다.

(가) 글로벌적 목표

중국은 공식적으로 전략적 억지능력보유를 목표로 삼고 있으며, 다음으로 世界 다극화를 추구하고 있다. 현재 중국은 세계를 '一超多强' 으로 보고 있다. '多强' 이 '一超' 를 견제하여 다극화를 이루는 것이 중국이 바라는 세계질서 재편의 목표다. 중국은 다극화가 강대국 간의 행동을 구속하는 가장 좋은 시스템이라 여기고 있다.

"세계의 다극화는 강대국 상호 간이 서로를 적대국으로 여기지 않는 가운데 상대적으로 공히 안정적인 쌍무관계 뿐만 아니라 다자관계를 유지하면서 전략적 모호성과 융통성을 가짐으로써 강대국의 야심을 약화시킨다. 또한 강대국은 상호관계가 최악에 도달했을 때도 관계회복을 준비하며, 심화된 경제의 상호의존과 국제기구드 강대국 관계를 안정시키는 중요 요소로 작용하고 있다. 국가 간의 영토확장은 현 단계에서 거의 통용될 수 없는 행위임으로, 국가 간의 경쟁은 국가 생존이 달린 경쟁은 아니다. 이로 인해서 다극화는 더욱 평화적이고 안정적인 국제기구 결성을 요구하고 있다."(唐世平, 1999년)

(나) 지역적 목표

중국은 국가이익은 거의 아 · 태지역에 집중되어 있으며, 중국의 안보도 아태지역의 환경에 달려 있다. 현 단계에서 중국이 아 · 태지역에서 추구하고 있는 목표는 중요도에 따라 다음과 같다.

첫째, **중국의 경제적 기초가 타격당하지 않도록 보장**하는 것이다. 경제는 중국의 국가중심이며, 중국의 연해지역은 중국경제의 명맥이다. 이 연해지역에서 중국에게 실질적으로 위협이 되는 국가는 미국과 일본이다. 중국은 억지능력을 유지하는 동시에 **중 · 미 · 일 관계가 적어도 적도 우군도 아닌 관계**를 바탕으로 중 · 미 · 일간의 안보협력의 구도를 구축하는 것이다.

둘째, **러시아와 전략적 동반자 관계**를 계속 유지 발전하는 것이다. 중국의 경제적 기반이 대부분 연해지역에 집중되어 있기는 하나, 중국은 대륙국가 중의 하나로 육상의 안보 역시 중국 안보의 근본이다. 육상 안보에 있어서 가장 위협적인 존재는 러시아며, 이 러시아가 중국의 적대국으로 되지 않도록 예방해야 하는 것이다.

셋째, **대만문제를 평화적으로 해결하여 국토통일을 달성**하는 것이다. 대만문제는 대만의 전략적 위치뿐만 아니라 중국의 '체면' 이 걸린 문제다. 대만문제를 비롯한 티베트문제는 중국에게는 주권문제와 영토의 완정, 국제적 안전을 궁극적으로 보장받을 수 있느냐 하는 관건적인 문제가 되고 있다.

넷째, **한반도의 평화와 안정이 현실적 목표이나, 분단보다는 통일이 대세라면 한반도의 통일이 중국의 안보에 부정적 영향을 조성하지 않도록 보장하는 것이다.**

다섯째, 동남아가 적대세력에 의해 좌지우지되지 않는다는 기초위에서 동남아와 더욱 광범한 협력을 모색한다. 중국은 ASEAN과 〈중국-ASEAN 정상회의 공동성명〉을 통하여 협력동반자 관계를 확정하였고, 또 일본과 한국이 참여하는 "10+3"의 구조 내에서 협력하고 있다. 중국은 ASEAN 제국 중에서도 인니, 베트남, 미얀마 등 3국에 역점을 두고 있다.

여섯째, 중앙아시아 지역의 안정을 보장하고, 해 지역의 종교 과격주의, 분리주의가 중국 서부의 안전을 위협하는 것을 방지하며, 중국은 필요 시 중앙아시아 지역의 에너지 공급원을 획득할 수 있어야 한다.

일곱째, 인도와 파키스탄은 서남아시아에서 중국이 중시하는 하는 국가이다. 파키스탄과는 전면적인 협력 동반자 관계를, 인도와는 건설적인 동반자 관계를 구축하고 있다.

여덟째, 중동의 에너지 공급을 보장하는 것이다.

결론적으로 중국의 대전략의 기본목표는 모택동과 등소평시대의 **'세계대국'** 에서 현 집단지도체제 하의 **'중화민족의 위대한 대부흥' 으로 발전**되었다. 그 표현은 시기마다 조금씩 달랐을 뿐, 그 기본사상은 일치하고 있다.

대전략의 기본목표를 달성하기 위하여 중국은 모택동시대부터 다양한 전략을 수립하여 시행해왔다. 모택동의 일부 전략은 성공했으나 전략과 전략 사이에 많은 결함이 있었고, 상호 연관관계도 미흡했다.

등소평은 '세계 대국' 이란 목표에 부합되지 않는 모택동의 일부 전략을 수정 또는 폐기하면서 실사구시적인 대전략을 수립했다. 외교적으로 '4비1전', 대외적으로 개방, 대내적으로 개혁으로 요약된다.

중국의 제3대 집단지도체제는 등소평의 전략체계를 대승적으로 발전시켰다. 예를 들어 등소평이 강조한 '독립 · 자주와 비동맹 전략' 에서 그들은 국제정세의 변화와 발전에 따라 적절하게 공동발전의 개념을 제시했고, 동아시아의 다자협력과 국제사회의 다자협력에 주동적으로 참여하고 있다.

그러나 중국은 아직도 이데올로기적인 폐쇄성으로 대외관계의 주동성이라든지, 大局을 보는 객관성이 결핍되어 있으며, 국제사회가 중국을 자극할 때도 집단지도체제의 본태적인 신중성으로 피동적으로 대응하고 있다. 이로 인해 중국의 '지속적인 발전 전망'과 '중화민족의 위대한 대부흥'에 대해서, 국제사회는 아직도 상반된 평가를 내리고 있다.

3. 中國의 軍事戰略 연변

가. 군사전략의 변천과정

(1) 冷戰時期('70년대 이전)

모택동이 저술한 「지구전론(持久戰論)」,「항일 유격전쟁의 전략문제」등에서 나오는 지구전전략과 인민전쟁론은 항일전쟁이 종결된 이후에 국공내전을 거쳐, 한국전쟁에서도 이를 적용했고, 현재까지 **'積極的 防禦'** 라는 중국의 군사전략으로 그 맥을 잇고 있다. 그 수행방법은 '조기에 타격하고, 크게 타격하고, 핵전쟁을 타격하자[**早打, 大打, 打核戰爭**]'라는 것이었다. 이는 장기전과 소모전, 전면전을 전제로 열세한 장비를 가진 중국이 게릴라전과 인적요인을 극대화 하여 미국과 소련의 중국에 대한 침략을 저지하는 것을 말한다.

이어 모택동은 냉전시기에 '세계대전 불가피론'을 내세워 조만간 발생할 세계대전에 집중 대비했고, 60년대 중반에는 제3세계 국가들을 포섭하여 '세계의 도시지역'에 해당하는 서방진영을 적화하겠다는 '中間地帶論'을 발전시켰다. 미 · 소간의 세력 다툼에서 중국자체의 세계혁명 역량을 강화하기 위해 핵무기를 개발하기에 이르렀고, 이를 군사역량으로 삼아 제3세계국가 등에 중국의 영향을 확대해나갔다.

(2) 冷戰緩和時期('70년대 후반~'80년대 후반)

70년대 후반 이후, 미국 · 서구 및 소련과의 관계가 개선되면서, 1982년 9월 중공12대에서 총서기 호요방(胡耀邦)은 "세계대전의 위협은 심각하나 전 세계 인민이 단결하면 막을 수 있다"라면서 '世界大戰 可避論'을 피력했다. 등소평은 華北地域 군사훈련부대를 검열(81.9.19)한 후 "강력한 現代化, 正規化된 혁명군대를 건설하자"라는 연설을 통해 인민해방

군을 革命化 · 現代化 · 正規化 할 것을 주문하였다.(등소평 어록, 1992년)

1985년 6월 중앙군사위원회 확대회의에서 등소평은 모택동이 핵전쟁과 재래식 전쟁을 일체화시킨 '總體戰爭', 즉 인민전쟁론이 매우 비현실적이라 비판하였다. 등소평은 가까운 장래에 중국이 치르게 될 전쟁은 대량의 핵 공격에 재래식 전쟁으로 이어지는 형태가 아니라 처음부터 비교적 **제한된 규모의 지상전**일 것으로 판단하였다. 즉 '핵전쟁 위협 하에서의 국지전쟁' 을 예상했다.

〈해방군보(解放軍報: 85.8.1)〉가 "금세기내 대규모 세계대전이 일어날 가능성은 없다"고 한데 이어, 등소평은 "전쟁의 위험은 상존하나 평화희구 세력이 더욱 강해지고 있어 중국은 경제발전에 역점을 두고 있으며, 4개 현대화 달성을 위해 향후 50년간 세계평화가 유지되기를 희망한다"면서 "세계대전 가피론"을 기정화 하였다.

(3) 탈냉전(脫冷戰) 시기('80년대 후반~)

80년대 후반, 특히 1991년 걸프전 이후, 중국은 전쟁개념을 화력 · 기동 및 원거리 투사 능력에 중점을 두는 '첨단기술 하에서의 국지전쟁' 으로 재조정하였다. 중국은 현재 '정보화 조건 하에서의 국지전쟁' 개념도 사용하고 있는 바, 이는 첨단기술 다음에 정보화라는 뜻이 아니며, 기계화 · 자동화 · 정보화를 동시에 추진한다는 말이다.

또한 중국의 대외안보관도 변화하였다. 즉, 향후 수십 년간 강대국 사이의 대규모 전쟁이 일어날 가능성은 희박하며, 경제가 국력의 기반이며 경쟁의 주요 대상이 되고, 地域紛爭 발발 가능성은 상존하나 동아시아는 상대적으로 안정되어 있다는 것이다.

이에 따라 안보전략을 다음과 같이 추진하고 있다.

중국의 유리한 안보환경 조성을 위해 서방과의 무역과 투자를 통한 국내 경제 개혁과 발전을 지속하며, 2005년까지 '90년대의 미국과 러시아의 군사 기술 수준을 확보하고, 일본의 군사대국 저지와 미국의 대 대만 군사지원 축소, 러시아의 팽창주의 재등장을 방지하고 핵 확산을 금지하며, 삼불정책(三不政策)을 견지하는 것이다.

새로운 국제질서 하에서 안보는 군비증강이나 군사동맹보다는 상호 신뢰구축이 어느 때보다도 긴요하다고 보고 주변국과 상호 신뢰구축에 노력하고 있다. 러시아 및 중앙아시아 3개국과 〈국경지역 군사 분야 신뢰구축 협정('96.4)〉 및 〈국경지역 군사력 감축협정('97.4)〉을 체결함으로써 7,100km에 달하는 국경의 안정을 도모하였다.

대외적인 위상 강화를 위해 유엔 평화유지군 파병 및 ARF 등 다자간 안보협력에 적극 참여하고 있으며, 미 · 일 · 러 등 주변국들과의 쌍무차원에서 안보 협력도 강화 중에 있다.

따라서 현재의 군사전략은 말은 동일하나 그 의미는 많이 달라진 '적극적 방어전략' 방침을 견지하면서 '중국 특색을 갖춘 군사변혁' 을 추진하고 있다.

나. 군사전략

(1) 적극적 방어전략

90년대부터 아 · 태 안보환경이 변하면서 중국은 '중국 밖에서 적을 제어하는 적극적 방어' 가 중국의 군사전략이 된다.(《인민일보》 1992년 3월 12일 해외판) 군사전략으로 '적극적 방어' 라는 말은 변화하지 않았으나, 개혁개방 이전과 이후의 '전략' 을 수행하는 방법에 큰 변화를 보이고 있다. 1980년 이전에는 중국의 적극적 방어의 목표는 '敵强我弱' 의 입장에서 침략을 저지하기 위한 전면전쟁이었으며. 인민전쟁의 방식으로 적을 깊숙이 유인하여 각개격파 하는 지구전 전략이었다. 이렇게 되면 전쟁은 반드시 중국 내에서 이루어지며, 국가적 파괴는 불문가지다. 개혁개방으로 경제건설이 진행 중인 중국으로서는 이런 파괴는 이미 받아들일 수 없다. 따라서 '중국 밖에서 적을 제어하는 적극적 방어' 가 중국의 군사전략이 되었다.

적극적 방어의 군사전략은 '주변지역의 국지전쟁을 예방' 하는 차원이다. 중국 주변에는 가능성 있는 국지전이 잠재해 있다. 예를 들어 대만문제, 남사군도 문제, 釣魚島 문제 등이다. 국방건설은 제한된 핵 위협을 전제로 재래식 위협 역량을 제고하여 국지전 능력을 향상시키는 것이다. 또한 국지전의 잠재적 충돌 가능성은 중국군대의 기동성과, 정예화, 신속반응능력을 요구하고 있다.

중국은 적극적 방어의 특징은 自衛라고 강조하고 있다. 이는 어떤 상황 하에서도 대외적으로 다른 나라를 침략을 하지 않고, 영토확장을 도모하지 않으며, 패권을 추구하지 않으나, 동시에 다른 국가가 중국의 주권과 영토안전을 침범하는 것을 절대로 허락하지 않는다는 것이다. 그것은 소극적이거나 피동적인 防守가 아니며, 평화시기에는 국방건설을 강화하여 국가안보를 지키기에 충분한 군사역량을 보유하고, 전시에는 적극적이고, 융통성 있고, 다양한 작전방식으로 전쟁에서 승리를 쟁취함을 의미한다.

이를 구현하기 위해 諸軍兵種作戰을 강화하고 있다.

육군은 區域防衛型에서 全域機動防衛型으로 전환하고, 空地一體 원거리機動快速突擊과 特種作戰 능력을 제고하며, **해군은 점차 근해방어의 전략적 종심을 증대하고 해상종합작전능력과 핵 반격능력**을 제고하며, **공군은 國土防空에서 攻防兼備型으로 변환하며 空中打擊防空 및 대 미사일조기경보정찰과 전략적 투사 · 수송능력**을 제고하며, **제2포병은 핵과 재래식 겸비의 체계를 점차 완비하고 정보화 조건 하에서 전략적 위협과 재래식 타격 능력**을 제고한다는 것이다.

결론적으로 중국이 말하는 '신시기의 적극방어 군사전략 방침'은 여전히 인민전쟁의 전략사상을 견지하고는 있으나, 미래군사투쟁의 기본점을 첨단기술 조건 하의 국부전쟁에 두고, 군대건설을 수량규모형에서 질적효능형으로 전환하고, 인력밀집형에서 기술집약형으로 발전해야 한다는 것이다.

(2) 科技强軍戰略

1995년 12월에 열린 중앙군사위원회 확대회의에서 강택민은 "군대건설 발전의 모델은 점차 수량규모형에서 질적효능형으로, 인력밀집형에서 과기밀집형으로 전환해야 한다"는 두 개의 기본원칙을 제기했다.

여기서 科技强軍이란 모든 무기장비의 개선은 과학기술의 발달에 보조를 맞춘다는 것이다. 강택민은 "우리의 무기장비 수준은 비교적 낮다. 군사투쟁을 준비하기 위해서는 고기술의 무기장비로 발전시키고, 적을 제압하여 승리할 수 있는 '살수간(殺手?:비장의 무기)'를 가능한 빨리 보유하여 유효하게 억제하고 어떤 강적의 군사적 침략에 대해서도 반격하여야 한다. 이것은 굉장히 중요한 지도사상이며, 반드시 철저히 관철해야 한다"고 했다.(江澤民, 2002년)

과기강군의 관건은 인재 육성에 두고 있다. 즉 '人才制勝的戰爭觀'으로 싸워 이길 수 있는 자질 높은 군사인재 배양이다.

첫째, 전체적인 장병의 과학수준을 제고한다.

둘째, 모든 장병은 신 장비에 적응할 수 있는 전문 기술교육을 받는다.

셋째, 연합작전에 필요한 복합형의 인재를 배양해야 한다.

人才戰略 프로젝트를 시행하며, 군대정보화 건설에 적응하고 정보화 조건 하에서 작전임무를 완수할 수 있는 자질 높은 군사인재를 대규모 배양한다. 훈련에서도 과학기술을 적용하고, 새로운 훈련 내용과 방식, 수단을 창조한다.

(3) 中國特色의 精兵之路

군대의 정원과 규모는 그 국가의 안보환경 및 종합국력에 근거를 두고, 과학적인 방법으로 결정한다.

"…과학기술의 신속한 발전에 따라 첨단기술 병기가 군사부문에 광범위하게 운용되어, 현대전쟁의 형태는 이미 많은 변화가 일어나고 있으며, 군대의 현대화 수준의 요구는 더욱 높아가고 있다. 쟁탈능력의 우세화는 이미 현 세계 주요국 군대건설의 중요한 발전추세이다. …수량을 줄이고, 질을 높이는 것은 중국군대 현대화의 기본 방침이다."(江澤民, 2002년) 이에 기초하여 중국은 2000년까지 50만 명, 다시 2005년까지 20만 명을 감군했다.

중국특색의 정병지로의 핵심은 '精' 이다. 이것은 量에 대한 요구인 동시에 質에 대한 요구이기도 하다. 숫자를 줄이는 것이 질이 자연적으로 제고된다는 것과 다르다. 진정으로 精兵의 요구에 도달하려면, 수량규모형에서 질량효능형으로, 인력밀집형에서 과기밀집형으로 전환해야 한다고 주장한다. 그러기 위해서는 인적 요소와 무기 요소 이외에도 과학적인 인적 무기의 적절한 편조도 필요하게 된다. 따라서 편제도 개혁을 실시하고 있다.

그 방법은 첫째 군대의 편성과 구조의 최적화, 둘째 군사 법규와 정책제도 체계화, 셋째, 전 국방과기 공업을 경쟁시키고, 평가 · 감독 · 격려하는 체제수립, 넷째, 국방동원체제 개선이다.

(4) 경제건설과 현대화 건설의 협조발전

중국은 '선진경제 건설과 강력한 국방 건설을 **중화민족의 위대한 대부흥**을 건설하는 양대 기본으로 보고 있다. 국방건설과 경제건설의 관계는 사회주의 현대화 건설 가운데서 全局的인 중대 문제이면서, 국가 현대화로 나아가는 과정에서 반드시 정확히 처리하고 해결해야 되는 문제라는 것이다.

1995년 9월 강택민은 〈사회주의 현대화 건설 중에서 약간의 중대한 관계를 정확히 처리〉라는 연설 가운데, "국방현대화는 사회주의 현대화의 주요 조성부분이며, 국방건설은 국가안전과 경제발전의 기본 보장이다. 국방건설과 군대건설은 반드시 경제건설에 의탁해야 하며, 국가경제건설의 大局에 복종해야 한다. 국민경제가 발전하면, 국방현대화를 위해서 필요한 물질기술 기초를 제공한다"고 말했다. 즉 경제건설을 중심에 두고 경제건설과 국방현대화 건설은 서로 고려하고, 협조 발전하는 방침이다.

다. 정보화 조건하에서 新軍事 變革 및 전략 변화방향

(1) 중국특색의 군사변혁

〈2006년中國的國防〉 백서 前言에 "중국은 경제가 부단히 발전하는 기초 위에 국방 · 군대현대화를 추진하는 것은 세계 新軍事 變革[Revolution in Military Affairs] 발전추세에 적응하고, 국가안전을 유지하며, 이익의 수요를 발전시키는 것이다. 중국은 어떤 국가와도 군비경쟁을 하지 않으며, 어떤 국가와 군사위협을 가하지 않는다. 신세기 새로운 단계에서 중국은 과학적 발전관을 국방 · 군대건설의 중요한 지도 방침으로 삼아, 중국특색의 군사변혁을 적극 추진하며, 국방 · 군대건설이 지속가능한 발전과 전면 조화되게 하도록 노력한다."고 명시했다.

2003년 3월 10일, 兩會 기간에 강택민은 제10기 全國人大 인민해방군 대표단에게 다음과 같이 강조했다.

"…중국특색의 군사변혁은 우리 군이 현재 과학기술과 신군사변혁이 가속 발전하는 추세에 적응토록 하는 것이다.…정보화가 신군사변혁의 본질이며 핵심이다. 중국특색의 군사변혁을 적극 추진해야 한다. 기계화 · 정보화 건설이라는 두 가지 역사적 임무를 완성해야 한다. 군사이론의 선도적 역할을 중시해야 한다. 자질 높은 새로운 군사인재를 배양하는 것은 중국특색의 군사변혁을 추진하는데 중요한 보장"이라면서 4가지 '명확한 認識'을 강조했다. 즉, ① 크게 뭔가 할 수 있는 전략적 호기라는 것 ② 세계는 신군사 변혁이 추세라는 것 ③ 우리 군에 현재 존재하는 주요 모순은 현대화 수준이 현대화 전쟁의 요구에 적응하지 못하고 있다는 것 ④ 기계화와 정보화 건설의 두 가지 임무를 완성해야 된다는 것이다.

이에 따라, 인민해방군은 정보화 군대 건설과 정보화전쟁에서 싸워 이긴다는 목표에 따라, 개혁심화 · 銳意創新 · 질적건설 하며, 정보화를 핵심으로 하는 중국특색의 군사변혁을 적극 추진한다고 했다.(《2004년 중국의 국방》, 2004년)

이를 위한 실례로, 減軍, 장병의 편성비율 개선, 군 병종의 구조 최적화, 합동근무체제 개혁, 교육기관 조정, 해 · 공군 및 제2포병 강화를 들었다.

장병의 편성비율은 기구의 간소화를 통해 副職 영도간부를 줄이고, 일부 간부의 직위를 부사관이 담임하거나 고용제로 전환하였고, 근무지원체제는 삼군통합근무지원체제와 병원 · 의료원의 통합 등을 통해 개혁했다.

중국특색의 군사변혁을 구현하는 방법으로 戰力을 강화하기 위해서 중국은 두 가지 측면의 전략을 시행하고 있다. 하나는 대칭전략이며, 다른 하나는 비대칭 전략이다.

(2) 대칭전략 : 跨越式[도약식] 발전전략

서구의 경우 군대의 정보화는 사회가 정보화 시대로 진입한 후 이를 바탕으로 이루어졌다. 그러나 중국의 경우는 아직까지 정보화 시대에 접어들지 못한 채, 기계화 또는 半기계화 시대에 머물러 있다. 따라서 인민해방군이 기계화를 추구하면서 정보화를 추구해야 되기 때문에 기계화 단계를 뛰어 넘는다는 전략이다. 서구의 정보기술이 발전할수록 그 기술을 개발하기 보다는 복제하는 편이 훨씬 용이하기 때문에 중국은 "기계화를 기초로, 정보화가 주도하는 정보화 · 기계화의 복합 발전을 추진"하고 있다.(《2006년中國的國防》, 2006년) 즉 跨越式이란 서구의 군대가 이루어 놓은 기계화 단계를 뛰어넘어 정보화로 바로 진입한다는 것이다.

도약식 발전전략은 다음과 같은 군사적 능력을 구비하는 데 주안을 두고 있다.

첫째, 원거리 작전능력을 강화하는 것이다. 중국의 전략적 환경은 광활하여 다수의 방향에서 작전임무를 수행해야 하며, 때로는 국경선 너머 공역 또는 公海 상에서의 작전에 대비해야 되기 때문이다.

둘째, 공세적으로 운용 가능한 첨단무기를 구비해야 한다. 이를 위해 해 · 공군, 제2포병에 의한 정밀유도무기 운용능력을 갖추어야 하며, 파괴력이 강한 무기체계를 구비해야 한다.

셋째, 통합성 및 합동성을 보장하기 위해 우주에 기반한 C4ISR체계를 구비해야 한다. 광범위한 표적탐지 능력과 함께 실시간 정보 공유, 그리고 즉각 타격할 수 있는 지휘통제 체제를 갖추어야 한다.

넷째, 적의 정밀유도무기 및 항공타격으로부터 C4ISR체계를 보호하기 위해 대공방어 능력을 강화해야 하며, 적 C4ISR체계를 공격할 수 있는 능력을 구비해야 한다.

이와 같은 군사적 능력은 물론 기계화와 정보화가 혼합된 형태를 갖는다. 그러나 당장은 기계화 요소가 많을 지라도 점차 정보화 요소의 비율이 증가할 것이며, "21세기 중엽에는 정보화 군대를 건설하고 정보화 전쟁에서 싸워 이길 수 있는 전략목표를 실현"(《2006년中國的國防》, 2006년)하여 서구와 대등한 정보화 전쟁 수행능력을 갖추게 될 것이다.

따라서 기계화와 정보화를 동시에 추구하되 점차 정보화 요소를 확대해나가는 것이 중국의 신군사변혁 추진을 위한 대칭전략이며, 곧 '중국특색의 군사변혁' 이다.

(3) 비대칭전략 : 殺手鐧 [비장의 무기] 개발

중국은 서구의 정보화를 기계적으로 답습하는 것은 곧 퇴보를 의미하는 것으로 인식하고 있다. 서구의 기술이 혁신적으로 발전하고 있는 상황에서 상대를 따라잡기 위한 현대화는 결국 이미 자리를 떠난 과녁을 향해 화살을 날리는 것과 같으며, 자칫 엄청난 비용의 무기체계를 도입하도록 미국이 파놓은 '첨단무기 함정' 에 빠지는 결과를 가져올 수 있다.(喬良, 王湘穗, 1999년) 따라서 중국은 서구의 정보전 방식을 맹목적으로 따라잡기 경쟁보다는 적의 취약성을 최대한 이용할 수 있는 정보화를 추구해야 한다고 믿고 있다.

중국의 신군사변혁은 기계화와 정보화를 동시에 추구하되, 일부 정보화 분야에서는 약자의 취약성을 보상하기 위해 적의 급소를 겨냥하는 비대칭전략을 적극 모색하고 있다. 즉 정보화를 추구함에 있어서 미국의 정보전 분야를 따라잡거나 복제하기 보다는 기만과 책략을 통해 적의 정보체계를 유린하고 적의 약점을 최대한 이용할 수 있는 중국특색의 전략을 구상하고 있다.

이러한 비대칭전략의 중심에는 殺手鐧,[129] 즉 비장의 무기가 있다. 1999년 당시 중국인민해방군 총참모장 傅全有 상장을 비롯한 일부 군부 지도자들이 약자가 강자를 이기기 위해서는 '殺手鐧' 을 보유해야한다고 주장한 것을 비롯하여, 1999년 8월 강택민이 이런 종류의 무기 개발을 요구했고, 2001년 총장비부장 曹剛川 상장 등이 비장의 무기 개발 투자

129) 殺手鐧: 본래 鐧이란 고대 병기 중의 하나이며, 살수간은 鐧術 가운제 절초를 가리킨다. 〈說唐〉 제9회에 "이종동생 용맹하며, 만약 내가 그에 殺手鐧을 전수해주었다면 천하에는 오직 그만 있고, 나는 없었을 것이다." 후에 이 비유를 이용하여 '비장의 한 수' 를 가리키게 되었다.

와 필요성을 각각 피력했다.

중국의 비대칭전략은 더욱 강한 적에 대해 승리를 거두기 의한 것으로, 적의 點穴, 즉 급소에 비장의 무기를 사용하여 적을 무력화시키는 것이 핵심이다. 정보화된 전쟁에서 적의 급소는 적의 네트워크, 즉 C4ISR체계이며, 중국은 서구의 정보화 전쟁 개념이 우주에 의존하고 있다는 점을 가장 큰 비대칭적 취약점으로 보고 있다. 특히 미국군대는 정보화 기술을 바탕으로 한 군사변혁을 통해 네트워크 중심의 전쟁을 추구하고 있으며, 정보 · 통신 · 기상 · 표적탐지 등 전쟁수행의 핵심적 부분을 우주자산에 의존하고 있다. 따라서 중국으로서는 탱크와 비행기를 동원하여 미국을 이길 수 없는 만큼, 미국의 우주군사체계에 대한 공격을 불가피하면서도 매혹적인 방법으로 간주하고 있다.

물론 중국의 비대칭전략이 상대방의 우주체계 및 C4ISR체계를 무력화 하는데 만 한정된 것이 아니라, 그 밖의 첨단무기체계에 대해서도 적용되고 있다. 예를 들어, 중국해군은 항공모함 전력을 갖추기 전에 적 항모를 격추시킬 수 있는 대함크루즈미사일을 도입하고, 차세대 어뢰를 개발하며, 미국의 미사일 방어망을 뚫기 위한 대륙간탄도탄의 다탄두 화, 미국의 우세한 공군력에 대비한 통합방공체계 구축, 첨단 핵잠수함과 같은 전략 핵전력 증강, 그리고 적 해상 병참선 공격 등이 비로 비대칭 전력에 해당된다.

4. 결론

중국인민해방군은 중국공산당을 지탱하는 최후의 보루이며, 중화인민공화국을 건설한 주역이다. 중국인민해방군은 국가의 군대이기 보다는 당의 군대이며, 실제로 당에서 군대를 통제하고 있다. 군대는 당의 과업을 스행하는 도구이며, 국가체제를 보위하는 세력이다. 또한 중국인민해방군은 완전한 통합군 체제를 갖추고 있으며 중앙군사위원회가 사총부를 통하여 중국의 전 무장력을 지휘하그 있다.

중국의 대전략은 毛澤東으로부터 胡錦濤로 대표되는 현 영도집단에 이르기까지 시대와 지도자에 따라 많은 변화를 보이고는 있으나 一貫性은 유지되고 있다. 모택동 시대 때, 국제사회에서 '세계대국의 지위 확보' 를 목표로 하는 것이나, 최근의 '중화민족의 위대한 대부흥' 의 목표는 모두가 '세계대국 지향' 의 목표를 달성하는 것으로 방법론 만 달리할 뿐이다. 즉 개혁개방으로 경제력이 급성장함에 따라 국력이 제고되어 '세계대국+중화민족 부흥' 으로 목표를 확대한 것뿐이다.

중국의 군사전략은 비록 대전략의 하위 전략이기는 하나 어떤 면에서 중국의 명운을 결정하는 전략이 되기도 했고, 과거에는 이를 바탕으로 대외전략이나 안보전략이 결정되기도 했다. 그만큼 중국에서는 인민해방군의 존재와 아울러 군사전략이란 부분이 아주 중시되어 왔다.

현재의 군사전략은 적극적 방어다. 적극적 방어 군사전략도 모택동 시대부터 현재까지 그 명칭은 변하지 않았으나, 그 함의와 수행방법은 극단적으로 변했다고 할 수 있다. 즉 개혁개방 이전에는 인민전쟁의 방식으로 적을 깊숙이 유인하여 각개격파 하는 지구전 전략이었다. 이렇게 되면 전쟁은 반드시 중국 내에서 이루어지며, 국가적 파괴는 불문가지다. 따라서 개혁개방 이후에는 신장된 국력을 바탕으로 '중국 밖에서 적을 제어하는 적극적 방어' 로 변환 되었다.

적극적 방어 군사전략을 구체화하는 방안으로, **육군은 점차 區域防衛型에서 全域機動防衛型으로, 해군은 점차 근해방어의 전략적 종심을 증대하여, 해상종합작전능력과 핵 반격 능력**을 제고하며, **공군은 國土防空에서 攻防兼備型으로 변환하고, 제2포병[전략미사일부대]은 핵과 재래식 겸비의 체계를 점차 완비하며, 정보화 조건 하에서 전략적 위협과 재래식 타격 능력**을 제고하는 것이다.

다음으로 중국은 세계의 군사변혁 추세에 맞추어 '중국특색의 군사변혁' 을 추진 중이다. 즉 정보화 조건 하에서 국지전쟁을 수행하기 위하여서는, 서구 특히 미국의 군사력에 맞서는 대칭전력의 개발과 동시, 비대칭전력의 개발도 병행하고 있다. 비대칭전력 개발의 요체는 정보화 전쟁의 點穴로 상징되는 C4ISR체계를 파괴할 수 있는 수단과 방법에 중점을 두고 있다.

결과적으로 중국의 군사전략은 중국의 대전략과 안보전략에 기초를 두고 있음으로, 향후 군사전략의 변환도 대전략과 군사력의 배비, 발전의 지향점을 대비시키면 어렵지 않게 유추할 수 있을 것이다.

중국의 군사전략은 한반도를 포함한 주변국에 직접적인 영향을 미침으로, 우리는 정확하게 중국의 意圖를 꽤 뚫어야 만 과도한 대비로 국력의 낭비나, 부실한 준비로 '無備有患' 의 우를 범하지 말아야겠다.

참고문헌

최경식, 2005, "현대 중국의 대전략 변화 고찰" 「군사학 연구」 제3호, 대전대학교 군사연구소

軍事科學戰略研究部, 2001, 「戰略學」, 北京, 軍事科學出版社

江澤民. 2002, 「江泽民论有中国特色社会主义」, 北京, 人民出版社

江澤民. 2002, 「全面建设小康社会, 开创中国特色社会主义事业新局面」, 北京, 人民出版社

唐世平, 2003, 「塑造中国的理想安全环境」, 北京, 人民出版社

陈峰君主编, 1999, 「冷战后亚太国际关系」, 北京, 新华出版社

叶自成, 2003, 「中国大战略」, 北京, 中国社会科学出版社

张蕴岭主编, 2003, 「未来10-15年中国在亚太地区面临的国际环境」, 北京, 中国社会科学出版社

金熙德, 2001, "南北峰会以来的朝鲜半岛局势" 「当代亚太」 第10期

李慎明, 王逸舟主编, 2004, 「2004年:全球政治与安全报告」, 社会科学文献出版社

新闻: 「人民日报」, 「北京青年报」 「解放军报」 「中国青年报」 「光明日报」 等

李寒秋, 2004, 「朝鲜半岛地缘政治格局和外交战略框架」, www.xsix.com에서 인용

中国外交部政策研究 遍, 2004, 「中国外交2004」, 北京, 外交出版社

中国外交部, 2000, 「中国政府白皮书(1), (2), (3)」, 北京, 外交出版社

Jusuf Wanandi, Autumn/1996, "ASEAN's China Strategy: towards Deeper Engagement", Survival. Vol.38, No3

Shiping Tang, Fall/winter1999, "A Neutral Reunified Korea: A Chinese View", Journal of East Asian Affairs(seoul), Vol.

Vadin Tkachenko, 1997, "The Consequences of Russia and Security in Northeast Asia", Far Eastern Affairs, No.4

군사학개론(개정판)

1판 1쇄 2009년 2월 25일
1판 2쇄 2016년 6월 1일
발행인 오덕성
편저자 이종학 · 길병옥
펴낸곳 충남대학교출판문화원
주 소 대전광역시 유성구 대학로 99
전 화 042-821-6045
홈페이지 http://www.cnupress.co.kr
E-mail cnupress@cnu.ac.kr

ISBN 978-89-7599-577-4 93390
값 35,000원